软件开发实战

Android开发实战

软件开发技术联盟 编著

清華大學出版社
北 京

内容简介

《Android 开发实战》从初学者的角度讲述使用 Android 进行应用开发所需掌握的各项技术，内容突出“基础”、“全面”、“深入”的特点，强调“实战”效果。书中在介绍技术的同时，都会提供示例或稍大一些的实例，同时在各章的结尾安排有实战，通过 2～6 个实战来综合应用本章所讲解的知识，做到理论联系实际；前 4 篇的最后一章都有一个综合实验，通过一个模块综合应用本篇所讲解的知识内容；在本书的最后一篇中提供了两个完整的项目实例，讲述从前期规划、设计流程到项目最终实施的整个实现过程。

全书共分 26 章，主要内容包括走进 Android，Android 模拟器，用户界面设计，Android 常用组件，综合实验（一）——猜猜鸡蛋放在哪只鞋子里，基本程序单元 Activity，Intent 和 BroadcastReceiver 的应用，使用资源，Android 事件处理，对话框、通知与闹钟，Action Bar，Android 程序的调试，综合实验（二）——迷途奔跑的野猪，数据存储技术，Content Provider 实现数据共享，线程与消息处理，Service 应用，综合实验（三）——简易打地鼠游戏，图像与动画处理技术，利用 OpenGL 实现 3D 图形，多媒体技术，定位服务，网络通信技术，综合实验（四）——简易涂鸦板，基于 Android 的数独游戏和基于 Android 的家庭理财通。所有知识都结合具体实例进行介绍，对涉及的程序代码给出了详细的注释，读者可以轻松领会 Android 程序开发的精髓，快速提高开发技能。本书特色及丰富的学习资源包如下：

黄金学习搭配、专业学习视频、重难点精确打击、学习经验分享、学习测试诊断、有趣实践任务、专业资源库、学习排忧解难、获取源程序、提供习题答案、赠送开发案例。

本书适合有志于从事 Android 应用开发的初学者、高校计算机相关专业学生和毕业生，也可作为软件开发人员的参考手册，或者高校的教学参考书。

图书在版编目（CIP）数据

Android 开发实战/软件开发技术联盟编著．—北京：清华大学出版社，2013（2016.1 重印）
（软件开发实战）

ISBN 978-7-302-31888-0

I. ①A…　II. ①软…　III. ①移动终端-应用程序-程序设计　IV. ①TN929.53

中国版本图书馆 CIP 数据核字（2013）第 074805 号

责任编辑：赵洛育
封面设计：陈　敏
版式设计：文森时代
责任校对：张莹莹
责任印制：杨　艳

出版发行：清华大学出版社
网　　址：http://www.tup.com.cn，http://www.wqbook.com
地　　址：北京清华大学学研大厦 A 座　　**邮　　编：**100084
社 总 机：010-62770175　　**邮　　购：**010-62786544
投稿与读者服务：010-62776969，c-service@tup.tsinghua.edu.cn
质 量 反 馈：010-62772015，zhiliang@tup.tsinghua.edu.cn
印 装 者：三河市春园印刷有限公司
经　　销：全国新华书店
开　　本：203mm×260mm　　**印　张：**39.5　　**字　　数：**1304 千字
（附视频光盘、海量学习资源 DVD1 张）
版　　次：2013 年 9 月第 1 版　　**印　　次：**2016 年 1 月第4次印刷
印　　数：6001～7500
定　　价：79.80 元

产品编号：052542-01

本书编写委员会

主　编：王国辉

编　著：王国辉　杨贵发　王小科　张　鑫　杨　丽　顾彦玲
赛奎春　高春艳　陈　英　宋禹蒙　刘　佳　辛洪郁
刘莉莉　王雨竹　隋光宇　郭　鑫　刘志铭　李　伟
张金辉　李　慧　刘　欣　李继业　潘凯华　赵永发
寇长梅　赵会东　王敬洁　李浩然　苗春义　刘清怀
张世辉　张　领

前　　言

Preface

Android 是 Google 公司推出的专为移动设备开发的平台。从 2007 年 11 月 5 日推出以来，在短短的几年时间里就超越了称霸 10 年的诺基亚 Symbian 系统和最近崛起的苹果 iOS 系统，成为全球最受欢迎的智能手机平台。应用 Android 不仅可以开发在手机或平板电脑等移动设备上运行的工具软件，而且可以开发 2D 甚至 3D 游戏。

本书特色及配套学习资源包

为了方便读者学习，本书经过了科学安排，并配备了丰富的学习资源包，读者朋友可从本书的配书光盘或者网站 www.rjkflm.com 获取学习资源。

黄金学习搭配	专业学习视频	重难点精确打击
快速入门+中小实例实战+模块实战+项目实战+开发资源包。（图书+光盘+网站）	光盘含 27 小时大型同步教学视频，听专家现场演示讲解。（光盘中）	111 个精彩实例分析，精确掌握重点难点。（图书）
学习分享经验	**学习测试、诊断**	**有趣实践任务**
提供互动、互助学习平台，学习分享经验。（登录网站）	网站提供编程能力测试、软件考试模拟测试题库。（登录网站）	光盘提供 1100 多个实践任务，读者可以登录网站获取答案。（光盘+网站）
专业资源库	**学习排忧解难**	**获取源程序**
免费赠送 Java 程序开发资源库（学习版），拓展编程视野。（登录网站）	提供编程学习论坛，头脑风暴，帮您轻松解决编程困扰。（登录网站）	光盘提供几乎所有的实例源程序，可直接复制，照猫画虎，调试运行。（光盘中）
提供习题答案	**赠送开发案例**	
本书对于习题都给出了答案，先自行作业，然后对比分析。（光盘中）	赠送开发案例文档、源程序和学习视频，帮助读者拓展视野，提高熟练度。（光盘中）	

读者对象

- ☑ 有志于从事 Android 应用开发的初学者
- ☑ 准备从事 Android 应用开发的求职者
- ☑ 初、中级 Android 应用开发人员
- ☑ 高等院校计算机相关专业的老师和学生
- ☑ 程序测试及维护人员

本书内容结构

从初学程序开发的人员步入编程高手行列通常需要经历 5 个阶段，即新手入门—进阶提高—中级开发—高级应用—项目实战，而本书中的内容正是按照这一规律精心组织的，结构如下图所示。

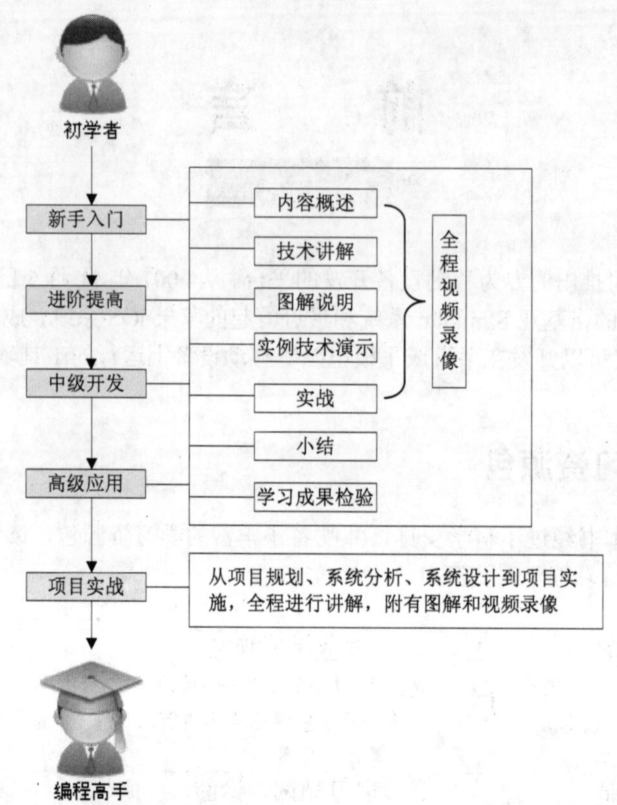

第 1 篇：新手入门。主要包括走进 Android，Android 模拟器，用户界面设计，Android 常用组件，综合实验（一）——猜猜鸡蛋放在哪只鞋子里等内容。

第 2 篇：进阶提高。主要包括基本程序单元 Activity，Intent 和 BroadcastReceiver 的应用，使用资源，Android 事件处理，对话框、通知与闹钟，Action Bar，Android 程序的调试，综合实验（二）——迷途奔跑的野猪等内容。

第 3 篇：中级开发。主要包括数据存储技术，Content Provider 实现数据共享，线程与消息处理，Service 应用，综合实验（三）——简易打地鼠游戏等内容。

第 4 篇：高级应用。主要包括图像与动画处理技术，利用 OpenGL 实现 3D 图形，多媒体技术，定位服务，网络通信技术，综合实验（四）——简易涂鸦板等内容。

第 5 篇：项目实战。通过两个完整的项目介绍 Android 应用软件的设计过程，包括基于 Android 的数独游戏和基于 Android 的家庭理财通。这两个项目是作者精心挑选的，通过对这两个项目的学习，读者可以巩固前面所学的知识和技术，积累 Android 项目实际开发经验。

本书备用服务

如果本书服务网站 www.rjkflm.com 临时有问题，读者朋友还可以通过如下方式与我们沟通：登录网站：www.mingribook.com，查阅相关问题或者留言。通过 QQ：4006751066。

本图书光盘如有打不开现象，请核实一下电脑是不是 DVD 光驱；如果在复制光盘内容时，出现个别文件无法复制，请分批复制试一试；如有极个别光盘打不开，可多试几台电脑，打开之后复制内容一样使用。

“宝剑锋从磨砺出，梅花香自苦寒来”，亲爱的读者朋友，希望在辛苦的道路上我们一起走过！

编　者

目　　录

Contents

第1篇　新 手 入 门

第 2 篇 进 阶 提 高

第3篇　中级开发

第 4 篇 高 级 应 用

第 5 篇　项 目 实 战

第1篇

新手入门

第 1 章

走进 Android

（视频讲解：78 分钟）

在快速发展的移动开发领域，以 Android 的发展最为迅猛。短短几年时间内，就撼动了诺基亚的霸主地位。通过其在线市场，程序员不仅能向全世界贡献自己的程序，而且能通过销售获得不菲的收入。作为 Android 开发的起步，本章将通过 Android 开发环境的搭建和第一个 Android 程序的开发过程，带领读者进入 Android 程序开发的世界。

通过阅读本章，您可以：

- ⏭ 了解 Android 的体系结构、特性及版本
- ⏭ 掌握如何搭建 Android 开发环境
- ⏭ 了解 Android 应用程序的开发流程
- ⏭ 掌握使用 Eclipse 开发 Android 程序的方法
- ⏭ 掌握如何创建模拟器
- ⏭ 了解 Android 项目的运行和调试

1.1　认识 Android

视频讲解：光盘\TM\Video\1\认识 Android.exe

Android 本义是指"机器人"，它是 Google 公司专门为移动设备开发的平台，其中包含操作系统、中间件和核心应用等。Android 最早由 Andy Rubin 创办，于 2005 年被搜索巨人 Google 收购。2007 年 11 月 5 日，Google 正式发布该平台。在 2010 年底，Android 已经超越称霸 10 年的诺基亚 Symbian 系统，成为全球最受欢迎的智能手机平台。采用 Android 平台的手机厂商主要有 HTC、Samsung、Motorola、LG、Sony Ericsson 等。

1.1.1　Android 的体系结构

Android 的主要组成部分包括 APPLICATIONS、APPLICATION FRAMEWORK、LIBRARIES、ANDROID RUNTIME 和 LINUX KERNEL 5 部分，如图 1.1 所示。

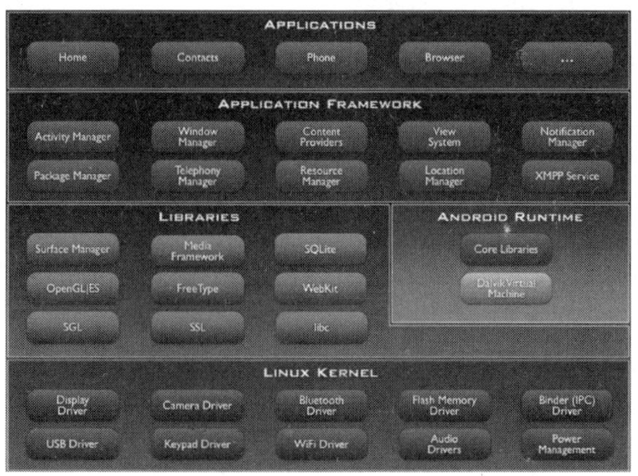

图 1.1　Android 的体系结构

1．Linux 内核（LINUX KERNEL）

Android 的核心系统服务是基于 Linux 2.6 内核的，如安全性、内存管理、进程管理、网络协议栈和驱动模型等都依赖于该内核。Linux 内核同时也作为硬件和软件栈之间的抽象层，而 Android 更多的是需要一些与移动设备相关的驱动程序，主要驱动如下。

☑ Display Driver：显示驱动，基于 Linux 的帧缓冲驱动。
☑ Camera Driver：照相机驱动，基于 Linux 的 v412 驱动。
☑ Bluetooth Driver：蓝牙驱动，基于 IEEE 802.15.1 标准的无线传输技术。
☑ Flash Memory Driver：Flash 闪存驱动，基于 MTD 的 Flash 驱动程序。
☑ Binder(IPC) Driver：Android 的一个特殊的驱动程序，具有单独的设备节点，提供进程间通信的功能。
☑ USB Driver：USB 接口驱动。
☑ Keypad Driver：键盘驱动，作为输入设备的键盘驱动。
☑ WiFi Driver：基于 IEEE 802.11 标准的驱动程序。
☑ Audio Drivers：音频驱动，基于 ALSA（Advanced Linux Sound Architecture）的高级 Linux 声音体

系驱动。

☑ Power Management：电源管理，如电池电量等。

> **说明** 最新的 Android 4.2 版本基于 Linux 3.0 内核。

2．库（LIBRARIES）

库主要提供 Android 程序运行时需要的一些类库，这些类库一般是使用 C/C++语言编写的。主要包括以下类库。

☑ libc：C 语言标准库，系统最底层的库，通过 Linux 系统来调用。

☑ Surface Manager：主要管理多个应用程序同时执行时，各个程序之间的显示与存取，并且为多个应用程序提供了 2D 和 3D 涂层的无缝融合。

☑ SQLite：关系数据库。

☑ OpenGL|ES：3D 效果的支持。

☑ Media Framework：Android 系统多媒体库，该库支持多种常见格式的音频、视频的回放和录制，如 MPEG4、MP3、AAC、JPG 和 PNG 等。

☑ WebKit：Web 浏览器引擎。

☑ SGL：2D 图形引擎库。

☑ SSL：位于 TCP/IP 协议与各种应用层协议之间，为数据通信提供支持。

☑ FreeType：位图及矢量库。

3．Android 运行时（ANDROID RUNTIME）

Android 运行时包括核心库和 Dalvik 虚拟机两部分。核心库中提供了 Java 语言核心库中包含的大部分功能，虚拟机负责运行程序。Dalvik 虚拟机专门针对移动设备进行编写，不仅效率更高，而且占用更少的内存。

4．应用框架（APPLICATION FRAMEWORK）

应用框架是编写 Google 发布的核心应用时所使用的 API 框架，开发人员可以使用这些框架来开发自己的应用程序，这样可以简化程序开发的架构设计。Android 应用框架层提供的主要 API 框架如下。

☑ Activity Manager：活动管理器，用来管理应用程序声明周期，并提供常用的导航退回功能。

☑ Window Manager：窗口管理器，用来管理所有的窗口程序。

☑ Content Providers：内容提供器，它可以让一个应用访问另一个应用的数据，或共享它们自己的数据。

☑ View System：视图管理器，用来构建应用程序，如列表、表格、文本框及按钮等。

☑ Notification Manager：通知管理器，用来设置在状态栏中显示的提示信息。

☑ Package Manager：包管理器，用来对 Android 系统内的程序进行管理。

☑ Telephony Manager：电话管理器，用来对联系人及通话记录等信息进行管理。

☑ Resource Manager：资源管理器，用来提供非代码资源的访问，如本地字符串、图形及布局文件等。

☑ Location Manager：位置管理器，用来提供使用者的当前位置等信息，如 GPRS 定位。

☑ XMPP Service：Service 服务。

5．应用层（APPLICATIONS）

应用层是用 Java 语言编写的运行在 Android 平台上的程序，如 Google 默认提供的 E-mail 客户端、SMS 短信、日历、地图及浏览器等程序。作为 Android 开发人员，通常需要做的就是编写在应用层上运行的应用程序，如大家所熟知的愤怒的小鸟、植物大战僵尸、微博客户端等程序。

1.1.2　Android 的特性

Android 是一种开源操作系统，其在手机操作系统领域的市场占有率已经超过了 50%，是什么原因让 Android 操作系统如此受欢迎呢？本节将介绍 Android 的一些主要特性。

1．开放性

Android 平台的显著优势就是其开放性，开放的平台允许任何移动终端厂商加入到 Android 联盟中来，可以使其拥有更多的开发者，随着用户和应用的日益丰富，一个崭新的平台也将很快走向成熟。

开放性对于 Android 的发展而言，有利于其积累人气，这里的人气包括消费者和厂商，而对于消费者来讲，最大的受益正是丰富的软件资源。开放的平台也会带来更大竞争，如此一来，消费者将可以用更低的价位购得心仪的手机。

2．挣脱束缚

在过去很长一段时间，手机应用往往受到运营商制约，特别是在欧美地区，使用什么功能接入什么网络，几乎都受到运营商的控制。自从 Android 上市后，用户可以更加方便地连接网络，运营商的制约减少。随着 EDGE、HSDPA 这些 2G 至 3G 移动网络的逐步过渡和提升，手机随意接入网络已不是运营商口中的笑谈。

3．丰富的硬件

这一点还是与 Android 平台的开放性相关，由于 Android 的开放性，众多的厂商会推出功能特色各异的多种产品。功能上的差异和特色，却不会影响到数据同步，甚至软件的兼容。这好比是你从诺基亚 Symbian 风格手机一下改用苹果 iPhone，同时还可将 Symbian 中优秀的软件带到 iPhone 上使用，联系人等资料更是可以方便地转移。

4．开发商

Android 平台提供给第三方开发商一个十分宽泛、自由的环境，没有条条框框的限制，因此会有相当数量新颖别致的软件诞生。但这也有其两面性，如何控制一些不良程序和游戏正是留给 Android 的难题之一。

5．Google 应用

如今叱咤互联网的 Google 已经走过数十年历史，从搜索巨人到全面的互联网渗透，Google 服务，如地图、邮件、搜索等已经成为连接用户和互联网的重要纽带，而 Android 平台手机将无缝接合这些优秀的 Google 服务。

1.1.3　Android 的版本

Android 用甜点作为系统版本的代号，该命名方法开始于 Android 1.5，作为每个版本代表的甜点名称按字母顺序排列：纸杯蛋糕、甜甜圈、松饼、冻酸奶、姜饼、蜂巢……Android 迄今为止发布的主要版本及其发布时间如表 1.1 所示。

表 1.1　Android 的主要版本及发布时间

版　本	代　号	发布时间
Android 1.1	无	发布于 2008 年 9 月
Android 1.5	Cupcake（纸杯蛋糕）	发布于 2009 年 4 月
Android 1.6	Donut（甜甜圈）	发布于 2009 年 9 月

续表

版 本	代 号	发布时间
Android 2.0	Éclair（松饼）	发布于 2009 年 10 月 26 日
Android 2.1	Éclair（松饼）	发布于 2009 年 10 月 26 日，Android 2.0 版本的升级版
Android 2.2	Froyo（冻酸奶）	发布于 2010 年 5 月 20 日
Android 2.3	Gingerbread（姜饼）	发布于 2010 年 12 月 7 日
Android 3.0	Honeycomb（蜂巢）	发布于 2011 年 2 月 3 日
Android 3.1	Honeycomb（蜂巢）	发布于 2011 年 5 月 10 日
Android 3.2	Honeycomb（蜂巢）	发布于 2011 年 7 月 13 日
Android 4.0	Ice Cream Sandwich（冰淇淋三明治）	发布于 2011 年 10 月 19 日
Android 4.1	Jelly Bean（果冻豆）	发布于 2012 年 6 月 28 日
Android 4.2	Jelly Bean（果冻豆）	发布于 2012 年 10 月 30 日

1.1.4 Android 市场

Android 市场是 Google 公司为 Android 平台提供的在线应用商店，Android 平台用户可以在该市场中浏览、下载和购买第三方人员开发的应用程序。

对于开发人员，有两种获利的方式。第一种方式是卖软件，开发人员可以获得该应用售价的 70%，其余 30%作为其他费用；第二种方式是加广告，将自己的软件定为免费软件，通过增加广告链接，靠点击率挣钱。

1.2 搭建 Android 的开发环境

视频讲解：光盘\TM\Video\1\搭建 Android 的开发环境.exe

"工欲善其事，必先利其器"，在学习 Android 开发之前，必须先熟悉并搭建它所需要的开发环境。下面将详细介绍如何搭建 Android 开发环境。

1.2.1 系统需求

本节讲述使用 Android SDK 进行开发所必需的硬件和软件需求。对于硬件方面，要求 CPU 和内存尽量大。Android 4.2 SDK 全部下载大概需要 7GB 硬盘空间。由于开发过程中需要反复重启模拟器，而每次重启都会消耗几分钟的时间（视机器配置而定），因此使用高配置的机器能节约时间。

下面重点讲解软件需求，这里将介绍两个方面：操作系统和开发环境。

☑ 操作系统要求

支持 Android SDK 的操作系统及其要求如表 1.2 所示。

表 1.2 Android SDK 对操作系统的要求

操作系统	要 求
Windows	Windows XP（32 位）
	Vista（32 位或 64 位）
	Windows 7（32 位或 64 位）

续表

操 作 系 统	要　　求
Mac OS	10.5.8 或更新（仅支持 x86）
Linux（在 Ubuntu 的 10.04 版测试）	需要 GNU C Library (glibc) 2.7 或更新 在 Ubuntu 系统上，需要 8.04 版或更新 64 位版本必须支持 32 位应用程序

☑　开发环境要求

在安装 Android 应用程序之前，首先搭建好 Android 开发所需要的开发工具，本书以 Windows 7 操作系统为例讲解 Android 的开发。Android 开发所需的软件及其下载地址如表 1.3 所示。

表 1.3　Android 开发所需的软件及其下载地址

软 件 名 称	下 载 地 址	本书使用的版本
JDK	http://www.oracle.com	JDK 7 Update 10
Eclipse	http://www.eclipse.org	Eclipse IDE for Java Developers（4.2）
Android SDK	http://www.android.com	Android 4.2 SDK
ADT	http://dl-ssl.google.com/android/eclipse/或者 https://dl-ssl.google.com/android/eclipse/	ADT 21.0.1

1.2.2　JDK 的下载

由于 Sun 公司已经被 Oracle 收购，因此 JDK 可以在 Oracle 公司的官方网站（http://www.oracle.com/cn/index.html）下载。下面以目前最新的版本 JDK 7 Update 10 为例介绍下载 JDK 的方法，具体步骤如下：

（1）打开浏览器，进入 Oracle 官方主页，地址是 http://www.oracle.com/index.html，如图 1.2 所示。

（2）选择 Downloads 菜单下的 Java for Developers 子菜单，在跳转的页面中找到如图 1.3 所示的位置。

图 1.2　Oracle 官方主页

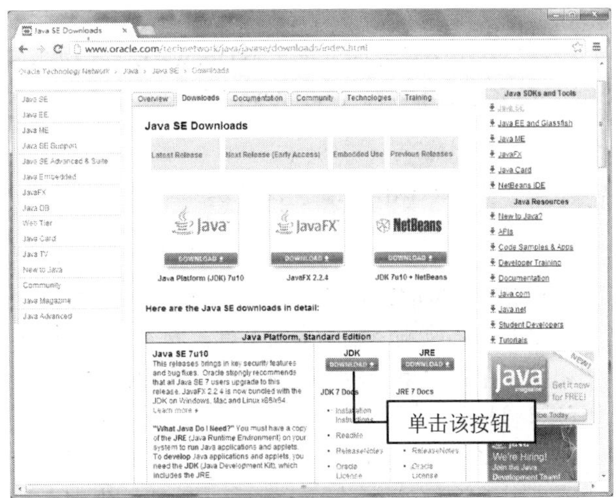

图 1.3　Java 开发资源下载页面

（3）单击 JDK 下方的 DOWNLOAD 按钮，将进入如图 1.4 所示的页面。

图 1.4　JDK 下载页面

（4）选中 Accept License Agreement 单选按钮，接受许可协议，并根据计算机硬件和系统选择适当的版本进行下载，如图 1.5 所示。

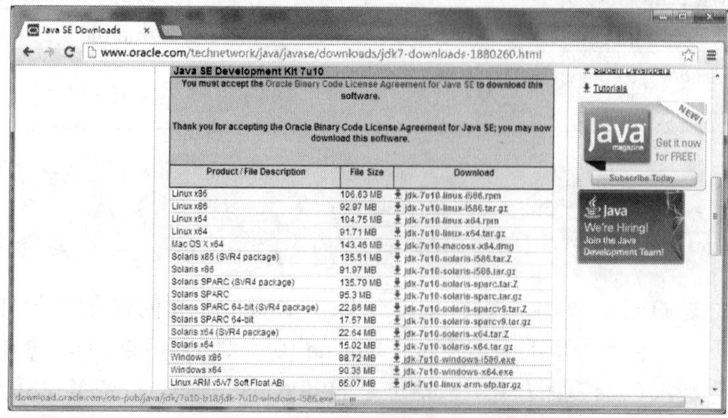

图 1.5　接受许可协议并下载

说明　如果读者的系统是 Windows 32 位，那么下载 jdk-7u10-windows-i586.exe；如果是 Windows 64 位，那么下载 jdk-7u10-windows-x64.exe。

1.2.3　JDK 的安装与配置

下载完 JDK 的安装文件后，就可以进行安装了，具体的安装步骤如下：

（1）双击刚刚下载的安装文件，将弹出如图 1.6 所示的欢迎对话框。

（2）单击“下一步”按钮，将弹出自定义安装对话框，在该对话框中可以选择安装的功能组件，这里选择默认设置，如图 1.7 所示。

（3）单击“更改”按钮，将弹出更改文件夹的对话框，在该对话框中将 JDK 的安装路径更改为 K:\Java\jdk1.7.0_10\，如图 1.8 所示，单击“确定”按钮，将返回到自定义安装对话框中。

（4）单击“下一步”按钮，开始安装 JDK。在安装过程中会弹出 JRE 的目标文件夹对话框，这里更改 JRE 的安装路径为 K:\Java\jre7\，然后单击“下一步”按钮，安装向导会继续完成安装进程。

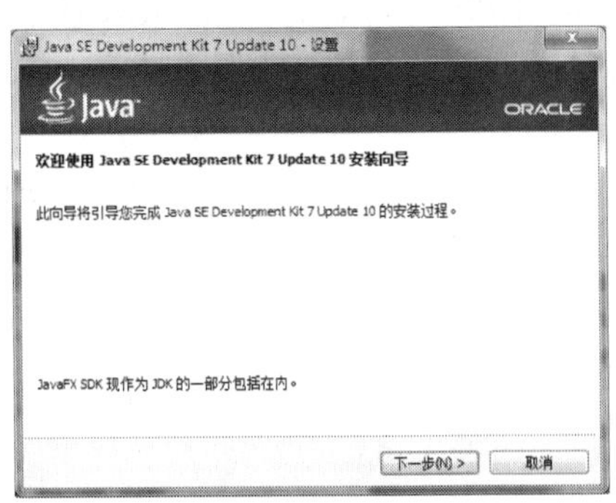

图 1.6　欢迎对话框

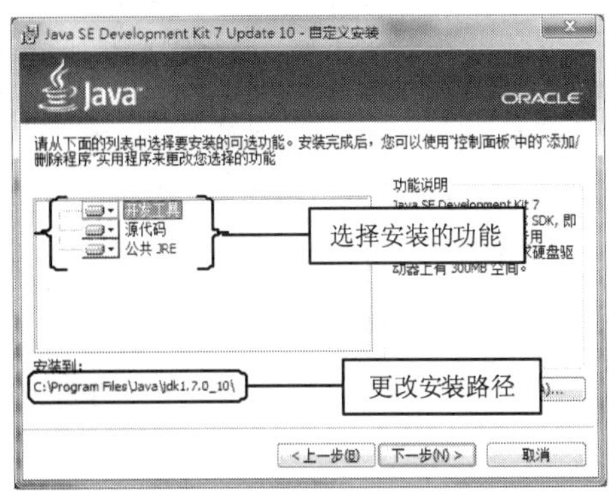

图 1.7　JDK 自定义安装对话框

说明　JRE 全称为 Java Runtime Environment，它是 Java 运行环境，主要负责 Java 程序的运行，而 JDK 包含 Java 程序开发所需要的编译、调试等工具，另外还包含 JDK 的源代码。

（5）安装完成后，将弹出如图 1.9 所示的对话框，单击“关闭”按钮即可。

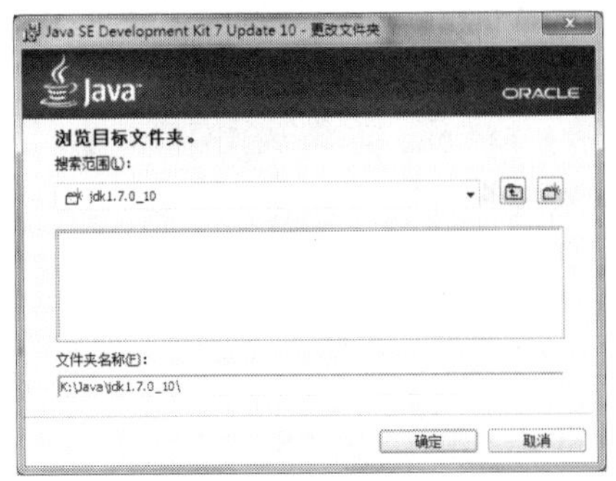

图 1.8　更改 JDK 的安装路径对话框

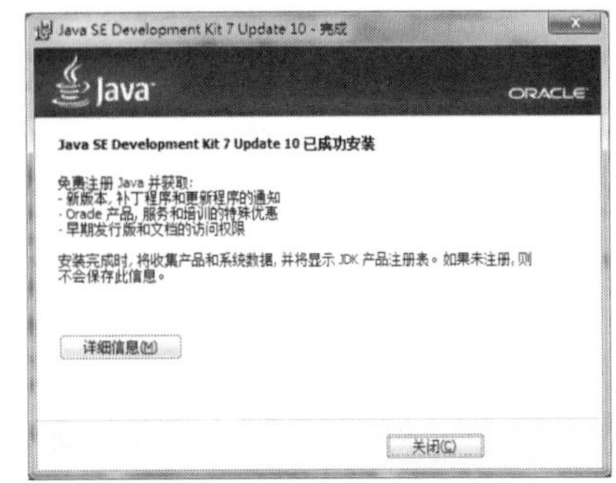

图 1.9　完成对话框

安装完 JDK 以后，还需要在系统的环境变量中进行配置。具体方法如下：

（1）在“开始”菜单的“计算机”图标上单击鼠标右键，在弹出的快捷菜单中选择“属性”命令，在弹出的“属性”对话框左侧单击“高级系统设置”超链接，将出现如图 1.10 所示的“系统属性”对话框。

（2）单击“环境变量”按钮，将弹出“环境变量”对话框，如图 1.11 所示，单击“系统变量”栏中的“新建”按钮，创建新的系统变量。

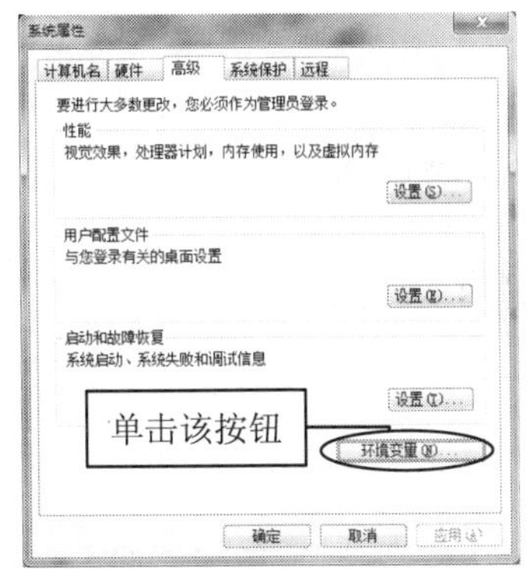

图 1.10　“系统属性”对话框

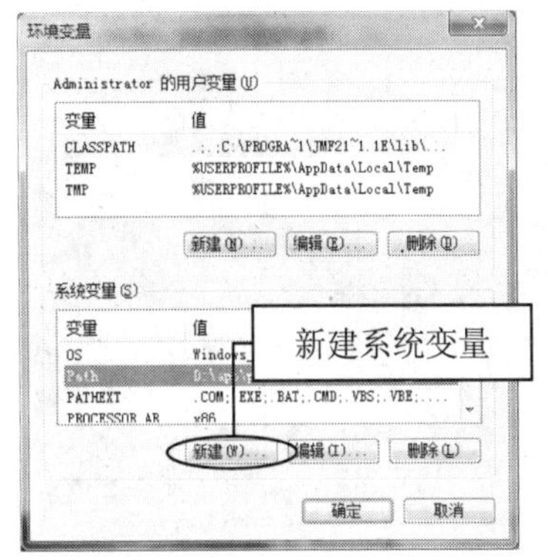

图 1.11　“环境变量”对话框

（3）弹出“新建系统变量”对话框，分别输入变量名“JAVA_HOME”和变量值（即 JDK 的安装路径），其中变量值是笔者的 JDK 安装路径，读者需要根据自己的计算机环境进行修改，如图 1.12 所示。单击“确定”按钮，关闭“新建系统变量”对话框。

（4）在图 1.11 所示的“环境变量”对话框中双击 Path 变量对其进行修改，在原变量值最前端添加“.;%JAVA_ HOME%\bin;”变量值（注意，最后的“;”不要丢掉，它用于分隔不同的变量值），如图 1.13 所示。单击“确定”按钮完成环境变量的设置。

图 1.12　“新建系统变量”对话框

图 1.13　设置 Path 环境变量值

注意　不能删除系统变量 Path 中原有的变量值，并且“%JAVA_ HOME%\bin”与原有变量值之间用英文半角的“;”号分隔，否则会产生错误。

（5）JDK 安装成功之后必须确认环境配置是否正确。在 Windows 系统中测试 JDK 环境需要选择“开始”/“运行”命令（没有“运行”命令可以按 Windows+R 组合键），然后在“运行”对话框中输入“cmd”并单击“确定”按钮启动控制台。在控制台中输入 javac 命令，按 Enter 键，将输出如图 1.14 所示的 JDK 的编译器信息，其中包括修改命令的语法和参数选项等信息。这说明 JDK 环境搭建成功。

1.2.4　Android SDK 的下载与安装

学习开发 Android 应用程序，需要下载并安装 Android SDK。在 Android SDK 中，包含模拟器、教程、API 文档、示例代码等内容。下面将详细介绍下载与安装 Android SDK 的步骤。

1. 下载 Android SDK

下载 Android SDK 的具体步骤如下：

（1）打开 IE 浏览器，输入网址“http://www.android.com”，浏览 Android 主页，在该主页中单击 Developers 超链接，如图 1.15 所示。

图 1.14　JDK 的编译器信息

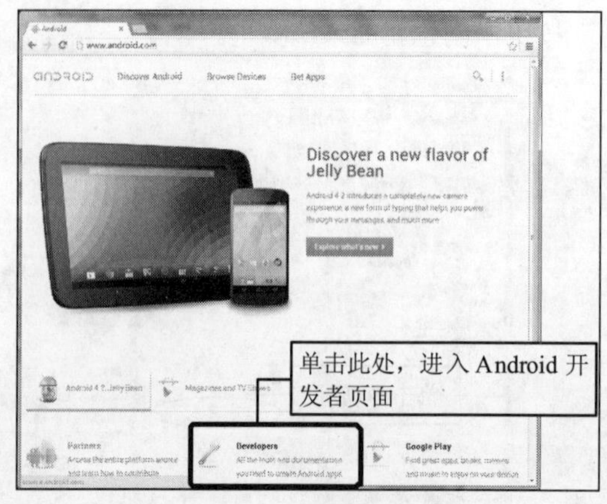

图 1.15　Android 主页

（2）打开 Android Developers 页面，在该页面中以幻灯片形式显示出 Android 4.2 操作系统的相关信息及应用，如图 1.16 所示，单击网页下方的 Get the SDK 超链接。

（3）进入 Android SDK 下载页面，该页面中默认提供 Windows 平台下的 Android SDK 下载链接，如图 1.17 所示。

图 1.16　Android Developers 页面

图 1.17　默认的 Android SDK 下载页面

（4）单击 USE AN EXISTING IDE 超链接，将显示 Download the SDK Tools for Windows 按钮，如图 1.18 所示。单击 Download the SDK Tools for Windows 按钮，将下载 Windows 系统下的 SDK 工具。

（5）也可以单击 DOWNLOAD FOR OTHER PLATFORMS 超链接，这时将显示所有平台的 Android SDK Tools 下载链接，如图 1.19 所示。用户可以单击 installer_r21.0.1-windows.exe 超链接下载 Windows 平台下的 Android SDK Tools，也可以单击其他超链接，下载其他平台下的 Android SDK Tools。例如，单击 android-sdk_r21.0.1-linux.tgz 超链接下载 Linux 平台下的 Android SDK Tools。

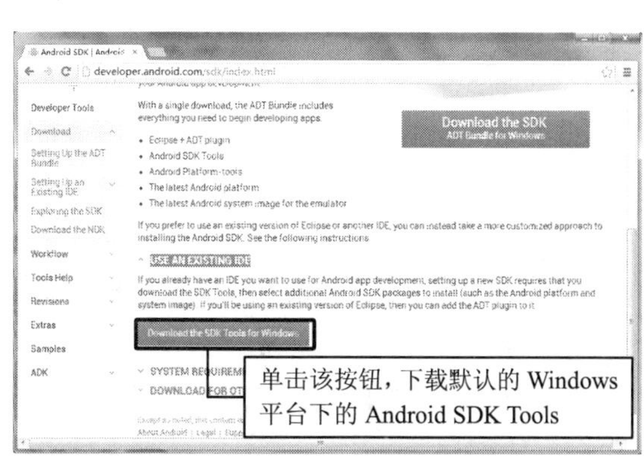

图 1.18　默认的 Android SDK 下载页面

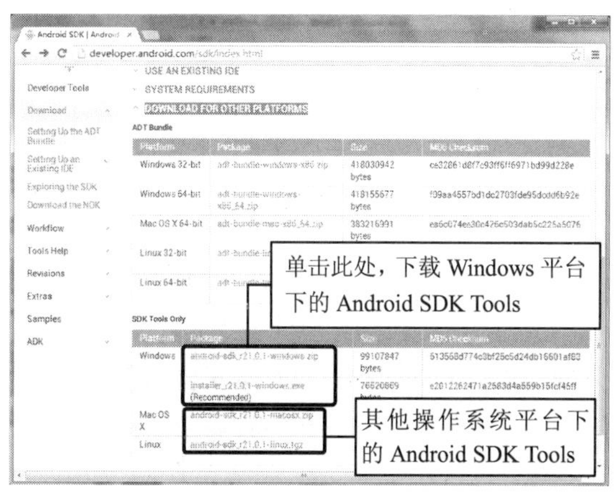

图 1.19　显示所有平台 Android SDK 的下载页面

注意 Android SDK 下载页面中，为 Windows 平台下 Android SDK 的下载提供了两种方式：一种是 android-sdk_r21.0.1-windows.zip，另一种是 installer_r21.0.1-windows.exe。其中，android-sdk_r21.0.1-windows.zip 直接解压缩即可使用，而 installer_r21.0.1-windows.exe 则可以选择安装路径进行安装，它们并没有本质上的区别。

2. 安装 Android SDK

下载 Windows 平台下的 Android SDK Tools 安装文件 installer_r21.0.1-windows.exe 后，安装步骤如下：

（1）双击 installer_r21.0.1-windows.exe 文件，出现如图 1.20 所示的安装向导窗口。

（2）单击 Next 按钮，将显示如图 1.21 所示的安装环境检测窗口，来检测当前系统中安装的 JDK 版本。

图 1.20　安装向导窗口

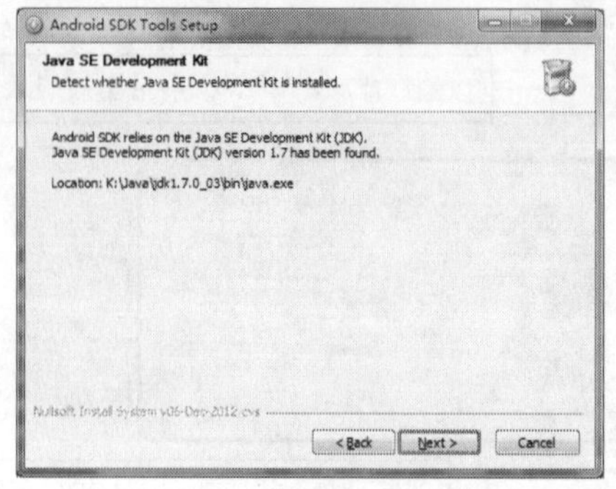

图 1.21　安装环境检测窗口

（3）单击 Next 按钮，将显示选择用户窗口，这里选中 Install for anyone using this computer 单选按钮，表示可以被该计算机的其他用户使用，如图 1.22 所示。

（4）单击 Next 按钮，打开选择安装路径窗口，在该窗口中设置 Android SDK 的安装路径为 E:\Android\android-sdk，如图 1.23 所示。

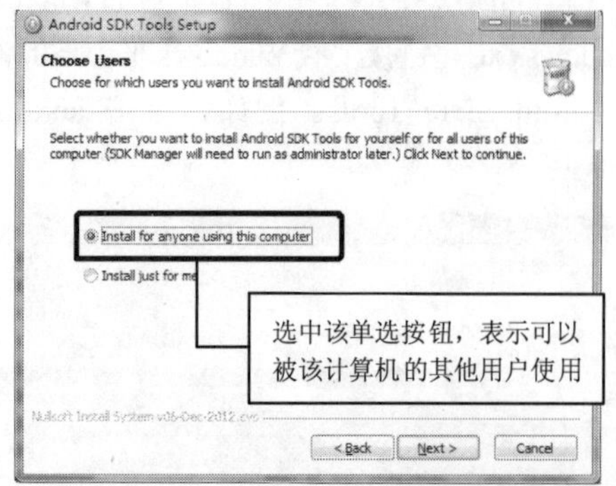

图 1.22　选择用户窗口

图 1.23　设置 Android SDK 的安装路径

（5）单击 Next 按钮，将打开如图 1.24 所示的是否在开始菜单中创建快捷方式窗口，这里采用默认设置。

（6）单击 Install 按钮，开始安装，直到出现如图 1.25 所示的窗口。

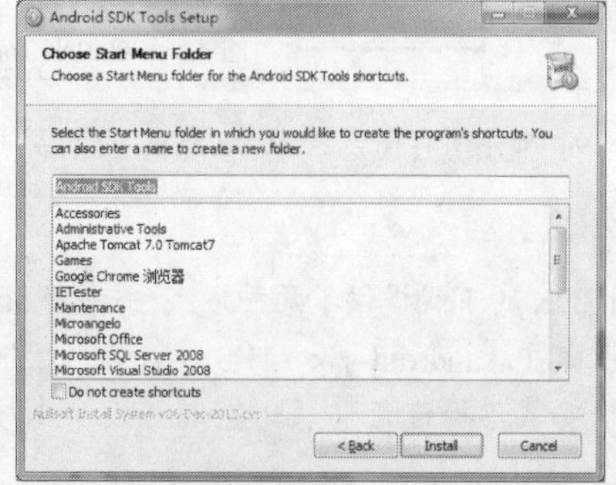

图 1.24　创建开始菜单窗口

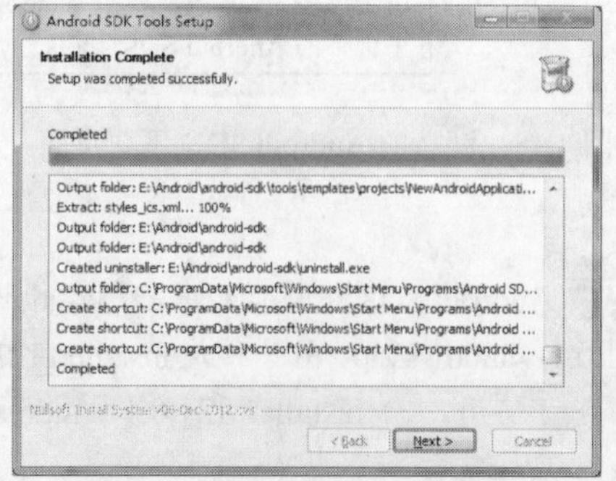

图 1.25　SDK 工具安装完成窗口

（7）单击 Next 按钮，将显示如图 1.26 所示的安装完成窗口。

图 1.26　安装完成窗口

（8）选中 Start SDK Manager 复选框，单击 Finish 按钮，将启动 SDK 管理工具，可自动联网搜索可以下载的软件包，如图 1.27 所示。

（9）选择全部需要安装的软件包，如图 1.28 所示。也可以只选择当前最新版本 4.2。

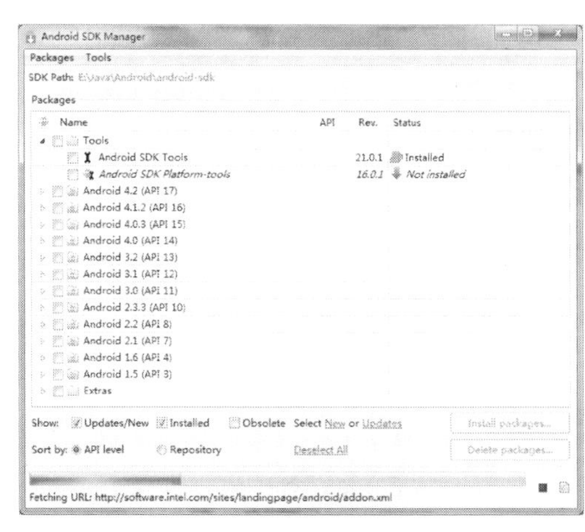

图 1.27　自动搜索可以下载的软件包

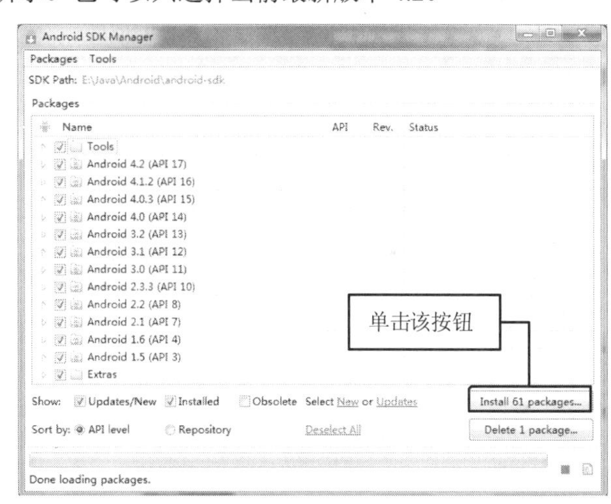

图 1.28　选择需要安装的软件包

说明　有时由于网络的原因，可能没有出现图 1.28 所示的版本，这时可以选择 Packages/Reload 命令重启搜索，如图 1.29 所示。

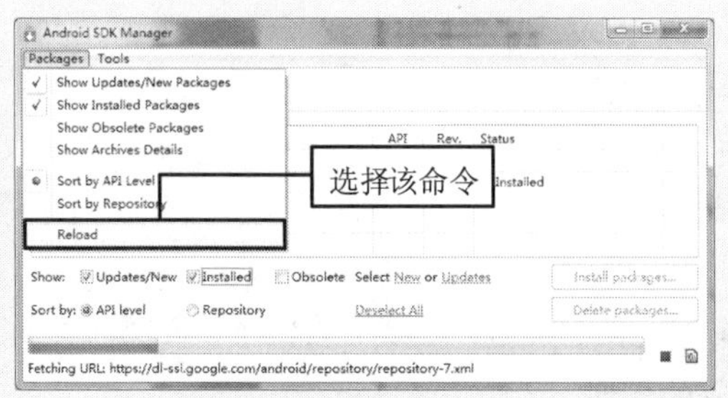

图 1.29　选择 Reload 命令

（10）单击 Install packages 按钮，将弹出接受许可协议的窗口，选中 Accept All 单选按钮，如图 1.30 所示。

图 1.30　接受许可协议的窗口

（11）单击 Install 按钮，进行安装。此处需要耐心地等待，可能要花费几个小时的时间。

（12）安装完成后，将显示如图 1.31 所示的窗口。

通过以上步骤，即可完成 Android SDK 的安装。打开 SDK 的安装目录 E:\Java\Android\android-sdk，如图 1.32 所示。

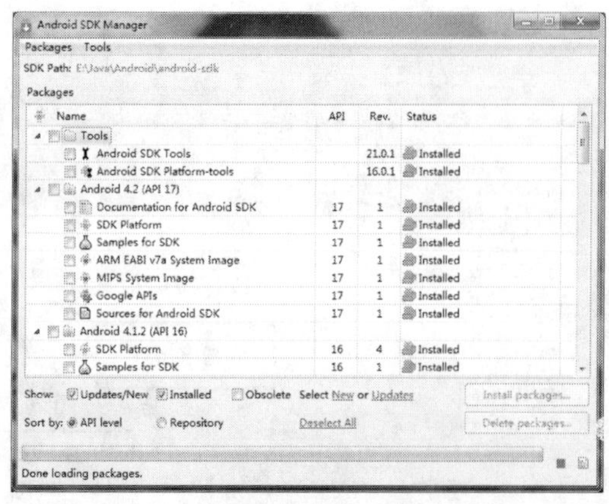

图 1.31　软件包下载并安装完毕窗口

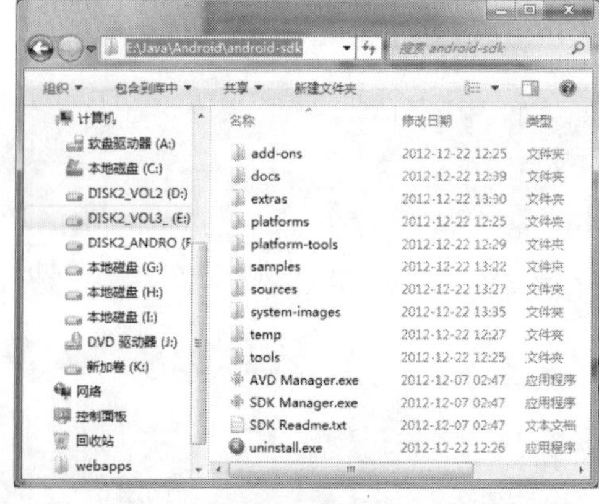

图 1.32　Android SDK 的安装目录

从图 1.32 中可以看到 Android SDK 的安装目录中存在 10 个文件夹，这 10 个文件夹表示的意义分别如下。

☑　add-ons：Android 开发需要的第三方文件。

☑　docs：Android 的文档，包括开发指南、API 等。

☑　extras：附件文档。

☑　platforms：一系列 Android 平台版本。

☑　platform-tools：开发工具，在平台更新时可能会更新。

☑　samples：Android 官方提供的实例。

☑　sources：Android 资源文件夹。

☑　system-images：系统镜像。

☑　temp：缓存目录。

☑　tools：独立于 Android 平台的开发工具，这里的程序可能随时更新。

3. Android SDK 环境变量的配置

在 Windows 7 系统中配置 Android SDK 环境变量的步骤如下：

（1）在“开始”菜单的“计算机”图标上单击鼠标右键，在弹出的快捷菜单中选择“属性”命令，在弹出的“属性”对话框左侧单击“高级系统设置”超链接，出现如图 1.33 所示的“系统属性”对话框。

（2）单击“环境变量”按钮，弹出“环境变量”对话框，如图 1.34 所示，单击“系统变量”栏中的“新建”按钮，创建新的系统变量。

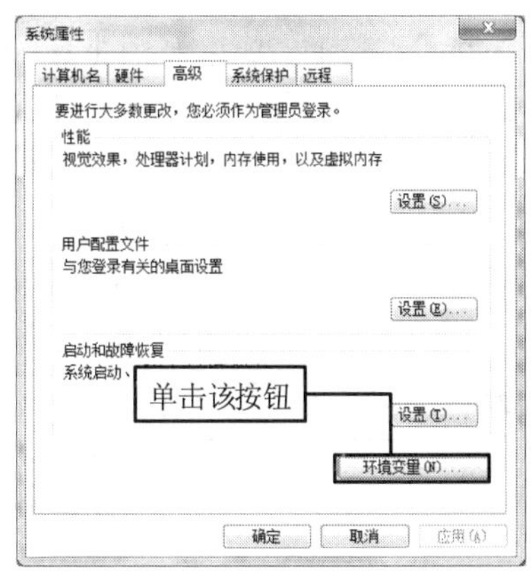

图 1.33　“系统属性”对话框

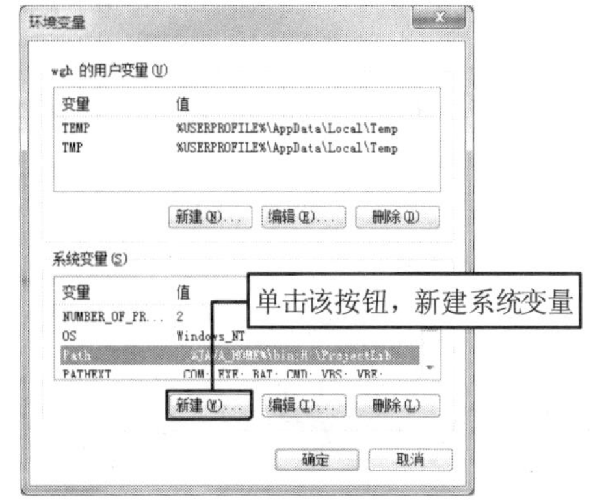

图 1.34　“环境变量”对话框

（3）弹出“新建系统变量”对话框，分别输入变量名“ANDROID”和变量值（即 Android SDK 的安装路径），其中变量值是笔者的 Android SDK 的安装路径，读者需要根据自己的计算机环境进行修改，如图 1.35 所示。单击“确定”按钮，关闭“新建系统变量”对话框。

（4）在图 1.34 所示的“环境变量”对话框中找到 Path 变量，双击打开，在原变量值最后面添加“;%ANDROID%\tools;%ANDROID%\platform-tools”变量值（注意，其中的“;”不能去掉，它用于分隔不同的变量值），如图 1.36 所示。单击“确定”按钮，即可完成 Android SDK 环境变量的配置。

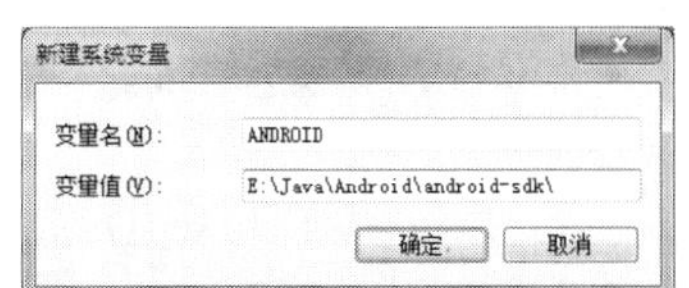

图 1.35　“新建系统变量”对话框

图 1.36　修改 Path 变量的值

（5）Android SDK 配置成功之后必须确认环境配置是否正确。在 Windows 系统中测试 Android SDK 环境需要选择“开始”/“运行”命令，然后在“运行”对话框中输入“cmd”并单击“确定”按钮启动控制台。在控制台中输入 adb 命令，按 Enter 键，将输出 Android SDK 的相关信息，如图 1.37 所示，这说明 Android SDK 环境搭建成功。

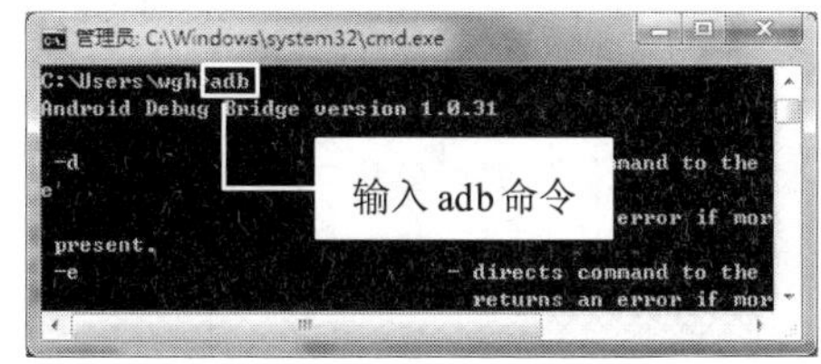

图 1.37　测试 Android SDK 环境是否成功

1.2.5　Eclipse 的下载与安装

Eclipse 是由 IBM 公司投资 4000 万美元开发的 IDE 集成开发工具。它是目前最流行的 Java 集成开发工具之一，基于 Java 语言编写，并且是开放源代码的、可扩展的（Integrated Development Environment，IDE）开发工具。另外，IBM 公司捐出 Eclipse 源代码，组建了 Eclipse 联盟，由该联盟负责这种工具的后续开发。Eclipse 为编程人员提供了一流的 Java 程序开发环境，它的平台体系结构是在插件概念的基础上构建的，插件是 Eclipse 平台最具特色的特征之一，也是其区别于其他开发工具的特征之一。本节将对 Eclipse 的下载及安装过程进行详细讲解。

1. Eclipse 的下载

可以从官方网站下载最新版本的 Eclipse，具体网址为 http://www.eclipse.org。本书中使用的 Eclipse 为 Eclipse 3.7 版本，具体下载步骤如下：

（1）打开 IE 浏览器，在地址栏中输入“www.eclipse.org”，按 Enter 键将打开 Eclipse 的主页，如图 1.38 所示。

（2）单击页面中的 Download Eclipse 超链接，进入 Eclipse 版本选择页面，在该页面中可以选择 Eclipse 针对的操作系统平台及版本，如图 1.39 所示。

图 1.38　Eclipse 官方主页

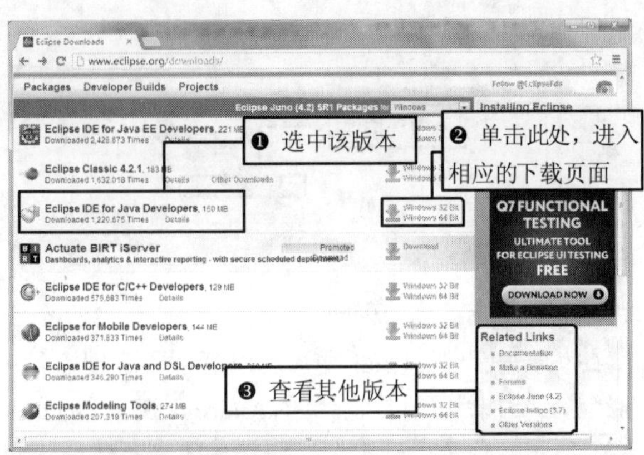

图 1.39　Eclipse 版本选择页面

说明　Android 官方建议使用的 Eclipse 版本为 Eclipse Classic，但为了更好地与 Java 融合，这里选择了 Eclipse IDE for Java Developers，该版本还有一个特点，就是体积小，更便于下载。

（3）由于本书中使用的是 Eclipse Juno（4.2）版本，所以在图 1.39 中，选中 Eclipse IDE for Java Developers，单击后面的下载超链接，进入图 1.40 所示的 Eclipse 下载地址页面，单击[China]Actuate Shanghai(http)下载即可。

图 1.40　Eclipse 下载地址页面

2. Eclipse 的安装

Eclipse 安装文件下载完成后，进行解压缩，会产生一个名为 eclipse 的文件夹，进入该文件夹，其结构

如图 1.41 所示，此时即完成了安装工作，双击 eclipse.exe 文件即可启动 Eclipse。

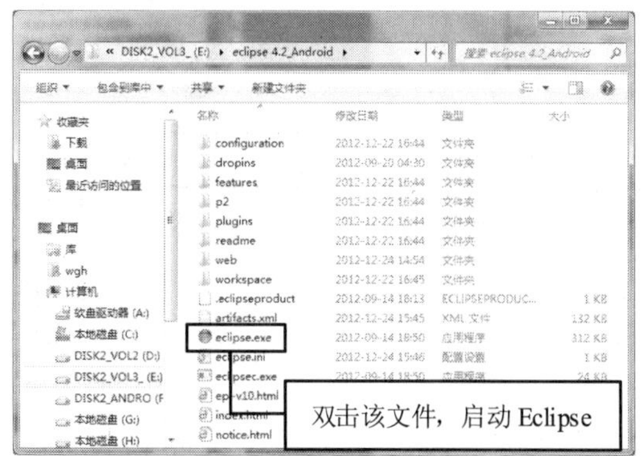

图 1.41　Eclipse 文件夹结构

技巧 eclipse 文件夹可以随意移动，并不会影响程序的正常使用，在同一个系统中也可以存在多个版本的 Eclipse 软件。

1.2.6　Eclipse 的汉化

为了方便不熟悉英语的用户使用 Eclipse，下面讲解如何对 Eclipse 进行汉化。

（1）打开浏览器，进入 Eclipse Babel 官方主页，地址是 http://www.eclipse.org/babel/，如图 1.42 所示。

（2）单击图 1.42 左侧的 Downloads 超链接，进入如图 1.43 所示的页面，单击 Juno 超链接，将进入多国语言包下载列表页面。

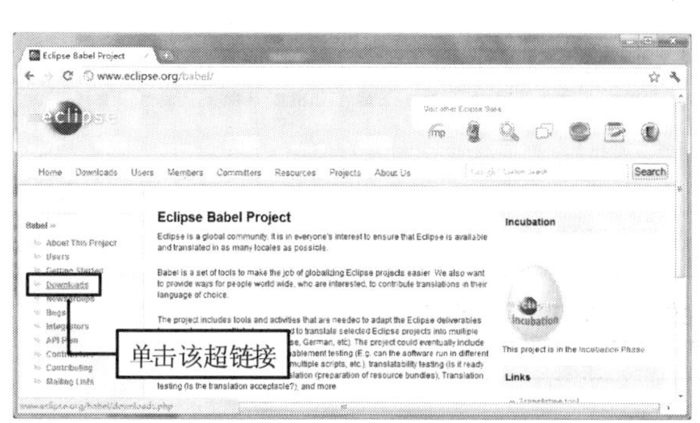

图 1.42　Eclipse Babel 主页

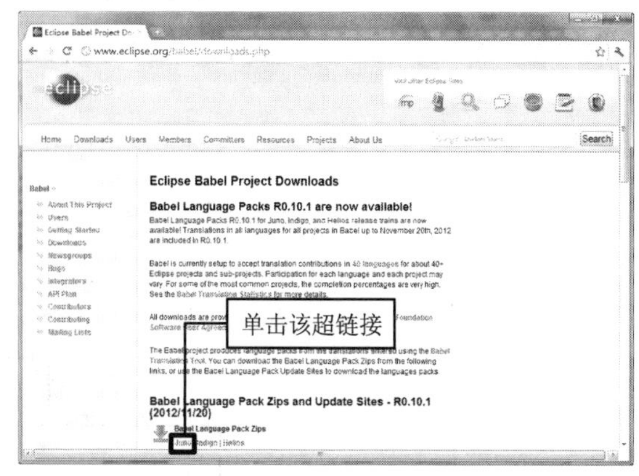

图 1.43　Eclipse Babel 下载页面

（3）找到简体中文的位置，如图 1.44 所示。

（4）在图 1.44 中，单击 BabelLanguagePack-eclipse-zh_4.2.0.v20121120043402.zip (86.08%)超链接，将进入如图 1.45 所示的下载中文语言包的页面。

（5）单击[China]Actuate Shanghai(http)超链接，即可下载该中文语言包。下载后，将得到一个名称为 BabelLanguagePack-eclipse-zh_4.2.0.v20121120043402.zip 的文件。将该文件解压缩后得到 eclipse 文件夹，用其中的 plugins 和 features 子文件夹覆盖 Eclipse 安装路径下的对应文件夹即可。

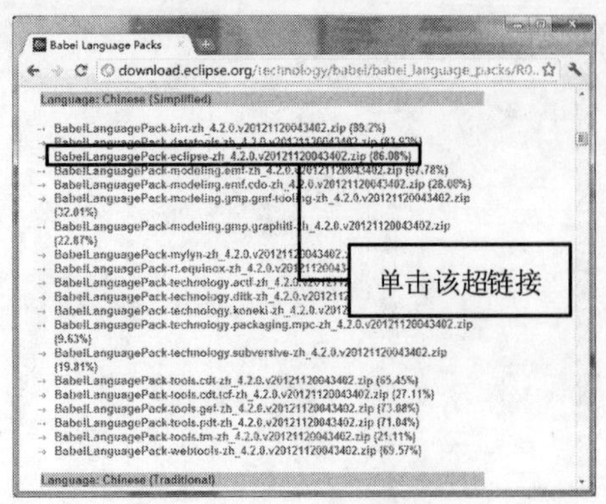

图 1.44　多国语言包下载页面

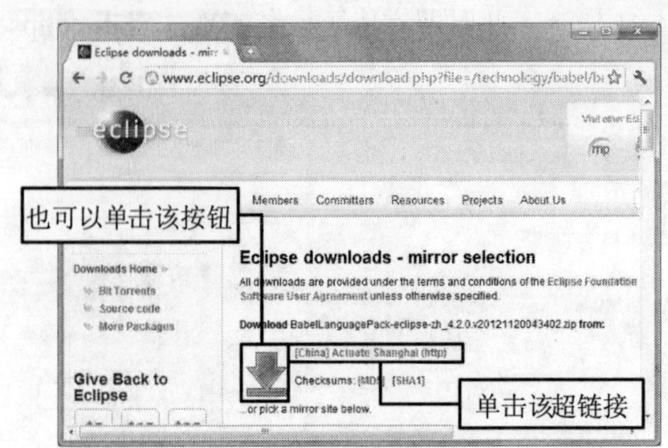

图 1.45　下载中文语言包页面

1.2.7　ADT 插件的下载与安装

Google 专门为 Eclipse 开发了一个插件来辅助开发，其名为 Android Development Tools（简称为 ADT），下面讲解该插件的下载及安装。

1. ADT 的下载

下载 ADT 的步骤如下：

（1）在图 1.17 所示的 Android SDK 下载页面展开左侧菜单中的 Revisions 菜单项，选择 ADT Plugin 选项，显示如图 1.46 所示的 ADT Plugin 界面。

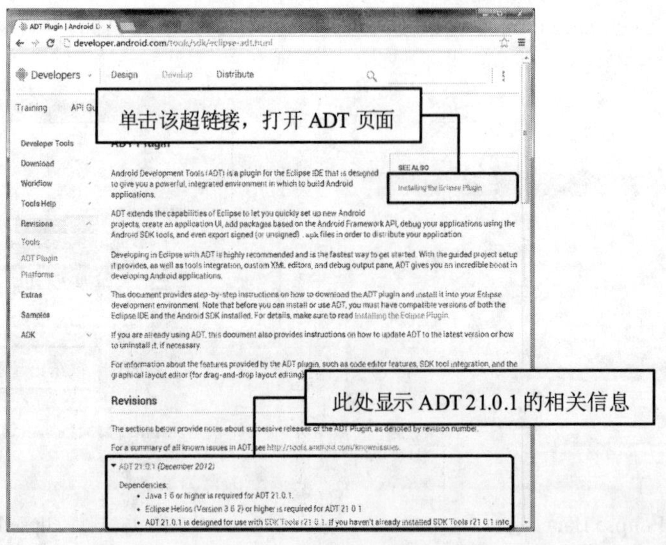

图 1.46　ADT Plugin 界面

（2）在图 1.46 中单击 Installing the Eclipse Plugin 超链接，进入 ADT 21.0.1 信息页面，将滚动条向下滚动，可以看到一个 ADT-21.0.1.zip 超链接，单击该超链接，即可下载 ADT 的离线安装包，如图 1.47 所示。

说明　在图 1.47 中可以看到有一个 http://dl-ssl.google.com/android/eclipse/超链接，该超链接是 ADT 工具的在线安装地址，在实际安装时，如果该地址解析不通，可以替换为 https://dl-ssl.google.com/android/eclipse/。

2. ADT 的安装

将 ADT 安装到 Eclipse 上的步骤如下：

（1）启动 Eclipse，在菜单栏中依次选择“帮助”/Install New Software 命令，弹出 Install 窗口，如图 1.48 所示。

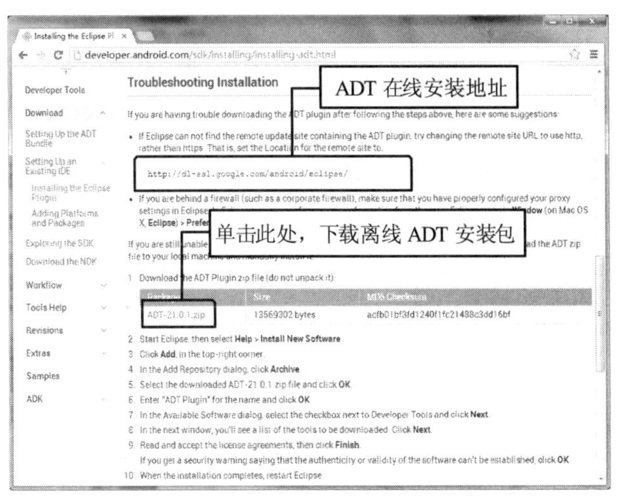

图 1.47　下载 ADT

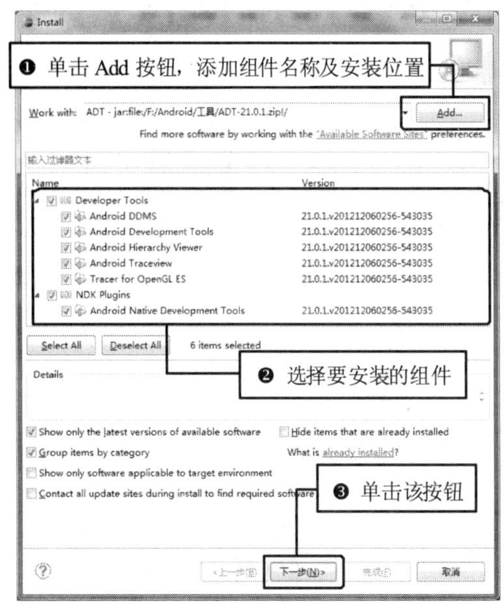

图 1.48　Install 窗口

注意　这里需要取消选中 Contact all update sites during install to find required software 复选框。

（2）单击 Add 按钮，弹出 Add Repository 对话框，在该对话框的 Name 文本框中输入“ADT”，然后在 Location 文本框中输入 ADT 的下载地址，如果是在线安装，则输入 ADT 的在线安装地址，如图 1.49 所示；如果已经下载了 ADT 的离线安装包，则直接单击 Archive 按钮，选择 ADT 离线安装包的存放路径，如图 1.50 所示。输入或选择完 Location 路径之后，单击“确定”按钮，返回到 Install 窗口。

图 1.49　输入 ADT 的在线安装地址

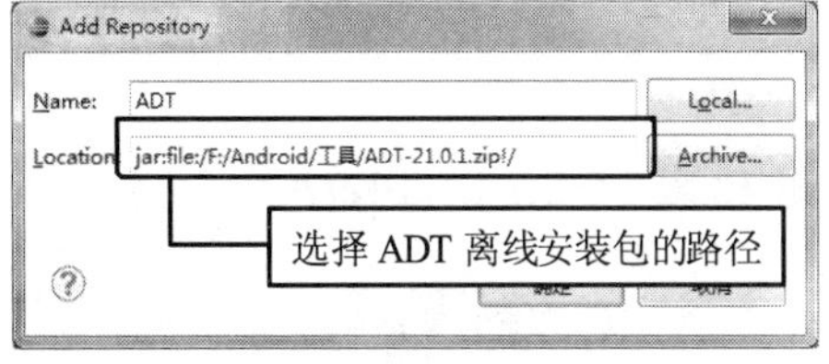

图 1.50　选择 ADT 离线安装包的放置路径

（3）在 Install 窗口中选中要安装组件前的复选框，单击“下一步”按钮，进入 Install Details 页面，如图 1.51 所示，在该页面中显示要安装的组件。

（4）单击“下一步”按钮，进入 Review Licenses 页面，如图 1.52 所示，在该页面中主要显示安装组件的许可条款，选中 I accept the terms of the license agreements 单选按钮。

（5）单击“完成”按钮，即可进入选中组件的安装界面，如图 1.53 所示，在该界面中显示组件的安装进度。

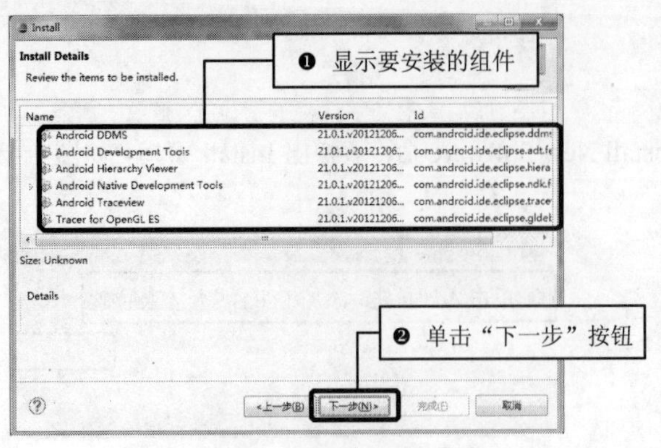

图 1.51　Install Details 页面

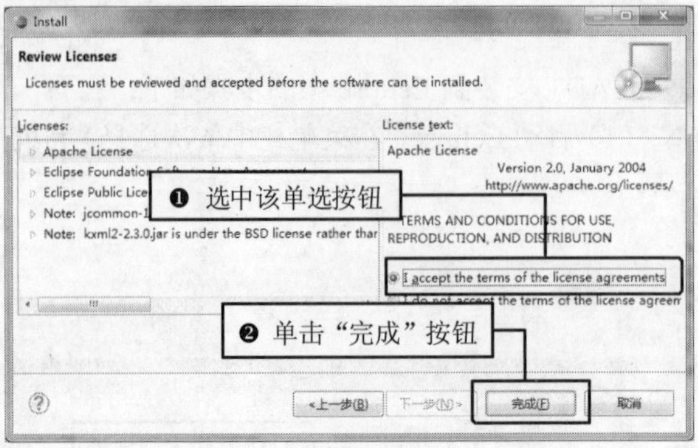

图 1.52　Review Licenses 页面

（6）安装完成后，弹出如图 1.54 所示的询问是否重新启动 Eclipse 的对话框。

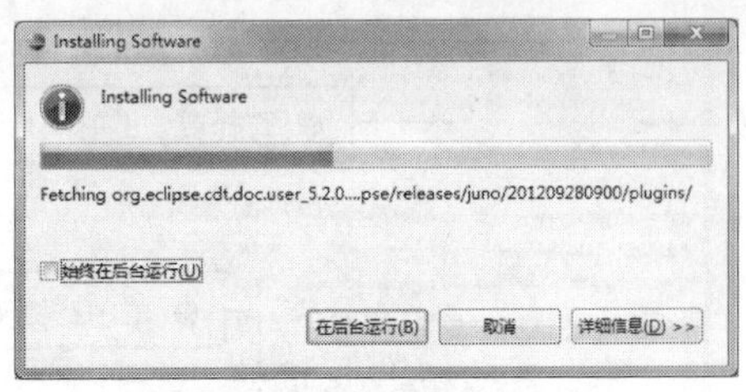

图 1.53　安装进度界面

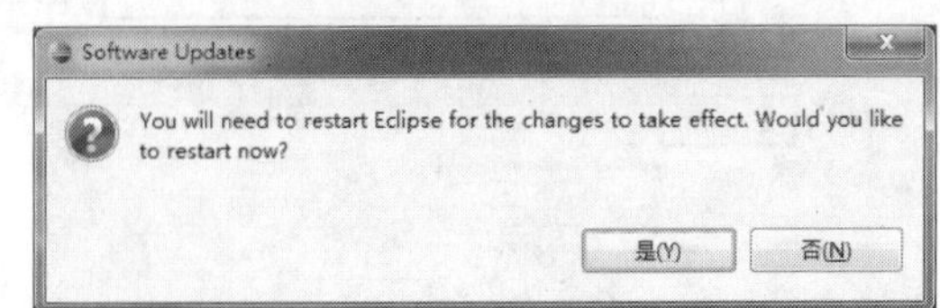

图 1.54　询问是否重新启动 Eclipse

（7）单击“是”按钮，重新启动 Eclipse 即可完成 ADT 插件的安装。

1.3　开发第一个 Android 程序

视频讲解：光盘\TM\Video\1\开发第一个 Android 程序.exe

现在开发 Android 程序的环境已经搭建好，本节将介绍一个简单的 Android 程序的开发过程，让读者对 Android 程序开发流程有一个基本的认识。

1.3.1　了解 Android 应用程序的开发流程

在创建第一个 Android 程序之前，先来了解一下 Android 应用程序的基本开发流程。Android 应用程序的开发流程如下：

（1）创建 Android 虚拟设备或者硬件设备。

开发人员需要创建 Android 虚拟设备（AVD）或者链接硬件设备来安装应用程序。

（2）创建 Android 项目。

Android 项目中包含应用程序使用的全部代码和资源文件。它被构建成可以在 Android 设备安装的.apk 文件。

（3）构建并运行应用程序。

如果使用 Eclipse 开发工具，每次保存修改时都会自动构建。而且可以单击“运行”按钮来安装应用程序到模拟器。如果使用其他 IDE，开发人员可以使用 Ant 工具进行构建，使用 adb 命令进行安装。

（4）使用 SDK 调试和日志工具调试应用。

（5）使用测试框架测试应用程序。

1.3.2　创建 Android 应用程序

例 1.01　使用 Eclipse 编写本书的第一个 Android 程序。

具体步骤如下：

（1）启动 Eclipse，并选择一个工作空间，进入到 Eclipse 的工作台界面。

（2）单击工具栏中的按钮，或者在菜单栏中依次选择“文件”/“新建”/Android Application Project 命令，如图 1.55 所示。如果“新建”菜单的子菜单中没有 Android Application Project 选项，则选择“新建”/“其他”命令，在弹出的“新建”窗口中展开 Android 节点，选择 Android Application Project 节点，如图 1.56 所示，然后单击“下一步”按钮。

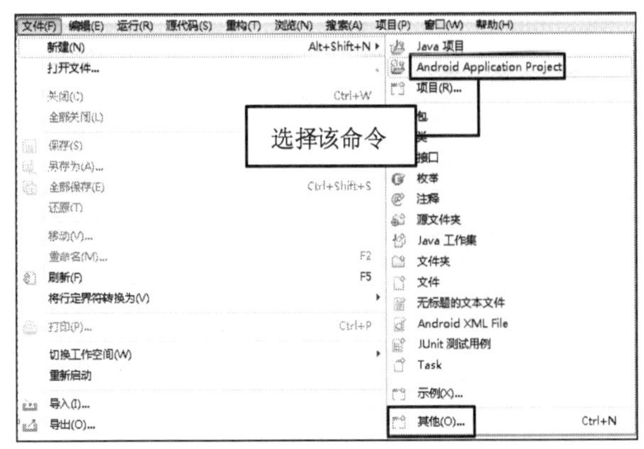

图 1.55　选择“文件”/“新建”/Android Application Project 命令

图 1.56　“新建”窗口

（3）弹出 New Android Application 窗口，在该窗口中，首先输入应用程序名称、项目名称和包名，然后分别在 Minimum Required SDK、Target SDK、Compile With 和 Theme 下拉列表框中选择可以运行的最低版本、创建 Android 程序的版本，以及编译时使用的版本和使用的主题，如图 1.57 所示。

下面简单介绍一下上面填写的各项内容的作用。

☑ Application Name：是 Android 应用程序名称，该名称会在 Android 设备（如手机、平板电脑等）上显示。

☑ Project Name：是 Eclipse 项目名称，即在 Eclipse 工作空间创建的文件夹名称。

☑ Package Name：用于指定包名，其命名规则与 Java 完全相同。

☑ Minimum Required SDK：该下拉列表框用来选择 Android 程序可以运行的最低版本，建议选择低版本，这样可以保证创建的 Android 程序能够向下兼容运行。该下拉列表框的内容如图 1.58 所示。

☑ Target SDK：该下拉列表框用来选择创建 Android 程序的 Android 版本，建议选择高版本。

☑ Compile With：该下拉列表框用来选择编译 Android 程序时使用的 Android 版本，建议选择高版本。该下拉列表框的内容如图 1.59 所示。

☑ Theme：该下拉列表框用来选择使用的主题。

（4）在图 1.57 所示窗口中单击“下一步”按钮，将进入到如图 1.60 所示的配置项目存放位置页面，这里采用默认设置。

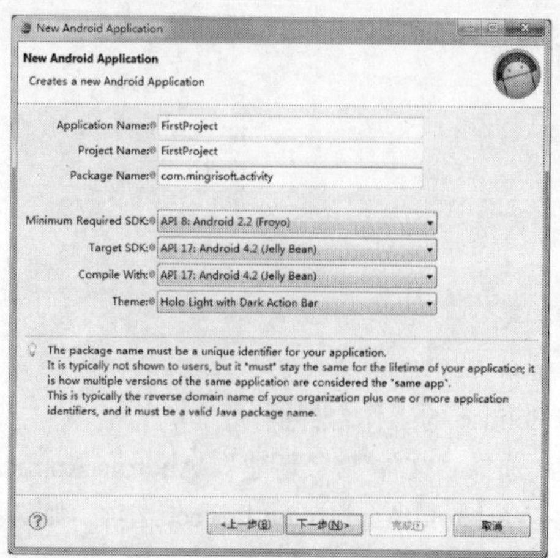

图 1.57　New Android Application 窗口

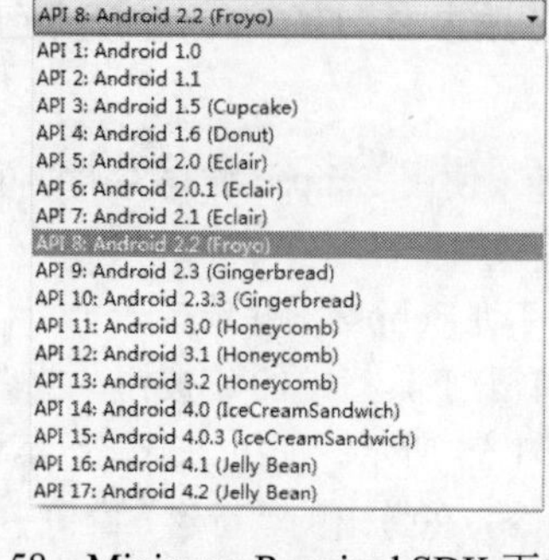

图 1.58　Minimum Required SDK 下拉列表

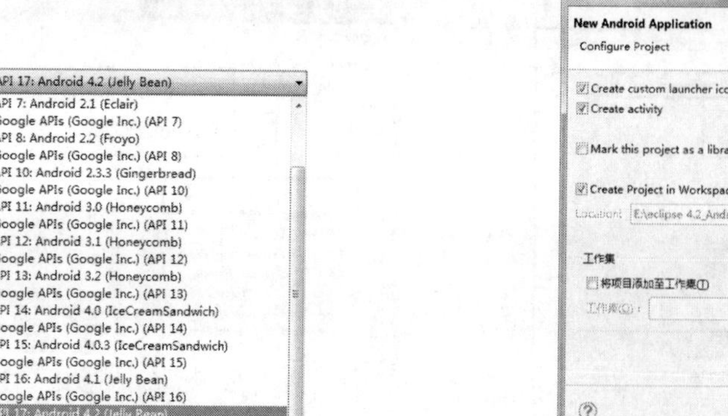

图 1.59　Compile With 下拉列表

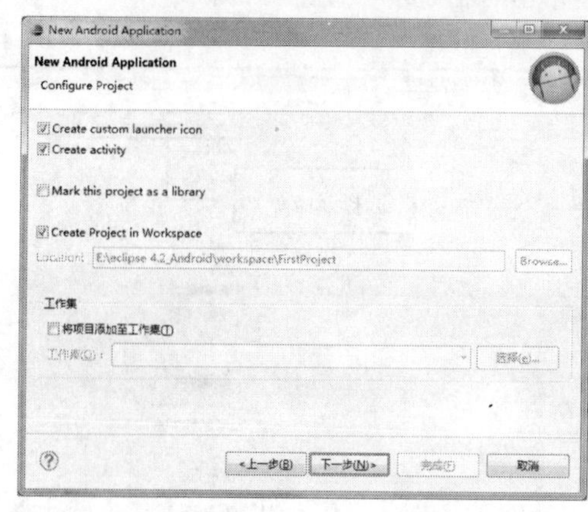

图 1.60　配置项目存放位置页面

（5）单击“下一步”按钮，进入 Configure Launcher Icon 页面，该页面可以对 Android 程序的图标相关信息进行设置，如图 1.61 所示。

（6）单击“下一步”按钮，进入 Create Activity 页面，该页面设置要生成的 Activity 的模板，如图 1.62 所示。

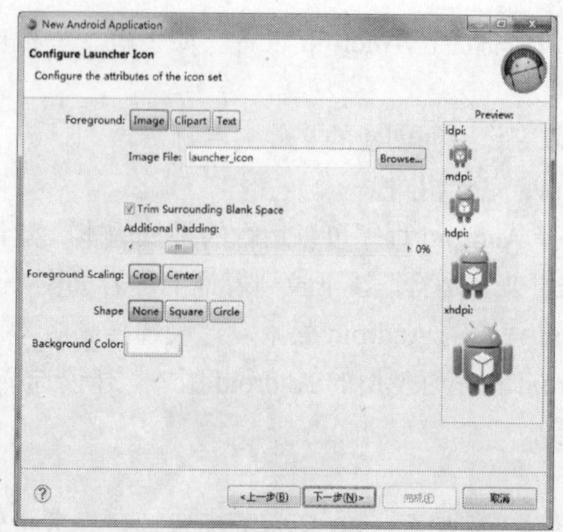

图 1.61　Configure Launcher Icon 页面

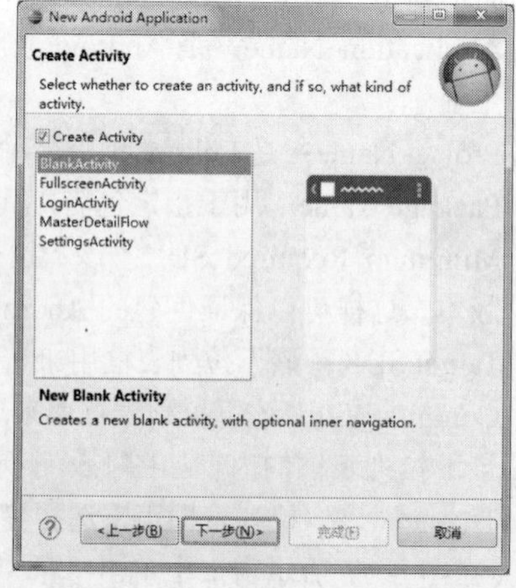

图 1.62　Create Activity 页面

（7）单击“下一步”按钮，进入 New Blank Activity 页面，该页面设置 Activity 的相关信息，包括 Activity 的名称、布局文件名称、导航类型等，如图 1.63 所示。

（8）单击“完成”按钮，即可创建一个 Android 程序，创建完成的 Android 程序结构如图 1.64 所示。

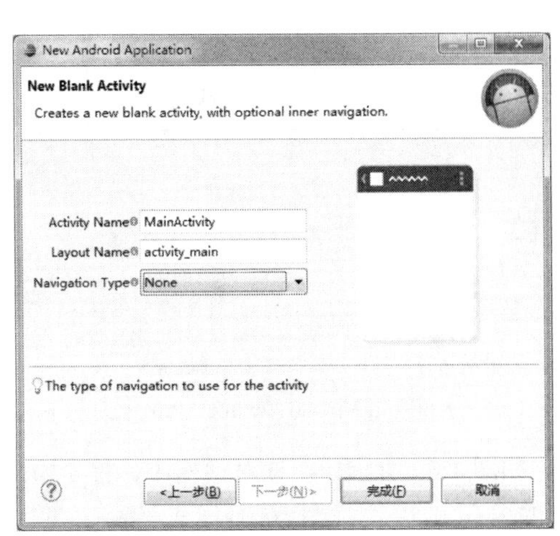

图 1.63　New Blank Activity 页面

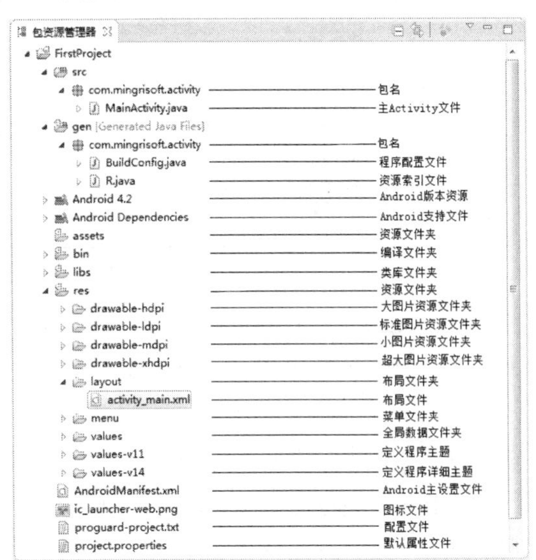

图 1.64　Android 程序结构

说明　从图 1.64 可以看到，res 文件夹和 assets 文件夹都用来存放资源文件，但在实际开发时，Android 不为 assets 文件夹下的资源文件生成 ID，用户需要通过 AssetManager 类以文件路径和文件名的方式来访问 assets 文件夹中的文件。

（9）在主 Activity 窗口中显示的内容是在 values 目录下的 strings.xml 文件中设置的，打开该文件，将相应的文字内容修改为“Hello Android！”，代码如下：

```
<resources>

    <string name="app_name">FirstProject</string>
    <string name="hello_world">Hello Android！ </string>
    <string name="menu_settings">Settings</string>

</resources>
```

通过以上步骤即创建了一个显示“Hello Android！”的 Android 应用程序。

1.3.3　创建 AVD 模拟器

AVD（Android Virtual Device）即 Android 模拟器，它是 Android 官方提供的一个可以运行 Android 程序的虚拟机，在运行 Android 程序之前，首先需要创建 AVD 模拟器。创建 AVD 模拟器的步骤如下：

（1）启动 Eclipse，单击工具栏中的按钮，或者在菜单栏中依次选择“窗口”/Android Virtual Device

Manager 命令，如图 1.65 所示。

（2）弹出 Android Virtual Device Manager 窗口，如图 1.66 所示，在该窗口中单击 New 按钮。

图 1.65 选择“窗口”/Android Virtual Device Manager 命令

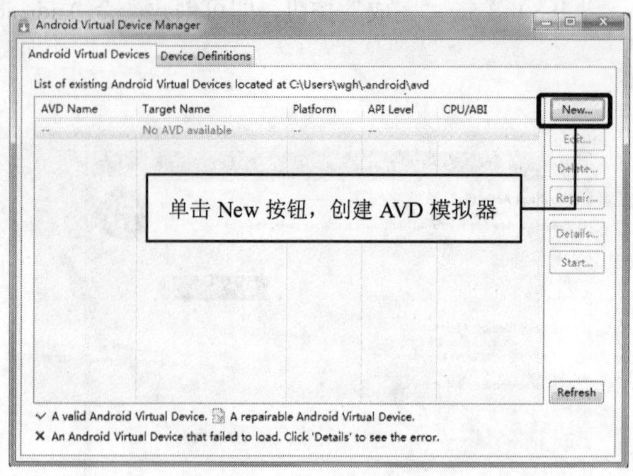

图 1.66 Android Virtual Device Manager 窗口

（3）弹出 Create new Android Virtual Device(AVD)对话框，如图 1.67 所示。在该对话框中，首先输入要创建的 AVD 名称，并选择 AVD 模拟器版本，然后设置 SD 卡的内存大小，并选择屏幕样式。

注意 在 AVD Name 文本框中输入 AVD 名称时，中间不能有空格。

（4）单击“确定”按钮，返回 Android Virtual Device Manager 对话框，如图 1.68 所示。这时可以看到已经创建了一个 AVD 模拟器。选中该模拟器，可以通过单击右侧的 Edit、Delete、Details 和 Start 按钮，分别对其进行编辑、删除、查看和启动操作。

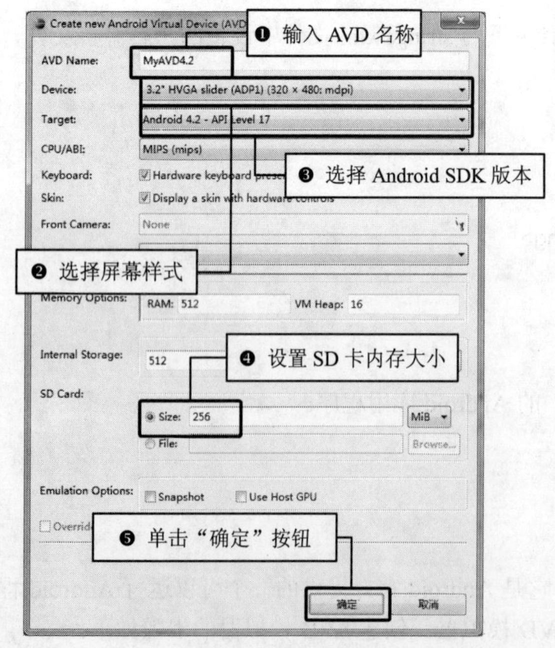

图 1.67 Create new Android Virtual Device(AVD)对话框

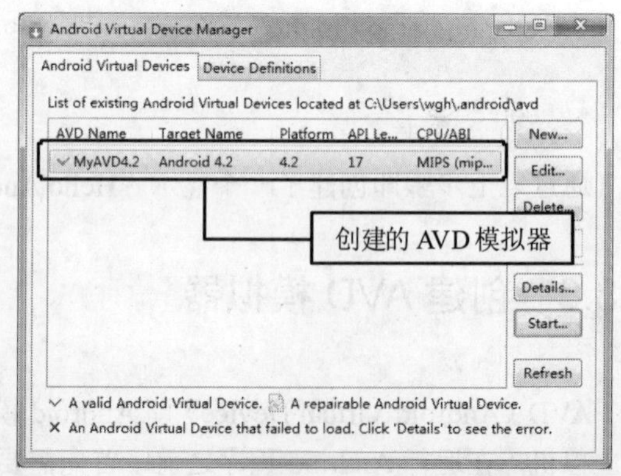

图 1.68 创建完成的 AVD 模拟器

说明 单击图 1.68 中的 Start 按钮，将启动模拟器，第一次启动后的效果如图 1.69 所示。

图 1.69　AVD 模拟器首次启动界面

1.3.4　运行 Android 程序

经过前面的介绍，我们已经创建了一个 Android 程序和一个 AVD 模拟器，下面来看如何在 AVD 模拟器上运行创建的 Android 程序，步骤如下：

在“包资源管理器”中找到项目名称，这里为 FirstProject，在其上单击鼠标右键，在弹出的快捷菜单中选择“运行方式”/1Android Application 命令，如图 1.70 所示，即可在创建的 AVD 模拟器中运行 Android 程序，运行效果如图 1.71 所示。

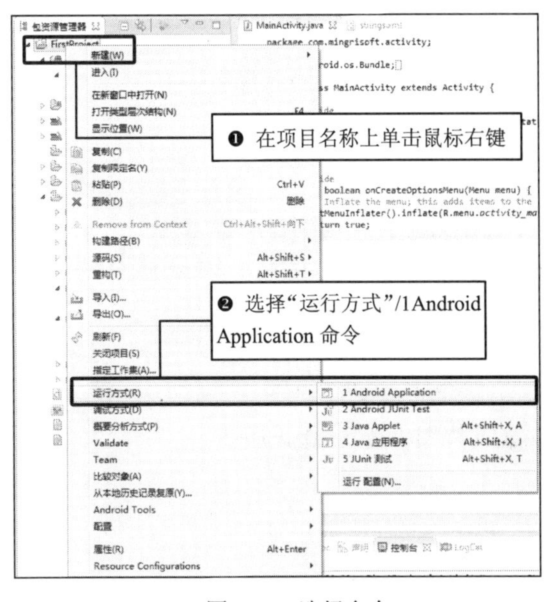

图 1.70　选择命令

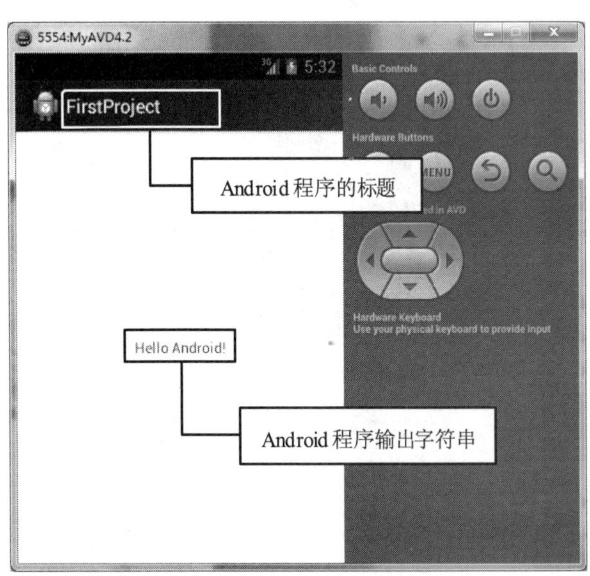

图 1.71　Android 程序运行效果

1.3.5　调试 Android 应用程序

在开发过程中，肯定会遇到各种各样的问题，这就需要开发人员进行调试。下面先简单了解如何调试

Android 程序。

在 com.mingrisoft.activity 包中，有一个名为 MainActivity 的类，将该类的代码替换为如下内容：

```
public class MainActivity extends Activity {
    @Override
    protected void onCreate(Bundle savedInstanceState) {
        super.onCreate(savedInstanceState);
        Object object = null;
        object.toString();
        setContentView(R.layout.activity_main);
    }
    @Override
    public boolean onCreateOptionsMenu(Menu menu) {
        // Inflate the menu; this adds items to the action bar if it is present.
        getMenuInflater().inflate(R.menu.activity_main, menu);
        return true;
    }
}
```

学习过 Java 语言的读者都知道，上面的代码会发生 NullPointerException 错误。启动模拟器后，运行效果如图 1.72 所示。

但是，此时 Eclipse 控制台上并没有提供任何错误信息，那么该如何查看程序到底哪里出现了问题呢？可以使用 LogCat 视图，如图 1.73 所示。其中有一行信息说明 com.mingrisoft.activity 包中的 MainActivity 的 onCreate()方法中发生了异常。

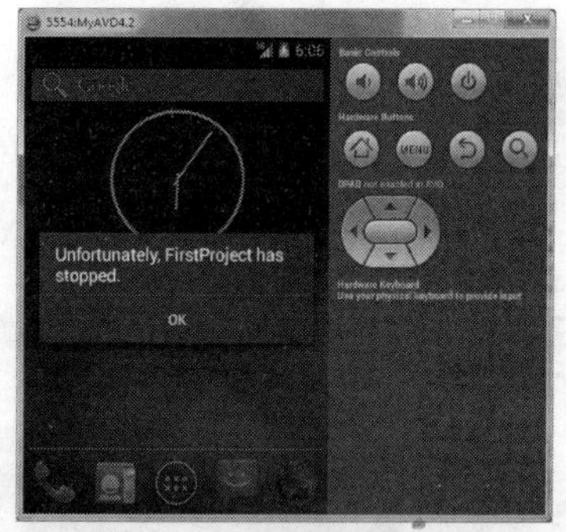

图 1.72　Android 程序出现错误

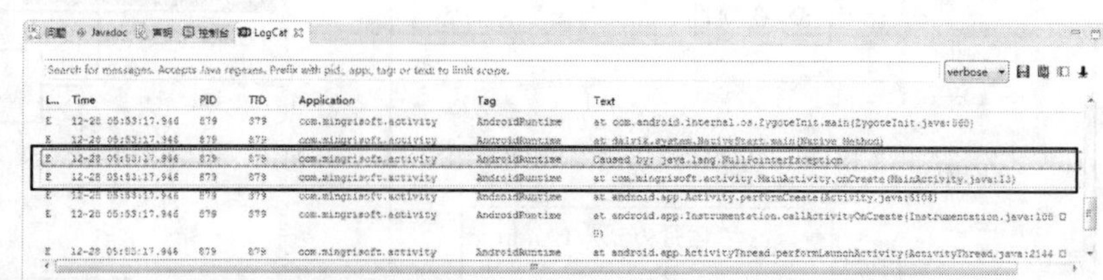

图 1.73　应用程序的异常信息

此处，读者只需要了解如果程序出现问题，则可以在 LogCat 视图中查找原因即可。

1.4　实　战

1.4.1　使用 ADT Bundle 搭建开发环境

在图 1.17 中单击 Download the SDK ADT Bundle for Windows 按钮可以下载包括最新版本 Android SDK 和带 ADT 插件的 Eclipse 的压缩包。通过该压缩包，可以快速地搭建 Android 开发环境。具体步骤如下：

（1）下载后将得到一个名称为 adt-bundle-windows-x86.zip 的文件，将该文件解压缩后，将得到 eclipse 和 sdk 两个文件夹。其中，sdk 文件夹中包括最新版本的 Android SDK（这里为 4.2 版本）；eclipse 文件夹中包括带 ADT 插件的 Eclipse 开发工具。

（2）打开 eclipse 文件夹，找到 eclipse.exe 文件并双击来启动 Eclipse，将弹出设置工具空间的对话框，在该对话框的 Workspace 文本框中指定工作空间的位置，例如设置为图 1.74 所示的位置，表示在 Eclipse 根目录下的 workspace 文件夹中。

（3）单击 OK 按钮，将进入到 Eclipse 主界面中，首先会显示一个欢迎页面，关闭该页面，可以进入到 Eclipse 的工具台，如图 1.75 所示。接下来即可使用该 Eclipse 开发 Android 程序。

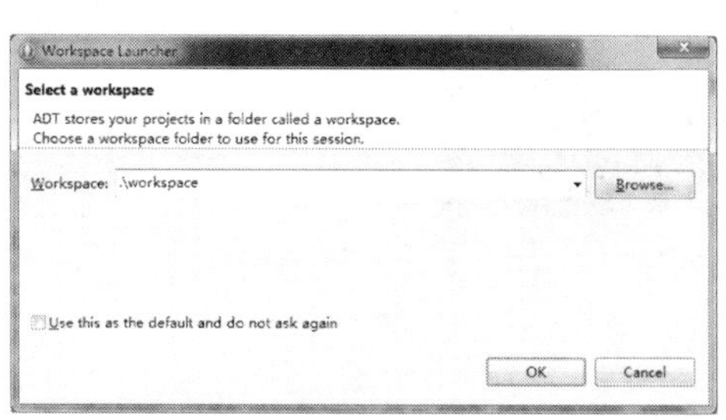

图 1.74 设置工作空间

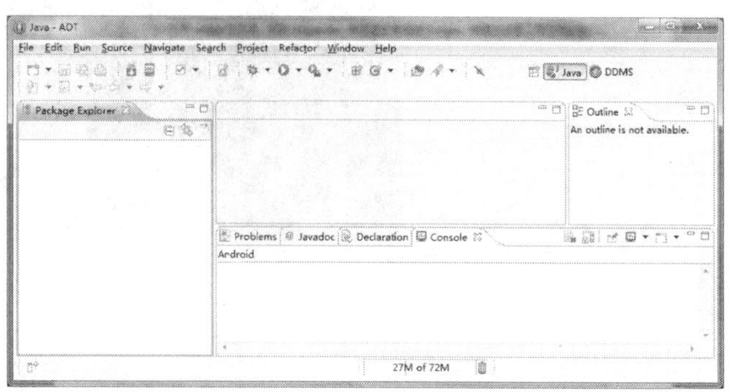

图 1.75 Eclipse 的工作台

1.4.2 创建平板电脑式的模拟器

Android 4.2 模拟器支持移动电话和平板电脑，在 1.3.3 节中，已经介绍了如何创建移动电话式的模拟器，下面将介绍如何创建平板电脑式的模拟器，其具体步骤如下：

（1）启动 Eclipse，单击工具栏中的按钮，将弹出 Android Virtual Device Manager 对话框，在该对话框中单击 New 按钮，将弹出 Create new Android Virtual Device(AVD)对话框。

（2）在该对话框中，首先输入要创建的 AVD 名称，并选择 AVD 模拟器版本，然后设置 SD 卡的内存大小，并选择屏幕样式为平板电脑样式，如图 1.76 所示。

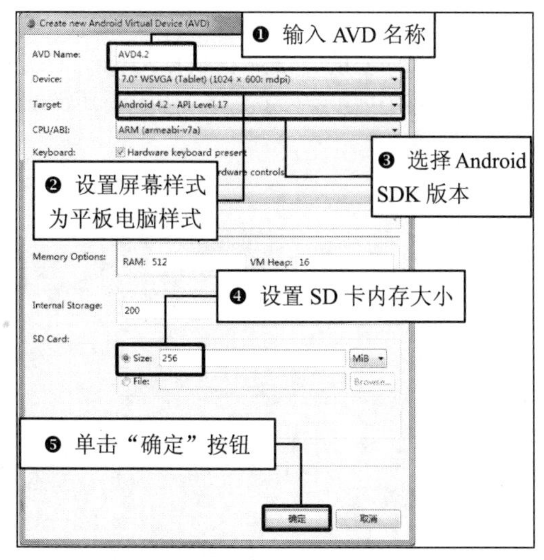

图 1.76 Create new Android Virtual Device(AVD)对话框

（3）单击“确定”按钮，返回 Android Virtual Device Manager 对话框，这时可以看到已经创建了一个 AVD 模拟器，选中该模拟器，可以通过单击右侧的 Edit、Delete、Details 和 Start 按钮，分别对其进行编辑、删除、查看和启动操作。单击 Start 按钮，启动模拟器后，可以看到如图 1.77 所示的模拟器界面。

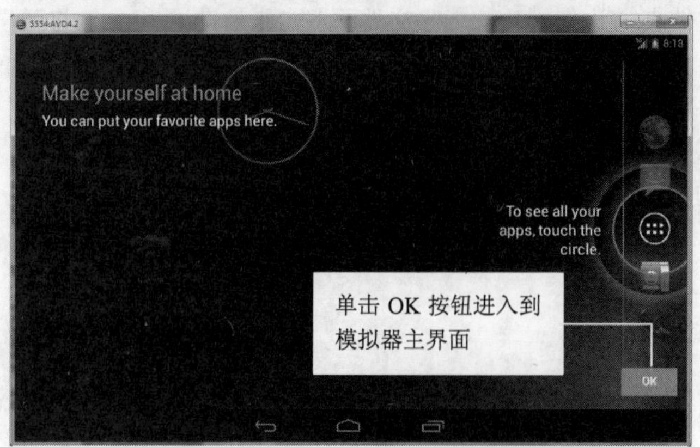

图 1.77 平板电脑式的 AVD 模拟器界面

1.5 本章小结

“千里之行，始于足下”，本章从了解 Android 平台特性开始，重点讲述了如何搭建 Android 开发环境以及如何使用 Android 进行开发。开发人员学习 Android 的一个重要动力就是可以挣钱，因此在“Android 市场”一节中介绍了两种挣钱的方式。对于不擅长英语的用户，特别增加了 Eclipse 汉化部分。由于 Android 开发与普通的 Java 开发有所不同，尤其是在调试程序上，因此又简单介绍了一下 LogCat 视图。本章的主要目的是让读者对于 Android 开发有一个大致的了解，如果有哪些部分不懂，可以在后面学习中慢慢领会。

1.6 学习成果检验

1. 参照本章介绍的搭建 Android 开发环境的方法，在自己的机器上完成 Android 开发环境的搭建。
2. 尝试开发一个 Android 程序，在屏幕中显示中文汉字“明天会更好！”。（**答案位置：光盘\TM\sl\1\1.01**）

第 2 章

Android 模拟器

（视频讲解：27 分钟）

Android 模拟器是 Google 官方提供的一款运行 Android 程序的虚拟机，作为 Android 开发人员，不管你有没有基于 Android 操作系统的设备，都可以在 Android 模拟器上测试自己开发的 Android 程序。本章将对如何使用 Android 模拟器进行详细介绍。

通过阅读本章，您可以：

- **了解 Android 模拟器**
- **掌握 Android 模拟器的创建及删除操作**
- **掌握 Android 模拟器的常见管理操作**
- **掌握如何使用 adb 命令安装和卸载 Android 程序**
- **熟悉使用 DDMS 管理器安装 Android 程序**
- **掌握如何在 Android 模拟器中卸载 Android 程序**

2.1 模拟器概述

视频讲解：光盘\TM\Video\2\模拟器概述.exe

Android 模拟器是一个基于 QEMU 的程序，它提供了可以运行 Android 应用的虚拟 ARM 移动设备。它在内核级别运行一个完整的 Android 系统栈，其中包含了一组可以在自定义应用中访问的预定义应用程序（如拨号器）。开发人员既可以通过定义 AVD 来选择模拟器运行的 Android 系统版本，还可以自定义移动设备皮肤和键盘映射。在启动和运行模拟器时，开发人员可以使用多种命令和选项来控制模拟器行为。

随 SDK 分发的 Android 系统镜像包含用于 Android Linux 内核的 ARM 机器码、本地库、Dalvik 虚拟机和不同的 Android 包文件（如 Android 框架和预安装应用）。模拟器 QEMU 层提供从 ARM 机器码到开发者系统和处理器架构的动态二进制翻译。

通过向底层 QEMU 服务增加自定义功能，Android 模拟器支持多种移动设备的硬件特性，例如：

☑ ARMv5 中央处理器和对应的内存管理单元（MMU）。
☑ 16 位液晶显示器。
☑ 一个或多个键盘（基于 Qwerty 键盘和相关的 Dpad/Phone 键）。
☑ 具有输出和输入能力的声卡芯片。
☑ 闪存分区（通过电脑上磁盘镜像文件模拟）。
☑ 包括模拟 SIM 卡的 GSM 调制解调器。

2.1.1 Android 虚拟设备和模拟器

Android 虚拟设备（AVD）是模拟器的一种配置。开发人员通过定义需要硬件和软件选项来使用 Android 模拟器模拟真实的设备。

一个 Android 虚拟设备（AVD）由以下几部分组成。

☑ 硬件配置：定义虚拟设备的硬件特性。例如，开发人员可以定义该设备是否包含摄像头、是否使用物理 QWERTY 键盘和拨号键盘、内存大小等。
☑ 映射的系统镜像：开发人员可以定义虚拟设备运行的 Android 平台版本。
☑ 其他选项：开发人员可以指定需要使用的模拟器皮肤，这将控制屏幕尺寸、外观等。此外，还可以指定 Android 虚拟设备使用的 SD 卡。
☑ 开发电脑上的专用存储区域：用于存储当前设备的用户数据（安装的应用程序、设置等）和模拟 SD 卡。

根据需要模拟设备的类型不同，开发人员可以创建多个 AVD。由于一个 Android 应用通常可以在很多类型的硬件设备上运行，开发人员需要创建多个 AVD 来进行测试。

为 AVD 选择系统镜像目标时，请牢记以下要点：

☑ 目标的 API 等级非常重要。在应用程序的配置文件（AndroidManifest 文件）中，使用 minSdkVersion 属性标明了需要使用的 API 等级。如果系统镜像等级低于该值，将不能运行这个应用。
☑ 建议开发人员创建一个 API 等级大于应用程序所需等级的 AVD，这主要用于测试程序的向后兼容性。

☑ 如果应用程序配置文件中说明需要使用额外的类库，则其只能在包含该类库的系统镜像运行。

2.1.2 模拟器限制

在当前版本中，模拟器有如下限制：

☑ 不支持拨打或接听真实电话，但是可以使用模拟器控制台模拟电话呼叫。
☑ 不支持 USB 连接。
☑ 不支持相机/视频采集（输入）。
☑ 不支持设备连接耳机。
☑ 不支持确定连接状态。
☑ 不支持确定电量水平和交流充电状态。
☑ 不支持确定 SD 卡插入/弹出。
☑ 不支持蓝牙。

2.1.3 控制模拟器的按键

用户可以使用启动选项和控制台命令来控制模拟器环境的行为和特性。当模拟器运行时，用户可以像使用真实移动设备那样使用模拟移动设备。不同的是需要使用鼠标来“触摸”触摸屏，使用键盘来“按下”按键。

表 2.1 总结了模拟器按键与键盘按键的对应关系。

表 2.1　模拟器按键对应的键盘按键

模拟器按键	键 盘 按 键
Home	Home 键
Menu	F2 或者 Page Up 键
Back	Esc 键
Call	F3 键
Hangup	F4 键
Search	F5 键
Power	F7 键
音量增加	KEYPAD_PLUS 或者 Ctrl+F5
音量减少	KEYPAD_MINUS 或者 Ctrl+F6
切换到先前的布局方向（如横向或者纵向）	KEYPAD_7
切换到下一个布局方向（如横向或者纵向）	KEYPAD_9
开启/关闭电话网络	F8 键
切换全屏模式	Alt+Enter
切换轨迹球模式	F6 键
临时进入轨迹球模式（当键按下时）	Delete 键
透明度增加/减少	KEYPAD_MULTIPLY(*) /KEYPAD_DIVIDE(/)

2.2 创建和删除 Android 模拟器

视频讲解：光盘\TM\Video\2\创建和删除 Android 模拟器.exe

测试 Android 程序时，一般都是通过 Android 模拟器实现的，本节将介绍如何创建、启动和删除 Android 模拟器。

2.2.1 创建并启动 Android 模拟器

在第 1 章的 1.3.3 节中已经详细讲解了如何创建 Android 模拟器（AVD），本节将详细介绍如何启动 Android 模拟器。启动 Android 模拟器的步骤如下：

（1）单击 Eclipse 工具栏中的按钮，或者在菜单栏中依次选择“窗口”/Android Virtual Device Manager 菜单，弹出 Android Virtual Device Manager 窗口，如图 2.1 所示，在该窗口中选中要启动的 Android 模拟器。

图 2.1 Android Virtual Device Manager 窗口

说明

在 Android Virtual Device Manager 窗口中可以创建多个 Android 模拟器，但是模拟器的版本和名称不能相同。

（2）单击 Start 按钮，即可启动选中的 Android 模拟器，这里启动的是 4.2 版本的 Android 模拟器，如图 2.2 所示。

（3）从图 2.2 可以看到，Android 模拟器默认启动后处于锁定状态，向任意方向拖动“锁定状态的锁头”直到该锁头变为打开状态时松开，即可解除 Android 模拟器的锁定，如图 2.3 所示。

图 2.2 Android 模拟器

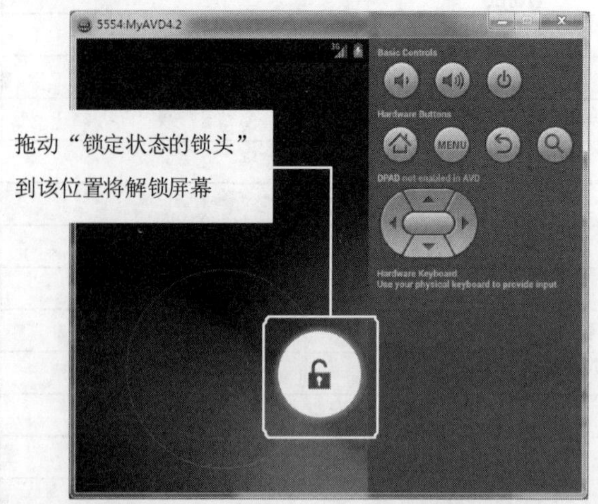

图 2.3 解除 Android 模拟器的锁定状态

说明

模拟器启动以后，只需要将模拟器窗口关闭即可停止模拟器。

2.2.2　删除 Android 模拟器

删除 Android 模拟器的步骤比较简单，只需要在 Android Virtual Device Manager 窗口中选中要删除的 Android 模拟器，然后单击 Delete 按钮即可，如图 2.4 所示。

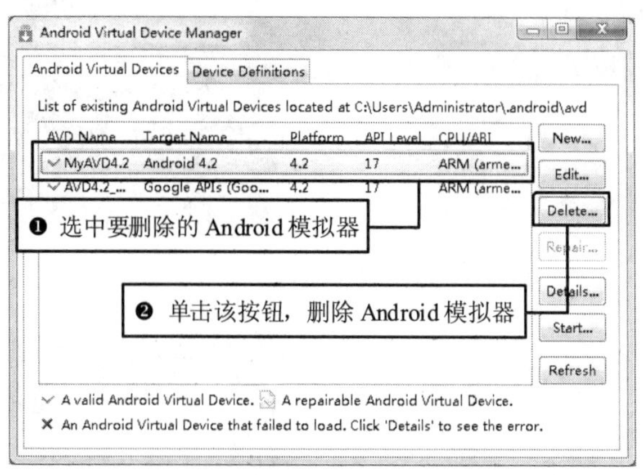

图 2.4　删除 Android 模拟器

2.3　Android 模拟器基本设置

视频讲解：光盘\TM\Video\2\Android 模拟器基本设置.exe

Android 模拟器作为一种基于 Android 操作系统的虚拟设备，它同基于 Android 操作系统的手机或者平板电脑等设备一样，可以自定义设置，本节将通过语言、输入法和时间等常用的设置初步接触 Android 模拟器。

2.3.1　设置语言

Android 模拟器启动后，默认的语言是英语，为了更方便中国区用户的使用，可以将其默认语言设置为中文。具体设置步骤如下：

注意　Android 模拟器的语言可以根据个人所在地域自行设置，如设置为中文（繁体）、Canda（加拿大）等各种语言。

（1）打开 Android 模拟器并解除锁定，如图 2.5 所示。

（2）单击 Android 主屏最底端的中间按钮，进入 Android 应用程序界面，找到 Settings 按钮（如果在第一页中没有该图标，可以通过左右翻页来进行查找），如图 2.6 所示。

（3）单击 Settings 按钮，进入 Android 模拟器的设置界面，在 Android 模拟器的设置界面中选择 Language & input 选项，如图 2.7 所示。

（4）在打开的列表中选择 Language 选项，如图 2.8 所示。

图 2.5　Android 模拟器主屏

图 2.6　Android 应用程序界面

图 2.7　选择 Language & input 选项

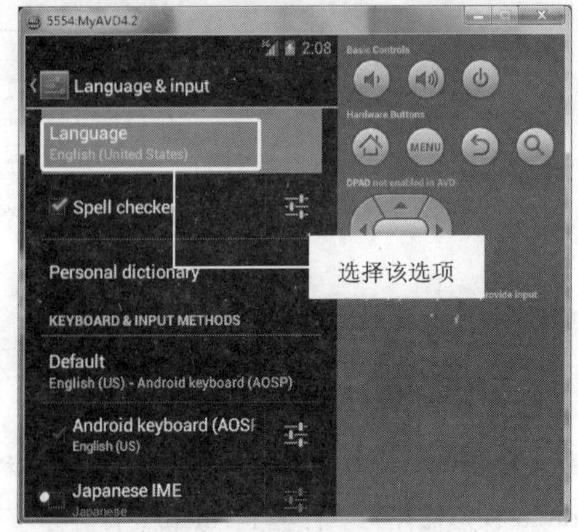

图 2.8　选择 Language 选项

（5）进入语言选择列表界面，如图 2.9 所示。在列表中找到“中文（简体）”列表项，选中该列表项，这样即可将 Android 模拟器的默认语言设置为中文。

（6）将默认语言设置为中文（简体）后，Android 应用程序主界面的效果如图 2.10 所示。

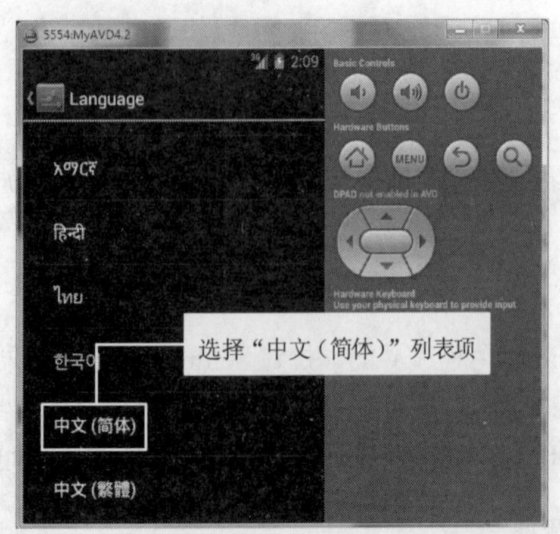

图 2.9　语言选择列表界面

图 2.10　设置中文后的 Android 应用程序界面

2.3.2　设置输入法

Android 模拟器启动后，默认输入法为 Android 键盘（AOSP），用户可以根据自己的使用习惯对输入法进行设置，这里介绍如何在 Android 模拟器中设置输入法。具体步骤如下：

（1）在 Android 模拟器的设置界面中选择“语言和输入法”选项，如图 2.11 所示。

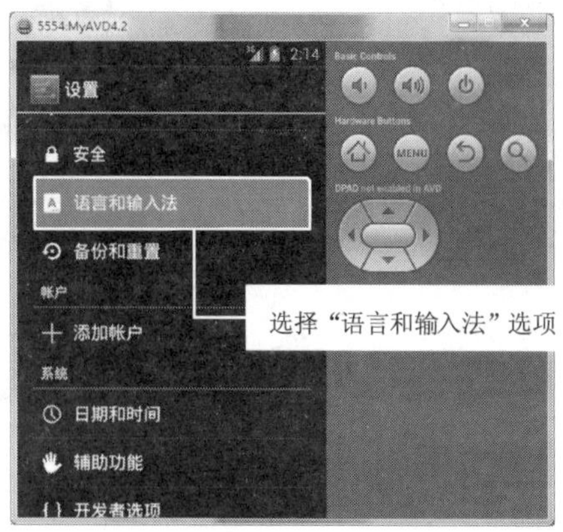

图 2.11　选择“语言和输入法”选项

说明　由于在 2.3.1 节中已经将 Android 模拟器的默认语言设置为了中文，所以在后面使用 Android 模拟器时，各种菜单的名称都是使用中文显示的。

（2）在打开的列表中选中“谷歌拼音输入法”复选框，并单击“默认”列表项，如图 2.12 所示。

（3）在打开的如图 2.13 所示的“选择输入法”对话框中列出了 Android 模拟器自带的几种输入法，用户可以根据自己的习惯选择相应的输入法，这里选中“谷歌拼音输入法”单选按钮，这样即可将 Android 模拟器的默认输入法设置为中文输入法。

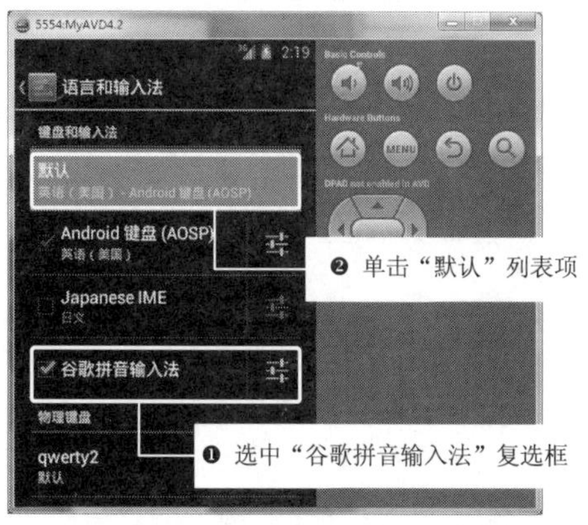

图 2.12　单击“默认”列表项

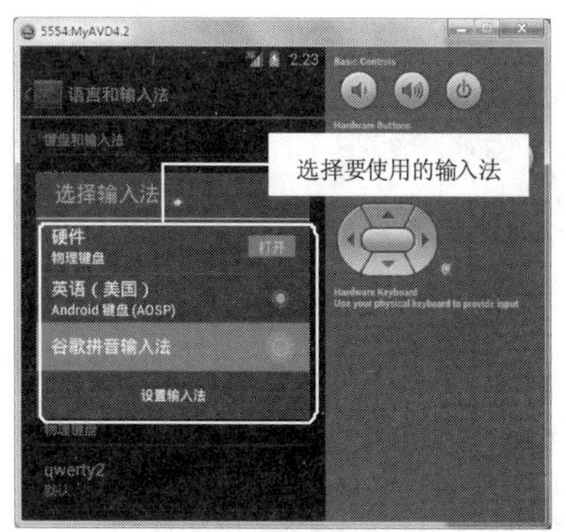

图 2.13　“选择输入法”对话框

2.3.3　设置日期时间

Android 模拟器启动后，默认时间为格林尼治时间，这里介绍如何将默认时间设置为中国标准时间。具体步骤如下：

（1）打开 Android 模拟器，进入其设置界面，选择“日期和时间”列表项，如图 2.14 所示。

（2）进入“日期和时间”界面，如图 2.15 所示。在该界面中，首先将“自动确定日期和时间”和“自动确定时区”两个复选框的选中状态取消掉，然后单击“选择时区”列表项。

图 2.14　选择“日期和时间”列表项

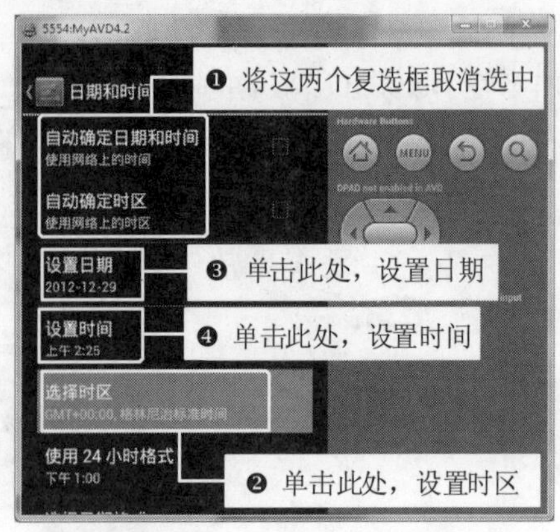

图 2.15　“日期和时间”界面

（3）进入“日期和时间——选择时区”界面，在该界面中选择“中国标准时间（北京）”列表项，如图 2.16 所示。

（4）返回如图 2.14 所示的“日期和时间”界面，在该界面中单击“设置日期”列表项，弹出“设置日期”对话框，在该对话框中设置 Android 模拟器的日期，如图 2.17 所示。

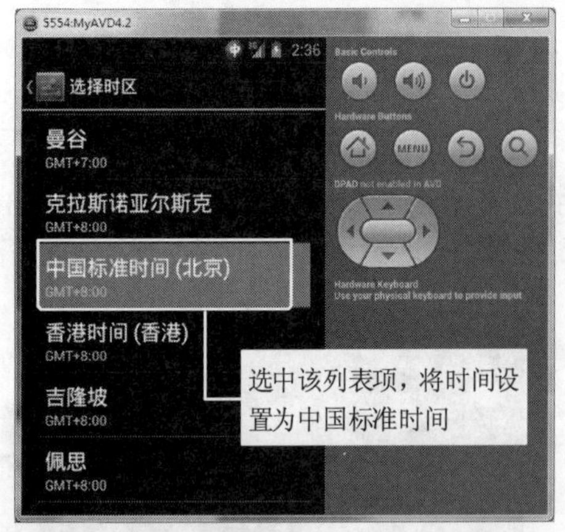

图 2.16　“日期和时间——选择时区”界面

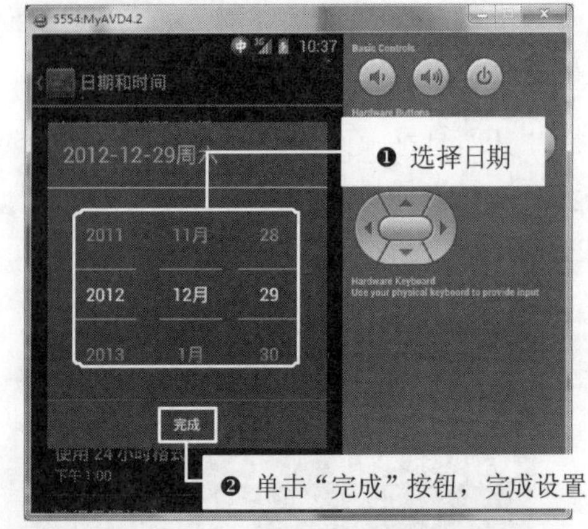

图 2.17　“设置日期”对话框

（5）返回如图 2.14 所示的“日期和时间”界面，在该界面中单击“设置时间”列表项，弹出“设置时间”对话框，在该对话框中设置 Android 模拟器的时间，如图 2.18 所示。

（6）返回如图 2.15 所示的“日期和时间”界面，用户还可以通过单击该界面中的“使用 24 小时格式”和“选择日期格式”列表项，设置 Android 模拟器的日期和时间格式。通过以上步骤，即可完成 Android 模拟器的日期和时间设置。

说明　在设置 Android 模拟器的日期时间时，可以不手动设置日期，因为在选择了时区后，Android 模拟器会自动获取当前时区的当前日期。

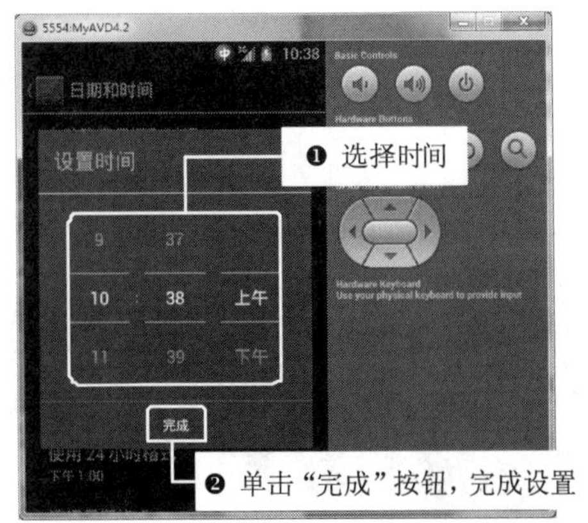

图 2.18　“设置时间”对话框

2.4　在 Android 模拟器上安装和卸载程序

视频讲解：光盘\TM\Video\2\在 Android 模拟器上安装和卸载程序.exe

在 Android 模拟器上安装和卸载程序分别有两种方式，一种是使用 adb 命令安装和卸载 Android 程序；另一种是首先通过 DDMS 管理器安装 Android 程序，然后再通过 Android 模拟器卸载 Android 程序。本节将分别对这两种安装和卸载 Android 程序的方式进行详细讲解。

2.4.1　使用 adb 命令安装和卸载 Android 程序

adb（Android Debug Bridge）是 Android SDK 提供的一个工具，通过该工具可以直接操作 Android 模拟器或者设备，它的主要功能如下：

☑　运行 Android 设备的 shell（命令行）。
☑　管理 Android 模拟器或者设备的端口映射。
☑　在计算机和 Android 设备之间上传或者下载文件。
☑　将本地 apk 文件安装到 Android 模拟器或者设备上。

下面介绍如何使用 adb 命令安装和卸载 Android 程序。

1. 安装 Android 程序

使用 adb 命令安装 Android 程序步骤如下：

（1）在“开始”菜单中打开 cmd 命令提示窗口，首先把路径切换到 Android SDK 安装路径的 platform-tools 文件夹，然后使用 adb install 命令将指定的 apk 文件安装到 Android 模拟器上，安装完成后，将显示 Success 成功信息，如图 2.19 所示。

说明　这里的 apk 文件放在了 Android SDK 安装路径的 platform-tools 文件夹中，所以直接用了 apk 文件名；如果 apk 文件放在其他位置，则需要用它的全路径名。

（2）安装完成后，显示 Success 成功信息，打开 Android 模拟器，可以看到安装的 Android 程序，如图 2.20 所示。

图 2.19 使用 adb 命令安装 Android 程序到模拟器

图 2.20 安装的 Android 程序

2．卸载 Android 程序

使用 adb 命令卸载 Android 程序步骤如下：

在“开始”菜单中打开 cmd 命令提示窗口，使用 adb uninstall 命令卸载指定的 Android 程序，如图 2.21 所示。

图 2.21 使用 adb 命令卸载 Android 程序

注意 使用 adb uninstall 命令卸载 Android 程序时，后面跟的是该程序的包名，而不是 apk 安装文件名。如果要查看已经安装的 apk 文件的完整包名可以通过下面的代码进行查看。

```
adb shell
cd data
cd app
ls
exit
```

执行后的结果如图 2.22 所示。

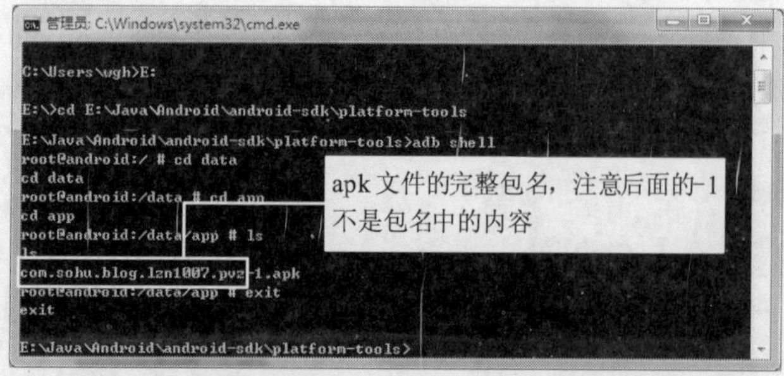

图 2.22 通过 adb shell 查看 apk 文件的完整包名

2.4.2　通过 DDMS 管理器安装 Android 程序

DDMS（Dalvik Debug Monitor Service）是 Android 开发环境的 Dalvik 虚拟机调试监管服务，使用它可以很方便地为 Android 模拟器安装 Android 程序。具体步骤如下：

说明　在 Eclipse 集成开发环境中提供了 DDMS 管理器窗口，如果没有，开发人员可以通过 Android SDK 安装路径下的 tools 文件夹中的 ddms.bat 文件打开。

（1）启动 Eclipse，在其工具栏中单击 DDMS，切换到“DDMS 管理器”窗口，如图 2.23 所示。在该窗口中，依次展开 data/app 节点，并选中 app 节点，单击按钮。

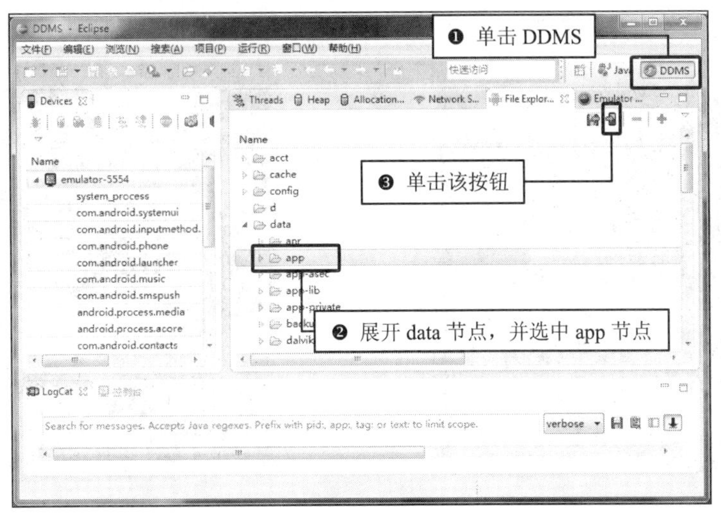

图 2.23　“DDMS 管理器”窗口

（2）打开如图 2.24 所示的 Put File on Device 对话框，在该对话框中选中要安装的 Android 程序所对应的 apk 文件。

（3）单击“打开”按钮，即可显示如图 2.25 所示的上传进度的对话框，当上传完成后，该进度对话框将自动关闭，这时 Android 程序将安装到 Android 模拟器上。

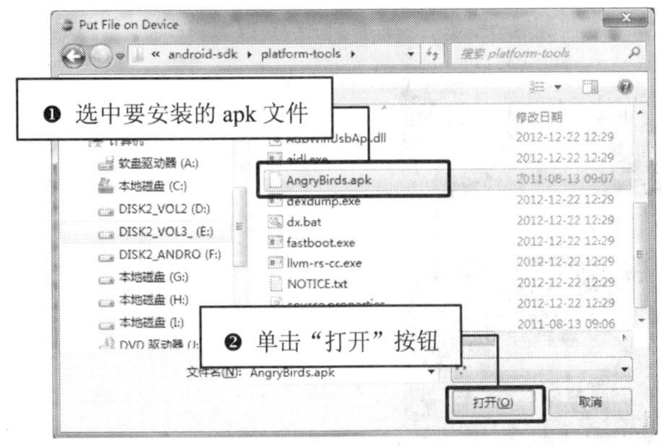

图 2.24　Put File on Device 对话框

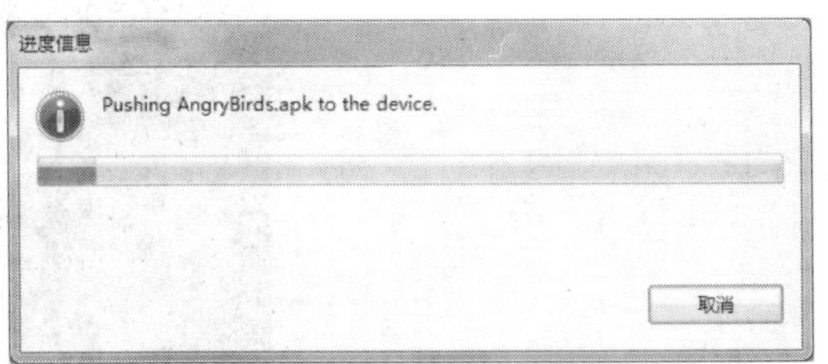

图 2.25　“进度信息”对话框

技巧 用户也可以将 Android 模拟器中自带的 Android 程序的 apk 文件下载到本地机器上，具体操作时，只需要在“DDMS 管理器”窗口的 app 节点下选中指定的 Android 程序，然后单击按钮即可。

2.4.3　在 Android 模拟器中卸载程序

前面讲解了使用 adb uninstall 命令卸载 Android 模拟器中的 Android 程序，那么可不可以直接在 Android 模拟器中卸载 Android 程序呢？答案是肯定的，本节就详细介绍如何在 Android 模拟器中卸载 Android 程序。具体步骤如下：

（1）打开 Android 模拟器的设置界面，在列表中选择“应用”列表项，如图 2.26 所示。

（2）进入“应用”界面，如图 2.27 所示。

图 2.26　选择“应用”列表项

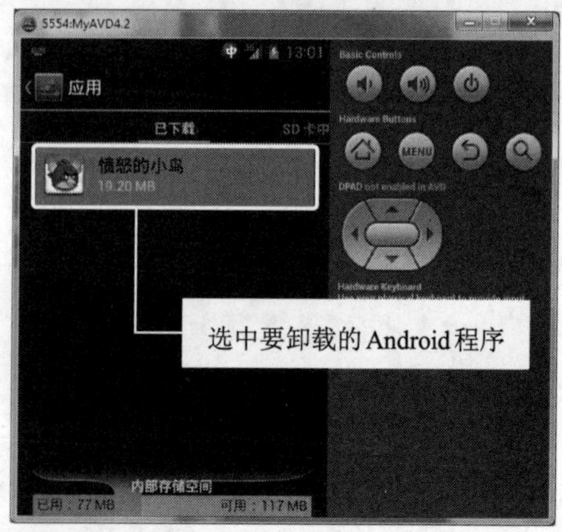

图 2.27　“应用”界面

（3）在图 2.27 中选择要卸载的 Android 程序，进入“应用信息”界面，如图 2.28 所示。在该界面中，首先单击“强行停止”按钮，停止 Android 程序的运行，然后单击“卸载”按钮，即可卸载指定的 Android 程序。

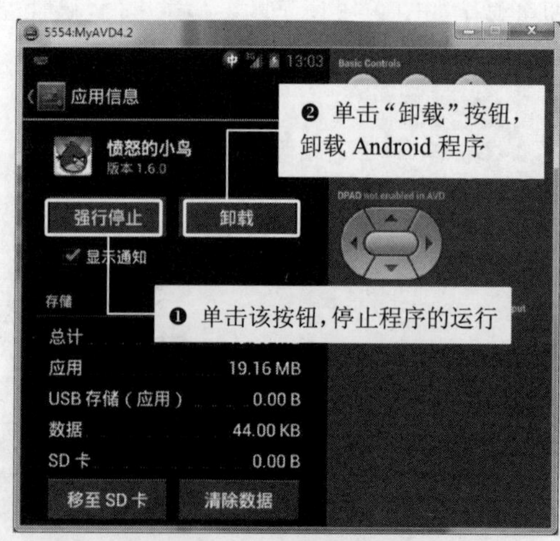

图 2.28　“应用信息”界面

2.5　实　　战

2.5.1　设置模拟器桌面背景

在 Android 4.2 的模拟器中，提供了多种桌面背景，下面讲解如何进行设置。

（1）启动模拟器，进入设置列表，在设置列表中找到“显示”列表项，如图 2.29 所示。

（2）在图 2.29 中单击“显示”列表项，将进入到显示界面，在该界面中找到“壁纸”列表项，如图 2.30 所示。

图 2.29　Android 4.2 模拟器设置界面

图 2.30　Android 4.2 模拟器显示设置界面

（3）在图 2.30 中单击“壁纸”列表项，将显示“选择壁纸来源”界面，如图 2.31 所示。

（4）在图 2.31 中单击“壁纸”列表项，将进入到如图 2.32 所示的界面。在该界面中，滑动下方的画廊视图可以切换不同的背景图片，当前居中显示的背景图片会显示预览效果。单击“设置壁纸”按钮完成设置。

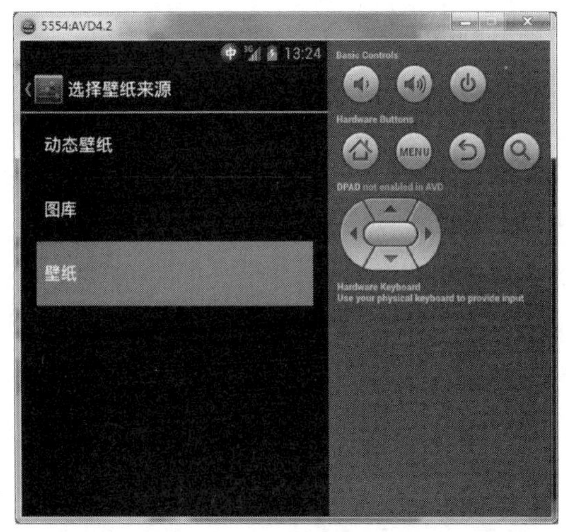

图 2.31　Android 4.2 模拟器壁纸设置界面

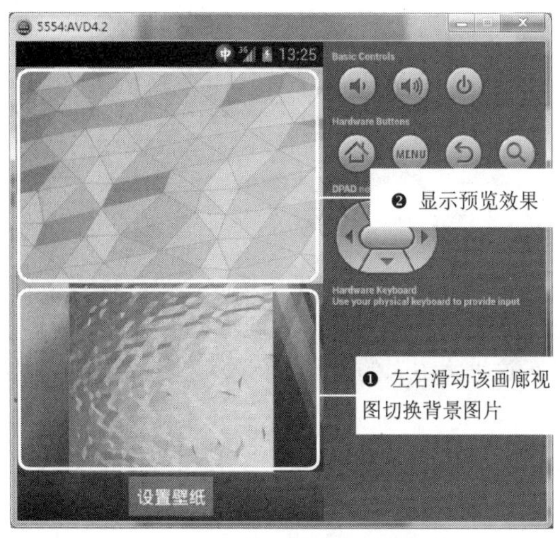

图 2.32　Android 4.2 模拟器壁纸选择界面

2.5.2 使用模拟器拨打电话

Android 模拟器提供了模拟拨号功能，下面将介绍其使用步骤。

（1）启动两个 Android 模拟器，在一个模拟器应用（名称为 5554:AVD4.2）中，单击如图 2.33 所示的“电话”图标，将显示拨号界面。

（2）使用键盘上的数字键输入另一个模拟器的端口号（如 5556），如图 2.34 所示。

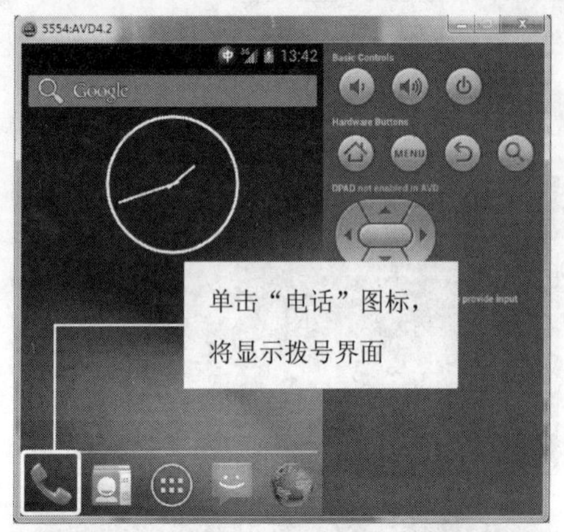

图 2.33 模拟器 5554:AVD4.2 的主界面

图 2.34 模拟器 5554:AVD4.2 的拨号界面

（3）单击下方的拨号键进行拨号，如图 2.35 所示。

这时在模拟器 5556:MyAVD4.2 中将显示如图 2.36 所示的来电界面。

图 2.35 模拟器 5554:AVD4.2 的正在拨号界面

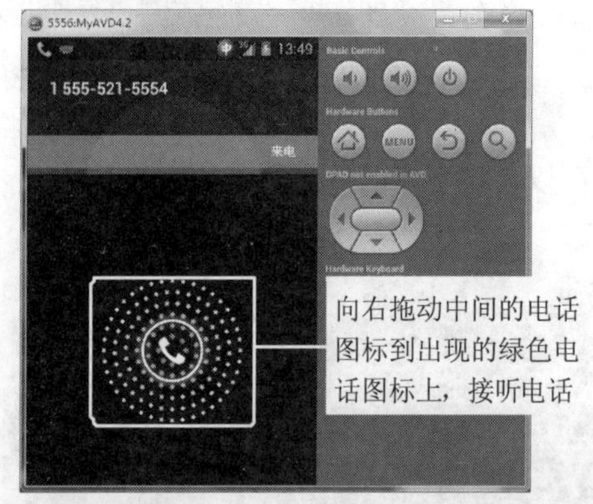

图 2.36 模拟器 5556:MyAVD4.2 的来电界面

（4）单击中间的电话图标时，在屏幕的左侧将显示一个红色的电话图标，将中间的电话图标拖动到该图标上时表示拒接电话，右侧将显示一个绿色的电话图标，将中间的电话图标拖动到该图标上时表示接听电话。这里将中间的电话图标拖动到绿色的电话图标上接听电话后，将显示如图 2.37 所示的通话界面。

2.5.3 设置使用 24 小时格式的时间

Android 模拟器启动后，默认时间为 12 小时格式的时间，即通过 AM 和 PM 来表示上午和下午的时间。实际上它还提供了另一种采用 24 小时格式的时间。下面将介绍如何设置使用 24 小时格式的时间。具体步

骤如下：

（1）打开 Android 模拟器，进入其设置界面，选择“日期和时间”列表项。

（2）在进入的“日期和时间”界面中，选中“使用 24 小时格式”复选框，如图 2.38 所示，即可设置为使用 24 小时格式的时间。

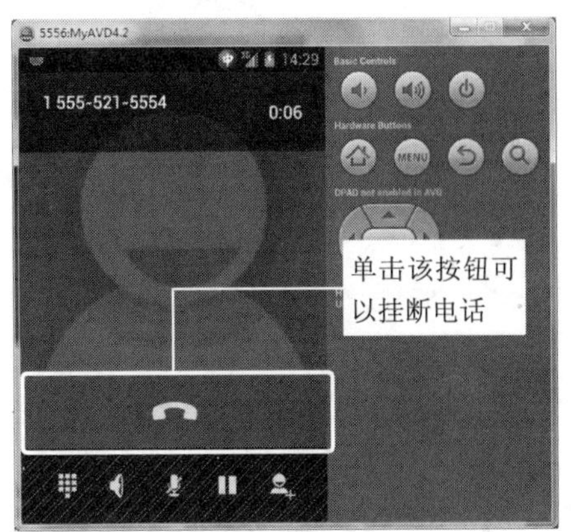

图 2.37　模拟器 5556:MyAVD4.2 的通话界面

图 2.38　选择“日期和时间”列表项

2.6　本 章 小 结

本章主要对 Android 模拟器的使用进行了详细讲解，主要包括 Android 模拟器的创建、启动、删除以及一些常用功能（如语言、输入法、日期时间等）的设置，另外还重点讲解了如何在 Android 模拟器上安装和卸载程序。通过本章的学习，读者应该能够熟悉 Android 模拟器的使用。管理 Android 模拟器和在 Android 模拟器上安装卸载程序是本章的重点，读者应该熟练掌握。

2.7　学习成果检验

1．启动两个 Android 模拟器，使用一个向另一个发送短信。

2．在 Android 模拟器中安装搜狗拼音输入法。

3．将题目 2 中安装的搜狗拼音输入法设置为默认输入法。

第 3 章

用户界面设计

（视频讲解：136 分钟）

经过前面的学习，我们已经对 Android 有了一定的了解，本章将学习 Android 开发中一项很重要的内容——用户界面设计。Android 提供了多种控制 UI 界面的方法和布局方式，通过这些布局管理器，我们可以像盖房子搭建框架那样，来布置各种各样的页面。

通过阅读本章，您可以：

- **掌握如何使用 XML 布局文件控制 UI 界面**
- **熟悉在代码中控制 UI 界面的使用**
- **熟悉使用 XML 和 Java 代码混合控制 UI 界面**
- **了解如何开发自定义的 View**
- **掌握线性布局管理器的使用**
- **掌握表格布局管理器的应用**
- **掌握帧布局管理器的应用**
- **掌握相对布局管理器的应用**

3.1　控制 UI 界面

视频讲解：光盘\TM\Video\3\控制 UI 界面.exe

用户界面设计是 Android 应用开发的一项重要内容。在进行用户界面设计时，首先需要了解页面中的 UI 元素如何呈现给用户，也就是如何控制 UI 界面。在 Android 中，提供了 4 种控制 UI 界面的方法，下面分别进行介绍。

3.1.1　使用 XML 布局文件控制 UI 界面

在 Android 中，提供了一种非常简单、方便的方法用于控制 UI 界面。该方法采用 XML 文件来进行界面布局，从而将布局界面的代码和逻辑控制的 Java 代码分离开来，使程序的结构更加清晰、明了。

使用 XML 布局文件控制 UI 界面可以分为以下两个关键步骤。

（1）在 Android 应用的 res/layout 目录下编写 XML 布局文件，可以是任何符合 Java 命名规则的文件名。创建后，R.java 会自动收录该布局资源。

（2）在 Activity 中使用以下 Java 代码显示 XML 文件中布局的内容。

```
setContentView(R.layout.main);
```

在上面的代码中，main 是 XML 布局文件的文件名。

通过上面的代码步骤即可轻松实现布局并显示 UI 界面功能了。下面将通过一个具体的例子来演示如何使用 XML 布局文件控制 UI 界面。

例 3.01　在 Eclipse 中创建 Android 项目，名称为 3.01，使用 XML 布局文件实现游戏的开始界面。（**实例位置：光盘\TM\Instances\3.01**）

实现的主要步骤如下：

（1）修改新建项目 3.01 的 res/layout 目录下的布局文件 main.xml。在该文件中，采用帧布局（FrameLayout），并且添加两个 TextView 组件，第一个用于显示提示文字，第二个用于在窗体的正中间位置显示开始游戏按钮。修改后的代码如下：

```
<FrameLayout xmlns:android="http://schemas.android.com/apk/res/android"
    android:layout_width="fill_parent"
    android:layout_height="fill_parent"
    android:background="@drawable/background"
    >
    <!-- 添加提示文字 -->
     <TextView
         android:layout_width="fill_parent"
         android:layout_height="wrap_content"
         android:text="@string/title"
         style="@style/text"
    />
    <!-- 添加开始按钮 -->
    <TextView
```

```
        android:layout_gravity="center"
        android:text="@string/start"
        android:layout_width="wrap_content"
        android:layout_height="wrap_content"
        style="@style/text"
    />
</FrameLayout>
```

说明 在布局文件 main.xml 中，通过设置布局管理器的 android:background 属性，可以为窗体设置背景图片；通过设置具体组件的 style 属性，可以为组件设置样式；使用 android:layout_gravity="center" 可以让该组件在帧布局中居中显示。

（2）修改 res/values 目录下的 strings.xml 文件，并且在该文件中添加一个用于定义开始按钮内容的常量，名称为 start，内容为“单击开始游戏......”。修改后的代码如下：

```
<?xml version="1.0" encoding="utf-8"?>
<resources>
    <string name="title">使用 XML 布局文件控制 UI 界面</string>
    <string name="app_name">3.01</string>
    <string name="start">单击开始游戏......</string>
</resources>
```

说明 strings.xml 文件用于定义程序中应用的字符串常量。其中，每一个<string>子元素都可以定义一个字符串常量，常量名称由 name 属性指定，常量内容写在起始标记<string>和结束标记</string>之间。

（3）为了改变窗体中文字的大小，需要为 TextView 组件添加 style 属性，用于指定应用的样式。具体的样式需要在 res/values 目录中创建的样式文件中指定。在本实例中，我们创建一个名称为 styles.xml 的样式文件，并且在该文件中，创建一个名称为 text 的样式，用于指定文字的大小和颜色。styles.xml 文件的具体代码如下：

```
<?xml version="1.0" encoding="utf-8"?>
<resources>
    <style name="text">
     <item name="android:textSize">24px</item>
     <item name="android:textColor">#111111</item>
    </style>
</resources>
```

（4）在主活动中，也就是 MainActivity 中，应用以下代码指定活动应用的布局文件。

```
setContentView(R.layout.main);
```

说明 在应用 Eclipse 创建 Android 项目时，Eclipse 会自动在主活动的 onCreate()方法中添加指定布局文件 main.xml 的代码。

在模拟器上运行本实例，将显示如图 3.1 所示的运行结果。

图 3.1　实现游戏的开始界面

3.1.2　在 Java 代码中控制 UI 界面

在 Android 中，支持像 Java Swing 那样完全通过代码控制 UI 界面。也就是所有的 UI 组件都通过 new 关键字创建出来，然后将这些 UI 组件添加到布局管理器中，从而实现用户界面。

在代码中控制 UI 界面可以分为以下 3 个关键步骤。

（1）创建布局管理器，可以是帧布局管理器、表格布局管理器、线性布局管理器和相对布局管理器等，并且设置布局管理器的属性。例如，为布局管理器设置背景图片等。

（2）创建具体的组件，可以是 TextView、ImageView、EditText 和 Button 等任何 Android 提供的组件，并且设置组件的布局和各种属性。

（3）将创建的具体组件添加到布局管理器中。

下面将通过一个具体的例子来演示如何使用 Java 代码控制 UI 界面。

例 3.02　在 Eclipse 中创建 Android 项目，名称为 3.02，完全通过代码实现游戏的进入界面。（**实例位置：光盘\TM\sl\3\3.02**）

实现的主要步骤如下：

（1）在新创建的项目中，打开 src/com/mingrisoft 目录下的 MainActivity.java 文件，然后将默认生成的下面这行代码删除。

```
setContentView(R.layout.main);
```

（2）在 MainActivity 的 onCreate()方法中，创建一个帧布局管理器，并为该布局管理器设置背景，关键代码如下：

```
FrameLayout frameLayout = new FrameLayout(this);                    //创建帧布局管理器
frameLayout.setBackgroundDrawable(this.getResources().getDrawable(
        R.drawable.background01));                                  //设置背景
setContentView(frameLayout);                                        //设置在 Activity 中显示 frameLayout
```

（3）创建一个 TextView 组件 text1，设置其文字大小和颜色，并将其添加到布局管理器中，具体代码如下：

```
TextView text1 = new TextView(this);
text1.setText("在代码中控制 UI 界面");                              //设置显示的文字
text1.setTextSize(TypedValue.COMPLEX_UNIT_PX, 24);                  //设置文字大小，单位为像素
text1.setTextColor(Color.rgb(1, 1, 1));                             //设置文字的颜色
frameLayout.addView(text1);                                         //将 text1 添加到布局管理器中
```

（4）声明一个 TextView 组件 text2，因为在为该组件添加的事件监听中，要通过代码改变该组件的值，

所以需要将其设置为 MainActivity 的一个属性，关键代码如下：

```
public TextView text2;
```

（5）实例化 text2 组件，设置其显示文字、文字大小、颜色和布局，具体代码如下：

```
text2 = new TextView(this);
text2.setText("单击进入游戏......");                              //设置显示文字
text2.setTextSize(TypedValue.COMPLEX_UNIT_PX, 24);              //设置文字大小，单位为像素
text2.setTextColor(Color.rgb(1, 1, 1));                         //设置文字的颜色
LayoutParams params = new LayoutParams(
        ViewGroup.LayoutParams.WRAP_CONTENT,
        ViewGroup.LayoutParams.WRAP_CONTENT);                   //创建保存布局参数的对象
params.gravity = Gravity.CENTER;                                //设置居中显示
text2.setLayoutParams(params);                                  //设置布局参数
```

说明 在通过 setTextSize()方法设置 TextView 的文字大小时，可以指定使用的单位，在上面的代码中，int 型的常量 TypedValue.COMPLEX_UNIT_PX 表示单位是像素，如果要设置单位是磅，可以使用常量 TypedValue.COMPLEX_UNIT_PT，这些常量可以在 Android 官方提供的 API 中找到。

（6）为 text2 组件添加单击事件监听器，并将该组件添加到布局管理器中，具体代码如下：

```
text2.setOnClickListener(new OnClickListener() {                //为 text2 添加单击事件监听器
    @Override
    public void onClick(View v) {
        new AlertDialog.Builder(MainActivity.this).setTitle("系统提示")        //设置对话框的标题
                .setMessage("游戏有风险，进入需谨慎，真的要进入吗？") //设置对话框的显示内容
                .setPositiveButton("确定",                              //为确定按钮添加单击事件
                        new DialogInterface.OnClickListener() {
                            @Override
                            public void onClick(DialogInterface dialog, int which) {
                                Log.i("3.2", "进入游戏");               //输出消息日志
                            }
                        }).setNegativeButton("退出",                    //为取消按钮添加单击事件
                        new DialogInterface.OnClickListener() {
                            @Override
                            public void onClick(DialogInterface dialog, int which) {
                                Log.i("3.2", "退出游戏");               //输出消息日志
                                finish();                               //结束游戏
                            }
                        }).show();                                      //显示对话框
    }
});
frameLayout.addView(text2);                                     //将 text2 添加到布局管理器中
```

运行本实例，将显示如图 3.2 所示的运行结果。

单击文字“单击进入游戏……”将弹出如图 3.3 所示的提示对话框。

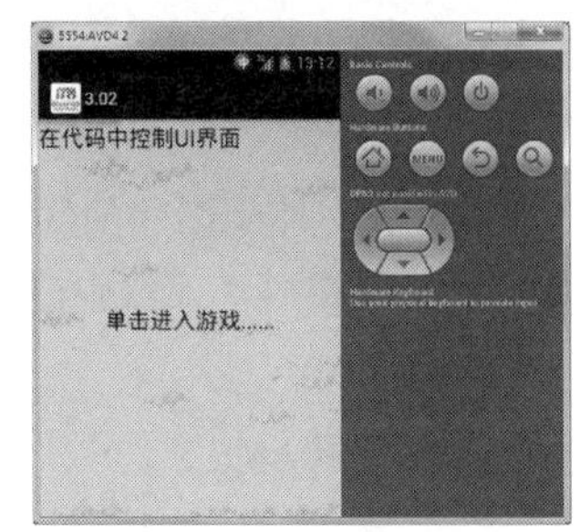

图 3.2　通过代码布局游戏开始界面

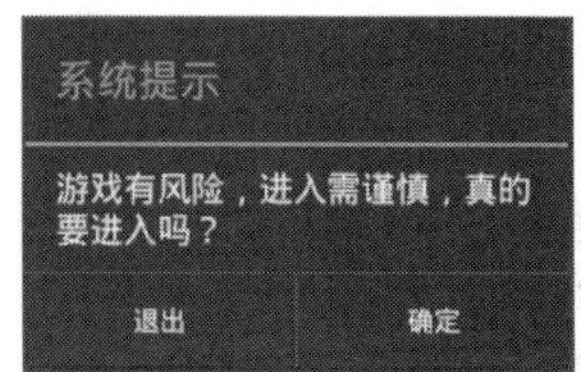

图 3.3　弹出提示对话框

说明　完全通过代码控制 UI 界面，虽然该方法比较灵活，但是其开发过程比较繁琐，而且不利于高层次的解耦，因此不推荐采用这种方式控制 UI 界面。

3.1.3　使用 XML 和 Java 代码混合控制 UI 界面

在 3.1.1 节和 3.1.2 节中，介绍了完全通过 XML 布局文件控制 UI 界面和完全通过 Java 代码控制 UI 界面。虽然通过第一种方法实现比较方便、快捷，但是该方法有失灵活；而第二种方法虽然比较灵活，但是开发过程比较繁琐。鉴于这两种方法的优缺点，我们来看另一种控制 UI 界面的方法，那就是使用 XML 和 Java 代码混合控制 UI 界面。

使用 XML 和 Java 代码混合控制 UI 界面，习惯上把变化小、行为比较固定的组件放在 XML 布局文件中，把变化较多、行为控制比较复杂的组件交给 Java 代码来管理。下面就通过一个具体的例子来演示一下使用 XML 和 Java 代码混合控制 UI 界面。

例 3.03　在 Eclipse 中创建 Android 项目，名称为 3.03，通过 XML 和 Java 代码在窗体中横向并列显示 4 张图片。**（实例位置：光盘\TM\sl\3\3.03）**

实现的主要步骤如下：

（1）修改新建项目的 res/layout 目录下的布局文件 main.xml，将默认创建的<TextView>组件删除，然后将默认创建的线性布局的 orientation 属性值设置为 horizontal（水平），并且为该线性布局设置背景以及 id 属性。修改后的代码如下：

```
<?xml version="1.0" encoding="utf-8"?>
<LinearLayout xmlns:android="http://schemas.android.com/apk/res/android"
    android:orientation="horizontal"
    android:layout_width="fill_parent"
    android:layout_height="fill_parent"
    android:id="@+id/layout"
    >
</LinearLayout>
```

（2）在 MainActivity 中，声明 img 和 imagePath 两个成员变量。其中，img 是一个 ImageView 类型的一维数组，用于保存 ImageView 组件；imagePath 是一个 int 型的一维数组，用于保存要访问的图片资源。关键代码如下：

```
    private    ImageView[] img=new ImageView[4];                    //声明一个保存 ImageView 组件的数组
    private int[] imagePath=new int[]{
```

```
    R.drawable.img01,R.drawable.img02,R.drawable.img03,R.drawable.img04
};                                                        //声明并初始化一个保存访问图片的数组
```

（3）在 MainActivity 的 onCreate()方法中，首先获取在 XML 布局文件中创建的线性布局管理器，然后通过一个 for 循环创建 4 个显示图片的 ImageView 组件，并将其添加到布局管理器中。关键代码如下：

```
setContentView(R.layout.main);
LinearLayout layout=(LinearLayout)findViewById(R.id.layout);        //获取 XML 文件中定义的线性布局管理器
for(int i=0;i<imagePath.length;i++){
    img[i]=new ImageView(this);                                     //创建一个 ImageView 组件
    img[i].setImageResource(imagePath[i]);                          //为 ImageView 组件指定要显示的图片
    img[i].setPadding(3, 3, 3, 3);                                  //设置 ImageView 组件的内边距
    LayoutParams params=new LayoutParams(120,70);                   //设置图片的宽度和高度
    img[i].setLayoutParams(params);                                 //为 ImageView 组件设置布局参数
    layout.addView(img[i]);                                         //将 ImageView 组件添加到布局管理器中
}
```

运行本实例，将显示如图 3.4 所示的运行结果。

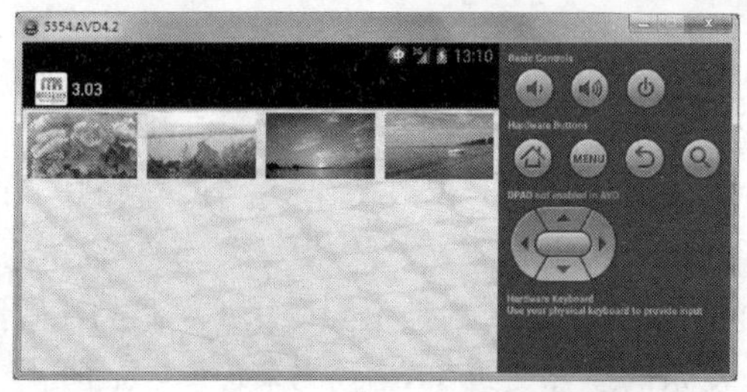

图 3.4　在窗体中横向并列显示 4 张图片

3.1.4　开发自定义的 View

在 Android 中，所有的 UI 界面都是由 View 类和 ViewGroup 类及其子类组合而成的。其中，View 类是所有 UI 组件的基类，而 ViewGroup 类是容纳这些 UI 组件的容器，其本身也是 View 类的子类。在 ViewGroup 类中，除了可以包含普通的 View 类外，还可以再次包含 ViewGroup 类。View 类和 ViewGroup 类的层次结构如图 3.5 所示。

一般情况下，开发 Android 应用程序的 UI 界面，不直接使用 View 类和 ViewGroup 类，而是使用这两个类的子类。例如，要显示一个图片，就可以使用 View 类的子类 ImageView。虽然 Android 提供了很多继承了 View 类的 UI 组件，但是在实际开发时，还会出现不足以满足程序需要的情况。这时，我们就可以通过继承 View 类来开发自己的组件。开发自定义的 View 组件大致分为以下 3 个步骤。

（1）创建一个继承 android.view.View 类的 View 类，并且重写构造方法。

（2）根据需要重写相应的方法。通过下面的方法可以找到被重写的方法。

在代码中单击鼠标右键，在弹出的快捷菜单中选择“源代码”/“覆盖/实现方法”命令，将打开如图 3.6 所示的窗口，在该窗口的列表中显示出了可以被重写的方法。我们只需要选中要重写方法前面的复选框，并单击“确定”按钮，Eclipse 将自动重写指定的方法。通常情况下，不需要重写全部的方法。

（3）在项目的活动中，创建并实例化自定义 View 类，并将其添加到布局管理器中。

下面通过一个具体的实例，来演示如何开发自定义的 View。

例 3.04　在 Eclipse 中创建 Android 项目，名称为 3.04，通过自定义 View 组件实现跟随手指的小兔子。

（实例位置：光盘\TM\sl\3\3.04）

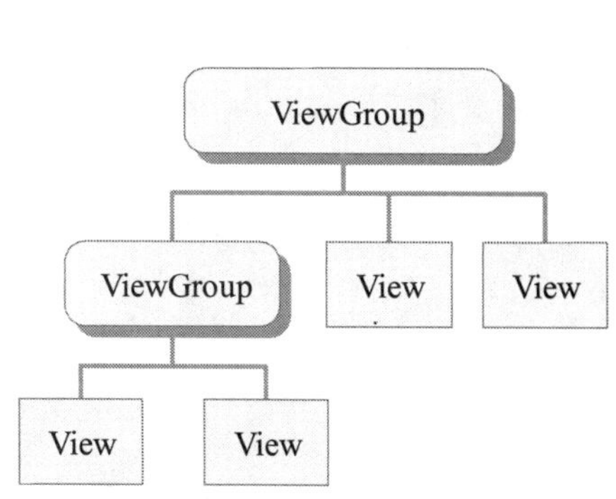

图 3.5 Android UI 组件的层次结构

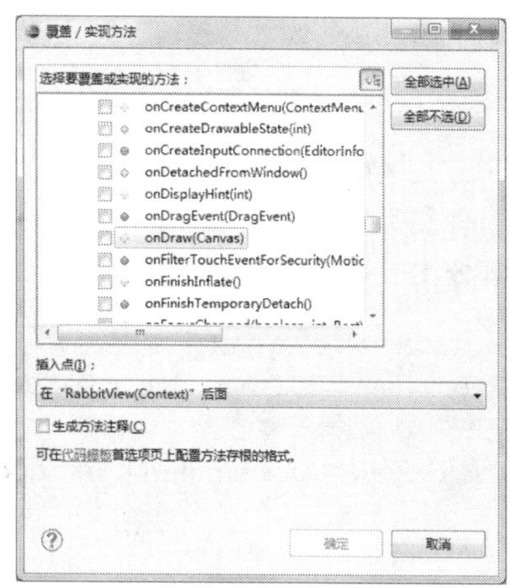

图 3.6 “覆盖/实现方法”窗口

实现的主要步骤如下：

（1）修改新建项目的 res/layout 目录下的布局文件 main.xml，将默认创建的<LinearLayout>和<TextView>组件删除，然后添加一个帧布局管理器 FrameLayout，并设置其背景和 id 属性。修改后的代码如下：

```
<?xml version="1.0" encoding="utf-8"?>
<FrameLayout xmlns:android="http://schemas.android.com/apk/res/android"
    android:layout_width="match_parent"
    android:layout_height="match_parent"
    android:background="@drawable/background"
    android:id="@+id/mylayout"
    >
</FrameLayout>
```

（2）创建一个名称为 RabbitView 的 Java 类，该类继承自 android.view.View 类，重写带一个参数 Context 的构造方法和 onDraw()方法。其中，在构造方法中设置兔子的默认显示位置，在 onDraw()方法中根据图片绘制小兔子。RabbitView 类的关键代码如下：

```
public class RabbitView extends View {
    public float bitmapX;                                           //兔子显示位置的 X 坐标
    public float bitmapY;                                           //兔子显示位置的 Y 坐标
    public RabbitView(Context context) {                            //重写构造方法
        super(context);
        bitmapX = 290;                                              //设置兔子的默认显示位置的 X 坐标
        bitmapY = 130;                                              //设置兔子的默认显示位置的 Y 坐标
    }
    @Override
    protected void onDraw(Canvas canvas) {
        super.onDraw(canvas);
        Paint paint = new Paint();                                  //创建并实例化 Paint 的对象
        Bitmap bitmap = BitmapFactory.decodeResource(this.getResources(),
                R.drawable.rabbit);                                 //根据图片生成位图对象
        canvas.drawBitmap(bitmap, bitmapX, bitmapY, paint);         //绘制小兔子
        if (bitmap.isRecycled()) {                                  //判断图片是否回收
```

```
            bitmap.recycle();                                   //强制回收图片
        }
    }
}
```

（3）在主活动的 onCreate()方法中，首先获取帧布局管理器，并实例化小兔子对象 rabbit，然后为 rabbit 添加触摸事件监听器，在重写的触摸事件中设置 rabbit 的显示位置，并重绘 rabbit 组件，最后将 rabbit 添加到布局管理器中。关键代码如下：

```
FrameLayout frameLayout=(FrameLayout)findViewById(R.id.mylayout);   //获取帧布局管理器
final RabbitView rabbit=new RabbitView(MainActivity.this);          //创建并实例化 RabbitView 类
//为小兔子添加触摸事件监听
rabbit.setOnTouchListener(new OnTouchListener() {

    @Override
    public boolean onTouch(View v, MotionEvent event) {
        rabbit.bitmapX=event.getX();                                //设置小兔子显示位置的 X 坐标
        rabbit.bitmapY=event.getY();                                //设置小兔子显示位置的 Y 坐标
        rabbit.invalidate();                                        //重绘 rabbit 组件
        return true;
    }
});
frameLayout.addView(rabbit);                                        //将 rabbit 添加到布局管理器中
```

运行本实例，将显示如图 3.7 所示的运行结果。当用手指在屏幕上拖动时，小兔子将跟随手指的拖动轨迹移动。

图 3.7　跟随手指的小兔子

3.2　布局管理器

视频讲解：光盘\TM\Video\3\布局管理器.exe

在 Android 中，每个组件在窗体中都有具体的位置和大小，在窗体中摆放各种组件时，很难判断其具体位置和大小。不过，使用 Android 布局管理器可以很方便地控制各组件的位置和大小。Android 提供了线性布局管理器（LinearLayout）、表格布局管理器（TableLayout）、帧布局管理器（FrameLayout）、相对布局管理器（RelativeLayout）和绝对布局管理器（AbsoluteLayout）等 5 种。对应于这 5 种布局管理器，Android 提供了 5 种布局方式，其中，绝对布局在 Android 2.0 中被标记为已过期，不过可以使用帧布局或相对布局

替代，所以在本节中将只对前 4 种布局方式进行详细介绍。

3.2.1　线性布局管理器

线性布局是将放入其中的组件按照垂直或水平方向来布局，也就是控制放入其中的组件横向排列或纵向排列。在线性布局中，每一行（针对垂直排列）或每一列（针对水平排列）中只能放一个组件。并且 Android 的线性布局不会换行，当组件一个挨着一个排列到窗体的边缘后，剩下的组件将不会被显示出来。

说明　在线性布局中，排列方式由 android:orientation 属性来控制，对齐方式由 android:gravity 属性来控制。

在 Android 中，可以在 XML 布局文件中定义线性布局管理器，也可以使用 Java 代码来创建。推荐使用在 XML 布局文件中定义线性布局管理器。在 XML 布局文件中定义线性布局管理器，需要使用<LinearLayout>标记，其基本的语法格式如下：

```
<LinearLayout xmlns:android="http://schemas.android.com/apk/res/android"
    属性列表
    >
</LinearLayout>
```

在线性布局管理器中，常用的属性包括 android:orientation、android:gravity、android:layout_width、android:layout_height、android:id 和 android:background。其中，前两个属性是线性布局管理器支持的属性，后面的 4 个是 android.view.View 和 android.view.ViewGroup 支持的属性，下面进行详细介绍。

☑　android:orientation 属性

该属性用于设置布局管理器内组件的排列方式，其可选值为 horizontal 和 vertical，默认值为 vertical。其中，horizontal 表示水平排列，vertical 表示垂直排列。

☑　android:gravity 属性

该属性用于设置布局管理器内组件的对齐方式，其可选值包括 top、bottom、left、right、center_vertical、fill_vertical、center_horizontal、fill_horizontal、center、fill、clip_vertical 和 clip_horizontal。这些属性值也可以同时指定，各属性值之间用竖线隔开。例如要指定组件靠右下角对齐，可以使用属性值 right|bottom。

☑　android:layout_width 属性

该属性用于设置该组件的基本宽度，其可选值有 fill_parent、match_parent 和 wrap_content，其中 fill_parent 表示该组件的宽度与父容器的宽度相同；match_parent 与 fill_parent 的作用完全相同，从 Android 2.2 开始推荐使用；wrap_content 表示该组件的宽度恰好能包裹它的内容。

说明　android:layout_width 属性是 ViewGroup.LayoutParams 所支持的 XML 属性。对于其他的布局管理器同样适用。

☑　android:layout_height 属性

该属性用于设置该组件的基本高度，其可选值有 fill_parent、match_parent 和 wrap_content，其中 fill_parent 表示该组件的高度与父容器的高度相同；match_parent 与 fill_parent 的作用完全相同，从 Android 2.2 开始推荐使用；wrap_content 表示该组件的高度恰好能包裹它的内容。

说明 android:layout_height 属性是 ViewGroup.LayoutParams 所支持的 XML 属性。对于其他的布局管理器同样适用。

☑ android:id 属性

该属性用于为当前组件指定一个 id 属性，在 Java 代码中可以应用该属性单独引用这个组件。为组件指定 id 属性后，在 R.java 文件中，会自动派生一个对应的属性，在 Java 代码中，可以通过 findViewById()方法来获取它。

☑ android:background 属性

该属性用于为该组件设置背景。可以是背景图片，也可以是背景颜色。为组件指定背景图片时，可以将准备好的背景图片复制到目录下，然后使用下面的代码进行设置：

```
android:background="@drawable/background"
```

如果想指定背景颜色，可以使用颜色值，例如，要想指定背景颜色为白色，可以使用下面的代码：

```
android:background="#FFFFFFFF"
```

说明 在线性布局中，还可以使用 android.view.View 类支持的其他属性，更加详细的内容可以参阅 Android 官方提供的 API 文档。

下面将给出一个在程序中使用线性布局的例子。

例 3.05　在 Eclipse 中创建 Android 项目，名称为 3.05，实现采用线性布局显示一组按钮。（**实例位置：光盘\TM\sl\3\3.05**）

修改新建项目的 res/layout 目录下的布局文件 main.xml，在默认添加的垂直线性布局管理器 LinearLayout 中添加 4 个按钮，并将每个按钮的 android:layout_width 属性值设置为 match_parent。修改后的代码如下：

```
<?xml version="1.0" encoding="utf-8"?>
<LinearLayout xmlns:android="http://schemas.android.com/apk/res/android"
    android:orientation="vertical"
    android:layout_width="fill_parent"
    android:layout_height="fill_parent"
    android:background="@drawable/background02"
    >
    <Button android:text="按钮 1" android:id="@+id/button1"
     android:layout_width="match_parent"
     android:layout_height="wrap_content"/>
    <Button android:text="按钮 2" android:id="@+id/button2"
     android:layout_width="match_parent"
     android:layout_height="wrap_content"/>
    <Button android:text="按钮 3" android:id="@+id/button3"
     android:layout_width="match_parent"
     android:layout_height="wrap_content"/>
    <Button android:text="按钮 4" android:id="@+id/button4"
     android:layout_width="match_parent"
```

```
    android:layout_height="wrap_content"/>
</LinearLayout>
```

运行本实例，将显示如图 3.8 所示的运行结果。

在本实例中，如果将 android:orientation 属性的属性值设置为 horizontal，将采用水平线性布局。采用水平线性布局后，由于该布局中，当组件一个挨着一个排列到窗体的边缘后，剩下的组件将不会被显示出来，所以在窗体中将只显示“按钮 1”，其他按钮不显示。为了让其他按钮也显示到窗体中，需要将各按钮的 android:layout_width 属性值和 android:layout_height="match_parent"属性值互换，交换后的代码如下：

```
android:layout_width="wrap_content"
android:layout_height="match_parent"
```

这时再运行程序，将显示如图 3.9 所示的运行结果。

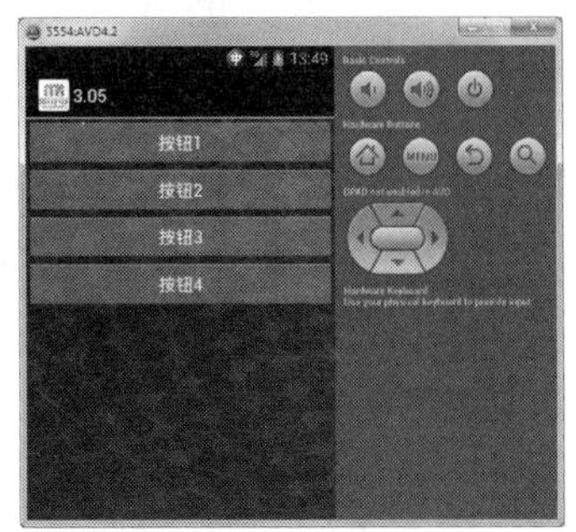

图 3.8　垂直线性布局的效果

图 3.9　水平线性布局的效果

3.2.2　表格布局管理器

表格布局与常见的表格类似，它以行、列的形式来管理放入其中的 UI 组件。表格布局使用<TableLayout>标记定义，在表格布局中，可以添加多个<TableRow>标记，每个<TableRow>标记占用一行，由于<TableRow>标记也是容器，所以在该标记中还可添加其他组件，在<TableRow>标记中，每添加一个组件，表格就会增加一列。在表格布局中，列可以被隐藏，也可以被设置为伸展的，从而填充可利用的屏幕空间，也可以设置为强制收缩，直到表格匹配屏幕大小。

说明　如果在表格布局中直接向<TableLayout>中添加 UI 组件，那么这个组件将独占一行。

在 Android 中，可以在 XML 布局文件中定义表格布局管理器，也可以使用 Java 代码来创建。推荐使用在 XML 布局文件中定义表格布局管理器。在 XML 布局文件中定义表格布局管理器的基本的语法格式如下：

```
<TableLayout  xmlns:android="http://schemas.android.com/apk/res/android"
    属性列表
>
    <TableRow 属性列表> 需要添加的 UI 组件 </TableRow>
    多个<TableRow>
</TableLayout>
```

TableLayout 继承了 LinearLayout，因此它完全支持 LinearLayout 所支持的全部 XML 属性。此外，TableLayout 还支持如表 3.1 所示的 XML 属性。

表 3.1　TableLayout 支持的 XML 属性

XML 属性	描　述
android:collapseColumns	设置需要被隐藏的列的列序号（序号从 0 开始），多个列序号之间用逗号“,”分隔
android:shrinkColumns	设置允许被收缩的列的列序号（序号从 0 开始），多个列序号之间用逗号“,”分隔
android:stretchColumns	设置允许被拉伸的列的列序号（序号从 0 开始），多个列序号之间用逗号“,”分隔

下面将给出一个在程序中使用表格布局的例子。

例 3.06　在 Eclipse 中创建 Android 项目，名称为 3.06，应用表格布局实现用户登录界面。（**实例位置：光盘\TM\sl\3\3.06**）

修改新建项目的 res/layout 目录下的布局文件 main.xml，将默认添加的布局代码删除，然后添加一个 TableLayout 表格布局管理器，并且在该布局管理器中，添加 3 个 TableRow 表格行，接下来再在每个表格行中添加用户登录界面相关的组件，最后设置表格的第一列和第 4 列允许被拉伸。修改后的代码如下：

```
<?xml version="1.0" encoding="utf-8"?>
<TableLayout android:id="@+id/tableLayout1"
    android:layout_width="fill_parent"
    android:layout_height="fill_parent"
    xmlns:android="http://schemas.android.com/apk/res/android"
    android:background="@drawable/background02"
    android:gravity="center_vertical"
    android:stretchColumns="0,3"
    >
    <!-- 第一行 -->
    <TableRow android:id="@+id/tableRow1"
        android:layout_width="wrap_content"
        android:layout_height="wrap_content">
        <TextView/>
        <TextView android:text="用户名："
            android:id="@+id/textView1"
            android:layout_width="wrap_content"
            android:textSize="24px"
            android:layout_height="wrap_content"
            />
        <EditText android:id="@+id/editText1"
            android:textSize="24px"
            android:layout_width="wrap_content"
            android:layout_height="wrap_content" android:minWidth="200px"/>
        <TextView />
    </TableRow>
    <!-- 第二行 -->
    <TableRow android:id="@+id/tableRow2"
        android:layout_width="wrap_content"
        android:layout_height="wrap_content">
        <TextView/>
        <TextView android:text="密　　码："
            android:id="@+id/textView2"
            android:textSize="24px"
```

```
            android:layout_width="wrap_content"
            android:layout_height="wrap_content"/>
        <EditText android:layout_height="wrap_content"
            android:layout_width="wrap_content"
            android:textSize="24px"
            android:id="@+id/editText2"
            android:inputType="textPassword"/>
        <TextView />
    </TableRow>
    <!-- 第三行 -->
    <TableRow android:id="@+id/tableRow3"
        android:layout_width="wrap_content"
        android:layout_height="wrap_content">
        <TextView/>
        <Button android:text="登录"
            android:id="@+id/button1"
            android:layout_width="wrap_content"
            android:layout_height="wrap_content"/>
        <Button android:text="退出"
            android:id="@+id/button2"
            android:layout_width="wrap_content"
            android:layout_height="wrap_content"/>
        <TextView />
    </TableRow>
</TableLayout>
```

说明　在本实例中，添加的 6 个 TextView 组件，并且设置对应列允许拉伸，是为了让用户登录表单在水平方向上居中显示而设置的。

运行本实例，将显示如图 3.10 所示的运行结果。

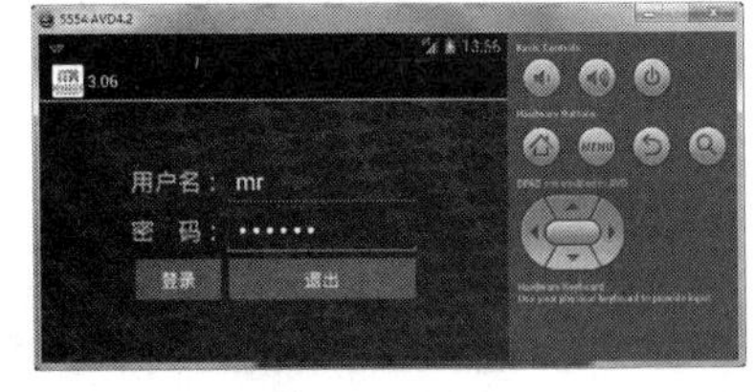

图 3.10　应用表格布局实现用户登录界面

3.2.3　帧布局管理器

在帧布局管理器中，每加入一个组件，都将创建一个空白的区域，通常称为一帧，这些帧都会根据 gravity 属性执行自动对齐。默认情况下，帧布局是从屏幕的左上角（0,0）坐标点开始布局，多个组件层叠排序，后面的组件覆盖前面的组件。

在 Android 中，可以在 XML 布局文件中定义帧布局管理器，也可以使用 Java 代码来创建。推荐使用在 XML 布局文件中定义帧布局管理器。在 XML 布局文件中，定义帧布局管理器可以使用<FrameLayout>标记，其基本的语法格式如下：

```
< FrameLayout xmlns:android="http://schemas.android.com/apk/res/android"
    属性列表
>
</ FrameLayout>
```

FrameLayout 支持的常用 XML 属性如表 3.2 所示。

表 3.2　FrameLayout 支持的常用 XML 属性

XML 属性	描　述
android:foreground	设置该帧布局容器的前景图像
android:foregroundGravity	定义绘制前景图像的 gravity 属性，也就是前景图像显示的位置

下面将给出一个在程序中使用帧布局的例子。

例 3.07　在 Eclipse 中创建 Android 项目，名称为 3.07，应用帧布局居中显示层叠的长方形。（**实例位置：光盘\TM\sl\3\3.07**）

修改新建项目的 res/layout 目录下的布局文件 main.xml，将默认添加的布局代码删除，然后添加一个 FrameLayout 帧布局管理器，并且为其设置背景和前景，以及前景图像显示的位置，最后在该布局管理器中，添加 3 个居中显示的 TextView 组件，并且为其指定不同的颜色和大小，用于更好地体现层叠效果。修改后的代码如下：

```
<?xml version="1.0" encoding="utf-8"?>
<FrameLayout
    android:id="@+id/frameLayout1"
    android:layout_width="fill_parent"
    android:layout_height="fill_parent"
    xmlns:android="http://schemas.android.com/apk/res/android"
    android:background="#FFF"
    android:foreground="@drawable/icon"
    android:foregroundGravity="bottom|right"
    >
    <!-- 添加居中显示的蓝色背景的 TextView，将显示在最下层 -->
   <TextView android:text="蓝色背景的 TextView"
    android:id="@+id/textView1"
    android:background=" #FF0000FF"
    android:layout_gravity="center"
    android:layout_width="360px"
    android:layout_height="200px"/>
    <!-- 添加居中显示的天蓝色背景的 TextView，将显示在中间层 -->
   <TextView android:text="天蓝色背景的 TextView"
   android:id="@+id/textView2"
   android:layout_width="300px"
   android:layout_height="150px"
   android:background="# FF0077FF"
   android:layout_gravity="center"
   />
    <!-- 添加居中显示的水蓝色背景的 TextView，将显示在最上层 -->
   <TextView android:text="水蓝色背景的 TextView"
   android:id="@+id/textView3"
   android:layout_width="240px"
   android:layout_height="100px"
   android:background="# FF00B4FF"
   android:layout_gravity="center"
   />
</FrameLayout>
```

运行本实例，将显示如图 3.11 所示的运行结果。

图 3.11　应用帧布局居中显示层叠的正方形

说明

帧布局经常应用在游戏开发中，用于显示自定义的视图。例如，在第 3.1.4 节的例 3.04 中，实现跟随手指的小兔子时就应用了帧布局。

3.2.4　相对布局管理器

相对布局是指按照组件之间的相对位置来进行布局，如某个组件在另一个组件的左边、右边、上方或下方等。

在 Android 中，可以在 XML 布局文件中定义相对布局管理器，也可以使用 Java 代码来创建。推荐使用在 XML 布局文件中定义相对布局管理器。在 XML 布局文件中，定义相对布局管理器可以使用<RelativeLayout>标记，其基本的语法格式如下：

```
<RelativeLayout xmlns:android="http://schemas.android.com/apk/res/android"
    属性列表
>
</RelativeLayout>
```

RelativeLayout 支持的常用 XML 属性如表 3.3 所示。

表 3.3　RelativeLayout 支持的常用 XML 属性

XML 属性	描　述
android:gravity	用于设置布局管理器中各子组件的对齐方式
android:ignoreGravity	用于指定哪个组件不受 gravity 属性的影响

在相对布局管理器中，只有上面介绍的两个属性是不够的，为了更好地控制该布局管理器中各子组件的布局分布，RelativeLayout 提供了一个内部类 RelativeLayout.LayoutParams，通过该类提供的大量 XML 属性可以很好地控制相对布局管理器中各组件的分布方式。RelativeLayout.LayoutParams 提供的 XML 属性如表 3.4 所示。

表 3.4　RelativeLayout.LayoutParams 支持的常用 XML 属性

XML 属性	描　述
android:layout_above	其属性值为其他 UI 组件的 id 属性，用于指定该组件位于哪个组件的上方
android:layout_alignBottom	其属性值为其他 UI 组件的 id 属性，用于指定该组件与哪个组件的下边界对齐
android:layout_alignLeft	其属性值为其他 UI 组件的 id 属性，用于指定该组件与哪个组件的左边界对齐
android:layout_alignParentBottom	其属性值为 boolean 值，用于指定该组件是否与布局管理器底端对齐
android:layout_alignParentLeft	其属性值为 boolean 值，用于指定该组件是否与布局管理器左边对齐
android:layout_alignParentRight	其属性值为 boolean 值，用于指定该组件是否与布局管理器右边对齐

续表

XML 属性	描　述
android:layout_alignParentTop	其属性值为 boolean 值，用于指定该组件是否与布局管理器顶端对齐
android:layout_alignRight	其属性值为其他 UI 组件的 id 属性，用于指定该组件与哪个组件的右边界对齐
android:layout_alignTop	其属性值为其他 UI 组件的 id 属性，用于指定该组件与哪个组件的上边界对齐
android:layout_below	其属性值为其他 UI 组件的 id 属性，用于指定该组件位于哪个组件的下方
android:layout_centerHorizontal	其属性值为 boolean 值，用于指定该组件是否位于布局管理器水平居中的位置
android:layout_centerInParent	其属性值为 boolean 值，用于指定该组件是否位于布局管理器的中央位置
android:layout_centerVertical	其属性值为 boolean 值，用于指定该组件是否位于布局管理器垂直居中的位置
android:layout_toLeftOf	其属性值为其他 UI 组件的 id 属性，用于指定该组件位于哪个组件的左侧
android:layout_toRightOf	其属性值为其他 UI 组件的 id 属性，用于指定该组件位于哪个组件的右侧

下面将给出一个在程序中使用相对布局的例子。

例 3.08　在 Eclipse 中创建 Android 项目，名称为 3.08，应用线性布局和相对布局实现个性游戏开始界面。**（实例位置：光盘\TM\sl\3\3.08）**

实现的主要步骤如下：

（1）修改新建项目的 res/layout 目录下的布局文件 main.xml，将默认添加的布局代码中的 TextView 组件删除，然后添加一个 ImageView 组件，用于显示顶部图片，并设置其缩放方式为保持纵横比缩放图片，让其完全覆盖 ImageView。修改后的代码如下：

```
<?xml version="1.0" encoding="utf-8"?>
<LinearLayout xmlns:android="http://schemas.android.com/apk/res/android"
    android:orientation="vertical"
    android:layout_width="fill_parent"
    android:layout_height="fill_parent">
    <!-- 添加顶部图片 -->
    <ImageView android:layout_width="match_parent"
        android:layout_height="wrap_content"
        android:scaleType="centerCrop"
        android:layout_weight="1"
        android:src="@drawable/top" />
</LinearLayout>
```

（2）在 ImageView 组件的下方添加一个相对布局管理器，用于显示控制按钮。在该布局管理器中添加 5 个 ImageView 组件，并且第一个 ImageView 组件显示在相对布局管理器的中央，其他 4 个环绕在第一个组件的四周。具体代码如下：

```
    <!-- 添加一个相对布局管理器 -->
    <RelativeLayout android:layout_weight="2"
        android:layout_height="wrap_content"
        android:background="@drawable/bottom"
        android:id="@+id/relativeLayout1"
        android:layout_width="match_parent">
        <!-- 添加中间位置的图片按钮 -->
        <ImageView android:layout_width="wrap_content"
            android:layout_height="wrap_content"
            android:id="@+id/imageButton0"
            android:src="@drawable/enter"
```

```
        android:layout_alignTop="@+id/imageButton5"
        android:layout_centerInParent="true" />
    <!-- 添加上方显示的图片 -->
    <ImageView android:layout_width="wrap_content"
        android:layout_height="wrap_content"
        android:id="@+id/imageButton1"
        android:src="@drawable/setting"
        android:layout_above="@+id/imageButton0"
        android:layout_alignLeft="@+id/imageButton0" />
    <!-- 添加下方显示的图片 -->
    <ImageView android:layout_width="wrap_content"
        android:layout_height="wrap_content"
        android:id="@+id/imageButton2"
        android:src="@drawable/exit"
        android:layout_below="@+id/imageButton0"
        android:layout_alignLeft="@+id/imageButton0" />
    <!-- 添加左侧显示的图片-->
    <ImageView android:layout_width="wrap_content"
        android:layout_height="wrap_content"
        android:id="@+id/imageButton3"
        android:src="@drawable/help"
        android:layout_toLeftOf="@+id/imageButton0"
        android:layout_alignTop="@+id/imageButton0" />
    <!-- 添加右侧显示的图片 -->
    <ImageView android:layout_width="wrap_content"
        android:layout_height="wrap_content"
        android:id="@+id/imageButton4"
        android:src="@drawable/board"
        android:layout_toRightOf="@+id/imageButton0"
        android:layout_alignTop="@+id/imageButton0" />
</RelativeLayout>
```

（3）在主活动中，获取各 ImageView 组件代表的按钮，并为各按钮添加单击事件监听器。例如，为“进入”按钮添加单击事件监听器可以使用下面的代码：

```
//为“进入”按钮添加单击事件监听
ImageView img0=(ImageView)findViewById(R.id.imageButton0);
img0.setOnClickListener(new OnClickListener() {
    @Override
    public void onClick(View v) {
        Toast.makeText(MainActivity.this, "进入游戏", Toast.LENGTH_SHORT).show();
    }
});
```

说明 为其他按钮添加单击事件监听器的方法和为“进入”按钮相同，这里就不再给出为其他按钮添加单击事件监听器的代码了。

运行本实例，将显示如图 3.12 所示的运行结果。

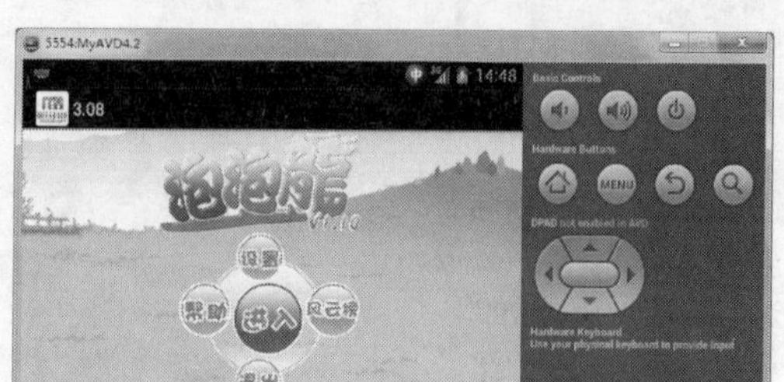

图 3.12　布局个性游戏开始界面

3.3　实　　战

3.3.1　简易的图片浏览器

在手机上浏览图片时，一般都是一屏只浏览一张图片，通过触摸事件来改变显示的图片。为了达到这个效果。本实例将实现一个简易的图片浏览器，也就是在窗体上显示一张图片，触摸该图片时，将显示下一张图片，再次触摸还会换一张图片，直到提供的图片全部显示后，再从第一张图片开始。**（实例位置：光盘\TM\sl\3\3.09）**

具体步骤如下：

（1）在 Eclipse 中创建 Android 项目，名称为 3.09。

（2）修改新建项目的 res/layout 目录下的布局文件 main.xml，将默认添加的布局代码删除，然后添加一个 LinearLayout 线性布局管理器，并设置该布局管理器的背景、布局管理器内组件的对齐方式和 id 属性。具体代码如下：

```
<LinearLayout xmlns:android="http://schemas.android.com/apk/res/android"
    android:orientation="horizontal"
    android:layout_width="fill_parent"
    android:layout_height="fill_parent"
    android:background="@drawable/background"
    android:gravity="center"
    android:id="@+id/layout"
    >
</LinearLayout>
```

（3）在 MainActivity 中，创建一个记录当前索引的整型成员变量和一个保存访问图片的数组，具体代码如下：

```
private int index=0;                                                    //当前索引
  private int[] imagePath=new int[]{
   R.drawable.img01,R.drawable.img04,R.drawable.img03,R.drawable.img02
  };                                                    //声明并初始化一个保存访问图片的数组
```

（4）在 MainActivity 的 onCreate()方法中，获取 XML 文件中定义的线性布局管理器，然后创建一个 ImageView 组件，并设置该组件要显示的图片、宽度、高度、布局参数和触摸事件监听器，最后将 ImageView 组件添加到布局管理器中。onCreate()方法的具体代码如下：

```
@Override
public void onCreate(Bundle savedInstanceState) {
    super.onCreate(savedInstanceState);
    setContentView(R.layout.main);
    LinearLayout layout=(LinearLayout)findViewById(R.id.layout);    //获取 XML 文件中定义的线性布局管理器
    ImageView img=new ImageView(this);                              //创建一个 ImageView 组件
    img.setImageResource(imagePath[index]);                         //为 ImageView 组件指定要显示的图片
    LayoutParams params=new LayoutParams(253,148);                  //设置图片的宽度和高度
    img.setLayoutParams(params);                                    //为 ImageView 组件设置布局参数
    img.setOnTouchListener(new OnTouchListener() {

            @Override
            public boolean onTouch(View v, MotionEvent event) {
                if(index<3){
                    index++;
                }else{
                    index=0;
                }
                ((ImageView)v).setImageResource(imagePath[index]); //为 ImageView 组件指定要显示的图片
                return false;
            }
        });
    layout.addView(img);                                            //将 ImageView 组件添加到布局管理器中
}
```

说明　在为 ImageView 组件添加触摸事件监听器时，需要在重写的 onTouch()事件中，实现更改 ImageView 组件中要显示的图片功能。

运行本实例，将显示如图 3.13 所示的运行结果，在屏幕中间的图片上触摸时，可以显示下一张图片。

图 3.13　简易的图片浏览器

3.3.2　应用相对布局显示软件更新提示

在智能手机中，当系统中有软件更新时，经常会显示一个提示软件更新的界面。在本例中将应用相对布局实现一个显示软件更新提示的界面。（**实例位置：光盘\TM\sl\3\3.10**）

具体步骤如下：

（1）在 Eclipse 中创建 Android 项目，名称为 3.10。

（2）修改新建项目的 res/layout 目录下的布局文件 main.xml，将默认添加的布局代码删除，然后添加一个 RelativeLayout 相对布局管理器，并且为其设置背景，最后在该布局管理器中，添加一个 TextView，两个 Button，并设置它们的显示位置及对齐方式。修改后的代码如下：

```
<?xml version="1.0" encoding="utf-8"?>
<RelativeLayout
    android:id="@+id/relativeLayout1"
    android:layout_width="fill_parent"
    android:layout_height="fill_parent"
    xmlns:android="http://schemas.android.com/apk/res/android"
```

```
    android:background="@drawable/background"
>
    <!-- 添加一个居中显示的文本视图 textView1 -->
    <TextView android:text="发现有 Widget 的新版本，您想现在就安装吗？"
     android:id="@+id/textView1"
     android:textSize="20px"
     android:layout_height="wrap_content"
     android:layout_width="wrap_content"
     android:layout_centerInParent="true"
    />
    <!-- 添加一个在 button2 左侧显示的按钮 button1 -->
    <Button
     android:text="现在更新"
     android:id="@+id/button1"
     android:layout_height="wrap_content"
     android:layout_width="wrap_content"
     android:layout_below="@+id/textView1"
     android:layout_toLeftOf="@+id/button2"
    />
    <!-- 添加一个按钮 button2，该按钮与 textView1 的右边界对齐 -->
    <Button
     android:text="以后再说"
     android:id="@+id/button2"
     android:layout_height="wrap_content"
     android:layout_width="wrap_content"
     android:layout_alignRight="@+id/textView1"
     android:layout_below="@+id/textView1"
    />
</RelativeLayout>
```

说明 在上面的代码中，将文本视图 textView1 设置为在屏幕中央显示，然后设置按钮 button2 在 textView1 的下方居右边界对齐，最后设置按钮 button1 在 button2 的左侧显示。

运行本实例，将显示如图 3.14 所示的运行结果。

图 3.14　应用相对布局显示软件更新提示

3.3.3　使用表格布局与线性布局实现分类工具栏

在进行 Android 项目开发时，对于各种布局管理器经常会组合使用。例如，要实现一个分类显示的快捷工具栏，就需要同时使用表格布局管理器与线性布局管理器。在本例中将使用表格布局与线性布局实现分类工具栏。（**实例位置：光盘\TM\sl\3\3.11**）

具体步骤如下：

（1）修改新建项目的 res/layout 目录下的布局文件 main.xml，将默认添加的布局代码删除，然后添加一个 TableLayout 表格布局管理器，并且在该布局管理器中，添加 3 个 TableRow 表格行，并将这 3 个表格行的 android:layout_weight 属性的属性值均设置为 1，表示这 3 行平均分配整个视图空间，也就是每行占据整个屏幕三分之一的空间。修改后的代码如下：

```
<?xml version="1.0" encoding="utf-8"?>
<TableLayout
    android:id="@+id/tableLayout1"
    android:layout_width="fill_parent"
    android:layout_height="fill_parent"
    android:background="@drawable/background"
    android:padding="10px"
    xmlns:android="http://schemas.android.com/apk/res/android">
    <!-- 第一行 -->
    <TableRow
        android:id="@+id/tableRow1"
        android:layout_width="fill_parent"
        android:layout_weight="1">
    </TableRow>
    <!-- 第二行 -->
    <TableRow
        android:id="@+id/tableRow2"
        android:layout_width="fill_parent"
        android:layout_weight="1">
    </TableRow>
    <!-- 第三行 -->
    <TableRow
        android:id="@+id/tableRow3"
        android:layout_width="fill_parent"
        android:layout_weight="1"
        android:background="@drawable/blockbg_big">
    </TableRow>
</TableLayout>
```

（2）在第一个表格行中添加具体的内容。

首先添加两个水平方向的线性布局，并且设置这两个线性布局管理器各占行宽的二分之一，然后在第一个线性布局中添加一个 TextView 组件，并让它居中显示，用于显示日期和时间，接下来在第二个线性布局中添加 3 个 ImageView 组件，并设置这 3 个 ImageView 组件平均分配其父视图中的可用空间，用于显示快捷图标，最后为第二个线性布局设置内边距，以及设置各 ImageView 的左外边距。具体代码如下：

```
<LinearLayout
    android:id="@+id/linearLayout1"
    android:layout_width="wrap_content"
    android:layout_height="fill_parent"
    android:layout_weight="1"
    android:background="@drawable/blockbg_big">
    <TextView
        android:id="@+id/textView1"
        android:text="@string/time"
        style="@style/text"
        android:layout_width="fill_parent"
        android:gravity="center"
        android:layout_height="fill_parent" />
</LinearLayout>
<LinearLayout
    android:id="@+id/linearLayout2"
```

```
        android:layout_height="fill_parent"
        android:layout_weight="1"
        android:background="@drawable/blockbg_big"
        android:padding="10px">
        <ImageView
            android:src="@drawable/img01"
            android:id="@+id/imageView1"
            android:layout_weight="1"
            android:layout_width="wrap_content"
            android:layout_height="fill_parent" />
        <ImageView
            android:src="@drawable/img02"
            android:id="@+id/imageView2"
            android:layout_weight="1"
            android:layout_marginLeft="5px"
            android:layout_width="wrap_content"
            android:layout_height="fill_parent" />
        <ImageView
            android:src="@drawable/img03a"
            android:id="@+id/imageView3"
            android:layout_weight="1"
            android:layout_marginLeft="0px"
            android:layout_width="wrap_content"
            android:layout_height="fill_parent" />
</LinearLayout>
```

（3）在第二个表格行中添加具体的内容。

首先添加两个水平方向的线性布局，并且设置这两个线性各占行宽的二分之一，然后在第一个线性布局中添加 3 个<ImageView>，并设置这 3 个<ImageView>平均分配其父视图中的可用空间，用于显示快捷图标，接下来在第二个线性布局中添加一个<ImageView>和一个<TextView>，并设置<ImageView>占其父视图中的可用空间的二分之一，<TextView>占其父视图的可用空间的二分之一，用于显示转到音乐工具栏，最后为这两个线性布局设置内边距，以及设置各<ImageView>的外边距。具体代码如下：

```
<LinearLayout
    android:id="@+id/linearLayout3"
    android:layout_height="fill_parent"
    android:layout_weight="1"
    android:background="@drawable/blockbg_big"
    android:padding="10px">
    <ImageView
        android:src="@drawable/img04"
        android:id="@+id/imageView4"
        android:layout_weight="1"
        android:layout_width="wrap_content"
        android:layout_height="fill_parent" />
    <ImageView
        android:src="@drawable/img05"
        android:id="@+id/imageView5"
        android:layout_weight="1"
        android:layout_marginLeft="10px"
```

```
            android:layout_width="wrap_content"
            android:layout_height="fill_parent" />
        <ImageView
            android:src="@drawable/img06"
            android:id="@+id/imageView6"
            android:layout_weight="1"
            android:layout_marginLeft="10px"
            android:layout_width="wrap_content"
            android:layout_height="fill_parent" />
</LinearLayout>
<LinearLayout
        android:id="@+id/linearLayout4"
        android:layout_height="fill_parent"
        android:layout_weight="1"
        android:background="@drawable/blockbg_big">
        <ImageView
            android:src="@drawable/img07"
            android:id="@+id/imageView7"
            android:layout_weight="1"
            android:padding="20px"
            android:layout_width="wrap_content"
            android:layout_height="fill_parent" />
        <TextView
            android:id="@+id/textView2"
            android:text="转到音乐"
            android:gravity="center_vertical"
            style="@style/text"
            android:layout_weight="1"
            android:layout_width="wrap_content"
            android:layout_height="fill_parent" />
</LinearLayout>
```

（4）在第三个表格行中添加具体的内容。

首先添加一个水平方向的线性布局，然后在这个线性布局中添加一个 ImageView 组件和一个 TextView 组件，并设置这两个标记及线性布局的左外边距，最后设置 TextView 组件垂直居中显示。具体代码如下：

```
<LinearLayout
        android:id="@+id/linearLayout5"
        android:layout_height="fill_parent"
        android:layout_weight="1"
        android:layout_marginLeft="20px">
        <ImageView
            android:src="@drawable/email"
            android:id="@+id/imageView8"
            android:layout_marginLeft="10px"
            android:layout_width="wrap_content"
            android:layout_height="fill_parent" />
        <TextView android:id="@+id/textView2"
            android:text="电子邮件"
            android:layout_marginLeft="10px"
            android:gravity="center_vertical"
```

```
            style="@style/text"
            android:layout_width="wrap_content"
            android:layout_height="fill_parent" />
</LinearLayout>
```

运行本实例，将显示如图 3.15 所示的运行结果。

图 3.15 布局分类显示的快捷工具栏

3.3.4 开发自定义的 View 在窗体上绘制一只地鼠

对于打地鼠游戏大家都不会陌生，可能多数人都玩过这个游戏。应用 Android 也可实现该游戏。在实现打地鼠游戏时，有一个重要的工作就是需要将地鼠绘制到窗体上，这可以通过自定义 View 组件来实现。本实例将开发一个自定义的 View，用于绘制一只地鼠，并在主活动中应用该 View 实现在窗体的指定位置绘制地鼠。**（实例位置：光盘\TM\sl\3\3.12）**

具体步骤如下：

（1）在 Eclipse 中创建 Android 项目，名称为 3.12。

（2）修改新建项目的 res/layout 目录下的布局文件 main.xml，将默认创建的<LinearLayout>和<TextView>组件删除，然后添加一个帧布局管理器 FrameLayout，并且设置其背景和 id 属性。修改后的代码如下：

```
<FrameLayout xmlns:android="http://schemas.android.com/apk/res/android"
    android:layout_width="match_parent"
    android:layout_height="match_parent"
    android:background="@drawable/background"
    android:id="@+id/mylayout"
    >
</FrameLayout>
```

（3）创建一个名称为 MouseView 的 Java 类，该类继承自 android.view.View 类，重写带一个参数 Context 的构造方法和 onDraw()方法。其中，在构造方法中设置地鼠的默认显示位置，在 onDraw()方法中根据图片绘制地鼠。RabbitView 类的关键代码如下：

```
public class MouseView extends View {
    public float bitmapX;                          //地鼠显示位置的 X 坐标
    public float bitmapY;                          //地鼠显示位置的 Y 坐标
    public MouseView(Context context) {            //重写构造方法
        super(context);
        bitmapX = 50;                              //设置地鼠的默认显示位置的 X 坐标
        bitmapY = 50;                              //设置地鼠的默认显示位置的 Y 坐标
    }
    @Override
    protected void onDraw(Canvas canvas) {
```

```
            super.onDraw(canvas);
            Paint paint = new Paint();                                        //创建并实例化 Paint 的对象
            Bitmap bitmap = BitmapFactory.decodeResource(this.getResources(),
                    R.drawable.mouse);                                        //根据图片生成位图对象
            canvas.drawBitmap(bitmap, bitmapX, bitmapY, paint);               //绘制地鼠
            if (bitmap.isRecycled()) {                                        //判断图片是否回收
                bitmap.recycle();                                             //强制回收图片
            }
        }
}
```

（4）在主活动的 onCreate()方法中，首先获取帧布局管理器，然后实例化地鼠对象 rabbit，并设置其 X 轴和 Y 轴的位置，最后将 rabbit 添加到布局管理器中。关键代码如下：

```
FrameLayout frameLayout = (FrameLayout) findViewById(R.id.mylayout); //获取帧布局管理器
final MouseView mouse = new MouseView(MainActivity.this);          //创建并实例化 MouseView 类
mouse.bitmapX=240;                                                  //设置地鼠的 X 轴的位置
mouse.bitmapY=119;                                                  //设置地鼠的 Y 轴的位置
frameLayout.addView(mouse);                                         //将 mouse 添加到布局管理器中
```

运行本实例，将显示如图 3.16 所示的运行结果。

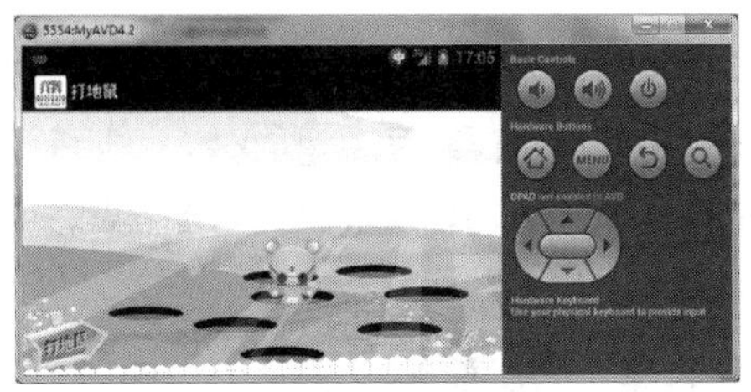

图 3.16　在窗体上绘制一只地鼠

3.4　本 章 小 结

本章向读者介绍的是进行用户界面设计中的基础内容，主要包括 Android 中控制 UI 界面的 4 种方法和常用的 4 种布局管理器。首先介绍的是控制 UI 界面的几种方法，一共介绍了 4 种方法，这 4 种方法各有优缺点，希望读者根据实际需要选择最为合适的方法；然后介绍了布局管理，共介绍了线性布局、表格布局、帧布局和相对布局，这 4 种布局方式需要读者重点掌握，在实际编程中经常被应用。

3.5　学习成果检验

1．尝试开发一个程序，使用 XML 布局文件向窗体中添加一组居中显示的按钮。（**答案位置：光盘\TM\sl\3\3.13**）

2．尝试开发一个程序，应用相对布局实现一个用户搜索界面。（**答案位置：光盘\TM\sl\3\3.14**）

3．尝试开发一个程序，通过开发自定义 View 的形式，在草地上放置一个皮球。（**答案位置：光盘\TM\sl\3\3.15**）

第 4 章

Android 常用组件

（视频讲解：125 分钟）

组件是 Android 程序设计的基本组成单位，通过使用组件可以高效地开发 Android 应用程序。所以，熟练掌握组件的使用是合理、有效地进行 Android 程序开发的重要前提。本章将对 Android 中提供的常用组件进行详细介绍。

通过阅读本章，您可以：

- 掌握文本框、编辑框和自动完成文本框的使用方法
- 掌握普通按钮和图片按钮的使用方法
- 掌握单选按钮和复选框的使用方法
- 熟悉日期、时间选择器和计时器的基本应用
- 掌握进度条、拖动条和星级评分条的应用
- 掌握列表选择框和列表视图的应用
- 熟悉图像视图、网格视图、图像切换器、画廊视图的基本应用
- 熟悉滚动视图、选项卡的基本应用

4.1 文本类组件

视频讲解：光盘\TM\Video\4\文本类组件.exe

Android 中提供了一些与文本输入相关的组件，这些组件不仅包括普通的文本框和编辑框，而且还包括为方便输入提供的自动完成文本框，下面将分别进行介绍。

4.1.1 文本框

在 Android 中，文本框使用 TextView 表示，用于在屏幕上显示文本。这与 Java 中的文本框组件不同，它相当于 Java 中的标签，也就是 JLable。需要说明的是，Android 中的文本框组件可以显示单行文本、多行文本，以及带图像的文本。

在 Android 中，可以使用两种方法向屏幕中添加文本框，一种是通过在 XML 布局文件中使用<TextView>标记添加，另一种是在 Java 文件中，通过 new 关键字创建。推荐采用第一种方法，也就是通过<TextView>标记在 XML 布局文件中添加。在 XML 布局文件中添加文本框的基本语法格式如下：

```
<TextView
属性列表
>
</TextView>
```

TextView 支持的常用 XML 属性如表 4.1 所示。

表 4.1 TextView 支持的 XML 属性

XML 属性	描 述
android:autoLink	用于指定是否将指定格式的文本转换为可单击的超链接形式，其属性值有 none、web、email、phone、map 和 all
android:drawableBottom	用于在文本框内文本的底端绘制指定图像，该图像可以是放在 res/drawable 目录下的图片，通过“@drawable/文件名（不包括文件的扩展名）”设置
android:drawableLeft	用于在文本框内文本的左侧绘制指定图像，该图像可以是放在 res/drawable 目录下的图片，通过“@drawable/文件名（不包括文件的扩展名）”设置
android:drawableRight	用于在文本框内文本的右侧绘制指定图像，该图像可以是放在 res/drawable 目录下的图片，通过“@drawable/文件名（不包括文件的扩展名）”设置
android:drawableTop	用于在文本框内文本的顶端绘制指定图像，该图像可以是放在 res/drawable 目录下的图片，通过“@drawable/文件名（不包括文件的扩展名）”设置
android:gravity	用于设置文本框内文本的对齐方式，可选值有 top、bottom、left、right、center_vertical、fill_vertical、center_horizontal、fill_horizontal、center、fill、clip_vertical 和 clip_horizontal 等。这些属性值也可以同时指定，各属性值之间用竖线隔开。例如，要指定组件靠右下角对齐，可以使用属性值 right|bottom
android:hint	用于设置当文本框中文本内容为空时，默认显示的提示文本
android:inputType	用于指定当前文本框显示内容的文本类型，其可选值有 textPassword、textEmailAddress、phone 和 date 等，可以同时指定多个，使用“|”进行分隔
android:singleLine	用于指定该文本框是否为单行模式，其属性值为 true 或 false，为 true 表示该文本框不会换行，当文本框中的文本超过一行时，其超出的部分将被省略，同时在结尾处添加“…”

续表

XML 属性	描　述
android:text	用于指定该文本框中显示的文本内容，可以直接在该属性值中指定，也可以通过在 strings.xml 文件中定义文本常量的方式指定
android:textColor	用于设置文本框内文本的颜色，其属性值可以是#rgb、#argb、#rrggbb 或#aarrggbb 格式指定的颜色值
android:textSize	用于设置文本框内文本的字体大小，其属性由代表大小的数值加上单位组成，其单位可以是 px、pt、sp 和 in 等
android:width	用于指定文本的宽度，以像素为单位
android:height	用于指定文本的高度，以像素为单位

说明　在表 4.1 中，只给出了 TextView 组件常用的部分属性，关于该组件的其他属性，可以参阅 Android 官方提供的 API 文档。

下面将给出一个关于文本框的实例。

例 4.01　在 Eclipse 中创建 Android 项目，名称为 4.01，实现为文本框中的 E-mail 地址添加超链接、显示带图像的文本、显示不同颜色的单行文本和多行文本。（**实例位置：光盘\TM\sl\4\4.01**）

实现的主要步骤如下：

（1）修改新建项目的 res/layout 目录下的布局文件 main.xml，为默认添加的垂直线性布局管理器 LinearLayout 设置背景，并为默认添加的 TextView 组件设置高度，对其中的 E-mail 格式的文本设置超链接。修改后的代码如下：

```
<?xml version="1.0" encoding="utf-8"?>
<LinearLayout xmlns:android="http://schemas.android.com/apk/res/android"
    android:orientation="vertical"
    android:layout_width="fill_parent"
    android:layout_height="fill_parent"
    android:background="@drawable/background02">
    <TextView
        android:layout_width="wrap_content"
        android:layout_height="wrap_content"
        android:text="@string/hello"
        android:autoLink="email"
        android:height="50px" />
</LinearLayout>
```

（2）在默认添加的 TextView 组件后面再添加一个 TextView 组件，设置该组件显示带图像的文本（图像在文字的上方）。具体代码如下：

```
    <TextView
        android:layout_width="wrap_content"
        android:id="@+id/textView1"
        android:text="带图片的 TextView"
        android:drawableTop="@drawable/icon"
        android:layout_height="wrap_content" />
```

（3）在步骤（2）添加的 TextView 组件的后面再添加两个 TextView 组件，一个设置为可以显示多行文

本（默认的），另一个设置为只能显示单行文本，并将这两个 TextView 组件设置为不同颜色。具体代码如下：

```
    <TextView
        android:id="@+id/textView2"
        android:textColor="#09f"
        android:textSize="20px"
        android:text="多行文本：我不喜欢无云的天空，我不喜欢无泪的人生，如果我哭了，那是因为我曾拥有一份美丽的感情"
        android:width="300px"
        android:layout_width="wrap_content"
        android:layout_height="wrap_content" />
    <TextView
        android:id="@+id/textView3"
        android:textColor="#f00"
        android:textSize="20px"
        android:text="单行文本：我不喜欢无云的天空，我不喜欢无泪的人生，如果我哭了，那是因为我曾拥有一份美丽的感情"
        android:width="300px"
        android:singleLine="true"
        android:layout_width="wrap_content"
        android:layout_height="wrap_content" />
```

运行本实例，将显示如图 4.1 所示的运行结果。

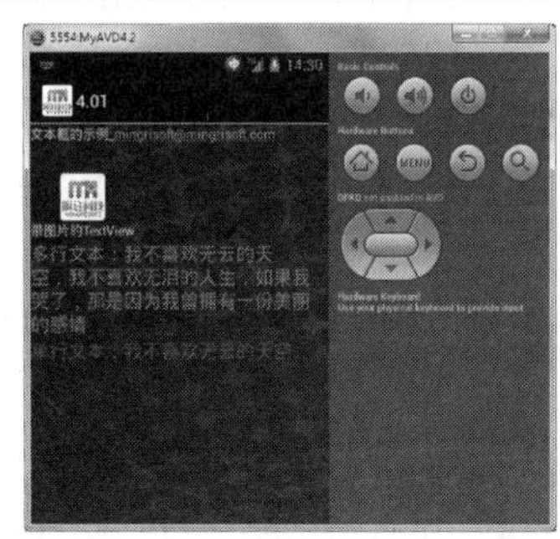

图 4.1　应用 TextView 显示多种样式的文本

4.1.2　编辑框

在 Android 中，编辑框使用 EditText 表示，用于在屏幕上显示文本输入框，这与 Java 中的文本框组件功能类似。需要说明的是，Android 中的编辑框组件可以输入单行文本，也可以输入多行文本，而且还可以输入指定格式的文本（如密码、电话号码、E-mail 地址等）。

在 Android 中，可以使用两种方法向屏幕中添加编辑框，一种是通过在 XML 布局文件中使用<EditText>标记添加，另一种是在 Java 文件中，通过 new 关键字创建。推荐采用第一种方法，也就是通过<EditText>标记在 XML 布局文件中添加。在 XML 布局文件中添加编辑框的基本语法格式如下：

```
<EditText
属性列表
>
</EditText>
```

由于 EditText 类是 TextView 的子类，所以对于表 4.1 中列出的 XML 属性，同样适用于 EditText 组件。特别需要注意的是，在 EditText 组件中，android:inputType 属性可以帮助输入法显示合适的类型。例如，要添加一个密码框，可以将 android:inputType 属性设置为 textPassword。

技巧　在 Eclipse 中，打开布局文件，通过 Graphical Layout 视图，可以在可视化界面中拖曳添加编辑框组件，并且在可视化界面中还列出了不同类型的输入框（如密码框、数字密码框和输入电话号码的编辑框等），只需要将其拖曳到布局文件中即可。

在屏幕中添加编辑框后，还需要获取编辑框中输入的内容，这可以通过编辑框组件提供的 getText()方法实现。使用该方法时，先要获取到编辑框组件，然后再调用 getText()方法。例如，要获取布局文件中添加的 id 属性为 login 的编辑框的内容，可以通过以下代码实现。

```
EditText login=(EditText)findViewById(R.id.login);
String loginText=login.getText().toString();
```

下面将给出一个关于编辑框的实例。

例4.02 在Eclipse中创建Android项目，名称为4.02，实现会员注册界面。（**实例位置：光盘\TM\sl\4\4.02**）

实现的主要步骤如下：

（1）修改新建项目的 res/layout 目录下的布局文件 main.xml，将默认添加的布局代码删除，然后添加一个 TableLayout 表格布局管理器，并且在该布局管理器中添加 4 个 TableRow 表格行，并为该表格布局管理器设置背景。修改后的代码如下：

```
<?xml version="1.0" encoding="utf-8"?>
<TableLayout xmlns:android="http://schemas.android.com/apk/res/android"
    android:id="@+id/tableLayout1"
    android:layout_width="fill_parent"
    android:layout_height="fill_parent"
    android:background="@drawable/background">
    <TableRow android:id="@+id/tableRow1"
        android:layout_width="wrap_content"
        android:layout_height="wrap_content">    </TableRow>
    ...          <!-- 省略了第 2 个和第 3 个表格行的代码 -->
    <TableRow android:id="@+id/tableRow4"
        android:layout_width="wrap_content"
        android:layout_height="wrap_content">    </TableRow>
</TableLayout>
```

（2）在表格的第 1 行，添加一个用于显示提示信息的文本框和一个输入会员昵称的单行编辑框，并为该单行编辑框设置提示文本。具体代码如下：

```
<TextView
    android:layout_width="wrap_content"
    android:layout_height="wrap_content"
    android:inputType="textEmailAddress"
    android:text="会员昵称："
    android:height="50px" />
<EditText android:id="@+id/nickname"
    android:hint="请输入会员昵称"
    android:layout_width="300px"
    android:layout_height="wrap_content"
    android:singleLine="true"
    />
```

（3）在表格的第 2 行添加用于显示提示信息的文本框和一个输入密码的密码框，具体代码如下：

```
<TextView
    android:layout_width="wrap_content"
    android:layout_height="wrap_content"
```

```
        android:inputType="textEmailAddress"
        android:text="输入密码："
        android:height="50px" />
    <EditText android:id="@+id/pwd"
        android:layout_width="300px"
        android:inputType="textPassword"
        android:layout_height="wrap_content"
        />
```

（4）在表格的第 3 行，按照步骤（3）的方法添加一个确认密码的密码框，由于具体的实现代码与步骤（3）类似，所以这里不再赘述。

（5）在表格的第 4 行，添加用于显示提示信息的文本框和一个输入 E-mail 地址的编辑框，具体代码如下：

```
    <TextView
        android:layout_width="wrap_content"
        android:layout_height="wrap_content"
        android:inputType="textEmailAddress"
        android:text="E-mail："
        android:height="50px" />
    <EditText android:id="@+id/email"
        android:layout_width="300px"
        android:layout_height="wrap_content"
        android:inputType="textEmailAddress"
        />
```

（6）添加一个水平线性布局管理器，并在该布局管理器中添加两个按钮。具体代码如下：

```
    <LinearLayout
    android:orientation="horizontal"
    android:layout_width="wrap_content"
    android:layout_height="wrap_content" >
    <Button android:text="注册"
        android:id="@+id/button1"
        android:layout_width="wrap_content"
        android:layout_height="wrap_content"/>
    <Button android:text="重置"
        android:id="@+id/button2"
        android:layout_width="wrap_content"
        android:layout_height="wrap_content"/>
    </LinearLayout>
```

（7）在主活动的 onCreate()方法中，为“注册”按钮添加单击事件监听，用于在用户单击“注册”按钮后，在日志面板（LogCat）中显示输入的内容。关键代码如下：

```
Button button1=(Button)findViewById(R.id.button1);
button1.setOnClickListener(new OnClickListener() {
    @Override
    public void onClick(View v) {
        EditText nicknameET=(EditText)findViewById(R.id.nickname);        //获取会员昵称编辑框组件
        String nickname=nicknameET.getText().toString();                  //获取输入的会员昵称
        EditText pwdET=(EditText)findViewById(R.id.pwd);                  //获取密码编辑框组件
        String pwd=pwdET.getText().toString();                            //获取输入的密码
```

```
            EditText emailET=(EditText)findViewById(R.id.email);                  //获取 E-mail 编辑框组件
            String email=emailET.getText().toString();                            //获取输入的 E-mail 地址
            Log.i("编辑框的应用","会员昵称:"+nickname);
            Log.i("编辑框的应用","密码:"+pwd);
            Log.i("编辑框的应用","E-mail 地址:"+email);
      }
});
```

运行本实例，在屏幕中将显示会员昵称和输入密码等编辑框，输入如图 4.2 所示的内容后，单击“注册”按钮，将在日志中显示如图 4.3 所示的内容。

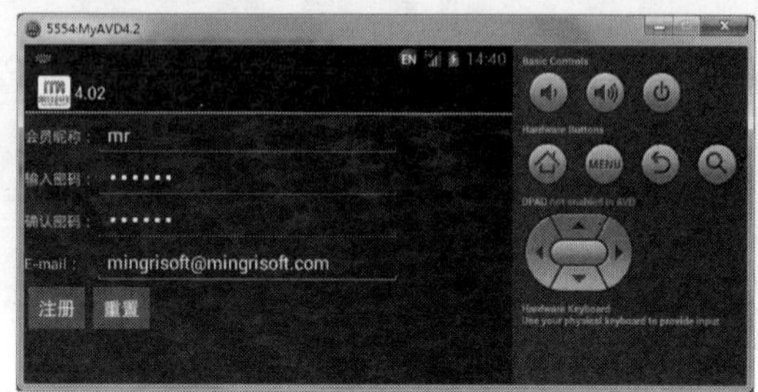

图 4.2　会员注册界面

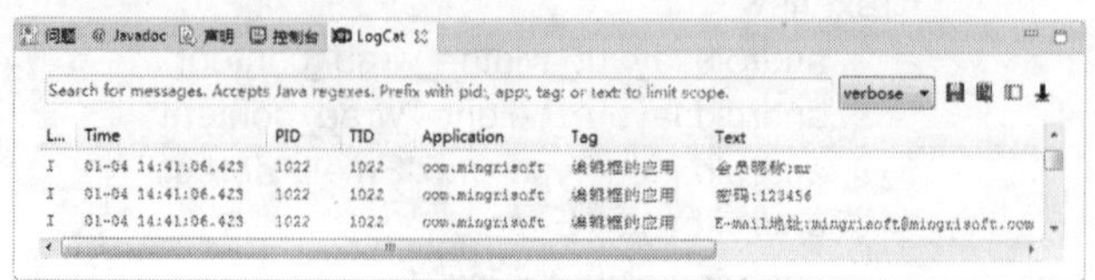

图 4.3　在日志面板中显示的编辑框中输入的内容

4.1.3　自动完成文本框

自动完成文本框使用 AutoCompleteTextView 表示，用于实现允许用户输入一定字符后显示一个下拉菜单，供用户从中选择，当用户选择某个菜单项后，按用户选择自动填写该文本框。

在屏幕中添加自动完成文本框，可以在 XML 布局文件中通过<AutoCompleteTextView>标记添加，基本语法格式如下：

```
<AutoCompleteTextView
      属性列表
>
</AutoCompleteTextView>
```

AutoCompleteTextView 组件继承自 EditText，所以它支持 EditText 组件提供的属性，同时，该组件还支持如表 4.2 所示的 XML 属性。

表 4.2　AutoCompleteTextView 支持的 XML 属性

XML 属性	描　述
android:completionHint	用于为弹出的下拉菜单指定提示标题
android:completionThreshold	用于指定用户至少输入几个字符才会显示提示
android:dropDownHeight	用于指定下拉菜单的高度
android:dropDownHorizontalOffset	用于指定下拉菜单与文本之间的水平偏移。下拉菜单默认与文本框左对齐
android:dropDownVerticalOffset	用于指定下拉菜单与文本之间的垂直偏移。下拉菜单默认紧跟文本框
android:dropDownWidth	用于指定下拉菜单的宽度
android:popupBackground	用于为下拉菜单设置背景

下面将给出一个关于自动完成文本框的实例。

例 4.03　在 Eclipse 中创建 Android 项目，名称为 4.03，实现带自动提示功能的搜索框。（**实例位置：光盘\TM\sl\4\4.03**）

实现的主要步骤如下：

（1）修改新建项目的 res/layout 目录下的布局文件 main.xml，将默认添加的垂直线性布局管理器修改为水平线性布局管理器，并在该布局管理器中添加一个自动完成文本框和一个按钮。修改后的代码如下：

```
<LinearLayout xmlns:android="http://schemas.android.com/apk/res/android"
    android:orientation="horizontal"
    android:layout_width="fill_parent"
    android:layout_height="fill_parent"
    >
<AutoCompleteTextView
     android:layout_height="wrap_content"
     android:text=""
     android:id="@+id/autoCompleteTextView1"
     android:completionThreshold="2"
     android:completionHint="输入搜索内容"
     android:layout_weight="7"
     android:layout_width="wrap_content">
</AutoCompleteTextView>
<Button
     android:text="搜索"
     android:id="@+id/button1"
     android:layout_weight="1"
     android:layout_marginLeft="10px"
     android:layout_width="wrap_content"
     android:layout_height="wrap_content"/>
</LinearLayout>
```

说明　在上面的代码中，通过 android:completionHint 属性设置下拉菜单中显示的提示标题；通过 android:completionThreshold 属性设置用户至少输入两个字符才会显示提示。

（2）在主活动 MainActivity 中，定义一个字符串数组常量，用于保存要在下拉菜单中显示的列表项。具体代码如下：

```
private static final String[] COUNTRIES = new String[] {
        "明日科技", "明日科技有限公司", "吉林省明日科技有限公司", "明日编程词典", "明日"};
```

（3）在主活动的 onCreate()方法中，首先获取布局文件中添加的自动完成文本框，然后创建一个保存下拉菜单中要显示的列表项的 ArrayAdapter 适配器，最后将该适配器与自动完成文本框相关联。关键代码如下：

```
//获取自动完成文本框
AutoCompleteTextView textView=(AutoCompleteTextView)findViewById(R.id.autoCompleteTextView1);
ArrayAdapter<String> adapter=new ArrayAdapter<String>(this,
            android.R.layout.simple_dropdown_item_1line,COUNTRIES);  //创建一个 ArrayAdapter 适配器
textView.setAdapter(adapter);                                        //为自动完成文本框设置适配器
```

（4）获取“搜索”按钮，并为其添加单击事件监听器，在其 onClick 事件中通过消息提示框显示自动

完成文本框中输入的内容。具体代码如下：

```
Button button=(Button)findViewById(R.id.button1);                    //获取“搜索”按钮
//为“搜索”按钮添加单击事件监听
button.setOnClickListener(new OnClickListener() {
    @Override
    public void onClick(View v) {
        Toast.makeText(MainActivity.this, textView.getText().toString(), Toast.LENGTH_SHORT).show();
    }
});
```

运行本实例，在屏幕上显示由自动完成文本框和按钮组成的搜索框，输入文字“明日”后，在下方将出现下拉列表显示符合条件的提示信息，如图 4.4 所示。双击想要选择的列表项，即可将其显示到自动完成文本框中。

图 4.4　应用自动完成文本框实现搜索框

4.2　按钮类组件

视频讲解：光盘\TM\Video\4\按钮类组件.exe

在 Android 中，提供了一些按钮类的组件，主要包括普通按钮、图片按钮、单选按钮和复选框，下面将分别进行介绍。

4.2.1　普通按钮

普通按钮比较常见，通常用于触发一个指定的事件，使用 Button 表示。在 Android 中，可以使用两种方法向屏幕中添加按钮，一种是通过在 XML 布局文件中使用<Button>标记添加，另一种是在 Java 文件中，通过 new 关键字创建。推荐采用第一种方法，也就是通过<Button>标记在 XML 布局文件中添加。在 XML 布局文件中添加普通按钮的基本格式如下：

```
<Button
android:text="显示文本"
android:id="@+id/button1"
    android:layout_width="wrap_content"
android:layout_height="wrap_content"
>
</Button>
```

在屏幕上添加按钮后，还需要为按钮添加单击事件监听器，才能让按钮发挥其特有的用途。在 Android 中，提供了两种为按钮添加单击事件监听器的方法，一种是在 Java 代码中完成。例如，在 Activity 的 onCreate() 方法中完成，具体的代码如下：

```
import android.view.View.OnClickListener;
import android.widget.Button;

Button login=(Button)findViewById(R.id.login);              //通过 ID 获取布局文件中添加的按钮
login.setOnClickListener(new OnClickListener() {             //为按钮添加单击事件监听器

     @Override
     public void onClick(View v) {
          //编写要执行的动作代码
     }
});
```

另一种是在 Activity 中编写一个包含 View 类型参数的方法，并且将要触发的动作代码放在该方法中，然后在布局文件中，通过 android:onClick 属性指定对应的方法名实现。例如，在 Activity 中编写一个 myClick() 方法，关键代码如下：

```
public void myClick(View view){
     //编写要执行的动作代码
}
```

那么就可以在布局文件中通过 android:onClick="myClick"为按钮添加单击事件监听器。

下面将通过一个具体的实现来介绍如何添加普通按钮，并通过两种方法为按钮添加单击事件监听器。

例 4.04　在 Eclipse 中创建 Android 项目，名称为 4.04，实现向窗体中添加两个普通按钮，并通过不同的方法为这两个按钮添加单击事件监听器。**（实例位置：光盘\TM\sl\4\4.04）**

实现的主要步骤如下：

（1）修改新建项目的 res/layout 目录下的布局文件 main.xml，将默认添加的垂直线性布局管理器设置为水平布局管理器。在该布局管理器中添加两个普通按钮（id 属性分别为 login 和 register），并为 id 为 register 的按钮设置 android:onClick 属性，为其指定一个单击事件监听器。具体代码如下：

```
<?xml version="1.0" encoding="utf-8"?>
<LinearLayout xmlns:android="http://schemas.android.com/apk/res/android"
     android:orientation="horizontal"
     android:layout_width="wrap_content"
     android:layout_height="wrap_content" >
     <Button android:text="登录"
          android:id="@+id/login"
          android:layout_width="wrap_content"
          android:layout_height="wrap_content"/>
     <Button
          android:id="@+id/register"
          android:layout_width="wrap_content"
          android:layout_height="wrap_content"
          android:onClick="myClick"
          android:text="注册" />
</LinearLayout>
```

（2）在主活动 MainActivity 的 onCreate()方法中，应用下面的代码为 id 为 login 的按钮添加单击事件监听器。

```
Button login=(Button)findViewById(R.id.login);                    //通过 ID 获取布局文件中添加的按钮
login.setOnClickListener(new OnClickListener() {                  //为按钮添加单击事件监听器
    @Override
    public void onClick(View v) {
        Toast toast=Toast.makeText(MainActivity.this, "您单击了“登录”按钮", Toast.LENGTH_SHORT);
        toast.show();                                             //显示提示信息
    }
});
```

（3）在 MainActivity 类中编写一个方法 myClick()，用于指定将要触发的动作代码。具体代码如下：

```
public void myClick(View view){
    Toast toast=Toast.makeText(MainActivity.this, "您单击了“注册”按钮", Toast.LENGTH_SHORT);
    toast.show();                                                 //显示提示信息
}
```

运行本实例，将显示如图 4.5 所示的运行结果，单击“登录”按钮，将显示“您单击了‘登录’按钮”的提示信息；单击“注册”按钮，将显示“您单击了‘注册’按钮”的提示信息。

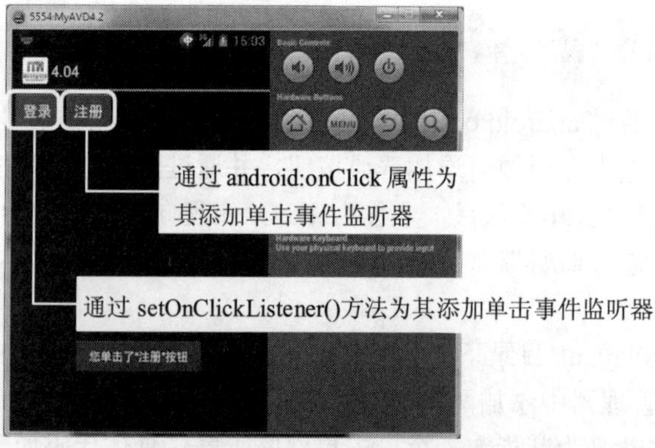

图 4.5　添加两个普通按钮并为其设置单击事件监听器

4.2.2　图片按钮

图片按钮（ImageButton）与普通按钮的功能和使用方法基本相同，只不过图片按钮使用<ImageButton>标记定义，并且还可以为其指定 android:src 属性，用于设置要显示的图片。在布局文件中，添加图片按钮的基本格式如下：

```
<ImageButton
    android:id="@+id/imageButton1"
    android:src="@drawable/图片文件名"
    android:background="#0FFF"
    android:layout_width="wrap_content"
    android:layout_height="wrap_content">
</ImageButton>
```

说明 如果在添加图片按钮时，不为其设置 android:background 属性，那么作为按钮的图片将显示在一个灰色的按钮上，也就是说添加的图片按钮将带有一个灰色立体的边框。不过这时的图片按钮将会随着用户的动作而改变。一旦为其设置了 android:background 属性，它将不会随着用户的动作而改变。如果要让其随着用户的动作而改变，就需要使用 StateListDrawable 资源来对其进行设置。

同普通按钮一样，图片按钮也需要添加单击事件监听器，具体方法和普通按钮相同，这里不再赘述。

下面通过一个具体的实例来演示图片按钮的使用。

例 4.05　在 Eclipse 中创建 Android 项目，名称为 4.05，实现在窗体中添加两个图片按钮，一个不设置背景颜色，另一个将背景颜色设置为透明。**（实例位置：光盘\TM\sl\4\4.05）**

实现的主要步骤如下：

（1）修改新建项目的 res/layout 目录下的布局文件 main.xml，将默认添加的垂直线性布局管理器设置为水平居中对齐，并设置其背景色为白色。在该布局管理器中添加两个图片按钮，并为第 2 个按钮设置单击事件监听器和白色透明背景。具体代码如下：

```
<?xml version="1.0" encoding="utf-8"?>
<LinearLayout xmlns:android="http://schemas.android.com/apk/res/android"
    android:layout_width="fill_parent"
    android:layout_height="fill_parent"
    android:background="#FFF"
    android:gravity="center_horizontal"
    android:orientation="vertical" >
    <ImageButton
        android:id="@+id/imageButton1"
        android:layout_width="wrap_content"
        android:layout_height="wrap_content"
        android:src="@drawable/login01" />
    <ImageButton
        android:id="@+id/imageButton2"
        android:layout_width="wrap_content"
        android:layout_height="wrap_content"
        android:background="#0FFF"
        android:onClick="myClick"
        android:src="@drawable/login01" />
</LinearLayout>
```

（2）在主活动 MainActivity 的 onCreate()方法中，为第一个图片设置单击事件监听器。具体代码如下：

```
ImageButton ib1=(ImageButton)findViewById(R.id.imageButton1);    //通过 ID 获取布局文件中添加的图片按钮
   ib1.setOnClickListener(new OnClickListener() {                //为按钮添加单击事件监听器
     @Override
     public void onClick(View v) {
          Toast.makeText(MainActivity.this, "单击了没有设置背景的按钮",
                         Toast.LENGTH_SHORT).show();             //显示提示信息
     }
});
```

（3）在 MainActivity 类中编写一个方法 myClick()，用于指定将要触发的动作代码。具体代码如下：

```
public void myClick(View view){
    Toast.makeText(MainActivity.this, "单击了已经设置背景的按钮", Toast.LENGTH_SHORT)
            .show();                                   //显示提示信息
}
```

运行本实例，将显示如图 4.6 所示的运行结果。单击上面的"登录"按钮，将显示"单击了没有设置背景的按钮"的提示信息；单击下面的"登录"按钮，将显示"单击了已经设置背景的按钮"的提示信息。

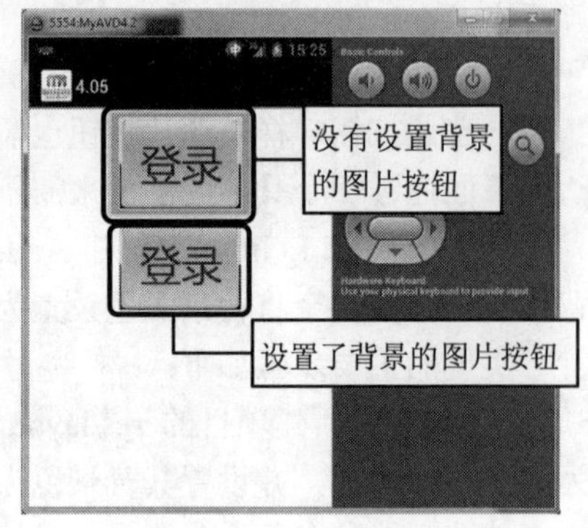

图 4.6 图片按钮

4.2.3 单选按钮

在默认的情况下，单选按钮显示为一个圆形图标，并且在该图标旁边放置一些说明性文字，而在程序中，一般将多个单选按钮放置在按钮组中，使这些单选按钮表现出某种功能，当用户选中某个单选按钮后，按钮组中的其他按钮将被自动取消选中状态。在 Android 中，单选按钮使用 RadioButton 表示，而 RadioButton 类又是 Button 的子类，所以单选按钮可以直接使用 Button 支持的各种属性。

在 Android 中，可以使用两种方法向屏幕中添加单选按钮，一种是通过在 XML 布局文件中使用 <RadioButton>标记添加，另一种是在 Java 文件中通过 new 关键字创建。推荐采用第一种方法，也就是通过 <RadioButton>在 XML 布局文件中添加。在 XML 布局文件中添加单选按钮的基本格式如下：

```
<RadioButton
    android:text="显示文本"
    android:id="@+id/ID 号"
    android:checked="true|false"
    android:layout_width="wrap_content"
    android:layout_height="wrap_content"
>
</RadioButton>
```

RadioButton 组件的 android:checked 属性用于指定选中状态，属性值为 true 时，表示选中；属性值为 false 时，表示不选中。默认为 false。

通常情况下，RadioButton 组件需要与 RadioGroup 组件一起使用，组成一个单选按钮组。在 XML 布局文件中，添加 RadioGroup 组件的基本格式如下：

```
<RadioGroup
        android:id="@+id/radioGroup1"
        android:orientation="horizontal"
        android:layout_width="wrap_content"
        android:layout_height="wrap_content">
    <!-- 添加多个 RadioButton 组件 -->
</RadioGroup>
```

例 4.06 在 Eclipse 中创建 Android 项目，名称为 4.06，实现在屏幕上添加选择性别的单选按钮组。（实例位置：**光盘\TM\sl\4\4.06**）

修改新建项目的 res/layout 目录下的布局文件 main.xml，将默认添加的垂直线性布局管理器设置为水平

布局管理器，在该布局管理器中添加一个 TextView 组件、一个包含两个单选按钮的单选按钮组和一个提交按钮。具体代码如下：

```
<?xml version="1.0" encoding="utf-8"?>
<LinearLayout xmlns:android="http://schemas.android.com/apk/res/android"
    android:orientation="horizontal"
    android:layout_width="wrap_content"
    android:layout_height="wrap_content"
    android:background="@drawable/background">
    <TextView
        android:layout_width="wrap_content"
        android:layout_height="wrap_content"
        android:text="性别："
        android:height="50px" />
    <RadioGroup
        android:id="@+id/radioGroup1"
        android:orientation="horizontal"
        android:layout_width="wrap_content"
        android:layout_height="wrap_content">
        <RadioButton
            android:layout_height="wrap_content"
            android:id="@+id/radio0"
            android:text="男"
            android:layout_width="wrap_content"
            android:checked="true"/>
        <RadioButton
            android:layout_height="wrap_content"
            android:id="@+id/radio1"
            android:text="女"
            android:layout_width="wrap_content"/>
    </RadioGroup>
    <Button android:text="提交"android:id="@+id/button1" android:layout_width="wrap_content" android:layout_
height="wrap_content"></Button>
</LinearLayout>
```

运行本实例，将显示如图 4.7 所示的运行结果。

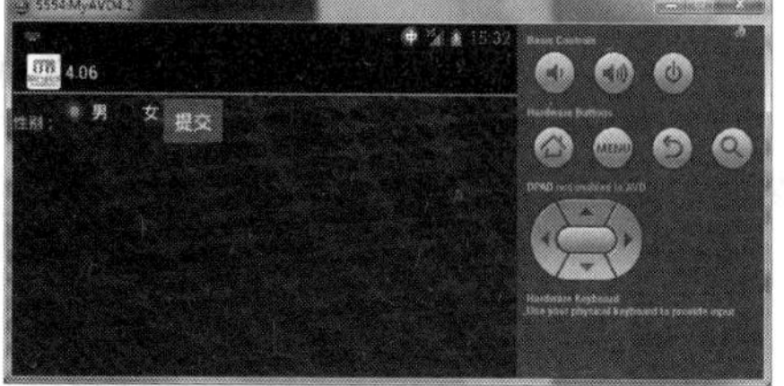

图 4.7　添加选择性别的单选按钮组

在屏幕中添加单选按钮组后，还需要获取单选按钮组中选中项的值。获取单选按钮组中选中项的值，通常存在以下两种情况，一种是在改变单选按钮组的值时获取，另一种是在单击其他按钮时获取。下面分别介绍这两种情况所对应的实现方法。

☑　改变单选按钮组的值时获取

在改变单选按钮组的值时获取选中项的值，首先需要获取单选按钮组，然后为其添加 OnCheckedChangeListener，并在其 onCheckedChanged()方法中根据参数 checkedId 获取被选中的单选按钮，然后通过其 getText()方法获取该单选按钮对应的值。例如，要获取 id 属性为 radioGroup1 的单选按钮组的值，可以通过下面的代码实现。

```
RadioGroup sex=(RadioGroup)findViewById(R.id.radioGroup1);
sex.setOnCheckedChangeListener(new OnCheckedChangeListener() {
```

```
        @Override
        public void onCheckedChanged(RadioGroup group, int checkedId) {
            RadioButton r=(RadioButton)findViewById(checkedId);
            r.getText();                                          //获取被选中的单选按钮的值
        }
});
```

☑ 单击其他按钮时获取

在单击其他按钮时获取选中项的值，首先需要在该按钮的单击事件监听器的 onClick()方法中，通过 for 循环语句遍历当前单选按钮组，并根据被遍历到的单选按钮的 isChecked()方法判断该按钮是否被选中，当被选中时，通过单选按钮的 getText()方法获取对应的值。例如，要在单击“提交”按钮时，获取 id 属性为 radioGroup1 的单选按钮组的值，可以通过下面的代码实现。

```
final RadioGroup sex=(RadioGroup)findViewById(R.id.radioGroup1);
Button button=(Button)findViewById(R.id.button1);                //获取一个提交按钮
button.setOnClickListener(new OnClickListener() {

    @Override
    public void onClick(View v) {
        for(int i=0;i<sex.getChildCount();i++){
            RadioButton r=(RadioButton)sex.getChildAt(i);        //根据索引值获取单选按钮
            if(r.isChecked()){                                   //判断单选按钮是否被选中
                r.getText();                                     //获取被选中的单选按钮的值
                break;                                           //跳出 for 循环
            }
        }
    }
});
```

下面再以例 4.06 中介绍的实例为例说明如何获取单选按钮组的值。首先打开例 4.06 中的主活动 MainActivity，然后在 onCreate()方法中编写获取单选按钮组的值的代码。这里通过以下两种方法来完成。

☑ 在改变单选按钮组的值时获取

获取单选按钮组，并为其添加事件监听，在该事件监听的 onCheckedChanged()方法中获取被选择的单选按钮的值，并输出到日志中。具体代码如下：

```
final RadioGroup sex = (RadioGroup) findViewById(R.id.radioGroup1);    //获取单选按钮组
//为单选按钮组添加事件监听
sex.setOnCheckedChangeListener(new OnCheckedChangeListener() {

    @Override
    public void onCheckedChanged(RadioGroup group, int checkedId) {
        RadioButton r = (RadioButton) findViewById(checkedId);      //获取被选择的单选按钮
        Log.i("单选按钮", "您的选择是：" + r.getText());
    }
});
```

☑ 单击“提交”按钮时获取

获取“提交”按钮，并为“提交”按钮添加单击事件监听器，在重写的 onClick()方法中通过 for 循环遍历单选按钮组，并获取到被选择项。具体代码如下：

```
Button button = (Button) findViewById(R.id.button1);                    //获取“提交”按钮
//为“提交”按钮添加单击事件监听器
button.setOnClickListener(new OnClickListener() {
    @Override
    public void onClick(View v) {
        //通过 for 循环遍历单选按钮组
        for (int i = 0; i < sex.getChildCount(); i++) {
            RadioButton r = (RadioButton) sex.getChildAt(i);
            if (r.isChecked()) {                                         //判断单选按钮是否被选中
                Log.i("单选按钮", "性别：" + r.getText());
                break;                                                   //跳出 for 循环
            }
        }
    }
});
```

这时，再次运行例 4.06，选中单选按钮“女”后单击“提交”按钮，在日志面板中将显示如图 4.8 所示的内容。

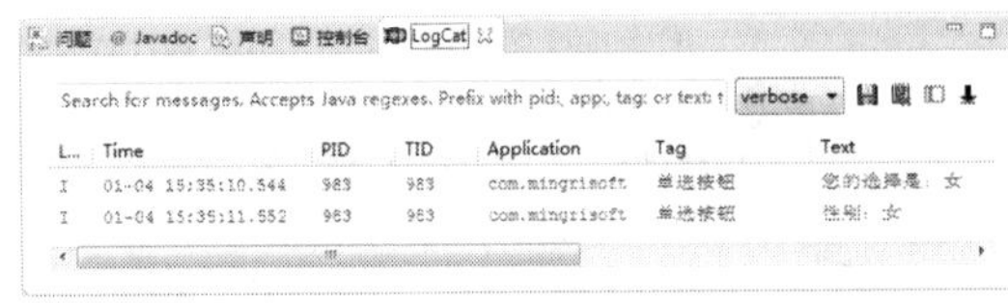

图 4.8　在日志面板中显示获取到的单选按钮组的值

4.2.4　复选框

在默认的情况下，复选框显示为一个方块图标，并且在该图标旁边放置一些说明性文字。与单选按钮唯一不同的是复选框可以进行多选设置，每一个复选框都提供“选中”和“不选中”两种状态。在 Android 中，复选框使用 CheckBox 表示，而 CheckBox 类又是 Button 的子类，所以复选框可以直接使用 Button 支持的各种属性。

在 Android 中，可以使用两种方法向屏幕中添加复选框，一种是通过在 XML 布局文件中使用<CheckBox>标记添加，另一种是在 Java 文件中通过 new 关键字创建。推荐采用第一种方法，也就是通过<CheckBox>在 XML 布局文件中添加。在 XML 布局文件中添加复选框的基本格式如下：

```
<CheckBox android:text="显示文本"
    android:id="@+id/ID 号"
    android:layout_width="wrap_content"
    android:layout_height="wrap_content"
>
</CheckBox>
```

由于复选框可以选中多项，所以为了确定用户是否选择了某一项，还需要为每一个选项添加事件监听器。例如，要为 id 为 like1 的复选框添加状态改变事件监听器，可以使用下面的代码：

```
final CheckBox like1=(CheckBox)findViewById(R.id.like1);               //根据 id 属性获取复选框
like1.setOnCheckedChangeListener(new OnCheckedChangeListener() {

    @Override
    public void onCheckedChanged(CompoundButton buttonView, boolean isChecked) {
        if(like1.isChecked()){                                           //判断该复选框是否被选中
            like1.getText();                                             //获取选中项的值
        }
    }
});
```

例 4.07 在 Eclipse 中创建 Android 项目，名称为 4.07，实现在屏幕上添加选择爱好的复选框，并获取选择的值。（**实例位置：光盘\TM\sl\4\4.07**）

实现的主要步骤如下：

（1）修改新建项目的 res/layout 目录下的布局文件 main.xml，将默认添加的垂直线性布局管理器设置为水平布局管理器。在该布局管理器中添加一个 TextView 组件、3 个复选框和一个提交按钮。关键代码如下：

```
<TextView
        android:layout_width="wrap_content"
        android:layout_height="wrap_content"
        android:text="爱好："
        android:width="100px"
        android:gravity="right"
        android:height="50px" />
<CheckBox android:text="体育"
        android:id="@+id/like1"
        android:layout_width="wrap_content"
        android:layout_height="wrap_content"/>
<CheckBox android:text="音乐"
        android:id="@+id/like2"
        android:layout_width="wrap_content"
        android:layout_height="wrap_content"/>
<CheckBox android:text="美术"
        android:id="@+id/like3"
        android:layout_width="wrap_content"
        android:layout_height="wrap_content"/>
<Button android:text="提交" android:id="@+id/button1" android:layout_width="wrap_content" android:layout_height=
"wrap_content"></Button>
```

（2）在主活动中创建并实例化一个 OnCheckedChangeListener 对象，在实例化该对象时，重写 onCheckedChanged()方法。当复选框被选中时，输出一条日志信息，显示被选中的复选框，具体代码如下：

```
//创建一个状态改变监听对象
private OnCheckedChangeListener checkBox_listener=new OnCheckedChangeListener() {
    @Override
    public void onCheckedChanged(CompoundButton buttonView, boolean isChecked) {
        if(isChecked){          //判断复选框是否被选中
            Log.i("复选框","选中了["+buttonView.getText().toString()+"]");
        }
    }
};
```

（3）在主活动的 onCreate()方法中获取添加的 3 个复选框，并为每个复选框添加状态改变事件监听器。关键代码如下：

```
final CheckBox like1=(CheckBox)findViewById(R.id.like1);          //获取第 1 个复选框
final CheckBox like2=(CheckBox)findViewById(R.id.like2);          //获取第 2 个复选框
final CheckBox like3=(CheckBox)findViewById(R.id.like3);          //获取第 3 个复选框
like1.setOnCheckedChangeListener(checkBox_listener);              //为 like1 添加状态改变监听器
like2.setOnCheckedChangeListener(checkBox_listener);              //为 like2 添加状态改变监听器
like3.setOnCheckedChangeListener(checkBox_listener);              //为 like3 添加状态改变监听器
```

（4）获取“提交”按钮，并为“提交”按钮添加单击事件监听器。在该事件监听的 onClick()方法中通过 if 语句获取被选中的复选框的值，并通过一个提示信息框显示。具体代码如下：

```
//为提交按钮添加单击事件监听器
button.setOnClickListener(new OnClickListener() {
    @Override
    public void onClick(View v) {
        String like="";                                                    //保存选中的值
        if(like1.isChecked())                                              //当第 1 个复选框被选中
            like+=like1.getText().toString()+" ";
        if(like2.isChecked())                                              //当第 2 个复选框被选中
            like+=like2.getText().toString()+" ";
        if(like3.isChecked())                                              //当第 3 个复选框被选中
            like+=like3.getText().toString()+" ";
        Toast.makeText(MainActivity.this, like, Toast.LENGTH_SHORT).show();  //显示被选中的复选框
    }
});
```

运行本实例，将显示 3 个用于选择爱好的复选框，选取其中的“音乐”和“美术”复选框，单击“提交”按钮，将弹出提示信息框显示选择的爱好，如图 4.9 所示。

图 4.9　选择爱好的复选框组

4.3　日期、时间类组件

视频讲解：光盘\TM\Video\4\日期、时间类组件.exe

在 Android 中，提供了一些与日期和时间相关的组件，常用的组件有日期选择器、时间选择器和计时器等，下面将分别对这几个组件进行详细介绍。

4.3.1　日期、时间选择器

为了让用户能选择日期和时间，Android 提供了日期、时间选择器，分别是 DatePicker 和 TimePicker 组件。这两个组件的使用比较简单，可以在 Eclipse 的可视化界面设计器中，选择对应的组件将其拖曳到布局文件中。为了在程序中获取用户选择的日期、时间，还需要为 DatePicker 和 TimePicker 组件添加事件监听器。其中，DatePicker 组件对应的事件监听器是 OnDateChangedListener，而 TimePicker 组件对应的事件监听器是 OnTimeChangedListener。

下面通过一个实例来说明日期、时间选择器的具体应用。

例 4.08　在 Eclipse 中创建 Android 项目，名称为 4.08，在屏幕中添加日期拾取器和时间拾取器，并实

现在改变日期或时间时，通过消息提示框显示改变后的日期或时间。（**实例位置：光盘\TM\sl\4\4.08**）

实现的主要步骤如下：

（1）在新建项目的布局文件 main.xml 中，添加日期拾取器和时间拾取器，关键代码如下：

```
<DatePicker
    android:id="@+id/datePicker1"
    android:layout_width="match_parent"
    android:layout_height="309dp"
    android:scrollbars="vertical" />
<TimePicker
    android:id="@+id/timePicker1"
    android:layout_width="match_parent"
    android:layout_height="match_parent" />
```

（2）在主活动 MainActivity 的 onCreate()方法中，获取日期拾取组件和时间拾取组件，并将时间拾取组件设置为 24 小时制式显示。具体代码如下：

```
DatePicker datepicker=(DatePicker)findViewById(R.id.datePicker1);        //获取日期拾取组件
TimePicker timepicker=(TimePicker)findViewById(R.id.timePicker1);        //获取时间拾取组件
timepicker.setIs24HourView(true);
```

（3）创建一个日历对象，并获取当前年、月、日、小时和分钟数。具体代码如下：

```
Calendar calendar=Calendar.getInstance();
year=calendar.get(Calendar.YEAR);                                        //获取当前年份
month=calendar.get(Calendar.MONTH);                                      //获取当前月份
day=calendar.get(Calendar.DAY_OF_MONTH);                                 //获取当前日
hour=calendar.get(Calendar.HOUR_OF_DAY);                                 //获取当前小时数
minute=calendar.get(Calendar.MINUTE);                                    //获取当前分钟数
```

（4）初始化时间拾取组件，具体代码如下：

```
timepicker.setCurrentHour(hour);                                         //设置当前的小时数
timepicker.setCurrentMinute(minute);                                     //设置当前的分钟数
```

（5）初始化日期拾取组件，并在初始化时为其设置 OnDateChangedListener 事件监听器，以及为时间拾取组件添加事件监听器。具体代码如下：

```
//初始化日期拾取器，并在初始化时指定监听器
datepicker.init(year, month, day, new OnDateChangedListener(){
        @Override
        public void onDateChanged(DatePicker arg0,int year,int month,int day){
            MainActivity.this.year=year;                                 //改变 year 属性的值
            MainActivity.this.month=month;                               //改变 month 属性的值
            MainActivity.this.day=day;                                   //改变 day 属性的值
            show(year,month,day,hour,minute);                            //通过消息框显示日期和时间
        }
});
//为时间拾取器设置监听器
timepicker.setOnTimeChangedListener(new OnTimeChangedListener() {
        @Override
        public void onTimeChanged(TimePicker view, int hourOfDay, int minute) {
```

```
            MainActivity.this.hour= hourOfDay;                         //改变 hour 属性的值
            MainActivity.this.minute=minute;                           //改变 minute 属性的值
            show(year,month,day, hourOfDay,minute);                    //通过消息框显示选择的日期和时间
        }
    });
```

（6）编写 show()方法，用于通过消息框显示选择的日期和时间。具体代码如下：

```
private void show(int year,int month,int day,int hour,int minute){
    String str=year+"年"+(month+1)+"月"+day+"日   "+hour+":"+minute; //获取拾取器设置的日期和时间
    Toast.makeText(this, str, Toast.LENGTH_SHORT).show();          //显示消息提示框
}
```

注意　由于通过 DatePicker 对象获取到的月份是从 0 到 11，而不是 1 到 12，所以需要将获取到的结果加 1，才能代表真正的月份。

运行本实例，将显示如图 4.10 所示的运行结果。

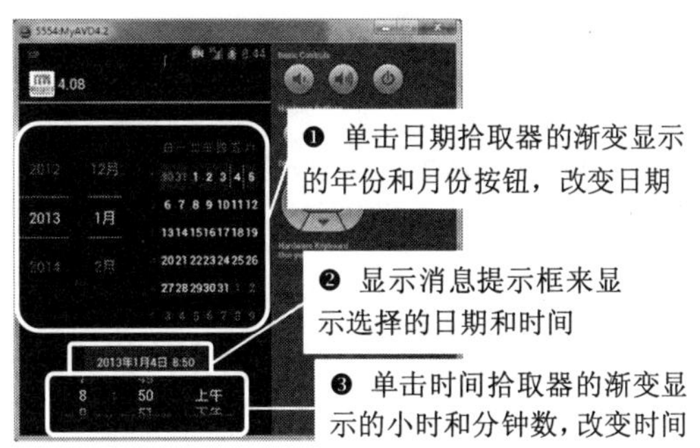

图 4.10　应用日期、时间拾取器选择日期和时间

4.3.2　计时器

计时器组件可实现显示从某个起始时间开始，一共过去了多长时间的文本，使用 Chronometer 表示。由于该组件继承自 TextView，所以它将以文本的形式显示内容。该组件也比较简单，通常只需要使用以下 5 个方法。

- ☑ setBase()：用于设置计时器的起始时间。
- ☑ setFormat()：用于设置显示时间的格式。

说明　默认情况下，计时器返回的值为 MM:SS 的格式，例如，9 分零 7 秒将显示为 09:07 的形式。在使用 setFormat()方法设置显示时间的格式时，可以使用%s 表示计时信息，例如，要设置显示时间的格式为“已用时间：MM:SS”，可以将 setFormat()的参数设置为“已用时间：%s”。

- ☑ start()：用于指定开始计时。
- ☑ stop()：用于指定停止计时。
- ☑ setOnChronometerTickListener()：用于为计时器绑定事件监听器，当计时器改变时触发该监听器。

下面通过一个具体的例子说明计时器的应用。

例 4.09 在 Eclipse 中创建 Android 项目，名称为 4.09，实现在屏幕中添加一个已用时间计时器。（**实例位置：光盘\TM\sl\4\4.09**）

实现的主要步骤如下：

（1）在新建项目的布局文件 main.xml 中，添加 id 属性为 chronometer1 的计时器组件，关键代码如下：

```
<Chronometer
    android:text="Chronometer"
    android:id="@+id/chronometer1"
    android:layout_width="wrap_content"
    android:layout_height="wrap_content"/>
```

（2）在主活动 MainActivity 的 onCreate()方法中，获取计时器组件，并设置起始时间、显示时间的格式、开启计时器，以及为其添加监听器。具体代码如下：

```
final Chronometer ch = (Chronometer) findViewById(R.id.chronometer1);    //获取计时器组件
ch.setBase(SystemClock.elapsedRealtime());                               //设置起始时间
ch.setFormat("已用时间：%s");                                             //设置显示时间的格式
ch.start();                                                              //开启计时器
//添加监听器
ch.setOnChronometerTickListener(new OnChronometerTickListener() {
    @Override
    public void onChronometerTick(Chronometer chronometer) {
        if (SystemClock.elapsedRealtime() - ch.getBase() >= 20000) {
            ch.stop();                                                   //停止计时器
        }
    }
});
```

运行本实例，将显示如图 4.11 所示的计时器。

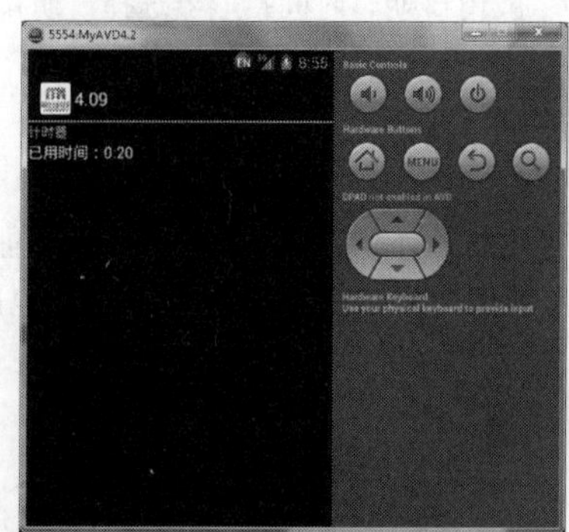

图 4.11　显示计时器

4.4　进度条类组件

视频讲解：光盘\TM\Video\4\进度条类组件.exe

在 Android 中，提供了进度条、拖动条和星级评分条等进度条类组件。这些组件也比较实用，下面进行详细介绍。

4.4.1　进度条

当一个应用程序在后台执行时，前台界面不会有任何信息，这时用户根本不知道程序是否在执行和执行进度等，因此需要使用进度条来提示程序执行的进度。在 Android 中，进度条使用 ProgressBar 表示，用于向用户显示某个耗时操作完成的百分比。

在屏幕中添加进度条，可以在 XML 布局文件中通过<ProgressBar>标记实现，基本语法格式如下：

```
< ProgressBar
    属性列表
>
</ ProgressBar>
```

ProgressBar 组件支持的 XML 属性如表 4.3 所示。

表 4.3　ProgressBar 支持的 XML 属性

XML 属性	描　述
android:max	用于设置进度条的最大值
android:progress	用于指定进度条已完成的进度值
android:progressDrawable	用于设置进度条轨道的绘制形式

除了表 4.3 中介绍的属性外，进度条组件还提供了下面两个常用方法用于操作进度。

☑ setProgress(int progress)方法：用于设置进度完成的百分比。

☑ incrementProgressBy(int diff)方法：用于设置进度条的进度增加或减少。当参数值为正数时表示进度增加，为负数时表示进度减少。

下面将给出一个关于在屏幕中使用进度条的实例。

例 4.10　在 Eclipse 中创建 Android 项目，名称为 4.10，实现水平进度条和圆形进度条。（**实例位置：光盘\TM\sl\4\4.10**）

实现的主要步骤如下：

（1）修改新建项目的 res/layout 目录下的布局文件 main.xml，将默认添加的 TextView 组件删除，并添加一个水平进度条和一个圆形进度条。修改后的代码如下：

```
<!-- 水平进度条 -->
<ProgressBar
    android:id="@+id/progressBar1"
    android:layout_width="match_parent"
    android:max="100"
    style="@android:style/Widget.ProgressBar.Horizontal"
    android:layout_height="wrap_content"/>
<!-- 圆形进度条 -->
<ProgressBar
    android:id="@+id/progressBar2"
    style="?android:attr/progressBarStyleLarge"
    android:layout_width="wrap_content"
    android:layout_height="wrap_content"/>
```

说明 在上面的代码中，通过 android:max 属性设置水平进度条的最大进度值；通过 style 属性为 ProgressBar 指定风格，常用的 style 属性值如表 4.4 所示。

表 4.4 ProgressBar 的 style 属性的可选值

XML 属性	描 述
?android:attr/progressBarStyleHorizontal	细水平长条进度条
?android:attr/progressBarStyleLarge	大圆形进度条
?android:attr/progressBarStyleSmall	小圆形进度条
@android:style/Widget.ProgressBar.Large	大跳跃、旋转画面的进度条
@android:style/Widget.ProgressBar.Small	小跳跃、旋转画面的进度条
@android:style/Widget.ProgressBar.Horizontal	粗水平长条进度条

（2）在主活动 MainActivity 中，定义两个 ProgressBar 类的对象（分别用于表示水平进度条和圆形进度条）、一个 int 型的变量（用于表示完成进度）和一个处理消息的 Handler 类的对象，具体代码如下：

```
private ProgressBar horizonP;                                    //水平进度条
private ProgressBar circleP;                                     //圆形进度条
private int mProgressStatus = 0;                                 //完成进度
private Handler mHandler;                                        //声明一个用于处理消息的 Handler 类的对象
```

（3）在主活动的 onCreate()方法中，首先获取水平进度条和圆形进度条，然后通过匿名内部类实例化处理消息的 Handler 类的对象，并重写其 handleMessage()方法，实现当耗时操作没有完成时，更新进度，否则设置进度条不显示。关键代码如下：

```
horizonP = (ProgressBar) findViewById(R.id.progressBar1);       //获取水平进度条
circleP=(ProgressBar)findViewById(R.id.progressBar2);           //获取圆形进度条
mHandler=new Handler(){
    @Override
    public void handleMessage(Message msg) {
        if(msg.what==0x111){
            horizonP.setProgress(mProgressStatus);              //更新进度
        }else{
            Toast.makeText(MainActivity.this, "耗时操作已经完成", Toast.LENGTH_SHORT).show();
            horizonP.setVisibility(View.GONE);                  //设置进度条不显示，并且不占用空间
            circleP.setVisibility(View.GONE);                   //设置进度条不显示，并且不占用空间
        }
    }
};
```

（4）开启一个线程，用于模拟一个耗时操作。在该线程中，将调用 sendMessage()方法发送处理消息。具体代码如下：

```
new Thread(new Runnable() {
    public void run() {
        while (true) {
            mProgressStatus = doWork();                         //获取耗时操作完成的百分比
            Message m=new Message();
```

```
                if(mProgressStatus<100){
                    m.what=0x111;
                    mHandler.sendMessage(m);            //发送消息
                }else{
                    m.what=0x110;
                    mHandler.sendMessage(m);            //发送消息
                    break;
                }
            }
        }
        //模拟一个耗时操作
        private int doWork() {
            mProgressStatus+=Math.random()*10;          //改变完成进度
                try {
                    Thread.sleep(200);                  //线程休眠 200 毫秒
                } catch (InterruptedException e) {
                    e.printStackTrace();
                }

            return mProgressStatus;                     //返回新的进度
        }
    }).start();                                         //开启一个线程
```

运行本实例，将显示如图 4.12 所示的运行结果。

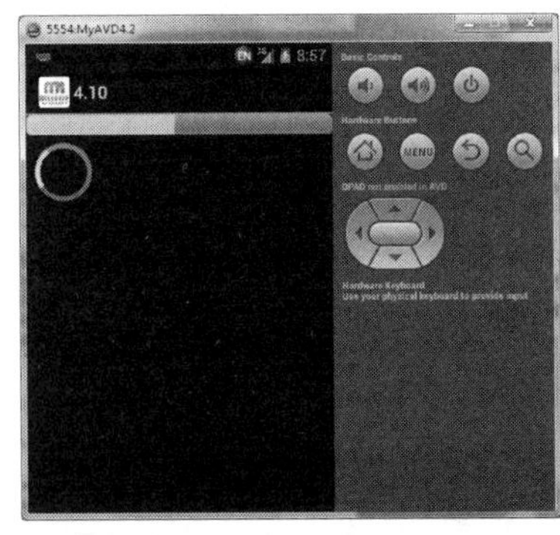

图 4.12　在屏幕中显示水平进度条和圆形进度条

4.4.2　拖动条

拖动条与进度条类似，所不同的是，拖动条允许用户拖动滑块来改变值，通常用于实现对某种数值的调节。例如，调节图片的透明度或是音量等。

在 Android 中，如果想在屏幕中添加拖动条，可以在 XML 布局文件中通过<SeekBar>标记添加，基本语法格式如下：

```
<SeekBar
android:layout_height="wrap_content"
android:id="@+id/seekBar1"
android:layout_width="match_parent">
</SeekBar>
```

SeekBar 组件允许用户改变拖动滑块的外观，这可以使用 android:thumb 属性实现，该属性的值为一个 Drawable 对象，该 Drawable 对象将作为自定义滑块。

由于拖动条可以被用户控制，所以需要为其添加 OnSeekBarChangeListener 监听器。为拖动条添加监听器的基本代码如下：

```
seekbar.setOnSeekBarChangeListener(new OnSeekBarChangeListener() {
    @Override
    public void onStopTrackingTouch(SeekBar seekBar) {
        //要执行的代码
    }
    @Override
    public void onStartTrackingTouch(SeekBar seekBar) {
        //要执行的代码
    }
    @Override
    public void onProgressChanged(SeekBar seekBar, int progress,
            boolean fromUser) {
        //其他要执行的代码
    }
});
```

说明 在上面的代码中，onProgressChanged()方法中的参数 progress 表示当前进度，也就是拖动条的值。

下面通过一个具体的实例说明拖动条的具体应用。

例 4.11 在 Eclipse 中创建 Android 项目，名称为 4.11，实现在屏幕上显示拖动条，并为其添加 OnSeekBarChangeListener 监听器。（**实例位置：光盘\TM\sl\4\4.11**）

实现的主要步骤如下：

（1）修改新建项目的 res/layout 目录下的布局文件 main.xml，将默认添加的 TextView 组件的 android:text 属性值修改为“当前值：50”，然后添加一个拖动条，并指定拖动条的当前值和最大值。修改后的代码如下：

```
<TextView
    android:text="当前值：50"
    android:id="@+id/textView1"
    android:layout_width="wrap_content"
    android:layout_height="wrap_content"/>
<!-- 拖动条 -->
<SeekBar
    android:layout_height="wrap_content"
    android:id="@+id/seekBar1"
    android:max="100"
    android:progress="50"
    android:padding="10px"
    android:layout_width="match_parent"/>
```

（2）在主活动 MainActivity 中，定义一个 SeekBar 类的对象，用于表示拖动条。具体代码如下：

```
private SeekBar seekbar;                                    //拖动条
```

（3）在主活动的 onCreate()方法中，首先获取布局文件中添加的文本视图和拖动条，然后为拖动条添加

OnSeekBarChangeListener 事件监听器，并且在重写的 onStopTrackingTouch()和 onStartTrackingTouch()方法中应用消息提示框显示对应状态，在 onProgressChanged()方法中修改文本视图的值为当前进度条的进度值。具体代码如下：

```
final TextView result=(TextView)findViewById(R.id.textView1);          //获取文本视图
seekbar = (SeekBar) findViewById(R.id.seekBar1);                       //获取拖动条
seekbar.setOnSeekBarChangeListener(new OnSeekBarChangeListener() {
    @Override
    public void onStopTrackingTouch(SeekBar seekBar) {
        Toast.makeText(MainActivity.this, "结束滑动", Toast.LENGTH_SHORT).show();
    }
    @Override
    public void onStartTrackingTouch(SeekBar seekBar) {
        Toast.makeText(MainActivity.this, "开始滑动", Toast.LENGTH_SHORT).show();
    }
    @Override
    public void onProgressChanged(SeekBar seekBar, int progress,boolean fromUser) {
        result.setText("当前值："+progress);                            //修改文本视图的值
    }
});
```

运行本实例，在屏幕中将显示默认进度为 50 的拖动条，拖动圆形滑块，在上方的文本视图中将显示改变后的当前进度，并且通过消息提示框显示“开始滑动”，如图 4.13 所示，停止拖动后，将通过消息提示框显示“结束滑动”。

图 4.13　在屏幕中显示拖动条

4.4.3　星级评分条

星级评分条与拖动条类似，都允许用户通过拖动来改变进度，所不同的是，星级评分条通过星星表示进度。通常使用星级评分条表示对某一事物的支持度或对某种服务的满意程度等。例如，淘宝网中对卖家的好评度，就是通过星级评分条实现的。

在 Android 中，如果想在屏幕中添加星级评分条，可以在 XML 布局文件中通过<RatingBar>标记实现，基本语法格式如下：

```
<RatingBar
    属性列表
>
</RatingBar>
```

RatingBar 组件支持的 XML 属性如表 4.5 所示。

表 4.5　RatingBar 支持的 XML 属性

XML 属性	描　　述
android:isIndicator	用于指定该星级评分条是否允许用户改变，true 为不允许改变
android:numStars	用于指定该星级评分条总共有多少个星
android:rating	用于指定该星级评分条默认的星级
android:stepSize	用于指定每次最少需要改变多少个星级，默认为 0.5 个

除了表 4.5 中介绍的属性外，星级评分条还提供了以下 3 个比较常用的方法。

☑ getRating()方法：用于获取等级，表示被选中了几颗星。

☑ getStepSize()：用于获取每次最少要改变多少个星级。

☑ getProgress()方法：用于获取进度，获取到的进度值等于 getRating()方法的返回值乘以 getStepSize()方法的返回值。

下面通过一个实例来说明星级评分条的具体应用。

例 4.12 在 Eclipse 中创建 Android 项目，名称为 4.12，实现星级评分条。（**实例位置：光盘\TM\sl\4\4.12**）

实现的主要步骤如下：

（1）修改新建项目的 res/layout 目录下的布局文件 main.xml，将默认添加的 TextView 组件删除，并添加一个星级评分条和一个普通按钮。修改后的代码如下：

```
<!-- 星级评分条 -->
<RatingBar
    android:id="@+id/ratingBar1"
    android:numStars="5"
    android:rating="3.5"
    android:isIndicator="true"
    android:layout_width="wrap_content"
    android:layout_height="wrap_content"/>
<Button
    android:text="提交"
    android:id="@+id/button1"
    android:layout_width="wrap_content"
    android:layout_height="wrap_content"/>
```

（2）在主活动 MainActivity 中，定义一个 RatingBar 类的对象，用于表示星级评分条。具体代码如下：

```
    private RatingBar ratingbar;      //星级评分条
```

（3）在主活动的 onCreate()方法中，首先获取布局文件中添加的星级评分条，然后获取“提交”按钮，并为其添加单击事件监听器，在重写的 onClick()事件中，获取进度、等级和每次最少要改变多少个星级，并显示到日志中，同时通过消息提示框显示获得的星的个数。关键代码如下：

```
ratingbar = (RatingBar) findViewById(R.id.ratingBar1);              //获取星级评分条
Button button=(Button)findViewById(R.id.button1);                   //获取“提交”按钮
button.setOnClickListener(new OnClickListener() {
    @Override
    public void onClick(View v) {
        int result=ratingbar.getProgress();                          //获取进度
        float rating=ratingbar.getRating();                          //获取等级
        float step=ratingbar.getStepSize();                          //获取每次最少要改变多少个星级
        Log.i("星级评分条","step="+step+" result="+result+" rating="+rating);
        Toast.makeText(MainActivity.this, "你得到了"+rating+"颗星", Toast.LENGTH_SHORT).show();
    }
});
```

运行本实例，在屏幕中将显示 5 颗星的星级评分条，单击第 5 颗星的左半边，然后单击“提交”按钮，将弹出消息提示框显示选择了几颗星，如图 4.14 所示。

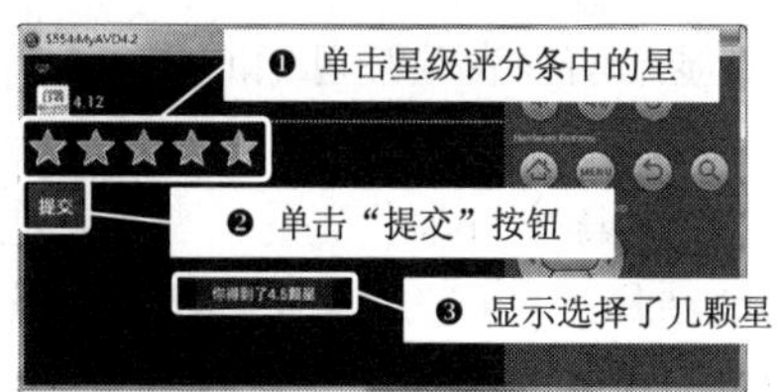

图 4.14　在屏幕中显示星级评分条

4.5　列表类组件

视频讲解：光盘\TM\Video\4\列表类组件.exe

在 Android 中，提供了两种列表类组件，一种是列表选择框，通常用于实现类似于网页中常见的下拉列表框；另一种是列表视图，通常用于实现在一个窗口中只显示一个列表。下面将对这两个组件进行详细介绍。

4.5.1　列表选择框

Android 中提供的列表选择框（Spinner）相当于在网页中常见的下拉列表框，通常用于提供一系列可选择的列表项，供用户进行选择，从而方便用户。

在 Android 中，可以使用两种方法向屏幕中添加列表选择框，一种是通过在 XML 布局文件中使用 <Spinner>标记添加，另一种是在 Java 文件中通过 new 关键字创建。推荐采用第一种方法，也就是通过<Spinner>在 XML 布局文件中添加。在 XML 布局文件中添加列表选择框的基本格式如下：

```
<Spinner
android:prompt="@string/info"
android:entries="@array/数组名称"
    android:layout_height="wrap_content"
    android:layout_width="wrap_content"
android:id="@+id/ID 号"
>
</Spinner>
```

其中，android:entries 为可选属性，用于指定列表项，如果不在布局文件中指定该属性，可以在 Java 代码中通过为其指定适配器的方式指定；android:prompt 属性也是可选属性，用于指定列表选择框的标题。

说明　在 Android 4.2 中，采用默认的主题（Theme.Holo）时，看不到 android:prompt 属性具体的效果，但是采用 Theme.Black 时，就可以看到在弹出的下拉列表框上将显示该标题，效果如图 4.15 所示。

图 4.15　在下拉列表框上显示标题

通常情况下，如果列表选择框中要显示的列表项是可知的，那么将其保存在数组资源文件中，然后通过数组资源来为列表选择框指定列表项。这样，就可以在不编写 Java 代码的情况下实现一个列表选择框。下面将通过一个具体的例子来说明如何在不编写 Java 代码的情况下，在屏幕中添加列表选择框。

例 4.13 在 Eclipse 中创建 Android 项目，名称为 4.13，实现在屏幕中添加列表选择框，并获取列表选择框的选择项的值。（**实例位置：光盘\TM\sl\4\4.13**）

实现的主要步骤如下：

（1）在布局文件中添加一个<Spinner>标记，并为其指定 android:entries 属性，具体代码如下：

```
<Spinner
    android:entries="@array/ctype"
    android:layout_height="wrap_content"
    android:layout_width="wrap_content"
    android:id="@+id/spinner1"/>
```

（2）编写用于指定列表项的数组资源文件，并将其保存在 res/values 目录中，这里将其命名为 arrays.xml。在该文件中添加一个字符串数组，名称为 ctype。具体代码如下：

```
<?xml version="1.0" encoding="utf-8"?>
<resources>
    <string-array name="ctype">
      <item>身份证</item>
      <item>学生证</item>
      <item>军人证</item>
      <item>工作证</item>
      <item>其他</item>
    </string-array>
</resources>
```

这样，就可以在屏幕中添加一个列表选择框，在模拟器中的运行结果如图 4.16 所示。

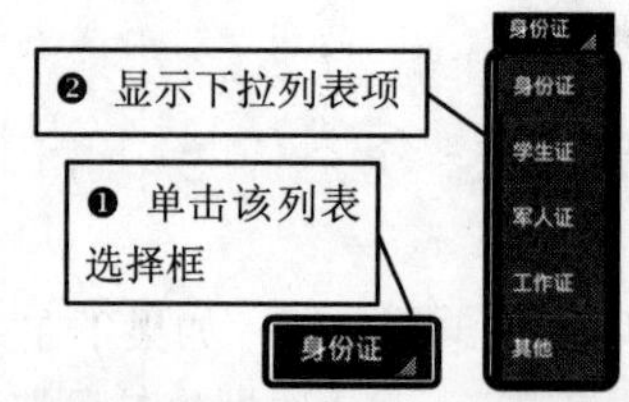

图 4.16　在模拟器中显示的列表选择框

在屏幕上添加列表选择框后，可以使用列表选择框的 getSelectedItem()方法获取列表选择框的选中值。例如，要获取图 4.16 所示列表选择框的选中项的值，可以使用下面的代码。

```
Spinner spinner = (Spinner) findViewById(R.id.spinner1);
spinner.getSelectedItem();
```

添加列表选择框后，如果需要在用户选择不同的列表项后执行相应的处理，则可以为该列表选择框添加 OnItemSelectedListener 事件监听器。例如，为 spinner 添加选择列表项事件监听器，并在 onItemSelected()方法中获取选择项的值输出到日志中，可以使用下面的代码。

```
//为列表选择框添加 OnItemSelectedListener 事件监听器
spinner.setOnItemSelectedListener(new OnItemSelectedListener() {
```

```
    @Override
    public void onItemSelected(AdapterView<?> parent, View arg1,
            int pos, long id) {
        String result = parent.getItemAtPosition(pos).toString();                //获取选择项的值
        Log.i("Spinner 示例", result);
    }
    @Override
    public void onNothingSelected(AdapterView<?> arg0) {
    }
});
```

在使用列表选择框时，如果不在布局文件中直接为其指定要显示的列表框，可以通过为其指定适配器的方式指定。下面仍以例 4.13 为例介绍通过指定适配器的方式指定列表项的方法。

为列表选择框指定适配器，通常分为以下 3 个步骤实现。

（1）创建一个适配器对象，通常使用 ArrayAdapter 类。在 Android 中创建适配器，通常有以下两种方法，一种是通过数组资源文件创建，另一种是通过在 Java 文件中使用字符串数组创建。

☑　通过数组资源文件创建

通过数组资源文件创建适配器，需要使用 ArrayAdapter 类的 createFromResource()方法，具体代码如下：

```
ArrayAdapter<CharSequence> adapter = ArrayAdapter.createFromResource(
        this, R.array.ctype,android.R.layout.simple_dropdown_item_1line);   //创建一个适配器
```

☑　通过在 Java 文件中使用字符串数组创建

通过在 Java 文件中使用字符串数组创建适配器，首先需要创建一个一维的字符串数组，用于保存要显示的列表项，然后使用 ArrayAdapter 类的构造方法 ArrayAdapter(Context context, int textViewResourceId, T[] objects)实例化一个 ArrayAdapter 类的实例。具体代码如下：

```
String[] ctype=new String[]{"身份证","学生证","军人证"};
ArrayAdapter<String> adapter=new ArrayAdapter<String>(this,android.R.layout.simple_spinner_item,ctype);
```

（2）为适配器设置列表框下拉时的选项样式，具体代码如下：

```
//为适配器设置列表框下拉时的选项样式
adapter.setDropDownViewResource(android.R.layout.simple_spinner_dropdown_item);
```

（3）将适配器与选择列表框关联，具体代码如下：

```
spinner.setAdapter(adapter);                                   //将适配器与选择列表框关联
```

4.5.2　列表视图

列表视图是 Android 中最常用的一种视图组件，它以垂直列表的形式列出需要显示的列表项。例如，显示系统设置项或功能内容列表等。在 Android 中，可以使用两种方法向屏幕中添加列表视图，一种是直接使用 ListView 组件创建，另一种是让 Activity 继承 ListActivity 实现。下面分别进行介绍。

1. 直接使用 ListView 组件创建

直接使用 ListView 组件创建列表视图，也可以有两种方式，一种是通过在 XML 布局文件中使用 <ListView>标记添加，另一种是在 Java 文件中通过 new 关键字创建。推荐采用第一种方法，也就是通过 <ListView>在 XML 布局文件中添加。在 XML 布局文件中添加 ListView 的基本格式如下：

```
<ListView
属性列表
>
</ListView>
```

ListView 组件支持的常用 XML 属性如表 4.6 所示。

表 4.6　ListView 支持的 XML 属性

XML 属性	描　述
android:divider	用于为列表视图设置分隔条，既可以用颜色分隔，也可以用 Drawable 资源分隔
android:dividerHeight	用于设置分隔条的高度
android:entries	用于通过数组资源为 ListView 指定列表项
android:footerDividersEnabled	用于设置是否在 footer View 之前绘制分隔条，默认值为 true，设置为 false 时，表示不绘制。使用该属性时，需要通过 ListView 组件提供的 addFooterView()方法为 ListView 设置 footer View
android:headerDividersEnabled	用于设置是否在 header View 之后绘制分隔条，默认值为 true，设置为 false 时，表示不绘制。使用该属性时，需要通过 ListView 组件提供的 addHeaderView()方法为 ListView 设置 header View

例 4.14　在 Eclipse 中创建 Android 项目，名称为 4.14，实现在布局管理器中添加列表视图。（**实例位置：光盘\TM\sl\4\4.14**）

实现的主要步骤如下：

（1）在布局文件中添加一个列表视图，并通过数组资源为其设置列表项，具体代码如下：

```
<ListView android:id="@+id/listView1"
     android:entries="@array/ctype"
     android:layout_height="wrap_content"
     android:layout_width="match_parent"/>
```

（2）在上面的代码中，使用了名称为 ctype 的数组资源，因此，需要在 res/values 目录中创建一个定义数组资源的 XML 文件 arrays.xml，并在该文件中添加名称为 ctype 的字符串数组。关键代码如下：

```
<resources>
     <string-array name="ctype">
      <item>情景模式</item>
      …    <!-- 省略了其他项的代码 -->
      <item>连接功能</item>
     </string-array>
</resources>
```

运行上面的代码，将显示如图 4.17 所示的列表视图。

图 4.17　在布局文件中添加的列表视图

在使用列表视图时，重要的是如何设置选项内容。同 Spinner 列表选择框一样，如果没有在布局文件中为 ListView 指定要显示的列表项，可以通过为其设置 Adapter 来指定需要显示的列表项。通过 Adapter 来为 ListView 指定要显示的列表项，可以分为以下两个步骤。

（1）创建 Adapter 对象。对于纯文字的列表项，通常使用 ArrayAdapter 对象。创建 ArrayAdapter 对象通常有两种方法，一种是通过数组资源文件创建，另一种是通过在 Java 文件中使用字符串数

组创建。这与 4.5.1 节介绍的创建 ArrayAdapter 对象基本相同。所不同的是，在创建该对象时，指定列表项的外观形式。为 ListView 指定的外观形式通常有以下几个。

☑ simple_list_item_1：每个列表项都是一个普通的文本。

☑ simple_list_item_2：每个列表项都是一个普通的文本（字体略大）。

☑ simple_list_item_checked：每个列表项都有一个已选中的列表项。

☑ simple_list_item_multiple_choice：每个列表项都是带复选框的文本。

☑ simple_list_item_single_choice：每个列表项都是带单选按钮的文本。

（2）将创建的适配器对象与 ListView 相关联，可以通过 ListView 对象的 setAdapter()方法实现，具体的代码如下：

```
listView.setAdapter(adapter);                                              //将适配器与 ListView 关联
```

下面通过一个具体的实例演示以通过适配器指定列表项的方式创建 ListView。

例 4.15　在 Eclipse 中创建 Android 项目，名称为 4.15，实现在屏幕中添加列表视图，并为其设置 footer view 和 header view。**（实例位置：光盘\TM\sl\4\4.15）**

实现的主要步骤如下：

（1）修改新建项目的 res/layout 目录下的布局文件 main.xml，将默认添加的 TextView 组件删除，并添加一个 ListView 组件。添加 ListView 组件的布局代码如下：

```
<ListView android:id="@+id/listView1"
    android:divider="@drawable/greendivider"
    android:dividerHeight="3px"
    android:footerDividersEnabled="false"
    android:headerDividersEnabled="false"
    android:layout_height="wrap_content"
    android:layout_width="match_parent"/>
```

说明　在上面的代码中，为 ListView 组件设置了作为分隔条的图像，以及分隔符的高度。另外，还设置在 footer view 之前和 header view 之后不绘制分隔条。

（2）在主活动的 onCreate()方法中为 ListView 组件创建并关联适配器。首先获取布局文件中添加的 ListView，然后为其添加 header view（需要注意的是，添加 header view 的代码必须在关联适配器的代码之前），再创建适配器，并将其与 ListView 相关联，最后再为 ListView 组件添加 footer view。关键代码如下：

```
final ListView listView=(ListView)findViewById(R.id.listView1);
listView.addHeaderView(line());                                    //设置 header view
/****************创建用于为 ListView 指定列表项的适配器********************/
ArrayAdapter<CharSequence> adapter = ArrayAdapter.createFromResource(
        this, R.array.ctype,android.R.layout.simple_list_item_checked);    //创建一个适配器
/******************************************************************************/
listView.setAdapter(adapter);                                      //将适配器与 ListView 关联
listView.addFooterView(line());                                    //设置 footer view
```

（3）为了在单击 ListView 的各列表项时获取选择项的值，需要为 ListView 添加 OnItemClickListener 事件监听器。具体代码如下：

```
listView.setOnItemClickListener(new OnItemClickListener() {
    @Override
    public void onItemClick(AdapterView<?> parent, View arg1, int pos, long id) {
        String result = parent.getItemAtPosition(pos).toString();                    //获取选择项的值
        Toast.makeText(MainActivity.this, result, Toast.LENGTH_SHORT).show();        //显示提示消息框
    }
});
```

运行本实例，将显示如图 4.18 所示的运行结果。

图 4.18　应用 ListView 显示带头、脚视图的列表

2. 让 Activity 继承 ListActivity 实现

如果程序的窗口仅需要显示一个列表，则可以直接让 Activity 继承 ListActivity 来实现。继承了 ListActivity 的类中无须调用 setContentView()方法来显示页面，而是可以直接为其设置适配器，从而显示一个列表。下面通过一个实例来说明如何通过继承 ListActivity 实现列表。

例 4.16　在 Eclipse 中创建 Android 项目，名称为 4.16，通过在 Activity 中继承 ListActivity 实现列表。（**实例位置：光盘\TM\sl\4\4.16**）

实现的主要步骤如下：

（1）将新建项目中的主活动 MainActivity 修改为继承 ListActivity 的类，并将默认的设置用户布局的代码删除，然后在 onCreate()方法中创建作为列表项的 Adapter，并且使用 setListAdapter()方法将其添加到列表中。关键代码如下：

```
public class MainActivity extends ListActivity {
    @Override
    public void onCreate(Bundle savedInstanceState) {
        super.onCreate(savedInstanceState);
        /****************创建用于为 ListView 指定列表项的适配器*******************/
        String[] ctype=new String[]{"情景模式","主题模式","手机","程序管理"};
        ArrayAdapter<String> adapter=new ArrayAdapter<String>(this,
android.R.layout.simple_list_item_single_choice,ctype);
        /*****************************************************************************/
        setListAdapter(adapter);                                           //设置该窗口中显示的列表
    }
}
```

（2）为了在单击 ListView 的各列表项时获取选择项的值，需要重写父类中的 onListItemClick()方法。具体代码如下：

```
@Override
protected void onListItemClick(ListView l, View v, int position, long id) {
    super.onListItemClick(l, v, position, id);
            String result = l.getItemAtPosition(position).toString();          //获取选择项的值
            Toast.makeText(MainActivity.this, result, Toast.LENGTH_SHORT).show();
        }
}
```

运行本实例，将显示如图 4.19 所示的运行结果。

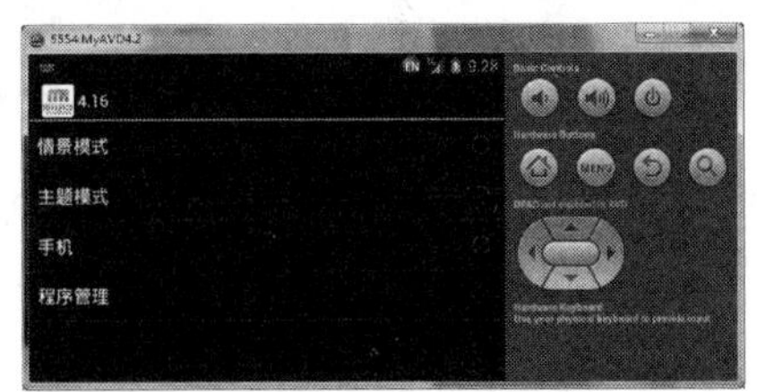

图 4.19　通过继承 ListActivity 来实现列表视图

4.6　图像类组件

视频讲解：光盘\TM\Video\4\图像类组件.exe

在 Android 中，提供了比较丰富的图像类组件，例如，用来显示图片的图像视图、用来浏览图片的网格视图、图像切换器和画廊视图等，下面将分别进行介绍。

4.6.1　图像视图

图像视图使用 ImageView 表示，用于在屏幕中显示任何的 Drawable 对象，通常用来显示图片。在 Android 中，可以使用两种方法向屏幕中添加图像视图，一种是通过在 XML 布局文件中使用<ImageView>标记添加，另一种是在 Java 文件中通过 new 关键字创建。推荐采用第一种方法。

在使用 ImageView 组件显示图像时，通常可以将要显示的图片放置在 res/drawable 目录中，然后应用下面的代码将其显示在布局管理器中。

```
<ImageView
 属性列表
 >
 </ImageView>
```

ImageView 组件支持的常用 XML 属性如表 4.7 所示。

表 4.7　ImageView 支持的 XML 属性

XML 属性	描　　述
android:adjustViewBounds	用于设置 ImageView 是否调整自己的边界来保持所显示图片的长宽比
android:maxHeight	设置 ImageView 的最大高度，需要设置 android:adjustViewBounds 属性值为 true，否则不起作用
android:maxWidth	设置 ImageView 的最大宽度，需要设置 android:adjustViewBounds 属性值为 true，否则不起作用
android:scaleType	用于设置所显示的图片如何缩放或移动以适应 ImageView 的大小，其属性值可以是 matrix（使用 matrix 方式进行缩放）、fitXY（对图片横向、纵向独立缩放，使得该图片完全适应于该 ImageView，图片的纵横比可能会改变）、fitStart（保持纵横比缩放图片，直到该图片能完全显示在 ImageView 中，缩放完成后该图片放在 ImageView 的左上角）、fitCenter（保持纵横比缩放图片，直到该图片能完全显示在 ImageView 中，缩放完成后该图片放在 ImageView 的中央）、fitEnd（保持纵横比缩放图片，直到该图片能完全显示在 ImageView 中，缩放完成后该图片放在 ImageView 的右下角）、center（把图像放在 ImageView 的中间，但不进行任何缩放）、centerCrop（保持纵横比缩放图片，以使得图片能完全覆盖 ImageView）或 centerInside（保持纵横比缩放图片，以使得 ImageView 能完全显示该图片）

续表

XML 属性	描　述
android:src	用于设置 ImageView 所显示的 Drawable 对象的 ID，例如，设置显示保存在 res/drawable 目录下的名称为 flower.jpg 的图片，可以将属性值设置为 android:src="@drawable/flower"
android:tint	用于为图片着色，其属性值可以是#rgb、#argb、#rrggbb 或#aarrggbb 表示的颜色值

说明 在表 4.7 中，只给出了 ImageView 组件常用的部分属性，关于该组件的其他属性，可以参阅 Android 官方提供的 API 文档。

下面将给出一个关于 ImageView 组件的实例。

例 4.17　在 Eclipse 中创建 Android 项目，名称为 4.17，实现应用 ImageView 组件显示图像。（**实例位置：光盘\TM\sl\4\4.17**）

实现的主要步骤如下：

（1）修改新建项目的 res/layout 目录下的布局文件 main.xml，将默认添加的垂直线性布局管理器修改为水平线性布局管理器，并将默认添加的 TextView 组件删除，然后在该线性布局管理器中添加一个 ImageView 组件，用于按图片的原始尺寸显示图像。修改后的代码如下：

```
<?xml version="1.0" encoding="utf-8"?>
<LinearLayout xmlns:android="http://schemas.android.com/apk/res/android"
    android:orientation="horizontal"
    android:layout_width="fill_parent"
    android:layout_height="fill_parent"
    android:background="@drawable/background"
    >
    <ImageView
     android:src="@drawable/flower"
     android:id="@+id/imageView1"
     android:layout_margin="5px"
     android:layout_height="wrap_content"
     android:layout_width="wrap_content"/>
</LinearLayout>
```

（2）在线性布局管理器中，再添加一个 ImageView 组件，设置该组件的最大高度和宽度。具体代码如下：

```
<ImageView
    android:src="@drawable/flower"
    android:id="@+id/imageView2"
    android:maxWidth="90px"
    android:maxHeight="90px"
    android:adjustViewBounds="true"
    android:layout_margin="5px"
    android:layout_height="wrap_content"
    android:layout_width="wrap_content"/>
```

（3）添加一个 ImageView 组件，实现保持纵横比缩放图片，直到该图片能完全显示在 ImageView 组件中，并让该图片显示在 ImageView 组件的右下角。具体代码如下：

```
<ImageView
 android:src="@drawable/flower"
 android:id="@+id/imageView3"
      android:scaleType="fitEnd"
      android:layout_margin="5px"
 android:layout_height="90px"
 android:layout_width="90px"/>
```

（4）添加一个 ImageView 组件，实现为显示在 ImageView 组件中的图像着色的功能，这里设置为半透明的红色。具体代码如下：

```
<ImageView
 android:src="@drawable/flower"
 android:id="@+id/imageView4"
      android:tint="#77ff0000"
 android:layout_height="90px"
 android:layout_width="90px"/>
```

运行本实例，将显示如图 4.20 所示的运行结果。

图 4.20　应用 ImageView 显示图像

4.6.2　网格视图

网格视图按照行、列分布的方式来显示多个组件，通常用于显示图片或图标等。在使用网格视图时，首先需要在屏幕上添加 GridView 组件，通常使用<GridView>标记在 XML 布局文件中添加。在 XML 布局文件中添加网格视图的基本语法如下：

```
<GridView
    属性列表
>
</GridView>
```

GridView 组件支持的 XML 属性如表 4.8 所示。

表 4.8　GridView 支持的 XML 属性

XML 属性	描　　述
android:columnWidth	用于设置列的宽度
android:gravity	用于设置对齐方式
android:horizontalSpacing	用于设置各元素之间的水平间距
android:numColumns	用于设置列数，其属性值通常为大于 0 的值，如果只有一列，那么最好使用 ListView 实现

续表

XML 属性	描　述
android:stretchMode	用于设置拉伸模式，其中属性值可以是 none（不拉伸）、spacingWidth（仅拉伸元素之间的间距）、columnWidth（仅拉伸表格元素本身）或 spacingWidthUniform（表格元素本身、元素之间的间距一起拉伸）
android:verticalSpacing	用于设置各元素之间的垂直间距

GridView 与 ListView 类似，都需要通过 Adapter 来提供要显示的数据。在使用 GridView 组件时，通常使用 SimpleAdapter 或者 BaseAdapter 类为 GridView 组件提供数据。下面将通过一个具体的实例演示以通过 SimpleAdapter 适配器指定内容的方式创建 GridView。

例 4.18　在 Eclipse 中创建 Android 项目，名称为 4.18，实现在屏幕中添加用于显示照片和说明文字的网格视图。**（实例位置：光盘\TM\sl\4\4.18）**

实现的主要步骤如下：

（1）修改新建项目的 res/layout 目录下的布局文件 main.xml，将默认添加的 TextView 组件删除，然后添加一个 id 属性为 gridView1 的 GridView 组件，并设置其列数为 4，也就是每行显示 4 张图片。修改后的代码如下：

```
<GridView android:id="@+id/gridView1"
    android:layout_height="wrap_content"
    android:layout_width="match_parent"
    android:stretchMode="columnWidth"
    android:numColumns="4"></GridView>
```

（2）编写用于布局网格内容的 XML 布局文件 items.xml。在该文件中，采用垂直线性布局，并在该布局管理器中添加一个 ImageView 组件和一个 TextView 组件，分别用于显示网格视图中的图片和说明文字。具体代码如下：

```
<?xml version="1.0" encoding="utf-8"?>
<LinearLayout
  xmlns:android="http://schemas.android.com/apk/res/android"
  android:orientation="vertical"
  android:layout_width="match_parent"
  android:layout_height="match_parent">
<ImageView
    android:id="@+id/image"
    android:paddingLeft="10px"
    android:scaleType="fitCenter"
    android:layout_height="wrap_content"
    android:layout_width="wrap_content"/>
 <TextView
    android:layout_width="wrap_content"
    android:layout_height="wrap_content"
    android:padding="5px"
    android:layout_gravity="center"
    android:id="@+id/title"
    />
</LinearLayout>
```

（3）在主活动的 onCreate()方法中，首先获取布局文件中添加的 ListView 组件，然后创建两个用于保

存图片 ID 和说明文字的数组，并将这些图片 ID 和说明文字添加到 List 集合中，再创建一个 SimpleAdapter 简单适配器，最后将该适配器与 GridView 相关联。具体代码如下：

```
GridView gridview = (GridView) findViewById(R.id.gridView1);          //获取 GridView 组件
int[] imageId = new int[] { R.drawable.img01, R.drawable.img02,
        R.drawable.img03, R.drawable.img04, R.drawable.img05,
        R.drawable.img06, R.drawable.img07, R.drawable.img08,
        R.drawable.img09, R.drawable.img10, R.drawable.img11,
        R.drawable.img12, };                                          //定义并初始化保存图片 id 的数组
String[] title = new String[] { "花开富贵", "海天一色", "日出", "天路", "一枝独秀","云", "独占鳌头",
        "蒲公英花","花团锦簇","争奇斗艳", "和谐", "林间小路" };        //定义并初始化保存说明文字的数组
List<Map<String, Object>> listItems = new ArrayList<Map<String, Object>>();  //创建一个 list 集合
//通过 for 循环将图片 id 和列表项文字放到 Map 中，并添加到 list 集合中
for (int i = 0; i < imageId.length; i++) {
    Map<String, Object> map = new HashMap<String, Object>();
    map.put("image", imageId[i]);
    map.put("title", title[i]);
    listItems.add(map);                                               //将 map 对象添加到 List 集合中
}
SimpleAdapter adapter = new SimpleAdapter(this,
                        listItems,
                        R.layout.items,
                        new String[] { "title", "image" },
                        new int[] {R.id.title, R.id.image }
);                                                                    //创建 SimpleAdapter
gridview.setAdapter(adapter);                                         //将适配器与 GridView 关联
```

运行本实例，将显示如图 4.21 所示的运行结果。

图 4.21　通过 GridView 显示的照片列表

如果只想在 GridView 中显示照片，不显示说明性文字，可以使用 BaseAdapter 基本适配器为其指定内容。使用 BaseAdapter 为 GridView 组件设置内容可以分为以下两个步骤。

（1）创建 BaseAdapter 类的对象，并重写其中的 getView()、getItemId()、getItem()和 getCount()方法，其中最主要的是重写 getView()方法来设置显示图片的格式。以例 4.18 为例，将该实例中的 GridView 组件修改为使用 BaseAdapter 类设置内容的代码如下：

```
BaseAdapter adapter=new BaseAdapter() {

    @Override
    public View getView(int position, View convertView, ViewGroup parent) {
        ImageView imageview;                                          //声明 ImageView 的对象
        if(convertView==null){
            imageview=new ImageView(MainActivity.this);               //实例化 ImageView 的对象
            imageview.setScaleType(ImageView.ScaleType.CENTER_INSIDE);    //设置缩放方式
            imageview.setPadding(5, 0, 5, 0);                         //设置 ImageView 的内边距
        }else{
            imageview=(ImageView)convertView;
        }
        imageview.setImageResource(imageId[position]);                //为 ImageView 设置要显示的图片
        return imageview;                                             //返回 ImageView
```

```
    }
    /*
     * 功能：获得当前选项的 ID
     */
    @Override
    public long getItemId(int position) {
        return position;
    }
    /*
     * 功能：获得当前选项
     */
    @Override
    public Object getItem(int position) {
        return position;
    }
    /*
     * 获得数量
     */
    @Override
    public int getCount() {
        return imageId.length;
    }
};
```

（2）将步骤（1）创建的适配器与 GridView 关联，关键代码如下：

```
gridview.setAdapter(adapter);                                    //将适配器与 GridView 关联
```

运行修改后的程序，将显示如图 4.22 所示的运行结果。

图 4.22　通过 BaseAdapter 为 GridView 设置要显示的图片列表

4.6.3　图像切换器

图像切换器使用 ImageSwitcher 表示，用于实现类似于 Windows 操作系统下“Windows 照片查看器”中的上一张、下一张切换图片的功能。在使用 ImageSwitcher 时，必须实现 ViewSwitcher.ViewFactory 接口，并通过 makeView()方法来创建用于显示图片的 ImageView。makeView()方法将返回一个显示图片的 ImageView。在使用图像切换器时，还有一个方法非常重要，那就是 setImageResource()方法，该方法用于指定要在 ImageSwitcher 中显示的图片资源。

下面通过一个实例来说明图像切换器的具体用法。

例 4.19　在 Eclipse 中创建 Android 项目，名称为 4.19，实现类似于“Windows 照片查看器”的简单图

片查看器。**（实例位置：光盘\TM\sl\4\4.19）**

实现的主要步骤如下：

（1）修改新建项目的 res/layout 目录下的布局文件 main.xml，将默认添加的垂直线性布局修改为水平线性布局，并将 TextView 组件删除，然后添加两个按钮和一个图像切换器 ImageSwitcher，并设置图像切换器的布局方式为居中显示。修改后的代码如下：

```
<?xml version="1.0" encoding="utf-8"?>
<LinearLayout xmlns:android="http://schemas.android.com/apk/res/android"
    android:orientation="horizontal"
    android:layout_width="fill_parent"
    android:layout_height="fill_parent"
    android:id="@+id/llayout"
    android:gravity="center" >
    <Button
        android:text="上一张"
        android:id="@+id/button1"
        android:layout_width="wrap_content"
        android:layout_height="wrap_content"/>
<!-- 添加一个图像切换器 -->
    <ImageSwitcher
        android:id="@+id/imageSwitcher1"
        android:layout_gravity="center"
        android:layout_width="wrap_content"
        android:layout_height="wrap_content"/>
    <Button
        android:text="下一张"
        android:id="@+id/button2"
        android:layout_width="wrap_content"
        android:layout_height="wrap_content"/>
</LinearLayout>
```

（2）在主活动中，首先声明并初始化一个保存要显示图像 ID 的数组，然后声明一个保存当前显示图像索引的变量，最后声明一个图像切换器的对象。具体代码如下：

```
private int[] imageId = new int[] { R.drawable.img01, R.drawable.img02,
        R.drawable.img03, R.drawable.img04, R.drawable.img05,
        R.drawable.img06, R.drawable.img07, R.drawable.img08,
        R.drawable.img09 };                     //声明并初始化一个保存要显示图像 ID 的数组
private int index = 0;                          //当前显示图像的索引
private ImageSwitcher imageSwitcher;            //声明一个图像切换器对象
```

（3）在主活动的 onCreate()方法中，首先获取布局文件中添加的图像切换器，并为其设置淡入淡出的动画效果，然后为其设置一个 ImageSwitcher.ViewFactory，并重写 makeView()方法，最后为图像切换器设置默认显示的图像。关键代码如下：

```
imageSwitcher = (ImageSwitcher) findViewById(R.id.imageSwitcher1);         //获取图像切换器
//设置动画效果
imageSwitcher.setInAnimation(AnimationUtils.loadAnimation(this,android.R.anim.fade_in));    //设置淡入动画
imageSwitcher.setOutAnimation(AnimationUtils.loadAnimation(this,android.R.anim.fade_out));//设置淡出动画
```

```
imageSwitcher.setFactory(new ViewFactory() {
    @Override
    public View makeView() {
        imageView = new ImageView(MainActivity.this);                    //实例化一个 ImageView 类的对象
        imageView.setScaleType(ImageView.ScaleType.FIT_CENTER);      //设置保持纵横比居中缩放图像
        imageView.setLayoutParams(new ImageSwitcher.LayoutParams(
                LayoutParams.WRAP_CONTENT, LayoutParams.WRAP_CONTENT));
        return imageView;                                                //返回 imageView 对象
    }
});
imageSwitcher.setImageResource(imageId[index]);                          //显示默认的图片
```

说明 在上面的代码中，使用 ImageSwitcher 类的父类 ViewAnimator 的 setInAnimation()和 setOutAnimation()方法为图像切换器设置动画效果；调用其父类 ViewSwitcher 的 setFactory()方法指定视图切换工厂，其参数为 ViewSwitcher.ViewFactory 类型的对象。

（4）获取用于控制显示图片的“上一张”和“下一张”按钮，并分别为其添加单击事件监听器，在重写的 onClick()方法中改变图像切换器中显示的图片。关键代码如下：

```
Button up = (Button) findViewById(R.id.button1);                        //获取“上一张”按钮
Button down = (Button) findViewById(R.id.button2);                      //获取“下一张”按钮
up.setOnClickListener(new OnClickListener() {
    @Override
    public void onClick(View v) {
            if (index > 0) {
                index--;                                                 //index 的值减 1
            } else {
                index = imageId.length - 1;
            }
        imageSwitcher.setImageResource(imageId[index]);                 //显示当前图片
    }
});
down.setOnClickListener(new OnClickListener() {
    @Override
    public void onClick(View v) {
        if (index < imageId.length - 1) {
            index++;                                                     //index 的值加 1
        } else {
            index = 0;
        }
        imageSwitcher.setImageResource(imageId[index]);                 //显示当前图片
    }
});
```

运行本实例，将显示如图 4.23 所示的运行结果。

图 4.23　简单的图片查看器

4.6.4　画廊视图

画廊视图使用 Gallery 表示，能够按水平方向显示内容，并且可用手指直接拖动图片移动，一般用来浏览图片，被选中的选项位于中间，并且可以响应事件显示信息。在使用画廊视图时，首先需要在屏幕上添加 Gallery 组件，通常使用<Gallery>标记在 XML 布局文件中添加。在 XML 布局文件中添加画廊视图的基本语法如下：

```
< Gallery
    属性列表
>
</Gallery>
```

Gallery 组件支持的 XML 属性如表 4.9 所示。

表 4.9　Gallery 支持的 XML 属性

XML 属性	描　述
android:animationDuration	用于设置列表项切换时的动画持续时间
android:gravity	用于设置对齐方式
android:spacing	用于设置列表项之间的间距
android:unselectedAlpha	用于设置没有选中的列表项的透明度

使用画廊视图，也需要使用 Adapter 提供要显示的数据。通常使用 BaseAdapter 类为 Gallery 组件提供数据。下面将通过一个具体的实例演示通过 BaseAdapter 适配器为 Gallery 组件提供要显示的图片，以及 Gallery 组件与 ImageSwitcher 组件的结合应用。

例 4.20　在 Eclipse 中创建 Android 项目，名称为 4.20，应用画廊视图和图像切换器实现幻灯片式图片浏览器。**（实例位置：光盘\TM\sl\4\4.20）**

实现的主要步骤如下：

（1）修改新建项目的 res/layout 目录下的布局文件 main.xml，将默认添加的 TextView 组件删除，并且设置默认的线性布局管理器为水平居中显示，然后添加一个图像切换器 ImageSwitcher 组件，并设置其顶部边距和底部边距，最后再添加一个画廊视图 Gallery 组件，并设置其各选项的间距和未选中项的透明度。修改后的代码如下：

```
<LinearLayout xmlns:android="http://schemas.android.com/apk/res/android"
    android:orientation="vertical"
    android:layout_width="fill_parent"
    android:layout_height="fill_parent"
```

```
    android:gravity="center_horizontal"
    android:id="@+id/llayout"
    >
    <ImageSwitcher
        android:id="@+id/imageSwitcher1"
        android:layout_weight="2"
        android:paddingTop="10dp"
        android:paddingBottom="5dp"
        android:layout_width="wrap_content"
        android:layout_height="wrap_content" >
    </ImageSwitcher>
    <Gallery
        android:id="@+id/gallery1"
        android:spacing="5dp"
        android:layout_weight="1"
        android:unselectedAlpha="0.6"
        android:layout_width="match_parent"
        android:layout_height="wrap_content" />
</LinearLayout>
```

（2）在主活动 MainActivity 中，定义一个用于保存要显示图片 ID 的数组（需要将要显示的图片复制到 res/drawable 文件夹中）和一个用于显示原始尺寸的图像切换器。关键代码如下：

```
private int[] imageId = new int[] { R.drawable.img01, R.drawable.img02,
            R.drawable.img03, R.drawable.img04, R.drawable.img05,
            R.drawable.img06, R.drawable.img07, R.drawable.img08,
            R.drawable.img09, R.drawable.img10, R.drawable.img11,
            R.drawable.img12, };                                    //定义并初始化保存图片 ID 的数组
private ImageSwitcher imageSwitcher;                                //声明一个图像切换器对象
```

（3）在主活动的 onCreate()方法中，获取在布局文件中添加的画廊视图和图像切换器。关键代码如下：

```
Gallery gallery = (Gallery) findViewById(R.id.gallery1);                    //获取 Gallery 组件
imageSwitcher = (ImageSwitcher) findViewById(R.id.imageSwitcher1);      //获取图像切换器
```

（4）为图像切换器设置淡入淡出的动画效果，然后为其设置一个 ImageSwitcher.ViewFactory，并重写 makeView()方法，最后为图像切换器设置默认显示的图像。关键代码如下：

```
//设置动画效果
imageSwitcher.setInAnimation(AnimationUtils.loadAnimation(this,
                        android.R.anim.fade_in));                   //设置淡入动画
imageSwitcher.setOutAnimation(AnimationUtils.loadAnimation(this,
                        android.R.anim.fade_out));                  //设置淡出动画
imageSwitcher.setFactory(new ViewFactory() {
    @Override
    public View makeView() {
        ImageView imageView = new ImageView(MainActivity.this);    //实例化一个 ImageView 类的对象
        imageView.setScaleType(ImageView.ScaleType.FIT_CENTER);     //设置保持纵横比居中缩放图像
        imageView.setLayoutParams(new ImageSwitcher.LayoutParams(
                LayoutParams.WRAP_CONTENT, LayoutParams.WRAP_CONTENT));
        return imageView;                                           //返回 imageView 对象
    }
});
```

（5）创建 BaseAdapter 类的对象，并重写其中的 getView()、getItemId()、getItem()和 getCount()方法，其中最主要的是重写 getView()方法来设置显示图片的格式。具体代码如下：

```
BaseAdapter adapter = new BaseAdapter() {
    @Override
    public View getView(int position, View convertView, ViewGroup parent) {
        ImageView imageview;                                        //声明 ImageView 的对象
        if (convertView == null) {
            imageview = new ImageView(MainActivity.this);          //实例化 ImageView 的对象
            imageview.setScaleType(ImageView.ScaleType.FIT_XY); //设置缩放方式
            imageview
                    .setLayoutParams(new Gallery.LayoutParams(180, 135));
            TypedArray typedArray = obtainStyledAttributes(R.styleable.Gallery);
            imageview.setBackgroundResource(typedArray.getResourceId(
                    R.styleable.Gallery_android_galleryItemBackground,
                    0));
            imageview.setPadding(5, 0, 5, 0);                       //设置 ImageView 的内边距
        } else {
            imageview = (ImageView) convertView;
        }
        imageview.setImageResource(imageId[position]);             //为 ImageView 设置要显示的图片
        return imageview;                                           //返回 ImageView
    }
    /*
     * 功能：获得当前选项的 ID
     */
    @Override
    public long getItemId(int position) {
        return position;
    }
    /*
     * 功能：获得当前选项
     */
    @Override
    public Object getItem(int position) {
        return position;
    }
    /*
     * 获得数量
     */
    @Override
    public int getCount() {
        return imageId.length;
    }
};
```

（6）将步骤（5）中创建的适配器与 Gallery 关联，并且让中间的图片选中，为了将用户选择的图片显示到上面的图像切换器中，还需要为 Gallery 添加 OnItemSelectedListener 事件监听器，在重写的 onItemSelected()方法中，将选中的图片显示到图像切换器中。具体代码如下：

```
gallery.setAdapter(adapter);                                        //将适配器与 Gallery 关联
gallery.setSelection(imageId.length / 2);                           //让中间的图片选中
```

```
gallery.setOnItemSelectedListener(new OnItemSelectedListener() {
    @Override
    public void onItemSelected(AdapterView<?> parent, View view,int position, long id) {
        imageSwitcher.setImageResource(imageId[position]);            //显示选中的图片
    }
    @Override
    public void onNothingSelected(AdapterView<?> arg0) {}
});
```

运行本实例，将显示如图 4.24 所示的运行结果，单击某张图片，可以选中该图片，并且让其居中显示，也可以用手指拖动图片来移动图片，并且让选中的图片在上方显示。

图 4.24　幻灯片式图片浏览器

4.7　其他组件

视频讲解：光盘\TM\Video\4\其他组件.exe

4.7.1　滚动视图

滚动视图用 ScrollView 表示，用于为其他组件添加滚动条。在默认情况下，当窗体中的内容比较多而一屏显示不下时，超出的部分将不能被用户所看到。因为 Android 的布局管理器本身没有提供滚动屏幕的功能。如果要让其滚动，就需要使用滚动视图 ScrollView，这样用户就可以通过滚动屏幕来查看完整的内容。

滚动视图是 android.widget.FrameLayout（帧布局管理器）的子类。因此，在滚动视图中，可以添加任何想要放入其中的组件。但是，一个滚动视图中只能放置一个组件。如果想要放置多个组件，可以先放置一个布局管理器，再将要放置的其他组件放置到该布局管理器中。在滚动视图中，使用比较多的是线性布局管理器。

说明　滚动视图 ScrollView 只支持垂直滚动。如果想要实现水平滚动条，可以使用水平滚动视图（HorizontalScrollView）。

在 Android 中，可以使用两种方法向屏幕中添加滚动视图，一种是通过在 XML 布局文件中使用 <ScrollView>标记添加，另一种是在 Java 文件中通过 new 关键字创建。下面分别进行介绍。

1．在 XML 布局文件中添加

在 XML 布局文件中添加滚动视图比较简单，只需要在要添加滚动条的组件外面使用下面的布局代码添

加即可。

```
<ScrollView
    android:id="@+id/scrollView1"
    android:layout_width="match_parent"
    android:layout_height="wrap_content" >
    <!-- 要添加滚动条的组件 -->
</ScrollView>
```

例如，要为一个显示公司简介的 TextView 文本框添加滚动条，可以使用下面的代码。

```
<ScrollView
    android:id="@+id/scrollView1"
    android:layout_width="match_parent"
    android:layout_height="wrap_content" >
    <TextView
        android:id="@+id/textView1"
        android:layout_width="match_parent"
        android:layout_height="match_parent"
        android:textSize="20dp"
        android:text="@string/content" />
</ScrollView>
```

2. 通过 new 关键字创建

在 Java 代码中，通过 new 关键字创建滚动视图比较简单，只需要经过以下步骤即可实现。

（1）使用构造方法 ScrollView(Context context)创建一个滚动视图。

（2）创建或者获取需要添加滚动条的组件，并应用 addView()方法将其添加到滚动视图中。

（3）将滚动视图添加到整个布局管理器中，用于显示该滚动视图。

下面通过一个具体的实例来介绍如何通过 new 关键字创建滚动视图。

例 4.21　在 Eclipse 中创建 Android 项目，名称为 4.21，实现为显示公司简介的文本框添加垂直滚动条。**（实例位置：光盘\TM\sl\4\4.21）**

实现的主要步骤如下：

（1）修改新建项目的 res/layout 目录下的布局文件 main.xml，将默认添加的 TextView 组件删除，并为默认添加的垂直线性布局管理器设置 id 属性。修改后的代码如下：

```
<LinearLayout xmlns:android="http://schemas.android.com/apk/res/android"
    android:orientation="vertical"
    android:id="@+id/ll"
    android:layout_width="fill_parent"
    android:layout_height="fill_parent"
    >
</LinearLayout>
```

（2）在 MainActivity 类的 onCreate()方法中，首先获取布局文件中添加的线性布局管理器，然后创建一个滚动视图和一个用于显示公司简介的文本框对象，再将文本框对象添加到滚动视图中，并设置文本框中要显示的文本，最后将滚动视图添加到线性布局管理器中。具体代码如下：

```
LinearLayout ll = (LinearLayout) findViewById(R.id.ll);          //获取线性布局管理器
ScrollView scroller = new ScrollView(MainActivity.this);         //创建一个滚动视图
```

```
TextView text = new TextView(MainActivity.this);                     //创建一个文本框对象
text.setPadding(10, 10, 10, 10);                                     //设置内边距
text.setTextSize(30);                                                //设置字体大小
scroller.addView(text);                                              //将文本框对象添加到滚动视图中
text.setText("吉林省明日科技有限公司是一家以计算机软件技术为核心的高科技型企业，"
        + "公司创建于 2000 年 12 月，是专业的应用软件开发商和服务提供商。"
        + "多年来始终致力于行业管理软件开发、数字化出版物开发制作、计算机网络系统综合应用、"
        + "行业电子商务网站开发等，先后成功开发了涉及生产、管理、控制、仓贮、物流、营销、"
        + "服务等领域的多种企业管理应用软件和应用平台。");       //设置文本框中要显示的文本
ll.addView(scroller);                                                //将滚动视图添加到线性布局管理器中
```

运行本实例，将显示如图 4.25 所示的运行结果。

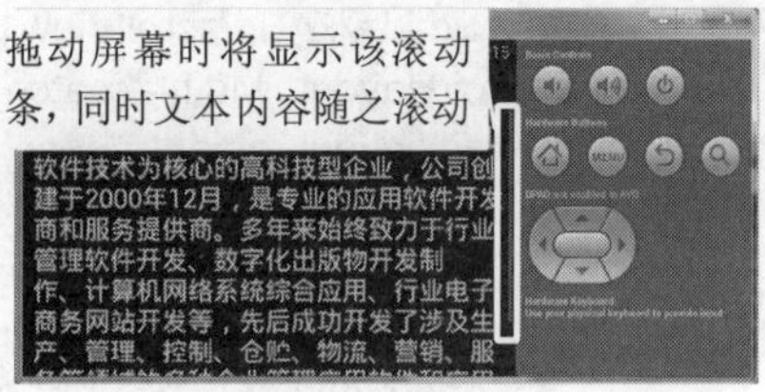

拖动屏幕时将显示该滚动条，同时文本内容随之滚动

图 4.25　为文本框组件添加滚动条

4.7.2　选项卡

选项卡主要由 TabHost、TabWidget 和 FrameLayout 3 个组件组成，用于实现一个多标签页的用户界面，通过它可以将一个复杂的对话框分割成若干个标签页，实现对信息的分类显示和管理。使用该组件不仅可以使界面简洁大方，还可以有效地减少窗体的个数。

在 Android 中，实现选项卡的一般步骤如下：

（1）在布局文件中添加实现选项卡所需的 TabHost、TabWidget 和 FrameLayout 组件。

（2）编写各标签页中要显示内容所对应的 XML 布局文件。

（3）在 Activity 中，获取并初始化 TabHost 组件。

（4）为 TabHost 对象添加标签页。

下面将通过一个具体的实例来说明选项卡的应用。

例 4.22　在 Eclipse 中创建 Android 项目，名称为 4.22，实现模拟显示未接来电、已接来电和拨出电话的选项卡。**（实例位置：光盘\TM\sl\4\4.22）**

实现的主要步骤如下：

（1）修改新建项目的 res/layout 目录下的布局文件 main.xml，将默认添加的布局代码删除，然后添加实现选项卡所需的 TabHost、TabWidget 和 FrameLayout 组件。具体的步骤是：首先添加一个 TabHost 组件，然后在该组件中添加线性布局管理器，并且在该布局管理器中添加一个作为标签组的 TabWidget 和一个作为标签内容的 FrameLayout 组件。在 XML 布局文件中添加选项卡的基本代码如下：

```
<?xml version="1.0" encoding="utf-8"?>
<TabHost xmlns:android="http://schemas.android.com/apk/res/android"
    android:id="@android:id/tabhost"
    android:layout_width="fill_parent"
    android:layout_height="fill_parent">
    <LinearLayout
        android:orientation="vertical"
        android:layout_width="fill_parent"
        android:layout_height="fill_parent">
        <TabWidget
            android:id="@android:id/tabs"
            android:layout_width="fill_parent"
            android:layout_height="wrap_content" />
```

```
        <FrameLayout
            android:id="@android:id/tabcontent"
            android:layout_width="fill_parent"
            android:layout_height="fill_parent">
        </FrameLayout>
    </LinearLayout>
</TabHost>
```

说明 在应用 XML 布局文件添加选项卡时，必须使用系统的 id 来为各组件指定 ID 属性，否则将出现异常。

（2）编写各标签页中要显示的内容所对应的 XML 布局文件。例如，编写一个 XML 布局文件，名称为 tab1.xml，用于指定第 1 个标签页中要显示的内容，具体代码如下：

```
<LinearLayout xmlns:android="http://schemas.android.com/apk/res/android"
    android:id="@+id/LinearLayout01"
    android:orientation="vertical"
    android:layout_width="wrap_content"
    android:layout_height="wrap_content">
    <TextView
        android:layout_width="fill_parent"
        android:layout_height="wrap_content"
        android:text="艳姐  [2012-03-01 8:20] "/>
     <TextView
        android:layout_width="fill_parent"
        android:layout_height="wrap_content"
        android:text="小琦  [2012-02-14 7:10] "/>
</LinearLayout>
```

说明 在本实例中，除了需要编写名称为 tab1.xml 的布局文件外，还需要编写名称为 tab2.xml 和 tab3.xml 的布局文件，用于指定第 2 个和第 3 个标签页中要显示的内容。

（3）在 Activity 中，获取并初始化 TabHost 组件，关键代码如下：

```
private TabHost tabHost;                                       //声明 TabHost 组件的对象
tabHost=(TabHost)findViewById(android.R.id.tabhost);          //获取 TabHost 对象
tabHost.setup();                                               //初始化 TabHost 组件
```

（4）为 TabHost 对象添加标签页，这里共添加了 3 个标签页，第 1 个用于模拟显示未接来电，第 2 个用于模拟显示已接来电，第 3 个用于模拟显示已拨电话。关键代码如下：

```
LayoutInflater inflater = LayoutInflater.from(this);           //声明并实例化一个 LayoutInflater 对象
inflater.inflate(R.layout.tab1, tabHost.getTabContentView());
inflater.inflate(R.layout.tab2, tabHost.getTabContentView());
inflater.inflate(R.layout.tab3, tabHost.getTabContentView());
tabHost.addTab(tabHost.newTabSpec("tab01")
        .setIndicator("未接来电")
        .setContent(R.id.LinearLayout01));                     //添加第 1 个标签页
```

```
tabHost.addTab(tabHost.newTabSpec("tab02")
        .setIndicator("已接来电")
        .setContent(R.id.FrameLayout02));                    //添加第 2 个标签页
tabHost.addTab(tabHost.newTabSpec("tab03")
        .setIndicator("已拨电话")
        .setContent(R.id.LinearLayout03));                   //添加第 3 个标签页
```

运行本实例，将显示如图 4.26 所示的运行结果。

图 4.26　在屏幕中添加选项卡

4.8　实　　战

4.8.1　实现我同意游戏条款

在手机上玩游戏时，一般都会出现一个“我同意游戏条款”的界面，在该界面中，将显示一系列关于该游戏的注意条款，并且在下方有一个复选框，只有用户选中该复选框，才能显示进入游戏按钮。针对这样的需求，本实例将实现一个我同意游戏条款的界面，当用户选中“我同意”复选框时，在该复选框的下方将显示“进入”按钮，单击该按钮，将显示“进入游戏...”的消息提示。具体的实现步骤如下：**（实例位置：光盘\TM\sl\4\4.23）**

具体的实现步骤如下：

（1）在 Eclipse 中创建 Android 项目，名称为 4.23。

（2）修改新建项目的 res/layout 目录下的布局文件 main.xml，为默认添加的垂直线性布局添加背景，并设置该布局中的内容居中显示，然后添加一个用于显示游戏条款的 TextView 组件、一个“我同意”复选框和一个 ImageButton 图片按钮，并设置图片按钮默认不显示、透明背景。修改后的代码如下：

```
<LinearLayout xmlns:android="http://schemas.android.com/apk/res/android"
    android:orientation="vertical"
    android:layout_width="fill_parent"
    android:layout_height="fill_parent"
    android:background="@drawable/background"
     android:gravity="center"
     >
     <!-- 显示游戏条款的 TextView -->
   <TextView
     android:text="@string/artcle"
     android:id="@+id/textView1"
     android:paddingTop="90px"
```

```
    style="@style/artclestyle"
    android:maxWidth="700px"
    android:layout_width="wrap_content"
    android:layout_height="wrap_content"/>
    <!-- “我同意”复选框 -->
   <CheckBox
    android:text="我同意"
    android:id="@+id/checkBox1"
    android:textSize="20px"
    android:button="@drawable/check_box"
    android:layout_width="wrap_content"
    android:layout_height="wrap_content"/>
    <!-- 图片按钮 -->
    <ImageButton
        android:id="@+id/start"
        android:src="@drawable/button_state"
        android:background="#0000"
        android:paddingTop="5px"
        android:visibility="invisible"
        android:layout_width="wrap_content"
        android:layout_height="wrap_content">
    </ImageButton>
</LinearLayout>
```

（3）由于复选框默认的效果显示到本实例的绿色背景上时看不到前面的方块，所以需要改变复选框的默认效果。首先编写 Drawable 资源对应的 XML 文件 check_box.xml，用于设置复选框没有被选中以及被选中时显示的图片。具体代码如下：

```
<selector xmlns:android="http://schemas.android.com/apk/res/android">
    <item android:state_checked="false"
        android:drawable="@drawable/check_f"/>
    <item android:state_checked="true"
        android:drawable="@drawable/check_t"/>
</selector>
```

（4）在 main.xml 布局文件中设置复选框的 android:button 属性，其属性值是在步骤（2）中编写的 Drawable 资源。关键代码如下：

```
android:button="@drawable/check_box"
```

（5）由于 ImageButton 组件设置背景透明后，将不再显示鼠标单击效果，所以需要通过 Drawable 资源来设置图片的 android:src 属性。首先编写一个 Drawable 资源对应的 XML 文件 button_state.xml，用于设置当鼠标按下及没有按下时显示的图片。具体代码如下：

```
<?xml version="1.0" encoding="utf-8"?>
<selector
  xmlns:android="http://schemas.android.com/apk/res/android">
    <item android:state_pressed="true" android:drawable="@drawable/start_b"/>
    <item android:state_pressed="false" android:drawable="@drawable/start_a"/>
</selector>
```

（6）为 main.xml 布局文件中的图片按钮设置 android:src 属性，其属性值是在步骤（5）中编写的 Drawable 资源。关键代码如下：

```
android:src="@drawable/button_state"
```

（7）在 res/values 目录下的 strings.xml 文件中，添加字符串变量 artcle，用于保存游戏条款。关键代码如下：

```
<string name="artcle">         温馨提示：本游戏适合各年龄段的玩家，请您合理安排游戏时间，不要沉迷游戏！
    当您连续在线 2 小时后，系统将自动结束游戏。如果同意该条款请选中“我同意”复选框，方可进入游戏。
</string>
```

在 Android 中，空格使用“ ”表示。

（8）在主活动的 onCreate()方法中，获取布局文件中添加的“进入”图片按钮和“我同意”复选框，并为复选框添加状态改变监听器，用于实现当复选框被选中时显示“进入”按钮，否则不显示。具体代码如下：

```
final ImageButton imageButton=(ImageButton)findViewById(R.id.start);     //获取“进入”按钮
CheckBox checkbox=(CheckBox)findViewById(R.id.checkBox1);                //获取布局文件中添加的复选框
//为复选框添加监听器
checkbox.setOnCheckedChangeListener(new OnCheckedChangeListener() {
    @Override
    public void onCheckedChanged(CompoundButton buttonView, boolean isChecked) {
        if(isChecked){                                                   //当复选框被选中
            imageButton.setVisibility(View.VISIBLE);                     //设置“进入”按钮显示
        }else{
            imageButton.setVisibility(View.INVISIBLE);                   //设置“进入”按钮不显示
        }
        imageButton.invalidate();                                        //重绘 ImageButton
    }
});
```

（9）为“进入”按钮添加单击事件监听器，用于实现当用户单击“进入”按钮时，显示一个消息提示框。具体代码如下：

```
imageButton.setOnClickListener(new OnClickListener() {
    @Override
    public void onClick(View v) {
        //显示消息提示框
        Toast.makeText(MainActivity.this, "进入游戏...", Toast.LENGTH_SHORT).show();
    }
});
```

运行本实例，将显示如图 4.27 所示的运行结果。当选中“我同意”复选框时，在该复选框的下方将显示一个“进入”按钮，单击该按钮，将显示“进入游戏...”的消息提示，如图 4.28 所示。

图 4.27　我同意游戏条款的默认运行界面

图 4.28　选中“我同意”复选框后的运行效果

4.8.2　显示在标题上的进度条

本实例将实现在页面载入时，先在标题上显示载入进度条，载入完毕后，显示载入的 4 张图片。（**实例位置：光盘\TM\sl\4\4.24**）

具体步骤如下：

（1）在 Eclipse 中创建 Android 项目，名称为 4.24。

（2）修改新建项目的 res/layout 目录下的布局文件 main.xml，为默认添加的垂直线性布局管理器设置一个 android:id 属性。关键代码如下：

```
android:id="@+id/linearlayout1"
```

（3）在主活动 MainActivity 中，定义一个用于保存要显示图片 ID 的数组（需要将要显示的图片复制到 res/drawable 文件夹中）和一个垂直线性布局管理器的对象。关键代码如下：

```
private int imageId[] = new int[] { R.drawable.img01, R.drawable.img02,
        R.drawable.img03, R.drawable.img04 };          //定义并初始化一个保存要显示图片 ID 的数组
private LinearLayout l;                                //定义一个垂直线性布局管理器的对象
```

（4）在主活动的 onCreate()方法中，首先设置显示水平进度条，然后设置要显示的视图，这里为主布局文件 main.xml，接下来再获取布局文件中添加的垂直线性布局管理器。关键代码如下：

```
requestWindowFeature(Window.FEATURE_PROGRESS);  //显示水平进度条
setContentView(R.layout.main);
l = (LinearLayout) findViewById(R.id.linearlayout1);          //获取布局文件中添加的垂直布局管理器
```

（5）创建继承自 AsyncTask 的异步类，并重写 onPreExecute()、doInBackground()、onProgressUpdate()和 onPostExecute()方法，实现向页面添加图片时，在标题上显示一个水平进度条，当图片载入完毕后，让进度条隐藏并显示图片。具体代码如下：

```
/**
 * 功能：创建异步任务，添加 4 张图片
 *
 */
class MyTack extends AsyncTask<Void, Integer, LinearLayout> {
    @Override
    protected void onPreExecute() {
        setProgressBarVisibility(true);                //执行任务前让进度条可见
        super.onPreExecute();
    }
    /*
```

```
         * 功能：要执行的耗时任务
         */
        @Override
        protected LinearLayout doInBackground(Void... params) {
            LinearLayout ll = new LinearLayout(MainActivity.this);        //创建一个水平线性布局管理器
            for (int i = 1; i < 5; i++) {
                ImageView iv = new ImageView(MainActivity.this);    //创建一个 ImageView 对象
                iv.setLayoutParams(new LayoutParams(110, 65));
                iv.setImageResource(imageId[i - 1]);                //设置要显示的图片
                iv.setPadding(5, 5, 5, 5);
                ll.addView(iv);                           //将 ImageView 添加到线性布局管理器中
                try {
                    Thread.sleep(10);                     //为了更好地看到效果，这里让线程休眠 10 毫秒
                } catch (InterruptedException e) {
                    e.printStackTrace();
                }
                publishProgress(i);                       //触发 onProgressUpdate(Progress...)方法更新进度
            }
            return ll;
        }
        /*
         * 功能：更新进度
         */
        @Override
        protected void onProgressUpdate(Integer... values) {
            setProgress(values[0] * 2500);                //动态更新最新进度
            super.onProgressUpdate(values);
        }
        /*
         * 功能：任务执行后
         */
        @Override
        protected void onPostExecute(LinearLayout result) {
            setProgressBarVisibility(false);              //任务执行后让进度条隐藏
            l.addView(result);        //将水平线性布局管理器添加到布局文件中添加的垂直线性布局管理器中
            super.onPostExecute(result);
        }
    }
```

（6）在 onCreate()方法的最后执行自定义的任务 MyTack，具体代码如下：

```
new MyTack().execute();                                   //执行自定义任务
```

运行本实例，首先显示如图 4.29 所示的进度条，当图像载入完毕后，显示如图 4.30 所示的完成页面。

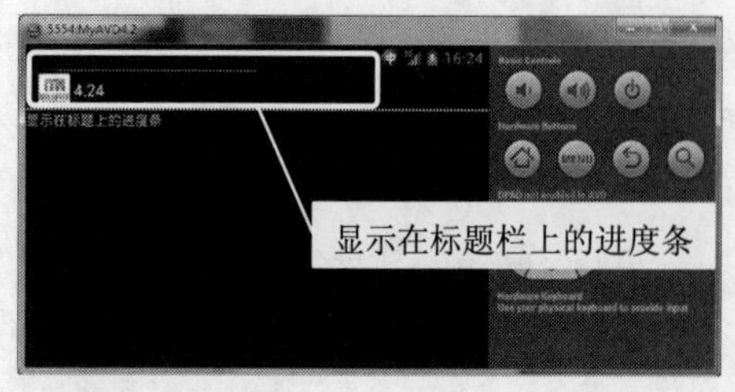

图 4.29　在标题上显示载入进度条

图 4.30　页面载入完毕的效果

4.8.3　实现带图标的 ListView 列表

在智能手机中，经常会应用到带图标的列表来显示允许操作的功能。本实例将应用 ListView 组件和 SimpleAdapter 适配器实现一个带图标的 ListView 列表，用于显示手机的常用功能。（**实例位置：光盘\TM\sl\4\4.25**）

具体步骤如下：

（1）在 Eclipse 中创建 Android 项目，名称为 4.25。

（2）修改新建项目的 res/layout 目录下的布局文件 main.xml，将默认添加的 TextView 组件删除，然后添加一个 id 属性为 listView1 的 ListView 组件。修改后的代码如下：

```
<ListView
    android:id="@+id/listView1"
    android:layout_height="wrap_content"
    android:layout_width="match_parent"/>
```

（3）编写用于布局列表项内容的 XML 布局文件 items.xml，在该文件中，采用水平线性布局，并在该布局管理器中添加一个 ImageView 组件和一个 TextView 组件，分别用于显示列表项中的图标和文字。具体代码如下：

```
<LinearLayout
  xmlns:android="http://schemas.android.com/apk/res/android"
  android:orientation="horizontal"
  android:layout_width="match_parent"
  android:layout_height="match_parent">
<ImageView
    android:id="@+id/image"
    android:paddingRight="10px"
    android:paddingTop="20px"
    android:paddingBottom="20px"
    android:adjustViewBounds="true"
    android:maxWidth="72px"
    android:maxHeight="72px"
    android:layout_height="wrap_content"
    android:layout_width="wrap_content"/>
 <TextView
    android:layout_width="wrap_content"
    android:layout_height="wrap_content"
    android:padding="10px"
    android:layout_gravity="center"
    android:id="@+id/title"
    />
</LinearLayout>
```

（4）在主活动的 onCreate()方法中，首先获取布局文件中添加的 ListView，然后创建两个用于保存列表项图片 ID 和文字的数组，并将这些图片 ID 和文字添加到 List 集合中，再创建一个 SimpleAdapter 简单适配器，最后将该适配器与 ListView 相关联。具体代码如下：

```
ListView listview = (ListView) findViewById(R.id.listView1);                    //获取列表视图
int[] imageId = new int[] { R.drawable.img01, R.drawable.img02, R.drawable.img03,
                    R.drawable.img04, R.drawable.img05, R.drawable.img06,
                    R.drawable.img07, R.drawable.img08 };                        //定义并初始化保存图片 ID 的数组
String[] title = new String[] { "保密设置", "安全", "系统设置", "上网", "我的文档",
          "GPS 导航", "我的音乐", "E-mail" };                                    //定义并初始化保存列表项文字的数组
List<Map<String, Object>> listItems = new ArrayList<Map<String, Object>>();  //创建一个 list 集合
//通过 for 循环将图片 ID 和列表项文字放到 Map 中，并添加到 list 集合中
for (int i = 0; i < imageId.length; i++) {
     Map<String, Object> map = new HashMap<String, Object>();                  //实例化 Map 对象
     map.put("image", imageId[i]);
     map.put("title", title[i]);
     listItems.add(map);                                                        //将 map 对象添加到 List 集合中
}
SimpleAdapter adapter = new SimpleAdapter(this, listItems,
          R.layout.items, new String[] { "title", "image" }, new int[] {
                    R.id.title, R.id.image });                                  //创建 SimpleAdapter
listview.setAdapter(adapter);                                                   //将适配器与 ListView 关联
```

说明

SimpleAdapter 类的构造方法 SimpleAdapter(Context context, List<? extends Map<String, ?>> data, int resource, String[] from, int[] to)中，第 1 个参数 context 用于指定关联 SimpleAdapter 运行的视图上下文；第 2 个参数 data 用于指定一个基于 Map 的列表，在该列表中的每个条目对应列表中的一行；第 3 个参数 resource 用于指定一个用于定义列表项目的视图布局文件的唯一标识；第 4 个参数 from 用于指定一个将被添加到 Map 上关联每一个项目的列名称的数组；第 5 个参数 to 用于指定一个与参数 from 显示列对应的视图 ID 的数组。

运行本实例，将显示如图 4.31 所示的运行结果。

图 4.31　带图标的 ListView

4.8.4　实现仿 Windows 7 图片预览窗格效果

在 Windows 7 操作系统的文件夹窗口中，提供了预览窗格。当单击左侧列表中的指定文件（图片）时，在右侧的预览窗格中将显示该文件（图片）的预览效果。本实例将实现一个类似于 Windows 7 提供的图片预览窗格效果，即在左侧显示图片的缩略图列表，在右侧显示图片的预览效果。单击缩略图中的任意一张图片，都将在右侧显示该图片的预览效果。（**实例位置：光盘\TM\sl\4\4.26**）

具体实现步骤如下：

（1）在 Eclipse 中创建 Android 项目，名称为 4.26。

（2）修改新建项目的 res/layout 目录下的布局文件 main.xml，将默认添加的垂直线性布局管理器修改为水平布局管理器，并将 TextView 组件删除，然后添加一个 GridView 组件和一个 ImageSwitcher 组件，并设置 GridView 组件的宽度和显示列数等。修改后的代码如下：

```
<GridView android:id="@+id/gridView1"
     android:layout_height="match_parent"
     android:layout_width="280px"
```

```
        android:layout_marginTop="3px"
        android:horizontalSpacing="3px"
        android:verticalSpacing="3px"
        android:numColumns="3"
/>
<!-- 添加一个图像切换器 -->
        <ImageSwitcher
            android:id="@+id/imageSwitcher1"
            android:padding="5px"
            android:layout_width="match_parent"
            android:layout_height="match_parent"/>
</LinearLayout>
```

（3）在主活动 MainActivity 中，定义一个用于保存要显示图片 ID 的数组（需要将要显示的图片复制到 res/drawable 文件夹中）和一个图像切换器对象。关键代码如下：

```
    private int[] imageId = new int[] { R.drawable.img01, R.drawable.img02,
            R.drawable.img03, R.drawable.img04, R.drawable.img05,
            R.drawable.img06, R.drawable.img07, R.drawable.img08,
            R.drawable.img09, R.drawable.img10, R.drawable.img11,
            R.drawable.img12, };                                    //定义并初始化保存图片 ID 的数组
    private ImageSwitcher imageSwitcher;                            //声明一个图像切换器对象
```

（4）在主活动 MainActivity 的 onCreate()方法中，首先获取布局文件中添加的图像切换器，并为其设置淡入淡出的动画效果，然后为其设置一个 ImageSwitcher.ViewFactory，并重写 makeView()方法，最后为图像切换器设置默认显示的图像。关键代码如下：

```
imageSwitcher = (ImageSwitcher) findViewById(R.id.imageSwitcher1);     //获取图像切换器
//设置动画效果
imageSwitcher.setInAnimation(AnimationUtils.loadAnimation(this,
        android.R.anim.fade_in));                                      //设置淡入动画
imageSwitcher.setOutAnimation(AnimationUtils.loadAnimation(this,
        android.R.anim.fade_out));                                     //设置淡出动画
imageSwitcher.setFactory(new ViewFactory() {
    @Override
    public View makeView() {
        ImageView imageView = new ImageView(MainActivity.this);       //实例化一个 ImageView 类的对象
        imageView.setScaleType(ImageView.ScaleType.FIT_CENTER); //设置保持纵横比居中缩放图像
        imageView.setLayoutParams(new ImageSwitcher.LayoutParams(
                        LayoutParams.WRAP_CONTENT, LayoutParams.WRAP_CONTENT));
        return imageView;                                              //返回 imageView 对象
    }
});
imageSwitcher.setImageResource(imageId[6]);                            //设置默认显示的图像
```

（5）获取布局文件中添加的 GridView 组件，具体代码如下：

```
GridView gridview = (GridView) findViewById(R.id.gridView1);           //获取 GridView 组件
```

（6）创建 BaseAdapter 类的对象，并重写其中的 getView()、getItemId()、getItem()和 getCount()方法，其中最主要的是重写 getView()方法来设置显示图片的格式。具体代码如下：

```
BaseAdapter adapter=new BaseAdapter() {
    @Override
    public View getView(int position, View convertView, ViewGroup parent) {
        ImageView imageview;                                    //声明 ImageView 的对象
        if(convertView==null){
            imageview=new ImageView(MainActivity.this);         //实例化 ImageView 的对象
            /*************设置图像的宽度和高度*****************/
            imageview.setAdjustViewBounds(true);
            imageview.setMaxWidth(110);
            imageview.setMaxHeight(83);
            /**************************************************/
            imageview.setPadding(5, 5, 5, 5);                   //设置 ImageView 的内边距
        }else{
            imageview=(ImageView)convertView;
        }
        imageview.setImageResource(imageId[position]);          //为 ImageView 设置要显示的图片
        return imageview;                                       //返回 ImageView
    }
    /*
     * 功能：获得当前选项的 ID
     */
    @Override
    public long getItemId(int position) {
        return position;
    }
    /*
     * 功能：获得当前选项
     */
    @Override
    public Object getItem(int position) {
        return position;
    }
    /*
     * 获得数量
     */
    @Override
    public int getCount() {
        return imageId.length;
    }
};
```

（7）将步骤（6）中创建的适配器与 GridView 关联，并且为了在用户单击某张图片时显示对应的位置，还需要为 GridView 添加单击事件监听器。具体代码如下：

```
gridview.setAdapter(adapter);                                   //将适配器与 GridView 关联
gridview.setOnItemClickListener(new OnItemClickListener() {
    @Override
    public void onItemClick(AdapterView<?> parent, View view, int position,long id) {
        imageSwitcher.setImageResource(imageId[position]);      //显示选中的图片
    }
});
```

运行本实例，将显示类似于 Windows 7 提供的图片预览窗格效果，单击任意一张图片，可以在右侧显示该图片的预览效果，如图 4.32 所示。

图 4.32　仿 Windows 7 图片预览窗格效果

4.9　本 章 小 结

本章向读者介绍了 Android 提供的常用组件，主要包括文本类组件、按钮类组件、日期和时间类组件、列表类组件、图像类组件，以及滚动视图和选项卡。这些组件都是进行 Android 开发时经常应用的组件，需要读者认真学习，并做到融会贯通，为以后的项目开发打下良好的基础。

4.10　学习成果检验

1．尝试开发一个程序，实现通过 ImageView 显示带边框的图片。（**答案位置：光盘\TM\sl\4\4.27**）

2．尝试开发一个程序，实现选中复选框后，“开始”按钮才可用，否则为不可用状态。（**答案位置：光盘\TM\sl\4\4.28**）

3．尝试开发一个程序，实现在页面完全载入前，在标题上显示一个圆形进度条，当载入后隐藏该进度条。（**答案位置：光盘\TM\sl\4\4.29**）

4．尝试开发一个程序，实现图标在上、文字在下的 ListView。（**答案位置：光盘\TM\sl\4\4.30**）

第 5 章

综合实验（一）——猜猜鸡蛋放在哪只鞋子里

（视频讲解：12 分钟）

视频讲解：光盘\TM\Video\5\猜猜鸡蛋放在哪只鞋子里.exe

通过前面的学习，我们已经掌握了如何在 Android 中设计用户界面，以及常用 Android 组件的使用方法。本章将介绍如何设计一个小游戏界面，并且根据游戏规则算法编写实现代码，使读者对用户界面设计和 Android 常用组件有更深刻的认识。

通过阅读本章，您可以：

- **了解实现猜猜鸡蛋放在哪只鞋子里小游戏的基本流程**
- **掌握如何进行游戏界面布局**
- **掌握 ImageView 组件的基本应用**
- **掌握如何实现随机指定鸡蛋所在鞋子**
- **掌握如何设置 ImageView 组件的透明度**

5.1 概　　述

猜猜鸡蛋放在哪只鞋子里小游戏就是在窗体上放置 3 只鞋子，单击其中的任意一只鞋子，将打开鞋子显示里面是否有鸡蛋，并且将没有被单击的鞋子设置为半透明显示，被单击的正常显示，同时根据单击的鞋子里面是否有鸡蛋显示对应的结果。例如，单击中间的那只鞋子，如果鸡蛋在这只鞋子里，将显示“恭喜您，猜对了，祝你幸福！”的提示文字；否则，将显示“很抱歉，猜错了，要不要再试一次？”的提示文字。

5.1.1 功能描述

猜猜鸡蛋放在哪只鞋子里是一个愉悦身心的小游戏，它的功能结构如图 5.1 所示。

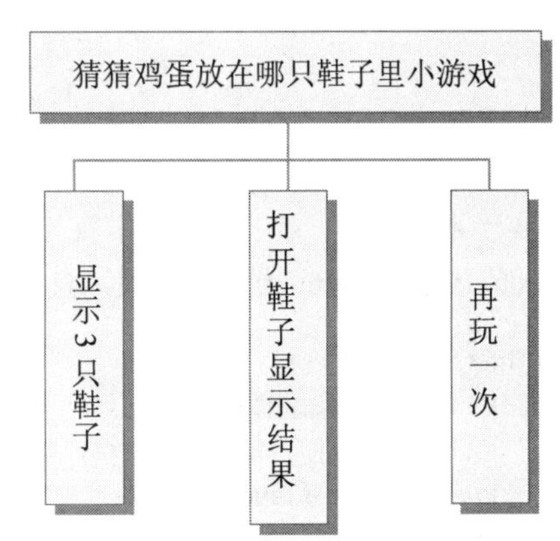

图 5.1　猜猜鸡蛋放在哪只鞋子里小游戏的功能结构图

5.1.2 系统流程

当玩家开始游戏时，屏幕上将显示 3 只鞋子，单击其中的任意一只鞋子，程序判断该鞋子中是否有鸡蛋，并且打开鞋子显示结果，此时可以通过单击“再玩一次”按钮重新开始游戏。具体的系统流程如图 5.2 所示。

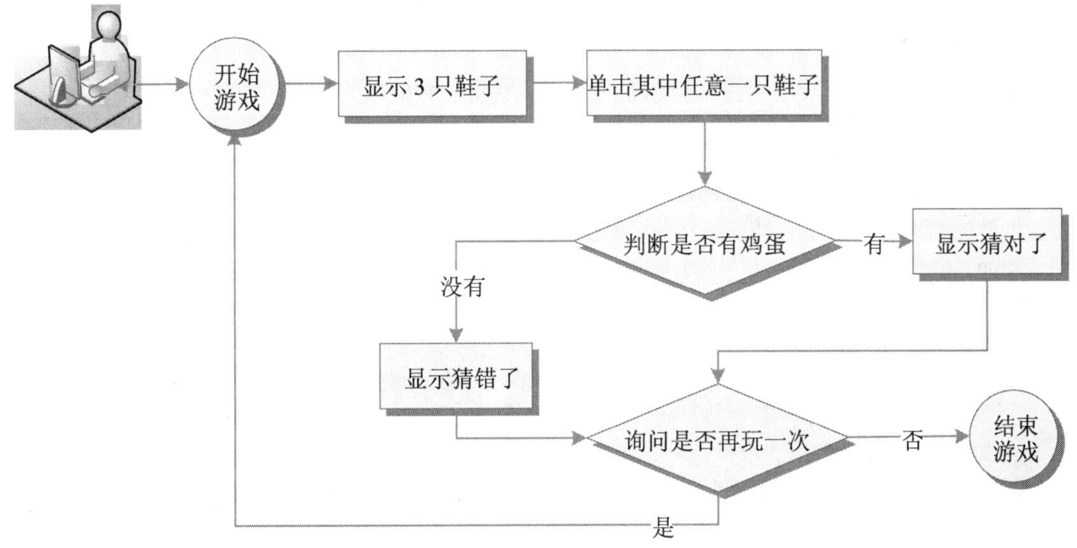

图 5.2　猜猜鸡蛋放在哪只鞋子里小游戏的系统流程图

5.1.3 主界面预览

为了使读者对本模块有一个基本的了解，下面给出“猜猜鸡蛋放在哪只鞋子里”游戏的主界面的预览效果，如图 5.3 所示。

图 5.3　游戏主界面

5.2　关键技术

在实现本实例时，最关键的技术就是如何随机地让 3 只鞋子中的一只里带有鸡蛋。这里通过一个 for 循环和 Math 类的 random()方法来实现，具体代码如下：

```
for (int i = 0; i < 3; i++) {
    int temp = imageIds[i];                       //将数组元素 i 保存到临时变量中
    int index = (int) (Math.random() * 2);        //生成一个随机数
    imageIds[i] = imageIds[index];                //将随机数指定的数组元素的内容赋值给数组元素 i
    imageIds[index] = temp;                       //将临时变量的值赋值给随机数组指定的那个数组元素
}
```

例如，在 for 循环中，第一次生成的随机数为 1，第二次生成的随机数为 0，第 3 次生成的随机数为 0，最后鸡蛋所在鞋子的变化过程如表 5.1 所示。其中，数组元素的值为 R.drawable.shoe_ok 时代表有鸡蛋。

表 5.1　随机指定鸡蛋所在鞋子的变化过程

i 的值	临时变量 temp	index 的值	imageIds[0]的值	imageIds[1]的值	imageIds[2]的值
0	temp=imageIds[0]	1	R.drawable.shoe_sorry	R.drawable.shoe_ok	R.drawable.shoe_sorry
1	temp=imageIds[1]	0	R.drawable.shoe_ok	R.drawable.shoe_sorry	R.drawable.shoe_sorry
2	temp=imageIds[2]	0	R.drawable.shoe_sorry	R.drawable.shoe_sorry	R.drawable.shoe_ok

5.3　实现过程

在实现猜猜鸡蛋放在哪只鞋子里游戏时，大致需要分为搭建开发环境、准备资源、布局页面和实现游戏规则代码等 4 个部分，下面进行详细介绍。

5.3.1　搭建开发环境

在开发本实例时，至少需要下载 Android SDK 4.2（最好按照第 1 章介绍的方法下载全部版本的 Android SDK）、Eclipse 4.2+ADT 插件。另外，在创建模拟器时，最好按照图 5.4 所示的参数进行配置。

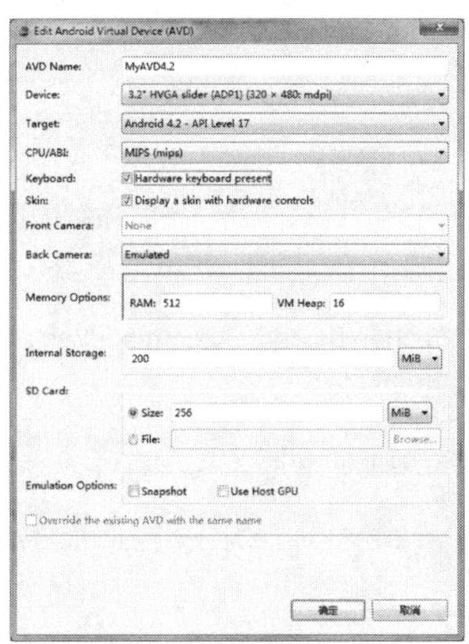

图 5.4　配置模拟器参数

5.3.2　准备资源

在实现本实例前，首先需要准备游戏中所需的图片资源，这里共包括游戏背景图片、图标、默认显示的鞋子、有鸡蛋的鞋子和没有鸡蛋的鞋子 5 张图片，如图 5.5 所示，并把它们放置在项目根目录下的 res/drawable-mdpi/文件夹中，放置后的效果如图 5.6 所示。

background.jpg

ic_launcher.png

shoe_default.png

shoe_ok.png

shoe_sorry.png

图 5.5　准备的 5 张图片

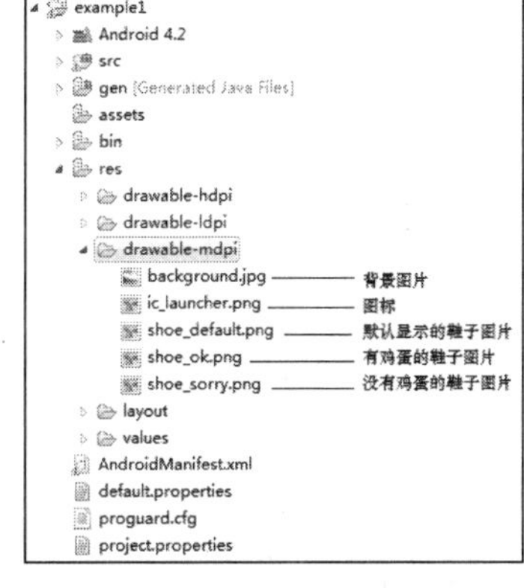

图 5.6　放置后的图片资源

将图片资源放置到 drawable-hdpi、drawable-ldpi 和 drawable-mdpi 文件夹后，系统将自动在 gen 目录下的 com.mingrisoft 包中的 R.java 文件中添加对应的图片 ID。打开 R.java 文件，可以看到下面的图片 ID：

```
public static final int background=0x7f020000;
public static final int ic_launcher=0x7f020001;
public static final int shoe_default=0x7f020002;
public static final int shoe_ok=0x7f020003;
public static final int shoe_sorry=0x7f020004;
```

说明　R.java 是系统自动派生的，最好不要进行修改。

5.3.3 布局页面

在实现猜猜鸡蛋放在哪只鞋子里小游戏时，只涉及一个窗体布局页面，这里创建的是 main.xml 文件，在该文件中添加一个 3 行的表格。具体代码如下：

```
<TableLayout  xmlns:android="http://schemas.android.com/apk/res/android"
    android:layout_height="match_parent"
    android:layout_width="wrap_content"
    android:background="@drawable/background"
    android:id="@+id/tableLayout1">
    <!--第一行-->
    <TableRow
    android:layout_height="wrap_content"
    android:layout_width="wrap_content"
    android:gravity="center"
    android:layout_weight="2"
    android:id="@+id/tableRow1">
    </TableRow>
    <!-- 第二行 -->
    <TableRow
     android:id="@+id/tableRow2"
     android:layout_weight="1"
     android:gravity="center"
     android:layout_width="wrap_content"
     android:layout_height="wrap_content">
    </TableRow>
    <!-- 第三行 -->
     <LinearLayout
          android:orientation="horizontal"
          android:layout_width="wrap_content"
          android:layout_height="wrap_content"
          android:layout_weight="1"
          android:gravity="center_horizontal"
          >
     </LinearLayout>
</TableLayout>
```

在表格的第一行中，添加一个文本框组件，用于显示提示性文字，默认为字符串资源 title 指定的内容。具体代码如下：

```
<TextView
    android:text="@string/title"
    android:padding="10px"
    android:gravity="center"
    android:textSize="20px"
    android:textColor="#010D18"
    android:id="@+id/textView1"
    android:layout_width="wrap_content"
    android:layout_height="wrap_content"/>
```

在表格的第二行中，添加一个水平线性布局管理器，并在该水平线性布局管理器中添加 3 个 ImageView 组件，用于显示代表 3 只鞋子的 3 张图片。具体代码如下：

```
<LinearLayout
    android:orientation="horizontal"
    android:layout_width="wrap_content"
    android:layout_height="wrap_content"
    >
    <ImageView android:id="@+id/imageView1"
     android:src="@drawable/shoe_default"
     android:paddingLeft="5px"
     android:layout_height="wrap_content"
     android:layout_width="wrap_content"/>
    <ImageView
     android:id="@+id/imageView2"
     android:src="@drawable/shoe_default"
     android:paddingLeft="5px"
     android:layout_height="wrap_content"
     android:layout_width="wrap_content"/>
    <ImageView
     android:id="@+id/imageView3"
     android:src="@drawable/shoe_default"
     android:paddingLeft="5px"
     android:layout_height="wrap_content"
     android:layout_width="wrap_content"/>
</LinearLayout>
```

在表格的第三行中，添加一个用于实现“再玩一次”按钮的 Button 组件，并设置它的 android:id 属性值为"@+id/button1"。具体代码如下：

```
<Button
    android:text="再玩一次"
    android:textColor="#000"
    android:id="@+id/button1"
    android:layout_width="wrap_content"
    android:layout_height="wrap_content"/>
```

5.3.4　实现游戏规则代码

实现游戏规则的代码全部编写在主活动 MainActivity 中，具体的实现步骤如下：

（1）在主活动 MainActivity 中，定义一个保存全部图片 ID 的数组、3 个 ImageView 类型的对象和一个 TextView 类型的对象。具体代码如下：

```
int[] imageIds = new int[] { R.drawable.shoe_ok, R.drawable.shoe_sorry,
                    R.drawable.shoe_sorry };                   //定义一个保存全部图片 ID 的数组
private ImageView image1;                                      //ImageView 组件 1
private ImageView image2;                                      //ImageView 组件 2
private ImageView image3;                                      //ImageView 组件 3
private TextView result;                                       //显示结果
```

（2）编写一个无返回值的方法 reset()，用于随机指定鸡蛋所在的鞋子。关键代码如下：

```
private void reset() {
    for (int i = 0; i < 3; i++) {
        int temp = imageIds[i];                    //将数组元素 i 保存到临时变量中
        int index = (int) (Math.random() * 2);     //生成 2 以内的一个随机整数
        imageIds[i] = imageIds[index];             //将随机数指定的数组元素的内容赋值给数组元素 i
        imageIds[index] = temp;                    //将临时变量的值赋值给随机数组指定的那个数组元素
    }
}
```

（3）由于 ImageButton 组件设置背景透明后，将不再显示鼠标单击效果，所以我们需要通过 Drawable 资源来设置图片的 android:src 属性。首先编写一个 Drawable 资源对应的 XML 文件 button_state.xml，用于设置当鼠标按下时显示的图片，以及鼠标没有按下时显示的图片。具体代码如下：

```
image1 = (ImageView) findViewById(R.id.imageView1);    //获取 ImageView1 组件
image2 = (ImageView) findViewById(R.id.imageView2);    //获取 ImageView2 组件
image3 = (ImageView) findViewById(R.id.imageView3);    //获取 ImageView3 组件
result = (TextView) findViewById(R.id.textView1);      //获取 TextView 组件
reset();                                               //将鞋子的顺序打乱
```

（4）为 3 个显示鞋子的 ImageView 组件添加单击事件监听器，用于将鞋子打开，并显示猜猜看的结果。关键代码如下：

```
//为第一只鞋子添加单击事件监听
        image1.setOnClickListener(new OnClickListener() {
            @Override
            public void onClick(View v) {
                isRight(v, 0);                         //判断结果
            }
        });
        //为第二只鞋子添加单击事件监听
        image2.setOnClickListener(new OnClickListener() {
            @Override
            public void onClick(View v) {
                isRight(v, 1);                         //判断结果
            }
        });
        //为第三只鞋子添加单击事件监听
        image3.setOnClickListener(new OnClickListener() {
            @Override
            public void onClick(View v) {
                isRight(v, 2);                         //判断结果
            }
        });
```

（5）编写 isRight()方法，用于显示打开的鞋子，并显示判断结果。具体代码如下：

```
/**
 * 判断猜出的结果
 *
 * @param v
```

```
 * @param index
 */
private void isRight(View v, int index) {
    //使用随机数组中图片资源 ID 设置每个 ImageView
    image1.setImageDrawable(getResources().getDrawable(imageIds[0]));
    image2.setImageDrawable(getResources().getDrawable(imageIds[1]));
    image3.setImageDrawable(getResources().getDrawable(imageIds[2]));
    //为每个 ImageView 设置半透明效果
    image1.setAlpha(100);
    image2.setAlpha(100);
    image3.setAlpha(100);
    ImageView v1 = (ImageView) v;                              //获取被单击的图像视图
    v1.setAlpha(255);                                          //设置图像视图的透明度
    if (imageIds[index] == R.drawable.shoe_ok) {               //判断是否猜对
        result.setText("恭喜您，猜对了，祝你幸福！");
    } else {
        result.setText("很抱歉，猜错了，要不要再试一次？");
    }
}
```

（6）获取“再玩一次”按钮，并为该按钮添加单击事件监听器，在其单击事件中，首先将标题恢复为默认值，然后设置 3 个 ImageView 的透明度为完全不透明，最后再设置这 3 个 ImageView 的图像内容为默认显示图片。具体代码如下：

```
Button button = (Button) findViewById(R.id.button1);          //获取“再玩一次”按钮
//为“再玩一次”按钮添加事件监听器
button.setOnClickListener(new OnClickListener() {
    @Override
    public void onClick(View v) {
        reset();
        result.setText(R.string.title);                        //将标题恢复为默认值
        image1.setAlpha(255);
        image2.setAlpha(255);
        image3.setAlpha(255);
        image1.setImageDrawable(getResources().getDrawable( R.drawable.shoe_default));
        image2.setImageDrawable(getResources().getDrawable(R.drawable.shoe_default));
        image3.setImageDrawable(getResources().getDrawable(R.drawable.shoe_default));
    }
});
```

5.4　运 行 项 目

项目开发完成后，就可以在模拟器中运行该项目了。此时，如果没有创建模拟器，那么需要先创建并启动模拟器，然后再按照以下步骤运行项目。

（1）在“项目资源管理器”中选择项目名称节点，并在该节点上单击鼠标右键，在弹出的快捷菜单中选择“运行方式”/Android Application 命令，即可在创建的 AVD 模拟器中运行 Android 程序。

（2）程序成功在模拟器中运行后，将显示如图 5.7 所示的游戏主界面。单击其中的任意一只鞋子，将打开鞋子显示里面是否有鸡蛋，并且将没有被单击的鞋子设置为半透明显示，被单击的正常显示，同时根据单击的鞋子里面是否有鸡蛋显示对应的结果。例如，单击中间的那只鞋子，如果鸡蛋在这只鞋子里，将显示如图 5.8 所示的运行结果，否则，将显示如图 5.9 所示的效果。单击“再玩一次”按钮，重新开始游戏。

图 5.7　游戏主界面

图 5.8　猜对了时的效果

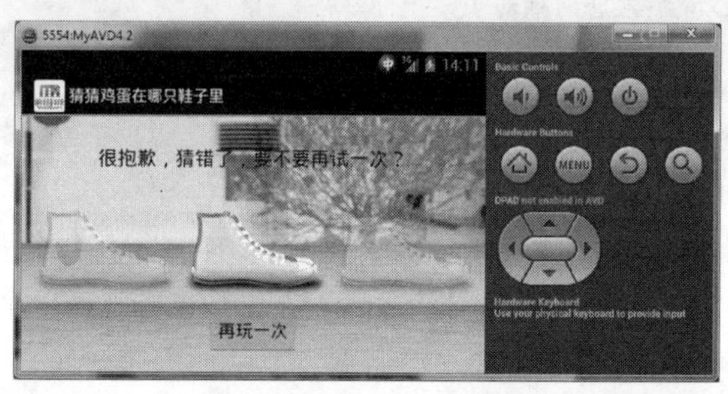

图 5.9　猜错了时的效果

5.5　本 章 小 结

本章通过一个猜猜鸡蛋放在哪只鞋子里的小游戏，向读者介绍了 Android 开发小游戏的基本流程，以及页面布局和 Andriod 基本组件 Button 和 ImageView 的具体应用。通过本章的学习，读者应该掌握 Android 页面布局、基本组件 Button 和 ImageView 的具体应用以及实现随机指定鸡蛋所在鞋子的方法。

第2篇

进阶提高

第 6 章

基本程序单元 Activity

（视频讲解：124 分钟）

在前面各章介绍的实例中，已经应用过 Activity，不过那些实例中的所有操作都是在一个 Activity 中进行的，但实际的应用开发中，经常需要包含几个或者更多个 Activity，而且这些 Activity 之间可以相互跳转，或者传递数据。本章将对 Activity 进行详细介绍。

通过阅读本章，您可以：

- 了解什么是 Activity 以及它的生命周期
- 掌握如何创建、配置、启动和关闭一个 Activity
- 掌握如何使用 Bundle 在 Activity 之间交换数据
- 掌握如何调用另一个 Activity 并返回结果
- 掌握创建 Fragment 的方法
- 掌握在 Activity 中添加 Fragment 的两种方法

6.1 Activity 概述

视频讲解：光盘\TM\Video\6\Activity 概述.exe

Activity 的中文意思是活动。它是 Android 程序中最基本的模块，提供了和用户交互的可视化界面。一个 Android 应用程序中可以只有一个 Activity，也可以包含多个，每个 Activity 的作用及其数目，取决于应用程序及其设计。例如，可以使用一个 Activity 展示一个菜单项列表供用户选择，也可以显示一些包含说明的照片等。

在 Android 程序中，每个 Activity 都被给予一个默认的窗口以进行绘制，一般情况下，这个窗口是满屏的，但它也可以是一个小的、位于其他窗口之上的浮动窗口。

技巧 一个 Activity 也可以使用超过一个的窗口——例如，在 Activity 运行过程中弹出的一个供用户反应的小对话框，或者，当用户选择了屏幕上特定项目后显示的必要信息。

Activity 窗口显示的可视内容是由一系列视图构成的，这些视图均继承自 View 基类。每个视图均控制着窗口中一块特定的矩形空间，父级视图包含并组织其子视图的布局，而底层视图则在它们控制的矩形中进行绘制，并对用户操作作出响应，所以，视图是 Activity 与用户进行交互的界面。例如，开发人员可以通过视图显示一个图片，然后在用户单击它时产生相应的动作。

说明 Android 中有很多既定的视图供开发人员直接使用，例如按钮、文本域、卷轴、菜单项和复选框等。

6.1.1 Activity 的 4 种状态

Activity 作为 Android 应用程序最重要的一部分，它主要有 4 种状态，分别如下。

☑ Running 状态：一个新 Activity 启动入栈后，它在屏幕最前端，处于栈的最顶端，此时它处于可见并可和用户交互的激活状态。如图 6.1 所示为一个 Activity 的 Running 状态。

☑ Paused 状态：当 Activity 被另一个透明或者 Dialog 样式的 Activity 覆盖时的状态，此时它依然与窗口管理器保持连接，系统继续维护其内部状态，所以它仍然可见，但它已经失去了焦点，故不可与用户交互。如图 6.2 所示为一个 Activity 的 Paused 状态。

图 6.1 Activity 的 Running 状态

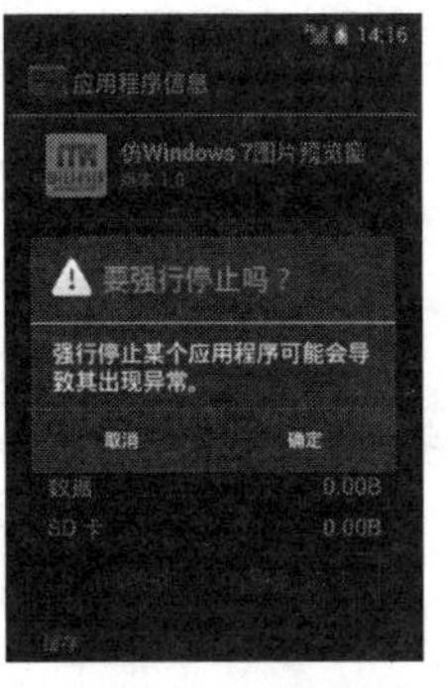

图 6.2 Activity 的 Paused 状态

- ☑ Stopped 状态：当 Activity 不可见时，Activity 处于 Stopped 状态。Activity 将继续保留在内存中保持当前的所有状态和成员信息，假设系统别的地方需要内存，这时它是被回收对象的主要候选。当 Activity 处于 Stopped 状态时，一定要保存当前数据和当前的 UI 状态，否则一旦 Activity 退出或关闭时，当前的数据和 UI 状态就丢失了。
- ☑ Killed 状态：Activity 被杀掉以后或者被启动以前，处于 Killed 状态。这时 Activity 已被移除 Activity 堆栈中，需要重新启动才可以显示和使用。

说明 Android 的 4 种状态中，Running 状态和 Paused 状态是可见的，而 Stopped 状态和 Killed 状态是不可见的。

6.1.2 Activity 的生命周期

Android 程序创建时，系统会自动在其.java 源文件中重写 Activity 类的 onCreate()方法，该方法是创建 Activity 时必须调用的一个方法。另外，Activity 类中还提供了诸如 onStart()、onResume()、onPause()、onStop()和 onDestroy()等方法，这些方法的先后执行顺序构成了 Activity 对象的一个完整生命周期。如图 6.3 所示是 Android 官方给出的 Activity 对象生命周期图。

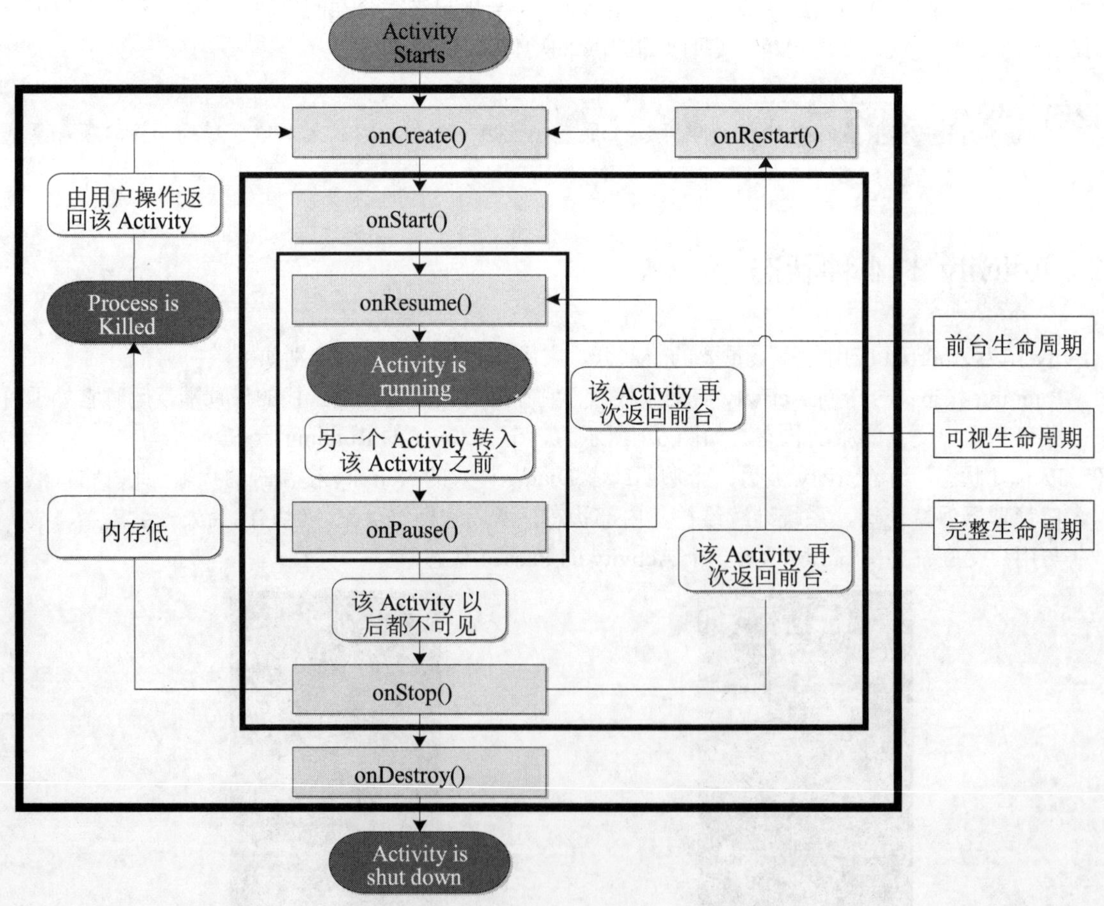

图 6.3 Activity 对象生命周期

在图 6.3 中，用矩形方块表示的内容为可以被回调的方法，而带颜色的椭圆形，则表示 Activity 的重要状态。从该图中可以看出，在一个 Activity 的生命周期中有以下方法会被系统回调。

☑ onCreate()方法：在创建 Activity 时被回调。该方法是最常见的方法，在 Eclipse 中，创建 Android 项目时，会自动创建一个 Activity。在这个 Activity 中，默认重写了 onCreate(Bundle savedInstanceState)方法，用于对该 Activity 执行初始化。

☑ onStart()方法：启动 Activity 时被回调，也就是当一个 Activity 变为显示时被回调。

☑ onRestart()方法：重新启动 Activity 时被回调，该方法总是在 onStart()方法以后执行。

☑ onPause()方法：暂停 Activity 时被回调。该方法需要被非常快速地执行，因为直到这个方法执行完毕以前，下一个 Activity 都不能被恢复。在该方法中，通常用于持久保存数据。例如，当我们正在玩游戏时，突然来了一个电话，这时候就可以在该方法中，将游戏状态持久地保存起来。

☑ onResume()方法：当 Activity 由于暂停状态恢复为活动状态时调用。调用该方法后，该 Activity 位于 Activity 栈的栈顶。该方法总是在 onPause()方法以后执行。

☑ onStop()方法：停止 Activity 时被回调。

☑ onDestroy()方法：销毁 Activity 时被回调。

说明　在 Activity 中，可以根据程序的需要来重写相应的方法。通常情况下，onCreate()方法和 onPause()方法是最常用的方法，经常需要重写这两个方法。

上面介绍的这 7 个方法定义了 Activity 的完整生命周期，而该完整生命周期又可以分成以下 3 个嵌套生命周期循环。

☑ 前台生命周期：自 onResume()调用起，至相应的 onPause()调用为止。在此期间，Activity 位于前台最上面并与用户进行交互，Activity 会经常在暂停和恢复之间进行状态转换。例如，当设备转入休眠状态或者有新的 Activity 启动时，将调用 onPause()方法，而当 Activity 获得结果或者接收到新的 Intent 时，会调用 onResume()方法。

☑ 可视生命周期：自 onStart()调用开始，直到相应的 onStop()调用结束。在此期间，用户可以在屏幕上看到 Activity，尽管它也许并不是位于前台或者也不与用户进行交互。在这两个方法之间，可以保留用来向用户显示这个 Activity 所需的资源。例如，当用户看不到显示的内容时，可以在 onStart()中注册一个 BroadcastReceiver 广播接收器来监控可能影响 UI 的变化，而在 onStop()中来注销。onStart()和 onStop()方法可以随着应用程序是否被用户可见而被多次调用。

☑ 完整生命周期：自第一次调用 onCreate()开始，直至调用 onDestroy()为止。Activity 在 onCreate()中设置所有“全局”状态以完成初始化，而在 onDestroy()中释放所有系统资源。例如，如果 Activity 有一个线程在后台运行从网络上下载数据，它会在 onCreate()创建线程，而在 onDestroy()销毁线程。

6.1.3　Activity 的属性

在 Android 中，Activity 是作为一个对象存在的，因此，它与 Android 中的其他对象类似，也支持很多 XML 属性。Activity 支持的常用 XML 属性如表 6.1 所示。

表 6.1　Activity 支持的 XML 属性

XML 属性	描　述
android:name	指定 Activity 对应的类名
android:theme	指定应用什么主题

续表

XML 属性	描　述
android:label	设置显示的名称，一般在 Launcher 里面显示
android:icon	指定显示的图标，在 Launcher 里面显示
android:screenOrientation	指定当前 Activity 显示横竖等
android:allowTaskReparenting	是否允许 Activity 更换从属的任务，例如从短信息任务切换到浏览器任务
android:alwaysRetainTaskState	当用户离开一个 Task 一段时间后，系统就会清理掉 Task 中除了根 Activity 以外的 Activity。如果一个 Task 中的根 Activity 的 alwaysRetainTaskState 属性设置为 true，那么前面描述的默认情况就不会出现了，Task 即使过了一段时间也会一直保留所有的 Activity
android:clearTaskOnLaunch	当根 Activity 为 true，且用户离开 Task 并返回时，Task 会清除直到根 Activity
android:configChanges	当配置 list 发生修改时，是否调用 onConfigurationChanged()方法
android:excludeFromRecents	是否可被显示在最近打开的 Activity 列表中
android:exported	是否允许 Activity 被其他程序调用
android:launchMode	设置 Activity 的启动方式 standard、singleTop、singleTask 和 singleInstance，其中前两个为一组，后两个为一组
android:finishOnTaskLaunch	当用户重新启动这个任务时是否关闭已打开的 Activity
android:noHistory	当用户切换到其他屏幕时，是否需要移除这个 Activity
android:taskAffinity	Activity 的亲属关系，默认情况同一个应用程序下的 Activity 有相同的关系
android:process	一个 Activity 运行时所在的进程名，所有程序组件运行在应用程序默认的进程中，这个进程名和应用程序的包名一致
android:windowSoftInputMode	定义软键盘弹出的模式

android:noHistory 属性是从 API level 3 开始引入的。

6.2 创建、启动和关闭 Activity

视频讲解：光盘\TM\Video\6\创建、启动和关闭 Activity.exe

在 Android 中，Activity 提供了和用户交互的可视化界面。在使用 Activity 时，需要先创建和配置它，然后还可能需要启动或关闭 Activity。下面将详细介绍创建、配置、启动和关闭 Activity。

6.2.1 创建 Activity

在创建 Android 项目时，系统会自动创建一个默认的 Activity，但是，如何手动创建 Activity 呢？下面进行详细介绍。

创建 Activity，大致可以分为以下两个步骤。

（1）创建一个 Activity 一般是继承 android.app 包中的 Activity 类，不过在不同的应用场景下，也可以继承 Activity 的子类。例如，在一个 Activity 中，只想实现一个列表，那么就可以让该 Activity 继承 ListActivity，如果只想实现选项卡效果，那么就可以让该 Activity 继承 TabActivity。创建一个继承 android.app.Activity 类

的 Activity，名称为 MainActivity 的具体代码如下：

```
import android.app.Activity;

public class MainActivity extends Activity {

}
```

（2）重写需要的回调方法。通常情况下，都需要重写 onCreate()方法，并且在该方法中调用 setContentView()方法设置要显示的视图。例如，在步骤（1）中创建的 Activity 中，重写 onCreate()方法，并且设置要显示的视图的具体代码如下：

```
@Override
public void onCreate(Bundle savedInstanceState) {
    super.onCreate(savedInstanceState);
    setContentView(R.layout.main);
}
```

下面通过一个具体的实例介绍在 Eclipse 中手动创建 Activity 的具体步骤。

例 6.01　在 Eclipse 中创建 Android 项目，名称为 6.01，在该项目中创建两个 Activity，一个是主活动 MainActivity，另一个是 DetailActivity。（**实例位置：光盘\TM\sl\6\6.01**）

具体实现步骤如下：

（1）在包资源管理器的项目名称节点上单击鼠标右键，在弹出的快捷菜单中选择“新建”/“类”命令，将弹出如图 6.4 所示的“新建 Java 类”窗口。

（2）在该窗口中首先选择源文件夹、包，并输入 Activity 名称，然后单击“超类”文本框后面的“浏览”按钮，在弹出的“选择超类”窗口中找到 android.app.Activity 基类。“选择超类”窗口如图 6.5 所示。

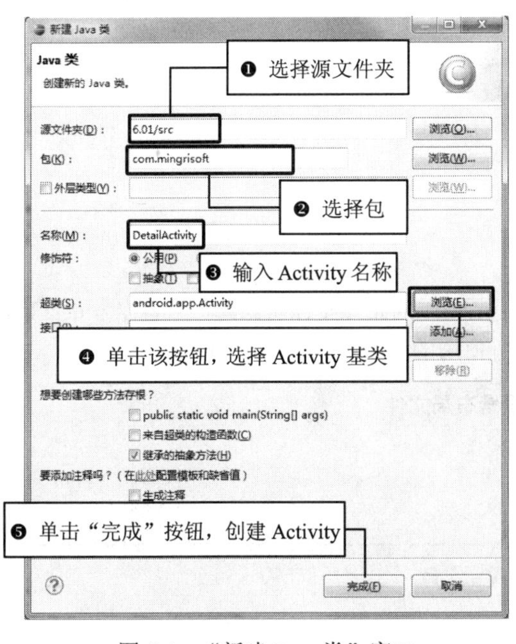

图 6.4　“新建 Java 类”窗口

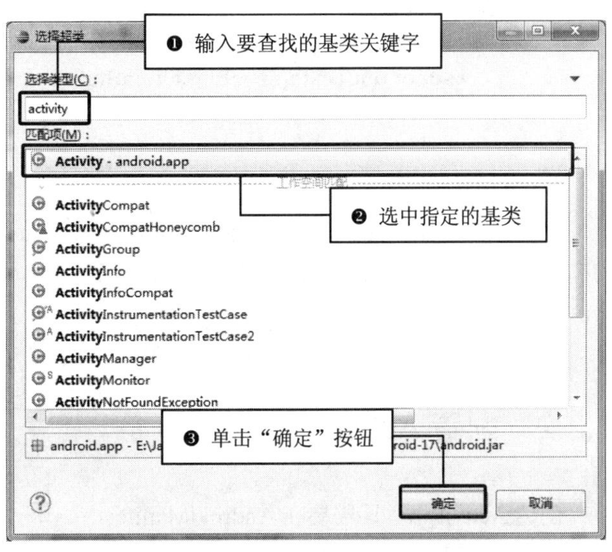

图 6.5　“选择超类”窗口

（3）单击“选择超类”窗口中的“确定”按钮，返回“新建 Java 类”窗口，单击“完成”按钮，即可创建一个 Activity，创建完成的 Activity 及其代码如图 6.6 所示。

（4）在 DetailActivity 中，单击鼠标右键，在弹出的快捷菜单中选择“源代码”/“覆盖/实现方法”命令，将弹出如图 6.7 所示的“覆盖/实现方法”窗口。

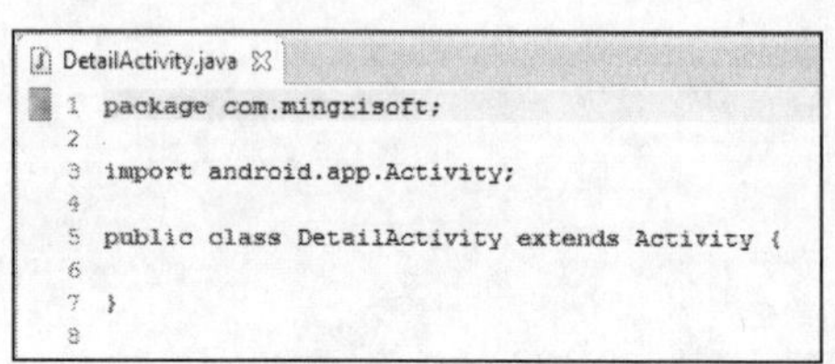

图 6.6　创建完成的 Activity 及其代码

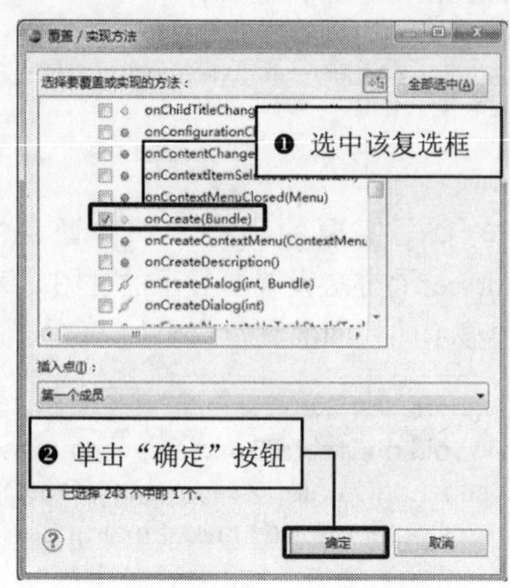

图 6.7　重写 onCreate()方法

（5）找到要重写的 onCreate()方法，并选中该项前面的复选框，单击“确定”按钮，重写 onCreate()方法。这时，Eclipse 将自动重写 onCreate()方法。最后生成的代码如下：

```
package com.mingrisoft;

import android.app.Activity;
import android.os.Bundle;

public class DetailActivity extends Activity {

    @Override
    protected void onCreate(Bundle savedInstanceState) {
        //TODO 自动生成的方法存根
        super.onCreate(savedInstanceState);
    }

}
```

（6）重写 onCreate()方法后，通常还需要为该 Activity 指定所使用的布局文件。创建一个名称为 detail.xml 的布局文件，然后应用 setContentView()方法指定该 Activity 所使用的布局文件。具体代码如下：

```
setContentView(R.layout.detail);                    //设置布局文件
```

6.2.2　配置 Activity

创建 Activity 后，还需要在 AndroidManifest.xml 文件中配置该 Activity，如果没有配置该 Activity，而在程序中又启动了该 Activity，那么将抛出如图 6.8 所示的异常信息。

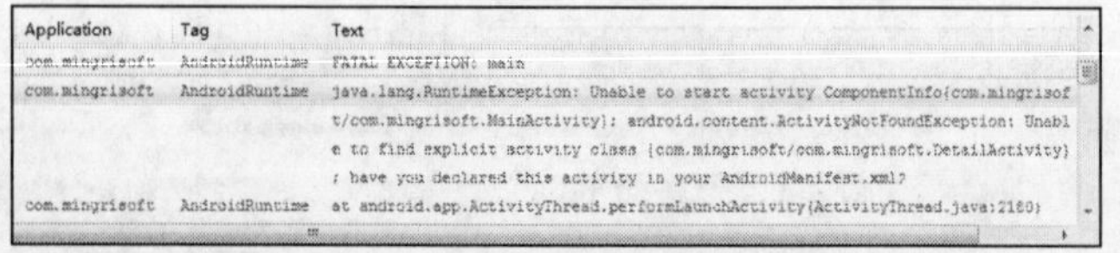

图 6.8　日志面板中抛出的异常信息

具体的配置方法是在<application></application>标记中添加<activity></activity>标记实现。<activity>标记的基本格式如下：

```
<activity
    android:icon="@drawable/图标文件名"
    android:name="实现类"
    android:label="说明性文字"
    android:theme="要应用的主题"
    ...
>
...
</activity>
```

在<activity></activity>标记中，android:icon 属性用于为 Activity 指定对应的图标，其中的图标文件名不包括扩展名；android:name 属性用于指定对应的 Activity 实现类；android:label 用于为该 Activity 指定标签；android:theme 属性用于设置要应用的主题。

说明 如果该 Activity 类在<manifest>标记指定的包中，则 android:name 属性的属性值可以直接写类名，也可以加一个“.”点号；否则如果在<manifest>标记指定包的子包中，则属性值需要设置为“.子包序列.类名”或者是完整的类名（包括包路径）。

下面将在 AndroidManifest.xml 文件中配置例 6.01 中创建的 DetailActivity，该类保存在<manifest>标记指定的包中。关键代码如下：

```
<activity
    android:icon="@drawable/ic_launcher"
    android:name=".DetailActivity"
    android:label="详细"
    >
</activity>
```

6.2.3　启动和关闭 Activity

1．启动 Activity

在一个 Android 项目中，如果只有一个 Activity，那么只需要在 AndroidManifest.xml 文件中配置它，并且将其设置为程序的入口。这样，当运行该项目时，将自动启动该 Activity；否则，需要应用它的 startActivity()方法来启动需要的 Activity。startActivity()方法的语法格式如下：

```
public void startActivity(Intent intent)
```

该方法没有返回值，只有一个 Intent 类型的入口参数，Intent 是 Android 应用里各组件之间的通信方式，一个 Activity 通过 Intent 来表达自己的“意图”。在创建 Intent 对象时，需要指定想要被启动的 Activity。

说明 Intent（意图）是一个对象，它是一个被动的数据结构保存一个将要执行的操作的抽象描述，或在广播的情况下，通常是某事已经发生并正在执行。开发人员通常使用该对象激活 Activity、Service 和 BroadcastReceiver。有关 Intent 对象的内容，请参见第 7 章。

例如，要启动例 6.01 中创建的 DetailActivity，可以使用下面的代码。

```
Intent intent = new Intent(MainActivity.this,DetailActivity.class);
startActivity(intent);
```

2．关闭 Activity

在 Android 中，如果想要关闭当前的 Activity，可以使用 Activity 类提供的 finish()方法。该方法的语法格式如下：

```
public void finish()
```

该方法使用比较简单，既没有入口参数，也没有返回值，只需要在 Activity 相应的事件中调用该方法即可。例如，想要在单击按钮时，关闭该 Activity，可以使用下面的代码。

```
Button button1 = (Button)findViewById(R.id.button1);
button1.setOnClickListener(new View.OnClickListener() {

    @Override
    public void onClick(View v) {
        finish();                        //关闭当前 Activity

    }
});
```

说明 ① 如果当前的 Activity 不是主活动，那么执行 finish()方法后，将返回到调用它的那个 Activity，否则，将返回到主屏幕中。

② 关闭 Activity 还可以使用 finishActivity()方法实现，该方法用来关闭使用 startActivityForResult()方法启动的 Activity，该方法的语法中有一个 int 类型的参数，用来表示 Activity 的请求标识。

6.3　多个 Activity 的使用

视频讲解：光盘\TM\Video\6\多个 Activity 的使用.exe

在 Android 应用中，经常会有多个 Activity，而这些 Activity 之间又经常需要交换数据。下面就来介绍如何使用 Bundle 在 Activity 之间交换数据，以及调用另一个 Activity 并返回结果。

6.3.1　使用 Bundle 在 Activity 之间交换数据

当在一个 Activity 中启动另一个 Activity 时，经常需要传递一些数据过去。这时就可以通过 Intent 来实现，因为 Intent 通常被称为是两个 Activity 之间的信使，通过将要传递的数据保存在 Intent 中，就可以将其传递到另一个 Activity 中了。

在 Android 中，可以将要保存的数据存放在 Bundle 对象中，然后通过 Intent 提供的 putExtras()方法将要携带的数据保存到 Intent 中。下面通过两个具体的实例介绍如何使用 Bundle 在 Activity 之间交换数据，以及使用 Bundle 在 Activity 之间交换数据的典型应用。

说明　Bundle 是一个字符串值到各种 Parcelable 类型的映射，用于保存要携带的数据包。

例 6.02　在 Eclipse 中创建 Android 项目，名称为 6.02，实现用户注册界面，并在单击“提交”按钮时，启动另一个 Activity 显示填写的注册信息。（**实例位置：光盘\TM\sl\6\6.02**）

具体实现步骤如下：

（1）修改新建项目的 res/layout 目录下的布局文件 main.xml，在默认添加的垂直线性布局管理器中，添加用户用于输入用户注册信息的文本框和编辑框，以及一个“提交”按钮。main.xml 文件的关键代码如下：

```
<TextView
    android:id="@+id/textView1"
    android:layout_width="wrap_content"
    android:layout_height="wrap_content"
    android:text="用户名：" />
<EditText
    android:id="@+id/user"
     android:minWidth="200px"
    android:layout_width="wrap_content"
    android:layout_height="wrap_content" />
<!-- 省略了显示提示文字“密码：”的布局代码 -->
<EditText
    android:id="@+id/pwd"
     android:minWidth="200px"
    android:inputType="textPassword"
    android:layout_width="wrap_content"
    android:layout_height="wrap_content" />
<!-- 省略了显示提示文字“确认密码：”的布局代码 -->
<EditText
    android:id="@+id/repwd"
     android:minWidth="200px"
    android:inputType="textPassword"
    android:layout_width="wrap_content"
    android:layout_height="wrap_content" />
<!-- 省略了显示提示文字“E-mail 地址：”的布局代码 -->
<EditText
    android:id="@+id/email"
     android:minWidth="400px"
    android:layout_width="wrap_content"
    android:layout_height="wrap_content" />
<Button
    android:id="@+id/submit"
    android:layout_width="wrap_content"
    android:layout_height="wrap_content"
    android:text="提交" />
```

（2）打开默认创建的主活动，也就是 MainActivity，在 onCreate()方法中获取“提交”按钮，并为其添加单击事件监听器。在重写的 onClick()方法中，首先获取输入的用户名、密码、确认密码和 E-mail 地址，并保存到相应的变量中，然后判断输入信息是否为空，如果为空给出提示框，否则判断两次输入的密码是否一致，如果不一致，将给出提示信息，并清空密码和确认密码编辑框，让密码编辑框获得焦点；否则，将输入的信息保存到 Bundle 中，并启动一个新的 Activity 显示输入的用户注册信息。具体代码如下：

```
Button submit=(Button)findViewById(R.id.submit);                                  //获取"提交"按钮
submit.setOnClickListener(new View.OnClickListener() {
    @Override
    public void onClick(View v) {
        String user=((EditText)findViewById(R.id.user)).getText().toString();  //获取输入的用户
        String pwd=((EditText)findViewById(R.id.pwd)).getText().toString();    //获取输入的密码
        String repwd=((EditText)findViewById(R.id.repwd)).getText().toString();//获取输入的确认密码
        String email=((EditText)findViewById(R.id.email)).getText().toString(); //获取输入的 E-mail 地址
        if(!"".equals(user) && !"".equals(pwd) && !"".equals(email)){
            if(!pwd.equals(repwd)){                                             //判断两次输入的密码是否一致
                Toast.makeText(MainActivity.this, "两次输入的密码不一致，请重新输入！",
                                                Toast.LENGTH_LONG).show();
                ((EditText)findViewById(R.id.pwd)).setText("");                 //清空密码编辑框
                ((EditText)findViewById(R.id.repwd)).setText("");               //清空确认密码编辑框
                ((EditText)findViewById(R.id.pwd)).requestFocus();              //让密码编辑框获得焦点
            }else{      //将输入的信息保存到 Bundle 中，并启动一个新的 Activity 显示输入的用户注册信息
                Intent intent=new Intent(MainActivity.this,RegisterActivity.class);
                Bundle bundle=new Bundle();                                     //创建并实例化一个 Bundle 对象
                bundle.putCharSequence("user", user);                           //保存用户名
                bundle.putCharSequence("pwd", pwd);                             //保存密码
                bundle.putCharSequence("email", email);                         //保存 E-mail 地址
                intent.putExtras(bundle);                                       //将 Bundle 对象添加到 Intent 对象中
                startActivity(intent);                                          //启动新的 Activity
            }
        }else{
            Toast.makeText(MainActivity.this, "请将注册信息输入完整！", Toast.LENGTH_LONG).show();
        }
    }
});
```

说明 在上面的代码中，加粗的代码用于创建 Intent 对象，并将要传递的用户注册信息通过 Bundle 对象添加到该 Intent 对象中。

（3）在 res/layout 目录中，创建一个名称为 register.xml 的布局文件，在该布局文件中采用垂直线性布局，并且添加 3 个 TextView 组件，分别用于显示用户名、密码和 E-mail 地址。

（4）在 com.mingrisoft 包中，创建一个继承 Activity 类的 RegisterActivity，并且重写 onCreate()方法。在重写的 onCreate()方法中，首先设置该 Activity 使用的布局文件 register.xml 中定义的布局，然后获取 Intent 对象，以及传递的数据包，最后再将传递过来的用户名、密码和 E-mail 地址显示到对应的 TextView 组件中。关键代码如下：

```
public class RegisterActivity extends Activity {
    @Override
    protected void onCreate(Bundle savedInstanceState) {
        super.onCreate(savedInstanceState);
        setContentView(R.layout.register);                          //设置该 Activity 中要显示的内容视图
        Intent intent=getIntent();                                  //获取 Intent 对象
        Bundle bundle=intent.getExtras();                           //获取传递的数据包
```

```
        TextView user=(TextView)findViewById(R.id.user);            //获取显示用户名的 TextView 组件
        //获取输入的用户名并显示到 TextView 组件中
        user.setText("用户名："+bundle.getString("user"));
        TextView pwd=(TextView)findViewById(R.id.pwd);              //获取显示密码的 TextView 组件
        pwd.setText("密码："+bundle.getString("pwd"));              //获取输入的密码并显示到 TextView 组件中
        TextView email=(TextView)findViewById(R.id.email);          //获取显示 E-mail 的 TextView 组件
        //获取输入的 E-mail 并显示到 TextView 组件中
        email.setText("E-mail："+bundle.getString("email"));
    }
}
```

说明　在上面的代码中，加粗的代码用于获取通过 Intent 对象传递的用户注册信息。

（5）在 AndroidManifest.xml 文件中配置 AboutActivity，配置的主要属性有 Activity 使用的图标、实现类和标签。具体代码如下：

```
<activity
    android:label="显示用户注册信息"
    android:icon="@drawable/ic_launcher"
    android:name=".RegisterActivity">
</activity>
```

运行本实例，将显示一个填写用户注册信息的界面，输入用户名、密码、确认密码和 E-mail 地址后，如图 6.9 所示。单击“提交”按钮，将显示如图 6.10 所示的界面，显示填写的用户注册信息。

图 6.9　填写用户注册信息界面

图 6.10　显示用户注册信息界面

通过例 6.02 的学习，我们已经了解了如何使用 Bundle 在 Activity 之间交换数据，下面再举一个例子来说明使用 Bundle 在 Activity 之间交换数据的典型应用。

例 6.03　在 Eclipse 中创建 Android 项目，名称为 6.03，实现根据输入的性别和身高计算标准体重。（**实例位置：光盘\TM\sl\6\6.03**）

具体实现步骤如下：

（1）修改新建项目的 res/layout 目录下的布局文件 main.xml，在默认添加的垂直线性布局管理器中，添加用于选择性别信息的单选按钮组和用于输入身高的编辑框，以及一个“确定”按钮。main.xml 的关键代码如下：

```
<LinearLayout xmlns:android="http://schemas.android.com/apk/res/android"
    android:layout_width="fill_parent"
```

```
    android:layout_height="fill_parent"
    android:orientation="vertical" >
    <TextView
        android:layout_width="fill_parent"
        android:layout_height="wrap_content"
        android:layout_gravity="center_horizontal"
        android:padding="20px"
        android:text="计算您的标准体重" />
    <!-- 布局选择性别的相关内容 -->
    <LinearLayout
        android:id="@+id/linearLayout1"
        android:layout_width="match_parent"
        android:layout_height="wrap_content"
        android:gravity="center_vertical" >
        <TextView
            android:id="@+id/textView1"
            android:layout_width="wrap_content"
            android:layout_height="wrap_content"
            android:text="性别：" />
        <RadioGroup
            android:id="@+id/sex"
            android:layout_width="wrap_content"
            android:layout_height="wrap_content"
            android:orientation="horizontal" >
            <RadioButton
                android:id="@+id/radio0"
                android:layout_width="wrap_content"
                android:layout_height="wrap_content"
                android:checked="true"
                android:text="男" />
            <RadioButton
                android:id="@+id/radio1"
                android:layout_width="wrap_content"
                android:layout_height="wrap_content"
                android:text="女" />
        </RadioGroup>
    </LinearLayout>
    <!-- 布局输入身高的相关内容 -->
    <LinearLayout
        android:id="@+id/linearLayout1"
        android:layout_width="match_parent"
        android:layout_height="wrap_content"
        android:gravity="center_vertical" >
        <TextView
            android:id="@+id/textView1"
            android:layout_width="wrap_content"
            android:layout_height="wrap_content"
            android:text="身高：" />
        <EditText
            android:id="@+id/stature"
            android:layout_width="wrap_content"
            android:layout_height="wrap_content"
            android:minWidth="100px" >
```

```
        </EditText>
        <TextView
            android:id="@+id/textView2"
            android:layout_width="wrap_content"
            android:layout_height="wrap_content"
            android:text="cm" />
    </LinearLayout>
    <!-- 添加“确定”按钮 -->
    <Button
        android:id="@+id/button1"
        android:layout_width="wrap_content"
        android:layout_height="wrap_content"
        android:text="确定" />
</LinearLayout>
```

（2）编写一个实现 java.io.Serializable 接口的 Java 类，在该类中创建两个变量，一个用于保存性别，另一个用于保存身高，并为这两个属性添加对应的 setter 方法和 getter 方法。关键代码如下：

```
public class Info implements Serializable {
    private static final long serialVersionUID = 1L;
    private String sex="";                          //性别
    private int stature=0;                          //身高
    public String getSex() {
        return sex;
    }
    public void setSex(String sex) {
        this.sex = sex;
    }
    public int getStature() {
        return stature;
    }
    public void setStature(int stature) {
        this.stature = stature;
    }
}
```

说明　在使用 Bundle 类传递数据包时，可以放入一个可序列化的对象。这样，当要传递的数据字段比较多时，采用该方法比较方便。在实现本实例时，为了在 Bundle 中放入一个可序列化的对象，所以我们创建了一个可序列化的 Java 类，方便存储可序列化对象。

（3）打开默认创建的主活动，也就是 MainActivity，在 onCreate()方法中，获取“确定”按钮，并为其添加单击事件监听器。在重写的 onClick()方法中，实例化一个保存性别和身高的可序列化对象 info，并判断输入的身高是否为空，如果为空，则给出消息提示，并返回，否则，首先获取性别和身高并保存到 info 中，然后实例化一个 Bundle 对象，并将输入的身高和性别保存到 Bundle 对象中，接下来再创建一个启动显示结果 Activity 的 intent 对象，并将 Bundle 对象保存到该 intent 对象中，最后启动 intent 对应的 Activity。关键代码如下：

```
Button button=(Button)findViewById(R.id.button1);
button.setOnClickListener(new OnClickListener() {
    @Override
```

```
public void onClick(View v) {
    Info info=new Info();                                    //实例化一个保存输入基本信息的对象
    if("".equals(((EditText)findViewById(R.id.stature)).getText().toString())){
     Toast.makeText(MainActivity.this, "请输入您的身高，否则不能计算！",Toast.LENGTH_SHORT).show();
     return;
    }
    int stature=Integer.parseInt(((EditText)findViewById(R.id.stature)).getText().toString());
    RadioGroup sex=(RadioGroup)findViewById(R.id.sex);       //获取设置性别的单选按钮组
    //获取单选按钮组的值
    for(int i=0;i<sex.getChildCount();i++){
        RadioButton r=(RadioButton)sex.getChildAt(i);        //根据索引值获取单选按钮
        if(r.isChecked()){                                   //判断单选按钮是否被选中
            info.setSex(r.getText().toString());             //获取被选中的单选按钮的值
            break;                                           //跳出 for 循环
        }
     }
    info.setStature(stature);                                //设置身高
    Bundle bundle=new Bundle();                              //实例化一个 Bundle 对象
    bundle.putSerializable("info", info);                    //将输入的基本信息保存到 Bundle 对象中
    Intent intent=new Intent(MainActivity.this,ResultActivity.class); //创建一个 Intent 对象
    intent.putExtras(bundle);                                //将 bundle 保存到 Intent 对象中
    startActivity(intent);                                   //启动 intent 对应的 Activity
  }
});
```

说明 在上面的代码中，加粗的代码用于创建一个 Bundle 对象，并在该对象中，放入一个可序列化的 Info 类的对象。

（4）在 res/layout 目录中，创建一个名称为 result.xml 的布局文件，在该布局文件中采用垂直线性布局，并且添加 3 个 TextView 组件，分别用于显示性别、身高和计算后的标准体重。result.xml 的具体代码如下：

```
<LinearLayout xmlns:android="http://schemas.android.com/apk/res/android"
    android:layout_width="match_parent"
    android:layout_height="match_parent"
    android:orientation="vertical" >
    <TextView
        android:id="@+id/sex"
        android:layout_width="wrap_content"
        android:layout_height="wrap_content"
        android:padding="10px"
        android:text="性别" />
    <TextView
        android:id="@+id/stature"
        android:layout_width="wrap_content"
        android:layout_height="wrap_content"
        android:padding="10px"
        android:text="身高" />
    <TextView
        android:id="@+id/weight"
```

```
        android:padding="10px"
        android:layout_width="wrap_content"
        android:layout_height="wrap_content"
        android:text="标准体重" />
</LinearLayout>
```

（5）在 com.mingrisoft 包中，创建一个继承 Activity 类的 ResultActivity，并且重写 onCreate()方法。在重写的 onCreate()方法中，首先设置该 Activity 使用的布局文件 result.xml 中定义的布局，然后获取性别、身高和标准体重文本框，再获取 Intent 对象，以及传递的数据包，最后将传递过来的性别、身高和计算后的标准体重显示到对应的文本框中。关键代码如下：

```
setContentView(R.layout.result);                              //设置该 Activity 使用的布局
TextView sex=(TextView)findViewById(R.id.sex);                //获取显示性别的文本框
TextView stature=(TextView)findViewById(R.id.stature);        //获取显示身高的文本框
TextView weight=(TextView)findViewById(R.id.weight);          //获取显示标准体重的文本框
Intent intent=getIntent();                                    //获取 Intent 对象
Bundle bundle=intent.getExtras();                             //获取传递的数据包
Info info=(Info)bundle.getSerializable("info");               //获取一个可序列化的 info 对象
sex.setText("您是一位"+info.getSex()+"士");                    //获取性别并显示到相应文本框中
stature.setText("您的身高是"+info.getStature()+"厘米");         //获取身高并显示到相应文本框中
weight.setText("您的标准体重是"+getWeight(info.getSex(),info.getStature())+"公斤"); //显示计算后的标准体重
```

（6）编写根据身高和性别计算标准体重的方法 getWeight()，该方法包括两个入口参数，一个是身高，另一个是体重，返回值为字符串类型的标准体重。getWeight()方法的具体代码如下：

```
    /**
     * 功能：计算标准体重
     * @param sex
     * @param stature
     * @return
     */
    private String getWeight(String sex,float stature){
        String weight="";                                   //保存体重
        NumberFormat format=new DecimalFormat();

        if(sex.equals("男")){                               //计算男士标准体重
            weight=format.format((stature-80)*0.7);
        }else{                                              //计算女士标准体重
            weight=format.format((stature-70)*0.6);
        }
        return weight;
    }
```

（7）在 AndroidManifest.xml 文件中配置 ResultActivity，配置的主要属性有 Activity 使用的标签、图标和实现类。具体代码如下：

```
<activity
    android:label="显示结果"
    android:icon="@drawable/ic_launcher"
    android:name=".ResultActivity">
</activity>
```

运行本实例，将显示一个输入计算标准体重条件的界面，选择性别并输入身高后，如图 6.11 所示。单击“确定”按钮，将显示如图 6.12 所示的计算结果界面。

图 6.11　输入性别和身高界面

图 6.12　显示计算结果界面

6.3.2　调用另一个 Activity 并返回结果

在 Android 应用开发时，有时需要在一个 Activity 中调用另一个 Activity，当用户在第二个 Activity 中选择完成后，程序自动返回到第一个 Activity 中，第一个 Activity 必须能够获取并显示用户在第二个 Activity 中选择的结果，或者，在第一个 Activity 中将一些数据传递到第二个 Activity，由于某些原因，又要返回到第一个 Activity 中，并显示传递的数据。例如，程序中经常出现的“返回上一步”功能。这时，也可以通过 Intent 和 Bundle 来实现，与在两个 Activity 之间交换数据不同的是，此处需要使用 startActivityForResult()方法来启动另一个 Activity。下面将通过两个具体的实例介绍如何调用另一个 Activity 并返回结果，以及调用另一个 Activity 并返回结果的典型应用。

说明　在 6.3.1 节的例 6.02 中，已经介绍了填写用户注册信息界面及显示注册信息的实现方法，这个例子中，我们将在例 6.02 的基础上进行修改，为其添加返回上一步功能。

例 6.04　在 Eclipse 中，复制 6.02 项目，并修改项目名为 6.04，实现用户注册中的返回上一步功能。（实例位置：**光盘\TM\sl\6\6.04**）

具体实现步骤如下：

（1）打开 MainActivity，定义一个名称为 CODE 的常量，用于设置 requestCode 请求码。该请求码由开发者根据业务自行设定，这里设置为 0x717，关键代码如下：

```
final int CODE= 0x717;                                        //定义一个请求码常量
```

（2）将原来使用 startActivity()方法启动新 Activity 的代码修改为使用 startActivityForResult()方法实现，这样就可以在启动一个新的 Activity 时，获取指定 Activity 返回的结果。修改后的代码如下：

```
startActivityForResult(intent, CODE);                         //启动新的 Activity
```

（3）打开 res/layout 目录中的 register.xml 布局文件，在该布局文件中添加一个“返回上一步”按钮，并设置该按钮的 android:id 属性值为@+id/back。关键代码如下：

```
<Button
    android:id="@+id/back"
```

```
    android:layout_width="wrap_content"
    android:layout_height="wrap_content"
    android:text="返回上一步" />
```

（4）打开 RegisterActivity，在 onCreate()方法中，获取“返回上一步”按钮，并为其添加单击事件监听器。在重写的 onClick()方法中，首先设置返回的结果码，并返回调用该 Activity 的 Activity，然后关闭当前 Activity。关键代码如下：

```
Button button=(Button)findViewById(R.id.back);          //获取“返回上一步”按钮
button.setOnClickListener(new OnClickListener() {

    @Override
    public void onClick(View v) {
        setResult(0x717,intent);                         //设置返回的结果码，并返回调用该 Activity 的 Activity
        finish();                                        //关闭当前 Activity
    }
});
```

说明　为了让程序知道返回的数据来自于哪个新的 Activity，需要使用 resultCode 结果码。

（5）再次打开 MainActivity，重写 onActivityResult()方法，在该方法中，需要判断 requestCode 请求码和 resultCode 结果码是否与我们预先设置的相同，如果相同，则清空“密码”编辑框和“确认密码”编辑框。关键代码如下：

```
@Override
protected void onActivityResult(int requestCode, int resultCode, Intent data) {
    super.onActivityResult(requestCode, resultCode, data);
    if(requestCode==CODE && resultCode==CODE){
        ((EditText)findViewById(R.id.pwd)).setText("");        //清空“密码”编辑框
        ((EditText)findViewById(R.id.repwd)).setText("");      //清空“确认密码”编辑框
    }
}
```

运行本实例，将显示一个填写用户注册信息的界面，输入用户名、密码、确认密码和 E-mail 地址后，单击“提交”按钮，将显示如图 6.13 所示的用户注册信息及一个“返回上一步”按钮界面。单击“返回上一步”按钮，即可返回到如图 6.14 所示的界面，只是没有显示密码和确认密码。

图 6.13　显示用户注册信息及“返回上一步”按钮界面

图 6.14　返回上一步的结果

说明 在实现返回上一页功能时，为了安全考虑，一般不返回密码及确认密码。

6.4 使用 Fragment

视频讲解：光盘\TM\Video\6\使用 Fragment.exe

Fragment 是 Android 3.0 新增的概念，Fragment 中文意思是碎片，它与 Activity 十分相似，用来在一个 Activity 中描述一些行为或一部分用户界面。使用多个 Fragment 可以在一个单独的 Activity 中建立多个 UI 面板，也可以在多个 Activity 中重用 Fragment。

一个 Fragment 必须总是被嵌入到一个 Activity 中，它的生命周期直接被其所属的宿主 Activity 的生命周期影响。例如，当 Activity 被暂停时，其中的所有 Fragment 也被暂停；当 Activity 被销毁时，所有隶属于它的 Fragment 也将被销毁。然而，当一个 Activity 处于 resumed 状态（正在运行）时，我们可以单独地对每一个 Fragment 进行操作，例如，添加或删除等。

6.4.1 创建 Fragment

要创建一个 Fragment，必须创建一个 Fragment 的子类，或者继承自另一个已经存在的 Fragment 的子类。例如，要创建一个名称为 NewsFragment 的 Fragment，并重写 onCreateView()方法，可以使用下面的代码。

```
public class NewsFragment extends Fragment {
    @Override
    public View onCreateView(LayoutInflater inflater, ViewGroup container,
            Bundle savedInstanceState) {
        //从布局文件 news.xml 加载一个布局文件
        View v = inflater.inflate(R.layout.news, container, true);
        return v;
    }
}
```

说明 当系统首次调用 Fragment 时，如果想绘制一个 UI 界面，那么在 Fragment 中，必须重写 onCreateView()方法返回一个 View；否则，如果 Fragment 没有 UI 界面，那么可以返回 null。

6.4.2 在 Activity 中添加 Fragment

向 Activity 中添加 Fragment，可以有以下两种方法，一种是直接在布局文件中添加，将 Fragment 作为 Activity 整个布局的一部分；另一种是当 Activity 运行时，将 Fragment 放入 Activity 布局中。下面分别进行介绍。

☑ 直接在布局文件中添加 Fragment

直接在布局文件中添加 Fragment 可以使用<fragment></fragment>标记实现。例如，要在一个布局文件中添加两个 Fragment，可以使用下面的代码。

```
<?xml version="1.0" encoding="utf-8"?>
<LinearLayout xmlns:android="http://schemas.android.com/apk/res/android"
    android:layout_width="fill_parent"
    android:layout_height="fill_parent"
    android:orientation="horizontal" >
    <fragment android:name="com.mingrisoft.ListFragment"
            android:id="@+id/list"
            android:layout_weight="1"
            android:layout_width="0dp"
            android:layout_height="match_parent" />
    <fragment android:name="com.mingrisoft.DetailFragment"
            android:id="@+id/detail"
            android:layout_weight="2"
            android:layout_marginLeft="20px"
            android:layout_width="0dp"
            android:layout_height="match_parent" />
</LinearLayout>
```

说明　在<fragment></fragment>标记中，android:name 属性用于指定要添加的 Fragment。

☑　当 Activity 运行时添加 Fragment

当 Activity 运行时，也可以将 Fragment 添加到 Activity 的布局中，实现方法是获取一个 FragmentTransaction 的实例，然后使用 add()方法添加一个 Fragment，add()方法的第一个参数是 Fragment 要放入的 ViewGroup（由 Resource ID 指定），第二个参数是需要添加的 Fragment，最后为了使改变生效，还必须调用 commit()方法提交事务。例如，要在 Activity 运行时添加一个名称为 DetailFragment 的 Fragment，可以使用下面的代码。

```
DetailFragment details = new DetailFragment();         //实例化 DetailFragment 的对象
FragmentTransaction ft = getFragmentManager()
                                  .beginTransaction(); //获得一个 FragmentTransaction 的实例
ft.add(android.R.id.content, details).commit();        //添加一个显示详细内容的 Fragment
ft.commit();                                           //提交事务
```

Fragment 比较强大的功能之一就是可以合并两个 Activity，从而让这两个 Activity 在一个屏幕上显示。如图 6.15 所示（参照 Android 官方文档），左边的两个图分别代表两个 Activity；右边的这个图表示包括两个 Fragment 的 Activity，其中第一个 Fragment 的内容是 Activity A，第二个 Fragment 的内容是 Activity B。

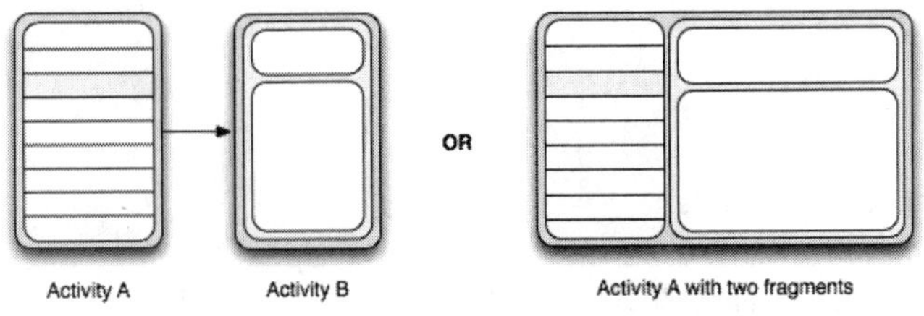

图 6.15　使用 Fragment 合并两个 Activity

下面通过一个具体的实例介绍如何使用 Fragment 合并两个 Activity，从而实现在一个屏幕上显示标题列表及选定标题对应的详细内容。

例 6.05 在 Eclipse 中创建 Android 项目，名称为 6.05，实现在一个屏幕上显示标题列表及选定标题对应的详细内容。（**实例位置：光盘\TM\sl\6\6.05**）

具体实现步骤如下：

（1）创建布局文件。

为了让该程序既支持横屏，又支持竖屏，所以需要创建两个布局文件，分别是在 res/layout 目录中创建的 main.xml 和在 res/layout-land 目录中创建的 main.xml。其中在 layout 目录中创建的 main.xml 是支持手机时用的布局文件，在该文件中，只包括一个 Fragment；在 layout-land 目录中创建的是支持平板电脑时用的布局文件，在该文件中，需要在水平线性布局管理器中添加一个 Fragment 和一个 FrameLayout。在 layout-land 目录中创建的 main.xml 的具体代码如下：

```
<?xml version="1.0" encoding="utf-8"?>
<LinearLayout xmlns:android="http://schemas.android.com/apk/res/android"
    android:orientation="horizontal"
    android:layout_width="match_parent"
    android:layout_height="match_parent">
    <fragment class="com.mingrisoft.ListFragment"
        android:id="@+id/titles"
        android:layout_weight="1"
    android:layout_width="0px"
        android:layout_height="match_parent" />
    <FrameLayout android:id="@+id/detail"
        android:layout_weight="2"
    android:layout_width="0px"
        android:layout_height="match_parent"
            android:background="?android:attr/detailsElementBackground" />
</LinearLayout>
```

说明 在上面的代码中，加粗的代码同在 layout 目录中添加的 main.xml 中的代码是完全一样的。

（2）创建一个名称为 Data 的 final 类，在该类中创建两个静态的字符串数组常量，分别用于保存标题和详细内容。Data 类的关键代码如下：

```
public final class Data {
  //标题
    public static final String[] TITLES = {
            "豁然开朗",
            "锐不可当",
            "不求甚解"
    };
    //详细内容
    public static final String[] DETAIL = {
            "注音：huò rán kāi lǎng \n" +
            "成语解释：豁然：开阔敞亮的样子；开朗：地方开阔；光线充足、明亮。指一下子出现了开阔" +
            "明亮的境界。也形容一下子明白了某种道理；心情十分舒畅。\n 成语出处： 晋 陶潜" +
            "《桃花源记》：“初极狭，才通人。复行数十步，豁然开朗。”",

            "注音：ruì bù kě dāng \n" +
            "成语解释： 形容勇往直前的气势；不可抵挡。\n" +
```

```
        "成语出处： 明 凌濛初《初刻拍案惊奇》第 31 卷：“侯元领了千余人直突其阵，锐不可当。”",
        "晋代著名诗人陶渊明，20 岁那年死了父亲。当时，陶渊明家乡浔阳一带，水旱灾害连年不断，" +
        "陶渊明一家过着非常清苦的生活。他不羡慕荣华富贵，却喜爱闲散清淡的田园生活。" +
        "他在耕作之余，勤奋读书，觉得很自在。陶渊明二十几岁，在江州做了个名叫“祭酒”的学官。" +
        "他看到官场的丑恶情形，非常失望，没过多久，他就辞官回家。他家门前有五棵大柳树，" +
        "柳阴下是他经常饮酒赋诗的场所。陶渊明读书，主要在于领会文章的要旨，不在于在字句上花工夫。" +
        "他在《五柳先生传》中，记进了他的读书生活：“好读书，不求甚解……”" +
        "\n 成语“不求甚解”原意是读书只求领会要旨，" +
        "了解一个大概，不死扣字句。现多指学者不求深入理解，或了解情况不深入。 "
    };
}
```

（3）创建一个继承自 ListFragment 的 ListFragment，用于显示一个标题列表，并且设置当选中其中的一个列表项时，显示对应的详细内容（如果为横屏，则创建一个 DetialFragment 的实例来显示，否则创建一个 Activity 来显示）。ListFragment 类的具体代码如下：

```
public class ListFragment extends android.app.ListFragment {
    boolean dualPane;                                          //是否在一屏上同时显示列表和详细内容
    int curCheckPosition = 0;                                  //当前选择的索引位置
    @Override
    public void onActivityCreated(Bundle savedInstanceState) {
        super.onActivityCreated(savedInstanceState);
        setListAdapter(new ArrayAdapter<String>(getActivity(),
                android.R.layout.simple_list_item_checked, Data.TITLES));    //为列表设置适配器
        //获取布局文件中添加的 FrameLayout 帧布局管理器
        View detailFrame = getActivity().findViewById(R.id.detail);
        dualPane = detailFrame != null &&
            detailFrame.getVisibility() == View.VISIBLE;       //判断是否在一屏上同时显示列表和详细内容
        if (savedInstanceState != null) {
            curCheckPosition = savedInstanceState.getInt("curChoice", 0);   //更新当前选择的索引位置
        }
        if (dualPane) {                                        //如果在一屏上同时显示列表和详细内容
            getListView().setChoiceMode(ListView.CHOICE_MODE_SINGLE);  //设置列表为单选模式
            showDetails(curCheckPosition);                     //显示详细内容
        }
    }
    //重写 onSaveInstanceState()方法，保存当前选中的列表项的索引值
    @Override
    public void onSaveInstanceState(Bundle outState) {
        super.onSaveInstanceState(outState);
        outState.putInt("curChoice", curCheckPosition);
    }
    //重写 onListItemClick()方法
    @Override
    public void onListItemClick(ListView l, View v, int position, long id) {
        showDetails(position);                                 //调用 showDetails()方法显示详细内容
    }
    void showDetails(int index) {
        curCheckPosition = index;                              //更新保存当前索引位置的变量的值为当前选中值
        if (dualPane) {                                        //当在一屏上同时显示列表和详细内容时
            getListView().setItemChecked(index, true);         //设置选中列表项为选中状态
```

```
            DetailFragment details = (DetailFragment) getFragmentManager()
                    .findFragmentById(R.id.detail);         //获取用于显示详细内容的 Fragment
            if (details == null || details.getShownIndex() != index) {
            //创建一个新的 DetailFragment 实例用于显示当前选择项对应的详细内容
                details = DetailFragment.newInstance(index);
                //要在 Activity 中管理 fragment，需要使用 FragmentManager
                FragmentTransaction ft = getFragmentManager()
                        .beginTransaction();            //获得一个 FragmentTransaction 的实例
                ft.replace(R.id.detail, details);           //替换原来显示的详细内容
                ft.setTransition(FragmentTransaction.TRANSIT_FRAGMENT_FADE);    //设置转换效果
                ft.commit();                            //提交事务
            }
        } else {                                        //在一屏上只能显示列表或详细内容中的一个内容时
            //使用一个新的 Activity 显示详细内容
            Intent intent = new Intent(getActivity(),MainActivity.DetailActivity.class);    //创建一个 Intent 对象
            intent.putExtra("index", index);            //设置一个要传递的参数
            startActivity(intent);                      //开启一个指定的 Activity
        }
    }
}
```

（4）创建一个继承自 Fragment 的 DetailFragment，用于显示选中标题对应的详细内容。在该类中，首先创建一个 DetailFragment 的新实例，其中包括要传递的数据包，然后编写一个名称为 getShownIndex()的方法，用于获取要显示的列表项的索引，最后再重写 onCreateView()方法，设置要显示的内容。DetailFragment 类的具体代码如下：

```
public class DetailFragment extends Fragment {
    //创建一个 DetailFragment 的新实例，其中包括要传递的数据包
    public static DetailFragment newInstance(int index) {
        DetailFragment f = new DetailFragment();
        //将 index 作为一个参数传递
        Bundle bundle = new Bundle();                   //实例化一个 Bundle 对象
        bundle.putInt("index", index);                  //将索引值添加到 Bundle 对象中
        f.setArguments(bundle);                         //将 Bundle 对象作为 Fragment 的参数保存
        return f;
    }
    public int getShownIndex() {
        return getArguments().getInt("index", 0);       //获取要显示的列表项索引
    }
    @Override
    public View onCreateView(LayoutInflater inflater, ViewGroup container,
            Bundle savedInstanceState) {
        if (container == null) {
            return null;
        }
        ScrollView scroller = new ScrollView(getActivity());   //创建一个滚动视图
        TextView text = new TextView(getActivity());    //创建一个文本框对象
        text.setPadding(10, 10, 10, 10);                //设置内边距
        scroller.addView(text);                         //将文本框对象添加到滚动视图中
        text.setText(Data.DETAIL[getShownIndex()]);     //设置文本框中要显示的文本
        return scroller;
```

```
    }
}
```

（5）打开默认创建的 MainActivity，在该类中创建一个内部类，用于在手机界面中通过 Activity 显示详细内容。具体代码如下：

```
//创建一个继承 Activity 的内部类，用于在手机界面中通过 Activity 显示详细内容
public static class DetailActivity extends Activity {
    @Override
    protected void onCreate(Bundle savedInstanceState) {
        super.onCreate(savedInstanceState);
        //判断是否为横屏，如果为横屏，则结束当前 Activity，使用 Fragment 显示详细内容
        if (getResources().getConfiguration().orientation == Configuration.ORIENTATION_LANDSCAPE) {
            finish();                                                    //结束当前 Activity
            return;
        }
        if (savedInstanceState == null) {
            //在初始化时插入一个显示详细内容的 Fragment
            DetailFragment details = new DetailFragment();               //实例化 DetailFragment 的对象
            details.setArguments(getIntent().getExtras());               //设置要传递的参数
            getFragmentManager().beginTransaction()
                    .add(android.R.id.content, details).commit();        //添加一个显示详细内容的 Fragment
        }
    }
}
```

（6）在 AndroidManifest.xml 文件中配置 DetailActivity，需要配置的属性有 Activity 使用的标签和实现类。具体代码如下：

```
<activity
    android:name=".MainActivity$DetailActivity"
    android:label="详细内容" />
```

说明　由于 DetailActivity 是在 MainActivity 中定义的内部类，所以在 AndroidManifest.xml 文件中配置时，指定的 android:name 属性应该是“.MainActivity$DetailActivity”，而不能直接写成“.DetailActivity”，或是不进行配置。

运行本实例，在屏幕的左侧将显示一个标题列表，右侧将显示左侧选中标题对应的详细内容。例如，在左侧选中“豁然开朗”列表项，将显示如图 6.16 所示的运行结果。

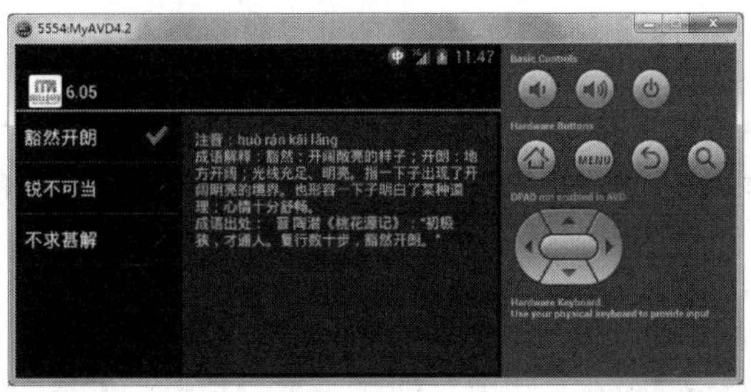

图 6.16　在一个屏幕上显示标题列表及选定标题对应的详细内容

6.5 实　　战

6.5.1 应用对话框主题的关于 Activity

在玩手机游戏时，我们经常会看到关于按钮，单击该按钮可以查看关于该游戏的介绍。本实例将实现一个泡泡龙游戏的关于功能。也就是在游戏的主窗体上放置一个“关于”按钮，单击该按钮，启动一个对话框主题的 Activity，用于显示游戏的关于信息。**（实例位置：光盘\TM\sl\6\6.06）**

具体的实现步骤如下：

（1）在 Eclipse 中创建 Android 项目，名称为 6.06。

（2）修改新建项目的 res/layout 目录下的布局文件 main.xml，应用线性布局和相对布局完成一个带“关于”按钮的游戏开始界面。由于该界面的设计代码与 3.2.4 节的例 3.08 的布局代码基本相同，所以这里就不再给出，具体代码可以参见光盘。

（3）在 com.mingrisoft 包中，创建一个继承 Activity 类的 AboutActivity，并且重写 onCreate()方法。在重写的 onCreate()方法中，首先创建一个线性布局管理器对象，并设置其内边距，然后创建一个 TextView 对象，并设置字体大小及要显示的内容，再将 TextView 添加到线性布局管理器中，最后设置在该 Activity 中显示线性布局管理器对象。关键代码如下：

```
public class AboutActivity extends Activity {

    @Override
    protected void onCreate(Bundle savedInstanceState) {
        super.onCreate(savedInstanceState);
        LinearLayout ll=new LinearLayout(this);          //创建线性布局管理器对象
        ll.setPadding(10,10,10,10);
        TextView tv=new TextView(this);                  //创建 TextView 对象
        tv.setTextSize(18);                              //设置字体大小
        tv.setText(R.string.about);                      //设置要显示的内容
        ll.addView(tv);                                  //将 TextView 添加到线性布局管理器中
        setContentView(ll);                              //设置该 Activity 显示的内容视图
    }
}
```

说明 在上面的代码中，为 TextView 组件设置要显示的文本内容时，采用的是使用字符串资源的方法。这里就需要在项目的 res/values 目录下的 strings.xml 文件中添加一个名称为 about 的字符串变量，内容是要显示的关于信息。名称为 about 的变量的设置代码如下：

```
<string name="about">泡泡龙游戏是一款十分流行的益智游戏。它可以从下方中央的弹珠发射台射出彩珠，当有多于 3 个同色弹珠相连时，这些弹珠将会爆掉，否则该弹珠被连接到指向的位置，直到泡泡下压越过下方的警戒线，游戏结束。</string>
```

（4）打开默认创建的主活动，也就是 MainActivity，在 onCreate()方法中获取“关于”按钮，并为其添加单击事件监听器。在重写的 onClick()方法中，创建一个 AboutActivity 所对应的 Intent 对象，并调用 startActivity()方法，启动 AboutActivity。具体代码如下：

```
ImageView about=(ImageView)findViewById(R.id.about);                    //获取“关于”按钮
about.setOnClickListener(new View.OnClickListener() {

    @Override
    public void onClick(View v) {
        Intent intent=new Intent(MainActivity.this, AboutActivity.class);    //创建 Intent 对象
        startActivity(intent);                                               //启动关于 Activity
    }
});
```

（5）在 AndroidManifest.xml 文件中配置 AboutActivity，配置的主要属性有 Activity 使用的图标、实现类、标签和使用的主题。具体代码如下：

```
<activity
    android:icon="@drawable/ic_launcher"
    android:name=".AboutActivity"
    android:label="关于..."
    android:theme="@android:style/Theme.Dialog"
    >
</activity>
```

说明 在<activity>标记中，为 Activity 设置主题时，除了上面设置的主题样式@android:style/Theme.Dialog 外，还可以设置为@android:style/Theme.DeviceDefault.Light.Dialog、@android:style/Theme.Holo.Dialog、@android:style/Theme.DeviceDefault.Dialog 或者@android:style/Theme.Holo.Light.Dialog 等。使用这些主题都可以让该 Activity 采用对话框样式，所不同的是对话框的样式不同。

运行本实例，将显示泡泡龙游戏的主界面，单击“关于”按钮，将显示如图 6.17 所示的关于对话框。

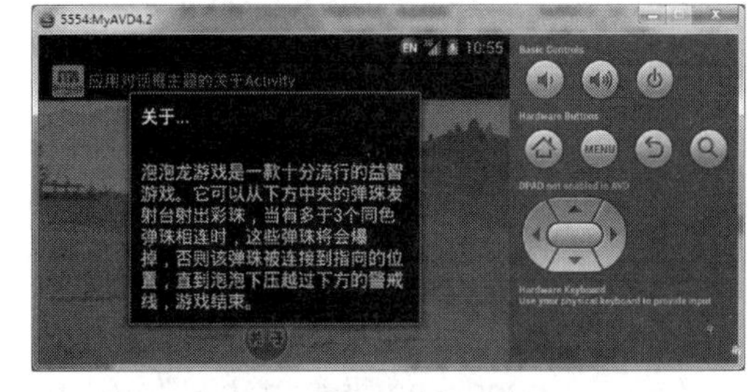

图 6.17　应用对话框主题的关于 Activity

6.5.2　根据输入的生日判断星座

在占星学上，黄道十二星座是宇宙方位的代名词，十二星座代表了 12 种基本性格原型，一个人出生时各星体落入黄道上的位置，正是说明着一个人的先天性格及天赋。因此，现在很多人都希望知道自己的星座。本实例将实现根据输入的阳历生日判断所属星座。**（实例位置：光盘\TM\sl\6\6.07）**

具体的实现步骤如下：

（1）在 Eclipse 中创建 Android 项目，名称为 6.07。

（2）修改新建项目的 res/layout 目录下的布局文件 main.xml，在默认添加的垂直线性布局管理器中，添加用于输入生日的编辑框和“确定”按钮，以及一些用于显示说明信息的文本框。由于该布局文件的代码比较简单，这里将不再给出，具体代码请参见光盘。

（3）编写一个实现 java.io.Serializable 接口的 Java 类，在该类中，创建一个用于保存生日的属性，并为该属性添加对应的 setter 方法和 getter 方法。关键代码如下：

```
public class Info implements Serializable {
    private static final long serialVersionUID = 1L;
```

```
        private String birthday="";        //生日
        public String getBirthday() {
            return birthday;
        }
        public void setBirthday(String birthday) {
            this.birthday = birthday;
        }
}
```

说明 在使用 Bundle 类传递数据包时，可以放入一个可序列化的对象。这样，当要传递的数据字段比较多时，采用该方法比较方便。在实现本实例时，为了在 Bundle 中放入一个可序列化的对象，所以我们创建了一个可序列化的 Java 类，方便存储可序列化对象。

（4）打开默认创建的主活动，也就是 MainActivity，在 onCreate()方法中获取“确定”按钮，并为其添加单击事件监听器。在重写的 onClick()方法中，实例化一个保存生日的可序列化对象 info，并判断是否输入生日，如果没有输入，则给出消息提示，并返回，否则，首先获取生日并保存到 info 中，然后实例化一个 Bundle 对象，并将输入的生日保存到 Bundle 对象中，接下来再创建一个启动显示结果 Activity 的 intent 对象，并将 Bundle 对象保存到该 intent 对象中，最后启动 intent 对应的 Activity。关键代码如下：

```
Button button=(Button)findViewById(R.id.button1);
button.setOnClickListener(new OnClickListener() {
    @Override
    public void onClick(View v) {
        Info info=new Info();   //实例化一个保存输入基本信息的对象
        if("".equals(((EditText)findViewById(R.id.birthday)).getText().toString())){
          Toast.makeText(MainActivity.this, "请输入您的阳历生日，否则不能计算！", Toast.LENGTH_SHORT).
show();
          return;
        }
        String birthday=((EditText)findViewById(R.id.birthday)).getText().toString();

        info.setBirthday(birthday);                  //设置生日
        Bundle bundle=new Bundle();                  //实例化一个 Bundle 对象
        bundle.putSerializable("info", info);        //将输入的基本信息保存到 Bundle 对象中
        Intent intent=new Intent(MainActivity.this,ResultActivity.class);
        intent.putExtras(bundle);                    //将 Bundle 保存到 intent 对象中
        startActivity(intent);                       //启动 intent 对应的 Activity
    }
});
```

说明 在上面的代码中，加粗的代码用于创建一个 Bundle 对象，并在该对象中，放入一个可序列化的 Info 类的对象。

（5）在 res/layout 目录中，创建一个名称为 result.xml 的布局文件，在该布局文件中采用垂直线性布局，并且添加两个 TextView 组件，分别用于显示生日和计算结果。result.xml 的具体代码如下：

```
<LinearLayout xmlns:android="http://schemas.android.com/apk/res/android"
    android:layout_width="match_parent"
    android:layout_height="match_parent"
    android:orientation="vertical" >
    <TextView
        android:id="@+id/birthday"
        android:layout_width="wrap_content"
        android:layout_height="wrap_content"
        android:padding="10px"
        android:text="阳历生日" />
    <TextView
        android:id="@+id/result"
        android:padding="10px"
        android:layout_width="wrap_content"
        android:layout_height="wrap_content"
        android:text="星座" />
</LinearLayout>
```

（6）在 com.mingrisoft 包中，创建一个继承 Activity 类的 ResultActivity，并且重写 onCreate()方法。在重写的 onCreate()方法中，首先设置该 Activity 使用的布局文件 result.xml 中定义的布局，然后获取生日和显示结果文本框，再获取 Intent 对象，以及传递的数据包，最后将传递过来的生日和判断结果显示到对应的文本框中。关键代码如下：

```
setContentView(R.layout.result);                                    //设置该 Activity 使用的布局
TextView birthday = (TextView) findViewById(R.id.birthday);        //获取显示生日的文本框
TextView result = (TextView) findViewById(R.id.result);            //获取显示星座的文本框
Intent intent = getIntent();                                         //获取 Intent 对象
Bundle bundle = intent.getExtras();                                  //获取传递的数据包
Info info = (Info) bundle.getSerializable("info");                  //获取一个可序列化的 info 对象
birthday.setText("您的阳历生日是" + info.getBirthday());            //获取性别并显示到相应文本框中
result.setText( query(info.getBirthday()));                          //显示计算后的星座
```

（7）编写根据阳历生日判断星座的方法 query()，该方法包括一个入口参数，用于指定生日，返回值为字符串类型的所属星座。query()方法的具体代码如下：

```
/**
 * 功能根据生日查询星座
 *
 * @param birthday
 * @return
 */
public String query(String birthday) {
    int month=0;                                                     //月
    int day=0;                                                       //日
    try{                                                             //捕获异常
        month=Integer.parseInt(birthday.substring(5, 7));           //获取输入的月份
        day=Integer.parseInt(birthday.substring(8, 10));            //获取输入的日
    }catch(Exception e){
        e.printStackTrace();
    }
    String name = "";                                                //提示信息
    if (month > 0 && month < 13 && day > 0 && day < 32) {           //如果输入的月和日有效
```

```
            if ((month == 3 && day > 20) || (month == 4 && day < 21)) {
                name = "您是白羊座！";
            } else if ((month == 4 && day > 20) || (month == 5 && day < 21)) {
                name = "您是金牛座！";
            } else if ((month == 5 && day > 20) || (month == 6 && day < 22)) {
                name = "您是双子座！";
            } else if ((month == 6 && day > 21) || (month == 7 && day < 23)) {
                name = "您是巨蟹座！";
            } else if ((month == 7 && day > 22) || (month == 8 && day < 23)) {
                name = "您是狮子座！";
            } else if ((month == 8 && day > 22) || (month == 9 && day < 23)) {
                name = "您是处女座！";
            } else if ((month == 9 && day > 22) || (month == 10 && day < 23)) {
                name = "您是天秤座！";
            } else if ((month == 10 && day > 22) || (month == 11 && day < 22)) {
                name = "您是天蝎座！";
            } else if ((month == 11 && day > 21) || (month == 12 && day < 22)) {
                name = "您是射手座！";
            } else if ((month == 12 && day > 21) || (month == 1 && day < 20)) {
                name = "您是摩羯座！";
            } else if ((month == 1 && day > 19) || (month == 2 && day < 19)) {
                name = "您是水牛座！";
            } else if ((month == 2 && day > 18) || (month == 3 && day < 21)) {
                name = "您是双鱼座！";
            }
            name = month + "月" + day + "日    " + name;
        } else {                                                    //如果输入的月和日无效
            name = "您输入的生日格式不正确或者不是真实生日！";
        }
        return name;                                                //返回星座或提示信息
    }
```

（8）在 AndroidManifest.xml 文件中配置 ResultActivity，配置的主要属性有 Activity 使用的标签、图标和实现类。具体代码如下：

```
<activity
    android:label="显示结果"
    android:icon="@drawable/ic_launcher"
    android:name=".ResultActivity">
</activity>
```

运行本实例，将显示一个输入阳历生日的界面，输入正确的生日后，如图 6.18 所示，单击“确定”按钮，将显示如图 6.19 所示的判断结果界面。

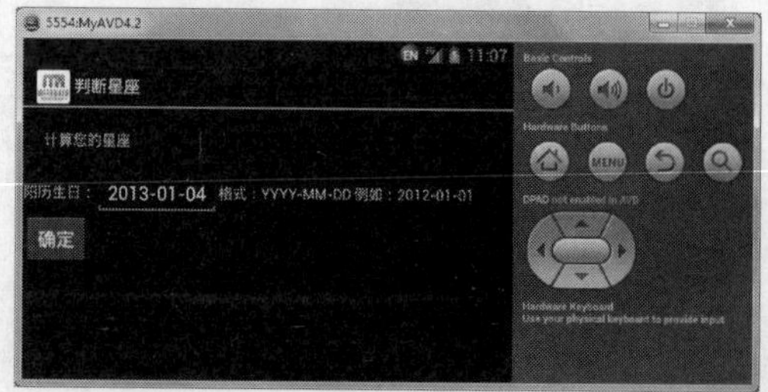

图 6.18　输入阳历生日的界面

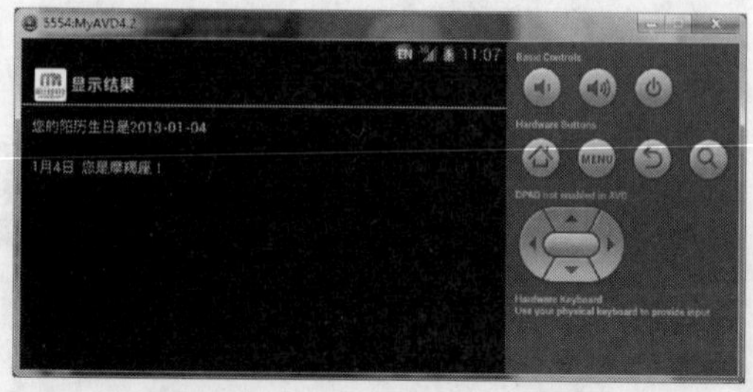

图 6.19　显示判断结果的界面

6.5.3　带选择头像的用户注册界面

在开发用户注册模块时，经常要提供让用户选择自己的头像功能，这时就可以为程序提供一个头像列表，让用户从该列表中选择。本实例将实现一个带选择头像的用户注册界面。**（实例位置：光盘\TM\sl\6\6.08）**

具体实现步骤如下：

（1）在 Eclipse 中创建 Android 项目，名称为 6.08。

（2）修改新建项目的 res/layout 目录下的布局文件 main.xml，将默认添加的垂直线性布局管理器，修改为水平线性布局管理器，并将默认添加的 TextView 组件删除，然后添加两个垂直线性布局管理器，并在第一个线性布局管理器中添加一个 4 行的表格布局管理器，在第二个线性布局管理器中添加一个 ImageView 组件和一个 Button 组件，最后在表格布局管理器的各行中添加用于输入用户名、密码和 E-mail 地址等的 TextView 组件和 EditText 组件。由于此处的布局代码比较简单，所以这里就不再给出，具体代码可以参见光盘。

（3）打开默认创建的主活动，也就是 MainActivity，在 onCreate()方法中，获取“选择头像”按钮，并为其添加单击事件监听器。在重写的 onClick()方法中，创建一个要启动的 Activity 对应的 Intent 对象，并应用 startActivityForResult()方法启动指定的 Activity 并等待返回结果。具体代码如下：

```
Button button=(Button)findViewById(R.id.button1);                    //获取选择头像按钮
button.setOnClickListener(new OnClickListener() {
    @Override
    public void onClick(View v) {
        Intent intent=new Intent(MainActivity.this,HeadActivity.class);
        startActivityForResult(intent, 0x11);                         //启动指定的 Activity
    }
});
```

（4）在 res/layout 目录中，创建一个名称为 head.xml 的布局文件，在该布局文件中采用垂直线性布局，并且添加一个 GridView 组件，用于显示可选择的头像列表。关键代码如下：

```
<GridView android:id="@+id/gridView1"
    android:layout_height="match_parent"
    android:layout_width="match_parent"
    android:layout_marginTop="10px"
    android:horizontalSpacing="3px"
    android:verticalSpacing="3px"
    android:numColumns="4"
/>
```

（5）在 com.mingrisoft 包中，创建一个继承 Activity 类的 HeadActivity，并且重写 onCreate()方法。然后定义一个保存要显示头像 ID 的一维数组，关键代码如下：

```
public int[] imageId = new int[] { R.drawable.img01, R.drawable.img02,
        R.drawable.img03, R.drawable.img04, R.drawable.img05,
        R.drawable.img06, R.drawable.img07, R.drawable.img08,
        R.drawable.img09
};                                                             //定义并初始化保存头像 id 的数组
```

（6）在重写的 onCreate()方法中，首先设置该 Activity 使用布局文件 head.xml 中定义的布局，然后获

取 GridView 组件，并创建一个与之关联的 BaseAdapter 适配器。关键代码如下：

```
setContentView(R.layout.head);                                    //设置该 Activity 使用的布局
GridView gridview = (GridView) findViewById(R.id.gridView1);      //获取 GridView 组件
BaseAdapter adapter=new BaseAdapter() {
    @Override
    public View getView(int position, View convertView, ViewGroup parent) {
        ImageView imageview;                                      //声明 ImageView 的对象
        if(convertView==null){
            imageview=new ImageView(HeadActivity.this);           //实例化 ImageView 的对象
            /*************设置图像的宽度和高度*****************/
            imageview.setAdjustViewBounds(true);
            imageview.setMaxWidth(158);
            imageview.setMaxHeight(150);
            /**************************************************/
            imageview.setPadding(5, 5, 5, 5);                     //设置 ImageView 的内边距
        }else{
            imageview=(ImageView)convertView;
        }
        imageview.setImageResource(imageId[position]);            //为 ImageView 设置要显示的图片
        return imageview;                                         //返回 ImageView
    }
    /*
     * 功能：获得当前选项的 ID
     */
    @Override
    public long getItemId(int position) {
        return position;
    }
    /*
     * 功能：获得当前选项
     */
    @Override
    public Object getItem(int position) {
        return position;
    }
    /*
     * 获得数量
     */
    @Override
    public int getCount() {
        return imageId.length;
    }
};
gridview.setAdapter(adapter);                                     //将适配器与 GridView 关联
```

（7）为 GridView 添加 OnItemClickListener 事件监听器，在重写的 onItemClick()方法中，首先获取 Intent 对象，然后创建一个要传递的数据包，并将选中的头像 ID 保存到该数据包中，再将要传递的数据包保存到 intent 中，并设置返回的结果码及返回的 Activity，最后关闭当前 Activity。关键代码如下：

```
gridview.setOnItemClickListener(new OnItemClickListener() {
    @Override
    public void onItemClick(AdapterView<?> parent, View view, int position,long id) {
        Intent intent=getIntent();                              //获取 Intent 对象
        Bundle bundle=new Bundle();                             //实例化传递的数据包
        bundle.putInt("imageId",imageId[position] );            //显示选中的图片
        intent.putExtras(bundle);                               //将数据包保存到 intent 中
        setResult(0x11,intent);                 //设置返回的结果码，并返回调用该 Activity 的 Activity
        finish();                               //关闭当前 Activity
    }
});
```

（8）重新打开 MainActivity，在该类中重写 onActivityResult()方法，在该方法中，需要判断 requestCode 请求码和 resultCode 结果码是否与我们预先设置的相同，如果相同，则获取传递的数据包，并从该数据包中获取出选择的头像 ID，并显示选择的头像。具体代码如下：

```
@Override
protected void onActivityResult(int requestCode, int resultCode, Intent data) {
    super.onActivityResult(requestCode, resultCode, data);
    if(requestCode==0x11 && resultCode==0x11){                  //判断是否为待处理的结果
        Bundle bundle=data.getExtras();                         //获取传递的数据包
        int imageId=bundle.getInt("imageId");                   //获取选择的头像 ID
        //获取布局文件中添加的 ImageView 组件
        ImageView iv=(ImageView)findViewById(R.id.imageView1);
        iv.setImageResource(imageId);                           //显示选择的头像
    }
}
```

（9）在 AndroidManifest.xml 文件中配置 HeadActivity，配置的主要属性有 Activity 使用的标签、图标和实现类。具体代码如下：

```
<activity
    android:label="选择头像"
    android:icon="@drawable/ic_launcher"
    android:name=".HeadActivity">
</activity>
```

运行本实例，将显示一个填写用户注册信息的界面，输入用户名、密码、确认密码和 E-mail 地址后，单击“选择头像”按钮，将打开如图 6.20 所示的选择头像的界面，单击想要的头像，将返回到填写用户注册信息界面，如图 6.21 所示。

图 6.20　选择头像界面

图 6.21　填写用户注册信息界面

6.5.4 仿 QQ 客户端登录界面

本实例将实现在第一个 Activity 中显示登录界面，输入正确的账号和密码后，启动另一个 Activity 显示当前登录用户的昵称。（**实例位置：光盘\TM\sl\6\6.09**）

具体实现过程如下：

（1）在 Eclipse 中创建 Android 项目，名称为 6.09。

（2）在 res/layout 目录下创建布局文件 login.xml，在该文件中应用表格布局完成用户登录界面，包括用于输入登录账号的编辑框和输入密码的编辑框。由于该布局文件的内容同 3.2.2 节的例 3.06 类似，所以这里不再给出布局代码，具体代码请参见光盘。

（3）在 com.mingrisoft 包中，创建一个 final 类，在该类中创建一个保存用户信息的常量数组。具体代码如下：

```
public final class Data {
    //用户信息
    public static final String[][] USER = {
     {"1001","111","明日"},
     {"1002","111","mrsoft"},
     {"1003","111","wgh"}
    };
}
```

（4）在 com.mingrisoft 包中，创建一个继承 android.app.Activity 的 LoginActivity，并重写 onCreate()方法。在重写的 onCreate()方法中，首先获取“登录”按钮，并为其添加单击事件监听器，在重写的 onClick()方法中，获取输入的账号和密码，并判断账号和密码是否正确，如果正确将对应的昵称保存到 Intent 中，并启动主界面 MainActivity，然后获取“退出”按钮，并为其添加单击事件监听器，在重写的 onClick()方法中，应用 finish()方法，关闭当前 Activity。关键代码如下：

```
public class LoginActivity extends Activity {
    @Override
    protected void onCreate(Bundle savedInstanceState) {
        super.onCreate(savedInstanceState);
        setContentView(R.layout.login);                              //设置该 Activity 使用的布局
        Button button=(Button)findViewById(R.id.login);
        button.setOnClickListener(new OnClickListener() {
            @Override
            public void onClick(View v) {
                String number=((EditText)findViewById(R.id.editText1)).getText().toString();
                String pwd=((EditText)findViewById(R.id.editText2)).getText().toString();
                boolean flag=false;                                  //用于记录登录是否成功的标记变量
                String nickname="";                                  //保存昵称的变量
                //通过遍历数据的形式判断输入的账号和密码是否正确
                for(int i=0;i<Data.USER.length;i++){
                    if(number.equals(Data.USER[i][0])){              //判断账号是否正确
                        if(pwd.equals(Data.USER[i][1])){             //判断密码是否正确
                            nickname=Data.USER[i][2];                //获取昵称
                            flag=true;                               //将标志变量设置为 true
                            break;                                   //跳出 for 循环
```

```
                    }
                }
            }
            if(flag){
                //创建要显示 Activity 对应的 Intent 对象
                Intent intent=new Intent(LoginActivity.this,MainActivity.class);
                Bundle bundle=new Bundle();                    //创建一个 Bundle 的对象 bundle
                bundle.putString("nickname", nickname);        //保存昵称
                intent.putExtras(bundle);                      //将数据包添加到 intent 对象中
                startActivity(intent);                         //开启一个新的 Activity
            }else{
                Toast toast=Toast.makeText(LoginActivity.this, "您输入的账号或密码错误！", Toast.LENGTH_
SHORT);
                toast.setGravity(Gravity.BOTTOM, 0, 0);        //设置对齐方式
                toast.show();                                  //显示对话框
            }
        }
    });
    Button exit=(Button)findViewById(R.id.exit);
    exit.setOnClickListener(new OnClickListener() {
        @Override
        public void onClick(View v) {
            finish();                    //关闭当前 Activity
        }
    });
  }
}
```

（5）打开默认创建的 main.xml 文件，将默认添加的 TextView 组件删除，然后添加一个水平的线性布局管理器和一个 ListView 组件，并且在线性布局管理器中，再添加一个 id 为 nickname 的 TextView 组件和一个 id 为 m_exit 的 Button 组件。关键代码如下：

```
<LinearLayout
    android:id="@+id/linearLayout2"
    android:orientation="horizontal"
    android:layout_width="match_parent"
    android:layout_height="wrap_content" >
    <TextView
        android:id="@+id/nickname"
        android:layout_width="wrap_content"
        android:layout_weight="9"
        android:textSize="24px"
        android:padding="20px"
        android:layout_height="wrap_content"
        android:text="TextView" />
    <Button
        android:id="@+id/m_exit"
        android:layout_weight="1"
        android:layout_width="wrap_content"
        android:layout_height="wrap_content"
        android:text="退出登录" />
```

```
</LinearLayout>
<ListView
      android:id="@+id/listView1"
      android:entries="@array/option"
      android:layout_width="match_parent"
      android:layout_height="wrap_content" >
</ListView>
```

说明 在上面的代码中，加粗的代码用于通过数组资源为 ListView 组件设置要显示的列表项。所以还需要在 res/value 目录中创建一个定义数组资源的 XML 文件 arrays.xml，并在该文件中添加名称为 option 的字符串数组。关键代码如下：

```
<resources>
    <string-array name="option">
      <item>在线好友</item>
      <item>我的好友</item>
      <item>陌生人</item>
      <item>黑名单</item>
    </string-array>
</resources>
```

（6）打开默认添加的 MainActivity，在 onCreate()方法中，首先获取 Intent 对象以及传递的数据包，然后通过该数据包获取传递的昵称，再获取显示登录用户的 TextView 组件，并通过该组件显示登录用户的昵称，最后获取“退出登录”按钮，并为其添加单击事件监听器，在重写的 onClick()方法中，关闭当前 Activity。关键代码如下：

```
Intent intent=getIntent();                                  //获取 Intent 对象
Bundle bundle=intent.getExtras();                           //获取传递的数据包
String nickname=bundle.getString("nickname");               //获取传递过来的昵称
TextView tv=(TextView)findViewById(R.id.nickname);          //获取用于显示当前登录用户的 TextView 组件
tv.setText("当前登录："+nickname);                           //显示当前登录用户的昵称
Button button=(Button)findViewById(R.id.m_exit);            //获取“退出登录”按钮
button.setOnClickListener(new OnClickListener() {
    @Override
    public void onClick(View v) {
        finish();                                           //关闭当前 Activity
    }
});
```

（7）打开 AndroidManifest.xml 文件，修改默认的配置代码。在该文件中，首先修改入口 Activity，这里修改为 LoginActivity，并为其设置 android:theme 属性，然后配置 MainActivity。修改后的关键代码如下：

```
<activity
    android:label="@string/app_name"
    android:theme="@android:style/Theme.Dialog"
    android:name=".LoginActivity" >
    <intent-filter >
        <action android:name="android.intent.action.MAIN" />
        <category android:name="android.intent.category.LAUNCHER" />
    </intent-filter>
```

```
</activity>
<activity
    android:name=".MainActivity"
     android:label="主界面" />
```

运行本实例，在屏幕上将显示一个登录对话框，输入账号和密码后，单击“登录”按钮，如图 6.22 所示，将判断输入的账号和密码是否正确，如果正确，将打开如图 6.23 所示的主界面。在该界面中，将显示当前登录用户的昵称和“退出登录”按钮，单击“退出登录”按钮，将返回到如图 6.22 所示的用户登录界面。

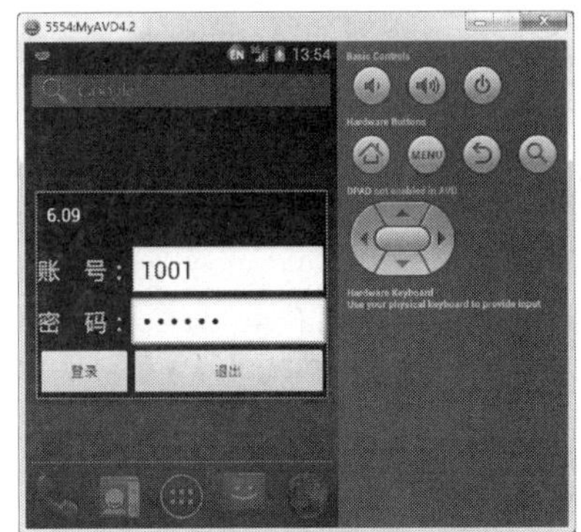

图 6.22　登录界面

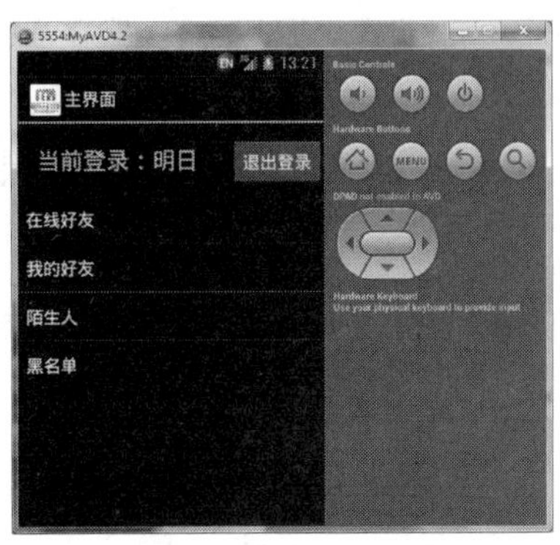

图 6.23　显示昵称的主界面

6.5.5　带查看原图功能的图像浏览器

通常情况下，为了让用户尽可能多地一次性浏览多张图片，图像浏览器只显示图像的缩略图，只有单击某一张图片时，才可以查看该图片的原图。本实例将实现一个带查看原图功能的图像浏览器，也就是在第一个 Activity 中显示图片缩略图，单击任意图片时，启动另一个 Activity 显示该图片的原图。（**实例位置：光盘\TM\sl\6\6.10**）

具体实现步骤如下：

（1）在 Eclipse 中创建 Android 项目，名称为 6.10。

（2）修改新建项目的 res/layout 目录下的布局文件 main.xml，在默认添加的垂直线性布局管理器中，将默认添加的 TextView 组件删除，然后添加一个用于显示图片缩略图的 GridView，并设置该组件的顶上边距、水平间距、垂直间距和列数。关键代码如下：

```
<GridView android:id="@+id/gridView1"
      android:layout_height="match_parent"
      android:layout_width="match_parent"
      android:layout_marginTop="10px"
      android:horizontalSpacing="3px"
      android:verticalSpacing="3px"
      android:numColumns="4"
/>
```

（3）在主活动 MainActivity 中，定义一个用于保存要显示图片 ID 的数组（需要将显示的图片复制到 res/drawable 文件夹中），关键代码如下：

```
public int[] imageId = new int[] { R.drawable.img01, R.drawable.img02,
            R.drawable.img03, R.drawable.img04, R.drawable.img05,
```

```
        R.drawable.img06, R.drawable.img07, R.drawable.img08,
        R.drawable.img09, R.drawable.img10, R.drawable.img11,
        R.drawable.img12};                                      //定义并初始化保存图片 ID 的数组
```

（4）在主活动 MainActivity 的 onCreate()方法中，首先获取布局文件中添加的 GridView 组件，然后创建 BaseAdapter 类的对象，并重写其中的 getView()、getItemId()、getItem()和 getCount()方法，其中最主要的是重写 getView()方法来设置显示图片的格式，最后再将该适配器与 GridView 关联，并且为了在用户单击某张图片时，启动新的 Activity 显示图片的原图，还需要为 GridView 添加单击事件监听器，在重写的 onItemClick()方法中，将选择图片的 ID 保存到 Bundle 中，并启动一个新的 Activity 显示对应的图片原图。关键代码如下：

```
GridView gridview = (GridView) findViewById(R.id.gridView1);          //获取 GridView 组件
BaseAdapter adapter = new BaseAdapter() {
    @Override
    public View getView(int position, View convertView, ViewGroup parent) {
        ImageView imageview;                                          //声明 ImageView 的对象
        if (convertView == null) {
            imageview = new ImageView(MainActivity.this);             //实例化 ImageView 的对象
            /************** 设置图像的宽度和高度 ******************/
            imageview.setAdjustViewBounds(true);
            imageview.setMaxWidth(110);
            imageview.setMaxHeight(83);
            /**************************************************/
            imageview.setPadding(5, 5, 5, 5);                         //设置 ImageView 的内边距
        } else {
            imageview = (ImageView) convertView;
        }
        imageview.setImageResource(imageId[position]);                //为 ImageView 设置要显示的图片
        return imageview;                                             //返回 ImageView
    }
    /*
     * 功能：获得当前选项的 ID
     */
    @Override
    public long getItemId(int position) {
        return position;
    }
    /*
     * 功能：获得当前选项
     */
    @Override
    public Object getItem(int position) {
        return position;
    }
    /*
     * 获得数量
     */
    @Override
    public int getCount() {
        return imageId.length;
```

```
        }
};
gridview.setAdapter(adapter);                                     //将适配器与 GridView 关联
gridview.setOnItemClickListener(new OnItemClickListener() {
    @Override
    public void onItemClick(AdapterView<?> parent, View view, int position, long id) {
        Intent intent = new Intent(MainActivity.this, BigActivity.class);
        Bundle bundle = new Bundle();                             //创建并实例化一个 Bundle 对象
        bundle.putInt("imgId", imageId[position]);                //保存图片 ID
        intent.putExtras(bundle);                                 //将 Bundle 对象添加到 Intent 对象中
        startActivity(intent);                                    //启动新的 Activity
    }
});
```

说明　在上面的代码中，加粗的代码用于创建 Intent 对象，并将选择的图片 ID 通过 Bundle 对象添加到该 Intent 对象中。

（5）在 res/layout 目录中，创建一个名称为 big.xml 的布局文件，在该布局文件中采用垂直线性布局，并且添加一个用于显示图片原图的 ImageView 和返回按钮 Button。具体代码请参见光盘。

（6）在 com.mingrisoft 包中，创建一个继承 Activity 类的 BigActivity，并且重写 onCreate()方法。在重写的 onCreate()方法中，首先设置该 Activity 使用布局文件 big.xml 中定义的布局，然后获取 Intent 对象，以及传递的数据包，再获取布局文件中添加的 ImageView 组件，并将传递过来的图片 ID 作为该组件的图片源显示，最后获取“返回”按钮，并为其添加单击事件监听器，在重写的 onClick()方法中，应用 finish()方法关闭当前 Activity。关键代码如下：

```
public class BigActivity extends Activity {
    @Override
    protected void onCreate(Bundle savedInstanceState) {
        super.onCreate(savedInstanceState);
        setContentView(R.layout.big);                             //设置使用的布局文件
        Intent intent=getIntent();                                //获取 Intent 对象
        Bundle bundle=intent.getExtras();                         //获取传递过来的数据包
        int imgId=bundle.getInt("imgId");
        ImageView iv=(ImageView)findViewById(R.id.imageView1);
        iv.setImageResource(imgId);                               //设置要显示的图片
        Button button=(Button)findViewById(R.id.button1);         //获取返回按钮
        button.setOnClickListener(new OnClickListener() {
            @Override
            public void onClick(View v) {
                finish();                                         //返回
            }
        });
    }
}
```

（7）在 AndroidManifest.xml 文件中配置用于显示大图片的 BigActivity，配置的主要属性有 Activity 使用的标签和实现类。具体代码如下：

```
<activity
    android:name=".BigActivity"
    android:label="原图" />
```

运行本实例，在屏幕上将显示如图 6.24 所示的图片缩略图，单击任意图片，可以显示该图片的原始图像。例如，单击第二行第 3 列的图片，将显示如图 6.25 所示的界面。

图 6.24　在第一个 Activity 上显示图片缩略图

图 6.25　在第二个 Activity 上显示图片原图

6.6　本 章 小 结

本章主要向读者介绍了 Android 的核心对象 Activity 和 Android 新增的 Fragment。首先对什么是 Activity、Activity 的 4 种状态、生命周期和属性进行了介绍，然后介绍了如何创建、启动和关闭单一的 Activity，实际上，在应用 Eclipse 创建 Android 项目时，就已经默认创建并配置了一个 Activity，如果只需一个 Activity 时，直接使用它就可以了，接下来又介绍了多个 Activity 的使用，主要包括如何在两个 Activity 之间交换数据和调用另一个 Activity 并返回结果，最后介绍了可以合并多个 Activity 的 Fragment。

6.7　学习成果检验

1．尝试开发一个程序，实现在一个 Activity 中输入年份，在另一个 Activity 中判断其是否为闰年。（**答案位置：光盘\TM\sl\6\6.11**）

2．尝试开发一个程序，实现带选择所在城市的用户注册。要求打开一个新的 Activity 选择所在城市。（**答案位置：光盘\TM\sl\6\6.12**）

3．尝试开发一个程序，应用 Fragment 实现一个在一屏上显示的图片查看器。要求左侧通过一个 ListFragment 显示图片缩略图列表，右侧通过一个 Fragment 显示图片的原图。（**答案位置：光盘\TM\sl\6\6.13**）

第 7 章

Intent 和 BroadcastReceiver 的应用

（视频讲解：55 分钟）

一个 Android 程序由多个组件组成，各个组件之间使用 Intent 进行通信，Intent 可以译为“意图”的意思；而 BroadcastReceiver 则是用于接收广播通知的组件，它用于对系统中的广播进行处理。本章将对 Intent（意图）和 BroadcastReceiver（广播）进行详细介绍。

通过阅读本章，您可以：

- 了解 Intent 对象的各个组成部分
- 了解 Intent 对象的常用动作类型
- 了解 Intent 对象的常用种类类型
- 掌握显式 Intent 的使用
- 掌握隐式 Intent 的使用
- 掌握 Intent 过滤器的使用
- 掌握 BroadcastRecevier 的使用

7.1 Intent 对象简介

视频讲解：光盘\TM\Video\7\Intent 对象简介.exe

Intent 是 Android 程序中传输数据的核心对象，在 Android 官方文档中，对 Intent 的定义是执行某操作的一个抽象描述，本节将对 Intent 对象及其常见的 3 种传输机制进行介绍。

7.1.1 Intent 对象概述

在一个 Android 程序中，主要是由 3 种组件组成的，这 3 种组件是独立的，它们之间可以互相调用、协调工作，最终组成一个真正的 Android 程序。在这些组件之间的通信中，主要是由 Intent 协助完成的。Intent 负责对应用中一次操作的动作、动作涉及的数据以及附加数据进行描述，Android 则根据此 Intent 的描述，负责找到对应的组件，将 Intent 传递给调用的组件，并完成组件的调用。因此，Intent 在这里起着一个媒体中介的作用，专门提供组件互相调用的相关信息，实现调用者与被调用者之间的解耦。

例如，在一个联系人维护的应用中，当在一个联系人列表屏幕（假设对应的 Activity 为 listActivity）上单击某个联系人后，希望能够跳出此联系人的详细信息屏幕（假设对应的 Activity 为 detailActivity）。为了实现这个目的，listActivity 需要构造一个 Intent，这个 Intent 用于告诉系统：要做“查看”动作，而此动作对应的查看对象是“某联系人”；然后调用 startActivity(Intent intent)方法将构造的 Intent 传入，系统会根据此 Intent 中的描述，在 AndroidManifest.xml 文件中找到满足此 Intent 要求的 Activity，即 detailActivity，并将其传入 Intent；最后，detailActivity 会根据此 Intent 中的描述执行相应的操作。

7.1.2 3 种不同的 Intent 传输机制

Intent 对象主要用来在 Android 程序的 Activity、Service 和 BroadcastReceiver 这 3 大组件之间传输数据，而针对这三大组件，有独立的 Intent 传输机制，分别如下。

☑ Activity：通过将一个 Intent 对象传递给 Context.startActivity()或 Activity.startActivityForRestult()，启动一个活动或者使一个已存在的活动去做新的事情。

☑ Service：通过将一个 Intent 对象传递给 Context.startService()，初始化一个 Service 或者传递一个新的指令给正在运行的 Service；类似地，通过将一个 Intent 对象传递给 Context.bindService()，可以建立调用组件和目标服务之间的连接。

☑ BroadcastReceiver：通过将一个 Intent 对象传递给任何广播方法（如 Context.sendBroadcast()、Context.sendOrderedBroadcast()、Context.sendStickyBroadcast()等），都可以传递到所有感兴趣的广播接收者。

说明 在每种传输机制下，Android 程序会自动查找合适的 Activity、Service 或者 BroadcastReceiver 来响应 Intent（意图），如果有必要，初始化它们，这些消息系统之间没有重叠，即广播意图只会传递给广播接收者，而不会传递活动或服务，反之亦然。

7.2　Intent 对象的组成

视频讲解：光盘\TM\Video\7\Intent 对象的组成.exe

一个 Intent 对象实质上是一个捆绑的信息，包含对 Intent 有兴趣的组件的信息（如要执行的动作和要作用的数据）、Android 系统有兴趣的信息（如处理 Intent 组件的分类信息和如何启动目标活动的指令等），本节将对组成 Intent 对象的主要信息进行讲解。

7.2.1　组件名称

组件名称（Component name）用来指定为处理 Intent 对象的组件，它是一个 ComponentName 对象，是目标组件的完全限定类名（如 com.xiaoke.project.app.IntentExamActivity）和应用程序所在的包在清单文件中的名字（如 com.xiaoke.project）的组合，其中组件名称中的包部分不必一定和清单文件中的包名一样。

组件名称是可选的，如果设置了，Intent 对象传递到指定类的实例；如果没有设置，Android 使用 Intent 中的其他信息来定位合适的目标组件。组件名称可以通过 setComponent()、setClass()或 setClassName()方法设置，并通过 getComponent()方法读取，下面分别对上面提到的几个方法进行介绍。

☑ setComponent()方法

该方法用来为 Intent 设置组件，其语法格式如下：

```
public Intent setComponent (ComponentName component)
```

参数说明如下。

component：要设置的组件名称。

返回值：Intent 对象。

☑ setClass()方法

该方法用来为 Intent 设置要打开的 Activity，其语法格式如下：

```
public Intent setClass (Context packageContext, Class<?> cls)
```

参数说明如下。

- packageContext：当前 Activity 的 this 对象。
- cls：要打开的 Activity 的 class 对象。

返回值：Intent 对象。

☑ setClassName()方法

该方法用来为 Intent 设置要打开的 Activity 名称，其语法格式如下：

```
public Intent setClassName (Context packageContext, String className)
```

参数说明如下。

- packageContext：当前 Activity 的 this 对象。
- className：要打开的 Activity 的类名称。

返回值：Intent 对象。

☑ getComponent()方法

该方法用来获取与 Intent 相关的组件，其语法格式如下：

```
public ComponentName getComponent ()
```

返回值：与 Intent 相关的组件名称。

7.2.2 动作

动作（Action）很大程度上决定了 Intent 如何构建，特别是数据（data）和附加（extras）信息，就像一个方法名决定了参数和返回值一样，正是由于这个原因，所以应该尽可能明确指定动作，并紧密关联到其他 Intent 字段。也就是说，应该定义组件能够处理的 Intent 对象的整个协议，而不仅仅是单独地定义一个动作。在 Intent 类中，定义了一系列动作常量，其目标组件包括 Activity 和 Broadcast 两类。下面分别进行介绍。

☑ 标准 Activity 动作

表 7.1 中列出了当前 Intent 类中定义的用于启动 Activity 的标准动作（通常使用 Context.startActivity()方法）。其中，最常用的是 ACTION_MAIN 和 ACTION_EDIT。

表 7.1 标准 Activity 动作说明

常量	说明
ACTION_MAIN	作为初始的 Activity 启动，没有数据输入输出
ACTION_VIEW	将数据显示给用户
ACTION_ATTACH_DATA	用于指示一些数据应该附属于其他地方
ACTION_EDIT	将数据显示给用户用于编辑
ACTION_PICK	从数据中选择一项，并返回该项
ACTION_CHOOSER	显示 Activity 选择器，允许用户在进程之前按需选择
ACTION_GET_CONTENT	允许用户选择特定类型的数据并将其返回
ACTION_DIAL	使用提供的数字拨打电话
ACTION_CALL	使用提供的数据给某人拨打电话
ACTION_SEND	向某人发送消息，接收者未指定
ACTION_SENDTO	向某人发送消息，接收者已指定
ACTION_ANSWER	接听电话
ACTION_INSERT	在给定容器中插入空白项
ACTION_DELETE	从容器中删除给定数据
ACTION_RUN	无条件运行数据
ACTION_SYNC	执行数据同步
ACTION_PICK_ACTIVITY	挑选给定 Intent 的 Activity，返回选择的类
ACTION_SEARCH	执行查询
ACTION_WEB_SEARCH	执行联机查询
ACTION_FACTORY_TEST	工厂测试的主入口点

说明

关于表 7.1 内容的详细说明请参考 API 文档中 Intent 类的说明。

注意 在使用表 7.1 中的动作时，需要将其转换为对应的字符串信息，如将 ACTION_MAIN 转换为 android.intent.action.MAIN。

☑ 标准广播动作

表 7.2 中列出了当前 Intent 类中定义的用于接收广播的标准动作（通常使用 Context.registerReceiver()方法或者配置文件中的<receiver>标签）。

表 7.2 标准广播动作说明

常 量	说 明
ACTION_TIME_TICK	每分钟通知一次当前时间改变
ACTION_TIME_CHANGED	通知时间被修改
ACTION_TIMEZONE_CHANGED	通知时区被修改
ACTION_BOOT_COMPLETED	在系统启动完成后，发出一次通知
ACTION_PACKAGE_ADDED	通知新应用程序包已经安装到设备上
ACTION_PACKAGE_CHANGED	通知已安装的应用程序包已经被修改
ACTION_PACKAGE_REMOVED	通知从设备中删除应用程序包
ACTION_PACKAGE_RESTARTED	通知用户重启应用程序包，其所有进程都被关闭
ACTION_PACKAGE_DATA_CLEARED	通知用户清空应用程序包中的数据
ACTION_UID_REMOVED	通知从系统中删除用户 ID 值
ACTION_BATTERY_CHANGED	包含充电状态、等级和其他电池信息的广播
ACTION_POWER_CONNECTED	通知设备已经连接外置电源
ACTION_POWER_DISCONNECTED	通知设备已经移除外置电源
ACTION_SHUTDOWN	通知设备已经关闭

说明 关于表 7.2 内容的详细说明请参考 API 文档中 Intent 类的说明。

注意 在使用表 7.2 中的动作时，需要将其转换为对应的字符串信息，如将 ACTION_TIME_TICK 转换为 android.intent.action.TIME_TICK。

除了预定义的动作，开发人员还可以自定义动作字符串来启动应用程序中的组件。这些新发明的字符串应该包含一个应用程序包名作为前缀，如 com.mingrisoft.SHOW_COLOR。

一个 Intent 对象的动作通过 setAction()方法设置，通过 getAction()方法读取。下面分别对 setAction()方法和 getAction()方法进行介绍。

☑ setAction()方法

该方法用来为 Intent 设置动作，其语法格式如下：

```
public Intent setAction (String action)
```

参数说明如下。

action：要设置的动作名称，通常设置为 Android API 提供的动作常量。

返回值：Intent()对象。

☑ getAction 方法

该方法用来获取 Intent 的动作名称，其语法格式如下：

```
public String getAction ()
```

返回值：String 字符串，表示 Intent 的动作名称。

7.2.3 数据

数据（data）是作用于 Intent 上的数据的 URI 和数据的 MIME 类型，不同的动作有不同的数据规格。例如，如果动作字段是 ACTION_EDIT，数据字段应该包含将显示用于编辑的文档的 URI；如果动作是 ACTION_CALL，数据字段应该是一个 tel:URI 和要拨打的号码；如果动作是 ACTION_VIEW，数据字段应该是一个 http:URI。

说明 当匹配一个 Intent 到一个能够处理数据的组件时，明确其数据类型（它的 MIME 类型）和 URI 很重要。例如，一个组件能够显示图像数据，不应该被调用去播放一个音频文件。

在许多情况下，数据类型能够从 URI 中推测，特别是 content:URIs，它表示位于设备上的数据且被内容提供者（Content Provider）控制。但是，类型也能够显式地设置，使用 setData()方法可以指定数据的 URI，使用 setType()方法可以指定数据的 MIME 类型，使用 setDataAndType()方法可以指定数据的 URI 和 MIME 类型；而通过 getData()方法可以读取数据的 URI，通过 getType()方法可以读取数据的类型，下面分别对上面提到的几个方法进行介绍。

☑ setData()方法

该方法用来为 Intent 设置 URI 数据，其语法格式如下：

```
public Intent setData (Uri data)
```

参数说明如下。

data：要设置的数据的 URI。

返回值：Intent 对象。

☑ setType()方法

该方法用来为 Intent 设置数据的 MIME 类型，其语法格式如下：

```
public Intent setType (String type)
```

参数说明如下。

type：要设置的数据的 MIME 类型。

返回值：Intent 对象。

☑ setDataAndType()方法

该方法用来为 Intent 设置数据及其 MIME 类型，其语法格式如下：

```
public Intent setDataAndType (Uri data, String type)
```

参数说明如下。

- data：要设置的数据的 URI。
- type：要设置的数据的 MIME 类型。

返回值：Intent 对象。

☑ getData 方法

该方法用来获取与 Intent 相关的数据，其语法格式如下：

```
public Uri getData ()
```

返回值：URI 类型，表示获取到的与 Intent 相关数据的 URI。

☑ getType 方法

该方法用来获取与 Intent 相关的数据的 MIME 类型，其语法格式如下：

```
public String getType ()
```

返回值：String 字符串，表示获取到的 MIME 类型。

例 7.01　在 Eclipse 中创建 Android 项目，名称为 7.01，使用 Intent 实现拨打电话和发送短信的功能。**（实例位置：光盘\TM\sl\7\7.01）**

具体实现步骤如下：

（1）修改新建项目的 res/layout 目录下的布局文件 main.xml，在其中添加两个 Button 组件 btn1 和 btn2，并分别设置它们的文本为“拨打电话”和“发送短信”。具体代码如下：

```
<Button
    android:id="@+id/btn1"
    android:layout_width="60dp"
    android:layout_height="40dp"
    android:text="拨打电话"
    />
    <Button
    android:id="@+id/btn2"
    android:layout_width="60dp"
    android:layout_height="40dp"
    android:text="发送短信"
    />
```

（2）打开 MainActivity.java 文件，在 OnCreate()方法中，获取布局文件中的 Button 按钮，并为其设置单击监听事件。具体代码如下：

```
@Override
public void onCreate(Bundle savedInstanceState) {
    super.onCreate(savedInstanceState);
    setContentView(R.layout.main);
    Button btnButton1=(Button)findViewById(R.id.btn1);          //获取 btn1 组件
    btnButton1.setOnClickListener(listener);                    //为 btn1 组件设置监听事件
    Button btnButton2=(Button)findViewById(R.id.btn2);          //获取 btn2 组件
    btnButton2.setOnClickListener(listener);                    //为 btn2 组件设置监听事件
}
```

（3）上面的代码中用到了 listener 对象，该对象为 OnClickListener 类型，因此在 Activity 中创建该对象，并重写其 OnClick()方法，在该方法中，通过判断单击的按钮 id，分别为两个 Button 按钮设置拨打电话和发送短信的动作及数据。具体代码如下：

```
//创建监听事件对象
private android.view.View.OnClickListener listener=new android.view.View.OnClickListener() {
    @Override
    public void onClick(View v) {
        Intent intent=new Intent();                                    //创建 Intent 对象
        Button button=(Button)v;                                       //将 View 强制转换为 Button 对象
        switch (button.getId()) {                                      //根据 Button 组件的 id 进行判断
        case R.id.btn1:                                                //如果是 btn1 组件
            intent.setAction(Intent.ACTION_CALL);                      //设置动作为拨打电话
            intent.setData(Uri.parse("tel:13800138000"));              //设置要拨打的号码
            startActivity(intent);                                     //启动 Activity
            break;
        case R.id.btn2:
            intent.setAction(Intent.ACTION_SENDTO);                    //设置动作为拨打电话
            intent.setData(Uri.parse("smsto:5554"));                   //设置要发送的号码
            intent.putExtra("sms_body", "Welcome to Android!");        //设置要发送的信息内容
            startActivity(intent);                                     //启动 Activity
            break;
        }
    }
};
```

（4）打开 AndroidManifest.xml 文件，在其中为当前 Android 程序设置拨打电话和发送短信的权限。具体代码如下：

```
<uses-permission android:name="android.permission.CALL_PHONE"/>
<uses-permission android:name="android.permission.SEND_SMS"/>
```

运行本实例，将显示如图 7.1 所示的运行结果。单击图 7.1 中的“拨打电话”按钮，进入到拨打电话界面，并开始拨打设置的电话号码，如图 7.2 所示。

单击图 7.1 中的“发送短信”按钮，进入发送信息界面，在该界面中自动加载用户设置的号码和要发送的信息，如图 7.3 所示。

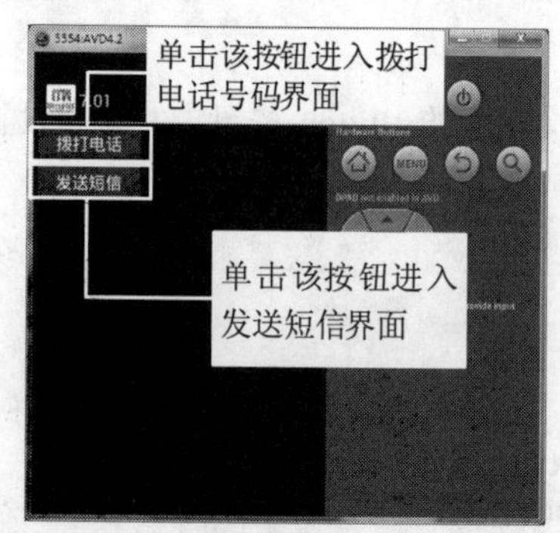

图 7.1　主 Activity 界面

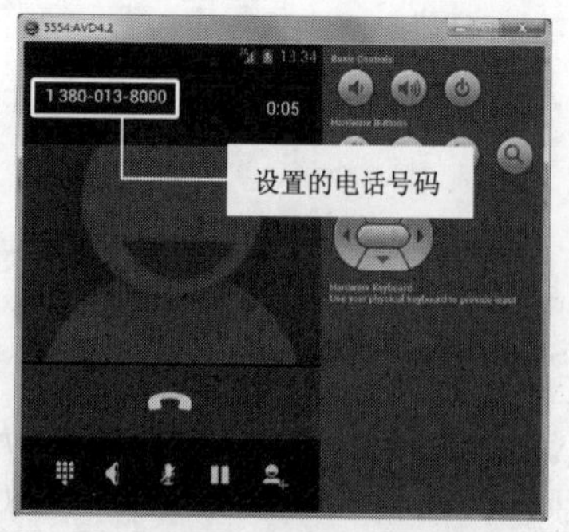

图 7.2　拨打电话

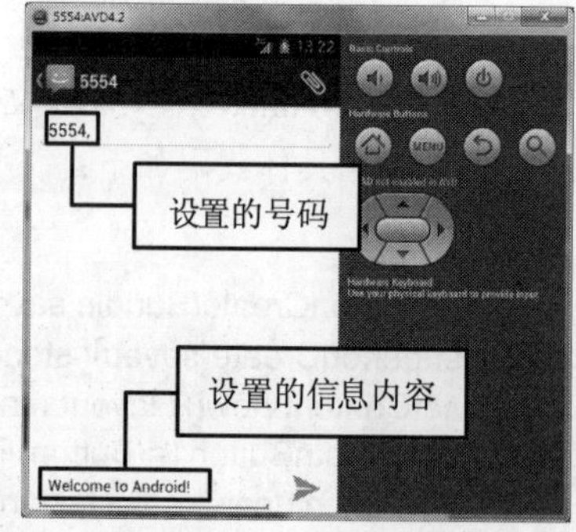

图 7.3　发送信息

7.2.4　种类

除了组件名称、动作和数据外，Intent 中还可以包含组件类型信息，它用来作为被执行动作的附加信息，

开发人员可以在一个 Intent 对象中指定任意数量的种类（Category）描述。Intent 类中定义了一些种类常量，常用的种类常量如表 7.3 所示。

表 7.3　标准种类说明

常　量	说　明
CATEGORY_DEFAULT	如果 Activity 应该作为执行数据的默认动作的选项，则进行设置
CATEGORY_BROWSABLE	如果 Activity 能够安全地从浏览器中调用，则进行设置
CATEGORY_TAB	如果需要作为 TabActivity 的选项卡，则进行设置
CATEGORY_ALTERNATIVE	如果 Activity 应该作为用户正在查看数据的备用动作，则进行设置
CATEGORY_SELECTED_ALTERNATIVE	如果 Activity 应该作为用户当前选择数据的备用动作，则进行设置
CATEGORY_LAUNCHER	如果应该在顶层启动器中显示，则进行设置
CATEGORY_INFO	如果需要提供其所在包的信息，则进行设置
CATEGORY_HOME	如果是 Home Activity，则进行设置
CATEGORY_PREFERENCE	如果 Activity 是一个偏好面板，则进行设置
CATEGORY_TEST	如果用于测试，则进行设置
CATEGORY_CAR_DOCK	如果设备插入到 car dock 时运行 Activity，则进行设置
CATEGORY_DESK_DOCK	如果设备插入到 desk dock 时运行 Activity，则进行设置
CATEGORY_LE_DESK_DOCK	如果设备插入到模拟 dock（低端）时运行 Activity，则进行设置
CATEGORY_HE_DESK_DOCK	如果设备插入到数字 dock（高端）时运行 Activity，则进行设置
CATEGORY_CAR_MODE	如果 Activity 可以用于汽车环境，则进行设置
CATEGORY_APP_MARKET	如果 Activity 允许用户浏览和下载新应用，则进行设置

说明　关于表 7.3 内容的详细说明请参考 API 文档中 Intent 类的说明。

注意　在使用表 7.3 中的种类时，需要将其转换为对应的字符串信息，如将 CATEGORY_DEFAULT 转换为 android.intent.category.DEFAULT。

在 Android 程序开发中，可以使用 addCategory()方法添加一个种类到 Intent 对象中，使用 removeCategory()方法删除一个之前添加的种类，使用 getCategories()方法获取 Intent 对象中的所有种类，下面分别对上面提到的几个方法进行介绍。

☑　addCategory()方法

该方法用来为 Intent 添加种类信息，其语法格式如下：

```
public Intent addCategory (String category)
```

参数说明如下。

category：要添加的种类信息，通常用 Android API 中提供的种类常量表示。

返回值：Intent 对象。

☑　removeCategory()方法

该方法用来从 Intent 中删除指定的种类信息，其语法格式如下：

```
public void removeCategory (String category)
```

参数说明如下。

category：要删除的种类信息。

☑ getCategories()方法

该方法用来获取所有与 Intent 相关的种类信息，其语法格式如下：

```
public Set<String> getCategories ()
```

返回值：字符串类型的泛型数组，表示所有与 Intent 相关的种类信息。

7.2.5 附加信息

额外的键值对信息应该传递到组件处理 Intent，就像动作关联的特定种类的数据 URIs，也关联到某些特定的附加信息（Extras）。例如，一个 ACTION_TIMEZONE_CHANGE 动作有一个 time-zone 的附加信息，标识新的时区；ACTION_HEADSET_PLUG 动作有一个 state 附加信息，标识头部现在是否塞满或未塞满，有一个 name 附加信息，标识头部的类型。

Intent 对象中有一系列的 putXXX()方法用于插入各种附加数据，一系列的 getXXX()方法用于读取数据，这些方法与 Bundle 对象的方法类似。实际上，附加信息可以作为一个 Bundle 对象使用 putExtras()方法和 getExtras()方法安装和读取，下面分别对 putExtras()方法和 getExtras()方法进行介绍。

☑ putExtras()方法

该方法用来为 Intent 添加附加信息，该方法有多种重载形式，其常用的一种重载形式如下：

```
public Intent putExtra (String name, String value)
```

参数说明如下。

- name：附加信息的名称。
- value：附加信息的值。

返回值：Intent 对象。

☑ getExtras()方法

该方法用来获取 Intent 中的附加信息，其语法格式如下：

```
public Bundle getExtras ()
```

返回值：Bundle 对象，用来存储获取到的 Intent 附加信息。

技巧 putExtras()方法和 getExtras()方法通常用来在多个 Activity 之间传值。

例 7.02 在 Eclipse 中创建 Android 项目，名称为 7.02，使用 Intent 的附加信息将一个 Activity 中添加的信息传递到另一个 Activity 中。（**实例位置：光盘\TM\sl\7\7.02**）

具体实现步骤如下：

（1）在 res/layout 文件夹中创建布局文件 firstactivity_layout.xml。在布局文件中，增加文本框、编辑框、按钮等控件，并修改其默认属性。修改完成后布局代码如下：

```
<?xml version="1.0" encoding="utf-8"?>
<LinearLayout xmlns:android="http://schemas.android.com/apk/res/android"
    android:layout_width="match_parent"
```

```
    android:layout_height="match_parent"
    android:background="@drawable/background"
    android:orientation="vertical" >
    <TextView
        android:layout_width="fill_parent"
        android:layout_height="wrap_content"
        android:gravity="center"
        android:text="@string/title"
        android:textColor="@android:color/white"
        android:textSize="30dp" />
    <TextView
        android:layout_width="wrap_content"
        android:layout_height="wrap_content"
        android:text="@string/username"
        android:textColor="@android:color/white"
        android:textSize="20dp" />
    <EditText
        android:id="@+id/username"
        android:layout_width="match_parent"
        android:layout_height="wrap_content"
        android:textColor="@android:color/white"
        android:inputType="text">
        <requestFocus />
    </EditText>
    <TextView
        android:layout_width="wrap_content"
        android:layout_height="wrap_content"
        android:text="@string/password"
        android:textColor="@android:color/white"
        android:textSize="20dp" />
    <EditText
        android:id="@+id/password"
        android:layout_width="match_parent"
        android:layout_height="wrap_content"
        android:inputType="textPassword"
        android:textColor="@android:color/white" />
    <Button
        android:id="@+id/ok"
        android:layout_width="wrap_content"
        android:layout_height="wrap_content"
        android:text="@string/ok"
        android:textColor="@android:color/white"
        android:textSize="20dp" />
</LinearLayout>
```

（2）在 res/layout 文件夹中创建布局文件 secondactivity_layout.xml。在布局文件中，增加文本框控件来显示用户输入的信息，并修改其默认属性。修改完成后布局代码如下：

```
<?xml version="1.0" encoding="utf-8"?>
<LinearLayout xmlns:android="http://schemas.android.com/apk/res/android"
    android:layout_width="match_parent"
```

```
    android:layout_height="match_parent"
    android:background="@drawable/background"
    android:orientation="vertical" >
    <TextView
        android:id="@+id/usr"
        android:layout_width="wrap_content"
        android:layout_height="wrap_content"
        android:textColor="@android:color/white"
        android:textSize="20dp" />
    <TextView
        android:id="@+id/pwd"
        android:layout_width="wrap_content"
        android:layout_height="wrap_content"
        android:textColor="@android:color/white"
        android:textSize="20dp" />
</LinearLayout>
```

（3）编写 FirstActivity 类，用于从控件中接收用户输入的字符串并使用 Intent 进行传递。具体代码如下：

```
public class FirstActivity extends Activity {
    @Override
    protected void onCreate(Bundle savedInstanceState) {
        super.onCreate(savedInstanceState);
        setContentView(R.layout.firstactivity_layout);                          //设置页面布局
        Button ok = (Button) findViewById(R.id.ok);                             //通过 ID 值获得按钮对象
        ok.setOnClickListener(new View.OnClickListener() {                      //为按钮增加单击事件监听器
            @Override
            public void onClick(View v) {
                EditText username = (EditText) findViewById(R.id.username);  //获得输入用户名的控件
                EditText password = (EditText) findViewById(R.id.password); //获得输入密码的控件
                Intent intent = new Intent();                                   //创建 Intent 对象
                //封装用户名信息
                intent.putExtra("com.mingrisoft.USERNAME", username.getText().toString());
                //封装密码信息
                intent.putExtra("com.mingrisoft.PASSWORD", password.getText().toString());
                intent.setClass(FirstActivity.this, SecondActivity.class);      //指定传递对象
                startActivity(intent);                                          //将 Intent 传递给 Activity
            }
        });
    }
}
```

（4）编写 SecondActivity 类，用于从 Intent 中获得传递的信息并在文本框中实现。具体代码如下：

```
public class SecondActivity extends Activity {
    @Override
    protected void onCreate(Bundle savedInstanceState) {
        super.onCreate(savedInstanceState);
        setContentView(R.layout.secondactivity_layout);                             //设置页面布局
        Intent intent = getIntent();                                                //获得 Intent
        String username = intent.getStringExtra("com.mingrisoft.USERNAME");     //获得用户输入的用户名
        String password = intent.getStringExtra("com.mingrisoft.PASSWORD");     //获得用户输入的密码
```

```
        TextView usernameTV = (TextView) findViewById(R.id.usr);      //获得第二个 Activity 的文本框控件
        TextView passwordTV = (TextView) findViewById(R.id.pwd);      //获得第二个 Activity 的文本框控件
        usernameTV.setText("用户名：" + username);                     //设置文本框内容
        passwordTV.setText("密　码：" + password);                     //设置文本框内容
    }
}
```

（5）在 AndroidManifest.xml 配置文件中，声明两个 Activity。具体代码如下：

```
<?xml version="1.0" encoding="utf-8"?>
<manifest xmlns:android="http://schemas.android.com/apk/res/android"
    package="com.mingrisoft"
    android:versionCode="1"
    android:versionName="1.0" >
    <uses-sdk android:minSdkVersion="17" />
    <application
        android:icon="@drawable/ic_launcher"
        android:label="@string/app_name" >
        <activity
            android:name=".FirstActivity"
            android:label="@string/app_name" >
            <intent-filter>
                <action android:name="android.intent.action.MAIN" />
                <category android:name="android.intent.category.LAUNCHER" />
            </intent-filter>
        </activity>
        <activity
            android:name=".SecondActivity"
            android:label="@string/app_name" />
    </application>
</manifest>
```

运行程序，将显示如图 7.4 所示的数据输入界面。在用户名栏中输入“mr”，在密码栏中输入“111”，单击“提交”按钮将显示如图 7.5 所示的界面。

图 7.4　输入数据界面

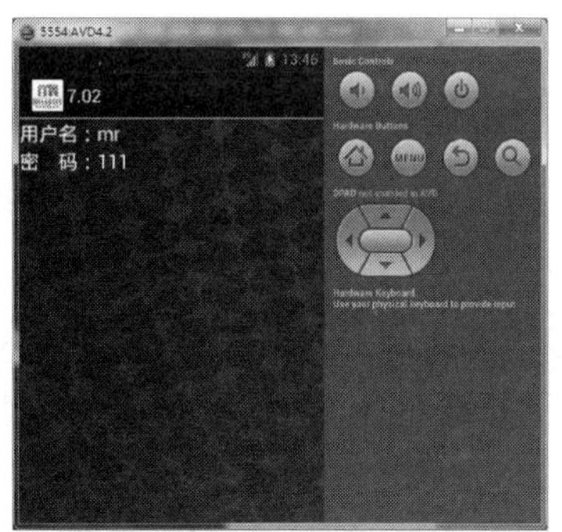

图 7.5　显示数据界面

7.2.6　标志

标志（Flags）主要用来指示 Android 程序如何去启动一个活动（例如，活动应该属于哪个任务）和启

动之后如何对待它（例如，它是否属于最近的活动列表），所有的标志都定义在 Intent 类中。常用的标志常量如表 7.4 所示。

表 7.4 Intent 类的常用标志常量

常　量	说　明
FLAG_GRANT_READ_URI_PERMISSION	对 Intent 数据具有读取权限
FLAG_GRANT_WRITE_URI_PERMISSION	对 Intent 数据具有写入权限
FLAG_ACTIVITY_CLEAR_TOP	如果在当前 Task 中有要启动的 Activity，那么把该 Activity 之前的所有 Activity 都关掉，并把该 Activity 置前以避免创建 Activity 的实例
FLAG_ACTIVITY_CLEAR_WHEN_TASK_RESET	如果设置，将在 Task 的 Activity Stack 中设置一个还原点，当 Task 恢复时，需要清理 Activity
FLAG_ACTIVITY_EXCLUDE_FROM_RECENTS	如果设置，新的 Activity 不会在最近启动的 Activity 的列表中保存
FLAG_ACTIVITY_FORWARD_RESULT	如果设置，并且这个 Intent 用于从一个存在的 Activity 启动一个新的 Activity，那么，这个作为答复目标的 Activity 将会传到这个新的 Activity 中。这种方式下，新的 Activity 可以调用 setResult(int)，并且这个结果值将发送给那个作为答复目标的 Activity
FLAG_ACTIVITY_LAUNCHED_FROM_HISTORY	这个标志一般不由应用程序代码设置，如果这个 Activity 是从历史记录里启动的（按 HOME 键），那么，系统会自动设定
FLAG_ACTIVITY_MULTIPLE_TASK	与 FLAG_ACTIVITY_NEW_TASK 结合使用，使用时，新的 Task 总是会启动来处理 Intent，而不管是否已经有一个 Task 可以处理相同的事情
FLAG_ACTIVITY_NEW_TASK	系统会检查当前所有已创建的 Task 中是否有需要启动的 Activity 的 Task，如果有，则在该 Task 上创建 Activity；如果没有，则新建具有该 Activity 属性的 Task，并在该新建的 Task 上创建 Activity
FLAG_ACTIVITY_NO_HISTORY	新的 Activity 将不在历史 Stack 中保留，用户一旦离开它，这个 Activity 自动关闭
FLAG_ACTIVITY_NO_USER_ACTION	如果设置，作为新启动的 Activity 进入前台时，这个标志将在 Activity 暂停之前阻止从最前方的 Activity 回调的 onUserLeaveHint()

说明 Intent 类有很多标志常量，表 7.4 只是给出了常用的一些标志常量，关于 Intent 类的其他标志常量，可以参考 Android 官方帮助文档中的 Intent 类。

注意 由于默认的系统不包含图形 Task 管理功能，因此，尽量不要使用 FLAG_ACTIVITY_MULTIPLE_TASK 标志，除非能够提供给用户一种方式——可以返回到已经启动的 Task。

在 Android 程序开发中，可以使用 setFlags()方法和 addFlags()方法添加一个标志到 Intent 对象中，使用 getFlags()方法获取 Intent 对象中的所有标志，下面分别对上面提到的几个方法进行介绍。

☑ setFlags()方法

该方法用来为 Intent 设置标志，其语法格式如下：

```
public Intent setFlags (int flags)
```

参数说明如下。

flags：要设置的标志，通常用 Android API 中提供的标志常量表示。

返回值：Intent 对象。

☑ addFlags()方法

该方法用来为 Intent 添加标志，其语法格式如下：

```
public Intent addFlags (int flags)
```

参数说明如下。

flags：要添加的标志，通常用 Android API 中提供的标志常量表示。

返回值：Intent 对象。

☑ getFlags()方法

该方法用来获取 Intent 的标志，其语法格式如下：

```
public int getFlags ()
```

返回值：int 类型数据，表示获取到的标志。

7.3 解析 Intent 对象

视频讲解：光盘\TM\Video\7\解析 Intent 对象.exe

Intent 可以分成以下两类：

☑ 显式 Intent 通过组件名称来指定目标组件。由于其他应用程序的组件名称对于开发人员通常是未知的，显式 Intent 通常用于应用程序内部消息，例如 Activity 启动子 Service 或其他 Activity。

☑ 隐式 Intent 不指定组件名称。隐式 Intent 通常用于激活其他应用程序中的组件。

当在 Android 程序中使用显式 Intent 时，Intent 对象中只用组件名字内容就可以决定哪个组件应该获得这个 Intent，而不用其他内容。而使用隐式 Intent 时，由于默认指定目标，Android 程序必须查找一个最适合的组件（一些组件）去处理 Intent——一个活动或服务去执行请求动作，或一组广播接收者去响应广播声明，该过程是通过比较 Intent 对象的内容和 Intent 过滤器（Intent Filters）来完成的。Intent 过滤器关联到潜在的接收 Intent 的组件，过滤器声明组件的能力和界定它能处理的 Intents，它们打开组件接收声明的 Intent 类型的隐式 Intents。如果一个组件没有任何 Intent 过滤器，它仅能接收显式的 Intents，而声明了 Intent 过滤器的组件可以接收显式和隐式的 Intents。

说明 只有当一个 Intent 对象的下面 3 个方面都符合一个 Intent 过滤器：动作、数据（包括 URI 和数据类型）、种类，才被考虑是否接收 Intent，而附加信息和标志在解析哪个组件接收 Intent 时不起作用。

7.3.1 Intent 过滤器

Activity、Service 和 BroadcastReceiver 能定义多个 Intent 过滤器来通知系统它们可以处理哪些隐式 Intent。每个过滤器描述组件的一种能力，以及该组件可以接收的一组 Intent。实际上，过滤器接收需要类型的 Intent，拒绝不需要类型的 Intent，但是仅限于隐式 Intent。显式 Intent 无论其内容如何总可以发送给它的目标，过滤器并不干预。但是，隐式 Intent 只有在通过组件的 Intent 过滤器之后才能发送给组件。

对于能够完成的工作及显示给用户的界面，组件都有独立的过滤器。

Intent 过滤器是 IntentFilter 类的实例。然而，由于 Android 系统在启动组件前必须了解组件的能力，Intent 过滤器通常不在 Java 代码中进行设置，而是使用<intent-filter>标签写在应用程序的配置文件（AndroidManifest.xml）中（唯一的例外是调用 Context.registerReceiver()方法动态注册 BroadcastReceiver 的过滤器，它们通常直接创建为 IntentFilter 对象）。

过滤器中包含的域和 Intent 对象中动作、数据和分类域相对应。过滤器对于隐式 Intent 在这 3 个方面分别进行测试。仅有通过全部测试时，Intent 对象才能发送给拥有在过滤器的组件。然而，由于组件可以包含多个过滤器，Intent 对象在一个过滤器上失败并不代表不能通过其他测试。下面对这些测试进行详细介绍。

1. 动作测试

配置文件中的<intent-filter>标签将动作作为<action>子标签列出，例如：

```
<intent-filter . . . >
    <action android:name="com.example.project.SHOW_CURRENT" />
    <action android:name="com.example.project.SHOW_RECENT" />
    <action android:name="com.example.project.SHOW_PENDING" />
    . . .
</intent-filter>
```

如上所示，尽管 Intent 对象仅定义一个动作，在过滤器中却可以列出多个。列表不能为空，即过滤器中必须包含至少一个<action>标签，否则会阻塞所有 Intent。

为了通过该测试，Intent 对象中定义的动作必须与过滤器中列出的一个动作匹配。如果对象或者过滤器没有指定动作，结果如下：

- ☑ 如果过滤器没有包含任何动作，即没有让对象匹配的东西，则任何对象都无法通过该测试。
- ☑ 如果过滤器至少包含一个动作，则没有指定动作的对象自动通过该测试。

2. 种类测试

配置文件中的<intent-filter>标签将分类作为 category 子标签列出，例如：

```
<intent-filter . . . >
    <category android:name="android.intent.category.DEFAULT" />
    <category android:name="android.intent.category.BROWSABLE" />
    . . .
</intent-filter>
```

为了让 Intent 通过种类测试，Intent 对象中每个种类都必须与过滤器中定义的种类匹配。在过滤器中可以增加额外的种类，但是不能删除任何 Intent 中的种类。

因此原则上讲，无论过滤器中如何定义，没有定义种类的 Intent 总是可以通过该项测试。然而，有一个例外。Android 对于所有通过 startActivity()方法传递的隐式 Intent 默认其包含一个种类：android.intent.category.DEFAULT（CATEGORY_DEFAULT 常量）。因此，接收隐式 Intent 的 Activity 必须在过滤器中包含 android.intent.category.DEFAULT。（包含 android.intent.action.MAIN 和 android.intent.category. LAUNCHER 设置的是一个例外。它们标示 Activity 作为新任务启动并且显示在启动屏幕上。它们包含 android.intent.category. DEFAULT 与否均可）。

3. 数据测试

配置文件中的<intent-filter>标签将数据作为 data 子标签列出，例如：

```
<intent-filter . . . >
    <data android:mimeType="video/mpeg" android:scheme="http" . . . />
```

```
    <data android:mimeType="audio/mpeg" android:scheme="http" . . . />
    . . .
</intent-filter>
```

每个<data>标签可以指定 URI 和数据类型（MIME 媒体类型）。URI 可以分成 scheme、host、port 和 path 几个独立的部分，格式如下：

```
scheme://host:port/path
```

例如下面的 URI 地址：

```
content://com.example.project:200/folder/subfolder/etc
```

其中，scheme 是 content，host 是 com.example.project，port 是 200，path 是 folder/subfolder/etc。host 和 port 一起组成了 URI 授权，如果 host 没有指定，则忽略 port。

这些属性都是可选的，但是相互之间并非完全独立。如果授权有效，则 scheme 必须指定。如果 path 有效，则 scheme 和授权必须指定。

当 Intent 对象中的 URI 与过滤器中 URI 规范比较时，它仅与过滤器中实际提到的 URI 部分相比较。例如，如果过滤器仅指定了 scheme，所有具有该 scheme 的 URI 都能匹配该过滤器。如果过滤器指定了 scheme 和授权没指定 path，则不管 path 如何，具有该 scheme 和授权的 URI 都能匹配。如果过滤器指定了 scheme、授权和 path，则仅有具有相同 scheme、授权和 path 的 URI 能够匹配。然而，过滤器中的 path 可以包含通配符来允许部分匹配。

<data>标签中的 type 属性指定数据的 MIME 类型。在过滤器中，这比 URI 更常见。Internet 对象和过滤器都能使用“*”通配符来包含子类型，例如“text/*”或者“audio/*”。

数据测试比较 Intent 对象和过滤器中的 URI 和数据类型，其规则如表 7.5 所示。

表 7.5　数据测试规则说明

编　号	Intent 对象		过　滤　器		通 过 条 件
	URI	数 据 类 型	URI	数 据 类 型	
1	未指定	未指定	未指定	未指定	无条件通过
2	指定	未指定	指定	未指定	两个 URI 匹配
3	未指定	指定	未指定	指定	两个数据类型匹配
4	指定	指定	指定	指定	URI 和数据类型匹配

说明 Intent 对象数据类型中未指定也包括不能从 URI 中推断数据类型。同理，指定也包括能从 URI 中推断数据类型。

注意 对于表 7.5 中的第 4 种情况，如果 Intent 对象中包含 content:或 file:URI，过滤器中未指定 URI 也可以通过测试。换句话说，如果组件过滤器仅包含数据类型，则假设其支持 content:和 file:URI。

7.3.2　通用情况

在 Android 程序中对 Intent 对象进行解析时，主要有两种通用情况，分别如下：

☑ 在过滤器中只指定数据类型

在讲解数据检测规则时，有一条规则是“一个 Intent 对象既包含 URI，也包含数据类型（或数据类型能够从 URI 推断出）时，数据类型部分，只有与<intent-filter>过滤器中之一匹配才算通过；URI 部分，它的 URI 要出现在<intent-filter>过滤器中，或者它有 content:或 file:URI，又或者<intent-filter>过滤器没有指定 URI。”这条规则表明组件能够从内容提供者或文件获取本地数据，因此，它们的过滤器仅列出数据类型，而不必明确指出 content:和 file:scheme 的名字。

例如，在<intent-filter>过滤器中使用<data>子元素只指定数据类型，代码如下：

```
<data android:mimeType="image/*" />
```

上面的代码告诉 Android 程序：这个组件能够从内容提供者获取 image 数据并显示它，因为大部分可用数据由内容提供者（Content Provider）分发，所以过滤器指定一个数据类型，但没有指定 URI 或许最通用。

☑ 在过滤器中指定一个 scheme 和一个数据类型

另一种通用配置是在过滤器中指定一个 scheme 和一个数据类型。

例如，在<intent-filter>过滤器中使用<data>子元素指定一个 scheme 和一个数据类型，代码如下：

```
<data android:scheme="http" android:type="video/*" />
```

上面的代码告诉 Android 程序：这个组件能够从网络获取视频数据并显示它。

7.3.3 使用 Intent 匹配

Intent 对照着<intent-filter>过滤器匹配，不仅能够发现一个目标组件被激活，而且能够发现设备上组件的其他信息。例如，Android 程序填充应用程序启动列表，最高层屏幕显示用户能够启动的应用程序，该功能的实现过程是：首先查找所有包含 android.intent.action.MAIN 动作和 android.intent.category.LAUNCHER 种类的过滤器，然后在启动列表中显示这些应用程序的图标和标签。类似地，Android 程序可以通过查找含有 android.intent.category.HOME 过滤器的活动来发掘主菜单。

7.4 BroadcastReceiver 使用

视频讲解：光盘\TM\Video\7\BroadcastReceiver 使用.exe

7.4.1 了解 BroadcastReceiver

BroadcastReceiver 是用于接收广播通知的组件。广播是一种同时通知多个对象的事件通知机制。类似日常生活中的广播，允许多个人同时收听，也允许不收听。Android 中的广播来源于系统事件，例如按下拍照键、电池电量低、安装新应用等，还有普通应用程序，例如启动特定线程、文件下载完毕等。

说明 在表 7.2 中列出了 Intent 中定义的系统广播动作。

BroadcastReceiver 类是所有广播接收器的抽象基类。其实现类用来对发送出来的广播进行筛选并作出响应。广播接收器的生命周期非常简单。当消息到达时，接收器调用 onReceive()方法。在该方法结束后，

BroadcastReceiver 实例失效。

说明　onReceive()方法是实现 BroadcastReceiver 类时需要重写的方法。

广播接收器通常初始化独立的组件或者在 onReceive()方法中发送通知给用户。如果广播接收器需要完成更加耗时的任务，它应该启动服务而不是一个线程，因为不活跃的广播接收器可能被系统停止。

用于接收的广播有以下两大类。

☑ 普通广播：使用 Context.sendBroadcast()方法发送，它们完全是异步的。广播的全部接收者以未定义的顺序运行，通常在同一时间。这非常高效，但是也意味着接收者不能使用结果或者终止 API。

☑ 有序广播：使用 Context.sendOrderedBroadcast()方法发送，它们每次只发送给一个接收者。由于每个接收者依次运行，它能为下一个接收者生成一个结果，或者它能完全终止广播以便不传递给其他接收者。有序接收者运行顺序由匹配的 intent-filter 的 android:priority 属性控制，具有相同优先级的接收者运行顺序任意。

7.4.2　应用 BroadcastReceiver

例 7.03　在 Eclipse 中创建 Android 项目，名称为 7.03，实现当接收到短信时给出提示信息的功能。（**实例位置：光盘\TM\sl\7\7.03**）

具体实现步骤如下：

（1）修改 res/layout 文件夹中的 main 文件，设置标签的颜色及字体大小等。具体代码如下：

```
<?xml version="1.0" encoding="utf-8"?>
<LinearLayout xmlns:android="http://schemas.android.com/apk/res/android"
    android:layout_width="fill_parent"
    android:layout_height="fill_parent"
    android:orientation="vertical"
    android:background="@drawable/background" >
    <TextView
        android:layout_width="fill_parent"
        android:layout_height="wrap_content"
        android:text="@string/hello"
        android:textColor="@android:color/white"
        android:textSize="25dp"/>
</LinearLayout>
```

（2）编写 SMSActivity 类，使用刚刚修改的布局文件。具体代码如下：

```
public class SMSActivity extends Activity {
    /** Called when the activity is first created. */
    @Override
    public void onCreate(Bundle savedInstanceState) {
        super.onCreate(savedInstanceState);
        setContentView(R.layout.main);
    }
}
```

（3）编写 SMSReceiver 类，它继承了 BroadcastReceiver 类。在该类中重写了 onReceive()方法，在接收

到短信息时给出提示，代码如下：

```
public class SMSReceiver extends BroadcastReceiver {
    private static final String action = "android.provider.Telephony.SMS_RECEIVED";
    @Override
    public void onReceive(Context context, Intent intent) {
        if (intent.getAction().equals(action)) {
            Toast.makeText(context, context.getResources().getString(R.string.message), Toast.LENGTH_ LONG).
show();
        }
    }
}
```

（4）编写 AndroidManifest.xml 文件，注册 Activity 及 BroadcastReceiver。具体代码如下：

```
<?xml version="1.0" encoding="utf-8"?>
<manifest xmlns:android="http://schemas.android.com/apk/res/android"
    package="com.mingrisoft"
    android:versionCode="1"
    android:versionName="1.0" >
    <uses-sdk android:minSdkVersion="17" />
    <uses-permission android:name="android.permission.RECEIVE_SMS"/>
    <application
        android:icon="@drawable/ic_launcher"
        android:label="@string/app_name" >
        <activity
            android:name=".SMSActivity"
            android:label="@string/app_name" >
            <intent-filter>
                <action android:name="android.intent.action.MAIN" />
                <category android:name="android.intent.category.LAUNCHER" />
            </intent-filter>
        </activity>
        <receiver android:name=".SMSReceiver">
            <intent-filter >
                <action android:name="android.provider.Telephony.SMS_RECEIVED"/>
            </intent-filter>
        </receiver>
    </application>
</manifest>
```

在启动程序后，如果接收到短信息，会显示如图 7.6 所示的界面。

图 7.6　短信息提示界面

7.5　实　　战

7.5.1　使用 Intent 实现发送短信

本实例将实现使用 Intent 实现发送短信的功能。**（实例位置：光盘\TM\sl\7\7.04）**

具体实现步骤如下：

（1）在 Eclipse 中创建 Android 项目，名称为 7.04。

（2）在 res/layout 文件夹中打开布局文件 main.xml，增加文本框、按钮等控件，并修改其默认属性。具体代码如下：

```
<?xml version="1.0" encoding="utf-8"?>
<LinearLayout xmlns:android="http://schemas.android.com/apk/res/android"
    android:layout_width="fill_parent"
    android:layout_height="fill_parent"
    android:background="@drawable/background"
    android:orientation="vertical" >
    <LinearLayout
        android:layout_width="match_parent"
        android:layout_height="wrap_content" >
        <TextView
            android:layout_width="wrap_content"
            android:layout_height="wrap_content"
            android:text="@string/number"
            android:textColor="@android:color/white"
            android:textSize="25dp" />
        <EditText
            android:id="@+id/number"
            android:layout_width="0dip"
            android:layout_height="wrap_content"
            android:layout_weight="1"
            android:inputType="number"
            android:textColor="@android:color/white"
            android:textSize="25dp" >
            <requestFocus />
        </EditText>
    </LinearLayout>
    <LinearLayout
        android:layout_width="match_parent"
        android:layout_height="wrap_content" >
        <EditText
            android:id="@+id/message"
            android:layout_width="0dip"
            android:layout_height="wrap_content"
            android:layout_weight="1"
            android:hint="@string/message"
            android:inputType="textMultiLine"
```

```
                android:textColor="@android:color/white"
                android:textSize="25dp" />
    </LinearLayout>
    <Button
        android:id="@+id/send"
        android:layout_width="wrap_content"
        android:layout_height="wrap_content"
        android:text="@string/button"
        android:textColor="@android:color/white"
        android:textSize="25dp" />
</LinearLayout>
```

（3）编写 SMSSenderActivity，通过为按钮增加单击事件监听器来完成发送短信功能。具体代码如下：

```
public class SMSSenderActivity extends Activity {
    /** Called when the activity is first created. */
    @Override
    public void onCreate(Bundle savedInstanceState) {
        super.onCreate(savedInstanceState);
        setContentView(R.layout.main);                                              //设置页面布局
        final EditText numberET = (EditText) findViewById(R.id.number);             //通过 ID 值获得文本框对象
        final EditText messageET = (EditText) findViewById(R.id.message);           //通过 ID 值获得文本框对象
        Button call = (Button) findViewById(R.id.send);                             //通过 ID 值获得按钮对象
        call.setOnClickListener(new View.OnClickListener() {
            public void onClick(View v) {
                String number = numberET.getText().toString();                      //获得用户输入的号码
                String message = messageET.getText().toString();                    //获得用户输入的短信
                Intent intent = new Intent();                                       //创建 Intent 对象
                intent.setData(Uri.parse("smsto:" + number));                       //设置要发送的号码
                intent.putExtra("sms_body", message);                               //设置要发送的信息内容
                startActivity(intent);                                              //将 Intent 传递给 Activity
            }
        });
    }
}
```

（4）修改 AndroidManifest.xml 文件，增加发送短信的权限，代码如下：

```
<?xml version="1.0" encoding="utf-8"?>
<manifest xmlns:android="http://schemas.android.com/apk/res/android"
    package="com.mingrisoft"
    android:versionCode="1"
    android:versionName="1.0" >
    <uses-sdk android:minSdkVersion="17" />
    <uses-permission android:name="android.permission.SEND_SMS" />
    <application
        android:icon="@drawable/ic_launcher"
        android:label="@string/app_name" >
        <activity
            android:name=".SMSSenderActivity"
            android:label="@string/app_name" >
            <intent-filter>
```

```
                <action android:name="android.intent.action.MAIN" />
                <category android:name="android.intent.category.LAUNCHER" />
            </intent-filter>
        </activity>
    </application>
</manifest>
```

运行本实例，输入电话号码和信息内容，效果如图 7.7 所示。单击“发送短信”按钮，跳转到如图 7.8 所示的界面，该界面中已经填写好了发送短信的接收者号码及短信内容。

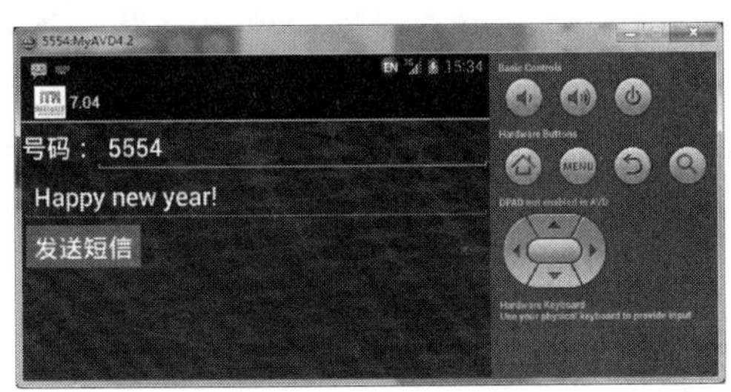

图 7.7　应用程序界面

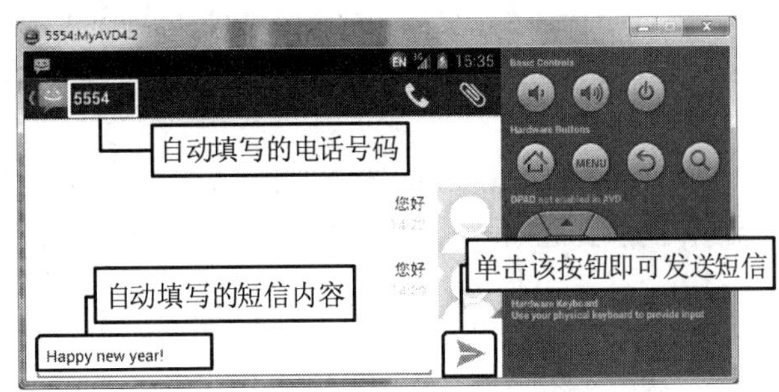

图 7.8　发送短信界面

7.5.2　使用包含预定义动作的隐式 Intent

本实例将实现在 Activity 中使用包含预定义动作的隐式 Intent 启动另外一个 Activity。（**实例位置：光盘\TM\sl\7\7.05**）

具体实现步骤如下：

（1）在 Eclipse 中创建 Android 项目，名称为 7.05。

（2）在 res/layout 文件夹中创建布局文件 firstactivity_layout.xml。在布局文件中保留一个按钮，并修改其默认属性。具体代码如下：

```
<?xml version="1.0" encoding="utf-8"?>
<LinearLayout xmlns:android="http://schemas.android.com/apk/res/android"
    android:layout_width="fill_parent"
    android:layout_height="fill_parent"
    android:background="@drawable/background"
    android:orientation="vertical" >
    <Button
        android:id="@+id/button"
        android:layout_width="wrap_content"
        android:layout_height="wrap_content"
        android:text="@string/button"
        android:textColor="@android:color/white" />
</LinearLayout>
```

（3）在 res/layout 文件夹中创建布局文件 secondactivity_layout.xml。在布局文件中，增加文本框控件来显示字符串，并修改其默认属性。修改完成后布局代码如下：

```
<?xml version="1.0" encoding="utf-8"?>
<LinearLayout xmlns:android="http://schemas.android.com/apk/res/android"
```

```
    android:layout_width="fill_parent"
    android:layout_height="fill_parent"
    android:background="@drawable/background"
    android:orientation="vertical" >
    <TextView
        android:id="@+id/textView"
        android:layout_width="wrap_content"
        android:layout_height="wrap_content"
        android:text="@string/text"
        android:textColor="@android:color/white"
        android:textSize="25dp" />
</LinearLayout>
```

（4）编写 FirstActivity 类，获得布局文件中的按钮控件并为其增加单击事件监听器。在监听器中传递包含动作的隐式 Intent，代码如下：

```
public class FirstActivity extends Activity {
    @Override
    protected void onCreate(Bundle savedInstanceState) {
        super.onCreate(savedInstanceState);
        setContentView(R.layout.firstactivity_layout);                    //设置页面布局
        Button button = (Button) findViewById(R.id.button);               //通过 ID 值获得按钮对象
        button.setOnClickListener(new View.OnClickListener() {            //为按钮增加单击事件监听器
            public void onClick(View v) {
                Intent intent = new Intent();                             //创建 Intent 对象
                intent.setAction(Intent.ACTION_VIEW);                     //为 Intent 设置动作
                startActivity(intent);                                    //将 Intent 传递给 Activity
            }
        });
    }
}
```

注意 在上面的代码中，并没有指定将 Intent 对象传递给哪个 Activity。

（5）编写 SecondActivity 类，仅为其设置布局文件，代码如下：

```
public class SecondActivity extends Activity {
    @Override
    protected void onCreate(Bundle savedInstanceState) {
        super.onCreate(savedInstanceState);
        setContentView(R.layout.secondactivity_layout);                   //设置页面布局
    }
}
```

（6）编写 AndroidManifest.xml 文件，为两个 Activity 设置不同的 Intent 过滤器，代码如下：

```
<?xml version="1.0" encoding="utf-8"?>
<manifest xmlns:android="http://schemas.android.com/apk/res/android"
    package="com.mingrisoft"
    android:versionCode="1"
```

```
    android:versionName="1.0" >
    <uses-sdk android:minSdkVersion="17" />
    <application
        android:icon="@drawable/ic_launcher"
        android:label="@string/app_name" >
        <activity android:name=".FirstActivity" >
            <intent-filter >
                <action android:name="android.intent.action.MAIN" />
                <category android:name="android.intent.category.LAUNCHER" />
            </intent-filter>
        </activity>
        <activity android:name=".SecondActivity" >
            <intent-filter >
                <action android:name="android.intent.action.VIEW" />
                <category android:name="android.intent.category.DEFAULT" />
            </intent-filter>
        </activity>
    </application>
</manifest>
```

在启动程序后，将显示如图 7.9 所示的界面。在用户单击“转到下一个 Activity”按钮时，显示如图 7.10 所示的应用选择界面。

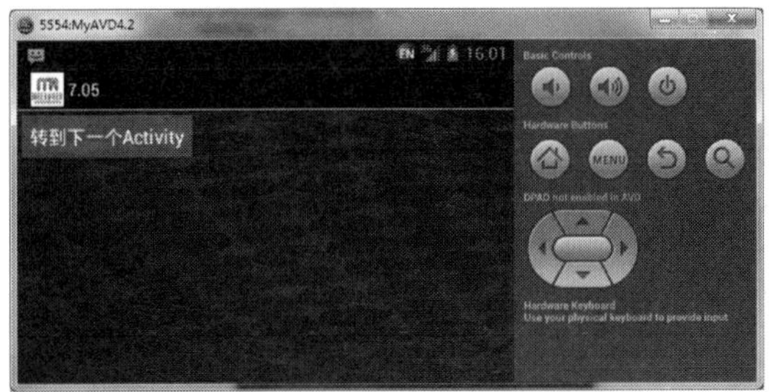

图 7.9　应用运行界面

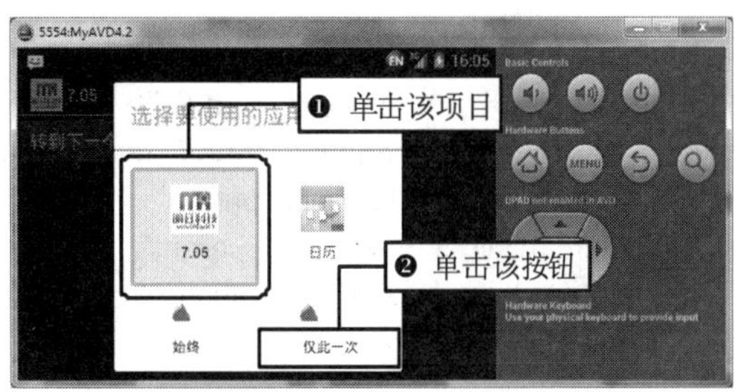

图 7.10　应用选择界面

在图 7.10 中，显示了符合 Intent 过滤器的全部应用程序，这里选择 7.05，并且单击“仅此一次”按钮，将显示如图 7.11 所示的界面。

图 7.11　跳转后的界面

7.5.3　使用包含自定义动作的隐式 Intent

本实例将实现在 Activity 中使用包含自定义动作的隐式 Intent 启动另外一个 Activity。（**实例位置：光盘**

TM\sl\7\7.06）

具体实现步骤如下：

（1）在 Eclipse 中创建 Android 项目，名称为 7.06。

（2）在 res/layout 文件夹中创建布局文件 firstactivity_layout.xml。在布局文件中保留一个按钮，并修改其默认属性，代码如下：

```
<?xml version="1.0" encoding="utf-8"?>
<LinearLayout xmlns:android="http://schemas.android.com/apk/res/android"
    android:layout_width="fill_parent"
    android:layout_height="fill_parent"
    android:background="@drawable/background"
    android:orientation="vertical" >
    <Button
        android:id="@+id/button"
        android:layout_width="wrap_content"
        android:layout_height="wrap_content"
        android:text="@string/button"
        android:textColor="@android:color/white" />
</LinearLayout>
```

（3）在 res/layout 文件夹中创建布局文件 secondactivity_layout.xml。在布局文件中，增加文本框控件来显示字符串，并修改其默认属性。修改完成后布局代码如下：

```
<?xml version="1.0" encoding="utf-8"?>
<LinearLayout xmlns:android="http://schemas.android.com/apk/res/android"
    android:layout_width="fill_parent"
    android:layout_height="fill_parent"
    android:background="@drawable/background"
    android:orientation="vertical" >
    <TextView
        android:id="@+id/textView"
        android:layout_width="wrap_content"
        android:layout_height="wrap_content"
        android:text="@string/text"
        android:textColor="@android:color/white"
        android:textSize="25dp" />
</LinearLayout>
```

（4）编写 FirstActivity 类，获得布局文件中的按钮控件并为其增加单击事件监听器。在监听器中传递包含动作的隐式 Intent，代码如下：

```
public class FirstActivity extends Activity {
    @Override
    protected void onCreate(Bundle savedInstanceState) {
        super.onCreate(savedInstanceState);
        setContentView(R.layout.firstactivity_layout);                //设置页面布局
        Button button = (Button) findViewById(R.id.button);           //通过 ID 值获得按钮对象
        button.setOnClickListener(new View.OnClickListener() {        //为按钮增加单击事件监听器
            public void onClick(View v) {
```

```
                Intent intent = new Intent();                          //创建 Intent 对象
                intent.setAction("test_action");                       //为 Intent 设置动作
                startActivity(intent);                                 //将 Intent 传递给 Activity
            }
        });
    }
}
```

注意 在上面的代码中，并没有指定将 Intent 对象传递给哪个 Activity。

（5）编写 SecondActivity 类，仅为其设置布局文件，代码如下：

```
public class SecondActivity extends Activity {
    @Override
    protected void onCreate(Bundle savedInstanceState) {
        super.onCreate(savedInstanceState);
        setContentView(R.layout.secondactivity_layout);                //设置页面布局
    }
}
```

（6）编写 AndroidManifest.xml 文件，为两个 Activity 设置不同的 Intent 过滤器，代码如下：

```
<?xml version="1.0" encoding="utf-8"?>
<manifest xmlns:android="http://schemas.android.com/apk/res/android"
    package="com.mingrisoft"
    android:versionCode="1"
    android:versionName="1.0" >
    <uses-sdk android:minSdkVersion="17" />
    <application
        android:icon="@drawable/ic_launcher"
        android:label="@string/app_name" >
        <activity android:name=".FirstActivity" >
            <intent-filter >
                <action android:name="android.intent.action.MAIN" />
                <category android:name="android.intent.category.LAUNCHER" />
            </intent-filter>
        </activity>
        <activity android:name=".SecondActivity" >
            <intent-filter >
                <action android:name="test_action" />

                <category android:name="android.intent.category.DEFAULT" />
            </intent-filter>
        </activity>
    </application>
</manifest>
```

运行本实例，将显示如图 7.12 所示的界面，单击“转到下一个 Activity”按钮时，将显示如图 7.13 所示的界面。

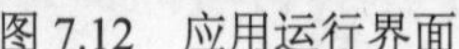
图 7.12　应用运行界面

图 7.13　跳转后的界面

7.5.4　使用 BroadcastReceiver 查看电池剩余电量

本实例将实现当用户单击按钮时显示电池剩余电量的功能。**（实例位置：光盘\TM\sl\7\7.07）**

具体实现步骤如下：

（1）在 Eclipse 中创建 Android 项目，名称为 7.07。

（2）修改 res/layout 文件夹中的 main 文件，增加一个按钮控件并设置其颜色及字体大小等，代码如下：

```
<?xml version="1.0" encoding="utf-8"?>
<LinearLayout xmlns:android="http://schemas.android.com/apk/res/android"
    android:layout_width="fill_parent"
    android:layout_height="fill_parent"
    android:background="@drawable/background"
    android:orientation="vertical" >
    <Button
        android:id="@+id/button"
        android:layout_width="wrap_content"
        android:layout_height="wrap_content"
        android:text="@string/message"
        android:textColor="@android:color/white"
        android:textSize="20dp" />
</LinearLayout>
```

（3）编写 BatteryReceiver 类，它继承了 BroadcastReceiver 类。在该类中重写了 onReceive()方法，在接收到短信息时给出提示，代码如下：

```
public class BatteryReceiver extends BroadcastReceiver {
    @Override
    public void onReceive(Context context, Intent intent) {
        String action = intent.getAction();
        if (action.equals(Intent.ACTION_BATTERY_CHANGED)) {
            int level = intent.getIntExtra("level", 0);
            int scale = intent.getIntExtra("scale", 100);
            Toast.makeText(context, "剩余电量：" + (level * 100 / scale) + "%", Toast.LENGTH_LONG).show();
        }
    }
}
```

（4）编写 BatteryActivity 类，它获取了布局文件中定义的按钮，并为其增加单击事件监听器，代码如下：

```
public class BatteryActivity extends Activity {
    /** Called when the activity is first created. */
    @Override
    public void onCreate(Bundle savedInstanceState) {
        super.onCreate(savedInstanceState);
        setContentView(R.layout.main);
        Button button = (Button) findViewById(R.id.button);
        button.setOnClickListener(new View.OnClickListener() {
            @Override
            public void onClick(View v) {
                registerReceiver(new BatteryReceiver(), new IntentFilter(Intent.ACTION_BATTERY_CHANGED));
            }
        });
    }
}
```

运行本实例，单击“查看剩余电量”按钮，将会通过一个消息提示框来显示当前剩余电量，如图 7.14 所示。

图 7.14　显示剩余电量界面

7.6　本 章 小 结

本章向读者介绍的是 Intent 对象在 Android 中的作用以及 BroadcastReceiver 的使用。Intent 对象用于实现不同组件之间的连接。一个 Intent 对象包含了组件名称、动作、数据、种类、额外和标志等内容。Android 系统可以根据开发人员在 Intent 中设置的内容选择合适的组件进行处理。在日常开发中，应该注意显式 Intent 和隐式 Intent 的应用场合。BroadcastReceiver 用于接收、处理系统和应用程序发送的消息，Android 中预定义了多种广播，请读者认真掌握。

7.7　学习成果检验

1．尝试开发一个 Android 程序，使用 Intent 实现返回系统 Home 桌面的功能。（**答案位置：光盘\TM\sl\7\7.08**）

2．尝试开发一个 Android 程序，实现使用 Intent 打开网页功能。（**答案位置：光盘\TM\sl\7\7.09**）

3．尝试开发一个 Android 程序，实现查看第一条联系人信息的功能（假设通讯录中至少保存了一条记录）。（**答案位置：光盘\TM\sl\7\7.10**）

第 8 章

使用资源

（视频讲解：176 分钟）

Android 中的资源是指可以在代码中使用的外部文件，这些文件作为应用程序的一部分，被编译到应用程序当中。在 Android 中，各种资源都被保存到 Android 应用的 res 目录下对应的子目录中，这些资源既可以在 Java 文件中使用，也可以在其他 XML 资源中使用。本章将对 Android 中的资源进行详细介绍。

通过阅读本章，您可以：

- 掌握字符串资源、颜色资源和尺寸资源文件的定义及使用
- 了解 Android 中颜色值的定义
- 了解 Android 中支持的尺寸单位
- 掌握数组资源文件的定义及使用
- 掌握图片资源和 StateListDrawable 资源的使用
- 掌握样式和主题资源的使用
- 掌握如何通过菜单资源定义上下文菜单和选项菜单
- 掌握如何对 Android 程序进行国际化

8.1　字符串资源

视频讲解：光盘\TM\Video\8\字符串资源.exe

在 Android 中，当需要使用大量的字符串作为提示信息时，可以将这些字符串声明在配置文件中，从而实现程序的可配置性。下面将对字符串（string）资源进行详细介绍。

8.1.1　定义字符串资源文件

字符串资源文件位于 res/values 目录下，根元素是<resources> </resources>标记，在该元素中，使用<string></string>标记定义各字符串，其中，通过为<string></string>标记设置 name 属性来指定字符串的名称，在起始标记<string>和结束标记</string>中间添加字符串的内容。例如，在 Android 项目中，创建一个名称为 strings.xml 的字符串资源文件，在该文件中定义一个名称为 introduce 的字符串，内容是公司简介。strings.xml 的具体代码如下：

```
<resources>
    <string name="introduce">明日科技有限公司是一家以计算机软件为核心的高科技企业，
        多年来始终致力于行业管理软件开发、数字化出版物制作、
        计算机网络系统综合应用以及行业电子商务网站开发等领域。</string>
</resources>
```

说明　在 Android 中，资源文件的文件名不能是大写字母，必须是以小写字母 a~z 开头的，由小写字母 a~z、0~9 或者下划线"_"组成。

8.1.2　使用字符串资源

在字符串资源文件中定义字符串资源后，就可以在 Java 文件或是 XML 文件中使用该字符串资源了。在 Java 文件中使用字符串资源的语法格式如下：

```
[<package>.]R.string.字符串名
```

例如，在 MainActivity 中，要获取名称为 introduce 的字符串，可以使用下面的代码。

```
getResources().getString(R.string.introduce)
```

在 XML 文件中使用字符串资源的基本语法格式如下：

```
@[<package>:]string/字符串名
```

例如，在定义 TextView 组件时，通过字符串资源为其指定 android:text 属性的代码如下：

```
<TextView
    android:layout_width=" wrap_content"
    android:layout_height="wrap_content"
android:text="@string/introduce" />
```

下面通过一个具体的实例来介绍字符串资源的具体应用。

例 8.01 在 Eclipse 中创建 Android 项目，名称为 8.01，实现一个游戏的关于界面，并通过字符串资源设置界面中的文字内容。（**实例位置：光盘\TM\sl\8\8.01**）

具体实现步骤如下：

（1）打开新建项目的 res/values 目录下的 strings.xml 文件，在该文件中将默认添加的名称为 hello 的字符串资源删除，然后分别定义名称为 title、company、url 和 introduce 的字符串资源。关键代码如下：

```
<string name="title">关于泡泡龙</string>
<string name="company">开发公司：吉林省明日科技有限公司</string>
<string name="url">公司网址：http://www.mingribook.com</string>
<string name="introduce">        泡泡龙游戏是一款十分流行的益智游戏。它可以从下方中央的弹珠发射台射出彩珠，当有多于 3 个同色弹珠相连时，这些弹珠将会爆掉，否则该弹珠被连接到指向的位置，直到泡泡下压越过下方的警戒线，游戏结束。</string>
```

（2）打开 res/layout/目录下默认创建的 main.xml 文件，在该文件中，共添加 4 个 TextView 组件，并使用前面 3 个步骤中创建的字符串、颜色和尺寸资源。关键代码如下：

```
<TextView
    android:text="@string/title"
    android:gravity="center"
    android:layout_width="match_parent"
    android:layout_height="wrap_content"
/>
<TextView
    android:text="@string/introduce"
    android:layout_width="wrap_content"
    android:layout_height="wrap_content"
/>
<TextView
    android:text="@string/company"
    android:gravity="center"
    android:layout_width="match_parent"
    android:layout_height="wrap_content"
/>
<TextView
    android:text="@string/url"
    android:gravity="center"
    android:layout_width="match_parent"
    android:layout_height="wrap_content"
/>
```

说明 在上面的代码中，第 1 个组件设置要显示的文字为名称是 title 的字符串资源；第 2 个组件设置要显示的文字为名称是 introduce 的字符串资源；第 3 个组件设置要显示的文字为名称是 company 的字符串资源；第 4 个组件设置要显示的文字为名称是 url 的字符串资源。

运行本实例，将显示如图 8.1 所示的运行结果。

图 8.1　使用字符串资源设置界面中的文字

8.2　颜色资源

视频讲解：光盘\TM\Video\8\颜色资源.exe

颜色（color）资源也是进行 Android 应用开发时比较常用的资源，它通常用于设置文字、背景的颜色等。下面将对颜色资源进行详细介绍。

8.2.1　颜色值的定义

在 Android 中，颜色值通过 RGB（红、绿、蓝）三原色和一个透明度（Alpha）值表示。它必须以井号“#”开头，后面接 Alpha-Red-Green-Blue 形式的内容。其中，Alpha 值可以省略，如果省略，那么该颜色默认是完全不透明的。通常情况下，颜色值使用以下 4 种形式之一。

- ☑ #RGB：也就是使用红、绿、蓝三原色的值来表示颜色，其中红、绿和蓝采用 0~f 来表示。例如，要表示红色，可以使用#f00。
- ☑ #ARGB：也就是使用透明度以及红、绿、蓝三原色来表示颜色，其中透明度、红、绿和蓝均采用 0~f 来表示。例如，要表示半透明的红色，可以使用#6f00。
- ☑ #RRGGBB：也就是使用红、绿、蓝三原色的值来表示颜色，与#RGB 不同的是，这里的红、绿和蓝使用 00~ff 来表示。例如，要表示蓝色，可以使用#00f。
- ☑ #AARRGGBB：也就是使用透明度以及红、绿、蓝三原色来表示颜色，其中透明度、红、绿和蓝均采用 00~ff 来表示。例如，要表示半透明的绿色，可以使用#6600ff00。

说明　在表示透明度时，0 表示完全透明，f 表示完全不透明。

8.2.2　定义颜色资源文件

颜色资源文件位于 res/values 目录下，根元素是<resources></resources>标记，在该元素中，使用<color></color>标记定义各颜色资源，其中，通过为<color></color>标记设置 name 属性来指定颜色资源的名称，在起始标记<color>和结束标记</color>中间添加颜色值。例如，在 Android 项目中，创建一个名称为 colors.xml 的颜色资源文件，在该文件中定义 4 个颜色资源，其中第 1 个名称为 title，颜色值采用#AARRGGBB 格式，第 2 个名称为 title1，颜色值采用#ARGB 格式，这两个资源都表示半透明的红色；第 3 个名称为 content，颜色值采用#RRGGBB 格式，第 4 个名称为 content1，颜色值采用#RGB 格式，这两个资源都表示完全不透明的红色。colors.xml 的具体代码如下：

```
<resources>
    <color name="title">#66ff0000</color>
    <color name="title1">#6f00</color>
    <color name="content">#ff0000</color>
    <color name="content1">#f00</color>
</resources>
```

8.2.3 使用颜色资源

在颜色资源文件中定义颜色资源后，就可以在 Java 文件或是 XML 文件中使用该颜色资源了。在 Java 文件中使用颜色资源的语法格式如下：

```
[<package>.]R.color.颜色资源名
```

例如，在 MainActivity 中，通过颜色资源为 TextView 组件设置文字颜色，可以使用下面的代码。

```
TextView tv=(TextView)findViewById(R.id.title);
tv.setTextColor(getResources().getColor(R.color.title1));
```

在 XML 文件中使用颜色资源的基本语法格式如下：

```
@[<package>:]color/颜色资源名
```

例如，在定义 TextView 组件时，通过颜色资源为其指定 android:textColor 属性，也就是设置组件内文字的颜色，代码如下：

```
<TextView
    android:layout_width=" wrap_content "
    android:layout_height="wrap_content"
android:textColor="@color/title" />
```

下面将对例 8.01 进行修改，为界面中的文字设置不同颜色。

首先，在 Eclipse 中打开 8.01 项目，在 res/values/目录下，创建一个保存颜色资源的 colors.xml 文件，在该文件中，分别定义名称为 title、introduce、company 和 url 的颜色资源。关键代码如下：

```
<resources>
    <color name="title">#ff0</color>
    <color name="introduce">#7e8</color>
    <color name="company">#f70</color>
    <color name="url">#9f60</color>
</resources>
```

然后，打开 main.xml 布局文件，分别为 id 为 title、company、url 和 introduce 的 TextView 组件设置 android:textColor 属性，用于改变各组件的文字颜色。修改后的代码如下：

```
<TextView
    android:text="@string/title"
    android:textColor="@color/title"
    android:gravity="center"
```

```
    android:layout_width="match_parent"
    android:layout_height="wrap_content"
/>
<TextView
    android:textColor="@color/introduce"
    android:text="@string/introduce"
    android:layout_width="wrap_content"
    android:layout_height="wrap_content"
/>
<TextView
    android:text="@string/company"
    android:gravity="center"
    android:textColor="@color/company"
    android:layout_width="match_parent"
    android:layout_height="wrap_content"
/>
<TextView
    android:text="@string/url"
    android:gravity="center"
    android:textColor="@color/url"
    android:layout_width="match_parent"
    android:layout_height="wrap_content"
/>
```

再次运行例 8.01 的程序，将显示如图 8.2 所示的运行结果。

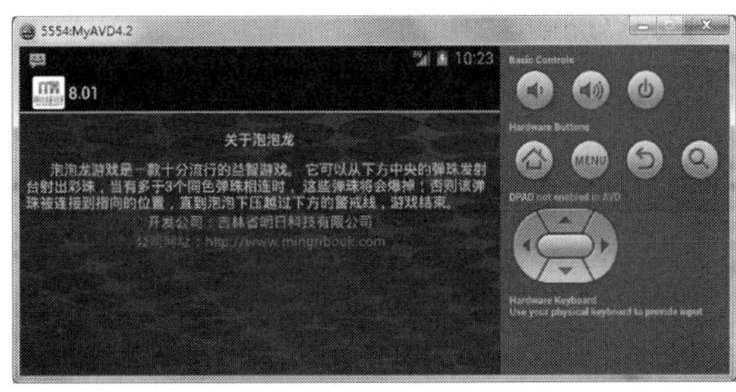

图 8.2　使用颜色资源设置文字颜色后的运行结果

8.3　尺 寸 资 源

视频讲解：光盘\TM\Video\8\尺寸资源.exe

尺寸（dimen）资源也是进行 Android 应用开发时比较常用的资源，它通常用于设置文字的大小、组件的间距等。下面将对尺寸资源进行详细介绍。

8.3.1　Android 支持的尺寸单位

在 Android 中，支持的常用尺寸单位如下。

☑　px（Pixels，像素）：每个 px 对应屏幕上的一个点。例如，320×480 的屏幕在横向有 320 个像素，在纵向有 480 个像素。

- ☑ in（Inches，英寸）：标准长度单位。每英寸等于 2.54 厘米。例如，形容手机屏幕大小，经常说，3.2（英）寸、3.5（英）寸、4（英）寸都是指这个单位。这些尺寸是屏幕对角线的长度。如果手机的屏幕是 4 英寸，表示手机的屏幕（可视区域）对角线长度是 4×2.54 = 10.16 厘米。
- ☑ pt（points，磅）：屏幕物理长度单位，1/72 英寸。
- ☑ dip 或 dp（设置独立像素）：一种基于屏幕密度的抽象单位。在每英寸 160 点的显示器上，1dip=1px。但随着屏幕密度的改变，dip 与 px 的换算也会发生改变。
- ☑ sp（比例像素）：主要处理字体的大小，可以根据用户字体大小首选项进行缩放。
- ☑ mm（Millimeters，毫米）：屏幕物理长度单位。

8.3.2 定义尺寸资源文件

尺寸资源文件位于 res/values 目录下，根元素是<resources></resources>标记，在该元素中，使用<dimen></dimen>标记定义各尺寸资源，其中，通过为<dimen></dimen>标记设置 name 属性来指定尺寸资源的名称，在起始标记<dimen>和结束标记</dimen>中间定义一个尺寸常量。例如，在 Android 项目中，创建一个名称为 dimens.xml 的尺寸资源文件，在该文件中定义两个尺寸资源，其中第一个名称为 title，尺寸值是 24px，第二个名称为 content，尺寸值是 14dp。dimens.xml 文件的具体代码如下：

```
<?xml version="1.0" encoding="utf-8"?>
<resources>
    <dimen name="title">24px</dimen>
    <dimen name="content">14dp</dimen>
</resources>
```

8.3.3 使用尺寸资源

在尺寸资源文件中定义尺寸资源后，就可以在 Java 文件或是 XML 文件中使用该尺寸资源了。在 Java 文件中使用尺寸资源的语法格式如下：

```
[<package>.]R.color.尺寸资源名
```

例如，在 MainActivity 中，通过尺寸资源为 TextView 组件设置文字大小，可以使用下面的代码。

```
TextView tv=(TextView)findViewById(R.id.title);
tv.setTextSize(getResources().getDimension(R.dimen.title));
```

在 XML 文件中使用尺寸资源的基本语法格式如下：

```
@[<package>:]dimen/尺寸资源名
```

例如，在定义 TextView 组件时，通过尺寸资源为其指定 android: textSize 属性，也就是设置组件内文字的大小，代码如下：

```
<TextView
    android:layout_width=" wrap_content "
    android:layout_height="wrap_content"
android:textSize="@dimen/content" />
```

下面再次对例 8.01 进行修改，为界面中的文字设置字体大小及内边距。

首先，在 Eclipse 中打开 8.01 项目，在 res/values/目录下，创建一个保存尺寸资源的 dimen.xml 文件，在该文件中，分别定义名称为 title、padding、introduce 和 titlePadding 的尺寸资源。关键代码如下：

```
<resources>
    <dimen name="title">26dp</dimen>
    <dimen name="padding">6dp</dimen>
    <dimen name="introduce">16dp</dimen>
    <dimen name="titlePadding">10dp</dimen>
</resources>
```

然后，打开 main.xml 布局文件，分别为 id 为 title、company、url 和 introduce 的 TextView 组件设置 android:textSize 属性、android:padding 属性或者 android:paddingLeft 属性，用于改变各组件的文字大小及内边距。修改后的代码如下：

```
    <TextView
        android:text="@string/title"
        android:padding="@dimen/titlePadding"
        android:textSize="@dimen/title"
        android:textColor="@color/title"
        android:gravity="center"
        android:layout_width="match_parent"
        android:layout_height="wrap_content"
    />
    <TextView
        android:textColor="@color/introduce"
        android:text="@string/introduce"
        android:textSize="@dimen/introduce"
        android:layout_width="wrap_content"
        android:layout_height="wrap_content"
    />
    <TextView
        android:text="@string/company"
        android:gravity="center"
        android:textColor="@color/company"
        android:padding="@dimen/padding"
        android:layout_width="match_parent"
        android:layout_height="wrap_content"
    />
    <TextView
        android:text="@string/url"
        android:gravity="center"
        android:textColor="@color/url"
        android:paddingLeft="@dimen/padding"
        android:layout_width="match_parent"
        android:layout_height="wrap_content"
    />
```

说明 在上面的代码中，第 1 个组件设置要显示的文字为名称是 title 的字符串资源、内间距为名称是 titlePadding 的尺寸资源、文字大小为名称是 title 的尺寸资源、文字颜色为名称是 title 的颜色资源；第 2 个组件设置要显示的文字为名称是 introduce 的字符串资源、文字颜色为名称是 introduce 的颜色资源、文字大小为名称是 introduce 的尺寸资源；第 3 个组件设置要显示的文字为名称是 company 的字符串资源、文字颜色为名称是 company 的颜色资源、内边距为名称是 padding 的尺寸资源；第 4 个组件设置要显示的文字为名称是 url 的字符串资源、文字颜色为名称是 url 的颜色资源、左内边距为名称是 padding 的尺寸资源。

再次运行例 8.01 的程序，将显示如图 8.3 所示的运行结果。

图 8.3　使用尺寸资源设置文字大小及内边距后的运行结果

下面将通过一个实例来介绍字符串资源、颜色资源和尺寸资源的综合应用。

例 8.02　在 Eclipse 中创建 Android 项目，名称为 8.02，实现逐渐加宽的彩虹桥背景。（**实例位置：光盘\TM\sl\8\8.02**）

具体实现步骤如下：

（1）打开新建项目的 res/layout/目录下的 main.xml 文件，在该文件中共添加 7 个 TextView 组件，然后设置各组件的 android:id 属性依次为@+id/str1、@+id/str2、…、@+id/str7，再设置各组件的 android:text 属性值依次为赤、橙、黄、绿、青、蓝、紫，最后将各组件的 android:layout_width 属性设置为 match_parent。由于此处的布局代码比较简单，所以这里不再给出，具体代码请参见光盘。

（2）在 res/values/目录下，创建一个保存颜色资源的 colors.xml 文件，在该文件中，定义 8 个颜色资源，名称依次为 color1、color2、…、color8；颜色值分别为代表赤、橙、黄、绿、青、蓝、紫、黑所对应的颜色值。colors.xml 文件的关键代码如下：

```
<resources>
    <color name="color1">#f00</color>
    <color name="color2">#f60</color>
    <color name="color3">#ff0</color>
    <color name="color4">#0f0</color>
    <color name="color5">#0ff</color>
    <color name="color6">#00f</color>
    <color name="color7">#60f</color>
    <color name="color8">#000</color>
</resources>
```

（3）在 res/values/目录下，创建一个保存尺寸资源的 dimen.xml 文件，在该文件中，只定义一个名称为 basic 的尺寸资源，并设置尺寸常量为 24 像素。dimen.xml 文件的关键代码如下：

```
<resources>
    <dimen name="basic">24dp</dimen>
</resources>
```

（4）打开默认创建的 MainActivity，在 onCreate()方法中，首先创建一个由 TextView 组件的 ID 组成的一维数组，然后再定义一个由颜色资源组件组成的一维数组，最后再通过一个 for 循环，分别为各 TextView 组件设置文字居中显示、背景颜色和组件高度。关键代码如下：

```
int[] tvID=new int[]{R.id.str1,R.id.str2,R.id.str3,
        R.id.str4,R.id.str5,R.id.str6,R.id.str7};                    //定义 TextView 组件的 ID 数组
int[] tvColor=new int[]{R.color.color1,R.color.color2,R.color.color3,
        R.color.color4,R.color.color5,R.color.color6,R.color.color7};  //使用颜色资源
for(int i=0;i<7;i++){
    TextView tv=(TextView)findViewById(tvID[i]);                      //根据 ID 获取 TextView 组件
    tv.setGravity(Gravity.CENTER);                                    //设置文字居中显示
    tv.setBackgroundColor(getResources().getColor(tvColor[i]));       //为 TextView 组件设置背景颜色
    tv.setHeight((int)(getResources().getDimension(R.dimen.basic))*(i+2)/2);   //为 TextView 组件设置高度
}
```

运行本实例，将显示如图 8.4 所示的运行结果。

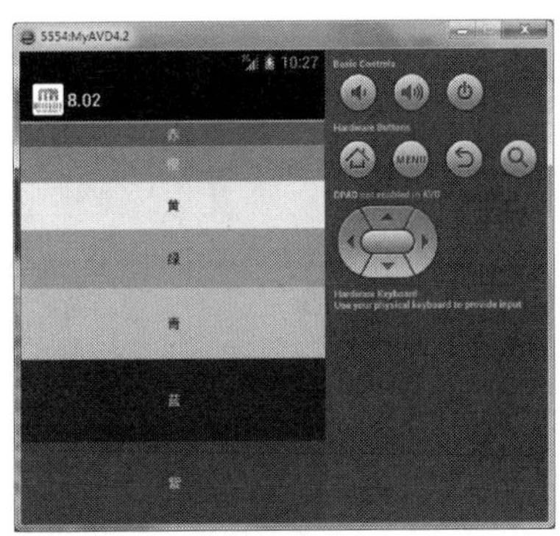

图 8.4 逐渐加宽的彩虹桥背景

8.4 数 组 资 源

视频讲解：光盘\TM\Video\8\数组资源.exe

同 Java 一样，Android 中也允许使用数组。但是在 Android 中，不推荐在 Java 程序中定义数组，而是推荐使用数组资源文件来定义数组。下面将对数组（array）资源进行详细介绍。

8.4.1 定义数组资源文件

数组资源文件位于 res/values 目录下，根元素是<resources></resources>标记，在该元素中，包括以下 3 个子元素。

☑ <array />子元素，用于定义普通类型的数组。

☑ <integer-array />子元素，用于定义整数数组。

☑ <string-array />子元素，用于定义字符串数组。

无论使用上面 3 个子元素中的哪一个，都可以使用 name 属性定义数组名称，并且在起始标记和结束标记中间使用<item></item>标记定义数组中的元素。例如，要定义一个名称为 arrays.xml 的数组资源文件，在该文件中添加一个名称为 listItem，包括 3 个数组元素的字符串数组，可以使用下面的代码：

```
<?xml version="1.0" encoding="utf-8"?>
<resources>
    <string-array name="listItem">
        <item>程序管理</item>
        <item>邮件设置</item>
        <item>保密设置</item>
    </string-array>
</resources>
```

8.4.2 使用数组资源

在数组资源文件中定义数组资源后，就可以在 Java 文件或是 XML 文件中使用该数组资源了。在 Java 文件中使用数组资源的语法格式如下：

```
[<package>.]R.array.数组名
```

例如，在 MainActivity 中，要获取名称为 listItem 的字符串数组，可以使用下面的代码。

```
String[] arr=getResources().getStringArray(R.array.listItem);
```

在 XML 文件中使用数组资源的基本语法格式如下：

```
@[<package>:]array/数组名
```

例如，在定义 ListView 组件时，通过字符串数组资源为其指定 android:entries 属性的代码如下：

```
<ListView
    android:id="@+id/listView1"
    android:entries="@array/listItem"
    android:layout_width="match_parent"
    android:layout_height="wrap_content" >
</ListView>
```

8.5 Drawable 资源

视频讲解：光盘\TM\Video\8\Drawable 资源.exe

Drawable 资源是 Android 应用中使用最为广泛、灵活的资源。它不仅可以直接使用图片作为资源，而且可以使用多种 XML 文件作为资源，只要是这个 XML 文件可以被系统编译成 Drawable 子类的对象，那么这个 XML 文件就可以作为 Drawable 资源。

说明 Drawable 资源通常保存在 res/drawable 目录中，实际上是保存在 res/drawable-hdpi、res/drawable-ldpi、res/drawable-mdpi 目录下。其中，res/drawable-hdpi 保存的是高分辨率的图片，res/drawable-ldpi 目录下保存的是低分辨率的图片，res/drawable-mdpi 保存的是中等分辨率的图片。

8.5.1　图片资源

在 Android 中，不仅可以将扩展名为.png、.jpg 和.gif 的普通图片作为图片资源，而且可以将扩展名为.9.png 的 9-Patch 图片作为图片资源。由于我们对扩展名为.png、.jpg 和.gif 的普通图片比较熟悉，它们通常是通过绘图软件完成的，下面对扩展名为.9.png 的 9-Patch 图片进行简要介绍。

9-Patch 图片是使用 Android SDK 中提供的工具 Draw 9-patch 生成的，该工具位于 Android SDK 安装目录下的 tools 目录中，双击 draw9patch.bat 即可打开该工具。使用该工具可以生成一个可以伸缩的标准 PNG 图像，Android 会自动调整大小来容纳显示的内容。下面就来介绍通过 Draw 9-patch 生成扩展为.9.png 的图片的具体步骤。

（1）打开 Draw 9-patch，选择工具栏上的 File/Open 9-patch 菜单项，如图 8.5 所示。

（2）在打开的“打开”对话框中，选择要生成 9-Patch 图片的原始图片，这里选择名称为 mrbiao.png 的图片。打开后的效果如图 8.6 所示。

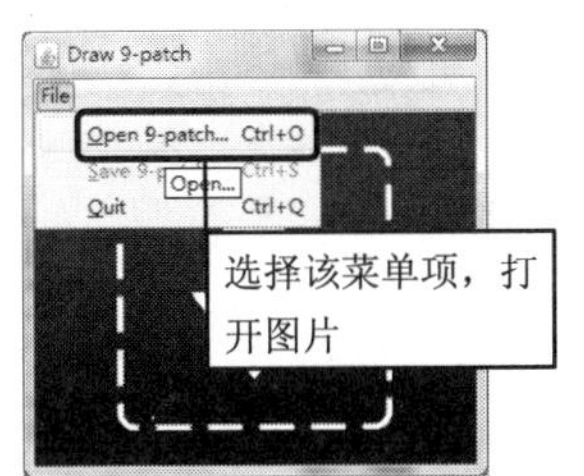

图 8.5　启动 Draw 9-patch 工具

图 8.6　打开原始图片

说明　在图片的四周多了一圈一个像素的可操作区域，在这个可操作区域上，单击鼠标左键可以绘制一个像素的黑线，水平方向的黑线与垂直方向的黑线的交集为可缩放区域，在已经绘制的黑线上单击鼠标右键（或者按下 Shift 键后，再单击鼠标左键），可以清除已经绘制的内容。

（3）在打开的图片上定义如图 8.7 所示的可缩放区域和内容显示区域。在该图上，粉色区域代表可缩放区域，绿色区域代表内容显示区域，也就是固定大小的区域。

（4）选择菜单栏上的 File/Save 9-patch 菜单项，保存 9-Patch 图片，这里将其命名为 mrbiao.9.png。

（5）生成扩展名为.9.png 的图片后，就可以将其作为图片资源使用了。9-Patch 图片通常用于作为背景。与普通图片不同的是，使用 9-Patch 图片作为屏幕或按钮的背景时，当屏幕尺寸或者按钮大小改变时，图片可自动缩放，达到不失真效果。例如，图 8.8 所示的效果就是在模拟器中，使用 9-Patch 图片和背景图片作为按钮的背景时的效果。

在了解了可以作为图片资源的图片后，我们再来介绍如何使用图片资源。在使用图片资源时，首先将准备好的图片放置在 res/drawable-xxx 目录中，然后就可以在 Java 文件或是 XML 文件中访问该资源了。在 Java 代码中，可以通过下面的语法格式访问它。

```
[<package>.]R.drawable.<文件名>
```

图 8.7　定义 9-Patch 图片

图 8.8　普通 PNG 图片与 9-Patch 图片的对比

注意 Android 中不允许图片资源的文件名中出现大写字母，且不能以数字开头。

例如，在 MainActivity 中，通过图片资源为 ImageView 组件设置要显示的图片，可以使用下面的代码。

```
ImageView iv=(ImageView)findViewById(R.id.imageView1);
iv.setImageResource(R.drawable.head);
```

在 XML 文件中，可以通过下面的语法访问布局资源文件。

```
@[<package>:]drawable.文件名
```

例如，在定义 ImageView 组件时，通过图片资源为其指定 android:src 属性，也就是设置要显示的图片。具体代码如下：

```
<ImageView
    android:id="@+id/imageView1"
    android:layout_width="wrap_content"
    android:layout_height="wrap_content"
    android:src="@drawable/head" />
```

说明 在 Android 应用中，使用 9-Patch 图片时不需要加扩展名.9.png。例如，要在 XML 文件中使用一个名称为 mrbiao.9.png 的 9-Patch 图片，可以使用@drawable/mrbiao。

下面将介绍一个使用 9-Patch 图片实现不失真按钮背景的实例。

例 8.03　在 Eclipse 中创建 Android 项目，名称为 8.03，实现应用 9-Patch 图片作为按钮的背景，并让按钮背景随按下状态动态改变。**（实例位置：光盘\TM\sl\8\8.03）**

具体实现步骤如下：

（1）打开 Draw 9-patch 工具，在该工具中，将已经准备好的 green1.png 图片和 red.png 图片制作成 9-Patch 图片。最终完成后的图片如图 8.9 所示。

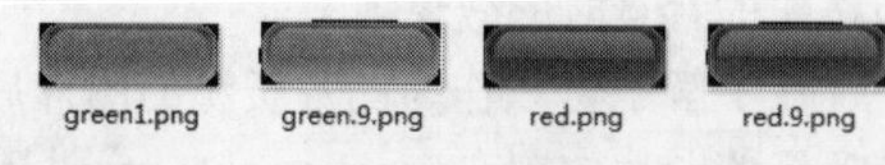

图 8.9　完成后的图片

（2）修改新建项目的 res/layout 目录下的布局文件 main.xml，在默认添加的垂直线性布局管理器中，将默认添加的 TextView 组件删除，然后添加 3 个 Button 按钮，并为各按钮设置背景，其中第一个按钮的背景设置为普通 PNG 图片，第二个按钮的背景设置为 9-Patch 图片，第三个按钮的背景设置为 StateListDrawable 资源（用于让按钮的背景图片随按钮状态而动态改变）。关键代码如下：

```
<Button
        android:id="@+id/button1"
        android:background="@drawable/green1"
        android:layout_margin="5px"
        android:layout_width="match_parent"
        android:layout_height="50px"
        android:text="我是普通图片背景"/>
<Button
        android:id="@+id/button2"
        android:background="@drawable/green"
        android:layout_margin="5px"
        android:layout_width="450px"
        android:layout_height="150px"
        android:text="我是 9-Patch 图片背景（按钮宽度和高度固定）"
    />
<Button
        android:id="@+id/button3"
        android:background="@drawable/button_state"
        android:layout_margin="5px"
        android:layout_width="match_parent"
        android:layout_height="wrap_content"
        android:text="我是 9-Patch 图片背景（单击会变色）"
    />
```

（3）在 res/drawable-mdpi 目录中，创建一个名称为 button_state.xml 的 StateListDrawable 资源文件，在该文件中，分别指定 android:state_pressed 属性为 true 时使用的背景图片和 android:state_pressed 属性为 false 时使用的背景图片，这两张图片均为 9-Patch 图片。button_state.xml 文件的具体代码如下：

```
<?xml version="1.0" encoding="utf-8"?>
<selector xmlns:android="http://schemas.android.com/apk/res/android" >
    <item android:drawable="@drawable/red" android:state_pressed="true"/>
    <item android:drawable="@drawable/green" android:state_pressed="false"/>
</selector>
```

运行本实例，将显示如图 8.10 所示的运行结果。其中，第一个按钮采用的是普通 PNG 图片，所以失真了，而后面两个则采用的是 9-Patch 图片，所以没有失真。另外，在最后一个按钮上按下鼠标后，按钮的背景将变成红色，抬起鼠标后，又变回绿色。

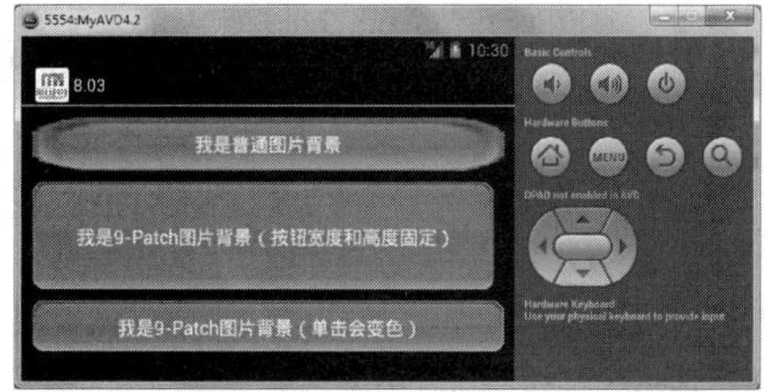

图 8.10　使用 9-Patch 图片实现不失真按钮背景

8.5.2　StateListDrawable 资源

StateListDrawable 资源是定义在 XML 文件中的 Drawable 对象，能根据状态来呈现不同的图像。例如，一个 Button 按钮存在多种不同的状态（pressed、enabled 或

focused 等），使用 StateListDrawable 资源可以为按钮的每个状态提供不同的按钮图片。

StateListDrawable 资源文件同图片资源一样，也是放在 res/drawable-xxx 目录中。StateListDrawable 资源文件的根元素为<selector></selector>，在该元素中可以包括多个<item></item>元素。每个 Item 元素可以设置以下两个属性。

- ☑ android:color 或 android:drawable：用于指定颜色或者 Drawable 资源。
- ☑ android:state_xxx：用于指定一个特定的状态，常用的状态属性如表 8.1 所示。

表 8.1　StateListDrawable 支持的常用状态属性

状 态 属 性	描　述
android:state_active	表示是否处于激活状态，属性值为 true 或 false
android:state_checked	表示是否处于选中状态，属性值为 true 或 false
android:state_enabled	表示是否处于可用状态，属性值为 true 或 false
android:state_first	表示是否处于开始状态，属性值为 true 或 false
android:state_focused	表示是否处于获得焦点状态，属性值为 true 或 false
android:state_last	表示是否处于结束状态，属性值为 true 或 false
android:state_middle	表示是否处于中间状态，属性值为 true 或 false
android:state_pressed	表示是否处于被按下状态，属性值为 true 或 false
android:state_selected	表示是否处于被选择状态，属性值为 true 或 false
android:state_window_focused	表示窗口是否已经得到焦点状态，属性值为 true 或 false

例如，创建一个根据编辑框是否获得焦点来改变文本框内文字颜色的名称为 edittext_focused.xml 的 StateListDrawable 资源，可以使用下面的代码：

```
<?xml version="1.0" encoding="utf-8"?>
<selector xmlns:android="http://schemas.android.com/apk/res/android" >
    <item android:color="#f60" android:state_focused="true"/>
   <item android:color="#0a0" android:state_focused="false"/>
</selector>
```

创建一个 StateListDrawable 资源后，可以将该文件放置在 res/drawable-xxx 目录下，然后在相应的组件中使用该资源即可。例如，要在编辑框中使用名称为 edittext_focused.xml 的 StateListDrawable 资源，可以使用下面的代码：

```
<EditText
    android:id="@+id/editText"
    android:layout_width="wrap_content"
    android:layout_height="wrap_content"
    android:textColor="@drawable/edittext_focused"
    android:text="请输入文字" />
```

下面将通过一个实例来介绍 StateListDrawable 资源的具体应用。

例 8.04　在 Eclipse 中创建 Android 项目，名称为 8.04，实现当按钮为可用状态时，使用绿色背景；为不可用状态时，使用灰色背景。**（实例位置：光盘\TM\sl\8\8.04）**

具体实现步骤如下：

（1）打开 Draw 9-patch 工具，在该工具中，制作如图 8.11 所示的 3 张 9-Patch 图片。

图 8.11　制作完成的 9-Patch 图片

（2）在 res/drawable-mdpi 目录中，创建一个名称为 button_state.xml 的 StateListDrawable 资源文件，在该文件中，分别指定 android:state_enabled 属性为 true 时使用的背景图片（green.9.png）和 android:state_enabled 属性为 false 时使用的背景图片（grey.9.png）。button_state.xml 文件的具体代码如下：

```
<?xml version="1.0" encoding="utf-8"?>
<selector xmlns:android="http://schemas.android.com/apk/res/android" >
    <item android:drawable="@drawable/green" android:state_enabled="true"/>
    <item android:drawable="@drawable/grey" android:state_enabled="false"/>
</selector>
```

（3）修改新建项目的 res/layout 目录下的布局文件 main.xml，在默认添加的垂直线性布局管理器中，将默认添加的 TextView 组件删除，然后添加两个 Button 按钮，并为各按钮设置背景，其中第一个按钮的背景设置为 StateListDrawable 资源（用于让按钮的背景图片随按钮状态而动态改变），第二个按钮的背景设置为 9-Patch 图片 red.9.png。关键代码如下：

```
<Button
    android:id="@+id/button1"
    android:background="@drawable/button_state"
    android:padding="15px"
    android:layout_width="wrap_content"
    android:layout_height="wrap_content"
    android:text="我是可用按钮"
  />
<Button
    android:id="@+id/button2"
    android:layout_width="wrap_content"
    android:background="@drawable/red"
    android:layout_marginTop="5px"
    android:padding="15px"
    android:layout_height="wrap_content"
    android:text="单击我可以让上面的按钮变为可用" />
```

（4）打开 MainActivity，在 onCreate()方法中，首先获取第一个按钮，并为其添加单击事件监听器，在重写的 onClick()方法中，将该按钮设置为不可用，并改变按钮上的文字，然后再获取第二个按钮，并为其添加单击事件监听器，在重写的 onClick()方法中，将第一个按钮设置为可用，并改变按钮上显示的文字。关键代码如下：

```
final Button button1 = (Button) findViewById(R.id.button1);          //获取布局文件中添加的 button1
//为按钮添加单击事件监听
button1.setOnClickListener(new OnClickListener() {
    @Override
    public void onClick(View v) {
        Button b = (Button) v;                                       //获取当前按钮
        b.setEnabled(false);                                         //让按钮变为不可用
        b.setText("我是不可用按钮");                                   //改变按钮上显示的文字
        Toast.makeText(MainActivity.this, "按钮变为不可用", Toast.LENGTH_SHORT)
                .show();                                             //显示消息提示框
    }
});
Button button2 = (Button) findViewById(R.id.button2);                //获取布局文件中添加的 button2
```

```
//为按钮添加单击事件监听
button2.setOnClickListener(new OnClickListener() {
    @Override
    public void onClick(View v) {
        button1.setEnabled(true);                    //让 button1 变为可用
        button1.setText("我是可用按钮");              //改变按钮上显示的文字
    }
});
```

运行本实例，将显示如图 8.12 所示的运行结果。单击“我是可用按钮”按钮，该按钮将变为不可用按钮，如图 8.13 所示。当第一个按钮变为不可用按钮后，单击“单击我可以让上面的按钮变为可用”按钮，可以让已经变为不可用的按钮再次变为可用按钮。

图 8.12　显示可用按钮

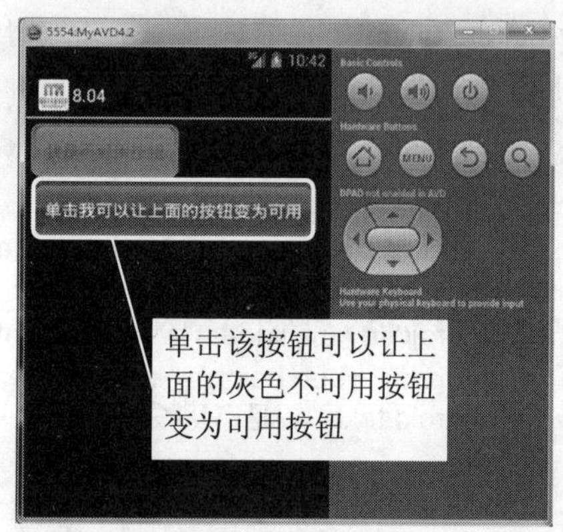

图 8.13　显示不可用按钮

8.6　使用布局资源

视频讲解：光盘\TM\Video\8\使用布局资源.exe

布局（Layout）资源是 Android 中最常用的一种资源，从第一个 Android 应用开始，我们就已经在使用布局资源了，而且在第 3 章的 3.2 节中已经详细介绍了各种布局管理器的应用。因此，这里将不再详细介绍布局管理器的知识，只是对使用布局资源进行简单的归纳。

在 Android 中，将布局资源文件放置在 res/layout 目录下，布局资源文件的根元素通常是各种布局管理器，在该布局管理器中，通常是各种 View 组件或是嵌套的其他布局管理器。例如，在应用 Eclipse 创建一个 Android 应用时，默认创建的布局资源文件 main.xml 中，就是一个垂直的线性布局管理器，在该布局管理器中，添加一个 TextView 组件。

布局文件创建完成后，可以在 Java 代码或是 XML 文件中使用它。在 Java 代码中，可以通过下面的语法格式访问它。

```
[<package>.]R.layout.<文件名>
```

例如，在 MainActivity 的 onCreate()方法中，可以通过下面的代码指定该 Activity 应用的布局文件为 main.xml。

```
setContentView(R.layout.main);
```

在 XML 文件中，可以通过下面的语法访问布局资源文件。

```
@[<package>:]layout.文件名
```

例如，如果要一个布局文件 main.xml 中包含另一个布局文件 image.xml，可以在 main.xml 文件中使用下面的代码。

```
<include layout="@layout/image" />
```

8.7　样式和主题资源

视频讲解：光盘\TM\Video\8\样式和主题资源.exe

在 Android 中，提供了用于对 Android 应用进行美化的样式（style）和主题（theme）资源，使用这些资源可以开发出各种风格的 Android 应用。下面将对 Android 中提供的样式资源和主题资源进行详细介绍。

8.7.1　样式资源

样式资源主要用于对组件的显示样式进行控制，例如，改变文本框显示文字的大小和颜色等。样式资源文件放置在 res/values 目录中，它的根元素是<resources></resources>标记，在该元素中，使用<style></style>标记定义样式，其中，通过为<style></style>标记设置 name 属性来指定样式的名称，在起始标记<style>和结束标记</style>中间添加<item></item>标记来定义格式项，在一个<style></style>标记中，可以包括多个<item></item>标记。例如，在 Android 项目中，创建一个名称为 styles.xml 的样式资源文件，在该文件中定义一个名称为 title 的样式，在该样式中定义两个样式，一个是设置文字大小的样式，另一个是设置文字颜色的样式，styles.xml 的具体代码如下：

```
<resources>
    <style name="title">
        <item name="android:textSize">48px</item>
        <item name="android:textColor">#f60</item>
    </style>
</resources>
```

在 Android 中，还支持继承样式的功能，只需在<style></style>标记中，使用 parent 属性进行设置即可。例如，定义一个名称为 basic 的样式，然后再定义一个名称为 title 的样式，让该样式继承 basic 样式。关键代码如下：

```
<resources>
    <style name="basic">
        <item name="android:textSize">48px</item>
        <item name="android:textColor">#f60</item>
    </style>
    <style name="title" parent="basic">
        <item name="android:padding">10px</item>
        <item name="android:gravity">center</item>
    </style>
</resources>
```

说明 当一个样式继承另一个样式后，如果在这个子样式中，出现了与父样式相同的属性，将使用子样式中定义的属性值。

在样式资源文件中定义样式资源后，就可以在 XML 文件中使用该样式资源了。在 XML 文件中使用样式资源的基本语法格式如下：

```
@[<package>:]style/样式资源名
```

例如，在定义 TextView 组件时，使用名称为 title 的样式资源为其定义样式，可以使用下面的代码。

```
<TextView
    android:id="@+id/textView1"
    style="@style/title"
    android:layout_width="match_parent"
    android:layout_height="wrap_content"
    android:text="TextView" />
```

8.7.2 主题资源

主题资源与样式资源类似，定义主题资源的资源文件，也是保存在 res/values 目录中，其根元素同样是<resource></resource>标记，在该标记中，也是使用<style></style>标记定义主题。所不同的是，主题资源不能作用于单个的 View 组件，而是对所有（或单个）Activity 起作用。通常情况下，主题中定义的格式都是为改变窗口外观而设置的。例如，要定义一个用于改变所有窗口背景的主题，可以使用下面的代码：

```
<resources>
    <style name="bg">
        <item name="android:windowBackground">@drawable/background</item>
    </style>
</resources>
```

主题资源定义完成后，就可以使用该主题了。在 Android 中，提供了以下两种使用主题资源的方法。

☑ 在 AndroidManifest.xml 文件中使用主题资源。

在 AndroidManifest.xml 文件中使用主题资源比较简单，只需要使用 android:theme 属性指定要使用的主题资源即可。例如，要使用名称为 bg 的主题资源，可以使用下面的代码。

```
android:theme="@style/bg"
```

android:theme 属性是 AndroidManifest.xml 文件中<application></application>标记和<></>标记的共有属性，如果要使用的主题资源作用于项目中的全部 Activity 上，可以使用<application></application>标记的 android:theme 属性，也就是为<application></application>标记添加 android:theme 属性。关键代码如下：

```
<application android:theme="@style/bg">…</application>
```

如果要使用的主题资源作用于项目中的指定 Activity 上，那么可以在配置该 Activity 时，为其指定 android:theme 属性。关键代码如下：

```
<activity android:theme="@style/bg">…</activity>
```

说明 在 Android 应用中，android:theme 属性值还可以使用 Android SDK 提供的一些主题资源，这些资源我们只需使用即可。例如，使用 android:theme="@android:style/Theme.NoTitleBar"后，屏幕上将不显示标题栏。

☑ 在 Java 文件中使用主题资源。

在 Java 文件中也可以为当前的 Activity 指定使用的主题资源，这可以在 Activity 的 onCreate()方法中通过 setTheme()方法实现，例如，下面的代码就是指定当前 Activity 使用名称为 bg 的主题资源。

```
@Override
public void onCreate(Bundle savedInstanceState) {
    super.onCreate(savedInstanceState);
    setTheme(R.style.bg);
    setContentView(R.layout.main);
}
```

注意 在 Activity 的 onCreate()方法中，设置使用的主题资源时，一定要在为该 Activity 设置布局内容前设置（也就是在 setContentView()方法之前设置），否则将不起作用。

使用 bg 主题资源后，运行默认的 MainActivity 时，屏幕的背景不再是默认的黑色了，而是如图 8.14 所示的图片。

图 8.14　更改主题的 MainActivity 的运行结果

下面通过一个具体的实例介绍如何应用样式和主题资源实现背景半透明效果的 Activity。

例 8.05　在 Eclipse 中创建 Android 项目，名称为 8.05，实现背景半透明效果的游戏开始界面。（**实例位置：光盘\TM\sl\8\8.05**）

具体实现步骤如下：

（1）修改新建项目的 res/layout 目录下的布局文件 main.xml，在默认添加的垂直线性布局管理器中，将默认添加的 TextView 组件删除，然后添加一个用于显示顶部图片的 ImageView，并设置其要显示的图片，接下来再添加一个相对布局管理器，并在该布局管理器中添加一个 ImageView 组件，用于在中间位置显示“进入”按钮。关键代码如下：

```
<LinearLayout xmlns:android="http://schemas.android.com/apk/res/android"
    android:orientation="vertical"
    android:layout_width="fill_parent"
    android:layout_height="fill_parent">
    <!-- 添加顶部图片 -->
```

```
    <ImageView android:layout_width="match_parent"
        android:layout_height="wrap_content"
        android:scaleType="centerCrop"
        android:layout_weight="1"
        android:src="@drawable/top" />
    <!-- 添加一个相对布局管理器 -->
    <RelativeLayout android:layout_weight="2"
        android:layout_height="wrap_content"
        android:background="@drawable/bottom"
        android:id="@+id/relativeLayout1"
        android:layout_width="match_parent">
        <!-- 添加中间位置的图片 -->
        <ImageView android:layout_width="wrap_content"
            android:layout_height="wrap_content"
            android:id="@+id/imageButton0"
            android:src="@drawable/start_a"
            android:layout_alignTop="@+id/imageButton5"
            android:layout_centerInParent="true" />
    </RelativeLayout>
</LinearLayout>
```

（2）在 res/values 目录中，创建一个名称为 styles.xml 的样式资源文件，在该文件中，定义一个名称为 Theme.Translucent 的样式，该样式继承系统中提供的 android:style/Theme.Translucent 样式，并为该样式设置两个项目，一个用于设置透明度，另一个用于设置不显示窗体标题。styles.xml 文件的完整代码如下：

```
<?xml version="1.0" encoding="utf-8"?>
<resources>
  <style name="Theme.Translucent" parent="android:style/Theme.Translucent">
        <item name="android:alpha">0.95</item>
        <item name="android:windowNoTitle">true</item>
    </style>
</resources>
```

android:alpha 属性用于设置透明度，其属性值为浮点型，0.0 表示完全透明，1.0 为完全不透明。

（3）打开 AndroidManifest.xml 文件，修改默认配置的主活动 MainActivity 的代码，为其设置 android:theme 属性，其属性值采用步骤（2）中创建的样式资源。修改后的关键代码如下：

```
<activity
    android:label="@string/app_name"
    android:theme="@style/Theme.Translucent"
    android:name=".MainActivity" >
    <intent-filter >
        <action android:name="android.intent.action.MAIN" />
        <category android:name="android.intent.category.LAUNCHER" />
    </intent-filter>
</activity>
```

运行本实例，在屏幕上将显示如图 8.15 所示的背景半透明效果的游戏开始界面。

图 8.15　背景半透明效果的游戏开始界面

8.8　使用原始 XML 资源

视频讲解：光盘\TM\Video\8\使用原始 XML 资源.exe

在定义资源文件时，我们使用的也是 XML 文件，这些文件不属于本节要介绍的原始 XML 资源。这里所说的原始 XML 资源，是指一份格式良好的，没有特殊要求的普通 XML 文件。它一般保存在 res/xml 目录（在创建 Android 项目时，没有自动创建 xml 目录，需要我们手动创建）中，通过 Resources.getXml()方法来访问。

下面将通过一个具体的实例来介绍如何使用原始 XML 资源。

例 8.06　在 Eclipse 中创建 Android 项目，名称为 8.06，实现从保存客户信息的 XML 文件中读取客户信息并显示。（**实例位置：光盘\TM\sl\8\8.06**）

具体实现步骤如下：

（1）修改新建项目的 res/layout 目录下的布局文件 main.xml，为默认添加的 TextView 组件设置文字大小、ID 属性，以及默认显示的文本。关键代码如下：

```
<TextView
    android:id="@+id/show"
    android:textSize="14dp"
    android:layout_width="match_parent"
    android:layout_height="wrap_content"
    android:text="正在读取 XML 文件..." />
```

（2）在 res 目录中，创建一个名称为 xml 的目录，并在该目录中，创建一个名称为 customers.xml 的文件，在该文件中，添加一个名称为 customers 的根节点，并在该节点中，添加 3 个 customer 子节点，用于保存客户信息。customers.xml 文件的具体代码如下：

```
<customers>
    <customer name="mr" tel="0431-84******" email="mingrisoft@mingirsoft.com"/>
     <customer name="宁宁" tel="1363*******" email="wgh717@sohu.com"/>
    <customer name="琦琦" tel="130********" email="wgh717@sohu.com" />
    <customer name="婷婷" tel="159********" email="mingrisoft@mingrisoft.com" />
</customers>
```

（3）打开默认创建的 MainActivity，在 onCreate()方法中，首先获取 XML 文档，然后通过 while 循环（循环的条件是不能到文档的结尾），对该 XML 文档进行遍历，在遍历时，首先判断是否为指定的开始标记，如果是则获取各属性，否则遍历下一个标记，一直遍历到文档的结尾，最后获取显示文本框，并将获取的结果显示到该文本框中。关键代码如下：

```
XmlResourceParser xrp=getResources().getXml(R.xml.customers);                    //获取 XML 文档
StringBuilder sb=new StringBuilder("");                                          //创建一个空的字符串构建器
try {
    //如果没有到 XML 文档的结尾处
    while(xrp.getEventType()!=XmlResourceParser.END_DOCUMENT){
        if(xrp.getEventType()==XmlResourceParser.START_TAG){                     //判断是否为开始标记
            String tagName=xrp.getName();                                        //获取标记名
            if(tagName.equals("customer")){                                      //如果标记名是 customer
                sb.append("姓名："+xrp.getAttributeValue(0)+"     ");           //获取客户姓名
                sb.append("联系电话："+xrp.getAttributeValue(1)+"     ");       //获取联系电话
                sb.append("E-mail："+xrp.getAttributeValue(2));                 //获取 E-mail
                sb.append("\n");                                                 //添加换行符
            }
        }
        xrp.next();                                                              //下一个标记
    }
    TextView tv=(TextView)findViewById(R.id.show);                               //获取显示文本框
    tv.setText(sb.toString());                              //将获取到 XML 文件的内容显示到文本框中
} catch (XmlPullParserException e) {
    e.printStackTrace();
} catch (IOException e) {
    e.printStackTrace();
}
```

运行本实例，将从指定的 XML 文件中获取客户信息并显示，如图 8.16 所示。

图 8.16　从 XML 文件中读取客户信息

8.9　使用菜单资源

视频讲解：光盘\TM\Video\8\使用菜单资源.exe

在桌面应用程序中，菜单的使用十分广泛。但是在 Android 应用中，菜单减少了不少。不过 Android 还是提供了两种实现菜单的方法，分别是通过 Java 代码创建菜单和使用菜单资源文件创建菜单，Android 推荐的是使用菜单（menu）资源来定义菜单。下面将详细介绍如何使用菜单资源来定义菜单。

8.9.1　定义菜单资源文件

菜单资源文件通常应该放置在 res/menu 目录下，在创建项目时，默认是不自动创建 menu 目录的，所以

需要我们手动创建。菜单资源的根元素通常是<menu></menu>标记，在该标记中可以包含以下两个子元素。

☑ <item></item>标记：用于定义菜单项，可以通过如表 8.2 所示的各属性来为菜单项设置标题等内容。

表 8.2　<item></item>标记的常用属性

属　　性	描　　述
android:id	用于为菜单项设置 ID，也就是唯一标识
android:title	用于为菜单项设置标题
android:alphabeticShortcut	用于为菜单项指定字符快捷键
android:numericShortcut	用于为菜单项指定数字快捷键
android:icon	用于为菜单项指定图标
android:enabled	用于指定该菜单项是否可用
android:checkable	用于指定该菜单项是否可选
android:checked	用于指定该菜单项是否已选中
android:visible	用于指定该菜单项是否可见

说明　如果某个菜单项中还包括子菜单，可以在该菜单项中再包含<menu></menu>标记来实现。

☑ <group></group>标记：用于将多个<item></item>标记定义的菜单包装成一个菜单组，其说明如表 8.3 所示。

表 8.3　<group></group>标记的常用属性

属　　性	描　　述
android:id	用于为菜单组设置 ID，也就是唯一标识
android:heckableBehavior	用于指定菜单组内各项菜单项的选择行为，可选值为 none（不可选）、all（多选）和 single（单选）
android:menuCategory	用于对菜单进行分类，指定菜单的优先级，可选值为 container、system、secondary 和 alternative
android:enabled	用于指定该菜单组中的全部菜单项是否可用
android:visible	用于指定该菜单组中的全部菜单项是否可见

例如，在 res/xml 目录中，定义一个名称为 menus.xml 的菜单资源文件，在该菜单资源中，包含 3 个菜单项和一个包含两个菜单项的菜单组。menus.xml 的具体代码如下：

```
<?xml version="1.0" encoding="utf-8"?>
<menu xmlns:android="http://schemas.android.com/apk/res/android" >
    <item android:id="@+id/item1" android:title="更换背景" android:alphabeticShortcut="g"></item>
    <item android:id="@+id/item2" android:title="编辑组件" android:alphabeticShortcut="e"></item>
    <item android:id="@+id/item3" android:title="恢复默认" android:alphabeticShortcut="r"></item>
    <group android:id="@+id/setting">
        <item android:id="@+id/sound" android:title="使用背景"></item>
        <item android:id="@+id/video" android:title="背景音乐"></item>
    </group>
</menu>
```

8.9.2 使用菜单资源

在 Android 中，定义的菜单资源，可以用来创建选项菜单（Option Menu）和上下文菜单（Content Menu）。使用菜单资源创建这两种类型的菜单的方法是不同的，下面将分别进行介绍。

1. 选项菜单

当用户单击设备上的菜单按键时，弹出的菜单就是选项菜单。使用菜单资源创建选项菜单的具体步骤如下。

（1）重写 Activity 中的 onCreateOptionsMenu()方法。在该方法中，首先创建一个用于解析菜单资源文件的 MenuInflater 对象，然后调用该对象的 inflate()方法解析一个菜单资源文件，并把解析后的菜单保存在 menu 中。关键代码如下：

```
@Override
public boolean onCreateOptionsMenu(Menu menu) {
    MenuInflater inflater=new MenuInflater(this);          //实例化一个 MenuInflater 对象
    inflater.inflate(R.menu.optionmenu, menu);             //解析菜单文件
    return super.onCreateOptionsMenu(menu);
}
```

（2）重写 onOptionsItemSelected()方法，用于当菜单项被选择时，作出相应的处理。例如，当菜单项被选择时，弹出一个消息提示框显示被选中菜单项的标题，可以使用下面的代码。

```
@Override
public boolean onOptionsItemSelected(MenuItem item) {
    Toast.makeText(MainActivity.this, item.getTitle(), Toast.LENGTH_SHORT).show();
    return super.onOptionsItemSelected(item);
}
```

下面将通过一个具体的实例来介绍如何实现带子菜单的选项菜单。

例 8.07 在 Eclipse 中创建 Android 项目，名称为 8.07，实现一个带子菜单的选项菜单，其中子菜单为可以多选的菜单组。**（实例位置：光盘\TM\sl\8\8.07）**

具体实现步骤如下：

（1）在 res 目录下创建一个 menu 目录，并在该目录中创建一个名称为 optionmenu.xml 的菜单资源文件，在该文件中，定义 3 个菜单项，其中在第二个菜单项中，再定义一个多选菜单组的子菜单。具体代码如下：

```
<?xml version="1.0" encoding="utf-8"?>
<menu xmlns:android="http://schemas.android.com/apk/res/android" >
    <item android:id="@+id/item1" android:title="更换背景" android:alphabeticShortcut="g"></item>
    <item android:id="@+id/item2" android:title="参数设置" android:alphabeticShortcut="e">
        <menu>
            <group android:id="@+id/setting" android:checkableBehavior="all">
                <item android:id="@+id/sound" android:title="使用背景"></item>
                <item android:id="@+id/video" android:title="背景音乐"></item>
            </group>
        </menu>
    </item>
    <item android:id="@+id/item3" android:title="恢复默认" android:alphabeticShortcut="r"></item>
</menu>
```

说明 在上面的代码中，加粗的代码用于创建一个子菜单，在该子菜单中添加一个多选菜单组。

（2）在 Activity 的 onCreate()方法中，重写 onCreateOptionsMenu()方法，在该方法中，首先创建一个用于解析菜单资源文件的 MenuInflater 对象，然后调用该对象的 inflate()方法解析一个菜单资源文件，并把解析后的菜单保存在 menu 中，最后返回 true。关键代码如下：

```
@Override
public boolean onCreateOptionsMenu(Menu menu) {
    MenuInflater inflater=new MenuInflater(this);          //实例化一个 MenuInflater 对象
    inflater.inflate(R.menu.optionmenu, menu);             //解析菜单文件
    return true;
}
```

（3）重写 onOptionsItemSelected()方法，在该方法中，首选判断是否选择了参数设置菜单组，如果选择了，改变菜单项的选中状态，然后获取除“参数设置”菜单项之外的菜单项的标题，并用消息提示框显示，最后返回真值。具体代码如下：

```
@Override
public boolean onOptionsItemSelected(MenuItem item) {
    if(item.getGroupId()==R.id.setting){                  //判断是否选择了参数设置菜单组
        if(item.isChecked()){                             //当菜单项已经被选中
            item.setChecked(false);                       //设置菜单项不被选中
        }else{
            item.setChecked(true);                        //设置菜单项被选中
        }
    }
    if(item.getItemId()!=R.id.item2){
        //弹出消息提示框显示选择的菜单项的标题
        Toast.makeText(MainActivity.this, item.getTitle(), Toast.LENGTH_SHORT).show();
    }
    return true;
}
```

运行本实例，单击屏幕右侧的 MENU 按钮，将弹出选项菜单，如图 8.17 所示。单击“参数设置”菜单项，该菜单消失，然后显示对应的子菜单，该子菜单为多选菜单组，例如，单击“使用背景”菜单项，该菜单将显示消失，同时，该菜单项也将被设置为选中状态，这时，再次打开“参数设置”菜单组时，可以看到“使用背景”菜单项，将被选中，如图 8.18 所示。

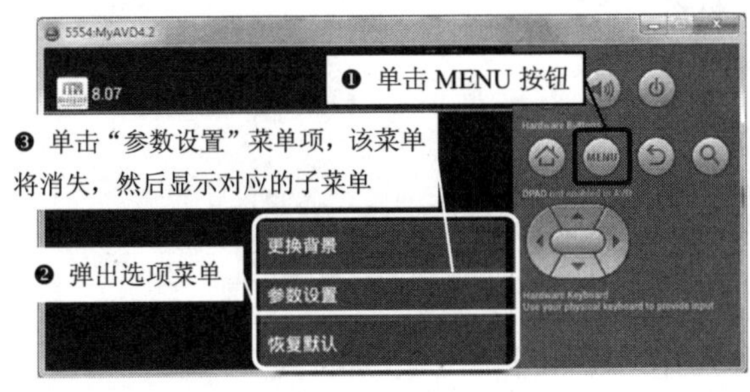

图 8.17　显示选项菜单

图 8.18　被选中的子菜单项

2. 上下文菜单

当用户长时间按键不放时，弹出的菜单就是上下文菜单。使用菜单资源创建上下文菜单的具体步骤如下：

（1）在 Activity 的 onCreate()方法中注册上下文菜单。例如，为文本框组件注册上下文菜单，可以使用下面的代码。也就是在单击该文本框时，才显示上下文菜单。

```
TextView tv=(TextView)findViewById(R.id.show);
registerForContextMenu(tv);                          //为文本框注册上下文菜单
```

（2）重写 Activity 中的 onCreateContextMenu()方法。在该方法中，首先创建一个用于解析菜单资源文件的 MenuInflater 对象，然后调用该对象的 inflate()方法解析一个菜单资源文件，并把解析后的菜单保存在 menu 中，最后再为菜单头设置图标和标题。关键代码如下：

```
@Override
public void onCreateContextMenu(ContextMenu menu, View v, ContextMenuInfo menuInfo) {
    MenuInflater inflator=new MenuInflater(this);        //实例化一个 MenuInflater 对象
    inflator.inflate(R.menu.menus, menu);                //解析菜单文件
    menu.setHeaderIcon(R.drawable.ic_launcher);          //为菜单头设置图标
    menu.setHeaderTitle("请选择");                        //为菜单头设置标题
}
```

（3）重写 onContextItemSelected()方法，用于当菜单项被选择时，作出相应的处理。例如，当菜单项被选择时，弹出一个消息提示框显示被选中菜单项的标题，可以使用下面的代码。

```
@Override
public boolean onContextItemSelected(MenuItem item) {
    Toast.makeText(MainActivity.this, item.getTitle(), Toast.LENGTH_SHORT).show();
    return super.onContextItemSelected(item);
}
```

下面将介绍一个实现上下文菜单的实例。

例 8.08 在 Eclipse 中创建 Android 项目，名称为 8.08，实现一个用于改变文字颜色的上下文菜单。（**实例位置：光盘\TM\sl\8\8.08**）

具体实现步骤如下：

（1）在 res 目录下创建一个 menu 目录，并在该目录中创建一个名称为 contextmenu.xml 的菜单资源文件，在该文件中，定义 4 个代表颜色的菜单项和一个恢复默认菜单项。具体代码如下：

```
<?xml version="1.0" encoding="utf-8"?>
<menu xmlns:android="http://schemas.android.com/apk/res/android" >
    <item android:id="@+id/color1" android:title="红色"></item>
    <item android:id="@+id/color2" android:title="绿色"></item>
    <item android:id="@+id/color3" android:title="蓝色"></item>
    <item android:id="@+id/color4" android:title="橙色"></item>
    <item android:id="@+id/color5" android:title="恢复默认"></item>
</menu>
```

（2）打开默认创建的布局文件 main.xml，修改默认添加的 TextView 文本框。修改后的代码如下：

```
<TextView
    android:id="@+id/show"
```

```
    android:textSize="28px"
    android:layout_width="match_parent"
    android:layout_height="wrap_content"
    android:text="打开菜单..." />
```

（3）在 Activity 的 onCreate()方法中，首先获取要添加上下文菜单的文本框，然后为其注册上下文菜单。关键代码如下：

```
private TextView tv;
...                                                   //省略部分代码
tv=(TextView)findViewById(R.id.show);
registerForContextMenu(tv);                           //为文本框注册上下文菜单
```

（4）在 Activity 的 onCreate()方法中重写 onCreateContextMenu()方法。在该方法中，首先创建一个用于解析菜单资源文件的 MenuInflater 对象，然后调用该对象的 inflate()方法解析一个菜单资源文件，并把解析后的菜单保存在 menu 中，最后再为菜单头设置图标和标题。关键代码如下：

```
@Override
public void onCreateContextMenu(ContextMenu menu, View v, ContextMenuInfo menuInfo) {
    MenuInflater inflator=new MenuInflater(this);     //实例化一个 MenuInflater 对象
    inflator.inflate(R.menu.contextmenu, menu);       //解析菜单文件
    menu.setHeaderIcon(R.drawable.ic_launcher);       //为菜单头设置图标
    menu.setHeaderTitle("请选择文字颜色：");          //为菜单头设置标题
}
```

（5）重写 onContextItemSelected()方法，在该方法中，通过 Switch 语句使用用户选择的颜色来设置文本框中显示文字的颜色。具体代码如下：

```
@Override
public boolean onContextItemSelected(MenuItem item) {
    switch(item.getItemId()){
        case R.id.color1:                             //当选择红颜色时
            tv.setTextColor(Color.rgb(255, 0, 0));
            break;
        case R.id.color2:                             //当选择绿颜色时
            tv.setTextColor(Color.rgb(0, 255, 0));
            break;
        case R.id.color3:                             //当选择蓝颜色时
            tv.setTextColor(Color.rgb(0, 0, 255));
            break;
        case R.id.color4:                             //当选择橙色时
            tv.setTextColor(Color.rgb(255, 180, 0));
            break;
        default:
            tv.setTextColor(Color.rgb(255, 255, 255));
    }
    return true;
}
```

运行本实例，在文字“打开菜单”上，长时间按键不放时，将弹出上下文菜单，通过该菜单可以改变该文字的颜色，如图 8.19 所示。

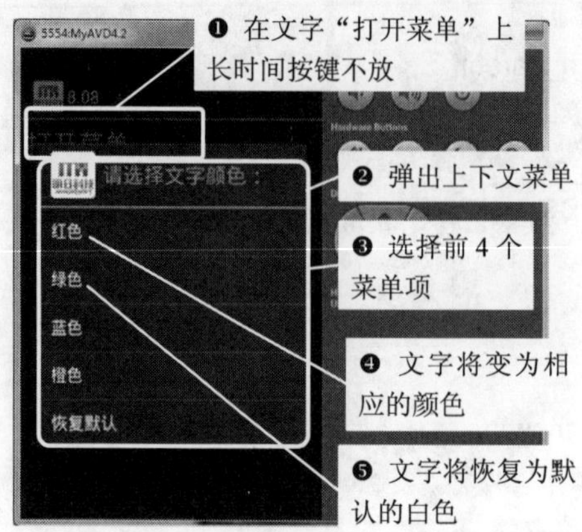
❶ 在文字“打开菜单”上长时间按键不放
❷ 弹出上下文菜单
❸ 选择前 4 个菜单项
❹ 文字将变为相应的颜色
❺ 文字将恢复为默认的白色
请选择文字颜色：
红色
绿色
蓝色
橙色
恢复默认

图 8.19 弹出的上下文菜单

8.10 Android 程序国际化

视频讲解：光盘\TM\Video\8\Android 程序国际化.exe

国际化的英文单词是 Internationalization，因为这个单词太长了，有时也简称为 I18N，其中的 I 是这个单词的第一个字符，18 表示中间省略的字母个数，而 N 代表这个单词的最后一个字母。所以，I18N 也就是国际化的意思。Android 程序国际化，也就是程序可以根据系统所使用的语言，将界面中的文字翻译成与之对应的语言。这样，可以让程序更加通用。Android 可以通过资源文件非常方便地实现程序的国际化。下面将以国际字符串资源为例介绍如何实现 Android 程序的国际化。

在编写 Android 项目时，通常都是将程序中要使用的字符串资源放置在 res/values 目录下的 strings.xml 文件中，为了给这些字符串资源实现国际化，可以在 Android 项目的 res 目录下，创建对应于各个语言的资源文件夹（例如，为了让程序兼容简体中文、繁体中文和美式英文，可以分别创建名称为 values-zh-rCN、values-zh-rTW 和 values-en-rUS 的文件夹），然后在每个文件夹中创建一个对应的 strings.xml 文件，并在该文件中定义对应语言的字符串即可。这样，当程序运行时，就会自动根据操作系统所使用的语言来显示对应的字符串信息了。

下面将通过一个具体的例子来说明 Android 程序的国际化。

例 8.09 在 Eclipse 中创建 Android 项目，名称为 8.09，实现在不同语言的操作系统下显示不同的文字。**（实例位置：光盘\TM\sl\8\8.09）**

具体实现步骤如下：

（1）打开新建项目的 res/values 目录中，默认创建的 strings.xml 文件，将默认添加的字符串变量 hello 删除，然后添加一个名称为 word 的字符串变量，内容是“Nothing is impossible to a willing heart.”。修改后的 strings.xml 文件的具体代码如下：

```
<?xml version="1.0" encoding="utf-8"?>
<resources>
    <string name="word"> Nothing is impossible to a willing heart.</string>
    <string name="app_name">8.09</string>
</resources>
```

说明　在 res/values 目录中创建的这个 strings.xml 文件，为默认使用的字符中资源文件。当系统使用的语言在后面创建的资源文件（与各语言对应的资源文件）中没有与之相对应的时，将使用该资源文件。

（2）在 res 目录中，分别创建 values-zh-rCN（简体中文）、values-zh-rTW（繁体中文）和 values-en-rUS（美式英文）的文件夹，并将 res/values 目录下的 strings.xml 文件分别复制到这 3 个文件夹中，如图 8.20 所示。

（3）修改 res/values-zh-rCN 目录中的 strings.xml 文件，将 word 变量的内容修改为“精诚所至，金石为开。”关键代码如下：

```
<string name="word">精诚所至，金石为开。</string>
```

（4）修改 res/values-zh-rTW 目录中的 strings.xml 文件，将 word 变量的内容修改为“精誠所至，金石為開。”关键代码如下：

```
<string name="word">精誠所至，金石為開。</string>
```

在简体中文环境中运行本实例，将显示如图 8.21 所示的运行结果；在繁体中文环境中运行本实例，将显示如图 8.22 所示的运行结果；在美式英语环境中运行本实例，将显示如图 8.23 所示的运行结果。

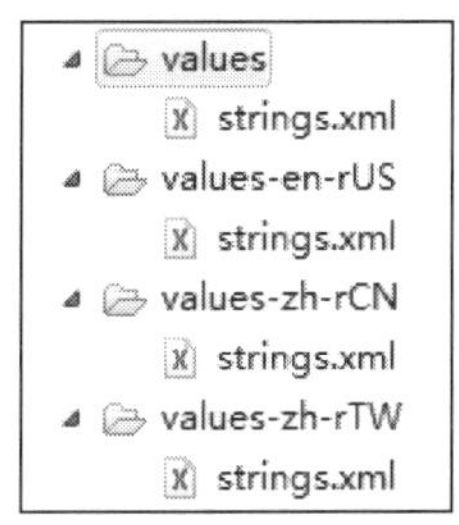

图 8.20　完成后的文件夹

图 8.21　简体中文环境中的运行结果

图 8.22　繁体中文环境中的运行结果

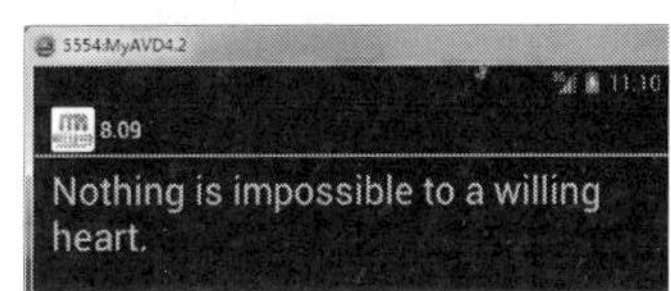

图 8.23　美式英语环境中的运行结果

8.11　实　　战

8.11.1　通过字符串资源显示游戏对白

字符串资源一个最常用的功能就是为 TextView 组件设置显示文本。本实例将实现通过字符串资源为显示游戏对白的 TextView 组件设置文本内容。**（实例位置：光盘\TM\sl\8\8.10）**

具体的实现过程如下：

（1）在 Eclipse 中创建 Android 项目，名称为 8.10。

（2）打开新建项目的 res/values 目录下的 strings.xml 文件，在该文件中将默认添加的名称为 app_name

的字符串资源的内容设置为“游戏对白”，然后再定义一个名称为 welcome 的字符串资源。关键代码如下：

```
<string name="app_name">游戏对白</string>
<string name="welcome">嗨，大家好，欢迎来到我的魔幻乐园！</string>
```

（3）打开 res/layout/目录下默认创建的 main.xml 文件，在该文件中，首先将默认添加的布局代码删除，然后添加一个垂直的线性布局管理器，并设置其背景为游戏的场景图片，最后在该线性布局管理器中添加一个文本框，并且通过字符串资源为该文本框设置要显示的内容。关键代码如下：

```
<LinearLayout xmlns:android="http://schemas.android.com/apk/res/android"
    android:layout_width="fill_parent"
    android:layout_height="fill_parent"
    android:background="@drawable/background_rpg"
    android:padding="10dp"
    android:orientation="vertical" >
    <TextView
        android:text="@string/welcome"
        android:textColor="#000"
        android:textSize="24dp"
        android:background="#f60"
        android:gravity="center"
        android:layout_width="match_parent"
        android:layout_height="wrap_content"
    />
</LinearLayout>
```

运行本实例，将显示如图 8.24 所示的运行结果。

图 8.24　通过字符串资源显示游戏对白

8.11.2　使用数组资源和 ListView 显示联系人列表

ListView 组件有一个 android:entries 属性，使用该属性可以在不编写适配器的情况下，为 ListView 组件设置列表项。本实例将使用数组资源和 ListView 显示联系人列表。（**实例位置：光盘\TM\sl\8\8.11**）

具体的实例过程如下：

（1）在 Eclipse 中创建 Android 项目，名称为 8.11。

（2）在 res/values 目录下，创建数组资源文件 arrays.xml，并且在该文件中，添加一个名称为 linkman，包括 4 个数组元素的字符串数组。具体代码如下：

```
<?xml version="1.0" encoding="utf-8"?>
<resources>
```

```
    <string-array name="linkman">
        <item>Family</item>
        <item>神之雨露</item>
        <item>琦琦</item>
        <item>宁宁</item>
    </string-array>
</resources>
```

（3）打开 res/layout/目录下默认创建的 main.xml 文件，在该文件中，将默认添加的布局代码删除，然后添加一个垂直的线性布局管理器，并在该布局管理器中添加一个 ListView 组件，在添加 ListView 组件时，通过字符串数组资源为其指定 android:entries 属性。关键代码如下：

```
    <ListView
        android:id="@+id/listView1"
        android:entries="@array/linkman"
        android:layout_width="match_parent"
        android:layout_height="wrap_content" >
    </ListView>
```

运行本实例，将显示如图 8.25 所示的运行结果。

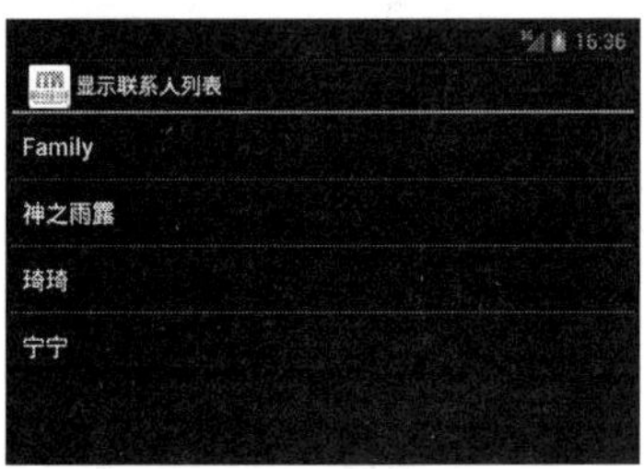

图 8.25　显示联系人列表

8.11.3　实现自定义复选框的样式

默认情况下，复选框是由一个像素的半透明的白色空心方块，加一个淡蓝色的对号组成。这时，当窗体的背景为浅色系时，这个空心方块将不明显或者根本看不到，这时就需要通过 StateListDrawable 资源来改变其样式。本实例将通过 StateListDrawable 资源来为复选框自定义样式，实现没有被选中时，显示白色的空心方块，选中时显示绿色的对号。（**实例位置：光盘\TM\sl\8\8.12**）

关键的实现过程如下：

（1）在 Eclipse 中创建 Android 项目，名称为 8.12。

（2）打开 res/layout/目录下默认创建的 main.xml 文件，在该文件中，将默认添加的布局代码删除，然后添加一个垂直的线性布局管理器，并在该布局管理器中添加一个 TextView 组件、一个 CheckBox 组件和一个 ImageView 组件，在添加 CheckBox 组件时，通过 StateListDrawable 资源为其指定 android:button 属性，从而实现自定义复选按钮的样式。关键代码如下：

```
<LinearLayout xmlns:android="http://schemas.android.com/apk/res/android"
    android:orientation="vertical"
    android:layout_width="fill_parent"
    android:layout_height="fill_parent"
    android:background="@drawable/background"
     android:gravity="center">
    <TextView
     android:text="@string/artcle"
     android:id="@+id/textView1"
     android:paddingTop="90px"
     style="@style/artclestyle"
     android:maxWidth="600px"
```

```
    android:layout_width="wrap_content"
    android:layout_height="wrap_content"/>
    <CheckBox
    android:text="我同意"
    android:id="@+id/checkBox1"
    android:textSize="20px"
    android:button="@drawable/check_box"
    android:layout_width="wrap_content"
    android:layout_height="wrap_content"/>
    <ImageButton
        android:id="@+id/start"
        android:src="@drawable/button_state"
        android:background="#0000"
        android:paddingTop="5px"
        android:layout_width="wrap_content"
        android:layout_height="wrap_content">
    </ImageButton>
</LinearLayout>
```

（3）准备两张图片，一张用于作为复选框选中状态下使用的图片资源，另一张用于作为复选框未选中状态下使用的图片资源。

（4）编写 check_box.xml 资源文件，并将其放置在 res/drawable-mdpi 目录中。在该资源文件中，分别指定复选框选中时使用的图片资源，以及复选框未选中时使用的图片资源。check_box.xml 资源文件的具体代码如下：

```
<?xml version="1.0" encoding="utf-8"?>
<selector
  xmlns:android="http://schemas.android.com/apk/res/android">
    <item android:state_checked="false"
     android:drawable="@drawable/check_f"/>
    <item android:state_checked="true"
     android:drawable="@drawable/check_t"/>
</selector>
```

运行本实例，当复选框没有被选中时，显示白色的空心方块，如图 8.26 所示；复选框选中时将显示绿色的对号，如图 8.27 所示。

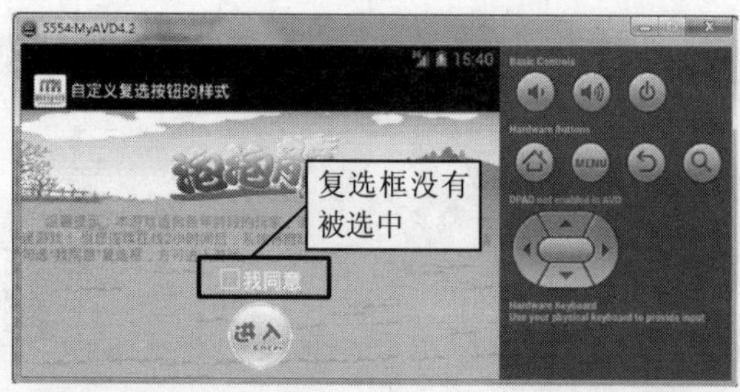

图 8.26　复选框没有被选中的效果

图 8.27　复选框被选中的效果

8.11.4　创建一组只能单选的选项菜单

在进行程序开发时，有时需要创建一个选项菜单，但是在这个选项菜单中，每次只能有一个菜单项处

于选中状态。为此，本实例将实现一个只能有一个菜单项处于选中状态的用于设置窗体背景的选项菜单。（**实例位置：光盘\TM\sl\8\8.13**）

关键的实现过程如下：

（1）在 Eclipse 中创建 Android 项目，名称为 8.13。

（2）在 res 目录下创建一个 menu 目录，并在该目录中创建一个名称为 optionmenu.xml 的菜单资源文件，在该文件中，定义一个单选菜单组，并且在该菜单组中添加两个菜单项。具体代码如下：

```
<menu xmlns:android="http://schemas.android.com/apk/res/android" >
    <group
        android:id="@+id/setting"
        android:checkableBehavior="single" >
        <item
            android:id="@+id/sound"
            android:title="使用背景">
        </item>
        <item
            android:id="@+id/video"
            android:title="背景音乐">
        </item>
    </group>
</menu>
```

说明　在上面的代码中，加粗的代码用于指定该菜单组为单选菜单组。

（3）在 Activity 的 onCreate()方法中，重写 onCreateOptionsMenu()方法，在该方法中，首先创建一个用于解析菜单资源文件的 MenuInflater 对象，然后调用该对象的 inflate()方法解析一个菜单资源文件，并把解析后的菜单保存在 menu 中，最后返回 true。关键代码如下：

```
@Override
public boolean onCreateOptionsMenu(Menu menu) {
    MenuInflater inflater=new MenuInflater(this);          //实例化一个 MenuInflater 对象
    inflater.inflate(R.menu.optionmenu, menu);             //解析菜单文件
    return true;
}
```

（4）重写 onOptionsItemSelected()方法，在该方法中，首先判断是否选择了菜单组，如果选择了，改变菜单项的选中状态。具体代码如下：

```
@Override
public boolean onOptionsItemSelected(MenuItem item) {
    if(item.getGroupId()==R.id.setting){               //判断是否选择了菜单组
        if(item.isChecked()){                          //当菜单项已经被选中
            item.setChecked(false);                    //设置菜单项不被选中
        }else{
            item.setChecked(true);                     //设置菜单项被选中
        }
    }
    return true;
}
```

运行本实例，单击屏幕右侧的 MENU 按钮，将弹出选项菜单，单击其中的一个菜单项，可以让其处于选中状态，再单击另一个菜单项时，该菜单项将处于选中状态，同时第一次被选中的菜单项将处于未选中状态，如图 8.28 所示。

图 8.28　创建一组只能单选的选项菜单

8.11.5　实现国际化的上下文菜单

为了让我们设计的上下文菜单在多种语言的系统下都能正常显示，可以为其实现国际化。本实例将实现对上下文菜单的国际化。**（实例位置：光盘\TM\sl\8\8.14）**

具体的实现过程如下：

（1）在 Eclipse 中创建 Android 项目，名称为 8.14。

（2）在 res 目录下创建一个 menu 目录，并在该目录中创建一个名称为 contextmenu.xml 的菜单资源文件，在该文件中，定义 3 个菜单项，它们的 android:title 属性均通过字符串资源进行指定。具体代码如下：

```
<?xml version="1.0" encoding="utf-8"?>
<menu xmlns:android="http://schemas.android.com/apk/res/android" >
    <item android:id="@+id/item1" android:title="@string/itemTitle1" android:alphabeticShortcut="c"></item>
    <item android:id="@+id/item2" android:title="@string/itemTitle2" android:alphabeticShortcut="x"></item>
    <item android:id="@+id/item3" android:title="@string/itemTitle3" android:alphabeticShortcut="v"></item>
</menu>
```

（3）打开默认创建的布局文件 main.xml，将默认添加的 TextView 组件删除，然后添加一个 EditText 组件，在该组件中通过字符串资源设置默认显示的文本。关键代码如下：

```
<EditText
    android:id="@+id/editText1"
    android:text="@string/edittext"
    android:layout_width="match_parent"
    android:layout_height="wrap_content" />
```

（4）打开 res/values 目录下的 strings.xml 文件，在该文件中创建各个菜单项标题和编辑框要显示的默认文本所需要的字符串变量。具体代码如下：

```
<?xml version="1.0" encoding="utf-8"?>
<resources>
 <string name="edittext">Please enter your search keywords</string>
    <string name="itemTitle1">Copy</string>
    <string name="itemTitle2">Cut</string>
    <string name="itemTitle3">Paste</string>
    <string name="app_name">8.14</string>
</resources>
```

（5）在 res 目录中，分别创建 values-zh-rCN（简体中文）和 values-zh-rTW（繁体中文）的文件夹，并将 res/values 目录下的 strings.xml 文件分别复制到这两个文件夹中。

（6）修改 res/values-zh-rCN 目录中的 strings.xml 文件，将要显示的字符串内容替换为对应的简体中文。修改后的关键代码如下：

```
<string name="edittext">请输入搜索关键字</string>
<string name="itemTitle1">复制</string>
<string name="itemTitle2">剪切</string>
<string name="itemTitle3">粘贴</string>
```

（7）修改 res/values-zh-rTW 目录中的 strings.xml 文件，将要显示的字符串内容替换为对应的繁体中文。修改后的关键代码如下：

```
<string name="edittext">請輸入搜索關鍵字</string>
<string name="itemTitle1">複製</string>
<string name="itemTitle2">剪切</string>
<string name="itemTitle3">粘貼</string>
```

（8）在 Activity 的 onCreate()方法中，首先获取要添加上下文菜单的文本框，然后为其注册上下文菜单。关键代码如下：

```
private TextView tv;
…                                               //省略部分代码
        EditText et=(EditText)findViewById(R.id.editText1);          //获取编辑框组件
        registerForContextMenu(et);                                  //为编辑框注册上下文菜单
```

（9）在 Activity 的 onCreate()方法中，重写 onCreateContextMenu()方法，在该方法中，首先创建一个用于解析菜单资源文件的 MenuInflater 对象，然后调用该对象的 inflate()方法解析一个菜单资源文件，并把解析后的菜单保存在 menu 中。关键代码如下：

```
@Override
public void onCreateContextMenu(ContextMenu menu, View v, ContextMenuInfo menuInfo) {
    MenuInflater inflator=new MenuInflater(this);          //实例化一个 MenuInflater 对象
    inflator.inflate(R.menu.contextmenu, menu);            //解析菜单文件
}
```

（10）重写 onContextItemSelected()方法，在该方法中，通过消息提示框显示选择的菜单项。具体代码如下：

```
    @Override
    public boolean onContextItemSelected(MenuItem item) {
        Toast.makeText(this,item.getTitle(), Toast.LENGTH_SHORT).show();     //显示选择的菜单项
        return true;
    }
```

在简体中文的环境中运行本实例，将显示如图 8.29 所示的运行结果；在繁体中文的环境中运行本实例，将显示如图 8.30 所示的运行结果；在其他语言的环境中运行本实例，将显示如图 8.31 所示的运行结果。

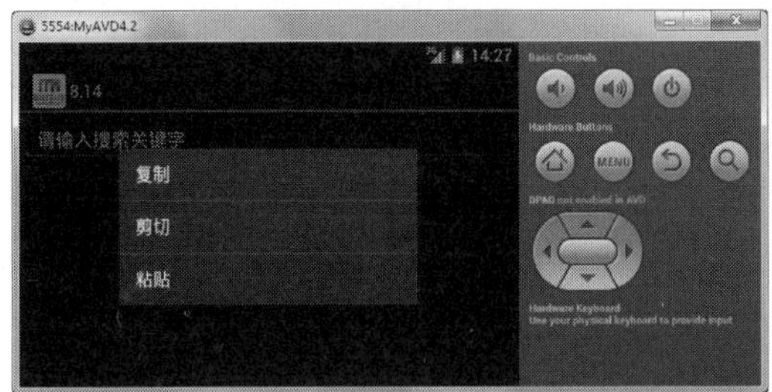

图 8.29　在简体中文环境中的运行结果

图 8.30　在繁体中文环境中的运行结果

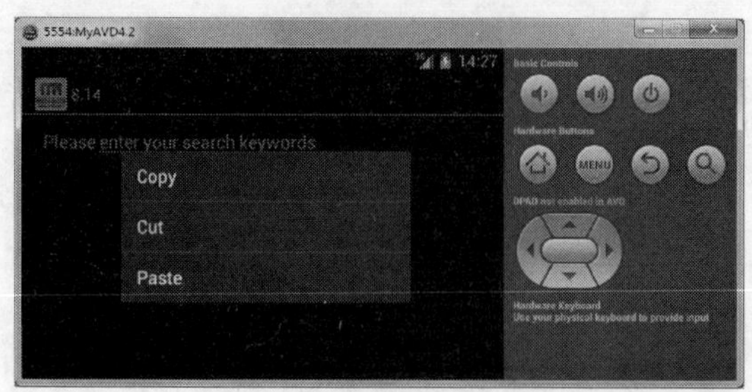

图 8.31　在其他语言环境中的运行结果

8.12　本 章 小 结

在 Android 中，将程序中经常使用的字符串、颜色、尺寸、数组、样式、主题、菜单等通过资源文件进行管理。本章首先向读者介绍了字符串资源、颜色资源和尺寸资源的使用，然后介绍了数组资源、Drawable 资源、布局资源、样式资源和主题资源，其中，在介绍 Drawable 资源时，主要介绍了图片资源和 StatelistDrawable 资源，接下来又介绍了如何使用原始 XML 资源，以及使用菜单资源创建上下文菜单和选项菜单，最后介绍了 Android 程序的国际化。本章所介绍的内容，在以后的项目开发中经常应用，希望读者能很好地理解并掌握它。

8.13　学习成果检验

1．尝试开发一个程序，实现在一个漂亮的用户登录界面，需要应用字符串资源、颜色资源和尺寸资源对界面中的文字及位置进行控制。**（答案位置：光盘\TM\sl\8\8.15）**

2．尝试开发一个程序，实现跟踪按钮状态的图片按钮。**（答案位置：光盘\TM\sl\8\8.16）**

3．尝试开发一个程序，实现用户注册界面，并对界面中的文字进行国际化。**（答案位置：光盘\TM\sl\8\8.17）**

第 9 章

Android 事件处理

（视频讲解：36 分钟）

用户在使用手机、平板电脑时，总是通过各种操作来与软件进行交换的。比较常见的方式包括键盘操作、触摸操作、手势等。在 Android 中，这些操作都转换为对应的事件进行处理，本章就对 Android 中的事件处理进行介绍。

通过阅读本章，您可以：

- 了解事件处理的机制
- 掌握键盘事件处理
- 掌握触摸事件处理
- 掌握手势的创建与识别

9.1 事件处理概述

在前面的章节简单地介绍了 Android 各种常用的控件，它们组成了应用程序界面。此外，还应当学习如何处理用户对这些控件的操作，例如单击按钮等，这就是本章的核心内容。

现代的图形界面应用程序，都是通过事件来实现人机交互的。事件就是用户对于图形界面的操作。在 Android 手机和平板电脑上，主要包括键盘事件和触摸事件两大类。键盘事件包括按下、弹起等，触摸事件包括按下、弹起、滑动、双击等。

在 Android 控件中，提供了事件处理的相关方法。例如在 View 类中，提供了 onTouchEvent()方法来处理触摸事件。但是，仅有重写这个方法才能完成事件处理显然并不实用。这种方式主要适用于重写控件的场景。除了 onTouchEvent()方法，还可以使用 setOnTouchListener()为控件设置监听器来处理触摸事件，这在日常开发中更加常用。

9.2 处理键盘事件

视频讲解：光盘\TM\Video\9\处理键盘事件.exe

对于一个标准的 Android 设备，包含了多个能够触发事件的物理按键，如图 9.1 所示。

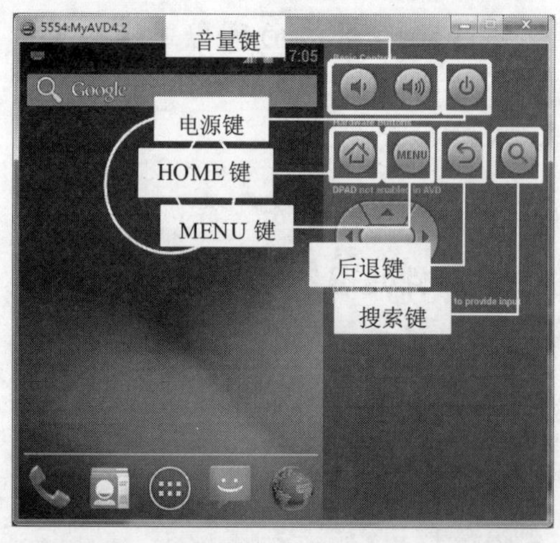

图 9.1 带有物理键盘的 Android 模拟器

模拟器 MyAVD4.2 使用内置的 HVGA。

各个可用的物理按键能够触发的事件说明如表 9.1 所示。

表 9.1 Android 设备可用物理按键

物理按键	KeyEvent	说明
电源键	KEYCODE_POWER	启动或唤醒设备，将界面切换到锁定的屏幕
后退键	KEYCODE_BACK	返回到前一个界面

续表

物 理 按 键	KeyEvent	说　　明
菜单键	KEYCODE_MENU	显示当前应用的可用菜单
HOME 键	KEYCODE_HOME	返回到 HOME 界面
搜索键	KEYCODE_SEARCH	在当前应用中启动搜索
音量键	KEYCODE_VOLUME_UP KEYCODE_VOLUME_DOWN	控制当前上下文音量，例如音乐播放器、手机铃声、通话音量等
方向键	KEYCODE_DPAD_CENTER KEYCODE_DPAD_UP KEYCODE_DPAD_DOWN KEYCODE_DPAD_LEFT KEYCODE_DPAD_RIGHT	某些设备中包含的方向键，用于移动光标等

Android 中控件在处理物理按键事件时，提供的回调方法有 onKeyUp()、onKeyDown()和 onKeyLongPress()。

例 9.01　在 Eclipse 中创建 Android 项目，名称为 9.01，实现屏蔽物理键盘中的后退键。（**实例位置：光盘\TM\sl\9\9.01**）

编写 ForbiddenBackActivity，重写 onCreate()方法来加载布局文件，重写 onKeyDown()方法来拦截用户按后退键事件。具体代码如下：

```
public class ForbiddenBackActivity extends Activity {
    @Override
    protected void onCreate(Bundle savedInstanceState) {
        super.onCreate(savedInstanceState);
        setContentView(R.layout.main);                              //设置页面布局
    }
    @Override
    public boolean onKeyDown(int keyCode, KeyEvent event) {
        if (keyCode == KeyEvent.KEYCODE_BACK) {
            return true;                                            //屏蔽后退键
        }
        return super.onKeyDown(keyCode, event);
    }
}
```

运行本实例后，显示如图 9.2 所示的界面。按后退键，可以看到应用程序并未退出。

图 9.2　屏蔽物理按键

9.3 处理触摸事件

视频讲解：光盘\TM\Video\9\处理触摸事件.exe

目前主流的手机都提供了大的屏幕而取代了外置键盘，对于平板电脑也没有提供键盘，这些设备都需要通过触摸来操作，下面就介绍 Android 中如何实现触摸事件的处理。

对于触摸屏上的按钮，可以使用 OnClickListener 和 OnLongClickListener 两个监听器分别处理用户短时间单击和长时间单击（按住按钮一段时间）时间。下面通过一个例子来演示其使用。

例 9.02 在 Eclipse 中创建 Android 项目，名称为 9.02，实现当用户短时间单击按钮时显示提示信息。**（实例位置：光盘\TM\sl\9\9.02）**

编写 ButtonTouchEventActivity 类，它继承了 Activity 类。重写 onCreate()方法来加载布局文件，使用 findViewById()方法，获得布局文件中定义的按钮，为其增加了 OnClickListener 事件监听器。具体代码如下：

```
public class ButtonTouchEventActivity extends Activity {
    /** Called when the activity is first created. */
    @Override
    public void onCreate(Bundle savedInstanceState) {
        super.onCreate(savedInstanceState);
        setContentView(R.layout.main);                              //设置页面布局
        Button button = (Button) findViewById(R.id.button);         //获得按钮控件
        button.setOnClickListener(new OnClickListener() {
            public void onClick(View v) {                           //处理用户短时间单击按钮事件
                Toast.makeText(ButtonTouchEventActivity.this, getText(R.string.short_click), Toast.LENGTH_
SHORT).show();
            }
        });
}
```

运行程序后，短时间单击按钮，显示如图 9.3 所示的提示信息。

View 类是其他 Android 控件的父类。在该类中，定义了 setOnTouchListener()方法用来为控件设置触摸事件监听器，下面演示该监听器的用法。

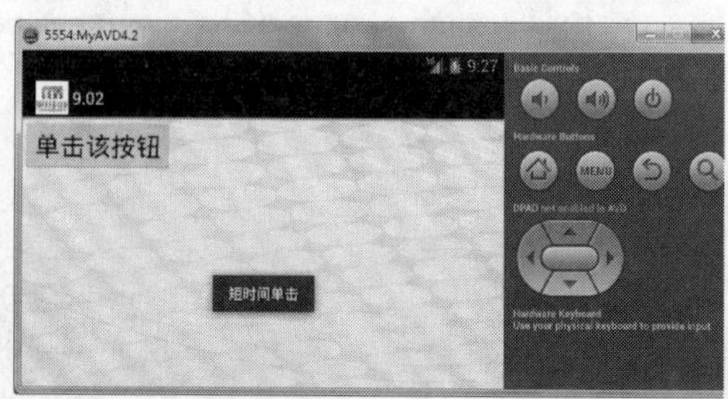

图 9.3 显示短时间单击按钮信息

例 9.03 在 Eclipse 中创建 Android 项目，名称为 9.03，实现当用户触摸屏幕时显示提示信息。**（实例位置：光盘\TM\sl\9\9.03）**

编写 ScreenTouchEventActivity 类，它继承了 Activity 类并实现了 OnTouchListener 接口。重写 onCreate()方法来定义线性布局，并为其增加触摸事件监听器及设置背景图片，重写 onTouch()方法来处理触摸事件，显示提示信息。具体代码如下：

```
public class ScreenTouchEventActivity extends Activity implements OnTouchListener {
    @Override
    protected void onCreate(Bundle savedInstanceState) {
        super.onCreate(savedInstanceState);                         //调用父类方法
        LinearLayout layout = new LinearLayout(this);               //定义线性布局
```

```
        layout.setOnTouchListener(this);                              //设置触摸事件监听器
        layout.setBackgroundResource(R.drawable.background);          //设置背景图片
        setContentView(layout);                                       //使用布局
    }
    @Override
    public boolean onTouch(View v, MotionEvent event) {
        Toast.makeText(this, "发生触摸事件", Toast.LENGTH_LONG).show();
        return true;
    }
}
```

运行程序后，触摸屏幕，显示如图 9.4 所示的提示信息。

图 9.4　显示触摸事件信息

9.4　手势的创建与识别

视频讲解：光盘\TM\Video\9\手势的创建与识别.exe

前面介绍的触摸事件都比较简单，下面介绍手势在 Android 中如何创建和识别。目前有很多款手机都支持手写输入，其原理就是根据用户输入的内容，在预先定义的词库中查找最佳的匹配项供用户选择。在 Android 中，也需要先定义类似的词库。

9.4.1　手势的创建

下面请读者运行自己的模拟器，进入到应用程序界面，如图 9.5 所示。

图 9.5　应用程序界面

说明 如果在您的应用程序界面中没有 Gestures Builder 应用，可以在 Eclipse 中应用已经存在的项目来创建并运行该应用，这样在应用程序界面中就会出现该应用了。具体的创建步骤如下：

（1）在 Eclipse 中，选择“新建”/“其他”菜单项，在弹出的对话框中选择 Android Project from Existing Code 选项，并且单击“下一步”按钮，将打开 Import Projects 对话框。

（2）在 Import Projects 对话框中指定 Root Directory 为 Android SDK 目录下的 samples\android-7\GestureBuilder 文件夹，单击“完成”按钮即可。

在图 9.5 中单击 Gestures Builder 应用，弹出如图 9.6 所示的界面。

在图 9.6 中单击 Add gesture 按钮增加手势，弹出如图 9.7 所示的界面。在 Name 文本框中输入该手势所代表的字符，在 Name 文本框下方画出对应的手势。单击 Done 按钮完成手势的增加。

类似地，继续增加数字 1、2、3 所对应的手势，如图 9.8 所示。

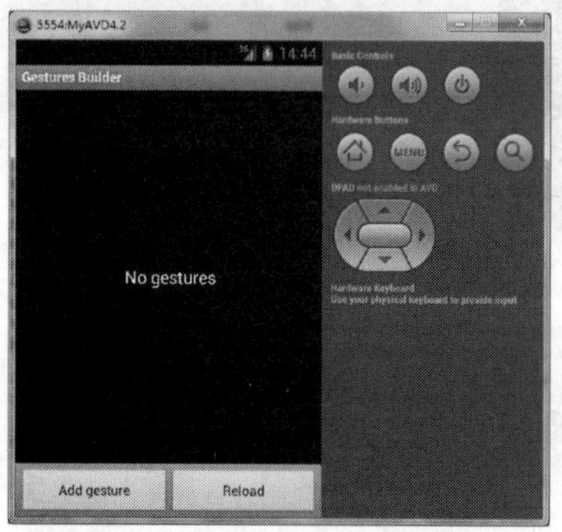

图 9.6　Gestures Builder 程序界面

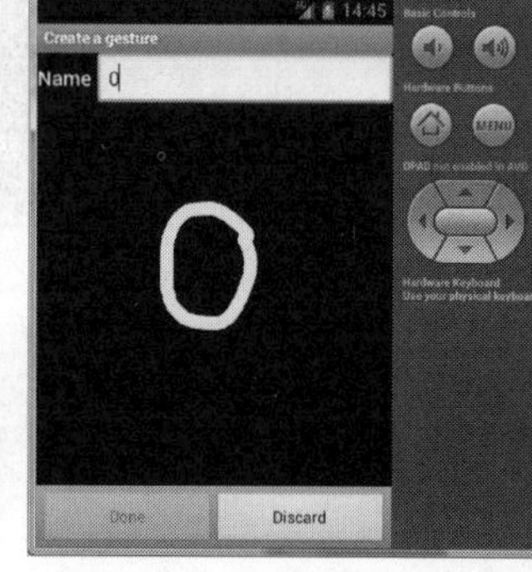

图 9.7　增加手势界面

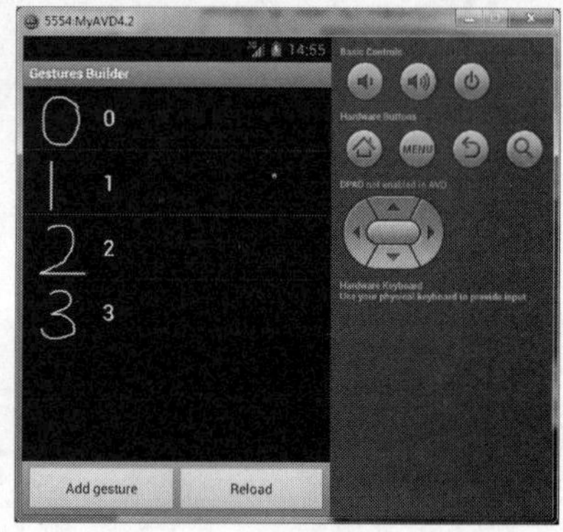

图 9.8　显示当前已经存在的手势

9.4.2　手势的导出

在创建完手势后，需要将保存手势的文件导出来以便在我们自己开发的应用程序中使用。打开 Eclipse 并切换到 DDMS 视图。在 File Explorer 选项卡中找到/mnt/sdcard/gestures 文件，如图 9.9 所示。将该文件导出，名称使用默认名。

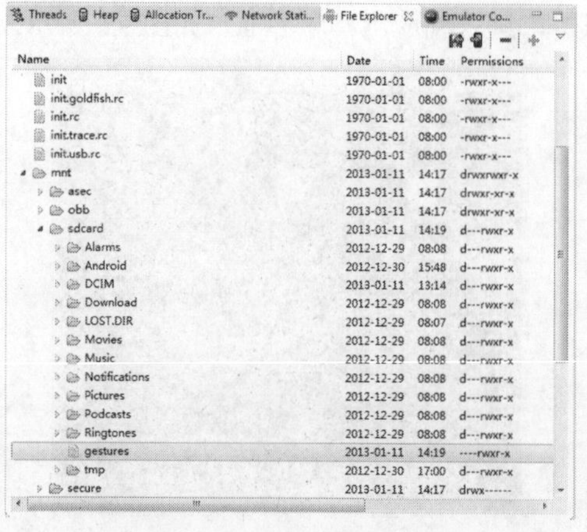

图 9.9　导出保存手势的文件

9.4.3　手势的识别

例 9.04　在 Eclipse 中创建 Android 项目，名称为 9.04，实现识别用户输入手势的功能。（**实例位置：光盘\TM\sl\9\9.04**）

具体实现步骤如下：

（1）在 res 文件夹中创建子文件夹，名称为 raw。将前面导出的手势文件复制到该文件夹中。

（2）修改 layout 文件夹中的 main.xml 文件，增加一个 GuestOverlayView 控件来接收用户的手势。修改完成后 main.xml 文件代码如下：

```
<?xml version="1.0" encoding="utf-8"?>
<LinearLayout xmlns:android="http://schemas.android.com/apk/res/android"
    android:layout_width="fill_parent"
    android:layout_height="fill_parent"
    android:background="@drawable/background"
    android:orientation="vertical" >
    <TextView
        android:layout_width="fill_parent"
        android:layout_height="wrap_content"
        android:gravity="center_horizontal"
        android:text="@string/title"
        android:textColor="@android:color/white"
        android:textSize="20dp" />
    <android.gesture.GestureOverlayView
        android:id="@+id/gestures"
        android:layout_width="fill_parent"
        android:layout_height="0dip"
        android:layout_weight="1.0" />
</LinearLayout>
```

（3）创建 GesturesRecognitionActivity 类，它继承了 Activity 类并实现了 OnGesturePerformedListener 接口。在 onCreate()方法中，加载了 raw 文件夹中的手势文件，接着获得布局文件中定义的 GestureOverlayView 控件。在 onGesturePerformed()方法的实现中，获得了得分最高的预测结果并提示，该类代码如下：

```
public class GesturesRecognitionActivity extends Activity implements OnGesturePerformedListener {
    private GestureLibrary library;
    @Override
    public void onCreate(Bundle savedInstanceState) {
        super.onCreate(savedInstanceState);
        setContentView(R.layout.main);
        library = GestureLibraries.fromRawResource(this, R.raw.gestures);    //加载手势文件
        if (!library.load()) {                                               //如果加载失败则退出
            finish();
        }
        GestureOverlayView gesture = (GestureOverlayView) findViewById(R.id.gestures);
        gesture.addOnGesturePerformedListener(this);                         //增加事件监听器
    }
    @Override
    public void onGesturePerformed(GestureOverlayView overlay, Gesture gesture) {
```

```
        ArrayList<Prediction> gestures = library.recognize(gesture);          //获得全部预测结果
        int index = 0;                                                        //保存当前预测的索引号
        double score = 0.0;                                                   //保存当前预测的得分
        for (int i = 0; i < gestures.size(); i++) {                           //获得最佳匹配结果
            Prediction result = gestures.get(i);                              //获得一个预测结果
            if (result.score > score) {
                index = i;
                score = result.score;
            }
        }
        Toast.makeText(this, gestures.get(index).name, Toast.LENGTH_LONG).show();
    }
}
```

运行程序后，绘制手势，如图 9.10 所示。

在手势绘制完成后，显示提示信息，如图 9.11 所示。

图 9.10　用户绘制的手势

图 9.11　手势对应的信息

9.5　实　　战

9.5.1　提示音量增加事件

本实例将实现当用户单击增加音量键时显示提示信息。**（实例位置：光盘\TM\sl\9\9.05）**

关键步骤如下：

（1）在 Eclipse 中创建 Android 项目，名称为 9.05。

（2）编写 VolumeUpMessageActivity 类，它继承了 Activity 类。重写 onCreate()方法来加载布局文件，重写 onKeyDown()方法，当音量增加键被按下时显示提示信息。具体代码如下：

```
public class VolumeUpMessageActivity extends Activity {
    @Override
    protected void onCreate(Bundle savedInstanceState) {
        super.onCreate(savedInstanceState);
        setContentView(R.layout.main);                                        //设置页面布局
    }
```

```
    @Override
    public boolean onKeyDown(int keyCode, KeyEvent event) {
        if (keyCode == KeyEvent.KEYCODE_VOLUME_UP) {
            Toast.makeText(this, "音量增加", Toast.LENGTH_LONG).show(); //提示音量增加
            return false;
        }
        return super.onKeyDown(keyCode, event);
    }
}
```

运行本实例后，显示如图 9.12 所示的界面。单击音量增加键，可以看到屏幕下方显示了音量增加信息。

图 9.12　显示音量增加信息

注意　当单击音量增加键时，onKeyDown()方法的返回值是 false，这并没有屏蔽该键的功能。

9.5.2　使用手势输入数字

本实例将利用用户绘制的手势在编辑框中输入数字。（**实例位置：光盘\TM\sl\9\9.06**）

具体的实现步骤如下：

（1）在 Eclipse 中创建 Android 项目，名称为 9.06。

（2）在 res 文件夹中创建子文件夹，名称为 raw。将自定义的手势文件复制到该文件夹中。

说明　这里使用的手势文件仅包含 0~9 十个数字，用户可以自己制作。

（3）修改 layout 文件夹中的 main.xml 文件，增加一个编辑框显示结果，增加一个 GuestOverlayView 控件来接收用户的手势，修改完成后 main.xml 文件请读者参考源代码。

（4）创建 NumberInputActivity 类，它继承了 Activity 类并实现了 OnGesturePerformedListener 接口。在 onCreate()方法中，加载了 raw 文件夹中的手势文件，接着获得布局文件中定义的 GestureOverlayView 控件。在 onGesturePerformed()方法的实现中，获得最佳匹配进行显示，该类代码如下：

```
public class NumberInputActivity extends Activity implements OnGesturePerformedListener {
    private GestureLibrary library;
    private EditText et;
    @Override
    public void onCreate(Bundle savedInstanceState) {
        super.onCreate(savedInstanceState);
        setContentView(R.layout.main);
```

```
        library = GestureLibraries.fromRawResource(this, R.raw.gestures);   //加载手势文件
        et = (EditText) findViewById(R.id.editText);
        if (!library.load()) {                                              //如果加载失败则退出
            finish();
        }
        GestureOverlayView gesture = (GestureOverlayView) findViewById(R.id.gestures);
        gesture.addOnGesturePerformedListener(this);                        //增加事件监听器
    }
    @Override
    public void onGesturePerformed(GestureOverlayView overlay, Gesture gesture) {
        ArrayList<Prediction> gestures = library.recognize(gesture);       //获得全部预测结果
        int index = 0;                                                      //保存当前预测的索引号
        double score = 0.0;                                                 //保存当前预测的得分
        for (int i = 0; i < gestures.size(); i++) {                         //获得最佳匹配结果
            Prediction result = gestures.get(i);                            //获得一个预测结果
            if (result.score > score) {
                index = i;
                score = result.score;
            }
        }
        String text = et.getText().toString();                              //获得编辑框中已经包含的文本
        text += gestures.get(index).name;                                   //获得最佳匹配
        et.setText(text);                                                   //更新编辑框
    }
}
```

运行程序后，绘制手势，如图 9.13 所示。

在手势绘制完成后，显示最佳匹配信息，如图 9.14 所示。

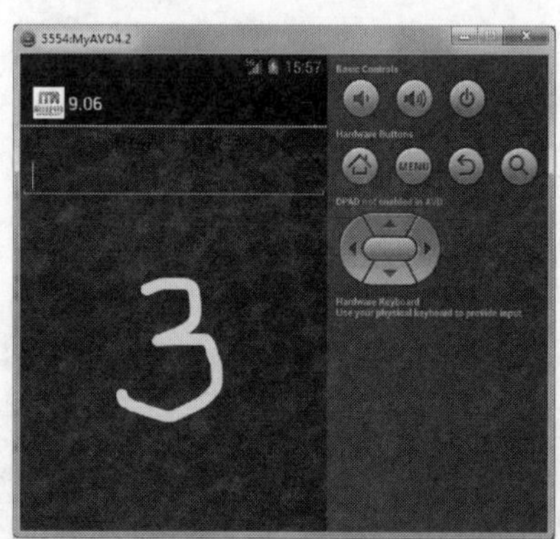

图 9.13　用户绘制的手势

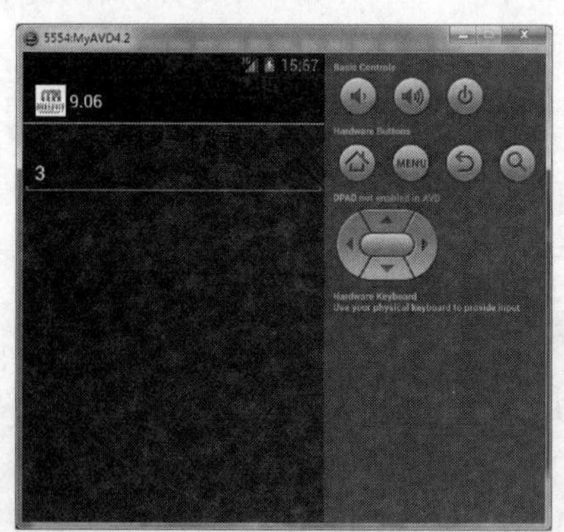

图 9.14　手势对应的字符

9.5.3　查看手势对应的分值

本实例将实现显示用户绘制的手势所对应的分值。（**实例位置：光盘\TM\sl\9\9.07**）

具体的实现步骤如下：

（1）在 Eclipse 中创建 Android 项目，名称为 9.07。

（2）在 res 文件夹中创建子文件夹，名称为 raw。将自定义的手势文件复制到该文件夹中。

说明　这里使用的手势文件仅包含 0~9 十个数字，用户可以自己制作。

（3）修改 layout 文件夹中的 main.xml 文件，增加一个 GuestOverlayView 控件来接收用户的手势，增加一个标签显示结果，修改完成后 main.xml 文件请读者参考源代码。

（4）创建 GesturesGuessActivity 类，它继承了 Activity 类并实现了 OnGesturePerformedListener 接口。在 onCreate()方法中，加载了 raw 文件夹中的手势文件，接着获得布局文件中定义的 GestureOverlayView 控件。在 onGesturePerformed()方法的实现中，获得所有手势所对应的分值并进行显示，该类代码如下：

```
public class GestureGuessActivity extends Activity implements OnGesturePerformedListener {
    private GestureLibrary library;
    private TextView resultTV;
    @Override
    public void onCreate(Bundle savedInstanceState) {
        super.onCreate(savedInstanceState);
        setContentView(R.layout.main);
        library = GestureLibraries.fromRawResource(this, R.raw.gestures);    //加载手势文件
        resultTV = (TextView) findViewById(R.id.prediction);
        if (!library.load()) {                                               //如果加载失败则退出
            finish();
        }
        GestureOverlayView gesture = (GestureOverlayView) findViewById(R.id.gestures);
        gesture.addOnGesturePerformedListener(this);                         //增加事件监听器
    }
    @Override
    public void onGesturePerformed(GestureOverlayView overlay, Gesture gesture) {
        ArrayList<Prediction> gestures = library.recognize(gesture);         //获得全部预测结果
        Collections.sort(gestures, new Comparator<Prediction>() {            //将预测结果进行排序
                    @Override
                    public int compare(Prediction lhs, Prediction rhs) {
                        return lhs.name.compareTo(rhs.name);                 //使用结果对应的字符串来排序
                    }
                });
        StringBuilder results = new StringBuilder();                         //保存全部结果
        NumberFormat formatter = new DecimalFormat("#00.00");                //定义格式化样式
        for (int i = 0; i < gestures.size(); i++) {                          //遍历全部结果
            Prediction result = gestures.get(i);
            results.append(result.name + ": " + formatter.format(result.score) + "\n");
        }
        resultTV.setText(results);                                           //显示结果
    }
}
```

运行程序后，绘制手势，如图 9.15 所示。

在手势绘制完成后，显示得分信息，如图 9.16 所示。

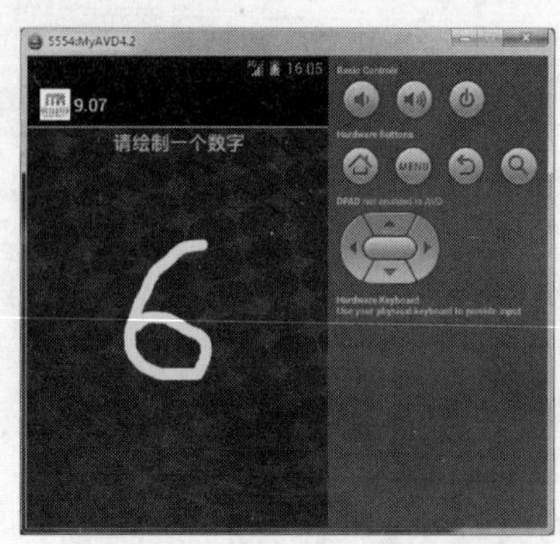

图 9.15　用户绘制的手势

图 9.16　手势得到的分值

9.6　本 章 小 结

本章重点介绍了 Android 中常见的事件处理方式，通过与前面介绍的常用控件结合，就可以实现 Android 应用程序的外部骨架。本章中的内容几乎在各个应用程序中都会使用，请读者务必熟练掌握。

9.7　学习成果检验

1．尝试编写 Android 程序，实现屏蔽搜索键的功能。（**答案位置：光盘\TM\sl\9\9.08**）
2．尝试编写 Android 程序，实现显示用户触摸的位置。（**答案位置：光盘\TM\sl\9\9.09**）
3．尝试编写 Android 程序，实现输入 M 形手势即可发送短信功能。（**答案位置：光盘\TM\sl\9\9.10**）

第10章

对话框、通知与闹钟

（视频讲解：50分钟）

在图形界面中，对话框和通知是人机交互的两种重要形式，在开发Android应用时，经常需要弹出消息提示框、对话框和显示通知等内容。另外，手机中设置闹钟也是比较常用的功能。为此，本章将对Android中如何弹出对话框、显示通知和设置闹钟进行详细介绍。

通过阅读本章，您可以：

- **掌握如何通过Toast显示消息提示框**
- **掌握如何使用AlertDialog实现对话框**
- **掌握如何使用Notification在状态栏上显示通知**
- **掌握如何使用AlarmManager设置闹钟**

10.1 通过 Toast 显示消息提示框

视频讲解：光盘\TM\Video\10\通过 Toast 显示消息提示框.exe

在前面各章的实例中，我们已经应用过 Toast 类来显示一个简单的消息提示框。本节将对 Toast 进行详细介绍。Toast 类用于在屏幕中显示一个消息提示框，该消息提示框没有任何控制按钮，并且不会获得焦点，经过一定时间后自动消失。通常用于显示一些快速提示信息，应用范围非常广泛。

使用 Toast 来显示消息提示框比较简单，只需要经过以下 3 个步骤即可实现。

（1）创建一个 Toast 对象。通常有两种方法，一种是使用构造方式进行创建，另一种是调用 Toast 类的 makeText()方法创建。

使用构造方法创建一个名称为 toast 的 Toast 对象的基本代码如下：

```
Toast toast=new Toast(this);
```

调用 Toast 类的 makeText()方法创建一个名称为 toast 的 Toast 对象的基本代码如下：

```
Toast toast=Toast.makeText(this, "要显示的内容", Toast.LENGTH_SHORT);
```

（2）调用 Toast 类提供的方法来设置该消息提示的对齐方式、页边距、显示的内容等。Toast 类的常用方法如表 10.1 所示。

表 10.1　Toast 类的常用方法

方　法	描　述
setDuration(int duration)	用于设置消息提示框持续的时间，通常使用 Toast.LENGTH_LONG 或 Toast.LENGTH_SHORT 参数值
setGravity(int gravity, int xOffset, int yOffset)	用于设置消息提示框的位置，参数 gravity 用于指定对齐方式，xOffset 和 yOffset 用于指定具体的偏移值
setMargin(float horizontalMargin, float verticalMargin)	用于设置消息提示框的页边距
setText(CharSequence s)	用于设置要显示的文本内容
setView(View view)	用于设置将要在消息提示框中显示的视图

（3）调用 Toast 类的 show()方法显示消息提示框。需要注意的是，一定要调用该方法，否则设置的消息提示框将不显示。

下面通过一个具体的实例说明如何使用 Toast 类显示消息提示框。

例 10.01　在 Eclipse 中创建 Android 项目，名称为 10.01，实现通过两种方法显示消息提示框。（**实例位置：光盘\TM\sl\10\10.01**）

具体实现步骤如下：

（1）修改新建项目的 res/layout 目录下的布局文件 main.xml，为默认添加的垂直线性布局设置一个 android:id 属性。关键代码如下：

```
android:id="@+id/ll"
```

（2）在主活动 MainActivity.java 的 onCreate()方法中，通过 makeText()方法显示一个消息提示框。关键代码如下：

```
Toast.makeText(this, "我是通过 makeText()方法创建的消息提示框", Toast.LENGTH_LONG).show();
```

注意　在最后一定不要忘记调用 show()方法，否则该消息提示框将不显示。

（3）通过 Toast 类的构造方法创建一个消息提示框，并设置该消息框的持续时间、对齐方式，以及要显示的内容等，这里设置其显示内容为带图标的消息。具体代码如下：

```
Toast toast=new Toast(this);
toast.setDuration(Toast.LENGTH_SHORT);                //设置持续时间
toast.setGravity(Gravity.CENTER, 0, 0);               //设置对齐方式
LinearLayout ll=new LinearLayout(this);               //创建一个线性布局管理器
ImageView iv=new ImageView(this);                     //创建一个 ImageView
iv.setImageResource(R.drawable.alerm);                //设置要显示的图片
iv.setPadding(0, 0, 5, 0);                            //设置 ImageView 的右边距
ll.addView(iv);                                       //将 ImageView 添加到线性布局管理器中
TextView tv=new TextView(this);                       //创建一个 TextView
tv.setText("我是通过构造方法创建的消息提示框");           //为 TextView 设置文本内容
ll.addView(tv);                                       //将 TextView 添加到线性布局管理器中
toast.setView(ll);                                    //设置消息提示框中要显示的视图
toast.show();                                         //显示消息提示框
```

运行本实例，首先显示如图 10.1 所示的消息提示框，过一段时间后，该消息提示框消失，然后显示如图 10.2 所示的消息提示框，再过一段时间后，该消息提示框也自动消失。

图 10.1　消息提示框一

图 10.2　消息提示框二

10.2　使用 AlertDialog 实现对话框

视频讲解：光盘\TM\Video\10\使用 AlertDialog 实现对话框.exe

AlertDialog 类的功能非常强大，它不仅可以生成带按钮的提示对话框，还可以生成带列表的列表对话框。使用 AlertDialog 可以生成的对话框概括起来有以下 4 种。

☑　带确定、中立和取消等 N 个按钮的提示对话框，其中的按钮个数不是固定的，可以根据需要添加。例如，不需要有中立按钮，那么就可以生成只带有确定和取消按钮的对话框，也可以是只带有一个按钮的对话框。

☑　带列表的列表对话框。

☑　带多个单选列表项和 N 个按钮的列表对话框。

☑ 带多个多选列表项和 N 个按钮的列表对话框。

在使用 AlertDialog 类生成对话框时，常用的方法如表 10.2 所示。

表 10.2 AlertDialog 类的常用方法

方 法	描 述
setTitle(CharSequence title)	用于为对话框设置标题
setIcon(Drawable icon)	用于为对话框设置图标
setIcon(int resId)	用于为对话框设置图标
setMessage(CharSequence message)	用于为提示对话框设置要显示的内容
setButton()	用于为提示对话框添加按钮，可以是取消按钮、中立按钮和确定按钮。需要通过为其指定 int 类型的 whichButton 参数实现，其参数值可以是 DialogInterface.BUTTON_POSITIVE（确定按钮）、BUTTON_NEGATIVE（取消按钮）或者 BUTTON_NEUTRAL（中立按钮）

通常情况下，使用 AlertDialog 类只能生成带 N 个按钮的提示对话框，要生成另外 3 种列表对话框，需要使用 AlertDialog.Builder 类，该类提供的常用方法如表 10.3 所示。

表 10.3 AlertDialog.Builder 类的常用方法

方 法	描 述
setTitle(CharSequence title)	用于为对话框设置标题
setIcon(Drawable icon)	用于为对话框设置图标
setIcon(int resId)	用于为对话框设置图标
setMessage(CharSequence message)	用于为提示对话框设置要显示的内容
setNegativeButton()	用于为对话框添加取消按钮
setPositiveButton()	用于为对话框添加确定按钮
setNeutralButton()	用于为对话框添加中立按钮
setItems()	用于为对话框添加列表项
setSingleChoiceItems()	用于为对话框添加单选列表项
setMultiChoiceItems()	用于为对话框添加多选列表项

下面通过一个具体的实例说明如何应用 AlertDialog 类生成各种提示对话框和列表对话框。

例 10.02 在 Eclipse 中创建 Android 项目，名称为 10.02，应用 AlertDialog 类实现带取消、中立和确定按钮的提示对话框，带列表的列表对话框，带多个单选列表项的列表对话框和带多个多选列表项的列表对话框。**（实例位置：光盘\TM\sl\10\10.02）**

具体实现步骤如下：

（1）修改新建项目的 res/layout 目录下的布局文件 main.xml，将默认添加的 TextView 组件删除，然后添加 4 个用于控制各种对话框显示的按钮。由于此处的布局代码比较简单，这里就不再给出。

（2）在主活动 MainActivity.java 的 onCreate()方法中，获取布局文件中添加的第 1 个按钮，也就是“显示带取消、中立和确定按钮的对话框”按钮，并为其添加单击事件监听器，在重写的 onClick()方法中，应用 AlertDialog 类创建一个带取消、中立和确定按钮的提示对话框。具体代码如下：

```
Button button1 = (Button) findViewById(R.id.button1); //获取“显示带取消、中立和确定按钮的对话框”按钮
//为“显示带取消、中立和确定按钮的对话框”按钮添加单击事件监听器
button1.setOnClickListener(new View.OnClickListener() {
```

```
    @Override
    public void onClick(View v) {
        AlertDialog alert = new AlertDialog.Builder(MainActivity.this).create();
        alert.setIcon(R.drawable.advise);                                    //设置对话框的图标
        alert.setTitle("系统提示：");                                         //设置对话框的标题
        alert.setMessage("带取消、中立和确定按钮的对话框！");                  //设置要显示的内容
        //添加“取消”按钮
        alert.setButton(DialogInterface.BUTTON_NEGATIVE,"取消", new OnClickListener() {
            @Override
            public void onClick(DialogInterface dialog, int which) {
                Toast.makeText(MainActivity.this, "您单击了取消按钮",Toast.LENGTH_SHORT).show();
            }
        });
        //添加“确定”按钮
        alert.setButton(DialogInterface.BUTTON_POSITIVE,"确定", new OnClickListener() {
            @Override
            public void onClick(DialogInterface dialog, int which) {
                Toast.makeText(MainActivity.this, "您单击了确定按钮",Toast.LENGTH_SHORT).show();
            }
        });
        alert.setButton(DialogInterface.BUTTON_NEUTRAL,"中立",new OnClickListener(){
            @Override
            public void onClick(DialogInterface dialog, int which) {}
        });                                                                  //添加“中立”按钮
        alert.show();                                                        //显示对话框
    }
});
```

（3）在主活动 MainActivity.java 的 onCreate()方法中，获取布局文件中添加的第 2 个按钮，也就是“显示带列表的对话框”按钮，并为其添加单击事件监听器，在重写的 onClick()方法中，应用 AlertDialog 类创建一个带 5 个列表项的列表对话框。具体代码如下：

```
Button button2 = (Button) findViewById(R.id.button2);                       //获取“显示带列表的对话框”按钮
button2.setOnClickListener(new View.OnClickListener() {
    @Override
    public void onClick(View v) {
        final String[] items = new String[] { "跑步", "羽毛球", "乒乓球", "网球", "体操" };
        Builder builder = new AlertDialog.Builder(MainActivity.this);
        builder.setIcon(R.drawable.advise1);                                 //设置对话框的图标
        builder.setTitle("请选择你喜欢的运动项目：");                          //设置对话框的标题
        //添加列表项
        builder.setItems(items, new OnClickListener() {
            @Override
            public void onClick(DialogInterface dialog, int which) {
                Toast.makeText(MainActivity.this,
                        "您选择了" + items[which], Toast.LENGTH_SHORT).show();
            }
        });
        builder.create().show();                                             //创建对话框并显示
    }
});
```

（4）在主活动 MainActivity.java 的 onCreate()方法中，获取布局文件中添加的第 3 个按钮，也就是“显示带单选列表项的对话框”按钮，并为其添加单击事件监听器，在重写的 onClick()方法中，应用 AlertDialog 类创建一个带 5 个单选列表项和一个确定按钮的列表对话框。具体代码如下：

```
Button button3 = (Button) findViewById(R.id.button3);                //获取“显示带单选列表项的对话框”按钮
button3.setOnClickListener(new View.OnClickListener() {
    @Override
    public void onClick(View v) {
        final String[] items = new String[] { "标准", "无声", "会议", "户外","离线" };
        //显示带单选列表项的对话框
        Builder builder = new AlertDialog.Builder(MainActivity.this);
        builder.setIcon(R.drawable.advise2);                         //设置对话框的图标
        builder.setTitle("请选择要使用的情景模式：");                  //设置对话框的标题
        builder.setSingleChoiceItems(items, 0, new OnClickListener() {
            @Override
            public void onClick(DialogInterface dialog, int which) {
                Toast.makeText(MainActivity.this,
                        "您选择了" + items[which], Toast.LENGTH_SHORT).show();    //显示选择结果
            }
        });

        builder.setPositiveButton("确定", null);                     //添加“确定”按钮
        builder.create().show();                                     //创建对话框并显示
    }
});
```

（5）在主活动中定义一个 boolean 类型的数组（用于记录各列表项的状态）和一个 String 类型的数组（用于记录各列表项要显示的内容），关键代码如下：

```
private boolean[] checkedItems;                                      //记录各列表项的状态
private String[] items;                                              //各列表项要显示的内容
```

（6）在主活动 MainActivity 的 onCreate()方法中，获取布局文件中添加的第 4 个按钮，也就是“显示带多选列表项的对话框”按钮，并为其添加单击事件监听器，在重写的 onClick()方法中，应用 AlertDialog 类创建一个带 5 个多选列表项和一个“确定”按钮的列表对话框。具体代码如下：

```
Button button4 = (Button) findViewById(R.id.button4);                //获取“显示带多选列表项的对话框”按钮
button4.setOnClickListener(new View.OnClickListener() {
    @Override
    public void onClick(View v) {
        checkedItems= new boolean[] { false, true, false,true, false };           //记录各列表项的状态
        //各列表项要显示的内容
        items = new String[] { "植物大战僵尸", "愤怒的小鸟", "泡泡龙", "开心农场", "超级玛丽" };
        //显示带单选列表项的对话框
        Builder builder = new AlertDialog.Builder(MainActivity.this);
        builder.setIcon(R.drawable.advise2);                         //设置对话框的图标
        builder.setTitle("请选择您喜爱的游戏：");                      //设置对话框标题
        builder.setMultiChoiceItems(items, checkedItems,
                new OnMultiChoiceClickListener() {
                    @Override
                    public void onClick(DialogInterface dialog, int which, boolean isChecked) {
```

```
                    checkedItems[which]=isChecked;          //改变被操作列表项的状态
                }
            });
        //为对话框添加"确定"按钮
        builder.setPositiveButton("确定", new OnClickListener() {
            @Override
            public void onClick(DialogInterface dialog, int which) {
                String result="";                                    //用于保存选择结果
                for(int i=0;i<checkedItems.length;i++){
                    if(checkedItems[i]){                             //当选项被选择时
                        result+=items[i]+"、";                       //将选项的内容添加到 result 中
                    }
                }
                //当 result 不为空时，通过消息提示框显示选择的结果
                if(!"".equals(result)){
                    result=result.substring(0, result.length()-1);   //去掉最后面添加的"、"号
                    Toast.makeText(MainActivity.this,
                            "您选择了[ "+result+" ]", Toast.LENGTH_LONG).show();
                }
            }
        });
        builder.create().show();                                     //创建对话框并显示
    }
});
```

运行本实例，在屏幕中将显示 4 个按钮，单击第 1 个按钮，将弹出带"取消"、"中立"和"确定"按钮的对话框，如图 10.3 所示；单击第 2 个按钮，将弹出如图 10.4 所示的带列表的对话框，单击任何一个列表项，都将关闭该对话框，并通过一个消息提示框显示选取的内容；单击第 3 个按钮，将显示如图 10.5 所示的列表对话框，单击"确定"按钮，关闭该对话框；单击第 4 个按钮，将显示一个如图 10.6 所示的带 5 个多选列表项和一个"确定"按钮的列表对话框，选中多个列表项后，单击"确定"按钮，将显示如图 10.7 所示的消息提示框显示选取的内容。

图 10.3　带"取消"、"中立"和"确定"按钮的对话框

图 10.4　带列表的列表对话框

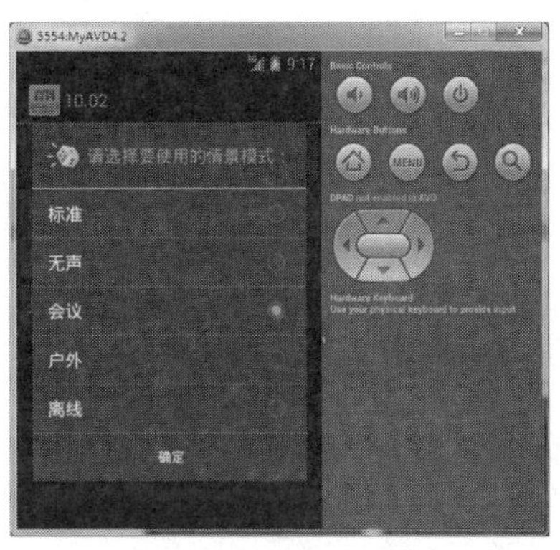

图 10.5　带单选列表的列表对话框

图 10.6　带多选列表的列表对话框

图 10.7　消息提示框

10.3　使用 Notification 在状态栏上显示通知

视频讲解：光盘\TM\Video\10\使用 Notification 在状态栏上显示通知.exe

在使用手机时，当有未接来电或是新短消息时，手机会给出相应的提示信息，这些提示信息通常会显示到手机屏幕的状态栏上。Android 也提供了用于处理这些信息的类，即 Notification 和 NotificationManager。其中 Notification 代表具有全局效果的通知，而 NotificationManager 则是用于发送 Notification 通知的系统服务。

使用 Notification 和 NotificationManager 类发送和显示通知也比较简单，大致可以分为以下 4 个步骤实现。

（1）调用 getSystemService()方法获取系统的 NotificationManager 服务。

（2）创建一个 Notification 对象，并为其设置各种属性。

（3）为 Notification 对象设置事件信息。

（4）通过 NotificationManager 类的 notify()方法发送 Notification 通知。

下面通过一个具体的实例说明如何使用 Notification 在状态栏上显示通知。

例 10.03　在 Eclipse 中创建 Android 项目，名称为 10.03，实现在状态栏上显示通知和删除通知。（**实例位置：光盘\TM\sl\10\10.03**）

具体实现步骤如下：

（1）修改新建项目的 res/layout 目录下的布局文件 main.xml，将默认添加的 TextView 组件删除，然后添加两个普通按钮，一个用于显示通知，另一个用于删除通知。由于此处的布局代码比较简单，这里就不再给出。

（2）在主活动 MainActivity 中创建两个常量，一个用于保存第一个通知的 ID，另一个用于保存第二个通知的 ID。关键代码如下：

```
final int NOTIFYID_1 = 0x123;              //第一个通知的 ID
final int NOTIFYID_2 = 0x124;              //第二个通知的 ID
```

（3）在主活动 MainActivity 的 onCreate()方法中，调用 getSystemService()方法获取系统的 Notification Manager 服务。关键代码如下：

```
//获取通知管理器，用于发送通知
final NotificationManager notificationManager = (NotificationManager) getSystemService(NOTIFICATION_ SERVICE);
```

（4）获取“显示通知”按钮，并为其添加单击事件监听器，在重写的 onClick()方法中，首先通过无参的构造方法创建一个 Notification 对象，并设置其相关属性，然后通过通知管理器发送该通知，接下来通过构造方法 Notification(int icon, CharSequence tickerText, long when)创建一个通知，并为其设置事件信息，最后通过通知管理器发送该通知。具体代码如下：

```
Button button1 = (Button) findViewById(R.id.button1);              //获取“显示通知”按钮
//为“显示通知”按钮添加单击事件监听器
button1.setOnClickListener(new OnClickListener() {
    @Override
    public void onClick(View v) {
        Notification notify = new Notification();                   //创建一个 Notification 对象
        notify.icon = R.drawable.advise;
        notify.tickerText = "显示第一个通知";
        notify.when = System.currentTimeMillis();                  //设置发送时间
        notify.defaults = Notification.DEFAULT_ALL;            //设置默认声音、默认振动和默认闪光灯
        notify.setLatestEventInfo(MainActivity.this, "无题", "每天进步一点点", null);     //设置事件信息
        notificationManager.notify(NOTIFYID_1, notify);          //通过通知管理器发送通知
        //添加第二个通知
        Notification notify1 = new Notification(R.drawable.advise2,
                "显示第二个通知", System.currentTimeMillis());
        notify1.flags|=Notification.FLAG_AUTO_CANCEL;      //打开应用程序后图标消失
        Intent intent=new Intent(MainActivity.this,ContentActivity.class);
        PendingIntent pendingIntent=PendingIntent.getActivity(MainActivity.this, 0, intent, 0);
        notify1.setLatestEventInfo(MainActivity.this, "通知",
                "查看详细内容", pendingIntent);                  //设置事件信息
        notificationManager.notify(NOTIFYID_2, notify1);       //通过通知管理器发送通知
    }
});
```

注意　在上面的代码中，加粗的代码为第一个通知设置使用默认声音、默认振动和默认闪光灯。也就是说，程序中需要访问系统闪光灯和振动器，这时就需要在 AndroidManifest.xml 中声明使用权限，具体代码如下：

```
<!-- 添加操作闪光灯的权限 -->
<uses-permission android:name="android.permission.FLASHLIGHT"/>
<!-- 添加操作振动器的权限 -->
<uses-permission android:name="android.permission.VIBRATE"/>
```

另外，在程序中还需要启动另一个活动 ContentActivity。因此，也需要在 AndroidManifest.xml 文件中声明该 Activity，具体代码如下：

```
<activity android:name=".ContentActivity"
        android:label="详细内容"
        android:theme="@android:style/Theme.Dialog"/>
```

（5）获取“删除通知”按钮，并为其添加单击事件监听器，在重写的 onClick()方法中，删除全部通知。具体代码如下：

```
Button button2 = (Button) findViewById(R.id.button2);              //获取“删除通知”按钮
//为“删除通知”按钮添加单击事件监听器
button2.setOnClickListener(new OnClickListener() {
    @Override
```

```
    public void onClick(View v) {
//        notificationManager.cancel(NOTIFYID_1);        //清除 ID 号为常量 NOTIFYID_1 的通知
          notificationManager.cancelAll();               //清除全部通知
    }
});
```

（6）由于在为第二个通知指定事件信息时，为其关联了一个 Activity，因此，还需要创建该 Activity。由于在该 Activity 中，只需要通过一个 TextView 组件显示一行具体的通知信息，所以实现起来比较容易，这里就不再赘述，详细代码请参见光盘。

运行本实例，单击“显示通知”按钮，在屏幕的右下角将显示第一个通知，如图 10.8 所示；过一段时间后，该通知消失，并显示第二个通知，再过一段时间后，该通知也消失，这时在状态栏上将显示这两个通知的图标，如图 10.9 所示。按住状态栏并向下滑动，可以看到通知列表，直到出现如图 10.10 所示的通知窗口。单击第一个列表项，可以查看通知的详细内容，如图 10.11 所示，查看后，该通知的图标将不在状态栏中显示。单击“删除通知”按钮，可以删除全部通知。

图 10.8　单击“显示通知”按钮后显示的通知

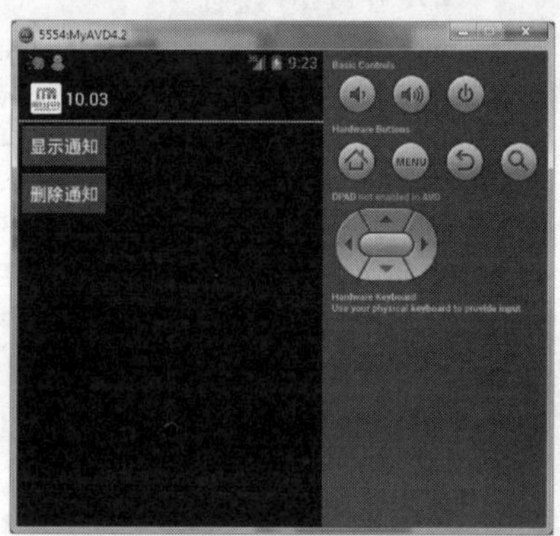

图 10.9　在状态栏上显示通知图标

图 10.10　单击状态栏上的通知图标显示通知列表

图 10.11　第二个通知的详细内容

10.4　使用 AlarmManager 设置闹钟

视频讲解：光盘\TM\Video\10\使用 AlarmManager 设置闹钟.exe

AlarmManager 类是 Android 提供的用于在未来的指定时间弹出一个警告信息或者完成指定操作的类。实际上 AlarmManager 是一个全局的定时器，使用它可以在指定的时间或周期启动其他的组件（包括 Activity、

Service 和 BroadcastReceiver)。使用 AlarmManager 设置警告后，Android 将自动开启目标应用，即使手机处于休眠状态。因此，使用 AlarmManager 也可以实现关机后仍可以响应的闹钟。

10.4.1　AlarmManager 简介

在 Android 中，要获取 AlarmManager 对象，类似于获取 NotificationManager 服务，也需要使用 Context 类的 getSystemService()方法来实现。具体代码如下：

```
Context.getSystemService(Context.ALARM_SERVICE)
```

获取 AlarmManager 对象后，就可以应用该对象提供的相关方法来设置警告了。AlarmManager 对象提供的常用方法如表 10.4 所示。

表 10.4　AlarmManager 对象提供的常用方法

方　　法	描　　述
cancel(PendingIntent operation)	用于取消已经设置的与参数匹配的闹钟
set(int type, long triggerAtTime, PendingIntent operation)	用于设置一个新的闹钟
setInexactRepeating(int type, long triggerAtTime, long interval, PendingIntent operation)	用于设置一个非精确重复类型的闹钟。例如，设置一个每小时启动一次的闹钟，但是系统并不一定总在每个小时的开始启动闹钟
setRepeating(int type, long triggerAtTime, long interval, PendingIntent operation)	用于设置一个重复类型的闹钟
setTime(long millis)	用于设置闹钟的时间
setTimeZone(String timeZone)	用于设置系统默认的时区

在设置闹钟时，AlarmManager 提供了以下 4 种类型。

☑　ELAPSED_REALTIME

用于设置从现在开始过一定时间后启动的闹钟。当系统进入睡眠状态时，这种类型的闹钟不会唤醒系统，直到系统下次被唤醒才传递它，该闹钟所用的时间是相对时间，是从系统启动后开始计时的（包括睡眠时间），可以通过调用 SystemClock.elapsedRealtime()方法获得。

☑　ELAPSED_REALTIME_WAKEUP

用于设置从现在开始过一定时间后启动的闹钟。这种类型的闹钟能够唤醒系统，使用方法与 ELAPSED_REALTIME 类似，也可以通过调用 SystemClock.elapsedRealtime()方法获得。

☑　RTC

用于设置当系统调用 System.currentTimeMillis()方法的返回值与指定的触发时间相等时启动的闹钟。当系统进入睡眠状态时，这种类型的闹钟不会唤醒系统，直到系统下次被唤醒才传递它，该闹钟所用的时间是绝对时间、UTC 时间，可以通过调用 System.currentTimeMillis()方法获得。

☑　RTC_WAKEUP

用于设置当系统调用 System.currentTimeMillis()方法的返回值与指定的触发时间相等时启动的闹钟。这种类型的闹钟能够唤醒系统，使用方法与 RTC 类似。

10.4.2　设置一个简单的闹钟

在 Android 中，使用 AlarmManager 设置闹钟比较简单，下面就通过一个具体的例子来介绍如何设计一个简单的闹钟。

例 10.04 在 Eclipse 中创建 Android 项目，名称为 10.04，应用 AlarmManager 类实现一个定时启动的闹钟。（**实例位置：光盘\TM\sl\10\10.04**）

具体实现步骤如下：

（1）修改新建项目的 res/layout 目录下的布局文件 main.xml，将默认添加的 TextView 组件删除，然后添加一个时间拾取器和一个设置闹钟的按钮。关键代码如下：

```
<TimePicker
    android:id="@+id/timePicker1"
    android:layout_width="wrap_content"
    android:layout_height="wrap_content" />
<Button
    android:id="@+id/button1"
    android:layout_width="wrap_content"
    android:layout_height="wrap_content"
    android:text="设置闹钟" />
```

（2）打开默认创建的 MainActivity，在该类中创建两个成员变量，分别为时间拾取器和日历对象。具体代码如下：

```
    TimePicker timepicker;                                          //时间拾取器
    Calendar c;                                                     //日历对象
```

（3）在 MainActivity 的 onCreate()方法中，初始化日历对象和时间拾取组件。首先获取日历对象，并为其设置当前时间，然后获取时间拾取器组件，并设置其采用 24 小时制，最后设置时间拾取器的默认显示小时数和分钟数为当前时间。具体代码如下：

```
c = Calendar.getInstance();                                         //获取日历对象
c.setTimeInMillis(System.currentTimeMillis());                      //设置当前时间
timepicker = (TimePicker) findViewById(R.id.timePicker1);           //获取时间拾取器组件
timepicker.setIs24HourView(true);                                   //设置使用 24 小时制
timepicker.setCurrentHour(c.get(Calendar.HOUR_OF_DAY));             //设置当前小时数
timepicker.setCurrentMinute(c.get(Calendar.MINUTE));                //设置当前分钟数
```

（4）获取布局管理器中添加的“设置闹钟”按钮，并为其添加单击事件监听器，在重写的 onClick()方法中，首先创建一个 Intent 对象，并获取显示闹钟的 PendingIntent 对象，然后获取 AlarmManager 对象，并且用时间拾取器中设置的小时数和分钟数设置日历对象的时间，接下来调用 AlarmManager 对象的 set()方法设置一个闹钟，最后显示一个提示闹钟设置成功的消息提示。具体代码如下：

```
Button button1 = (Button) findViewById(R.id.button1);               //获取“设置闹钟”按钮
//为“设置闹钟”按钮添加单击事件监听器
button1.setOnClickListener(new OnClickListener() {
    @Override
    public void onClick(View v) {
        Intent intent = new Intent(MainActivity.this,
                AlarmActivity.class);                               //创建一个 Intent 对象
        PendingIntent pendingIntent = PendingIntent.getActivity(
                MainActivity.this, 0, intent, 0);                   //获取显示闹钟的 PendingIntent 对象
        //获取 AlarmManager 对象
        AlarmManager alarm = (AlarmManager) getSystemService(Context.ALARM_SERVICE);
```

```
        c.set(Calendar.HOUR_OF_DAY, timepicker.getCurrentHour()); //设置闹钟的小时数
        c.set(Calendar.MINUTE, timepicker.getCurrentMinute());       //设置闹钟的分钟数
        alarm.set(AlarmManager.RTC_WAKEUP, c.getTimeInMillis(),
                pendingIntent);                                       //设置一个闹钟
        Toast.makeText(MainActivity.this, "闹钟设置成功", Toast.LENGTH_SHORT)
                .show();                                              //显示一个消息提示
    }
});
```

（5）创建一个 AlarmActivity，用于显示闹钟提示内容。在该 Activity 中，重写 onCreate()方法，在该方法中，创建并显示一个带“确定”按钮的对话框，显示闹钟的提示内容。关键代码如下：

```
public class AlarmActivity extends Activity {
    @Override
    protected void onCreate(Bundle savedInstanceState) {
        super.onCreate(savedInstanceState);
        AlertDialog alert = new AlertDialog.Builder(this).create();
        alert.setIcon(R.drawable.advise);                              //设置对话框的图标
        alert.setTitle("闹钟：");                                       //设置对话框的标题
        alert.setMessage("上传工作反馈的时间到了...");                   //设置要显示的内容
        //添加“确定”按钮
        alert.setButton(DialogInterface.BUTTON_POSITIVE,"确定", new OnClickListener() {
            @Override
            public void onClick(DialogInterface dialog, int which) { }
        });
        alert.show();                                                  //显示对话框
    }
}
```

（6）在 AndroidManifest.xml 文件中配置 AlarmActivity，配置的主要属性有 Activity 使用的实现类和标签。具体代码如下：

```
<activity
    android:name=".AlarmActivity"
    android:label="闹钟"/>
```

运行本实例，在屏幕上方的时间拾取器中选择要设置闹钟的时间，然后单击“设置闹钟”按钮，将设置一个定时启动的闹钟，同时显示消息提示“闹钟设置成功”，如图 10.12 所示。当设置的时间到达时，将弹出一个带“确定”按钮的对话框，提示闹钟的内容，如图 10.13 所示。

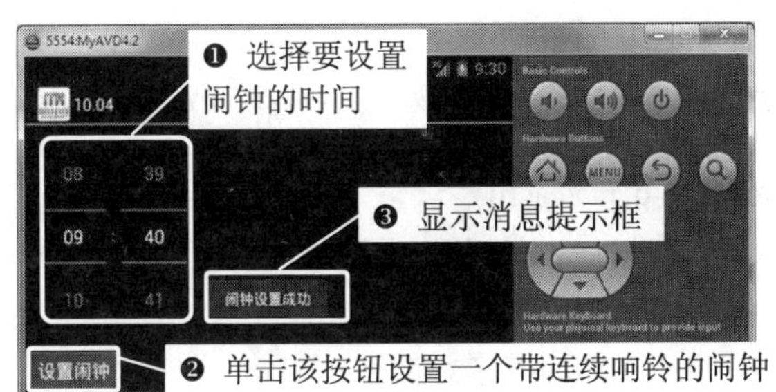

图 10.12　设置闹钟

图 10.13　显示的闹钟

10.5 实 战

10.5.1 弹出询问是否退出的对话框

本实例将实现弹出询问是否退出的对话框。（**实例位置：光盘\TM\sl\10\10.05**）

具体的实现步骤如下：

（1）在 Eclipse 中创建 Android 项目，名称为 10.05。

（2）修改新建项目的 res/layout 目录下的布局文件 main.xml，将默认添加的 TextView 组件删除，并设置布局为居中对齐，然后添加一个 ImageButton 组件，并且设置背景透明。关键代码如下：

```
<ImageButton
        android:id="@+id/exit"
        android:layout_width="wrap_content"
        android:layout_height="wrap_content"
        android:background="#0000"
        android:src="@drawable/exit" />
```

（3）在主活动 MainActivity 的 onCreate()方法中，获取布局文件中添加的第一个按钮，也就是“退出”按钮，并为其添加单击事件监听器，在重写的 onClick()方法中，应用 AlertDialog 类创建一个带取消、中立和确定按钮的提示对话框。具体代码如下：

```
ImageButton button1 = (ImageButton) findViewById(R.id.exit);                //获取“退出”按钮
//为“退出”按钮添加单击事件监听器
button1.setOnClickListener(new View.OnClickListener() {
    @Override
    public void onClick(View v) {
        AlertDialog alert = new AlertDialog.Builder(MainActivity.this).create();
        alert.setIcon(R.drawable.advise);                                   //设置对话框的图标
        alert.setTitle("退出？");                                            //设置对话框的标题
        alert.setMessage("真的要退出泡泡龙游戏吗？");                          //设置要显示的内容
        //添加“不”按钮
        alert.setButton(DialogInterface.BUTTON_NEGATIVE, "不",
                new OnClickListener() {
                    @Override
                    public void onClick(DialogInterface dialog, int which) {
                    }
                });
        //添加“是的”按钮
        alert.setButton(DialogInterface.BUTTON_POSITIVE, "是的",new OnClickListener() {
                    @Override
                    public void onClick(DialogInterface dialog,int which) {
                        finish();                                           //返回系统主界面
                    }
                });
        alert.show();                                                       //显示对话框
    }
});
```

运行本实例，单击“退出”按钮，将弹出如图 10.14 所示的询问是否退出的提示对话框，单击“不”按钮，不退出游戏；单击“是的”按钮，将退出游戏。

10.5.2　弹出带图标的列表对话框

图 10.14　弹出询问是否退出的对话框

在应用 AlertDialog 创建列表对话框时，默认情况下，各列表项是不带图标的，为了让程序更加友好，我们可以为各列表项添加图标。本实例将实现弹出带图标的列表对话框。**（实例位置：光盘\TM\sl\10\10.06）**

具体的实现步骤如下：

（1）在 Eclipse 中创建 Android 项目，名称为 10.06。

（2）修改新建项目的 res/layout 目录下的布局文件 main.xml，将默认添加的 TextView 组件删除，然后添加一个用于打开列表对话框的按钮。由于此处的布局代码比较简单，这里就不再给出。

（3）编写用于布局列表项内容的 XML 布局文件 items.xml，在该文件中，采用水平线性布局，并在该布局管理器中添加一个 ImageView 组件和一个 TextView 组件，分别用于显示列表项中的图标和文字。具体代码如下：

```
<?xml version="1.0" encoding="utf-8"?>
<LinearLayout xmlns:android="http://schemas.android.com/apk/res/android"
  android:orientation="horizontal"
  android:layout_width="match_parent"
  android:layout_height="match_parent">
<ImageView
     android:id="@+id/image"
     android:paddingLeft="10px"
     android:paddingTop="20px"
     android:paddingBottom="20px"
     android:adjustViewBounds="true"
     android:maxWidth="72px"
     android:maxHeight="72px"
     android:layout_height="wrap_content"
     android:layout_width="wrap_content"/>
 <TextView
    android:layout_width="wrap_content"
    android:layout_height="wrap_content"
    android:padding="10px"
    android:layout_gravity="center"
    android:id="@+id/title" />
</LinearLayout>
```

（4）在主活动 MainActivity 的 onCreate()方法中，创建两个用于保存列表项图片 ID 和文字的数组，并将这些图片 ID 和文字添加到 List 集合中，然后创建一个 SimpleAdapter 简单适配器。具体代码如下：

```
int[] imageId = new int[] { R.drawable.img01, R.drawable.img02,
        R.drawable.img03, R.drawable.img04, R.drawable.img05 };     //定义并初始化保存图片 ID 的数组
final String[] title = new String[] { "程序管理", "保密设置", "安全设置",
        "邮件设置","铃声设置" };                                     //定义并初始化保存列表项文字的数组
```

```
List<Map<String, Object>> listItems = new ArrayList<Map<String, Object>>();  //创建一个 list 集合
//通过 for 循环将图片 ID 和列表项文字放到 Map 中，并添加到 list 集合中
for (int i = 0; i < imageId.length; i++) {
    Map<String, Object> map = new HashMap<String, Object>();                //实例化 Map 对象
    map.put("image", imageId[i]);
    map.put("title", title[i]);
    listItems.add(map);                                                     //将 map 对象添加到 List 集合中
}
final SimpleAdapter adapter = new SimpleAdapter(this, listItems,
        R.layout.items, new String[] { "title", "image" }, new int[] {
                R.id.title, R.id.image });                                  //创建 SimpleAdapter
```

（5）获取布局文件中添加的按钮，并为其添加单击事件监听器，在重写的 onClick()方法中，应用 AlertDialog 类创建一个带图标的列表对话框，并实现在单击列表项时，获取列表项的内容。具体代码如下：

```
Button button1 = (Button) findViewById(R.id.button1);                       //获取布局文件中添加的按钮
button1.setOnClickListener(new View.OnClickListener() {
    @Override
    public void onClick(View v) {
        Builder builder = new AlertDialog.Builder(MainActivity.this);
        builder.setIcon(R.drawable.advise);                                 //设置对话框的图标
        builder.setTitle("设置：");                                          //设置对话框的标题
        //添加列表项
        builder.setAdapter(adapter, new OnClickListener() {
            @Override
            public void onClick(DialogInterface dialog, int which) {
                Toast.makeText(MainActivity.this,
                        "您选择了[ " + title[which]+" ]", Toast.LENGTH_SHORT).show();
            }
        });
        builder.create().show();                                            //创建对话框并显示
    }
});
```

运行本实例，单击“打开设置对话框”按钮，将弹出如图 10.15 所示的选择设置项目的对话框，单击任意列表项，都将关闭该对话框，并通过消息提示框显示选择的列表项内容。

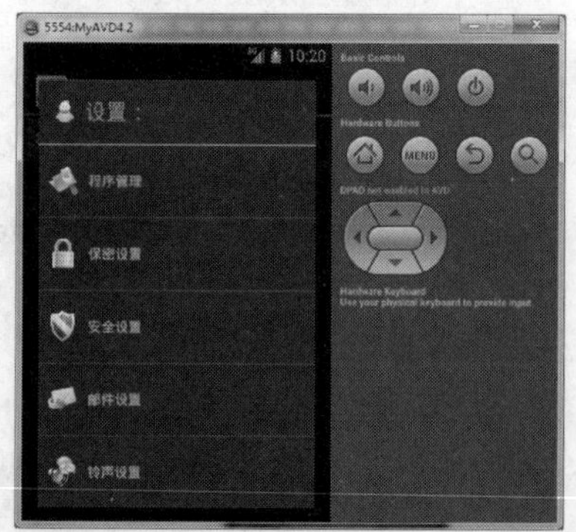

图 10.15　弹出带图标的列表对话框

10.5.3　仿手机 QQ 登录状态显示功能

本实例将实现仿手机 QQ 登录状态显示功能。（**实例位置：光盘\TM\sl\10\10.07**）

具体的实现步骤如下：

（1）在 Eclipse 中创建 Android 项目，名称为 10.07。

（2）修改新建项目的 res/layout 目录下的布局文件 main.xml，将默认添加的布局代码删除，然后添加一个 TableLayout 表格布局管理器，在该布局管理器中添加 3 个 TableRow 表格行，接下来再在每个表格行中添加用户登录界面相关的组件，最后设置表格的第 1 列和第 4 列允许被拉伸。由于此处的代码同

第 3 章的例 3.06 的布局代码基本相同，所以这里不再给出，具体代码可以参见光盘。

（3）在主活动中，定义一个整型的常量（记录通知的 ID）、一个 String 类型的变量（记录用户名）和一个通知管理器对象。关键代码如下：

```
final int NOTIFYID_1 = 123;                                  //第一个通知的 ID
private String user="匿名";                                  //用户名
private NotificationManager notificationManager;             //定义通知管理器对象
```

（4）在主活动的 onCreate()方法中，首先获取通知管理器，然后获取“登录”按钮，并为其添加单击事件监听器，在重写的 onClick()方法中获取输入的用户名并调用自定义方法 sendNotification()发送通知。具体代码如下：

```
//获取通知管理器，用于发送通知
notificationManager = (NotificationManager) getSystemService(NOTIFICATION_SERVICE);
Button button1 = (Button) findViewById(R.id.button1);        //获取“登录”按钮
//为“登录”按钮添加单击事件监听器
button1.setOnClickListener(new View.OnClickListener() {
    @Override
    public void onClick(View v) {
        EditText etUser=(EditText)findViewById(R.id.user);   //获取“用户名”编辑框
        if(!"".equals(etUser.getText())){
            user=etUser.getText().toString();
        }
        sendNotification();                                  //发送通知
    }
});
```

（5）编写 sendNotification()方法，在该方法中，首先创建一个 AlertDialog.Builder 对象，并为其指定要显示对话框的图标、标题等，然后创建两个分别用于保存列表项图片 ID 和文字的数组，并将这些图片 ID 和文字添加到 List 集合中，再创建一个 SimpleAdapter 简单适配器，并将该适配器作为 Builder 对象的适配器用于为列表对话框添加带图标的列表项，最后创建对话框并显示。sendNotification()方法的具体代码如下：

```
//发送通知
private void sendNotification() {
    Builder builder = new AlertDialog.Builder(MainActivity.this);
    builder.setIcon(R.drawable.advise);                      //设置对话框的图标
    builder.setTitle("我的登录状态：");                       //设置对话框的标题
    final int[] imageId = new int[] { R.drawable.img1, R.drawable.img2,
            R.drawable.img3, R.drawable.img4 };              //定义并初始化保存图片 ID 的数组
    final String[] title = new String[] { "在线", "隐身", "忙碌中", "离线" };//定义并初始化保存列表项文字的数组
    List<Map<String, Object>> listItems = new ArrayList<Map<String, Object>>(); //创建一个 list 集合
    //通过 for 循环将图片 ID 和列表项文字放到 Map 中，并添加到 list 集合中
    for (int i = 0; i < imageId.length; i++) {
        Map<String, Object> map = new HashMap<String, Object>();  //实例化 Map 对象
        map.put("image", imageId[i]);
        map.put("title", title[i]);
        listItems.add(map);                                  //将 map 对象添加到 List 集合中
    }
    final SimpleAdapter adapter = new SimpleAdapter(MainActivity.this,
            listItems, R.layout.items, new String[] { "title", "image" },
```

```
            new int[] { R.id.title, R.id.image });                              //创建 SimpleAdapter
    builder.setAdapter(adapter, new DialogInterface.OnClickListener() {
        @Override
        public void onClick(DialogInterface dialog, int which) {
            Notification notify = new Notification();                          //创建一个 Notification 对象
            notify.icon = imageId[which];
            notify.tickerText = title[which];
            notify.when = System.currentTimeMillis();                          //设置发送时间
            notify.defaults = Notification.DEFAULT_SOUND;                      //设置默认声音
            notify.setLatestEventInfo(MainActivity.this, user,
                    title[which], null);                                       //设置事件信息
            notificationManager.notify(NOTIFYID_1, notify);                    //通过通知管理器发送通知
            //让布局中的第一行不显示
            ((TableRow)findViewById(R.id.tableRow1)).setVisibility(View.INVISIBLE);
            //让布局中的第二行不显示
            ((TableRow)findViewById(R.id.tableRow2)).setVisibility(View.INVISIBLE);
            ((Button)findViewById(R.id.button1)).setText("更改登录状态");   //改变“登录”按钮上显示的文字
        }
    });
    builder.create().show();                                                   //创建对话框并显示
}
```

说明 当用户选择了登录状态列表项后，在显示通知的同时，还需要将布局中的第一行（用于输入用户名）和第二行（用于输入密码）的内容设置为不显示，并且改变“登录”按钮上显示的文字为“更改登录状态”。

（6）在 onCreate()方法中，获取“退出”按钮，并为其添加单击事件监听器，在重写的 onClick()方法中，清除代表登录状态的通知，然后将布局中的第一行和第二行的内容显示出来，并改变“更改登录状态”按钮上显示的文字为“登录”。具体代码如下：

```
Button button2 = (Button) findViewById(R.id.button2);                          //获取“退出”按钮
//为“退出”按钮添加单击事件监听器
button2.setOnClickListener(new OnClickListener() {
    @Override
    public void onClick(View v) {
        notificationManager.cancel(NOTIFYID_1);                                //清除通知
        ((TableRow)findViewById(R.id.tableRow1)).setVisibility(View.VISIBLE);   //让布局中的第一行显示
        ((TableRow)findViewById(R.id.tableRow2)).setVisibility(View.VISIBLE);   //让布局中的第二行显示
        ((Button)findViewById(R.id.button1)).setText("登录");        //改变“更改登录状态”按钮上显示的文字
    }
});
```

运行本实例，将显示一个用户登录界面，输入用户名（bluebell）和密码（111），如图 10.16 所示，单击“登录”按钮，将弹出如图 10.17 所示的选择登录状态的列表对话框。单击代表登录状态的列表项，该对话框消失，并在屏幕的左上角显示代表登录状态的通知，过一段时间后该通知消失，同时在状态栏上显示代表登录状态的图标，如图 10.18 所示，向下滑动该图标，将显示通知列表，如图 10.19 所示。单击“退出”按钮，可以删除该通知。

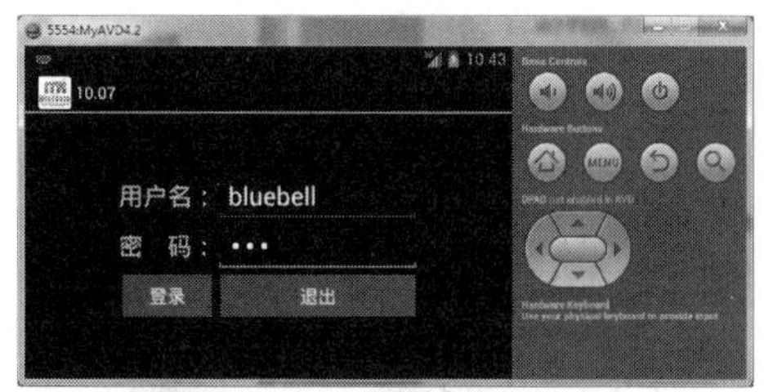

图 10.16　登录界面

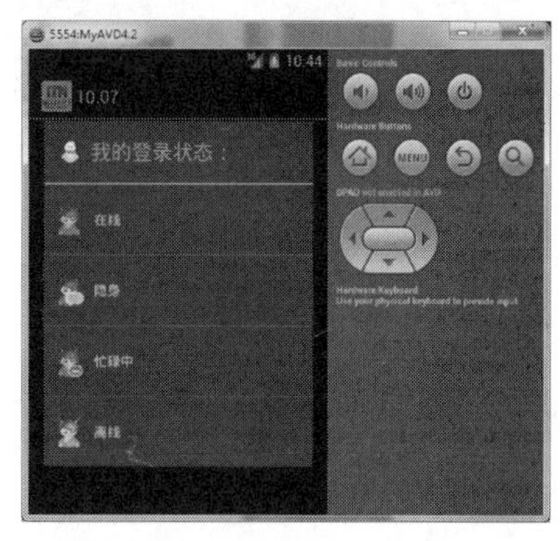

图 10.17　弹出的选择登录状态的列表对话框

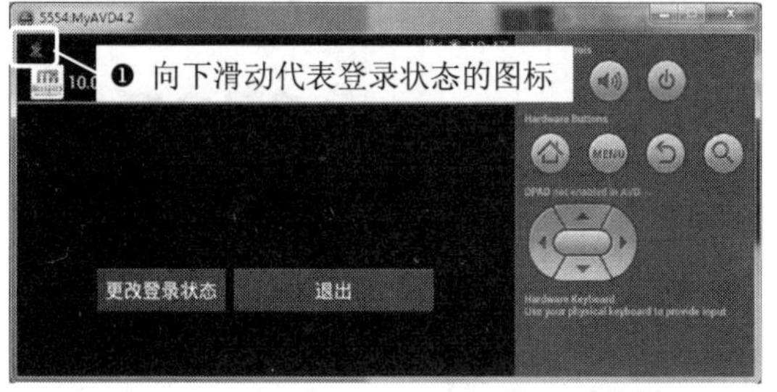

图 10.18　在状态栏中显示登录状态

图 10.19　展开状态栏

10.6　本 章 小 结

本章主要向读者介绍了 Android 中的对话框、通知和闹钟等内容。本章开始，首先介绍简单的消息提示框，由于它比较灵活，使用方法也比较简单，所以在实际开发中经常被应用；然后又介绍了使用 AlertDialog 实现各种对话框，概括起来可以分为带 N 个按钮的对话框和列表对话框两种；接下来又介绍了使用 Notification 在状态栏上显示通知，以及使用 AlarmManager 设置闹钟，这两部分内容也比较重要，希望读者重点掌握。

10.7　学习成果检验

1．尝试开发一个程序，实现应用 Toast 显示一个带图标的消息提示框。（**答案位置：光盘\TM\sl\10\10.08**）

2．尝试开发一个程序，使用 AlertDialog 实现一个多选列表对话框。（**答案位置：光盘\TM\sl\10\10.09**）

3．尝试开发一个程序，使用 Notification 实现一个在状态栏上显示的备忘通知。要求可以查看通知的详细内容，并且该通知在查看后不消失。（**答案位置：光盘\TM\sl\10\10.10**）

第11章

Action Bar

（视频讲解：26分钟）

Action Bar，即动作栏，它是一种窗体特性，它标识应用和用户位置，并提供用户动作和导航模式。开发人员应该在大多数需要显示用户动作或全局导航的 Activity 中使用动作栏，因为动作栏为用户在跨应用程序时提供了连续的界面，Android 系统也能让其外观适应不同屏幕的设置。本章将对 Android 中的 Action Bar 进行详细讲解。

通过阅读本章，您可以：

- 了解 Action Bar 的基本概念
- 掌握如何添加、移除 Action Bar
- 掌握如何添加并显示 Action Bar 选项
- 掌握 Action Bar 与 Tab 相结合的使用
- 熟悉 Action View 和 Action Provider 的添加
- 掌握 Action Bar 的实际应用

11.1 Action Bar 概述

视频讲解：光盘\TM\Video\11\Action Bar 概述.exe

Action Bar（动作栏）的主要用途如下：

☑ 提供专用的空间来标识应用程序商标和用户位置。

这是通过左侧应用程序图标或者 Activity 标题来实现的，开发人员可以选择删除图标和标题。

☑ 提供一致的导航和不同应用程序间视图优化。

动作栏提供内置的选项卡导航来在不同的 Fragment 间切换。它也提供下拉列表作为另一种导航方式或者重置当前视图（如使用不同的规则来排序列表）。

☑ 突出显示 Activity 主要操作（如查找、创建、分享等）。

开发人员通过直接放置选项菜单到动作栏（作为 Action Item）来为关键用户动作提供直接访问。动作项也能提供动作视图，它为更加直接的动作行为提供内置 widget。与动作项无关的菜单项可以放到 overflow 菜单中，通过单击设备的 MENU 按钮或者动作栏的 overflow 菜单按钮来访问。

Action Bar 仅适用于 Android 3.0（API Level 11）以后的版本。

在图 11.1 中，左侧显示了应用的图标和 Activity 标题，右侧显示了一些主要操作以及 overflow 菜单。

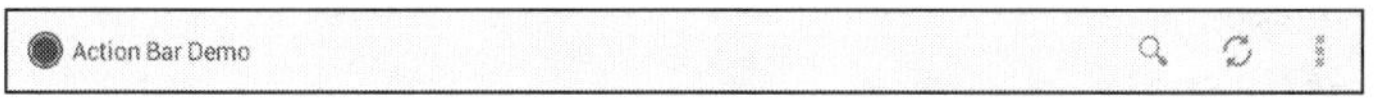

图 11.1 Action Bar 示例

11.2 Action Bar 的使用

视频讲解：光盘\TM\Video\11\Action Bar 的使用.exe

11.2.1 添加 Action Bar

从 Android 3.0（API Level 11）开始，动作栏被包含在所有使用 Theme.Holo 主题的 Activity 中。该主题也是 targetSdkVersion 或 minSdkVersion 属性设置为 11 或更高时使用的默认主题。例如：

```
<manifest xmlns:android="http://schemas.android.com/apk/res/android"
    package="com.mingrisoft"
    android:versionCode="1"
    android:versionName="1.0" >
    <uses-sdk android:minSdkVersion="17" />
</manifest>
```

这里指定 minSdkVersion 版本是 17，也就是说运行此应用程序设备的 Android API 版本是 17，因此可以使用动作栏的全部特性。

11.2.2 移除 Action Bar

如果希望在某个 Activity 中不使用动作栏，则可以将该 Activity 的主题设置为 Theme.Holo.NoActionBar。例如：

```
<activity android:theme="@android:style/Theme.Holo.NoActionBar">
```

此外，还可以调用 hide()方法来隐藏动作栏。

例 11.01 在 Eclipse 中创建 Android 项目，名称为 11.01，使用 hide()方法隐藏动作栏。（**实例位置：光盘\TM\sl\11\11.01**）

具体实现步骤如下：

（1）修改/res/layout 包中的 main.xml 文件，增加一个按钮控件并修改其中文本的字体大小和颜色。具体代码如下：

```
<?xml version="1.0" encoding="utf-8"?>
<LinearLayout xmlns:android="http://schemas.android.com/apk/res/android"
    android:layout_width="fill_parent"
    android:layout_height="fill_parent"
    android:background="@drawable/background"
    android:orientation="vertical" >
    <Button
        android:id="@+id/button"
        android:layout_width="wrap_content"
        android:layout_height="wrap_content"
        android:text="@string/hidden"
        android:textColor="@android:color/white"
        android:textSize="20dp" />
</LinearLayout>
```

（2）创建 ActionBarHiddenActivity 类，它继承了 Activity 类。重写 onCreate()方法，获得按钮控件并为其设置事件监听器，当用户单击按钮时隐藏动作栏。具体代码如下：

```
public class ActionBarHiddenActivity extends Activity {
    /** Called when the activity is first created. */
    @Override
    public void onCreate(Bundle savedInstanceState) {
        super.onCreate(savedInstanceState);                          //调用父类方法
        setContentView(R.layout.main);                               //应用布局文件
        final ActionBar bar = getActionBar();                        //获得动作栏
        Button button = (Button) findViewById(R.id.button);          //获得按钮控件
        button.setOnClickListener(new View.OnClickListener() {
            @Override
            public void onClick(View v) {
                bar.hide();                                          //隐藏动作栏
            }
        });
    }
}
```

运行程序，效果如图 11.2 所示。单击“隐藏动作栏”按钮，效果如图 11.3 所示。

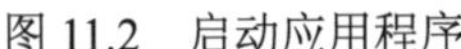
图 11.2 启动应用程序

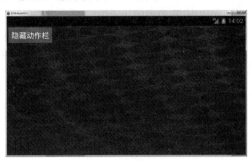

图 11.3 隐藏动作栏

11.2.3 添加 Action Item 选项

有时开发人员希望用户能直接访问菜单栏中的某个菜单项，此时可以考虑将该菜单项作为动作项（Action Item）显示在动作栏中。动作项可以包含图标和文本标题。如果菜单项没有作为动作项显示，则系统将其放到 overflow 菜单中。可以单击设备的 MENU 按钮（如果设备提供）或者单击动作栏最右侧的按钮（如果设备没有提供 MENU 按钮）来显示 overflow 菜单。

当 Activity 第一次启动时，系统调用 onCreateOptionsMenu()方法来产生动作栏和 overflow 菜单。在该方法中，可以使用 menu 文件夹中定义的布局文件来生成菜单，例如：

```
public boolean onCreateOptionsMenu(Menu menu) {
    MenuInflater inflater = getMenuInflater();
    inflater.inflate(R.menu.actions, menu);
    return true;
}
```

在 XML 文件中，可以为<item>标签定义 android:showAsAction="ifRoom"属性来让菜单项作为动作项显示。此时，当动作栏有可用空间时，就会显示该动作项。如果没有足够的空间，就会在 overflow 菜单中显示。

如果菜单项同时支持标题和图标（使用 android:title 和 android:icon 属性），则默认情况下，动作项只显示图标。如果需要同时显示标题，则需要在 android:showAsAction 属性中增加"withText"。例如：

```
<?xml version="1.0" encoding="utf-8"?>
<menu xmlns:android="http://schemas.android.com/apk/res/android">
    <item android:id="@+id/ save"
          android:icon="@drawable/ic_ save"
          android:title="@string/ save"
          android:showAsAction="ifRoom|withText" />
</menu>
```

说明 当用户选择动作项时，可以像用户选择菜单项那样处理。

即使不需要在动作项中显示文本，为每个菜单项定义 android:title 属性也是很重要的，其理由如下：

☑ 如果动作栏没有足够的空间显示动作项，菜单项会以文本的形式显示在 overflow 菜单中。

☑ 为视觉损失的用户提供的屏幕读取软件会读取菜单项文本。

☑ 如果动作项仅以图标方式显示，当用户长时间单击动作项时，会显示其标题。

android:icon 属性是可选的，但是通常会定义该属性，即为动作项提供图标。

可以将 android:showAsAction 属性设置为 always，以便让动作项总是显示在动作栏中，但是太多的动作项会让动作栏显得很杂乱，推荐将该属性设置为 ifRoom。

在选择哪些菜单项应该作为动作项显示时，有以下几个特性可以作为参考。

☑ 经常使用：该操作对于用户而言需要经常使用，例如短信应用中的“新建短信”菜单项，如图 11.4 所示。
☑ 重要：该操作对于用户而言非常重要，例如 Wi-Fi 设置中的“新建网络”菜单项。
☑ 典型：同类应用程序中都提供了该动作项，因此也需要为用户提供该动作项，如联系人应用中的“新建联系人”菜单项，如图 11.5 所示。

图 11.4　短信应用程序

图 11.5　联系人应用程序

例 11.02　在 Eclipse 中创建 Android 项目，名称为 11.02，演示如何自定义动作项。（**实例位置：光盘\TM\sl\11\11.02**）

具体实现步骤如下：

（1）修改/res/layout 包中的 main.xml 文件，设置文本框的字体大小和颜色。具体代码如下：

```
<?xml version="1.0" encoding="utf-8"?>
<LinearLayout xmlns:android="http://schemas.android.com/apk/res/android"
    android:layout_width="fill_parent"
    android:layout_height="fill_parent"
    android:background="@drawable/background"
    android:orientation="vertical" >
    <TextView
        android:layout_width="fill_parent"
        android:layout_height="wrap_content"
        android:text="@string/tip"
        android:textColor="@android:color/white"
        android:textSize="25dp" />
</LinearLayout>
```

（2）在 res 文件夹中新建 menu 子文件夹，在 menu 文件夹中新建 action_item.xml 文件，增加一个菜单项并设置其属性。具体代码如下：

```
<?xml version="1.0" encoding="utf-8"?>
<menu xmlns:android="http://schemas.android.com/apk/res/android" >
    <item
        android:id="@+id/item"
        android:icon="@drawable/gift"
```

```
            android:showAsAction="ifRoom|withText"
            android:title="@string/gift">
    </item>
</menu>
```

（3）新建 ActionItemDemoActivity 类，它继承了 Activity 类。在 onCreate()方法中应用布局文件，在 onCreateOptionsMenu()方法中创建菜单，在 onOptionsItemSelected()方法中处理用户选择动作项事件。具体代码如下：

```
public class ActionItemDemoActivity extends Activity {
    /** Called when the activity is first created. */
    @Override
    public void onCreate(Bundle savedInstanceState) {
        super.onCreate(savedInstanceState);                          //调用父类方法
        setContentView(R.layout.main);                               //应用布局文件
    }
    @Override
    public boolean onCreateOptionsMenu(Menu menu) {
        MenuInflater inflater = getMenuInflater();
        inflater.inflate(R.menu.action_item, menu);
        return true;
    }
    @Override
    public boolean onOptionsItemSelected(MenuItem item) {
        Toast.makeText(this, "选择：" + item.getTitle(), Toast.LENGTH_LONG).show();
        return true;
    }
}
```

运行程序，单击“礼物”动作项，显示如图 11.6 所示的效果。

图 11.6　响应用户单击动作项事件

11.2.4　Action Bar 显示选项

开发人员可以使用多个选项来自定义动作栏的状态，如是否显示图标、标题等。下面的列表中说明了当前支持的显示选项。

- ☑ DISPLAY_HOME_AS_UP：使用 up 指示物显示 home 元素。
- ☑ DISPLAY_SHOW_CUSTOM：如果设置了自定义视图则显示。
- ☑ DISPLAY_SHOW_HOME：在动作栏中显示 home 元素，为其他导航元素提供更多空间。
- ☑ DISPLAY_SHOW_TITLE：如果存在 Activity 标题和子标题则显示。
- ☑ DISPLAY_USE_LOGO：如果 logo 可用则用其代替 icon。

在 ActionBar 类中，对于每个选择都提供了一个方法来进行设置，例如 DISPLAY_SHOW_TITLE，提供了 setDisplayShowTitleEnabled()方法。该方法需要一个布尔值参数来确定是否显示标题。此外，还提供了一个 setDisplayOptions()方法来对多个属性同时进行设置。

例 11.03　在 Eclipse 中创建 Android 项目，名称为 11.03，实现为按钮提供隐藏和显示动作栏标题的功

能。（**实例位置：光盘\TM\sl\11\11.03**）

具体实现步骤如下：

（1）修改/res/layout 包中的 main.xml 文件，增加一个按钮控件并修改其默认设置。具体代码如下：

```
<?xml version="1.0" encoding="utf-8"?>
<LinearLayout xmlns:android="http://schemas.android.com/apk/res/android"
    android:layout_width="fill_parent"
    android:layout_height="fill_parent"
    android:background="@drawable/background"
    android:orientation="vertical" >
    <Button
        android:id="@+id/button"
        android:layout_width="wrap_content"
        android:layout_height="wrap_content"
        android:textColor="@android:color/white"
        android:textSize="20dp" />
</LinearLayout>
```

（2）新建 ActionBarDisplayOptionActivity 类，它继承了 Activity 类。在 onCreate()方法中应用布局文件，获得按钮控件并为其增加事件监听器。具体代码如下：

```
public class ActionBarDisplayOptionActivity extends Activity {
    private boolean flag = true;                                    //保存状态
    @Override
    public void onCreate(Bundle savedInstanceState) {
        super.onCreate(savedInstanceState);                         //调用父类方法
        setContentView(R.layout.main);                              //应用布局文件
        final ActionBar bar = getActionBar();                       //获得动作栏
        final Button button = (Button) findViewById(R.id.button);   //获得按钮控件
        button.setText("隐藏标题");                                  //设置按钮文本
        button.setOnClickListener(new View.OnClickListener() {
            @Override
            public void onClick(View v) {
                if (flag) {
                    bar.setDisplayShowTitleEnabled(false);          //隐藏标题
                    button.setText("显示标题");                      //设置按钮文本
                    flag = false;
                } else {
                    bar.setDisplayShowTitleEnabled(true);           //显示标题
                    button.setText("隐藏标题");                      //设置按钮文本
                    flag = true;
                }
            }
        });
    }
}
```

运行程序，显示如图 11.7 所示的效果；单击“隐藏标题”按钮，效果如图 11.8 所示。

图 11.7　程序运行效果

图 11.8　隐藏应用标题

11.2.5　Action Bar 与 Tab

动作栏提供基于选项卡模式的导航方式，它运行用户在一个 Activity 中，切换不同的 Fragment。同时，针对用户选择选项卡事件，还专门定义了一个事件监听器，下面讲解其用法。

在 ActionBar 类中，定义的与 Tab 相关的常用方法如下：

☑　addTab 方法

该方法用来为动作栏增加选项卡，其语法格式如下：

```
public abstract void addTab (ActionBar.Tab tab)
```

参数说明如下。

tab：增加的选项卡。

☑　getSelectedTab 方法

该方法用来获得当前选择的选项卡，其语法格式如下：

```
public abstract ActionBar.Tab getSelectedTab ()
```

返回值：当前选择的选项卡。

☑　getTabAt 方法

该方法用来获得指定索引位置的选项卡，其语法格式如下：

```
public abstract ActionBar.Tab getTabAt (int index)
```

参数说明如下。

index：选项卡的索引值，从 0 开始计数。

返回值：指定索引值的选项卡。

☑　getTabCount 方法

该方法用来获得选项卡的个数，其语法格式如下：

```
public abstract int getTabCount ()
```

返回值：选项卡个数。

☑　newTab 方法

该方法用来获得一个选项卡，但是它并没有被添加到动作栏，需要调用 addTab 方法添加。其语法格式如下：

```
public abstract ActionBar.Tab newTab ()
```

返回值：选项卡对象。

☑ removeAllTabs 方法

该方法会移除全部选项卡，其语法格式如下：

```
public abstract void removeAllTabs ()
```

☑ removeTab 方法

该方法用于移除指定选项卡，其语法格式如下：

```
public abstract void removeTab (ActionBar.Tab tab)
```

参数说明如下。

tab：需要移除的选项卡。

☑ removeTabAt 方法

该方法用于移除指定位置的选项卡，其语法格式如下：

```
public abstract void removeTabAt (int position)
```

position：需要移除的选项卡所在位置。

☑ selectTab 方法

该方法用于设置选项卡被选中，其语法格式如下：

```
public abstract void selectTab (ActionBar.Tab tab)
```

参数说明如下。

tab：需要选中的选项卡。

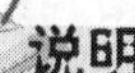

说明 以上介绍的方法有的具有多种重载形式，详细介绍请参考 API 文档。

在 ActionBar 类中，定义了一个内部接口 TabListener，它用来处理动作栏上选项卡相关事件，其中定义的方法如下：

☑ onTabReselected 方法

该方法用于处理选项卡再次被选中事件，其语法格式如下：

```
public abstract void onTabReselected (ActionBar.Tab tab, FragmentTransaction ft)
```

参数说明如下。

- tab：再次被选中的选项卡。
- ft：Fragment 管理对象。

☑ onTabSelected 方法

该方法用于处理选项卡选中事件，其语法格式如下：

```
public abstract void onTabSelected (ActionBar.Tab tab, FragmentTransaction ft)
```

- tab：被选中的选项卡。
- ft：Fragment 管理对象。

☑ onTabUnselected 方法

该方法用于处理选项卡退出选中状态，其语法格式如下：

```
public abstract void onTabUnselected (ActionBar.Tab tab, FragmentTransaction ft)
```

- tab：退出选中状态的选项卡。
- ft：Fragment 管理对象。

例 11.04　在 Eclipse 中创建 Android 项目，名称为 11.04，演示 Tab 在动作栏中的使用。（**实例位置：光盘\TM\sl\11\11.04**）

具体实现步骤如下：

（1）修改/res/layout 包中的 main.xml 文件，增加一个 FrameLayout 布局，用来显示 Fragment 内容；增加一个 LinearLayout 布局，在该布局中增加两个按钮并修改默认属性。具体代码如下：

```
<?xml version="1.0" encoding="utf-8"?>
<LinearLayout xmlns:android="http://schemas.android.com/apk/res/android"
    android:layout_width="fill_parent"
    android:layout_height="fill_parent"
    android:background="@drawable/background"
    android:orientation="vertical"
    android:baselineAligned="false" >
    <FrameLayout
        android:id="@+id/frameLayout"
        android:layout_width="match_parent"
        android:layout_height="0dip"
        android:layout_weight="1" >
    </FrameLayout>
    <LinearLayout
        android:layout_width="match_parent"
        android:layout_height="0dip"
        android:layout_weight="1" >
        <Button
            android:id="@+id/add_tab"
            android:layout_width="wrap_content"
            android:layout_height="wrap_content"
            android:text="@string/add_tab"
            android:textColor="@android:color/white"
            android:textSize="20dp" />
        <Button
            android:id="@+id/remove_tab"
            android:layout_width="wrap_content"
            android:layout_height="wrap_content"
            android:text="@string/remove_tab"
            android:textColor="@android:color/white"
            android:textSize="20dp" />
    </LinearLayout>
</LinearLayout>
```

（2）在/res/layout 包中创建 tab_content.xml 文件，其中仅包含一个文本框。具体代码如下：

```
<?xml version="1.0" encoding="utf-8"?>
<TextView xmlns:android="http://schemas.android.com/apk/res/android"
    android:id="@+id/content"
    android:layout_width="match_parent"
```

```
    android:layout_height="match_parent"
    android:textColor="@android:color/white"
    android:textSize="20dp" >
</TextView>
```

（3）创建 ActionBarTabsActivity 类，它继承了 Activity 类。在 onCreate()方法中，获得按钮控件并实现增加和删除选项卡的功能。内部类 MyTabListener 用于处理选项卡相关事件，内部类 TabContentFragment 用于实现自定义的 Fragment。具体代码如下：

```
public class ActionBarTabsActivity extends Activity {
    @Override
    public void onCreate(Bundle savedInstanceState) {
        super.onCreate(savedInstanceState);                          //调用父类方法
        setContentView(R.layout.main);                               //应用布局文件
        final ActionBar bar = getActionBar();                        //获得动作栏
        bar.setNavigationMode(ActionBar.NAVIGATION_MODE_TABS); //设置动作栏导航模式
        Button addTab = (Button) findViewById(R.id.add_tab);
        addTab.setOnClickListener(new View.OnClickListener() {
            @Override
            public void onClick(View v) {
                String title = "选项卡：" + bar.getTabCount();       //定义选项卡标题
                Tab tab = bar.newTab();                              //新建选项卡
                tab.setText(title);                                  //设置选项卡标题
                //设置选项卡事件监听器
                tab.setTabListener(new MyTabListener(new TabContentFragment(title)));
                bar.addTab(tab);                                     //增加选项卡
            }
        });
        Button removeTab = (Button) findViewById(R.id.remove_tab);
        removeTab.setOnClickListener(new View.OnClickListener() {
            @Override
            public void onClick(View v) {
                bar.removeTabAt(bar.getTabCount() - 1);              //删除最后一个选项卡
            }
        });
    }
    private class MyTabListener implements TabListener {
        private TabContentFragment fragment;
        public MyTabListener(TabContentFragment fragment) {
            this.fragment = fragment;
        }
        @Override
        public void onTabReselected(Tab tab, FragmentTransaction ft) {
        }
        @Override
        public void onTabSelected(Tab tab, FragmentTransaction ft) {     //处理选择选项卡事件
            ft.add(R.id.frameLayout, fragment);                          //增加 Fragment
        }
        @Override
        public void onTabUnselected(Tab tab, FragmentTransaction ft) {  //处理不选择选项卡事件
            ft.remove(fragment);                                         //移除 Fragment
```

```
        }
    }
    private class TabContentFragment extends Fragment {
        private String message;
        public TabContentFragment(String message) {
            this.message = message;                                          //获得需要显示的字符串
        }
        @Override
        public View onCreateView(LayoutInflater inflater, ViewGroup container, Bundle savedInstanceState) {
            View fragView = inflater.inflate(R.layout.tab_content, container, false);
            TextView text = (TextView) fragView.findViewById(R.id.content);  //获得文本框控件
            text.setText(message);                                           //显示字符串
            return fragView;                                                 //返回视图
        }
    }
}
```

运行程序，单击“增加选项卡”按钮，显示如图 11.9 所示的效果；单击“删除选项卡”，显示如图 11.10 所示的效果。

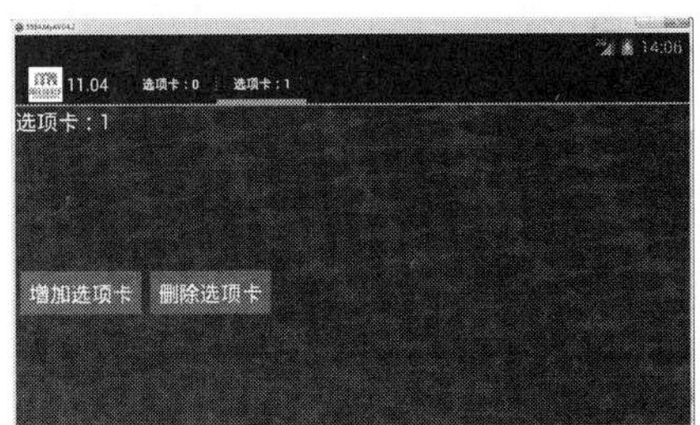

图 11.9　增加选项卡

图 11.10　删除选项卡

11.2.6　添加 Action View

Action View（动作视图）是出现在动作栏中，代替动作项按钮的小工具。例如，可以在动作栏中添加“查找”动作项，下面通过一个例子来演示如何使用这一功能。

例 11.05　在 Eclipse 中创建 Android 项目，名称为 11.05，演示动作视图在动作栏中的使用。（**实例位置：光盘\TM\sl\11\11.05**）

具体实现步骤如下：

（1）修改/res/layout 包中的 main.xml 文件，设置背景图片。具体代码如下：

```
<?xml version="1.0" encoding="utf-8"?>
<LinearLayout xmlns:android="http://schemas.android.com/apk/res/android"
    android:layout_width="fill_parent"
    android:layout_height="fill_parent"
    android:background="@drawable/background"
    android:orientation="vertical" >
</LinearLayout>
```

（2）在 res 文件夹中新建 menu 子文件夹，在 menu 文件夹中新建 actions.xml 文件，增加 4 个菜单项，为第一个设置 actionViewClass 属性为"android.widget.SearchView"，其他的不设置该属性。具体代码如下：

```
<?xml version="1.0" encoding="utf-8"?>
<menu xmlns:android="http://schemas.android.com/apk/res/android" >
    <item
        android:id="@+id/action_search"
        android:actionViewClass="android.widget.SearchView"
        android:icon="@android:drawable/ic_menu_search"
        android:showAsAction="ifRoom"
        android:title="@string/search">
    </item>
    <item
        android:id="@+id/item1"
        android:icon="@drawable/icon1"
        android:showAsAction="ifRoom"
        android:title="@string/item1">
    </item>
    <item
        android:id="@+id/item2"
        android:icon="@drawable/icon2"
        android:showAsAction="ifRoom"
        android:title="@string/item2">
    </item>
    <item
        android:id="@+id/item3"
        android:icon="@drawable/icon3"
        android:showAsAction="ifRoom"
        android:title="@string/item3">
    </item>
</menu>
```

（3）新建 ActionViewActivity 类，它继承了 Activity。在 onCreate()方法中应用布局文件；在 onCreateOptionsMenu()方法中获得 SearchView，然后处理查询事件；在 onOptionsItemSelected()方法中处理菜单项选择事件。具体代码如下：

```
public class ActionViewActivity extends Activity {
    @Override
    public void onCreate(Bundle savedInstanceState) {
        super.onCreate(savedInstanceState);
        setContentView(R.layout.main);
    }
    @Override
    public boolean onCreateOptionsMenu(Menu menu) {
        MenuInflater inflater = getMenuInflater();
        inflater.inflate(R.menu.actions, menu);
        SearchView searchView = (SearchView) menu.findItem(R.id.action_search).getActionView();
        searchView.setOnQueryTextListener(new SearchView.OnQueryTextListener() {
            @Override
            public boolean onQueryTextSubmit(String query) {              //处理提交查询事件
                Toast.makeText(ActionViewActivity.this, "查询：" + query, Toast.LENGTH_LONG).show();
                return true;
            }
            @Override
```

```
            public boolean onQueryTextChange(String newText) {          //处理查询文本修改事件
                return true;
            }
        });
        return true;
    }
    @Override
    public boolean onOptionsItemSelected(MenuItem item) {
        Toast.makeText(this, "选择: " + item.getTitle(), Toast.LENGTH_SHORT).show();
        return true;
    }
}
```

运行程序，会显示如图 11.11 所示的效果，单击表示查询的放大镜图标，输入查询关键词 java，按 Enter 键会显示如图 11.12 所示的查询效果。

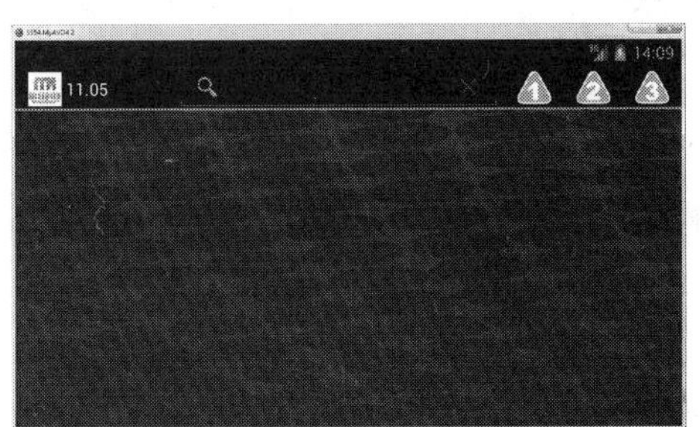

图 11.11　应用运行效果

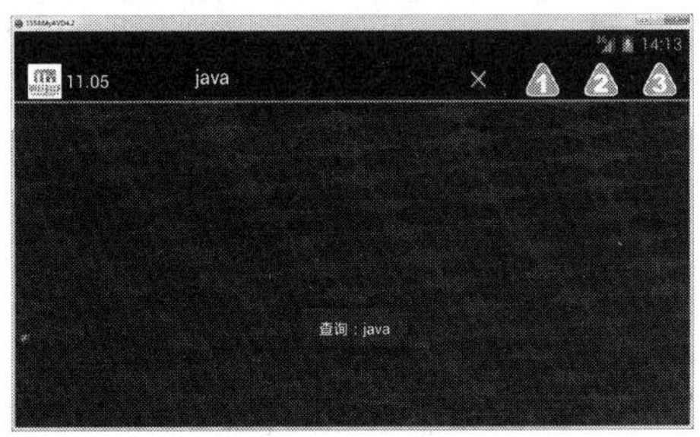

图 11.12　显示查询效果

11.2.7　添加 Action Provider

类似动作视图，Action Provider（动作提供者，由 ActionProvider 类定义）使用自定义的布局来替换动作项，但是它也控制动作项的全部行为。当开发人员在动作栏中为菜单项定义动作提供者时，它不仅使用自定义布局来控制动作项在动作栏中的外观，还控制菜单项在 overflow 菜单中显示时的默认事件，它也可以为动作栏或 overflow 菜单提供子菜单。

例 11.06　在 Eclipse 中创建 Android 项目，名称为 11.06，演示动作提供者在动作栏中的使用。（**实例位置：光盘\TM\sl\11\11.06**）

具体实现步骤如下：

（1）修改/res/layout 包中的 main.xml 文件，设置背景图片。具体代码如下：

```
<?xml version="1.0" encoding="utf-8"?>
<LinearLayout xmlns:android="http://schemas.android.com/apk/res/android"
    android:layout_width="fill_parent"
    android:layout_height="fill_parent"
    android:background="@drawable/background"
    android:orientation="vertical" >
</LinearLayout>
```

（2）在 res/layout 包中新建 action_provider.xml 文件，定义动作提供者的布局，这里是在 LinearLayout 中定义了一个按钮控件。具体代码如下：

```
<?xml version="1.0" encoding="utf-8"?>
<LinearLayout xmlns:android="http://schemas.android.com/apk/res/android"
    style="?android:attr/actionButtonStyle"
    android:layout_width="wrap_content"
    android:layout_height="match_parent"
    android:layout_gravity="center"
    android:addStatesFromChildren="true"
    android:background="?android:attr/actionBarItemBackground"
    android:focusable="true" >
    <ImageButton
        android:id="@+id/button"
        android:layout_width="48dip"
        android:layout_height="48dip"
        android:layout_gravity="center"
        android:adjustViewBounds="true"
        android:background="@drawable/ic_launcher_settings"
        android:contentDescription="@string/settings"
        android:scaleType="fitCenter" />
</LinearLayout>
```

（3）在 res 文件夹中新建 menu 子文件夹，在 menu 文件夹中，新建 settings.xml 文件，定义菜单项。具体代码如下：

```
<?xml version="1.0" encoding="utf-8"?>
<menu xmlns:android="http://schemas.android.com/apk/res/android" >
    <item
        android:id="@+id/menu_item_action_provider_action_bar"
        android:actionProviderClass="com.mingrisoft.SettingsActivity$SettingsActionProvider"
        android:showAsAction="ifRoom"
        android:title="@string/settings"/>
    <item
        android:id="@+id/menu_item_action_provider_overflow"
        android:actionProviderClass="com.mingrisoft.SettingsActivity$SettingsActionProvider"
        android:showAsAction="never"
        android:title="@string/settings"/>
</menu>
```

（4）新建 SettingsActivity 类，它继承了 Activity 类。重写 onCreate()方法应用布局文件，重写 onCreate OptionsMenu()方法应用菜单文件，创建 SettingsActionProvider 内部类实现跳转到系统设置的功能。具体代码如下：

```
public class SettingsActivity extends Activity {
    @Override
    protected void onCreate(Bundle savedInstanceState) {
        super.onCreate(savedInstanceState);                    //调用父类方法
        setContentView(R.layout.main);                         //应用布局文件
    }
    @Override
    public boolean onCreateOptionsMenu(Menu menu) {
        super.onCreateOptionsMenu(menu);
        getMenuInflater().inflate(R.menu.settings, menu);
        return true;
    }
```

```
public static class SettingsActionProvider extends ActionProvider {
    private static final Intent settingsIntent = new Intent(Settings.ACTION_SETTINGS);
    private Context context;
    public SettingsActionProvider(Context context) {
        super(context);
        this.context = context;
    }
    @Override
    public View onCreateActionView() {
        LayoutInflater inflater = LayoutInflater.from(context);
        View view = inflater.inflate(R.layout.action_provider, null);
        ImageButton button = (ImageButton) view.findViewById(R.id.button);
        button.setOnClickListener(new View.OnClickListener() {
            @Override
            public void onClick(View v) {
                context.startActivity(settingsIntent);
            }
        });
        return view;
    }
    @Override
    public boolean onPerformDefaultAction() {
        context.startActivity(settingsIntent);                          //转到设置
        return true;
    }
}
}
```

运行程序，按 MENU 键，显示如图 11.13 所示的效果。单击右上角的设置图标，显示如图 11.14 所示的系统设置内容。

图 11.13　程序运行效果

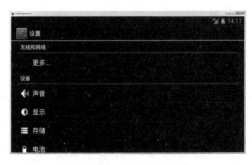

图 11.14　系统设置内容

11.3　实　　战

11.3.1　禁止 Action Bar 的使用

本实例通过在 AndroidManifest 文件中进行设置，禁止 Action Bar 的使用。（**实例位置：光盘\TM\sl\11\11.07**）

代码如下：

```
<activity
    android:name=".ForbiddenActionBarActivity"
    android:label="@string/app_name"
    android:theme="@android:style/Theme.Holo.NoActionBar" >
    <intent-filter>
        <action android:name="android.intent.action.MAIN" />
        <category android:name="android.intent.category.LAUNCHER" />
    </intent-filter>
</activity>
```

程序运行效果如图 11.15 所示。

图 11.15　禁止 Action Bar 的使用

11.3.2　显示自定义视图

本实例在 Activity 中增加一个按钮，单击该按钮时会在动作栏中显示自定义视图。**（实例位置：光盘\TM\sl\11\11.08）**

程序开发步骤如下：

（1）创建一个 action_bar.xml 文件，在该文件中添加一个 Button 组件，用来作为自定义视图的动作栏。具体代码如下：

```
<?xml version="1.0" encoding="utf-8"?>
<LinearLayout xmlns:android="http://schemas.android.com/apk/res/android"
    android:layout_width="match_parent"
    android:layout_height="match_parent"
    android:orientation="vertical" >
    <Button
        android:layout_width="wrap_content"
        android:layout_height="wrap_content"
        android:text="@string/action_bar"
        android:textSize="20dp" />
</LinearLayout>
```

（2）在 Activity 文件中，重写 onCreate()方法，实现单击 Button 时，显示自定义动作栏的功能。具体代码如下：

```
public void onCreate(Bundle savedInstanceState) {
        super.onCreate(savedInstanceState);
        setContentView(R.layout.main);
        final ActionBar bar = getActionBar();
        Button button = (Button) findViewById(R.id.button);
        button.setOnClickListener(new View.OnClickListener() {
            @Override
            public void onClick(View v) {
                bar.setDisplayShowCustomEnabled(true);
                bar.setDisplayShowHomeEnabled(false);
                bar.setCustomView(R.layout.action_bar);
            }
        });
    }
```

程序运行效果如图 11.16 所示。

图 11.16　显示自定义视图

11.3.3　重新设置 icon 图标

对于动作栏，可以重新设置项目图标。在 Activity 中定义 3 个图标按钮，单击按钮时使动作栏中的图标替换为按钮上的图标。**（实例位置：光盘\TM\sl\11\11.09）**

程序开发步骤如下：

（1）在 main.xml 布局文件中添加 3 个 ImageButton 组件，分别显示 3 个图标。具体代码如下：

```
<?xml version="1.0" encoding="utf-8"?>
<LinearLayout xmlns:android="http://schemas.android.com/apk/res/android"
    android:layout_width="fill_parent"
    android:layout_height="fill_parent"
    android:background="@drawable/background"
    android:orientation="horizontal" >
    <ImageButton
        android:id="@+id/imageButton1"
        android:layout_width="wrap_content"
        android:layout_height="wrap_content"
        android:contentDescription="@string/tip"
        android:src="@drawable/icon1" />
    <ImageButton
        android:id="@+id/imageButton2"
        android:layout_width="wrap_content"
        android:layout_height="wrap_content"
        android:contentDescription="@string/tip"
        android:src="@drawable/icon2" />
    <ImageButton
        android:id="@+id/imageButton3"
        android:layout_width="wrap_content"
        android:layout_height="wrap_content"
        android:contentDescription="@string/tip"
        android:src="@drawable/icon3" />
</LinearLayout>
```

（2）在 Activity 文件中，重写 onCreate()方法，使用 ActionBar 对象的 setLogo()方法为动作栏重新设置 icon 图标。具体代码如下：

```
public void onCreate(Bundle savedInstanceState) {
        super.onCreate(savedInstanceState);
        setContentView(R.layout.main);
        final ActionBar bar = getActionBar();
        ImageButton button1 = (ImageButton) findViewById(R.id.imageButton1);
        button1.setOnClickListener(new View.OnClickListener() {
            @Override
            public void onClick(View v) {
                bar.setLogo(R.drawable.icon1);
            }
        });
```

```
        ImageButton button2 = (ImageButton) findViewById(R.id.imageButton2);
        button2.setOnClickListener(new View.OnClickListener() {
            @Override
            public void onClick(View v) {
                bar.setLogo(R.drawable.icon2);
            }
        });
        ImageButton button3 = (ImageButton) findViewById(R.id.imageButton3);
        button3.setOnClickListener(new View.OnClickListener() {
            @Override
            public void onClick(View v) {
                bar.setLogo(R.drawable.icon3);
            }
        });
    }
```

程序运行效果如图 11.17 所示。

图 11.17　重新设置 icon 图标

11.3.4　不同的选项卡显示不同时区的时间

对于动作栏，可以重新设置项目图标。在 Activity 中定义 3 个图标按钮，单击按钮时使动作栏中的图标替换为按钮上的图标。（**实例位置：光盘\TM\sl\11\11.10**）

程序开发步骤如下：

（1）在 main.xml 布局文件中添加一个 FrameLayout 帧布局管理器，代码如下：

```
<?xml version="1.0" encoding="utf-8"?>
<LinearLayout xmlns:android="http://schemas.android.com/apk/res/android"
    android:layout_width="fill_parent"
    android:layout_height="fill_parent"
    android:background="@drawable/background"
    android:orientation="vertical"
    android:baselineAligned="false" >
    <FrameLayout
        android:id="@+id/frameLayout"
        android:layout_width="match_parent"
        android:layout_height="0dip"
        android:layout_weight="1" >
    </FrameLayout>
</LinearLayout>
```

（2）添加一个 tab_content.xml 文件，在该文件中添加一个 TextView 组件，用来显示时区的名称和时间。具体代码如下：

```
<?xml version="1.0" encoding="utf-8"?>
<TextView xmlns:android="http://schemas.android.com/apk/res/android"
    android:id="@+id/content"
    android:layout_width="match_parent"
    android:layout_height="match_parent"
    android:textColor="@android:color/white"
    android:textSize="20dp" >
</TextView>
```

（3）创建一个 TimeZoneActivity 类文件，在该文件中，首先在 onCreate()方法中添加 3 个选项卡，然后定义一个 MyTabListener 内部类，在该类中为 Fragment 添加选项卡事件，最后定义一个 TabContentFragment 内部类，在该类中重写 onCreateView()方法，再在该方法中根据不同的时区显示其名称及时间。TimeZone Activity 类的实现代码如下：

```
public class TimeZoneActivity extends Activity {
    private String[] timeZone = { "Europe/Berlin", "Asia/Dubai", "Asia/Shanghai" };
    @Override
    public void onCreate(Bundle savedInstanceState) {
        super.onCreate(savedInstanceState);
        setContentView(R.layout.main);
        ActionBar bar = getActionBar();
        bar.setNavigationMode(ActionBar.NAVIGATION_MODE_TABS);
        bar.setDisplayShowTitleEnabled(false);
        for (String zone : timeZone) {
            Tab tab = bar.newTab();                                            //新建选项卡
            tab.setText(zone);                                                 //设置选项卡标题
            tab.setTabListener(new MyTabListener(new TabContentFragment(zone))); //设置选项卡事件监听器
            bar.addTab(tab);                                                   //增加选项卡
        }
    }
    private class MyTabListener implements TabListener {
        private TabContentFragment fragment;
        public MyTabListener(TabContentFragment fragment) {
            this.fragment = fragment;
        }
        @Override
        public void onTabReselected(Tab tab, FragmentTransaction ft) {
        }
        @Override
        public void onTabSelected(Tab tab, FragmentTransaction ft) {          //处理选择选项卡事件
            ft.add(R.id.frameLayout, fragment);                                //增加 Fragment
        }
        @Override
        public void onTabUnselected(Tab tab, FragmentTransaction ft) {        //处理不选择选项卡事件
            ft.remove(fragment);                                               //移除 Fragment
        }
    }
    private class TabContentFragment extends Fragment {
        private String message;
        public TabContentFragment(String message) {
            this.message = message;                                            //获得需要显示的字符串
        }
        @Override
        public View onCreateView(LayoutInflater inflater, ViewGroup container, Bundle savedInstanceState) {
            View fragView = inflater.inflate(R.layout.tab_content, container, false);
            TextView text = (TextView) fragView.findViewById(R.id.content);   //获得文本框控件
            Calendar calendar = Calendar.getInstance();                        //获得日历对象
            calendar.setTimeZone(TimeZone.getTimeZone(message));               //设置日历所在时区
            StringBuilder result = new StringBuilder();                        //创建 StringBuilder 对象
            result.append(calendar.getTimeZone().getDisplayName() + " ");      //获得当前时区描述名称
            result.append(calendar.get(Calendar.HOUR_OF_DAY) + ":");           //获得当前时钟的小时
```

```
            result.append(calendar.get(Calendar.MINUTE));                    //获得当前时区的分钟
            text.setText(result);                                             //显示字符串
            return fragView;                                                  //返回视图
        }
    }
}
```

程序运行效果如图 11.18、图 11.19 和图 11.20 所示。

图 11.18　不同的选项卡显示不同时区的时间 1

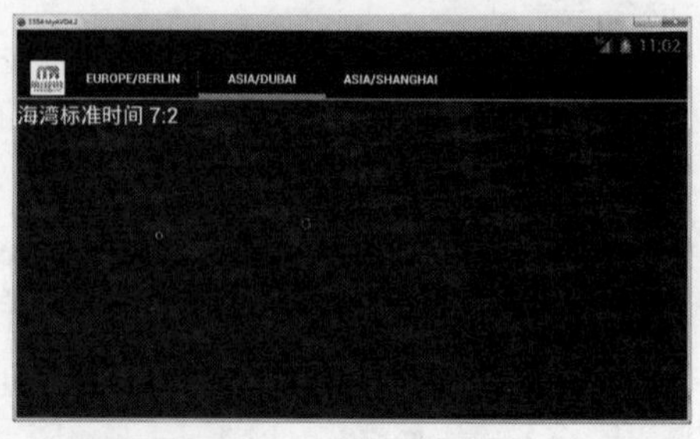

图 11.19　不同的选项卡显示不同时区的时间 2

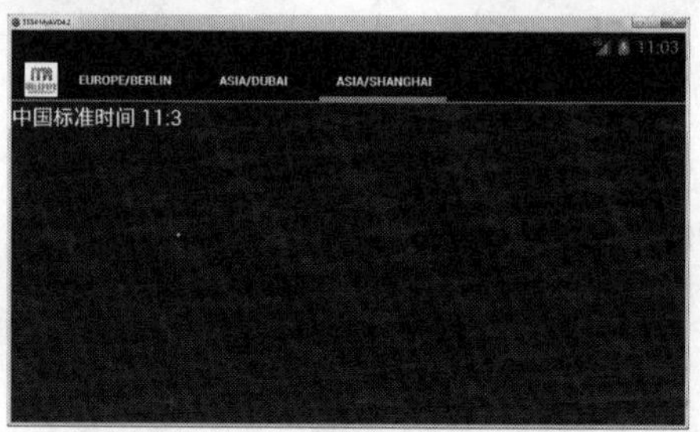

图 11.20　不同的选项卡显示不同时区的时间 3

11.4　本 章 小 结

本章向读者介绍的是 Action Bar（动作栏）的使用。由于在 Android 3.0 以后，不要求物理设备提供 MENU 按钮，因此提供动作栏来帮助用户操作应用程序。动作栏的功能非常强大，本章主要介绍了部分常用特性，如动作项、动作视图等的使用。由于 Android 3.0 后每个应用程序都默认使用动作栏进行操作，所以开发人员必须熟练掌握其使用。

11.5　学习成果检验

1．尝试开发一个程序，自定义动作提供者，单击动作项时跳转到搜索设置界面中。提示：使用 Settings.ACTION_SEARCH_SETTINGS。（**答案位置：光盘\TM\sl\11\11.11**）

2．尝试开发一个程序，自定义动作提供者，单击动作项时跳转到时间日期设置界面中。提示：使用 Settings.ACTION_DATE_SETTINGS。（**答案位置：光盘\TM\sl\11\11.12**）

3．尝试开发一个程序，自定义动作提供者，单击动作项时跳转到显示设置界面中。提示：使用 Settings.ACTION_DISPLAY_SETTINGS。（**答案位置：光盘\TM\sl\11\11.13**）

第12章

Android 程序的调试

（视频讲解：48 分钟）

开发 Android 程序时，不仅要注意程序代码的准确性与合理性，还要处理程序中可能出现的异常情况。Android SDK 中提供了 Log 类来获取程序的日志信息；另外，还提供了 LogCat 管理器，用来查看程序运行的日志信息及错误日志。本章将详细讲解如何对 Android 程序进行调试及异常处理。

通过阅读本章，您可以：

- 掌握输出日志信息的 5 种方法
- 掌握 LogCat 管理器的使用
- 熟悉常见的程序调试操作
- 掌握如何使用 try…catch 捕捉异常
- 熟悉使用 throws 关键字抛出异常
- 熟悉使用 throw 关键字抛出异常
- 熟悉异常处理的使用原则

12.1 输出日志信息的几种方法

视频讲解：光盘\TM\Video\12\输出日志信息的几种方法.exe

Android SDK 中提供了 Log 类来获取程序运行时的日志信息，该类位于 android.util 命名空间中，它继承自 java.lang.Object 类。Log 类提供了一些方法，用来输出日志信息，其常用方法及说明如表 12.1 所示。

表 12.1 Log 类的常用方法及说明

方　法	说　明
d	输出 DEBUG 故障日志信息
e	输出 ERROR 错误日志信息
i	输出 INFO 程序日志信息
v	输出 VERBOSE 冗余日志信息
w	输出 WARN 警告日志信息

说明 表 12.1 中列出的 Log 类的相关方法都有多种重载形式，下面将介绍它们经常用到的重载形式。

12.1.1 Log.d 方法——输出故障日志

Log.d 方法用来输出 DEBUG 故障日志信息，该方法有两种重载形式，其中开发人员经常用到的重载形式语法如下：

```
public static int v (String tag, String msg)
```

参数说明如下。

- ☑ tag：String 字符串，用来标识日志信息，它通常指定为可能出现 Debug 的类或者 Activity 的名称。
- ☑ msg：String 字符串，表示要输出的字符串信息。

例 12.01 在 Eclipse 中创建 Android 项目，主要实现在 Android 程序中使用 Log.d 方法输出 Debug 日志信息的功能。（**实例位置：光盘\TM\sl\12\12.01**）

具体实现步骤如下：

（1）修改新建项目的 res/layout 目录下的布局文件 main.xml，在其中添加一个 Button 组件，主要代码如下：

```
<Button
    android:id="@+id/btn"
    android:layout_width="wrap_content"
    android:layout_height="wrap_content"
    android:text="Debug 日志"
    />
```

（2）打开 MainActivity.java 文件，首先根据 id 获取布局文件中的 Button 组件，然后为该组件设置单击监听事件，在监听事件中，使用 Log.d 方法输出 Debug 日志信息。代码如下：

```
public void onCreate(Bundle savedInstanceState) {
    super.onCreate(savedInstanceState);
    setContentView(R.layout.main);
    Button btnButton=(Button) findViewById(R.id.btn);                  //获取 Button 组件
    btnButton.setOnClickListener(new OnClickListener() {               //设置监听事件
        @Override
        public void onClick(View v) {
            Log.d("DEBUG", "Debug 日志信息");                          //输出 Debug 日志信息
        }
    });
}
```

运行本实例，单击 Android 界面中的 Button 按钮，将会在 LogCat 管理器中看到如图 12.1 所示的结果。

L...	Time	PID	Application	Tag	Text
D	11-10 13:06:01.641	568	com.xiaoke.exam06...	DEBUG	Debug日志信息

标识为 Debug 日志

图 12.1　使用 Log.d 方法输出 Debug 日志信息

说明　使用 Log 类的相关方法输出的日志信息需要在 LogCat 管理器中查看。

12.1.2　Log.e 方法——输出错误日志

Log.e 方法用来输出 ERROR 错误日志信息，该方法有两种重载形式，其中开发人员经常用到的重载形式语法如下：

```
public static int e (String tag, String msg)
```

参数说明如下。

☑　tag：String 字符串，用来标识日志信息，它通常指定为可能出现错误的类或者 Activity 的名称。

☑　msg：String 字符串，表示要输出的字符串信息。

例 12.02　在 Eclipse 中创建 Android 项目，主要实现在 Android 程序中使用 Log.e 方法输出错误日志信息的功能。（**实例位置：光盘\TM\sl\12\12.02**）

具体实现步骤如下：

（1）修改新建项目的 res/layout 目录下的布局文件 main.xml，在其中添加一个 Button 组件，主要代码如下：

```
<Button
    android:id="@+id/btn"
    android:layout_width="wrap_content"
    android:layout_height="wrap_content"
    android:text="Error 日志"
    />
```

（2）打开 MainActivity.java 文件，首先根据 id 获取布局文件中的 Button 组件，然后为该组件设置单击监听事件，在监听事件中，使用 Log.e 方法输出错误日志信息。代码如下：

```
public void onCreate(Bundle savedInstanceState) {
    super.onCreate(savedInstanceState);
    setContentView(R.layout.main);
    Button btnButton=(Button) findViewById(R.id.btn);                    //获取 Button 组件
    btnButton.setOnClickListener(new OnClickListener() {                 //设置监听事件
        @Override
        public void onClick(View v) {
            Log.e("ERROR", "Error 日志信息");                            //输出 Error 日志信息
        }
    });
}
```

运行本实例，单击 Android 界面中的 Button 按钮，将会在 LogCat 管理器中看到如图 12.2 所示的结果。

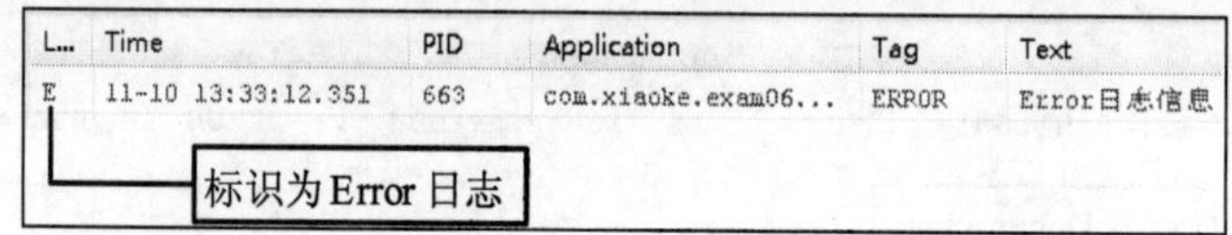

图 12.2　使用 Log.e 方法输出错误日志信息

12.1.3　Log.i 方法——输出程序日志

Log.i 方法用来输出 INFO 程序日志信息，该方法有两种重载形式，其中开发人员经常用到的重载形式语法如下：

```
public static int i (String tag, String msg)
```

参数说明如下。

☑　tag：String 字符串，用来标识日志信息，它通常指定为类或者 Activity 的名称。

☑　msg：String 字符串，表示要输出的字符串信息。

例 12.03　在 Eclipse 中创建 Android 项目，主要实现在 Android 程序中使用 Log.i 方法输出程序日志信息的功能。（**实例位置：光盘\TM\sl\12\12.03**）

具体实现步骤如下：

（1）修改新建项目的 res/layout 目录下的布局文件 main.xml，在其中添加一个 Button 组件，主要代码如下：

```
<Button
    android:id="@+id/btn"
    android:layout_width="wrap_content"
    android:layout_height="wrap_content"
    android:text="程序日志"
    />
```

（2）打开 MainActivity.java 文件，首先根据 id 获取布局文件中的 Button 组件，然后为该组件设置单击监听事件，在监听事件中，使用 Log.i 方法输出程序日志信息。代码如下：

```
public void onCreate(Bundle savedInstanceState) {
    super.onCreate(savedInstanceState);
    setContentView(R.layout.main);
```

```
    Button btnButton=(Button) findViewById(R.id.btn);                //获取 Button 组件
    btnButton.setOnClickListener(new OnClickListener() {             //设置监听事件
        @Override
        public void onClick(View v) {
            Log.i("INFO", "程序日志信息");                              //输出程序日志信息
        }
    });
}
```

运行本实例，单击 Android 界面中的 Button 按钮，将会在 LogCat 管理器中看到如图 12.3 所示的结果。

图 12.3　使用 Log.i 方法输出程序日志信息

12.1.4　Log.v 方法——输出冗余日志

Log.v 方法用来输出 VERBOSE 冗余日志信息，该方法有两种重载形式，其中开发人员经常用到的重载形式语法如下：

```
public static int v (String tag, String msg)
```

参数说明如下。

☑　tag：String 字符串，用来标识日志信息，它通常指定为可能出现冗余的类或者 Activity 的名称。

☑　msg：String 字符串，表示要输出的字符串信息。

例 12.04　在 Eclipse 中创建 Android 项目，主要实现在 Android 程序中使用 Log.v 方法输出冗余日志信息的功能。（**实例位置：光盘\TM\sl\12\12.04**）

具体实现步骤如下。

（1）修改新建项目的 res/layout 目录下的布局文件 main.xml，在其中添加一个 Button 组件，主要代码如下：

```
<Button
    android:id="@+id/btn"
    android:layout_width="wrap_content"
    android:layout_height="wrap_content"
    android:text="冗余日志"
    />
```

（2）打开 MainActivity.java 文件，首先根据 id 获取布局文件中的 Button 组件，然后为该组件设置单击监听事件，在监听事件中，使用 Log.v 方法输出冗余日志信息。代码如下：

```
public void onCreate(Bundle savedInstanceState) {
    super.onCreate(savedInstanceState);
    setContentView(R.layout.main);
    Button btnButton=(Button) findViewById(R.id.btn);                //获取 Button 组件
    btnButton.setOnClickListener(new OnClickListener() {             //设置监听事件
        @Override
```

```
            public void onClick(View v) {
                Log.v("VERBOSE", "Verbose 日志信息");                    //输出冗余日志信息
            }
        });
}
```

运行本实例，单击 Android 界面中的 Button 按钮，将会在 LogCat 管理器中看到如图 12.4 所示的结果。

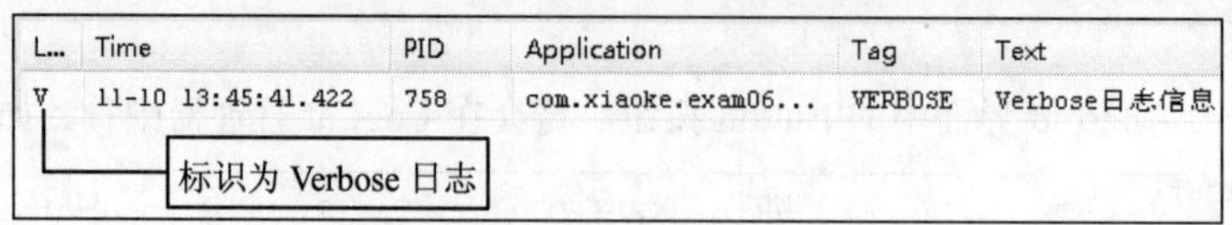

L...	Time	PID	Application	Tag	Text
V	11-10 13:45:41.422	758	com.xiaoke.exam06...	VERBOSE	Verbose日志信息

图 12.4　使用 Log.v 方法输出冗余日志信息

12.1.5　Log.w 方法——输出警告日志

Log.w 方法用来输出 WARN 警告日志信息，该方法有 3 种重载形式，其中开发人员经常用到的重载形式语法如下：

```
public static int w (String tag, String msg)
```

参数说明如下。

☑　tag：String 字符串，用来标识日志信息，它通常指定为可能出现警告的类或者 Activity 的名称。

☑　msg：String 字符串，表示要输出的字符串信息。

例 12.05　在 Eclipse 中创建 Android 项目，主要实现在 Android 程序中使用 Log.w 方法输出警告日志信息的功能。（**实例位置：光盘\TM\sl\12\12.05**）

具体实现步骤如下：

（1）修改新建项目的 res/layout 目录下的布局文件 main.xml，在其中添加一个 Button 组件，主要代码如下：

```
<Button
    android:id="@+id/btn"
    android:layout_width="wrap_content"
    android:layout_height="wrap_content"
    android:text="Warn 日志"
    />
```

（2）打开 MainActivity.java 文件，首先根据 id 获取布局文件中的 Button 组件，然后为该组件设置单击监听事件，在监听事件中，使用 Log.w 方法输出警告日志信息。代码如下：

```
public void onCreate(Bundle savedInstanceState) {
    super.onCreate(savedInstanceState);
    setContentView(R.layout.main);
    Button btnButton=(Button) findViewById(R.id.btn);                //获取 Button 组件
    btnButton.setOnClickListener(new OnClickListener() {             //设置监听事件
        @Override
        public void onClick(View v) {
            Log.w("WARN", "Warn 日志信息");                           //输出 Warn 日志信息
        }
```

```
    });
}
```

运行本实例，单击 Android 界面中的 Button 按钮，将会在 LogCat 管理器中看到如图 12.5 所示的结果。

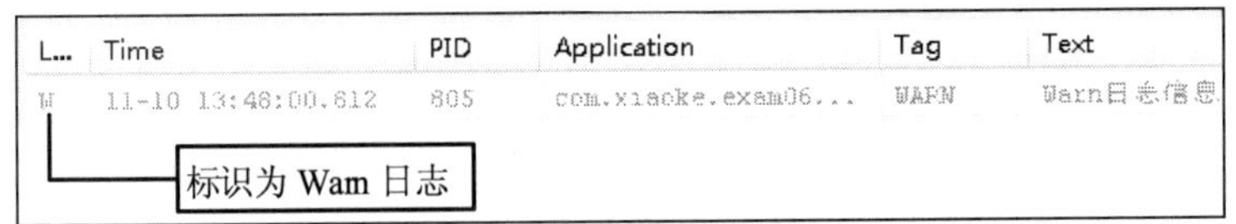

图 12.5 使用 Log.w 方法输出 Debug 日志信息

12.2 Android 程序调试

视频讲解：光盘\TM\Video\12\Android 程序调试.exe

读者在程序开发过程中会不断体会到程序调试的重要性。为验证 Android 的运行状况，会经常在某个方法调用的开始和结束位置分别使用 Log.i 方法输出信息，并根据这些信息判断程序执行状况，这是非常古老的程序调试方法，而且经常导致程序代码混乱（导出的都是 Log.i()方法）。

本节将介绍使用 Eclipse 内置的 Java 调试器调试 Android 程序的方法，使用该调试器可以设置程序的断点、实现程序单步执行、在调试过程中查看变量和表达式的值等调试操作，这样可以避免在程序中编写大量的 Log.i ()方法输出调试信息。

使用 Eclipse 的 Java 调试器需要设置程序断点，然后使用单步调试分别执行程序代码的每一行。

1. 断点

设置断点是程序调试中必不可少的有效手段，Java 调试器每次遇到程序断点时都会将当前线程挂起，即暂停当前程序的运行。

可以在 Java 编辑器中显示代码行号的位置双击添加或删除当前行的断点，或者在当前行号的位置单击鼠标右键，在弹出的快捷菜单中选择“切换断点”命令实现断点的添加与删除，如图 12.6 所示。

2. 程序调试

程序执行到断点被暂停后，可以通过“调试”视图工具栏上的按钮执行相应的调试操作，如运行、停止等。“调试”视图如图 12.7 所示。

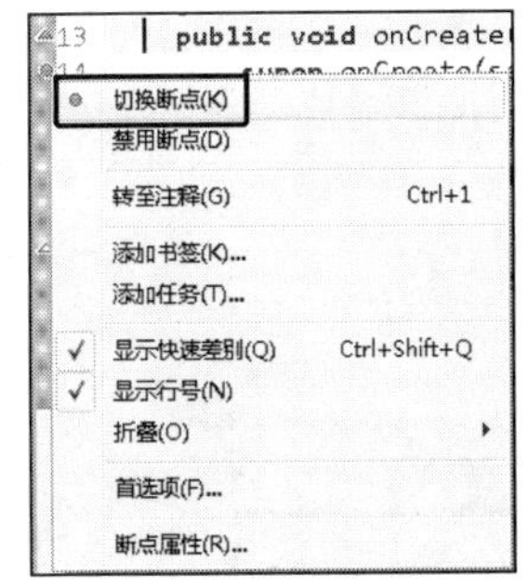

图 12.6 选择“切换断点”命令

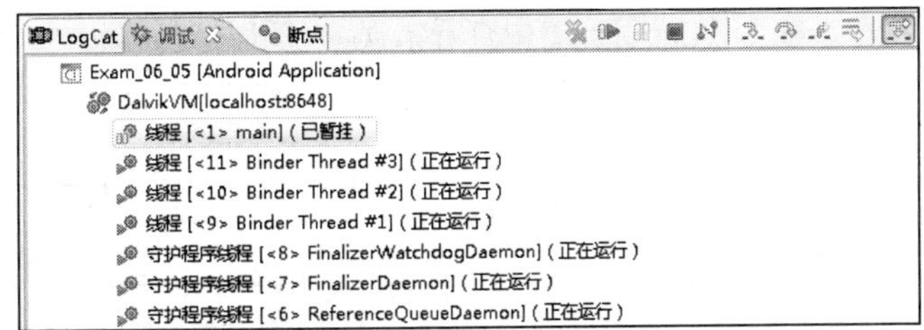

图 12.7 “调试”视图

☑ 单步跳过

在“调试”视图的工具栏中单击按钮或按 F6 键，将执行单步跳过操作，即运行单独的一行程序代码，但是不进入调用方法的内部，然后跳到下一个可执行点并暂挂线程。

说明 不停地执行单步跳过操作，会每次执行一行程序代码，直到程序结束或等待用户操作。

☑ 单步跳入

在“调试”视图的工具栏中单击按钮或按 F5 键，执行该操作将跳入调用方法或对象的内部单步执行程序并暂挂线程。

12.3 程序异常处理

视频讲解：光盘\TM\Video\12\程序异常处理.exe

为了保证程序有效地执行，需要对发生的异常进行相应的处理。在 Android 程序中，如果某个方法抛出异常，既可以在当前方法中进行捕捉，然后处理该异常，也可以将异常向上抛出，由方法调用者来处理。本节将向读者介绍 Android 中捕获异常的方法。

12.3.1 Android 程序出现异常怎么办

异常产生后，如果不做任何处理，程序就会被终止。例如，将一个字符串转换为整型，可以通过 Integer 类的 parseInt()方法来实现。但如果该字符串不是数字形式，parseInt()方法就会抛出异常，程序将停留在出现异常的位置，不再执行下面的语句。

例 12.06 在 Android 程序中将非字符型数值转换为 int 型，运行程序，系统会报出错误提示。（**实例位置：光盘\TM\sl\12\12.06**）

代码如下：

```
@Override
public void onCreate(Bundle savedInstanceState) {
    super.onCreate(savedInstanceState);
    setContentView(R.layout.main);
int age = Integer.parseInt("20L");                    //数据类型的转换
}
```

运行程序，在 LogCat 管理器中查看错误，可以看到如图 12.8 所示的结果。

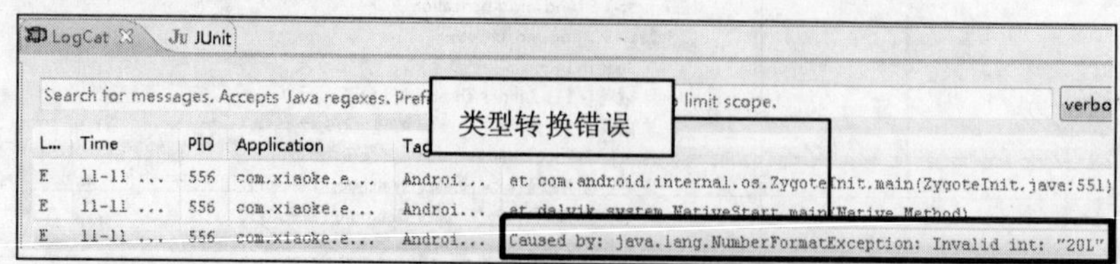

图 12.8 在 LogCat 管理器中查看错误

从图 12.8 中可以看出，本实例报出的是 NumberFormatException（字符串转换为数字）异常，程序在执行类型转换代码时终止。

12.3.2　如何捕捉 Android 程序异常

Android 程序中的异常捕获结构与 Java 类似，都是由 try、catch 和 finally 3 部分组成。其中，try 语句块存放的是可能发生异常的 Java 语句；catch 程序块在 try 语句块之后，用来激发被捕获的异常；finally 语句块是异常处理结构的最后执行部分，无论 try 块中的代码如何退出，都将执行 finally 块。语法如下：

```
try{
    //程序代码块
}
catch(Exceptiontype1 e){
    //对 Exceptiontype1 的处理
}
catch(Exceptiontype2 e){
    //对 Exceptiontype2 的处理
}
……
finally{
    //程序块
}
```

通过异常处理器的语法可知，异常处理器大致分为 try…catch 语句块和 finally 语句块。

1. try…catch 语句

可将例 12.06 中的代码进行修改，使用 try…catch 语句捕获异常。

例 12.07　在例 12.06 的基础上，使用 try…catch 语句将可能出现的异常语句进行异常处理。（**实例位置：光盘\TM\sl\12\12.07**）

代码如下：

```
@Override
public void onCreate(Bundle savedInstanceState) {
    super.onCreate(savedInstanceState);
    setContentView(R.layout.main);
    try {
        int age = Integer.parseInt("20L");                    //数据类型转换
    } catch (Exception e) {                                   //catch 语句块用来获取异常信息
        e.printStackTrace();                                  //输出异常
    }
}
```

上面的程序在运行时不会因为异常而终止，因为程序中用 try…catch 语句处理可能出现异常的代码，当 try 代码块中的语句发生异常时，程序就会跳转到 catch 代码块中执行，执行完 catch 代码块中的程序代码后，继续执行 catch 代码块后的其他代码，而不会执行 try 代码块中发生异常语句后面的代码。由此可知，Android 中的异常处理是结构化的，不会因为一个异常影响整个程序的执行。

注意　Exception 是 try 代码块传递给 catch 代码块的变量类型，e 是变量名。catch 代码块中的语句“e.getMessage();”用于输出错误性质。通常，异常处理常用以下 3 个函数来获取异常的有关信息。

- ☑　getMessage()函数：输出错误性质。
- ☑　toString()函数：给出异常的类型与性质。
- ☑　printStackTrace()函数：指出异常的类型、性质、栈层次及出现在程序中的位置。

技巧 有时为了简单会忽略 catch 语句后的代码，这样 try...catch 语句就成了一种摆设，一旦程序在运行过程中出现了异常，就会导致最终运行结果与期望的不一致，而错误发生的原因很难查找。因此要养成良好的编程习惯，最好在 catch 代码块中有处理异常的代码。

2．finally 语句

完整的异常处理语句一定要包含 finally 语句，无论程序中有无异常发生，并且无论之前的 try...catch 是否顺利执行完毕，都会执行 finally 语句。

在以下 4 种特殊情况下，finally 块不会被执行：

☑ 在 finally 语句块中发生了异常。

☑ 在前面的代码中使用了 System.exit()退出程序。

☑ 程序所在的线程死亡。

☑ 关闭 CPU。

12.3.3 抛出异常的两种方法

若某个方法可能会发生异常，但不想在当前方法中处理这个异常，则可以使用 throws、throw 关键字在方法中抛出异常。下面分别介绍如何使用这两个关键字抛出异常。

1．使用 throws 关键字抛出异常

throws 关键字通常被应用在声明方法时，用来指定方法可能抛出的异常。多个异常可使用逗号分隔。

例 12.08 在 Android 项目的 Activity 中创建方法 pop()，在该方法中抛出 NegativeArraySizeException 异常，然后在 onCreate 方法中调用 pop()方法，并实现异常处理。（**实例位置：光盘\TM\sl\12\12.08**）

代码如下：

```
static void pop() throws NegativeArraySizeException {        //定义方法并抛出 NegativeArraySizeException 异常
    int[] arr = new int[-3];                                  //创建数组
}
@Override
public void onCreate(Bundle savedInstanceState) {
    super.onCreate(savedInstanceState);
    setContentView(R.layout.main);
    try {                                                     //try 语句处理异常信息
        pop();                                                //调用 pop()方法
    } catch (NegativeArraySizeException e) {
        Log.i("EXCEPTION","pop()方法抛出的异常");              //输出异常信息
    }
}
```

运行结果如图 12.9 所示。

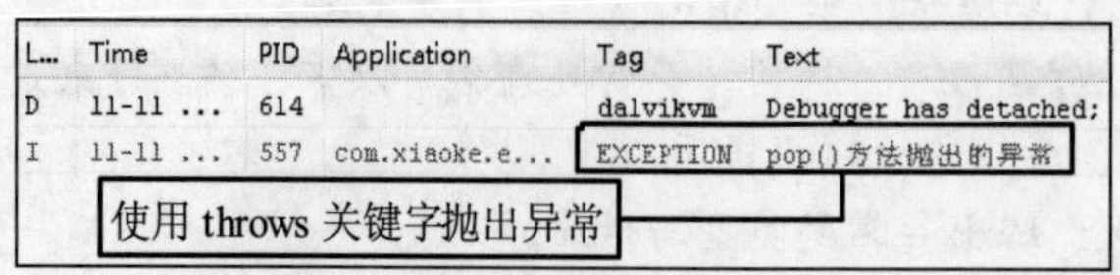

L...	Time	PID	Application	Tag	Text
D	11-11 ...	614		dalvikvm	Debugger has detached;
I	11-11 ...	557	com.xiaoke.e...	EXCEPTION	pop()方法抛出的异常

图 12.9 使用 throws 关键字抛出异常

使用 throws 关键字将异常抛给上一级后，如果不想处理该异常，可以继续向上抛出，但最终要有能够处理该异常的代码。

说明　如果是 Error、RuntimeException 或它们的子类，则可以不使用 throws 关键字来声明要抛出的异常，编译仍能顺利通过，但在运行时会被系统抛出。

2．使用 throw 关键字抛出异常

throw 关键字通常用于方法体中，并且抛出一个异常对象。程序在执行到 throw 语句时立即终止，它后面的语句都不执行。通过 throw 抛出异常后，如果想在上一级代码中来捕获并处理异常，则需要在抛出异常的方法中使用 throws 关键字在方法的声明中指明要抛出的异常；如果要捕捉 throw 抛出的异常，则必须使用 try…catch 语句。

throw 通常用来抛出用户自定义异常，下面通过实例介绍 throw 关键字的用法。

例 12.09　在 Eclipse 中创建 Android 项目，主要实现使用 throw 关键字抛出异常的功能。（**实例位置：光盘\TM\sl\12\12.09**）

具体实现步骤如下：

（1）在项目中创建自定义异常类 MyException，继承类 Exception。代码如下：

```
public class MyException extends Exception {                        //创建自定义异常类
        private static final long serialVersionUID = 1911857297231201652L;
        String message;                                              //定义 String 类型变量
    public MyException(String ErrorMessagr) {                        //父类方法
        message = ErrorMessagr;
    }
    public String getMessage() {                                     //覆盖 getMessage()方法
        return message;
    }
}
```

（2）在项目中创建 quotient()方法，该方法传递两个 int 型参数，如果其中的一个参数为负数，则抛出 MyException 异常。代码如下：

```
int quotient(int x, int y) throws MyException {                      //定义方法抛出异常
    if (y < 0) {                                                     //判断参数是否小于 0
        throw new MyException("除数不能是负数");                      //异常信息
    }
    return x / y;                                                    //返回值
}
```

（3）在 onCreate()方法中捕捉异常，代码如下：

```
@Override
public void onCreate(Bundle savedInstanceState) {
    super.onCreate(savedInstanceState);
    setContentView(R.layout.main);
    try {                                                            //try 语句包含可能发生异常的语句
        int result = quotient(3, -1);                                //调用方法 quotient()
    } catch (MyException e) {                                        //处理自定义异常
        Log.i("MYEXCEPTION",e.getMessage());                         //输出异常信息
```

```
    } catch (ArithmeticException e) {                          //处理 ArithmeticException 异常
        Log.i("ARITHMETICEXCEPTION","除数不能为 0");           //输出提示信息
    } catch (Exception e) {                                    //处理其他异常
        Log.i("EXCEPTION","程序发生了其他的异常");             //输出提示信息
    }
}
```

运行结果如图 12.10 所示。

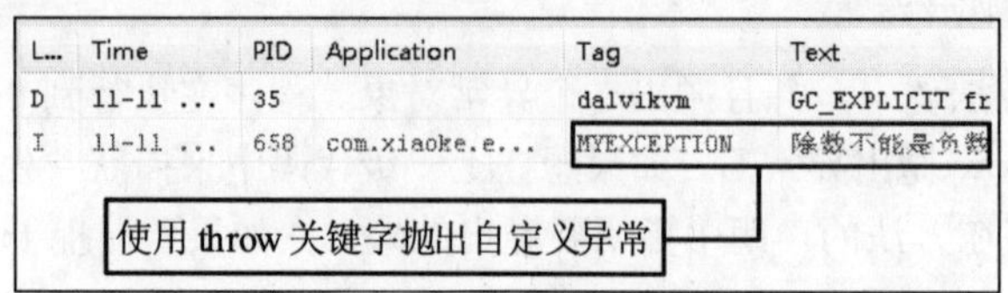

图 12.10　使用 throw 关键字抛出自定义异常

说明　在上面的实例中使用了多个 catch 语句来捕捉异常。如果调用“quotient(3,−1)”，将发生 MyException 异常，程序调转到“catch (MyException e)”代码块中执行；如果调用“quotient(5,0)”，会发生 ArithmeticException 异常，程序跳转到“catch (ArithmeticException e)”代码块中执行；如还有其他异常发生，将使用“catch (Exception e)”捕捉异常。由于 Exception 是所有异常类的父类，如果将“catch (Exception e)”代码块放在其他两个代码块的前面，后面的代码块将永远得不到执行，也就没有什么意义了，所以 catch 语句的顺序不可调换。

12.3.4　何时使用异常处理

Android 异常强制用户去考虑程序的强健性和安全性。异常处理不应用来控制程序的正常流程，其主要作用是捕获程序在运行时发生的异常并进行相应的处理。编写代码时处理某个方法可能出现的异常，可遵循以下几条原则：

☑　在当前方法声明中使用 try…catch 语句捕获异常。
☑　一个方法被覆盖时，覆盖它的方法必须抛出相同的异常或异常的子类。
☑　如果父类抛出多个异常，则覆盖方法必须抛出那些异常的一个子集，不能抛出新异常。

12.4　实　　战

12.4.1　向 LogCat 视图中输出程序 Info 日志

本实例使用 Log 类的 i()方法可以向 LogCat 视图中输出表示提示信息的程序 Info 日志，具体实现时，在 Android 界面中添加一个“用户登录”按钮，单击该按钮，向 LogCat 视图中输出程序 Info 日志，显示用户的登录时间。**（实例位置：光盘\TM\sl\12\12.10）**

代码如下：

```
Button btnButton = (Button) findViewById(R.id.button1);                //获取 Button 组件
btnButton.setOnClickListener(new OnClickListener() {                   //设置监听事件
```

```
    @Override
    public void onClick(View v) {
        Log.i("INFO", "用户于[ "+new Date().toLocaleString()+" ]登录。"); //输出程序 Info 日志信息
    }
});
```

运行程序，效果如图 12.11 所示。

图 12.11　在 LogCat 视图中输出程序 Info 日志

12.4.2　使用 throw 关键字在方法中抛出异常

在项目开发中，通常是自顶向下进行的，在完成项目的整体设计后，需要对每个接口和类进行编写。如果一个类使用了其他类还没有实现的方法，则可以在实现其他类方法时让其抛出 UnsupportedOperation Exception 异常，以便在以后进行修改完成。本上机实践要求使用 throw 关键字在方法中抛出“方法尚未实现”异常。（**实例位置：光盘\TM\sl\12\12.11**）

代码如下：

```
public class MainActivity extends Activity {
    @Override
    public void onCreate(Bundle savedInstanceState) {
        super.onCreate(savedInstanceState);
        setContentView(R.layout.main);
        throwException();                                    //调用抛出异常的方法
    }
    public static void throwException() {
            throw new UnsupportedOperationException("方法尚未实现");     //抛出异常
        }
}
```

运行程序，效果如图 12.12 所示。

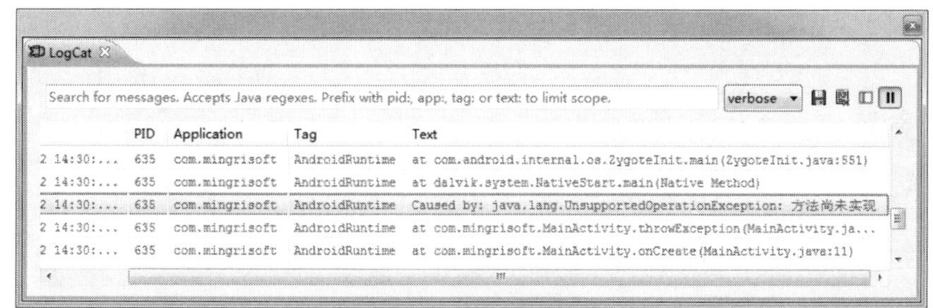

图 12.12　使用 throw 关键字在方法中抛出异常

12.5 本 章 小 结

本章向读者介绍的是 Android 中的程序调试及异常处理机制。通过本章的学习，读者应该熟练掌握使用 Log 类输出日志信息的几种方法，并能够通过 LogCat 管理器查看日志信息；另外，读者应该熟悉常见的几种程序调试操作，并熟练掌握 Android 的异常处理机制。Android 中的异常处理与 Java 类似，都是通过 try…catch 语句来实现的，也可以使用 throws 语句向上抛出。建议读者不要将异常抛出，应该编写异常处理语句。对于异常处理的使用原则，读者也应该熟悉。

12.6 学习成果检验

1．尝试开发一个 Android 程序，应用 Log 类的 i()方法向 LogCat 视图中输出日志信息“XX 于[2013-3-15 上午 11:50:01]退出系统”。（**答案位置：光盘\TM\sl\12\12.12**）

2．尝试开发一个 Android 程序，应用 Log 类的 w()方法向 LogCat 视图中输出警告日志信息“系统内存不足”。（**答案位置：光盘\TM\sl\12\12.13**）

3．尝试开发一个 Android 程序，在程序中通过继承 Exception 类创建自定义异常类，然后在 onCreate()方法中使用该异常类。（**答案位置：光盘\TM\sl\12\12.14**）

第13章

综合实验（二）——迷途奔跑的野猪

（视频讲解：10 分钟）

视频讲解：光盘\TM\Video\13\迷途奔跑的野猪.exe

本章将介绍如何使用 Android 界面布局，以及资源文件、常用组件及动画等知识实现一个迷途奔跑的野猪小游戏。

通过阅读本章，您可以：

- 了解迷途奔跑的野猪游戏的主要功能
- 掌握如何进行游戏界面布局
- 掌握 Android 资源文件的使用
- 掌握 ImageView 组件的基本应用
- 熟悉 Android 动画的应用

13.1 功能概述

迷途奔跑的野猪游戏就是在窗体上放置一个围栏，然后让一只野猪在这个围栏范围内左右来回奔跑。下面给出“迷途奔跑的野猪”游戏主界面的预览效果，如图 13.1 所示。

图 13.1　游戏主界面

13.2 关键技术

在实现本程序时，最关键的技术就是通过动画形式显示野猪的奔跑状态，这里主要用到 Animation 对象。Animation 对象用来获取动画资源，通过重写该对象的 onAnimationEnd()方法并调用 startAnimation()方法实现野猪奔跑状态的切换及动画的播放。关键代码如下：

```
//获取“向右奔跑”的动画资源
final Animation translateright=AnimationUtils.loadAnimation(this, R.anim.translateright);
translateright.setAnimationListener(new AnimationListener() {
    @Override
    public void onAnimationStart(Animation animation) { }
    @Override
    public void onAnimationRepeat(Animation animation) { }
    @Override
    public void onAnimationEnd(Animation animation) {
        iv.setBackgroundResource(R.anim.motionleft);          //重新设置 ImageView 应用的帧动画
        iv.startAnimation(translateleft);                     //播放“向左奔跑”的动画
        anim=(AnimationDrawable)iv.getBackground();           //获取应用的帧动画
        anim.start();                                         //开始播放帧动画
    }
});
```

13.3 实现过程

在实现迷途奔跑的野猪游戏时，大致需要分为搭建开发环境、准备资源、布局页面和实现代码等 4 个部分，下面进行详细介绍。

13.3.1　搭建开发环境

本程序的开发环境及运行环境具体如下。

☑　操作系统：Windows 7。

☑　JDK 环境：Java SE Development KET(JDK) version 7。

☑　开发工具：Eclipse 4.2+Android 4.2。

☑　开发语言：Java、XML。

☑　运行平台：Windows、Linux 各版本。

13.3.2　准备资源

在实现本实例前，首先需要准备游戏中所需的图片资源，这里共包括一张游戏背景图片以及表示野猪奔跑状态的 4 张图片，然后把它们放置在项目根目录下的 res/drawable-mdpi/文件夹中，放置后的效果如图 13.2 所示。

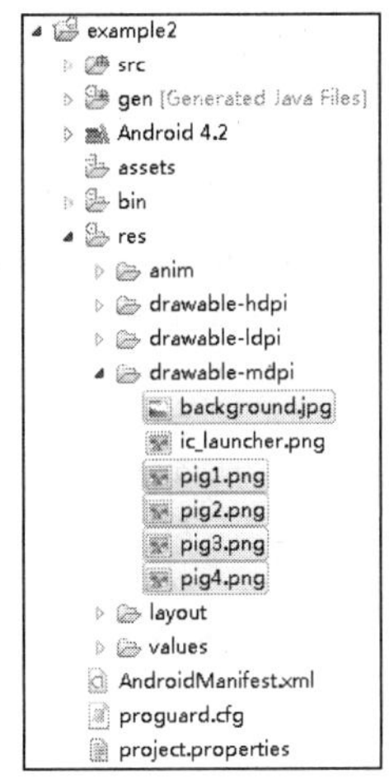

图 13.2　放置后的图片资源

将图片资源放置到 drawable-mdpi 文件夹后，系统将自动在 gen 目录下的 com.mingrisoft 包中的 R.java 文件中添加对应的图片 id。打开 R.java 文件，可以看到下面的图片 id：

```
public static final class drawable {
    public static final int background=0x7f020000;
    public static final int ic_launcher=0x7f020001;
    public static final int pig1=0x7f020002;
    public static final int pig2=0x7f020003;
    public static final int pig3=0x7f020004;
    public static final int pig4=0x7f020005;
}
```

ic_launcher.png 是创建 Android 程序时自动生成的图片文件。

13.3.3　布局页面

（1）在新建项目的 res 目录中，创建一个名称为 anim 的目录，并在该目录中创建实现野猪做向右奔跑动作和做向左奔跑动作的逐帧动画资源文件。

创建名称为 motionright.xml 的 XML 资源文件，在该文件中定义一个野猪做向右奔跑动作的动画，该动画由两帧组成，也就是由两个预先定义好的图片组成。具体代码如下：

```
<animation-list xmlns:android="http://schemas.android.com/apk/res/android" >
    <item android:drawable="@drawable/pig1" android:duration="40" />
    <item android:drawable="@drawable/pig2" android:duration="40" />
</animation-list>
```

创建名称为 motionleft.xml 的 XML 资源文件，在该文件中定义一个野猪做向左奔跑动作的动画，该动画也是由两帧组成。具体代码如下：

```
<animation-list xmlns:android="http://schemas.android.com/apk/res/android" >
    <item android:drawable="@drawable/pig3" android:duration="40" />
    <item android:drawable="@drawable/pig4" android:duration="40" />
</animation-list>
```

（2）在 amin 目录中，创建实现野猪向右侧奔跑和向左侧奔跑的补间动画资源文件。

创建名称为 motionright.xml 的 XML 资源文件，在该文件中定义一个实现野猪向右侧奔跑的补间动画，该动画为在水平方向上向右平移 850 像素，持续时间为 3 秒钟。具体代码如下：

```
<set xmlns:android="http://schemas.android.com/apk/res/android">
    <translate
        android:fromXDelta="0"
        android:toXDelta="850"
        android:fromYDelta="0"
        android:toYDelta="0"
        android:duration="3000">
    </translate>
</set>
```

创建名称为 motionright.xml 的 XML 资源文件，在该文件中定义一个实现野猪向左侧奔跑的补间动画，该动画为在水平方向上向左平移 850 像素，持续时间为 3 秒钟。具体代码如下：

```
<set xmlns:android="http://schemas.android.com/apk/res/android" >
    <translate
        android:fromXDelta="850"
        android:toXDelta="0"
        android:fromYDelta="0"
        android:toYDelta="0"
        android:duration="3000">
    </translate>
</set>
```

（3）修改新建项目的 res/layout 目录下的布局文件 main.xml，将默认添加的 TextView 组件删除，然后在默认添加的线性布局管理器中添加一个 ImageView 组件，并设置该组件的背景为逐帧动画资源 motionright，最后再设置 ImageView 组件的顶外边距和左外边距。关键代码如下：

```
<ImageView
    android:id="@+id/imageView1"
    android:layout_width="wrap_content"
    android:layout_height="wrap_content"
    android:background="@anim/motionright"
    android:layout_marginTop="280px"
    android:layout_marginLeft="30px"/>
```

13.3.4 实现代码

打开默认创建的 MainActivity，在 onCreate()方法中，首先获取要应用动画效果的 ImageView，并获取

向右奔跑的和向左奔跑的补间动画资源，然后获取 ImageView 应用的逐帧动画，以及线性布局管理器，并显示一个消息提示框，再为线性布局管理器添加触摸监听器，在重写的 onTouch()方法中，开始播放逐帧动画并播放“向右奔跑”的补间动画，最后为“向右奔跑”和“向左奔跑”动画添加动画监听器，并在重定的 onAnimationEnd()方法中改变要使用的逐帧动画和补间动画并播放，从而实现野猪来回奔跑的动画效果。具体代码如下：

```
final ImageView iv=(ImageView)findViewById(R.id.imageView1);              //获取要应用动画效果的 ImageView
//获取“向右奔跑”的动画资源
final Animation translateright=AnimationUtils.loadAnimation(this, R.anim.translateright);
//获取“向左奔跑”的动画资源
final Animation translateleft=AnimationUtils.loadAnimation(this, R.anim.translateleft);
anim=(AnimationDrawable)iv.getBackground();                               //获取应用的帧动画
LinearLayout ll=(LinearLayout)findViewById(R.id.linearLayout1);           //获取线性布局管理器
Toast.makeText(this,"触摸屏幕开始播放...", Toast.LENGTH_SHORT).show();  //显示一个消息提示框
ll.setOnTouchListener(new OnTouchListener() {
    @Override
    public boolean onTouch(View v, MotionEvent event) {
        anim.start();                                                     //开始播放帧动画
        iv.startAnimation(translateright);                                //播放“向右奔跑”的动画
        return false;
    }
});
translateright.setAnimationListener(new AnimationListener() {
    @Override
    public void onAnimationStart(Animation animation) {}
    @Override
    public void onAnimationRepeat(Animation animation) {}
    @Override
    public void onAnimationEnd(Animation animation) {
        iv.setBackgroundResource(R.anim.motionleft);                      //重新设置 ImageView 应用的帧动画
        iv.startAnimation(translateleft);                                 //播放“向左奔跑”的动画
        anim=(AnimationDrawable)iv.getBackground();                       //获取应用的帧动画
        anim.start();                                                     //开始播放帧动画
    }
});
translateleft.setAnimationListener(new AnimationListener() {
    @Override
    public void onAnimationStart(Animation animation) {}
    @Override
    public void onAnimationRepeat(Animation animation) {}
    @Override
    public void onAnimationEnd(Animation animation) {
        iv.setBackgroundResource(R.anim.motionright);                     //重新设置 ImageView 应用的帧动画
        iv.startAnimation(translateright);                                //播放“向右奔跑”的动画
        anim=(AnimationDrawable)iv.getBackground();                       //获取应用的帧动画
        anim.start();                                                     //开始播放帧动画
    }
});
```

13.4 运 行 项 目

项目开发完成后，就可以在模拟器中运行该项目了。在“项目资源管理器”中选择项目名称节点，并在该节点上单击鼠标右键，在弹出的快捷菜单中选择“运行方式”/Android Application 命令，即可在 Android 模拟器中运行该程序。运行程序，触摸屏幕后，屏幕中的野猪将从左侧奔跑到右侧，如图 13.3 所示，撞到右侧的栅栏上后，再转身向左侧奔跑，直到撞上左侧的栅栏，再转身向右侧奔跑，依此类推。

图 13.3　迷途奔跑的野猪

13.5 本 章 小 结

本章通过一个迷途奔跑的野猪小游戏，向读者介绍了 Android 开发程序的基本流程，以及页面布局、ImageView 组件和 Andriod 中逐帧动画、补间动画的具体应用。通过本章的学习，读者应该熟练掌握 Android 页面布局以及 ImageView 组件的具体应用，并熟悉 Andriod 中的逐帧动画和补间动画，以便为后面的学习打下一个良好的基础。

中级开发

第14章

数据存储技术

（视频讲解：43分钟）

Android 为开发人员提供了多种持久化应用数据的方式，具体选择哪种方式需要具体问题具体分析，例如数据是否仅限于本程序使用，还是可以用于其他程序，以及保存数据所占用的空间等。Android 中主要提供了 3 种数据存储技术，分别是 SharedPreferences、Files 和 SQLite 数据库，本章将对 Android 中的这 3 种数据存储技术进行详细讲解。

通过阅读本章，您可以：

- **熟悉 3 种基本的数据存储技术**
- **掌握使用 SharedPreferences 对象存储数据**
- **掌握 openFileOutput 和 openFileInput 的使用**
- **掌握如何对 SD 卡进行操作**
- **掌握 SQLite 数据库编程及应用**

14.1 使用 SharedPreferences 对象存储数据

视频讲解：光盘\TM\Video\14\使用 SharedPreferences 对象存储数据.exe

SharedPreferences 类供开发人员保存和获取基本数据类型的键值对。该类主要用于基本类型，例如 booleans、floats、ints、longs 和 strings。在应用程序结束后，数据仍旧会保存。

有两种方式可以获得 SharedPreferences 对象。

☑ getSharedPreferences()：如果需要多个使用名称来区分的共享文件，则可以使用该方法，其第一个参数就是共享文件的名称。对于使用同一个名称获得的多个 SharedPreferences 引用，其指向同一个对象。

☑ getPreferences()：如果 Activity 仅需要一个共享文件，则可以使用该方法。因为只有一个文件，它并不需要提供名称。

完成向 SharedPreferences 类中增加值的步骤如下：

（1）调用 SharedPreferences 类的 edit()方法获得 SharedPreferences.Editor 对象。

（2）调用诸如 putBoolean()、putString()等方法增加值。

（3）使用 commit()方法提交新值。

从 SharedPreferences 类中读取值时，主要使用该类中定义的 getXXX()方法。下面以一个简单的例子演示 SharedPreferences 类的使用。

例 14.01 在 Eclipse 中创建 Android 项目，使用 SharedPreferences 保存用户输入的用户名和密码，并在第二个 Activity 中显示。（**实例位置：光盘\TM\sl\14\14.01**）

具体实现步骤如下：

（1）修改/res/layout 包中的 main.xml 文件，增加文本框、编辑框等控件并修改它们的默认属性。代码如下：

```
<?xml version="1.0" encoding="utf-8"?>
<LinearLayout xmlns:android="http://schemas.android.com/apk/res/android"
    android:layout_width="match_parent"
    android:layout_height="match_parent"
    android:background="@drawable/background"
    android:orientation="vertical" >
    <LinearLayout
        android:layout_width="match_parent"
        android:layout_height="wrap_content" >
        <TextView
            android:layout_width="wrap_content"
            android:layout_height="wrap_content"
            android:text="@string/username"
            android:textColor="@android:color/white"
            android:textSize="20dp" />
        <EditText
            android:id="@+id/username"
            android:layout_width="0dip"
            android:layout_height="wrap_content"
            android:layout_weight="1"
            android:inputType="text"
```

```
            android:textColor="@android:color/white"
            android:textSize="20dp" >
            <requestFocus />
        </EditText>
    </LinearLayout>
    <LinearLayout
        android:layout_width="match_parent"
        android:layout_height="wrap_content" >
        <TextView
            android:layout_width="wrap_content"
            android:layout_height="wrap_content"
            android:text="@string/password"
            android:textColor="@android:color/white"
            android:textSize="20dp" />
        <EditText
            android:id="@+id/password"
            android:layout_width="0dip"
            android:layout_height="wrap_content"
            android:layout_weight="1"
            android:inputType="textPassword"
            android:textColor="@android:color/white"
            android:textSize="20dp" />
    </LinearLayout>
    <Button
        android:id="@+id/login"
        android:layout_width="wrap_content"
        android:layout_height="wrap_content"
        android:text="@string/login"
        android:textColor="@android:color/white"
        android:textSize="20dp" />
</LinearLayout>
```

（2）创建 SharedPreferencesWriteActivity 类，重写 onCreate()方法，获得用户输入的用户名和密码，然后将其保存到 SharedPreferences 类中，最后使用 Intent 跳转到 SharedPreferencesReadActivity。代码如下：

```
public class SharedPreferencesWriteActivity extends Activity {
    @Override
    protected void onCreate(Bundle savedInstanceState) {
        super.onCreate(savedInstanceState);                                    //调用父类方法
        setContentView(R.layout.main);                                         //应用自定义布局文件
        final EditText usernameET = (EditText) findViewById(R.id.username); //获得用户名控件
        final EditText passwordET = (EditText) findViewById(R.id.password);  //获得密码控件
        Button login = (Button) findViewById(R.id.login);                      //获得按钮控件
        login.setOnClickListener(new View.OnClickListener() {
            @Override
            public void onClick(View v) {
                String username = usernameET.getText().toString();             //获得用户名
                String password = passwordET.getText().toString();             //获得密码
                //获得私有类型的 SharedPreferences
                SharedPreferences sp = getSharedPreferences("mrsoft", MODE_PRIVATE);
                Editor editor = sp.edit();                                     //获得 Editor 对象
```

```
                editor.putString("username", username);                         //增加用户名
                editor.putString("password", password);                         //增加密码
                editor.commit();                                                //确认提交
                Intent intent = new Intent();                                   //创建 Intent 对象
                //指定跳转到 SharedPreferencesReadActivity
                intent.setClass(SharedPreferencesWriteActivity.this, SharedPreferencesReadActivity.class);
                startActivity(intent);                                          //实现跳转
            }
        });
    }
}
```

（3）在/res/layout 包中新建名为 result.xml 的布局文件，增加两个文本框并修改其默认属性。代码如下：

```
<?xml version="1.0" encoding="utf-8"?>
<LinearLayout xmlns:android="http://schemas.android.com/apk/res/android"
    android:layout_width="match_parent"
    android:layout_height="match_parent"
    android:background="@drawable/background"
    android:orientation="vertical" >
    <TextView
        android:id="@+id/username"
        android:layout_width="wrap_content"
        android:layout_height="wrap_content"
        android:textColor="@android:color/white"
        android:textSize="20dp" />
    <TextView
        android:id="@+id/password"
        android:layout_width="wrap_content"
        android:layout_height="wrap_content"
        android:textColor="@android:color/white"
        android:textSize="20dp" />
</LinearLayout>
```

（4）创建 SharedPreferencesReadActivity，它从 SharedPreferences 中读取已经保存的用户名和密码，然后使用文本框显示。代码如下：

```
public class SharedPreferencesReadActivity extends Activity {
    @Override
    protected void onCreate(Bundle savedInstanceState) {
        super.onCreate(savedInstanceState);                               //调用父类方法
        setContentView(R.layout.result);                                  //设置布局文件
        TextView usernameTV = (TextView) findViewById(R.id.username);
        TextView passwordTV = (TextView) findViewById(R.id.password);
        //获得私有类型的 SharedPreferences
        SharedPreferences sp = getSharedPreferences("mrsoft", MODE_PRIVATE);
        String username = sp.getString("username", "mr");                 //获得用户名
        String password = sp.getString("password", "001");                //获得密码
        usernameTV.setText("用户名：" + username);                        //显示用户名
        passwordTV.setText("密　码：" + password);                        //显示密码
    }
}
```

（5）在 AndroidManifest.xml 文件中，定义两个 Activity 并配置启动项，代码如下：

```
<?xml version="1.0" encoding="utf-8"?>
<manifest xmlns:android="http://schemas.android.com/apk/res/android"
    package="com.mingrisoft"
    android:versionCode="1"
    android:versionName="1.0" >
    <uses-sdk android:minSdkVersion="15" />
    <application
        android:icon="@drawable/ic_launcher"
        android:label="@string/app_name" >
        <activity android:name=".SharedPreferencesWriteActivity" >
            <intent-filter>
                <action android:name="android.intent.action.MAIN" />
                <category android:name="android.intent.category.LAUNCHER" />
            </intent-filter>
        </activity>
        <activity android:name=".SharedPreferencesReadActivity" />
    </application>
</manifest>
```

运行程序，显示如图 14.1 所示的用户登录界面。输入用户名“mr”和密码“123”，单击“登录”按钮，跳转到如图 14.2 所示的用户信息界面。

对于 SharedPreferences 而言，它使用 XML 文件来保存数据，文件名与指定的名称相同。打开 DDMS 视图，在 File Explorer 中，打开/data/data 文件夹可以看到如图 14.3 所示的文件。

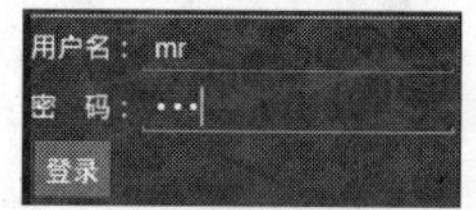

图 14.1　获得用户输入信息

图 14.2　显示用户输入信息

com.mingrisoft		2012-02-15	16:57	drwxr-x--x
cache		2012-02-15	16:52	drwxrwx--x
lib		2012-02-15	16:52	drwxr-xr-x
shared_prefs		2012-02-15	16:57	drwxrwx--x
mrsoft.xml	143	2012-02-15	16:57	-rw-rw----

图 14.3　XML 文件保存位置

在例 14.01 中，演示了如何使用私有的 SharedPreferences 来实现不同 Activity 之间的数据传递。除了 MODE_PRIVATE（默认模式），还有另外两种模式：MODE_WORLD_READABLE 和 MODE_WORLD_WRITEABLE。它们分别表示对于其他应用程序而已，是否可读与可写。下面演示这两个模式的使用。

例 14.02　在 Eclipse 中创建两个 Android 项目，分别命名为 1 和 2，在 1 中使用 SharedPreferences 保存用户输入值，在 2 中读取这些值。**（实例位置：光盘\TM\sl\14\14.02）**

具体实现步骤如下：

（1）在项目 1 中，修改/res/layout 包中的 main.xml 文件，增加文本框、编辑框、按钮等控件并修改它们的默认属性。代码如下：

```
<?xml version="1.0" encoding="utf-8"?>
<LinearLayout xmlns:android="http://schemas.android.com/apk/res/android"
    android:layout_width="fill_parent"
    android:layout_height="fill_parent"
    android:background="@drawable/background"
    android:orientation="vertical" >
    <LinearLayout
        android:layout_width="match_parent"
        android:layout_height="wrap_content" >
```

```
        <TextView
            android:layout_width="wrap_content"
            android:layout_height="wrap_content"
            android:text="@string/world_read"
            android:textColor="@android:color/white"
            android:textSize="20dp" />
        <EditText
            android:id="@+id/worldRead"
            android:layout_width="0dip"
            android:layout_height="wrap_content"
            android:layout_weight="1"
            android:inputType="text"
            android:textColor="@android:color/white"
            android:textSize="20dp" >
            <requestFocus />
        </EditText>
    </LinearLayout>
    <LinearLayout
        android:layout_width="match_parent"
        android:layout_height="wrap_content" >
        <TextView
            android:layout_width="wrap_content"
            android:layout_height="wrap_content"
            android:text="@string/world_write"
            android:textColor="@android:color/white"
            android:textSize="20dp" />
        <EditText
            android:id="@+id/worldWrite"
            android:layout_width="0dip"
            android:layout_height="wrap_content"
            android:layout_weight="1"
            android:inputType="text"
            android:textColor="@android:color/white"
            android:textSize="20dp" />
    </LinearLayout>
    <LinearLayout
        android:layout_width="match_parent"
        android:layout_height="wrap_content" >
        <TextView
            android:layout_width="wrap_content"
            android:layout_height="wrap_content"
            android:text="@string/word_read_write"
            android:textColor="@android:color/white"
            android:textSize="20dp" />
        <EditText
            android:id="@+id/worldReadWrite"
            android:layout_width="0dip"
            android:layout_height="wrap_content"
            android:layout_weight="1"
            android:inputType="text"
            android:textColor="@android:color/white"
```

```
            android:textSize="20dp" />
    </LinearLayout>
    <Button
        android:id="@+id/save"
        android:layout_width="wrap_content"
        android:layout_height="wrap_content"
        android:text="@string/save"
        android:textColor="@android:color/white"
        android:textSize="20dp" />
</LinearLayout>
```

（2）在项目 1 中，创建 SharedPreferencesWriteActivity 类，它位于 com.mingrisoft 包中，该类继承了 Activity 类。在该类中，创建了 3 个名称和权限都不相同的 SharedPreferences。向其中写入用户需要保存的值，代码如下：

```
public class SharedPreferencesWriteActivity extends Activity {
    private EditText worldReadET;
    private EditText worldWriteET;
    private EditText worldReadWriteET;
    private SharedPreferences worldReadSP;
    private SharedPreferences worldWriteSP;
    private SharedPreferences worldReadWriteSP;
    @Override
    public void onCreate(Bundle savedInstanceState) {
        super.onCreate(savedInstanceState);                                    //调用父类方法
        setContentView(R.layout.main);                                         //应用自定义布局文件
        worldReadET = (EditText) findViewById(R.id.worldRead);                 //获得全局可读控件
        worldWriteET = (EditText) findViewById(R.id.worldWrite);               //获得全局可写控件
        worldReadWriteET = (EditText) findViewById(R.id.worldReadWrite);   //获得全局可读可写控件
        worldReadSP = getSharedPreferences("worldRead", MODE_WORLD_READABLE);
        worldWriteSP = getSharedPreferences("worldWrite", MODE_WORLD_WRITEABLE);
        worldReadWriteSP = getSharedPreferences("worldReadWrite", MODE_WORLD_READABLE +
MODE_WORLD_WRITEABLE);
        Button save = (Button) findViewById(R.id.save);
        save.setOnClickListener(new View.OnClickListener() {
            @Override
            public void onClick(View v) {
                String worldReadS = worldReadET.getText().toString();
                String worldWriteS = worldWriteET.getText().toString();
                String worldReadWriteS = worldReadWriteET.getText().toString();
                Editor worldReadE = worldReadSP.edit();
                Editor worldWriteE = worldWriteSP.edit();
                Editor worldReadWriteE = worldReadWriteSP.edit();
                worldReadE.putString("key", worldReadS);
                worldWriteE.putString("key", worldWriteS);
                worldReadWriteE.putString("key", worldReadWriteS);
                worldReadE.commit();
                worldWriteE.commit();
                worldReadWriteE.commit();
            }
        });
```

```
    }
}
```

（3）在项目 2 中，修改/res/layout 包中的 main.xml 文件，增加文本框控件并修改它们的默认属性。代码如下：

```
<?xml version="1.0" encoding="utf-8"?>
<LinearLayout xmlns:android="http://schemas.android.com/apk/res/android"
    android:layout_width="fill_parent"
    android:layout_height="fill_parent"
    android:background="@drawable/background"
    android:orientation="vertical" >
    <TextView
        android:id="@+id/worldRead"
        android:layout_width="wrap_content"
        android:layout_height="wrap_content"
        android:textColor="@android:color/white"
        android:textSize="20dp" />
    <TextView
        android:id="@+id/worldWrite"
        android:layout_width="wrap_content"
        android:layout_height="wrap_content"
        android:textColor="@android:color/white"
        android:textSize="20dp" />
    <TextView
        android:id="@+id/worldReadWrite"
        android:layout_width="wrap_content"
        android:layout_height="wrap_content"
        android:textColor="@android:color/white"
        android:textSize="20dp" />
</LinearLayout>
```

（4）在项目 2 中，创建 SharedPreferencesReadActivity 类，它位于 com.mingrisoft.other 包中，该类继承了 Activity 类。在该类中，获得在项目 1 中定义的 SharedPreference，然后显示其值，代码如下：

```
public class SharedPreferencesReadActivity extends Activity {
    private SharedPreferences worldReadSP;
    private SharedPreferences worldWriteSP;
    private SharedPreferences worldReadWriteSP;
    private TextView worldReadTV;
    private TextView worldWriteTV;
    private TextView worldReadWriteTV;
    @Override
    public void onCreate(Bundle savedInstanceState) {
        super.onCreate(savedInstanceState);
        setContentView(R.layout.main);
        Context otherContext = null;
        try {
            otherContext = createPackageContext("com.mingrisoft", MODE_PRIVATE);
        } catch (NameNotFoundException e) {
            e.printStackTrace();
```

```
        }
        worldReadSP = otherContext.getSharedPreferences("worldRead", MODE_WORLD_READABLE);
        worldWriteSP = otherContext.getSharedPreferences("worldWrite", MODE_WORLD_WRITEABLE);
        worldReadWriteSP = otherContext.getSharedPreferences("worldReadWrite", MODE_WORLD_ READABLE
+ MODE_WORLD_WRITEABLE);
        worldReadTV = (TextView) findViewById(R.id.worldRead);
        worldWriteTV = (TextView) findViewById(R.id.worldWrite);
        worldReadWriteTV = (TextView) findViewById(R.id.worldReadWrite);
        worldReadTV.setText("全局可读：" + worldReadSP.getString("key", "null"));
        worldWriteTV.setText("全局可写：" + worldWriteSP.getString("key", "null"));
        worldReadWriteTV.setText("全局可读可写：" + worldReadWriteSP.getString("key", "null"));
    }
}
```

运行项目 1，显示如图 14.4 所示的接收用户信息界面，全部输入“mr”，单击“保存键值对”按钮。运行项目 2，显示如图 14.5 所示的界面。界面上显示了用户刚刚输入信息的获取情况。

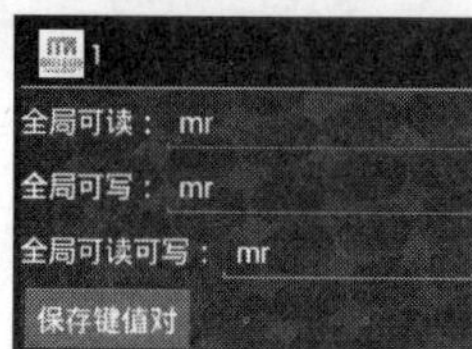

图 14.4　接收用户信息界面

图 14.5　显示获得的信息

14.2　使用 Files 对象存储数据

在 Android 中，使用 Files 对象存储数据主要有两种方式，一种是 Java 提供的 IO 流体系，即使用 FileOutputStream 类提供的 openFileOutput()方法和 FileInputStream 类提供的 openFileInput()方法访问磁盘上的内容文件；另一种是使用 Environment 类的 getExternalStorageDirectory()方法对 Android 模拟器的 SD 卡进行数据读写，本节将对这两种方式进行详细讲解。

14.2.1　openFileOutput()和 openFileInput()方法

使用 Java 提供的 IO 流体系可以很方便地对 Android 模拟器本地存储的数据进行读写操作，其中，FileOutputStream 类的 openFileOutput()方法用来打开相应的输出流；而 FileInputStream 类的 openFileInput()方法用来打开相应的输入流。默认情况下，使用 IO 流保存的文件仅对当前应用程序可见，对于其他应用程序（包括用户）是不可见的（即不能访问其中的数据）。如果用户卸载了该应用程序，则保存数据的文件也会一起被删除。

下面通过一个实例演示如何使用 Java 提供的 IO 流体系对 Android 程序中的本地文件进行操作。

例 14.03　在 Eclipse 中创建 Android 项目，使用内部存储保存用户输入的用户名和密码，并在第二个 Activity 中显示。（**实例位置：光盘\TM\sl\14\14.03**）

具体实现步骤如下：

（1）本实例使用的布局文件与例 14.01 相同，请读者参考前面给出的代码。

（2）创建 InternalDataWriteActivity 类，重写 onCreate()方法，获得用户输入的用户名和密码，然后将

其保存到 login 文件中，最后使用 Intent 跳转到 InternalDataReadActivity。代码如下：

```
public class InternalDataWriteActivity extends Activity {
    /** Called when the activity is first created. */
    @Override
    public void onCreate(Bundle savedInstanceState) {
        super.onCreate(savedInstanceState);                                    //调用父类方法
        setContentView(R.layout.main);                                         //应用布局文件
        final EditText usernameET = (EditText) findViewById(R.id.username);    //获得用户名控件
        final EditText passwordET = (EditText) findViewById(R.id.password);    //获得密码控件
        Button login = (Button) findViewById(R.id.login);                      //获得按钮控件
        login.setOnClickListener(new View.OnClickListener() {
            @Override
            public void onClick(View v) {
                String username = usernameET.getText().toString();             //获得用户名
                String password = passwordET.getText().toString();             //获得密码
                FileOutputStream fos = null;
                try {
                    fos = openFileOutput("login", MODE_PRIVATE);               //获得文件输出流
                    fos.write((username + " " + password).getBytes());         //保存用户名和密码
                    fos.flush();                                               //清除缓存
                } catch (FileNotFoundException e) {
                    e.printStackTrace();
                } catch (IOException e) {
                    e.printStackTrace();
                } finally {
                    if (fos != null) {
                        try {
                            fos.close();                                       //关闭文件输出流
                        } catch (IOException e) {
                            e.printStackTrace();
                        }
                    }
                }
                Intent intent = new Intent();                                  //创建 Intent 对象
                //指定跳转到 InternalDataReadActivity
                intent.setClass(InternalDataWriteActivity.this, InternalDataReadActivity.class);
                startActivity(intent);                                         //实现跳转
            }
        });
    }
}
```

（3）创建 InternalDataReadActivity，它从 login 文件中读取已经保存的用户名和密码，然后使用文本框显示。代码如下：

```
public class InternalDataReadActivity extends Activity {
    protected void onCreate(Bundle savedInstanceState) {
        super.onCreate(savedInstanceState);                                    //调用父类方法
        setContentView(R.layout.result);                                       //使用布局文件
        FileInputStream fis = null;
```

```
            byte[] buffer = null;
            try {
                fis = openFileInput("login");                              //获得文件输入流
                buffer = new byte[fis.available()];                        //定义保存数据的数组
                fis.read(buffer);                                          //从输入流中读取数据
            } catch (FileNotFoundException e) {
                e.printStackTrace();
            } catch (IOException e) {
                e.printStackTrace();
            } finally {
                if (fis != null) {
                    try {
                        fis.close();                                       //关闭文件输入流
                    } catch (IOException e) {
                        e.printStackTrace();
                    }
                }
            }
            TextView usernameTV = (TextView) findViewById(R.id.username);
            TextView passwordTV = (TextView) findViewById(R.id.password);
            String data = new String(buffer);                              //获得数组中保存的数据
            String username = data.split(" ")[0];                          //获得 username
            String password = data.split(" ")[1];                          //获得 password
            usernameTV.setText("用户名： " + username);                     //显示用户名
            passwordTV.setText("密    码： " + password);                    //显示密码
    }
}
```

（4）在 AndroidManifest.xml 文件中，定义两个 Activity 并配置启动项，代码如下：

```
<?xml version="1.0" encoding="utf-8"?>
<manifest xmlns:android="http://schemas.android.com/apk/res/android"
    package="com.mingrisoft"
    android:versionCode="1"
    android:versionName="1.0" >
    <uses-sdk android:minSdkVersion="15" />
    <application
        android:icon="@drawable/ic_launcher"
        android:label="@string/app_name" >
        <activity
            android:name=".InternalDataWriteActivity"
            android:label="@string/app_name" >
            <intent-filter>
                <action android:name="android.intent.action.MAIN" />
                <category android:name="android.intent.category.LAUNCHER" />
            </intent-filter>
        </activity>
        <activity android:name=".InternalDataReadActivity" />
    </application>
</manifest>
```

运行程序，显示如图 14.6 所示的用户登录界面。输入用户名“mr”和密码“123”，单击“登录”按钮，

跳转到如图 14.7 所示的用户信息界面。

将 Eclipse 切换到 DDMS 视图，打开 File Explorer 中的 data/data 文件夹，可以看到保存数据的文件位于如图 14.8 所示的位置。

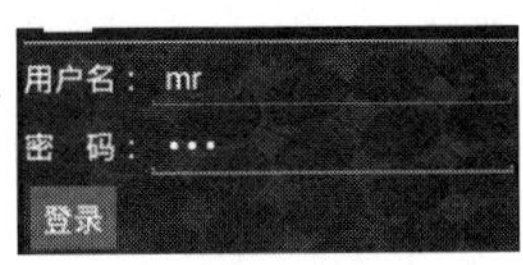

图 14.6　获得用户输入信息

用户名：mr
密　码：123

图 14.7　显示用户输入信息

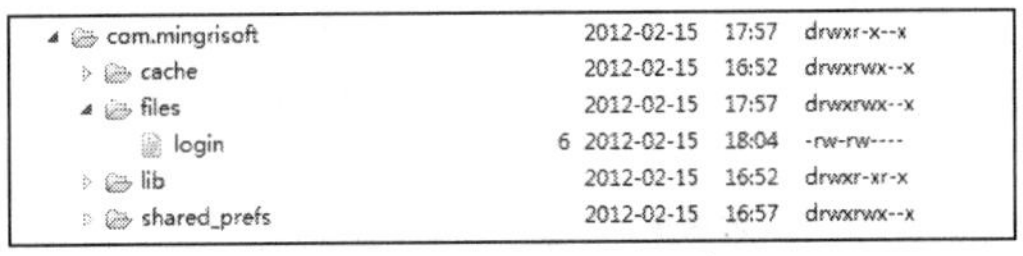

com.mingrisoft		2012-02-15	17:57	drwxr-x--x
cache		2012-02-15	16:52	drwxrwx--x
files		2012-02-15	17:57	drwxrwx--x
login	6	2012-02-15	18:04	-rw-rw----
lib		2012-02-15	16:52	drwxr-xr-x
shared_prefs		2012-02-15	16:57	drwxrwx--x

图 14.8　login 文件保存位置

14.2.2　对 Android 模拟器中的 SD 卡进行操作

每个 Android 设备都支持共享的外部存储用来保存文件，这可以是 SD 卡等可以移除的存储介质，也可以是手机内存等不可以移除的存储介质。保存的外部存储的文件都是全局可读的，而且在用户使用 USB 连接电脑后，可以修改这些文件。在 Android 程序中，对 SD 卡等外部存储的文件进行操作时，需要使用 Environment 类的 getExternalStorageDirectory()方法，该方法用来获取外部存储器（SD 卡）的目录。

例 14.04　在 Eclipse 中创建 Android 项目，实现在 SD 卡上创建文件的功能。**（实例位置：光盘\TM\sl\14\14.04）**

具体实现步骤如下：

（1）修改 res/layout 包中的 main.xml 文件，在该文件中定义一个文本框并修改它的默认属性。代码如下：

```
<?xml version="1.0" encoding="utf-8"?>
<LinearLayout xmlns:android="http://schemas.android.com/apk/res/android"
    android:layout_width="fill_parent"
    android:layout_height="fill_parent"
    android:background="@drawable/background"
    android:orientation="vertical" >
    <TextView
        android:id="@+id/message"
        android:layout_width="wrap_content"
        android:layout_height="wrap_content"
        android:textColor="@android:color/white"
        android:textSize="20dp" />
</LinearLayout>
```

（2）创建 FileCreateActivity 类，重写 onCreate()方法，使用 getExternalStorageDirectory()方法获得 SD 卡根文件夹，然后使用 createNewFile()方法创建文件并给出提示。代码如下：

```
public class FileCreateActivityextends Activity {
    @Override
    public void onCreate(Bundle savedInstanceState) {
        super.onCreate(savedInstanceState);                         //调用父类方法
        setContentView(R.layout.main);                              //应用布局文件
        TextView tv = (TextView) findViewById(R.id.message);
        File root = Environment.getExternalStorageDirectory();      //获得 SD 卡根路径
        if(root.exists()&&root.canWrite()){
            File file = new File(root, "DemoFile.png");
            try {
                if (file.createNewFile()) {
```

```
                tv.setText(file.getName() + "创建成功！");
            } else {
                tv.setText(file.getName() + "创建失败！");
            }
        } catch (IOException e) {
            e.printStackTrace();
        }
    }else {
        tv.setText("SD 卡不存在或者不可写！");
    }
  }
}
```

（3）修改 AndroidManifest.xml 配置文件，增加外部存储写入权限。修改完成后的代码如下：

```
<?xml version="1.0" encoding="utf-8"?>
<manifest xmlns:android="http://schemas.android.com/apk/res/android"
    package="com.mingrisoft"
    android:versionCode="1"
    android:versionName="1.0" >
    <uses-sdk android:minSdkVersion="15" />
    <uses-permission android:name="android.permission.WRITE_EXTERNAL_STORAGE"/>
    <application
        android:icon="@drawable/ic_launcher"
        android:label="@string/app_name" >
        <activity
            android:name=".FileCreateActivity"
            android:label="@string/app_name" >
            <intent-filter>
                <action android:name="android.intent.action.MAIN" />
                <category android:name="android.intent.category.LAUNCHER" />
            </intent-filter>
        </activity>
    </application>
</manifest>
```

运行程序，显示如图 14.9 所示的文件创建成功信息。

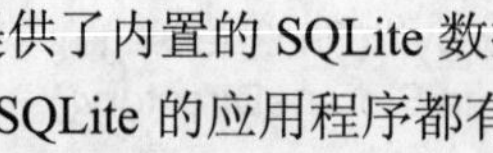

DemoFile.png创建成功！

图 14.9　文件创建成功

14.3　Android 数据库编程——SQLite

对于更加复杂的数据结构，Android 提供了内置的 SQLite 数据库来存储数据。SQLite 使用 SQL 命令提供了完整的关系型数据库能力。每个使用 SQLite 的应用程序都有一个该数据库的实例，并且在默认情况下仅限当前应用使用。数据库存储在 Android 设置的/data/data/<package_name>/databases 文件夹中。使用 SQLite 数据库的步骤如下：

（1）创建数据库。

（2）打开数据库。

（3）创建表。

（4）完成数据的增、删、改、查操作。

（5）关闭数据库。

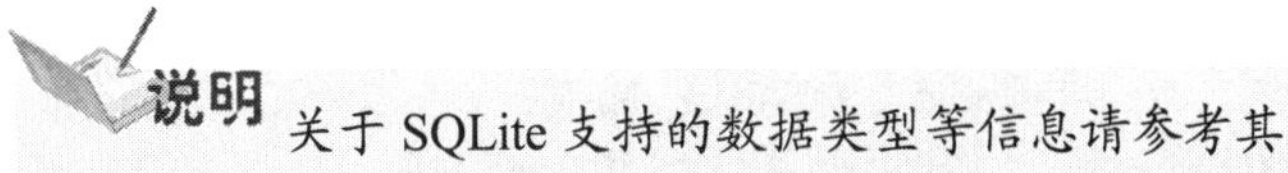

关于 SQLite 支持的数据类型等信息请参考其官方文档。

例 14.05 在 Eclipse 中创建 Android 项目，使用 SQLite 数据库保存用户输入的用户名和密码，并在第二个 Activity 中显示。**（实例位置：光盘\TM\sl\14\14.05）**

具体实现步骤如下：

（1）本实例使用的布局文件与例 14.01 相同，请读者参考前面给出的代码。

（2）在 com.mingrisoft.util 包中创建 User 类，用来封装用户写入的信息。代码如下：

```
public class User {
    private int id;                                          //保存用户的 ID
    private String username;                                 //保存用户名
    private String password;                                 //保存密码
    public User() {
    }
    public User(String username, String password) {
        this.username = username;
        this.password = password;
    }
    public int getId() {
        return id;
    }
    public String getUsername() {
        return username;
    }
    public void setUsername(String username) {
        this.username = username;
    }
    public String getPassword() {
        return password;
    }
    public void setPassword(String password) {
        this.password = password;
    }
}
```

（3）在 com.mingrisoft.util 包中创建 DBHelper 类，其中定义了若干字段来保存与数据库相关的信息。DBOpenHelper 类继承了 SQLiteOpenHelper 类，它提供了创建表格的功能。insert()方法用于向数据库表格中保存数据，query()方法用于根据 ID 值来查询数据。代码如下：

```
public class DBHelper {
    private static final String DATABASE_NAME = "datastorage";      //保存数据库名称
    private static final int DATABASE_VERSION = 1;                  //保存数据库版本号
    private static final String TABLE_NAME = "users";               //保存表名称
    private static final String ID = "_id";                         //保存 ID 值
```

```
    private static final String USERNAME = "username";                    //保存用户名
    private static final String PASSWORD = "password";                    //保存密码
    private DBOpenHelper helper;
    private SQLiteDatabase db;
    private static class DBOpenHelper extends SQLiteOpenHelper {
        //定义创建表格的 SQL 语句
        private static final String CREATE_TABLE = "create table " + TABLE_NAME + " ( " + ID + " integer
primary key autoincrement, " + USERNAME + " text not null, " + PASSWORD + " text not null);";
        public DBOpenHelper(Context context) {
            super(context, DATABASE_NAME, null, DATABASE_VERSION);
        }
        @Override
        public void onCreate(SQLiteDatabase db) {
            db.execSQL(CREATE_TABLE);                                         //创建表格
        }
        @Override
        public void onUpgrade(SQLiteDatabase db, int oldVersion, int newVersion) {
            db.execSQL("drop table if exists " + TABLE_NAME);                 //删除旧版表格
            onCreate(db);                                                     //创建表格
        }
    }
    public DBHelper(Context context) {
        helper = new DBOpenHelper(context);                                   //创建 SQLiteOpenHelper 对象
        db = helper.getWritableDatabase();                                    //获得可写的数据库
    }
    public void insert(User user) {                                           //向表格中插入数据
        ContentValues values = new ContentValues();
        values.put(USERNAME, user.getUsername());
        values.put(PASSWORD, user.getPassword());
        db.insert(TABLE_NAME, null, values);
    }
    public User query(int id) {                                               //根据 ID 值查询数据
        User user = new User();
        Cursor cursor = db.query(TABLE_NAME, new String[] { USERNAME, PASSWORD }, "_id = " + id, null,
null, null, null);
        if (cursor.getCount() > 0) {                                          //如果获得的查询记录条数大于 0
            cursor.moveToFirst();                                             //将游标移动到第一条记录
            user.setUsername(cursor.getString(0));                            //获得用户名的值然后进行设置
            user.setPassword(cursor.getString(1));                            //获得密码的值然后进行设置
            return user;
        }
        cursor.close();                                                       //关闭游标
        return null;
    }
}
```

（4）创建 SQLiteWriteActivity 类，重写 onCreate()方法，获得用户输入的用户名和密码，然后将其保存到 SQLite 数据库中，最后使用 Intent 跳转到 SQLiteReadActivity。代码如下：

```
public class SQLiteWriteActivity extends Activity {
    @Override
```

```
    public void onCreate(Bundle savedInstanceState) {
        super.onCreate(savedInstanceState);                          //调用父类方法
        setContentView(R.layout.main);                               //应用自定义布局文件
        final EditText usernameET = (EditText) findViewById(R.id.username); //获得用户名控件
        final EditText passwordET = (EditText) findViewById(R.id.password); //获得密码控件
        Button login = (Button) findViewById(R.id.login);            //获得按钮控件
        login.setOnClickListener(new View.OnClickListener() {
            @Override
            public void onClick(View v) {
                String username = usernameET.getText().toString();    //获得用户名
                String password = passwordET.getText().toString();    //获得密码
                User user = new User(username, password);
                DBHelper helper = new DBHelper(SQLiteWriteActivity.this);
                helper.insert(user);                                  //向表格中插入数据
                Intent intent = new Intent();                         //创建 Intent 对象
                //指定跳转到 SQLiteReadActivity
                intent.setClass(SQLiteWriteActivity.this, SQLiteReadActivity.class);
                startActivity(intent);                                //实现跳转
            }
        });
    }
}
```

（5）创建 SQLiteReadActivity，它从 SQLite 数据库中读取已经保存的用户名和密码，然后使用文本框显示。代码如下：

```
public class SQLiteReadActivity extends Activity {
    @Override
    protected void onCreate(Bundle savedInstanceState) {
        super.onCreate(savedInstanceState);                          //调用父类方法
        setContentView(R.layout.result);                             //设置布局文件
        TextView usernameTV = (TextView) findViewById(R.id.username);
        TextView passwordTV = (TextView) findViewById(R.id.password);
        DBHelper helper = new DBHelper(SQLiteReadActivity.this);
        User user = helper.query(1);
        usernameTV.setText("用户名：" + user.getUsername());           //显示用户名
        passwordTV.setText("密　码：" + user.getPassword());           //显示密码
    }
}
```

运行程序，显示如图 14.10 所示的用户登录界面。输入用户名“mr”和密码“123”，单击“登录”按钮，跳转到如图 14.11 所示的用户信息界面。

打开 Eclipse 的 DDMS 视图，在 File Explorer 中打开/data/data 文件夹，可以看到 SQLite 数据库文件保存在如图 14.12 所示的位置。

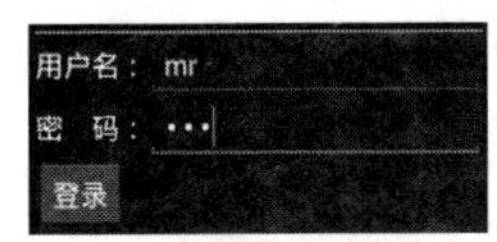

图 14.10　获得用户输入信息

图 14.11　显示用户输入信息

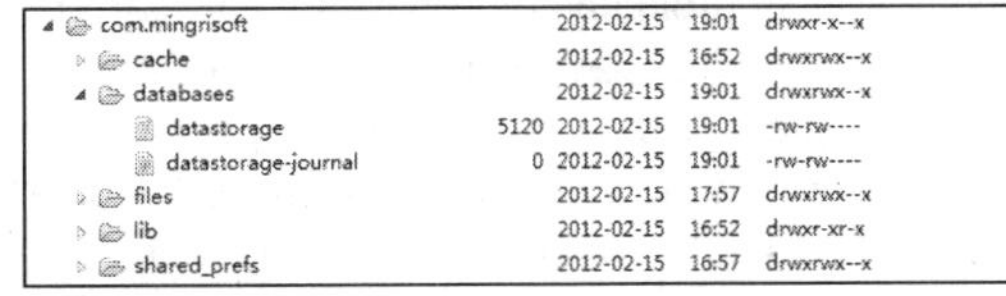

图 14.12　数据库文件保存位置

技巧 在 Android 安装路径 tools 包中，提供了一个 sqlite3 命令工具，它可以用来操作 SQLite 数据库。例如，将图 14.12 中的 datastorage 文件导出到 D 盘，启动 DOS 窗口，运行“sqlite3 d:\datastorage”命令，会显示如图 14.13 所示的提示信息。

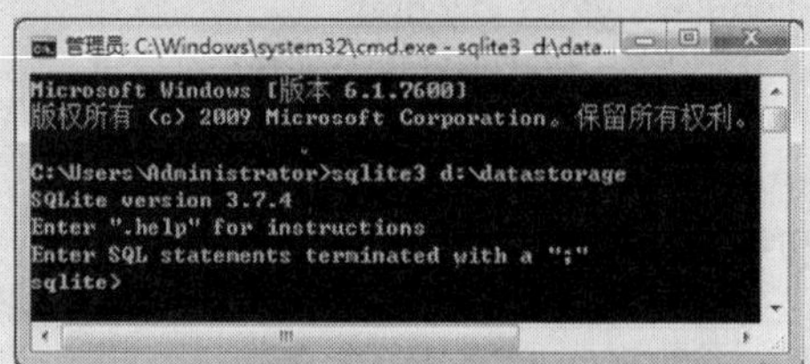

图 14.13 进入 sqlite 命令

注意 如果不能显示如图 14.13 所示的信息，请将 sqlite3 命令所在的位置添加到系统环境变量中。

14.4 实 战

14.4.1 遍历 Android 模拟器的 SD 卡

本实例主要实现使用列表显示 Android 模拟器 SD 卡上文件和文件夹名称的功能，运行程序，显示如图 14.14 所示文件和文件夹名称。（**实例位置：光盘\TM\sl\14\14.06**）

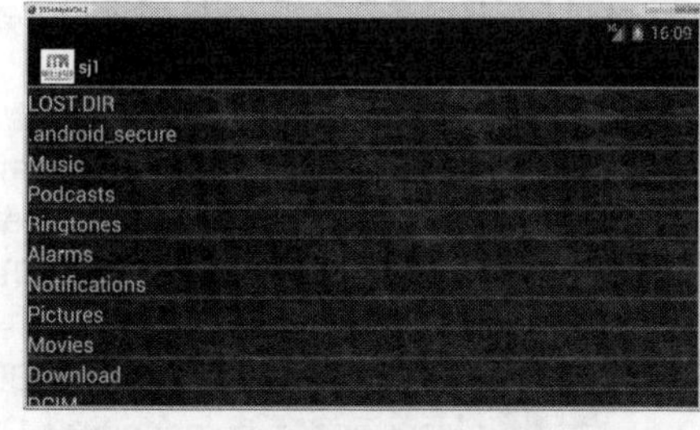

图 14.14 文件和文件夹名称列表

本实例实现时，首先使用 Environment.getExternalStorage Directory 方法遍历 SD 卡中的所有目录，并通过 for 循环将遍历到的文件及文件夹名称存储到 List 泛型集合中，然后借助 ArrayAdapter 对象显示在 ListView 列表中。程序开发步骤如下：

（1）修改 res/layout 文件夹中的 main.xml 文件，在该文件中定义一个 ListView 控件并修改它的默认属性。代码如下：

```
<?xml version="1.0" encoding="utf-8"?>
<LinearLayout xmlns:android="http://schemas.android.com/apk/res/android"
    android:layout_width="fill_parent"
    android:layout_height="fill_parent"
    android:background="@drawable/background"
    android:orientation="vertical" >
    <ListView
        android:id="@+id/list"
        android:layout_width="match_parent"
        android:layout_height="wrap_content"
        android:dividerHeight="3dp"
        android:footerDividersEnabled="false"
        android:headerDividersEnabled="false" >
    </ListView>
</LinearLayout>
```

（2）在 res/layout 文件夹中创建 list_item.xml 文件，它用来定义列表项的显示方式。代码如下：

```
<?xml version="1.0" encoding="utf-8"?>
<TextView xmlns:android="http://schemas.android.com/apk/res/android"
    android:id="@+id/row"
    android:layout_width="wrap_content"
    android:layout_height="25dp"
    android:textSize="20dp" />
```

（3）创建 FileListActivity 类，重写 onCreate()方法，使用 getExternalStorageDirectory()方法获得 SD 卡根路径，使用列表显示 SD 卡上的文件和文件夹名称。代码如下：

```
public class FileListActivity extends Activity {
    @Override
    public void onCreate(Bundle savedInstanceState) {
        super.onCreate(savedInstanceState);                          //调用父类方法
        setContentView(R.layout.main);                               //应用布局文件
        ListView lv = (ListView) findViewById(R.id.list);            //获得列表视图
        File rootPath = Environment.getExternalStorageDirectory(); //获得 SD 卡根路径
        List<String> items = new ArrayList<String>();                //创建列表保存文件和文件夹名称
        for (File file : rootPath.listFiles()) {
            items.add(file.getName());                               //遍历 SD 卡获得名称
        }
        ArrayAdapter<String> fileList = new ArrayAdapter<String>(this, R.layout.list_item, items);
        lv.setAdapter(fileList);                                     //设置列表适配器
    }
}
```

14.4.2 将图片复制到 SD 卡上

在 Eclipse 中创建 Android 项目，实现复制图片到 SD 卡的功能。（**实例位置：光盘\TM\sl\14\14.07**）

具体实现步骤如下：

（1）创建 FileCopyActivity 类，重写 onCreate()方法，使用 getExternalStorageDirectory ()方法获得 SD 卡根文件夹，然后使用流技术将项目中的背景图片复制到 SD 卡上。代码如下：

```
public class FileCopyActivity extends Activity {
    @Override
    public void onCreate(Bundle savedInstanceState) {
        super.onCreate(savedInstanceState);                          //调用父类方法
        setContentView(R.layout.main);                               //应用默认布局文件
        File file = new File(Environment.getExternalStorageDirectory(), "Background.png");    //创建文件对象
        InputStream is = getResources().openRawResource(R.drawable.background);             //打开输入流
        FileOutputStream fos = null;
        try {
            fos = new FileOutputStream(file);                        //打开文件输出流
            byte[] buffer = new byte[is.available()];                //定义保存数据的数组
            is.read(buffer);                                         //从源文件中读取数据
            fos.write(buffer);                                       //将数据写入到新文件
        } catch (FileNotFoundException e) {
            e.printStackTrace();
        } catch (IOException e) {
            e.printStackTrace();
```

```
            } finally {
                if (fos != null) {
                    try {
                        fos.close();                                        //关闭文件输出流
                    } catch (IOException e) {
                        e.printStackTrace();
                    }
                }
                if (is != null) {
                    try {
                        is.close();                                         //关闭输入流
                    } catch (IOException e) {
                        e.printStackTrace();
                    }
                }
            }
        }
}
```

（2）修改 AndroidManifest.xml 配置文件，增加外部存储写入权限。修改完成后的代码如下：

```
<?xml version="1.0" encoding="utf-8"?>
<manifest xmlns:android="http://schemas.android.com/apk/res/android"
    package="com.mingrisoft"
    android:versionCode="1"
    android:versionName="1.0" >
    <uses-sdk android:minSdkVersion="15" />
    <uses-permission android:name="android.permission.WRITE_EXTERNAL_STORAGE"/>
    <application
        android:icon="@drawable/ic_launcher"
        android:label="@string/app_name" >
        <activity
            android:name=".FileCopyActivity"
            android:label="@string/app_name" >
            <intent-filter>
                <action android:name="android.intent.action.MAIN" />
                <category android:name="android.intent.category.LAUNCHER" />
            </intent-filter>
        </activity>
    </application>
</manifest>
```

运行程序，打开 DDMS 视图，可以在 File Explorer 中看到 sdcard 文件夹中有 Background.png 文件，如图 14.15 所示。

sdcard		2012-02-15	09:22	d---rwxr-x
Alarms		2012-02-15	01:14	d---rwxr-x
Background.png	60698	2012-02-15	09:22	----rwxr-x
DCIM		2012-02-15	01:14	d---rwxr-x
Download		2012-02-15	01:14	d---rwxr-x
LOST.DIR		2012-02-15	01:13	d---rwxr-x
Movies		2012-02-15	01:14	d---rwxr-x
Music		2012-02-15	01:14	d---rwxr-x
Notifications		2012-02-15	01:14	d---rwxr-x
Pictures		2012-02-15	01:14	d---rwxr-x
Podcasts		2012-02-15	01:14	d---rwxr-x
Ringtones		2012-02-15	01:14	d---rwxr-x
sogou		2012-02-15	09:21	d---rwxr-x

图 14.15　文件复制成功

14.4.3　判断获得的 SD 卡内容是否是文件夹

在 Eclipse 中创建 Android 项目，实现判断当前列表项是文件还是文件夹的功能。（**实例位置：光盘\TM\sl\14\14.08**）

具体实现步骤如下：

（1）修改 res/layout 文件夹中的 main.xml 文件，在该文件中定义一个 ListView 控件并修改它的默认属性。代码如下：

```
<ListView
        android:id="@+id/list"
        android:layout_width="match_parent"
        android:layout_height="wrap_content"
        android:dividerHeight="3dp"
        android:footerDividersEnabled="false"
        android:headerDividersEnabled="false" >
    </ListView>
```

（2）在 res/layout 文件夹中创建 list_item.xml 文件，它用来定义列表项的显示方式。代码如下：

```
<?xml version="1.0" encoding="utf-8"?>
<TextView xmlns:android="http://schemas.android.com/apk/res/android"
    android:id="@+id/row"
    android:layout_width="wrap_content"
    android:layout_height="25dp"
    android:textSize="20dp" />
```

（3）创建 FileListActivity 类，重写 onCreate()方法，使用 getExternalStorageDirectory()方法获得 SD 卡根路径，使用列表显示 SD 卡上文件和文件夹名称，并标明是文件还是文件夹。代码如下：

```
public class FileListActivity extends Activity {
    /** Called when the activity is first created. */
    @Override
    public void onCreate(Bundle savedInstanceState) {
        super.onCreate(savedInstanceState);
        setContentView(R.layout.main);
        ListView lv = (ListView) findViewById(R.id.list);                    //获得列表视图
        File rootPath = Environment.getExternalStorageDirectory(); //获得 SD 卡根路径
        List<String> items = new ArrayList<String>();                        //创建列表保存文件和文件夹名称
        for (File file : rootPath.listFiles()) {
            if (file.isDirectory()) {
                items.add(file.getName() + "是文件夹！");                   //遍历 SD 卡获得名称
            } else if (file.isFile()) {
                items.add(file.getName() + "是文件！");                     //遍历 SD 卡获得名称
            }
        }
        ArrayAdapter<String> fileList = new ArrayAdapter<String>(this, R.layout.list_item, items);
        lv.setAdapter(fileList);                                             //设置列表适配器
    }
}
```

程序运行效果如图 14.16 所示。

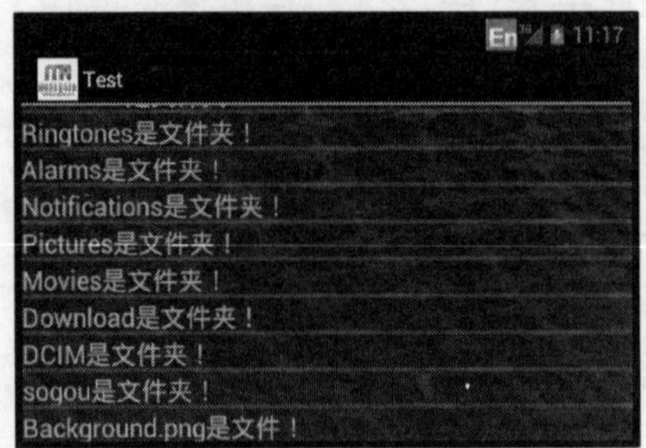

图 14.16　显示 SD 卡上文件和文件夹名称及其性质

14.4.4　在 SQLite 数据库中批量添加数据

本实例主要实现向 SQLite 数据库中批量添加数据的功能，运行该程序之后，使用 DDMS 视图将 SQLite 数据库文件导出到 D 盘，使用 sqlite3 命令查看数据库文件的内容，如图 14.17 所示。**（实例位置：光盘\TM\sl\14\14.09）**

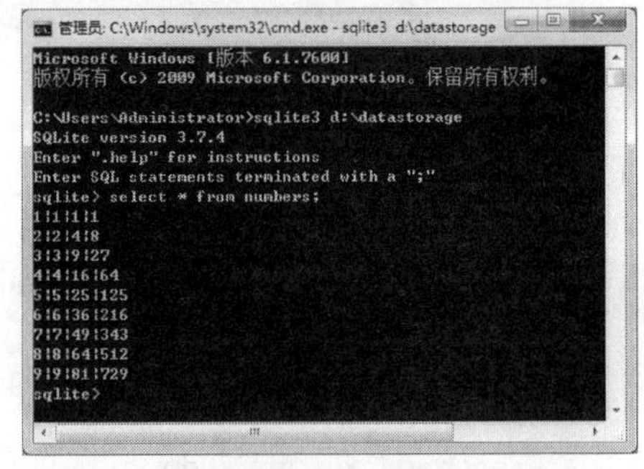

图 14.17　数据库文件中保存的数据

向 SQLite 数据库中批量添加数据时，主要借助在/res/raw 包中创建的 data 文件，该文件中保存了数字 1~9 的平方值和立方值。具体实现时，首先需要逐行遍历 data 文件的内容，然后使用 SQLiteDatabase 对象的 insert()方法向 SQLite 数据库中添加数据。程序开发步骤如下：

（1）在 com.mingrisoft.util 包中创建 DataBean 类，用来封装数据表中的相关字段信息。代码如下：

```
public class DataBean {
    private int id;
    private int number;
    private int square;
    private int cube;
    public DataBean() {
    }
    public int getId() {
        return id;
    }
    public int getNumber() {
        return number;
    }
    public void setNumber(int number) {
        this.number = number;
    }
    public int getSquare() {
        return square;
    }
    public void setSquare(int square) {
        this.square = square;
```

```
    }
    public int getCube() {
        return cube;
    }
    public void setCube(int cube) {
        this.cube = cube;
    }
}
```

（2）在 com.mingrisoft.util 包中创建 DBHelper 类，其中定义了若干字段来保存与数据库相关的信息。DBOpenHelper 类继承了 SQLiteOpenHelper 类，它提供了创建表格的功能。insert()方法用于向数据库表格中保存数据。代码如下：

```
public class DBHelper {
    private static final String DATABASE_NAME = "datastorage";                    //保存数据库名称
    private static final int DATABASE_VERSION = 1;                                //保存数据库版本号
    private static final String TABLE_NAME = "numbers";                           //保存表名称
    private static final String[] COLUMNS = { "_id", "number", "square", "cube" };
    private DBOpenHelper helper;
    private SQLiteDatabase db;
    private static class DBOpenHelper extends SQLiteOpenHelper {
        private static final String CREATE_TABLE = "create table " + TABLE_NAME + " ( " + COLUMNS[0] + "
integer primary key autoincrement, " + COLUMNS[1]   + " integer, " + COLUMNS[2] + " integer, " + COLUMNS[3]
+ " integer);";                                                                   //定义创建表格的 SQL 语句
        public DBOpenHelper(Context context) {
            super(context, DATABASE_NAME, null, DATABASE_VERSION);
        }
        @Override
        public void onCreate(SQLiteDatabase db) {
            db.execSQL(CREATE_TABLE);                                             //创建表格
        }
        @Override
        public void onUpgrade(SQLiteDatabase db, int oldVersion, int newVersion) {
            db.execSQL("drop table if exists " + TABLE_NAME);                     //删除旧版表格
            onCreate(db);                                                         //创建表格
        }
    }
    public DBHelper(Context context) {
        helper = new DBOpenHelper(context);                                       //创建 SQLiteOpenHelper 对象
        db = helper.getWritableDatabase();                                        //获得可写的数据库
    }
    public void insert(DataBean data) {                                           //向表格中插入数据
        ContentValues values = new ContentValues();
        values.put(COLUMNS[1], data.getNumber());
        values.put(COLUMNS[2], data.getSquare());
        values.put(COLUMNS[3], data.getCube());
        db.insert(TABLE_NAME, null, values);
    }
}
```

（3）创建 SQLiteWriteActivity 类，重写 onCreate()方法，获得 data 文件中的数据，然后将其保存到 SQLite

数据库中。代码如下：

```
public class SQLiteWriteActivity extends Activity {
    @Override
    protected void onCreate(Bundle savedInstanceState) {
        super.onCreate(savedInstanceState);                                    //调用父类方法
        setContentView(R.layout.main);                                         //应用布局文件
        DBHelper helper = new DBHelper(SQLiteWriteActivity.this);
        InputStream is = getResources().openRawResource(R.raw.data);           //获得输入流
        Scanner scanner = new Scanner(is);
        while (scanner.hasNextLine()) {
            String line = scanner.nextLine();                                  //获得一行数据
            String[] data = line.split(" ");                                   //使用空格将数据分行
            DataBean db = new DataBean();
            db.setNumber(Integer.parseInt(data[0]));                           //设置 number 值
            db.setSquare(Integer.parseInt(data[1]));                           //设置 square 值
            db.setCube(Integer.parseInt(data[2]));                             //设置 cube 值
            helper.insert(db);                                                 //向数据库中插入一条数据
        }
    }
}
```

14.4.5 使用列表显示数据表中全部数据

本实例是在 14.4.4 节实战的基础上实现的，主要使用列表显示数据库中的所有数据。（**实例位置：光盘\TM\sl\14\14.10**）

具体实现步骤如下：

（1）在 DBHelper 类中定义一个 queryAll()方法，用来获取数据表中的所有数据，并存储在 List 列表中。代码如下：

```
public List<String> queryAll() {
    List<String> result = new ArrayList<String>();
    Cursor cursor = db.query(TABLE_NAME, COLUMNS, null, null, null, null, null);
    while (cursor.moveToNext()) {
        result.add(cursor.getInt(1) + " " + cursor.getInt(2) + " " + cursor.getInt(3));
    }
    return result;
}
```

说明 由于本实例是在 14.4.4 节的基础上实现的，所以 DataBean 类的代码和 DBHelper 类中的相同代码没有给出，详请参见 14.4.4 节。

（2）创建 QueryActivity 类，重写 onCreate()方法，在该方法中，调用 DBHelper 类中的 queryAll()方法获取数据表中的所有数据，并以列表的形式进行显示。代码如下：

```
public class QueryActivity extends Activity {
    /** Called when the activity is first created. */
    @Override
```

```
    public void onCreate(Bundle savedInstanceState) {
        super.onCreate(savedInstanceState);
        setContentView(R.layout.main);
        DBHelper helper = new DBHelper(this);
        ListView lv = (ListView) findViewById(R.id.list);                 //获得列表视图
        ArrayAdapter<String> fileList = new ArrayAdapter<String>(this, R.layout.list_item, helper.queryAll());
        lv.setAdapter(fileList);                                          //设置列表适配器
    }
}
```

程序运行效果如图 14.18 所示。

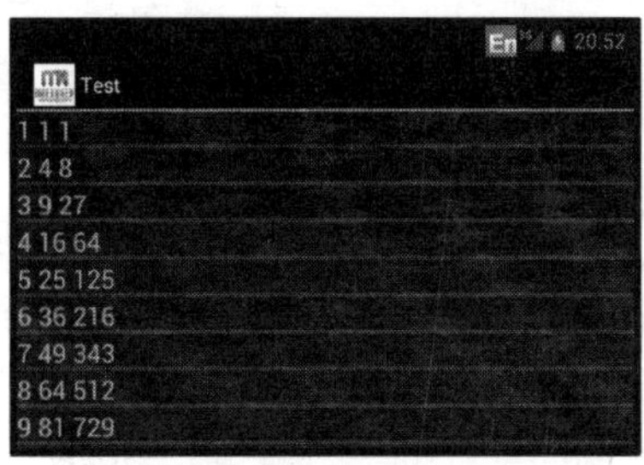

图 14.18　使用列表显示数据表中数据

14.5　本 章 小 结

本章主要向读者介绍的是 Android 中的数据存储技术，常见的存储技术有 SharedPreferences、Files 和 SQLite Databases，其中，SharedPreferences 适合存储简单的数据，如整数、布尔值等；Files 适合存储私有的数据及 SD 卡数据；SQLite Databases 适合存储复制的数据，它是一种轻便的数据库。数据存储技术在开发 Android 应用中经常用到，读者一定要熟练掌握。

14.6　学习成果检验

1．尝试开发一个程序，使用 Shared Preferences 保存应用程序设置。**（答案位置：光盘\TM\sl\14\14.11）**

2．尝试开发一个程序，使用 Shared Preferences 保存用户界面状态。**（答案位置：光盘\TM\sl\14\14.12）**

3．尝试开发一个程序，使用列表显示 SD 卡上的文件。如果用户单击列表项，提供删除功能。**（答案位置：光盘\TM\sl\14\14.13）**

4．尝试开发一个程序，自定义 SQLite 的工具类，提供增、删、改、查相关方法。**（答案位置：光盘\TM\sl\14\14.14）**

第15章

Content Provider 实现数据共享

（视频讲解：42 分钟）

Content Provider 保存和获取数据并使其对所有应用程序可见。这是不同应用程序间共享数据的唯一方式。在 Android 中，没有提供所有应用共同访问的公共存储区域。本章将介绍如何使用预定义的 Content Provider 和自定义 Content Provider。

通过阅读本章，您可以：

- 了解 Content Provider 的基本概念
- 掌握 Content Provider 的常用方法
- 了解系统预定义的 Content Provider
- 了解如何自定义 Content Provider

15.1　Content Provider 概述

视频讲解：光盘\TM\Video\15\Content Provider 概述.exe

Content Provider 内部如何保存数据由其设计者决定。但是所有的 Content Provider 都实现一组通用的方法，用来提供数据的增、删、改、查功能。

客户端通常不会直接使用这些方法，大多数是通过 ContentResolver 对象实现对 Content Provider 的操作。开发人员可以通过调用 Activity 或者其他应用程序组件的实现类中的 getContentResolver()方法来获得 ContentProvider 对象，例如：

```
ContentResolver cr = getContentResolver();
```

使用 ContentResolver 提供的方法可以获得 Content Provider 中任何感兴趣的数据。

当开始查询时，Android 系统确认查询的目标 Content Provider 并确保它正在运行。系统会初始化所有 ContentProvider 类的对象，开发人员不必完成此类操作。实际上，开发人员根本不会直接使用 ContentProvider 类的对象。通常，每个类型的 ContentProvider 仅有一个单独的实例。但是该实例能与位于不同应用程序和进程的多个 ContentResolver 类对象通信。不同进程之间的通信由 ContentProvider 类和 ContentResolver 类处理。

15.1.1　数据模型

Content Provider 使用基于数据库模型的简单表格来提供其中的数据，这里每行代表一条记录，每列代表特定类型和含义的数据。例如，联系人的信息可能以表 15.1 所示的方式提供。

表 15.1　联系方式

_ID	NAME	NUMBER	EMAIL
001	张 XX	123*****	123**@163.com
002	王 XX	132*****	132**@google.com
003	李 XX	312*****	312**@qq.com
004	赵 XX	321*****	321**@126.com

每条记录包含一个数值型的_ID 字段，它用于在表格中唯一标识该记录。ID 能用于匹配相关表格中的记录，例如在一个表格中查询联系人电话，在另一表格中查询其照片。

注意 ID 字段前还包含一个下划线，在编写代码时不要忘记。

查询返回一个 Cursor 对象，它能遍历各行各列来读取各个字段的值。对于各个类型的数据，它都提供了专用的方法。因此，为了读取字段的数据，开发人员必须知道当前字段包含的数据类型。

15.1.2　URI 的用法

每个 Content Provider 提供公共的 URI（使用 Uri 类包装）来唯一标识其数据集。管理多个数据集（多个表格）的 Content Provider 为每个数据集提供了单独的 URI。所有为 provider 提供的 URI 都以“content://”

作为前缀，“content://”模式表示数据由 Content Provider 来管理。

如果自定义 Content Provider，则应该为其 URI 也定义一个常量，来简化客户端代码并让日后更新更加简捷。Android 为当前平台提供的 Content Provider 定义了 CONTENT_URI 常量。匹配电话号码到联系人表格的 URI 和匹配保存联系人照片表格的 URI 分别如下：

```
android.provider.Contacts.Phones.CONTENT_URI
android.provider.Contacts.Photos.CONTENT_URI
```

URI 常量用于所有与 Content Provider 的交互中。每个 ContentResolver 方法使用 URI 作为其第一个参数。它标识 ContentResolver 应该使用哪个 provider 及其中的哪个表格。

下面是 Content URI 重要部分的总结。

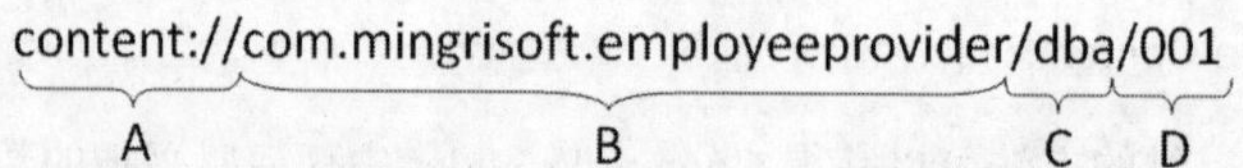

☑ A：标准的前缀，用于标识该数据由 Content Provider 管理。它永远不用修改。

☑ B：URI 的 authority 部分，它标识该 Content Provider。对于第三方应用，该部分应该是完整的类名（使用小写形式）来保证唯一性。在<provider>元素的 authorities 属性中声明 authority。

☑ C：Content Provider 的路径部分，用于决定哪类数据被请求。如果 Content Provider 仅提供一种数据类型，这部分可以省略。如果 provider 提供几种类型，包括子类型，这部分可以由几部分组成。

☑ D：被请求的特定记录的 ID 值。这是被请求记录的_ID 值。如果请求不仅限于单条记录，则该部分及其前面的斜线应该删除，例如：

```
content://com.mingrisoft.employeeprovider/dba
```

15.2 预定义 Content Provider

视频讲解：光盘\TM\Video\15\预定义 Content Provider.exe

Android 系统为常用数据类型提供了很多预定义的 Content Provider（声音、视频、图片、联系人等），它们大都位于 android.provider 包中。开发人员可以查询这些 provider 以获得其中包含的信息（尽管有些需要适当的权限来读取数据）。Android 系统提供的常见 Content Provider 说明如下。

☑ Browser：读取或修改书签、浏览历史或网络搜索。

☑ CallLog：查看或更新通话历史。

☑ Contacts：获取、修改或保存联系人信息。

☑ LiveFolders：由 ContentProvider 提供内容的特定文件夹。

☑ MediaStore：访问声音、视频和图片。

☑ Setting：查看和获取蓝牙设置、铃声和其他设备偏好。

☑ SearchRecentSuggestions：能被配置以使用查找意见 provider 操作。

☑ SyncStateContract：用于使用数据数组账号关联数据的 ContentProvider 约束。希望使用标准方式保存数据的 provider 可以使用它。

☑ UserDictionary：在可预测文本输入时，提供用户定义单词给输入法使用。应用程序和输入法能增加数据到该字典。单词能关联频率信息和本地化信息。

15.2.1　查询数据

开发人员需要下面 3 条信息才能查询 Content Provider 中的数据：

☑ 标识该 Content Provider 的 URI。
☑ 需要查询的数据字段名称。
☑ 字段中数据的类型。

如果查询特定的记录，则还需要提供该记录的 ID 值。

为了查询 Content Provider 中的数据，开发人员需要使用 ContentResolver.query()或 Activity. ManagedQuery()方法。这两个方法使用相同的参数，并且都返回 Cursor 对象。然而，managedQuery()方法导致 Activity 管理 Cursor 的生命周期。托管的 Cursor 处理所有的细节，例如当 Activity 暂停时卸载自身，当 Activity 重启时加载自身。调用 Activity.startManagingCursor()方法可以让 Activity 管理未托管的 Cursor 对象。

query()和 managedQuery()方法的第一个参数是 provider 的 URI，即标识特定 ContentProvider 和数据集的 CONTENT_URI 常量。

为了限制仅返回一条记录，可以在 URI 结尾增加该记录的_ID 值，即将匹配 ID 值的字符串作为 URI 路径部分的结尾片段。例如，ID 值是 10，URI 将是：

```
content://.../10
```

有些辅助方法，特别是 ContentUris.withAppendedId()和 Uri.withAppendedPath()，能轻松地将 ID 增加到 URI。这两个方法都是静态方法并返回一个增加了 ID 的 Uri 对象。

query()和 managedQuery()方法的其他参数用来更加细致地限制查询结果，它们是：

☑ 应该返回的数据列名称。null 值表示返回全部列；否则，仅返回列出的列。全部预定义 Content Provider 都为其列定义了常量。例如 android.provider.Contacts.Phones 类定义了_ID、NUMBER、NUMBER_KEY、NAME 等常量。
☑ 决定哪些行被返回的过滤器，格式类似 SQL 的 WHERE 语句（但是不包含 WHERE 自身）。null 值表示返回全部行（除非 URI 限制查询结果为单行记录）。
☑ 选择参数。
☑ 返回记录的排序器，格式类似 SQL 的 ORDER BY 语句（但是不包含 ORDER BY 自身）。null 值表示以默认顺序返回记录，这可能是无序的。

查询返回一组零条或多条数据库记录。列名、默认顺序和数据类型对每个 Content Provider 都是特别的。但是每个 provider 都有一个_ID 列，它为每条记录保存唯一的数值 ID。每个 provider 也能使用_COUNT 报告返回结果中记录的行数，该值在各行都是相同的。

获得数据使用 Cursor 对象处理，它能向前或者向后遍历整个结果集。开发人员可以使用它来读取数据。增加、修改和删除数据则必须使用 ContentResolver 对象。

15.2.2　增加记录

为了向 Content Provider 中增加新数据，首先需要在 ContentValues 对象中建立键值对映射，这里每个键匹配 Content Provider 中的列名，每个值是该列中希望增加的值。然后调用 ContentResolver.insert()方法并传递给它 provider 的 URI 参数和 ContentValues 映射。该方法返回新记录的完整 URI，即增加了新记录 ID 的 URI。开发人员可以使用该 URI 来查询并获取该记录的 Cursor，以便修改该记录。

15.2.3 增加新值

一旦记录存在，开发人员可以向其增加新信息或者修改已经存在的信息。增加记录到 Contacts 数据库的最佳方式是增加保存新数据的表名到代表记录的URI，然后使用组装好的URI来增加新数据。每个Contacts表格以 CONTENT_DIRECTORY 常量的方式提供名称作为该用途。

开发人员可以调用 byte 数组作为参数的 ContentValues.put()方法向表格中增加少量二进制数据。这适用于诸如类似小图标的图片、短音频片段等。然而，如果需要增加大量二进制数据，例如图片或者完整的歌曲，保存代表数据的 content:URI 到表格，然后使用文件 URI 调用 ContentResolver.openOutputStream()方法。这导致 Content Provider 保存数据到文件并在记录的隐藏字段保存文件路径。

15.2.4 批量更新记录

为了批量更新数据（例如，将全部字段中 NY 替换成 New York），使用 ContentResolver.update()方法并提供需要修改的列名和值。

15.2.5 删除记录

如果需要删除单条记录，调用 ContentResolver.delete()方法并提供特定行的 URI。

如果需要删除多条记录，调用 ContentResolver.delete()方法并提供删除记录类型的 URI（例如，android.provider.Contacts.People.CONTENT_URI）和一个 SQL WHERE 语句，它定义哪些行需要删除。

请确保提供了一个合适的 WHERE 语句，否则可能删除全部数据。

15.3 自定义 Content Provider

视频讲解：光盘\TM\Video\15\自定义 Content Provider.exe

如果开发人员希望共享自己的数据，则有两个选择：

☑ 创建自定义的 Content Provider（一个 ContentProvider 类的子类）。

☑ 如果有预定义的 Content Provider，管理相同的数据类型并且有写入权限，则可以向其中增加数据。

前面已经详细介绍了如何使用系统预定义的 Content Provider，下面将介绍如何自定义 Content Provider。如果自定义 Content Provider，则开发人员需要完成以下操作：

☑ 建立数据存储系统。大多数 Content Provider 使用 Android 文件存储方法或者 SQLite 数据库保存数据，但是开发人员可以使用任何方式存储。Android 提供了 SQLiteOpenHelper 类帮助创建数据库，SQLiteDatabase 类管理数据库。

☑ 继承 ContentProvider 类来提供数据访问方式。

☑ 在应用程序的 AndroidManifest 文件中声明 Content Provider。

下面介绍后两个任务。

15.3.1　继承 ContentProvider 类

开发人员定义 ContentProvider 类的子类，以便使用 ContentResolver 和 Cursor 类带来的便捷来共享数据。原则上，这意味着需要实现 ContentProvider 类定义的以下 6 个抽象方法：

- ☑ public boolean onCreate() 。
- ☑ public Cursor query(Uri uri, String[] projection, String selection, String[] selectionArgs, String sortOrder)。
- ☑ public Uri insert(Uri uri, ContentValues values)。
- ☑ public int update(Uri uri, ContentValues values, String selection, String[] selectionArgs)。
- ☑ public int delete(Uri uri, String selection, String[] selectionArgs)。
- ☑ public String getType(Uri uri)。

各个方法的说明如表 15.2 所示。

表 15.2　ContentProvider 类定义的方法的说明

方　法	说　明
onCreate()	用于初始化 provider
query()	返回数据给调用者
insert()	插入新数据到 Content Provider
update()	更新 Content Provider 中已经存在的数据
delete()	从 Content Provider 中删除数据
getType()	返回 Content Provider 数据的 MIME 类型

query()方法必须返回 Cursor 对象，它用于遍历查询结果。Cursor 自身是一个接口，但是 Android 提供了一些该接口的实现类，例如，SQLiteCursor 能遍历存储在 SQLite 数据库中的数据。通过调用 SQLiteDatabase 类的 query()方法可以获得 Cursor 对象。它们都位于 android.database 包中，其继承关系如图 15.1 所示。

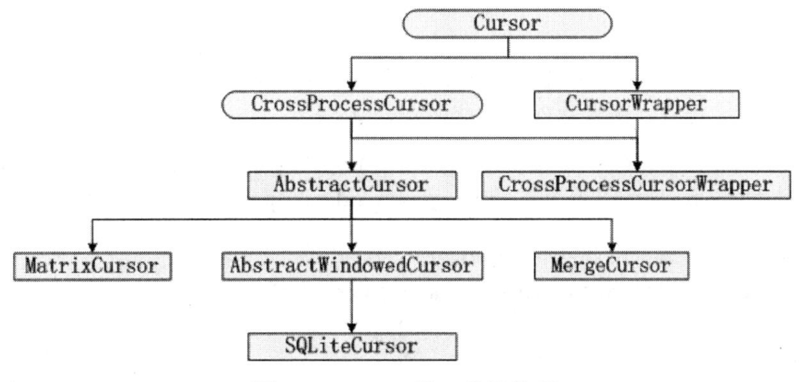

图 15.1　Cursor 接口继承关系

圆角矩形表示接口，非圆角矩形表示类。

由于这些 ContentProvider 方法能被位于不同进程和线程的不同 ContentResolver 对象调用，它们必须以线程安全的方式实现。

此外，开发人员可能也想调用 ContentResolver.notifyChange()方法以便在数据修改时通知监听器。

除了定义子类自身外，还应采取一些其他措施以便简化客户端工作并让类更加易用。

（1）定义 public static final Uri CONTENT_URI 变量（CONTENT_URI 是变量名称）。该字符串表示自定义的 Content Provider 处理的完整 content:URI。开发人员必须为该值定义唯一的字符串。最佳的解决方式是使用 Content Provider 的完整类名（小写）。例如，EmployeeProvider 的 URI 可能按如下定义：

```
public static final Uri CONTENT_URI = Uri.parse("content://com.mingrisoft.employeeprovider");
```

如果 provider 包含子表，也应该为各个子表定义 URI。这些 URI 应该有相同的 authority（因为它标识 Content Provider），然后使用路径进行区分，例如：

```
content://com.mingrisoft.employeeprovider/dba
content://com.mingrisoft.employeeprovider/programmer
content://com.mingrisoft.employeeprovider/ceo
```

（2）定义 Content Provider 将返回给客户端的列名。如果开发人员使用底层数据库，这些列名通常与 SQL 数据库列名相同。同样定义 public static String 常量，客户端用它们来指定查询中的列和其他指令。确保包含名为_ID 的整数列来作为记录的 ID 值。无论记录中其他字段是否唯一，如 URL，开发人员都应该包含该字段。如果打算使用 SQLite 数据库，_ID 字段应该是如下类型：

```
INTEGER PRIMARY KEY AUTOINCREMENT
```

（3）仔细注释每列的数据类型，客户端需要使用这些信息来读取数据。

（4）如果开发人员正在处理新数据类型，则必须定义新的 MIME 类型，以便在 ContentProvider.getType() 方法实现中返回。

（5）如果开发人员提供的 byte 数据太大而不能放到表格中，如 bitmap 文件，提供给客户端的字段应该包含 content:URI 字符串。

15.3.2 声明 Content Provider

为了让 Android 系统知道开发人员编写的 Content Provider，应该在应用程序的 AndroidManifest.xml 文件中定义<provider>元素。没有在配置文件中声明的自定义 Content Provider 对于 Android 系统不可见。

name 属性的值是 ContentProvider 类的子类的完整名称；authorities 属性是 provider 定义的 content:URI 中 authority 部分；ContentProvider 的子类是 EmployeeProvider。<provider>元素应该如下：

```
<provider android:name="com.mingrisoft.EmployeeProvider"
          android:authorities="com.mingrisoft.employeeprovider"
          . . . />
</provider>
```

注意 authorities 属性删除了 content:URI 中的路径部分。

其他<provider>属性能设置读写数据的权限，提供显示给用户的图标或文本，启用或禁用 provider 等。如果数据不需要在多个运行着的 Content Provider 间同步，则设置 multiprocess 为 true。这允许在各个客户端进程之间创建一个 provider 实例，从而避免执行 IPC。

15.4　实　　战

15.4.1　系统内置联系人的使用

本实例主要介绍如何完成向联系人中增加、查看信息等基本操作。具体步骤如下：

（1）启动模拟器，进入应用程序界面，如图 15.2 所示。

（2）在图 15.2 中，单击"联系人"图标，由于并未在模拟器中增加联系人，因此显示"没有联系人"，此时提供了 3 种选择方式，如图 15.3 所示。

图 15.2　Android 应用程序界面

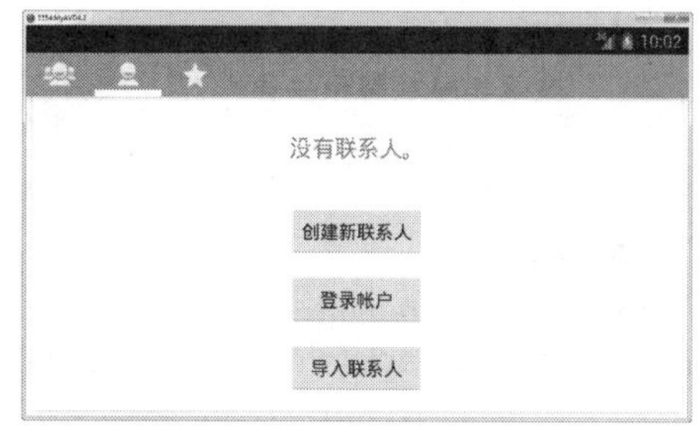

图 15.3　Android 联系人程序界面

（3）在图 15.3 中，单击"创建新联系人"按钮，如图 15.4 所示。

（4）在图 15.4 中，单击"本地保存"按钮，即可向其增加联系人信息，如图 15.5 所示。单击左上角的"完成"按钮完成联系人的添加。

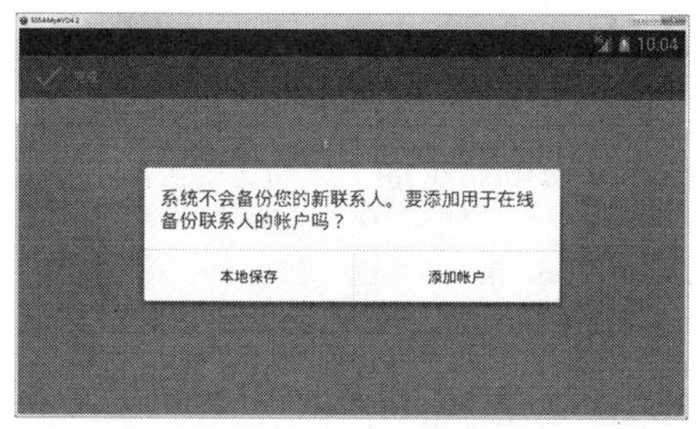

图 15.4　Android 联系人程序界面

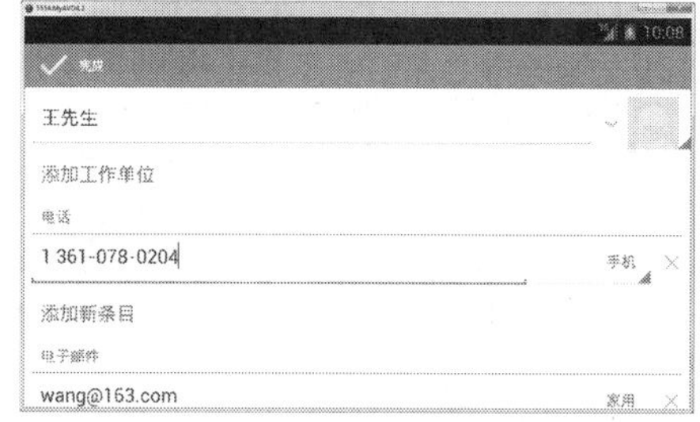

图 15.5　增加联系人

（5）请读者自行添加联系人信息，以便后面应用程序测试。

15.4.2　查询联系人 ID 和姓名

例 15.01　在 Eclipse 中创建 Android 项目，名称为 15.01，实现查询当前联系人应用中联系人的 ID 和姓名。**（实例位置：光盘\TM\sl\15\15.01）**

具体实现步骤如下：

（1）修改 res/layout/main.xml 文件，设置背景图片和标签属性，代码如下：

```
<?xml version="1.0" encoding="utf-8"?>
<LinearLayout xmlns:android="http://schemas.android.com/apk/res/android"
    android:layout_width="fill_parent"
```

```
    android:layout_height="fill_parent"
    android:background="@drawable/background"
    android:orientation="vertical" >
    <TextView
        android:id="@+id/result"
        android:layout_width="wrap_content"
        android:layout_height="wrap_content"
        android:textColor="@android:color/black"
        android:textSize="25dp" />
</LinearLayout>
```

（2）创建 RetrieveDataActivity 类，它继承了 Activity 类。在 onCreate()方法中获得布局文件中定义的标签，在自定义的 getQueryData()方法中获得查询数据。代码如下：

```
public class RetrieveDataActivity extends Activity {
    private String[] columns = { Contacts._ID,                      //希望获得 ID 值
            Contacts.DISPLAY_NAME,                                  //希望获得姓名
    };
    @Override
    public void onCreate(Bundle savedInstanceState) {
        super.onCreate(savedInstanceState);
        setContentView(R.layout.main);
        TextView tv = (TextView) findViewById(R.id.result);        //获得布局文件中的标签
        tv.setText(getQueryData());                                 //为标签设置数据
    }
    private String getQueryData() {
        StringBuilder sb = new StringBuilder();                     //用于保存字符串
        ContentResolver resolver = getContentResolver();            //获得 ContentResolver 对象
        Cursor cursor = resolver.query(Contacts.CONTENT_URI, columns, null, null, null);//查询记录
        int idIndex = cursor.getColumnIndex(columns[0]);            //获得 ID 记录的索引值
        int displayNameIndex = cursor.getColumnIndex(columns[1]);                  //获得姓名记录的索引值
        for (cursor.moveToFirst(); !cursor.isAfterLast(); cursor.moveToNext()) {    //迭代全部记录
            int id = cursor.getInt(idIndex);
            String displayName = cursor.getString(displayNameIndex);
            sb.append(id + ": " + displayName + "\n");
        }
        cursor.close();                                             //关闭 Cursor
        return sb.toString();                                       //返回查询结果
    }
}
```

（3）在 AndroidManifest 文件中增加读取联系人记录的权限，代码如下：

```
<uses-permission android:name="android.permission.READ_CONTACTS"/>
```

运行本实例，其效果如图 15.6 所示。

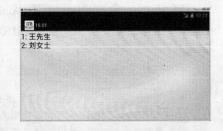

图 15.6　显示联系人 ID 和姓名

15.4.3　查询联系人姓名和电话

例 15.02　在 Eclipse 中创建 Android 项目，名称为 15.02，实现查询当前联系人应用中联系人的姓名和电话。（**实例位置：光盘\TM**

sl\15\15.02）

具体实现步骤如下：

（1）修改 res/layout/main.xml 文件，设置背景图片和标签属性。代码如下：

```
<?xml version="1.0" encoding="utf-8"?>
<LinearLayout xmlns:android="http://schemas.android.com/apk/res/android"
    android:layout_width="fill_parent"
    android:layout_height="fill_parent"
    android:background="@drawable/background"
    android:orientation="vertical" >
    <TextView
        android:id="@+id/result"
        android:layout_width="wrap_content"
        android:layout_height="wrap_content"
        android:textColor="@android:color/black"
        android:textSize="25dp" />
</LinearLayout>
```

（2）创建 RetrieveDataActivity 类，它继承了 Activity 类。在 onCreate()方法中获得布局文件中定义的标签，在自定义的 getQueryData()方法中获得查询数据。代码如下：

```
public class RetrieveDataActivity extends Activity {
    private String[] columns = { Contacts._ID,                              //获得 ID 值
            Contacts.DISPLAY_NAME,                                          //获得姓名
            Phone.NUMBER,                                                   //获得电话
            Phone.CONTACT_ID, };
    public void onCreate(Bundle savedInstanceState) {
        super.onCreate(savedInstanceState);
        setContentView(R.layout.main);
        TextView tv = (TextView) findViewById(R.id.result);                 //获得布局文件中的标签
        tv.setText(getQueryData());                                         //为标签设置数据
    }
    private String getQueryData() {
        StringBuilder sb = new StringBuilder();                             //用于保存字符串
        ContentResolver resolver = getContentResolver();                    //获得 ContentResolver 对象
        Cursor cursor = resolver.query(Contacts.CONTENT_URI, null, null, null, null);//查询记录
        while (cursor.moveToNext()) {
            int idIndex = cursor.getColumnIndex(columns[0]);                //获得 ID 值的索引
            int displayNameIndex = cursor.getColumnIndex(columns[1]);       //获得姓名索引
            int id = cursor.getInt(idIndex);                                //获得 ID
            String displayName = cursor.getString(displayNameIndex);        //获得名称
            Cursor phone = resolver.query(Phone.CONTENT_URI, null, columns[3] + "=" + id, null, null);
            while (phone.moveToNext()) {
                int phoneNumberIndex = phone.getColumnIndex(columns[2]);    //获得电话索引
                String phoneNumber = phone.getString(phoneNumberIndex);    //获得电话
                sb.append(displayName + ": " + phoneNumber + "\n");         //保存数据
            }
        }
        cursor.close();                                                     //关闭游标
        return sb.toString();
    }
}
```

（3）在 AndroidManifest 文件中增加读取联系人记录的权限，代码如下：

```
<uses-permission android:name="android.permission.READ_CONTACTS"/>
```

运行本实例，其效果如图 15.7 所示。

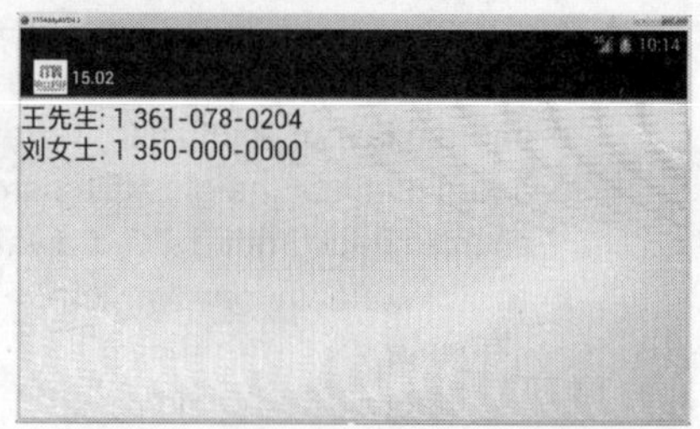

图 15.7　显示联系人姓名和电话

15.4.4　自动补全联系人姓名

例 15.03　在 Eclipse 中创建 Android 项目，名称为 15.03，实现自动补全联系人姓名的功能。（**实例位置：光盘\TM\sl\15\15.03**）

具体实现步骤如下：

（1）修改 res/layout/main.xml 文件，设置背景图片和标签属性，并增加一个自动补全标签。代码如下：

```
<?xml version="1.0" encoding="utf-8"?>
<LinearLayout xmlns:android="http://schemas.android.com/apk/res/android"
    android:layout_width="fill_parent"
    android:layout_height="fill_parent"
    android:background="@drawable/background"
    android:orientation="vertical" >
    <TextView
        android:id="@+id/title"
        android:layout_width="wrap_content"
        android:layout_height="wrap_content"
        android:layout_gravity="center"
        android:text="@string/title"
        android:textColor="@android:color/black"
        android:textSize="30dp" />
    <LinearLayout
        android:layout_width="match_parent"
        android:layout_height="wrap_content"
        android:orientation="horizontal" >
        <TextView
            android:id="@+id/textView"
            android:layout_width="wrap_content"
            android:layout_height="wrap_content"
            android:layout_margin="5dp"
            android:text="@string/name"
            android:textColor="@android:color/black"
            android:textSize="25dp" />
        <AutoCompleteTextView
            android:id="@+id/edit"
            android:layout_width="match_parent"
            android:layout_height="wrap_content"
            android:completionThreshold="1"
            android:textColor="@android:color/black" >
            <requestFocus />
        </AutoCompleteTextView>
    </LinearLayout>
</LinearLayout>
```

android:completionThreshold 属性用于设置输入几个字符时给出提示。

（2）创建 ContactListAdapter 类，它继承了 CursorAdapter 类并实现了 Filterable 接口，在重写方法时完成了获取联系人姓名的功能。代码如下：

```
public class ContactListAdapter extends CursorAdapter implements Filterable {
    private ContentResolver resolver;
    private  String[] columns = new String[] { Contacts._ID, Contacts.DISPLAY_NAME };
    public ContactListAdapter(Context context, Cursor c) {
        super(context, c);                                          //调用父类构造方法
        resolver = context.getContentResolver();                    //初始化 ContentResolver
    }
    @Override
    public void bindView(View arg0, Context arg1, Cursor arg2) {
        ((TextView) arg0).setText(arg2.getString(1));
    }
    @Override
    public View newView(Context context, Cursor cursor, ViewGroup parent) {
        LayoutInflater inflater = LayoutInflater.from(context);
        TextView view = (TextView) inflater.inflate(android.R.layout.simple_dropdown_item_1line, parent, false);
        view.setText(cursor.getString(1));
        return view;
    }
    @Override
    public CharSequence convertToString(Cursor cursor) {
        return cursor.getString(1);
    }
    @Override
    public Cursor runQueryOnBackgroundThread(CharSequence constraint) {
        FilterQueryProvider filter = getFilterQueryProvider();
        if (filter != null) {
            return filter.runQuery(constraint);
        }
        Uri uri = Uri.withAppendedPath(Contacts.CONTENT_FILTER_URI, Uri.encode(constraint.toString()));
        return resolver.query(uri, columns, null, null, null);
    }
}
```

（3）创建 AutoCompletionActivity 类，它继承了 Activity 类，在重写 onCreate()方法时，完成自动补全的设置。代码如下：

```
public class AutoCompletionActivity extends Activity {
    private  String[] columns = new String[] { Contacts._ID, Contacts.DISPLAY_NAME };
    @Override
    public void onCreate(Bundle savedInstanceState) {
        super.onCreate(savedInstanceState);
        setContentView(R.layout.main);
        ContentResolver resolver = getContentResolver();
        Cursor cursor = resolver.query(Contacts.CONTENT_URI, columns, null, null, null);
```

```
        ContactListAdapter adapter = new ContactListAdapter(this, cursor);
        AutoCompleteTextView textView = (AutoCompleteTextView) findViewById(R.id.edit);
        textView.setAdapter(adapter);
    }
}
```

（4）在 AndroidManifest 文件中增加读取联系人记录的权限，代码如下：

```
<uses-permission android:name="android.permission.READ_CONTACTS"/>
```

运行本实例，其效果如图 15.8 所示。

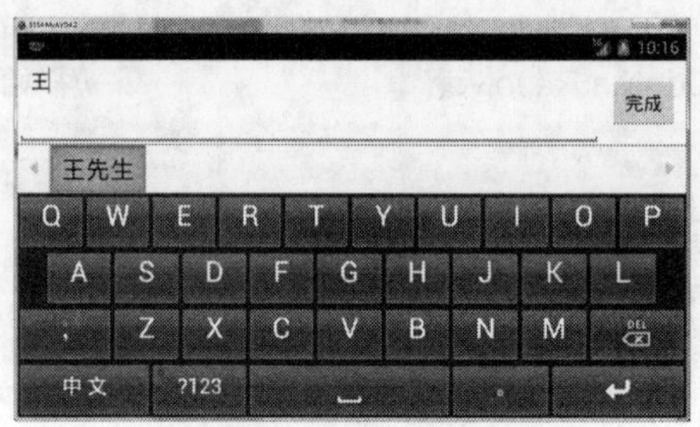

图 15.8　自动补全联系人姓名

15.5　本 章 小 结

本章重点介绍了 Android 中四大基本控件的 Content Provider。它是所有应用程序之间数据存储和检索的一个桥梁。在 Android 中，Content Provider 是一种特殊的数据存储类型，它提供了一套标准的方法来提供数据的增、删、改、查功能。本章详细介绍了实现各个功能需要使用的方法。另外，还介绍了如何自定义 Content Provider。

15.6　学习成果检验

1．尝试开发一个 Android 程序，使用列表显示联系人 ID 和姓名。**（答案位置：光盘\TM\sl\15\15.04）**

2．尝试开发一个 Android 程序，查询联系人姓名和电话并按 ID 值降序排列。**（答案位置：光盘\TM\sl\15\15.05）**

第16章

线程与消息处理

（视频讲解：50分钟）

在程序开发时，对于一些比较耗时的操作，我们通常会为其开辟一个单独的线程来执行，这样可以尽可能减少用户的等待时间。在Android中，默认情况下，所有的操作都是在主线程中进行，这个主线程负责管理与UI相关的事件，而在我们自己创建的子线程中，又不能对UI组件进行操作，因此，Android提供了消息处理传递机制来解决这一问题。本章将对Android中如何实现多线程以及如何通过线程和消息处理机制操作UI界面进行详细介绍。

通过阅读本章，您可以：

- **掌握如何创建及开启线程**
- **掌握如何让线程休眠**
- **掌握如何中断线程**
- **了解循环者 Looper**
- **掌握消息处理类 Handler 的应用**
- **掌握消息类 Message 的应用**
- **掌握在子线程中更新 UI 界面的方法**

16.1 多线程的常见操作

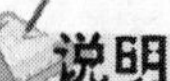 **视频讲解：光盘\TM\Video\16\多线程的常见操作.exe**

在现实生活中，很多事情都是同时进行的，例如，我们可以一边看书，一边喝咖啡。而计算机则可以一边播放音乐，一边打印文档。对于这种可以同时进行的任务，我们可以用线程来表示，每个线程完成一个任务，并与其他线程同时执行，这种机制被称为多线程。下面我们就来介绍如何创建线程、开启线程，以及让线程休眠和中断线程。

16.1.1 创建线程

在 Android 中，提供了两种创建线程的方法，一种是通过 Thread 类的构造方法创建线程对象，并重写 run()方法实现，另一种是通过实现 Runnable 接口实现。下面分别进行介绍。

1. 通过 Thread 类的构造方法创建线程

在 Android 中，可以使用 Thread 类提供的以下构造方法来创建线程。

```
Thread(Runnable runnable)
```

该构造方法的参数 runnable，可以通过创建一个 Runnable 类的对象并重写其 run()方法来实现。例如，要创建一个名称为 thread 的线程，可以使用下面的代码。

```
Thread thread=new Thread(new Runnable(){
    //重写 run()方法
    @Override
    public void run() {
        //要执行的操作
    }
});
```

说明 在 run()方法中，可以编写要执行的操作的代码，当线程被开启时，run()方法将会被执行。

2. 通过实现 Runnable 接口创建线程

在 Android 中，还可以通过实现 Runnable 接口来创建线程。实现 Runnable 接口的语法格式如下：

```
public class ClassName extends Object implements Runnable
```

当一个类实现 Runnable 接口后，还需要实现其 run()方法，在该方法中，可以编写要执行的操作的代码。例如，要创建一个实现了 Runnable 接口的 Activity，可以使用下面的代码。

```
public class MainActivity extends Activity implements Runnable {
    @Override
    public void onCreate(Bundle savedInstanceState) {
        super.onCreate(savedInstanceState);
        setContentView(R.layout.main);
    }
```

```
    @Override
    public void run() {
        //要执行的操作
    }
}
```

例 16.01　在 Eclipse 中创建 Android 项目，名称为 16.01，通过实现 Runnable 接口来创建线程、开启线程、让线程休眠指定时间和中断线程。（**实例位置：光盘\TM\sl\16\16.01**）

具体实现步骤如下：

（1）修改新建项目的 res/layout 目录下的布局文件 main.xml，将默认添加的 TextView 组件删除，然后在默认添加的线性布局管理器中添加两个按钮，一个用于开启线程，另一个用于中断线程。具体代码请参见光盘。

（2）打开默认添加的 MainActivity，让该类实现 Runnable 接口。修改后的创建类的代码如下：

```
public class MainActivity extends Activity implements Runnable { }
```

（3）实现 Runnable 接口中的 run()方法，在该方法中，判断当前线程是否被中断，如果没有被中断，则将循环变量加 1，并在日志中输出循环变量的值。具体代码如下：

```
@Override
public void run() {
    while (!Thread.currentThread().isInterrupted()) {
        i++;
        Log.i("循环变量：", String.valueOf(i));
    }
}
```

（4）在该 MainActivity 中，创建两个成员变量，具体代码如下：

```
private Thread thread;                                    //声明线程对象
int i;                                                    //循环变量
```

（5）在 onCreate()方法中，首先获取布局管理器中添加的“开始”按钮，然后为该按钮添加单击事件监听器，在重写的 onCreate()方法中，根据当前 Activity 创建一个线程，并开启该线程。具体代码如下：

```
Button startButton = (Button) findViewById(R.id.button1);          //获取“开始”按钮
startButton.setOnClickListener(new OnClickListener() {
    @Override
    public void onClick(View v) {
        i = 0;
        thread = new Thread(MainActivity.this);                    //创建一个线程
        thread.start();                                            //开启线程
    }
});
```

（6）获取布局管理器中添加的“停止”按钮，并为其添加单击事件监听器，在重写的 onCreate()方法中，如果 thread 对象不为空，则中断线程，并向日志中输出提示信息。具体代码如下：

```
Button stopButton = (Button) findViewById(R.id.button2);           //获取“停止”按钮
stopButton.setOnClickListener(new OnClickListener() {
    @Override
```

```
        public void onClick(View v) {
            if (thread != null) {
                thread.interrupt();                                      //中断线程
                thread = null;
            }
            Log.i("提示：", "中断线程");
        }
});
```

（7）重写 MainActivity 的 onDestroy()方法，在该方法中，中断线程。具体代码如下：

```
@Override
protected void onDestroy() {
    if (thread != null) {
        thread.interrupt();                                              //中断线程
        thread = null;
    }
    super.onDestroy();
}
```

运行本实例，在屏幕上将显示一个“开始”按钮和一个“停止”按钮，单击“开始”按钮后，将在日志面板中输出循环变量的值，单击“停止”按钮，将中断线程。日志面板的显示结果如图 16.1 所示。

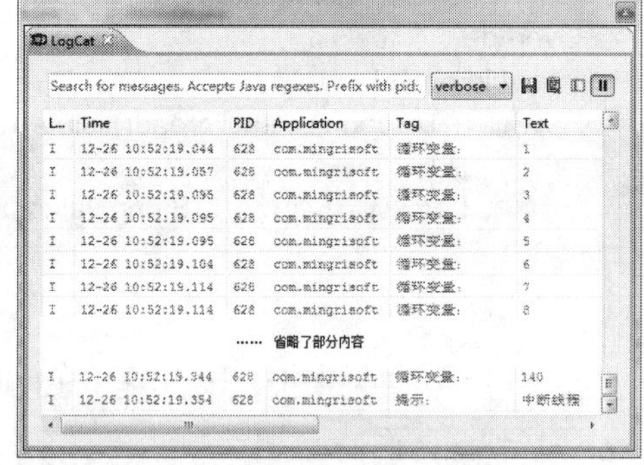

图 16.1　在日志面板中输出的内容

16.1.2　开启线程

创建线程对象后，还需要开启线程，线程才能执行。Thread 类提供了 start()方法，可以开启线程，其语法格式如下：

```
start()
```

例如，存在一个名称为 thread 的线程，如果想开启该线程，可以使用下面的代码。

```
thread.start();                                //开启线程
```

16.1.3　线程的休眠

线程的休眠就是让线程暂停多长时间后再次执行。同 Java 一样，在 Android 中，也可以使用 Thread 类的 sleep()方法，让线程休眠指定的时间。sleep()方法的语法格式如下：

```
sleep(long time)
```

其中的参数 time 用于指定休眠的时间，单位为毫秒。

例如，想要线程休眠 1 秒钟，可以使用下面的代码。

```
Thread.sleep(1000);
```

16.1.4　中断线程

当需要中断指定线程时，可以使用 Thread 类提供的 interrupt()方法来实现。使用 interrupt()方法可以向指定的线程发送一个中断请求，并将该线程标记为中断状态。interrupt()方法的语法格式如下：

```
interrupt()
```

例如，存在一个名称为 thread 的线程，如果想中断该线程，可以使用下面的代码。

```
…                                           //省略部分代码
thread.interrupt();
…                                           //省略部分代码
public void run() {
      while(!Thread.currentThread().isInterrupted()){
            …                               //省略部分代码
      }
}
```

另外，由于当线程执行 wait()、join()或者 sleep()方法时，线程的中断状态将被清除，并且抛出 InterruptedException。所以，如果在线程中执行了 wait()、join()或者 sleep()方法，那么，想要中断线程时，就需要使用一个 boolean 型的标记变量来记录线程的中断状态，并通过该标记变量来控制循环的执行与停止。例如，通过名称为 isInterrupt 的 boolean 型变量来标记线程的中断，关键代码如下：

```
private boolean isInterrupt=false;          //定义标记变量
      …                                     //省略部分代码
      …                                     //在需要中断线程时，将 isInterrupt 的值设置为 true
public void run() {
      while(!isInterrupt){
            …                               //省略部分代码
      }
}
```

16.2　Handler 消息传递机制

视频讲解：光盘\TM\Video\16\Handler 消息传递机制.exe

在 16.1 节中，我们已经介绍了在 Android 中如何创建、开启、休眠和中断线程。不过，此时还没有在新创建的子线程中对 UI 界面上的内容进行操作，如果应用前面介绍的方法对 UI 界面进行操作，将抛出异常。例如，在子线程的 run()方法中，循环修改文本框的显示文本，将抛出如图 16.2 所示的异常信息。

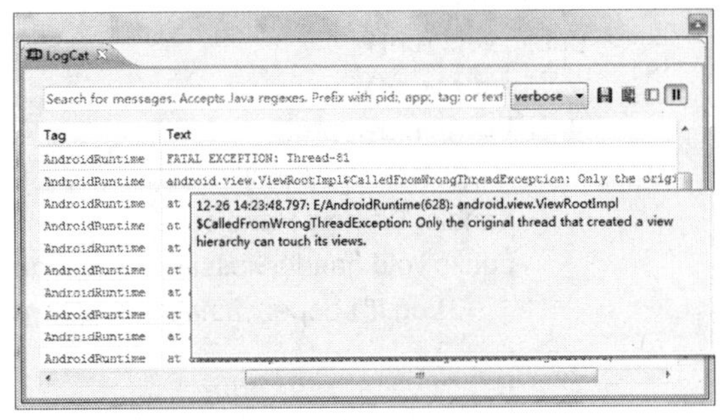

图 16.2　抛出的异常信息

为此，Android 中引入了 Handler 消息传递机制，来实现在新创建的线程中操作 UI 界面。下面将对 Handler 消息传递机制进行介绍。

16.2.1 循环者 Looper 类

在介绍 Looper 之前，需要先来了解另一个概念，那就是 MessageQueue（消息队列）。在 Android 中，一个线程对应一个 Looper 对象，而一个 Looper 对象又对应一个 MessageQueue。MessageQueue 用于存放 Message（消息），在 MessageQueue 中，存放的消息按照 FIFO（先进先出）原则执行，由于 MessageQueue 被封装到 Looper 里面了，所以这里不对 MessageQueue 进行过多介绍。

Looper 对象用来为一个线程开启一个消息循环，用来操作 MessageQueue。默认情况下，Android 中新创建的线程是没有开启消息循环的。但是主线程除外，系统自动为主线程创建 Looper 对象，开启消息循环。所以，当在主线程中，应用下面的代码创建 Handler 对象时，就不会出错；而如果在新创建的非主线程中，应用下面的代码创建 Handler 对象时，将产生如图 16.3 所示的异常信息。

```
Handler handler2 = new Handler();
```

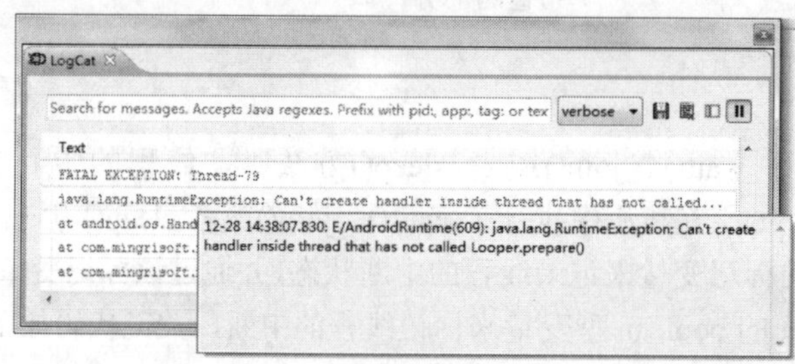

图 16.3 在非主线程中创建 Handler 对象产生的异常信息

如果想要在非主线程中创建 Handler 对象，首先需要使用 Looper 类的 prepare()方法来初始化一个 Looper 对象，然后创建这个 Handler 对象，再使用 Looper 类的 loop()方法启动 Looper，从消息队列里获取和处理消息。

例 16.02 在 Eclipse 中创建 Android 项目，名称为 16.02，创建一个继承了 Thread 类的 LooperThread，并在重写的 run()方法中创建一个 Handler 对象发送并处理消息。**（实例位置：光盘\TM\sl\16\16.02）**

具体实现步骤如下：

（1）创建一个继承了 Thread 类的 LooperThread，并在重写的 run()方法中，创建一个 Handler 对象发送并处理消息。关键代码如下：

```
public class LooperThread extends Thread {
    public Handler handler1;                    //声明一个 Handler 对象
    @Override
    public void run() {
        super.run();
        Looper.prepare();                       //初始化 Looper 对象
        //实例化一个 Handler 对象
        handler1 = new Handler() {
        public void handleMessage(Message msg) {
            Log.i("Looper",String.valueOf(msg.what));
            }
        };
```

```
            Message m=handler1.obtainMessage();   //获取一个消息
            m.what=0x11;                          //设置 Message 的 what 属性的值
            handler1.sendMessage(m);              //发送消息
            Looper.loop();                        //启动 Looper
        }
    }
```

（2）在 MainActivity 的 onCreate()方法中，创建一个 LooperThread 线程，并开启该线程。关键代码如下：

```
LooperThread thread=new LooperThread();           //创建一个线程
thread.start();                                   //开启线程
```

运行本实例，效果如图 16.4 所示。

```
I    12-29 09:51:22.222   538   com.mingrisoft   Looper          17
```

图 16.4　在日志面板（LogCat）中输出的内容

Looper 类提供的常用方法如表 16.1 所示。

表 16.1　Looper 类提供的常用方法

方　法	描　述
prepare()	用于初始化 Looper
loop()	调用 loop()方法后，Looper 线程就开始真正工作了，它会从消息队列里获取消息和处理消息
myLooper()	可以获取当前线程的 Looper 对象
getThread()	用于获取 Looper 对象所属的线程
quit()	用于结束 Looper 循环

注意　写在 Looper.loop()之后的代码不会被执行，这个函数内部是一个循环，当调用 Handler.getLooper().quit()方法后，loop()方法才会中止，其后面的代码才能得以运行。

16.2.2　消息处理类 Handler

消息处理类（Handler）允许发送和处理 Message 或 Rannable 对象到其所在线程的 MessageQueue 中。Handler 有以下两个主要作用。

（1）将 Message 或 Runnable 应用 post()方法或 sendMessage()方法发送到 MessageQueue 中，在发送时可以指定延迟时间、发送时间或者要携带的 Bundle 数据。当 MessageQueue 循环到该 Message 时，调用相应的 Handler 对象的 handlerMessage()方法对其进行处理。

（2）在子线程中与主线程进行通信，也就是在工作线程中与 UI 线程进行通信。

说明　在一个线程中，只能有一个 Looper 和 MessageQueue，但是，可以有多个 Handler，而且这些 Handler 可以共享同一个 Looper 和 MessageQueue。

Handler 类提供的常用的发送和处理消息的方法如表 16.2 所示。

表 16.2　Handler 类提供的常用方法

方　法	描　述
handleMessage(Message msg)	处理消息的方法。通常重写该方法来处理消息，在发送消息时，该方法会自动回调
post(Runnable r)	立即发送 Runnable 对象，该 Runnable 对象最后将被封装成 Message 对象
postAtTime(Runnable r, long uptimeMillis)	定时发送 Runnable 对象，该 Runnable 对象最后将被封装成 Message 对象
postDelayed(Runnable r, long delayMillis)	延迟多少毫秒发送 Runnable 对象，该 Runnable 对象最后将被封装成 Message 对象
sendEmptyMessage(int what)	发送空消息
sendMessage(Message msg)	立即发送消息
sendMessageAtTime(Message msg, long uptimeMillis)	定时发送消息
sendMessageDelayed(Message msg, long delayMillis)	延迟多少毫秒发送消息

16.2.3　消息类 Message

消息类（Message）被存放在 MessageQueue 中，一个 MessageQueue 中可以包含多个 Message 对象。每个 Message 对象可以通过 Message.obtain()方法或者 Handler.obtainMessage()方法获得。一个 Message 对象具有如表 16.3 所示的 5 个属性。

表 16.3　Message 类的属性

属　性	类　型	描　述
arg1	int	用来存放整型数据
arg2	int	用来存放整型数据
obj	Object	用来存放发送给接收器的 Object 类型的任意对象
replyTo	Messenger	用来指定此 Message 发送到何处的可选 Messager 对象
what	int	用于指定用户自定义的消息代码，这样接收者可以了解这个消息的信息

说明　使用 Message 类的属性可以携带 int 型的数据，如果要携带其他类型的数据，可以先将要携带的数据保存到 Bundle 对象中，然后通过 Message 类的 setDate()方法将其添加到 Message 中。

综上所述，Message 类的使用方法比较简单，只要在使用它时，注意以下 3 点即可：

☑ 尽管 Message 有 public 的默认构造方法，但是通常情况下，需要使用 Message.obtain()方法或 Handler.obtainMessage()方法来从消息池中获得空消息对象，以节省资源。

☑ 如果一个 Message 只需要携带简单的 int 型信息，应优先使用 Message.arg1 和 Message.arg2 属性来传递信息，这比用 Bundle 更省内存。

☑ 尽可能使用 Message.what 来标识信息，以便用不同方式处理 Message。

16.3 实　　战

16.3.1 开启一个新线程播放背景音乐

例 16.03 在 Eclipse 中创建 Android 项目，名称为 16.03，开启一个新线程播放背景音乐，在音乐文件播放完毕后，暂停 5 秒钟后重新开始播放。（**实例位置：光盘\TM\sl\16\16.03**）

具体步骤如下：

（1）修改新建项目的 res/layout 目录下的布局文件 main.xml，将默认添加的 TextView 组件删除，然后在默认添加的线性布局管理器中添加一个“开始”按钮，用于开启线程并播放背景音乐。具体代码请参见光盘。

（2）在该 MainActivity 中，创建两个成员变量，具体代码如下：

```
private Thread thread;                              //声明一个线程对象
private static MediaPlayer mp = null;               //声明一个 MediaPlayer 对象
```

（3）在 onCreate()方法中，获取布局管理器中添加的“开始”按钮，并为该按钮添加单击事件监听器，在重写的 onClick()方法中，首先设置该按钮不可用，然后创建一个用于播放背景音乐的线程，并开启该线程，在重写的 run()方法中，调用 playBGSound()方法播放背景音乐。具体代码如下：

```
Button button = (Button) findViewById(R.id.button1);    //获取布局管理器中添加的“开始”按钮
button.setOnClickListener(new OnClickListener() {
    @Override
    public void onClick(View v) {
        ((Button) v).setEnabled(false);                 //设置按钮不可用
        //创建一个用于播放背景音乐的线程
        thread = new Thread(new Runnable() {
            @Override
            public void run() {
                playBGSound();                          //播放背景音乐
            }
        });
        thread.start();                                 //开启线程
    }
});
```

（4）编写 playBGSound()方法，首先判断 MediaPlayer 对象是否为空，如果不为空，则释放该对象，然后创建一个用于播放背景音乐的 MediaPlayer 对象，并开始播放，最后再为该 MediaPlayer 对象添加播放完成事件监听器，在重写的 onCompletion()方法中，让线程休眠 5 秒钟，并调用 playBGSound()方法重新播放音乐。具体代码如下：

```
private void playBGSound() {
    if (mp != null) {
        mp.release();                                   //释放资源
    }
    mp = MediaPlayer.create(MainActivity.this, R.raw.jasmine);
```

```
        mp.start();                                              //开始播放
        //为 MediaPlayer 添加播放完成事件监听器
        mp.setOnCompletionListener(new OnCompletionListener() {
            @Override
            public void onCompletion(MediaPlayer mp) {
                try {
                    Thread.sleep(5000);                          //线程休眠 5 秒钟
                    playBGSound();                               //重新播放音乐
                } catch (InterruptedException e) {
                    e.printStackTrace();
                }
            }
        });
}
```

（5）重写 MainActivity 的 onDestroy()方法，停止播放背景音乐，并释放资源。具体代码如下：

```
@Override
protected void onDestroy() {
    if (mp != null) {
        mp.stop();                                               //停止播放
        mp.release();                                            //释放资源
        mp = null;
    }
    if (thread != null) {
        thread = null;
    }
    super.onDestroy();
}
```

运行本实例，在屏幕上将显示一个“开始”按钮，单击该按钮后，该按钮将变为不可用状态，并且开始播放背景音乐，如图 16.5 所示。

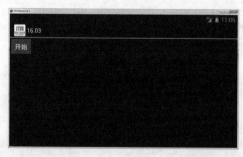

图 16.5　开启新线程播放背景音乐，并让“开始”按钮不可用

16.3.2　开启新线程获取网络图片并显示到 ImageView 中

例 16.04　在 Eclipse 中创建 Android 项目，名称为 16.04，开启新线程获取网络图片并显示到 ImageView 中。（**实例位置：光盘\TM\sl\16\16.04**）

具体步骤如下：

（1）修改新建项目的 res/layout 目录下的布局文件 main.xml，将默认添加的 TextView 组件删除，然后

在默认添加的线性布局管理器中添加一个 ImageView 组件，并且设置该组件默认显示的图片。关键代码如下：

```
<ImageView
    android:id="@+id/imageView1"
    android:layout_width="wrap_content"
    android:layout_height="wrap_content"
    android:padding="10dp"
    android:src="@drawable/hint" />
```

（2）在该 MainActivity 中，声明一个代表 ImageView 组件的对象，具体代码如下：

```
private ImageView iv;                                          //声明 ImageView 组件的对象
```

（3）编写 getPicture()方法，用于根据给定的网址从网络上获取图片，并根据获取到的图片创建一个 Bitmap 对象。getPicture()方法的具体代码如下：

```
    /**
     * 功能：根据网址获取图片对应的 Bitmap 对象
     * @param path
     * @return
     */
    public Bitmap getPicture(String path){
        Bitmap bm=null;
        try {
                URL url=new URL(path);                          //创建 URL 对象
                URLConnection conn=url.openConnection();        //获取 URL 对象对应的连接
                conn.connect();                                 //打开连接
                InputStream is=conn.getInputStream();           //获取输入流对象
                bm=BitmapFactory.decodeStream(is);              //根据输入流对象创建 Bitmap 对象
            } catch (MalformedURLException e1) {
                e1.printStackTrace();                           //输出异常信息
            } catch (IOException e) {
                e.printStackTrace();                            //输出异常信息
            }
        return bm;
    }
```

（4）在 onCreate()方法中，获取布局管理器中添加的 ImageView 组件，并创建和开启一个新线程，在创建线程时，需要重写它的 run()方法，在重写的 run()方法中调用 getPicture()方法从网络上获取图片，然后让线程休眠 2 秒钟，最后再通过 View 组件的 post()方法发送一个 Runnable 对象，修改 ImageView 中显示的图片。具体代码如下：

```
iv = (ImageView) findViewById(R.id.imageView1);                //获取布局管理器中添加的 ImageView
//创建一个新线程，用于从网络上获取图片
new Thread(new Runnable() {
    public void run() {
        //从网络上获取图片
        final Bitmap bitmap=getPicture("http://192.168.1.66:8081/test/images/android.png");
        try {
            Thread.sleep(2000);                                //线程休眠 2 秒钟
        } catch (InterruptedException e) {
            e.printStackTrace();
```

```
        }
        //发送一个 Runnable 对象
        iv.post(new Runnable() {
            public void run() {
                iv.setImageBitmap(bitmap);                    //在 ImageView 中显示从网络上获取到的图片
            }
        });
    }
}).start();                                                   //开启线程
```

（5）由于在本实例中，需要访问网络资源，所以还需要在 AndroidManifest.xml 文件中指定允许访问网络资源的权限。具体代码如下：

```
<uses-permission android:name="android.permission.INTERNET"/>
```

运行本实例，首先显示如图 16.6 所示的默认图片，几秒钟后，将显示图 16.7 所示的从网络中获取的图片。

图 16.6　显示默认的图片

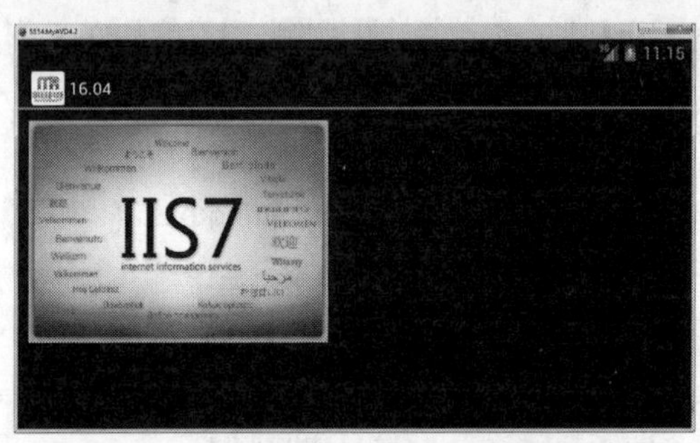

图 16.7　显示网络图片

16.3.3　开启新线程实现电子广告牌

例 16.05　在 Eclipse 中创建 Android 项目，名称为 16.05，开启新线程实现电子广告牌。（**实例位置：光盘\TM\sl\16\16.05**）

具体步骤如下：

（1）修改新建项目的 res/layout 目录下的布局文件 main.xml，在默认添加的 TextView 组件上方添加一个 ImageView 组件，用于显示广告图片，并设置垂直线程布局管理器内的组件水平居中显示。具体代码请参见光盘。

（2）打开默认添加的 MainActivity，让该类实现 Runnable 接口。修改后的创建类的代码如下：

```
public class MainActivity extends Activity implements Runnable { }
```

（3）实现 Runnable 接口中的 run()方法，在该方法中，判断当前线程是否被中断，如果没有被中断，则首先产生一个随机数，然后获取一个 Message，并将要显示的广告图片的索引值和对应标题保存到该 Message 中，再发送消息，最后让线程休眠 2 秒钟。具体代码如下：

```
@Override
public void run() {
    int index = 0;
    while (!Thread.currentThread().isInterrupted()) {
        index = new Random().nextInt(path.length);            //产生一个随机数
```

```
            Message m = handler.obtainMessage();                    //获取一个 Message
            m.arg1 = index;                                         //保存要显示广告图片的索引值
            Bundle bundle = new Bundle();                           //获取 Bundle 对象
            m.what = 0x101;                                         //设置消息标识
            bundle.putString("title", title[index]);                //保存标题
            m.setData(bundle);                                      //将 Bundle 对象保存到 Message 中
            handler.sendMessage(m);                                 //发送消息
            try {
                Thread.sleep(2000);                                 //线程休眠 2 秒钟
            } catch (InterruptedException e) {
                e.printStackTrace();                                //输出异常信息
            }

        }
}
```

（4）在该 MainActivity 中，创建程序中所需的成员变量，具体代码如下：

```
private ImageView iv;                                               //声明一个显示广告图片的 ImageView 对象
private Handler handler;                                            //声明一个 Handler 对象
private int[] path = new int[] { R.drawable.img01, R.drawable.img02,
        R.drawable.img03, R.drawable.img04, R.drawable.img05,
        R.drawable.img06 };                                         //保存广告图片的数组
private String[] title = new String[] { "编程词典系列产品", "高效开发", "快乐分享", "用户人群",
        "快速学习", "全方位查询" };                                   //保存显示标题的数组
```

（5）在 onCreate()方法中，首先获取布局管理器中添加的 ImageView 组件，然后创建一个新线程，并开启该线程，最后再实例化一个 Handler 对象，在重写的 handleMessage()方法中，更新 UI 界面中的 ImageView 组件和 TextView 组件。具体代码如下：

```
iv = (ImageView) findViewById(R.id.imageView1);                     //获取显示广告图片的 ImageView
Thread t = new Thread(this);                                        //创建新线程
t.start();                                                          //开启线程
//实例化一个 Handler 对象
handler = new Handler() {
    @Override
    public void handleMessage(Message msg) {
        //更新 UI
        TextView tv = (TextView) findViewById(R.id.textView1);      //获取 TextView 组件
        if (msg.what == 0x101) {
            tv.setText(msg.getData().getString("title"));           //设置标题
            iv.setImageResource(path[msg.arg1]);                    //设置要显示的图片
        }
        super.handleMessage(msg);
    }
};
```

运行本实例，在屏幕上将每隔两秒钟随机显示一张广告，如图 16.8 所示。

图 16.8　电子广告牌

16.3.4　多彩的霓虹灯

例 16.06　在 Eclipse 中创建 Android 项目，名称为 16.06，实现多彩霓虹灯。（**实例位置：光盘\TM\sl\16\16.06**）

具体步骤如下：

（1）修改新建项目的 res/layout 目录下的布局文件 main.xml，将默认添加的 TextView 组件删除，并为默认添加的线性布局管理器设置 ID 属性。具体代码请参见光盘。

（2）在 res/values/目录下，创建一个保存颜色资源的 colors.xml 文件，在该文件中，定义 7 个颜色资源，名称依次为 color1、color2、…、color7；颜色值分别为代表赤、橙、黄、绿、青、蓝、紫所对应的颜色值。colors.xml 文件的关键代码如下：

```
<?xml version="1.0" encoding="utf-8"?>
<resources>
    <color name="color1">#ffff0000</color>
    <color name="color2">#ffff6600</color>
    <color name="color3">#ffffff00</color>
    <color name="color4">#ff00ff00</color>
    <color name="color5">#ff00ffff</color>
    <color name="color6">#ff0000ff</color>
    <color name="color7">#ff6600ff</color>
</resources>
```

（3）在该 MainActivity 中，声明程序中所需的成员变量，具体代码如下：

```
private Handler handler;                                   //创建 Handler 对象
private static LinearLayout linearLayout;                  //整体布局
public static TextView[] tv = new TextView[14];            //TextView 数组
int[] bgColor=new int[]{R.color.color1,R.color.color2,R.color.color3,
        R.color.color4,R.color.color5,R.color.color6,R.color.color7};  //使用颜色资源
private int index=0;                                       //当前颜色值
```

（4）在 MainActivity 的 onCreate()方法中，首先获取线程布局管理器，然后获取屏幕的高度，接下来再通过一个 for 循环创建 14 个文本框组件，并添加到线性布局管理器中。具体代码如下：

```
linearLayout=(LinearLayout)findViewById(R.id.ll);                       //获取线性布局管理器
int height=this.getResources().getDisplayMetrics().heightPixels;        //获取屏幕的高度
```

```
for(int i=0;i<tv.length;i++){
    tv[i]=new TextView(this);                                               //创建一个文本框对象
    tv[i].setWidth(this.getResources().getDisplayMetrics().widthPixels);    //设置文本框的宽度
    tv[i].setHeight(height/tv.length);                                      //设置文本框的高度
    linearLayout.addView(tv[i]);                                 //将 TextView 组件添加到线性布局管理器中
}
```

（5）创建并开启一个新线程，在重写的 run()方法中，实现一个循环，在该循环中，首先获取一个 Message 对象，并为其设置一个消息标识，然后发送消息，最后让线程休眠 1 秒钟。具体代码如下：

```
Thread t = new Thread(new Runnable(){
    @Override
    public void run() {
        while (!Thread.currentThread().isInterrupted()) {
            Message m = handler.obtainMessage();                  //获取一个 Message
            m.what=0x101;                                         //设置消息标识
            handler.sendMessage(m);                               //发送消息
            try {
                Thread.sleep(new Random().nextInt(1000));         //休眠 1 秒钟
            } catch (InterruptedException e) {
                e.printStackTrace();                              //输出异常信息
            }
        }
    }
});
t.start();                                                        //开启线程
```

（6）创建一个 Handler 对象，在重写的 handleMessage()方法中，为每个文本框设置背景颜色，该背景颜色从颜色数组中随机获取。具体代码如下：

```
handler = new Handler() {
    @Override
    public void handleMessage(Message msg) {
        int temp=0;                                               //临时变量
        if (msg.what == 0x101) {
            for(int i=0;i<tv.length;i++){
                temp=new Random().nextInt(bgColor.length);        //产生一个随机数
                //去掉重复的并且相邻的颜色
                if(index==temp){
                    temp++;
                    if(temp==bgColor.length){
                        temp=0;
                    }
                }
                index=temp;
                //为文本框设置背景
                tv[i].setBackgroundColor(getResources().getColor(bgColor[index]));
            }
        }
        super.handleMessage(msg);
    }
};
```

（7）在 AndroidManifest.xml 文件的<activity>标记中，设置 android:theme 属性，实现全屏显示。关键代码如下：

```
android:theme="@android:style/Theme.Black.NoTitleBar"
```

运行本实例，将全屏显示一个多彩的霓虹灯，它可以不断地变换颜色，如图 16.9 所示。

图 16.9　多彩的霓虹灯

16.3.5　在屏幕上来回移动的气球

例 16.07　在 Eclipse 中创建 Android 项目，名称为 16.07，使用线程及消息传递机制实现在屏幕上来回移动的气球。**（实例位置：光盘\TM\sl\16\16.07）**

具体步骤如下：

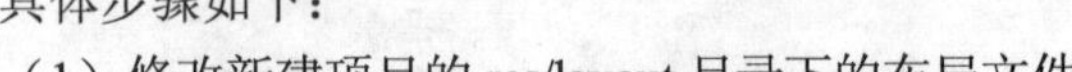

（1）修改新建项目的 res/layout 目录下的布局文件 main.xml，将默认添加的 TextView 组件删除，添加一个帧布局管理器，并在其中添加一个 ImageView 组件。代码如下：

```
<FrameLayout xmlns:android="http://schemas.android.com/apk/res/android"
    android:id="@+id/fl"
    android:background="@drawable/background"
    android:layout_width="fill_parent"
    android:layout_height="fill_parent">
    <ImageView
        android:id="@+id/imageView1"
        android:layout_width="wrap_content"
        android:layout_height="wrap_content"
        android:src="@drawable/balloon" />
</FrameLayout>
```

（2）在该 MainActivity 中，声明程序中所需的成员变量，具体代码如下：

```
private boolean flag = true;                    //标记变量
private boolean flag_x=true;                    //为 true 表示从左向右
private ImageView mouse;                        //声明一个 ImageView 对象
private Handler handler;                        //声明一个 Handler 对象
private int x=50;
private int y=100;
```

（3）在 MainActivity 的 onCreate()方法中，创建一个 Handler 对象，用来设置气球移动的 X 轴和 Y 轴。代码如下：

```
handler = new Handler() {
    @Override
    public void handleMessage(Message msg) {
        int index = 0;
        if (msg.what == 0x101) {
            index = msg.arg1;                   //获取移动的距离
            if(x>900){
                flag_x=false;
```

```
            }else if(x<50){
                flag_x=true;
            }
            if(flag_x){
                x+=index;
            }else{
                x-=index;
            }

            if(flag){
                y-=10;
                flag=false;
            }else{
                y+=10;
                flag=true;
            }
            mouse.setX(x);                       //设置 X 轴位置
            mouse.setY(y);                       //设置 Y 轴位置
        }
        super.handleMessage(msg);
    }
};
```

（4）创建并开启一个新线程，在重写的 run()方法中，实现气球在屏幕上来回移动的功能。具体代码如下：

```
Thread t = new Thread(new Runnable() {
        @Override
        public void run() {
            int index = 0;                                          //移动的距离
            while (!Thread.currentThread().isInterrupted()) {
                index = new Random().nextInt(100);                  //产生一个随机数
                Message m = handler.obtainMessage();                //获取一个 Message
                m.what = 0x101;                                     //设置消息标识
                m.arg1 = index;                                     //保存移动的距离
                handler.sendMessage(m);                             //发送消息
                try {
                    Thread.sleep(new Random().nextInt(500) + 100);  //休眠一段时间
                } catch (InterruptedException e) {
                    e.printStackTrace();
                }
            }
        }
    });
    t.start();                                                      //开启线程
}
```

运行本实例，效果如图 16.10 所示。

图 16.10　在屏幕上来回移动的气球

16.4　本 章 小 结

本章主要介绍了在 Android 中如何实现多线程。由于在 Android 中，不能在子线程（也称为工作线程）中更新主线程（也称为 UI 线程）中的 UI 组件。因此，Android 引入了消息传递机制，通过使用 Looper、Handler 和 Message 就可以轻松实现多线程中更新 UI 界面的功能。这与 Java 中的多线程不同，希望读者能够很好地理解，做到灵活应用。另外，多线程在游戏开发时，是非常重要的一项技术。

16.5　学习成果检验

1．编写 Android 项目，使用线程和消息传递机制实现水平移动的图标。（**答案位置：光盘\TM\sl\16\16.08**）

2．编写 Android 项目，实现颜色不断变化的文字。（**答案位置：光盘\TM\sl\16\16.09**）

第17章

Service应用

（视频讲解：48分钟）

Service 用于在后台完成用户指定的操作。它可以用于音乐播放器、文件下载工具等应用程序。用户可以使用其他控件来与 Service 进行通信。本章将介绍 Service 的实现和使用方式。

通过阅读本章，您可以：

- 掌握 Service 的概念和用途
- 掌握创建 Started Service 的两种方式
- 掌握创建 Bound Service 的两种方式
- 掌握 Service 生命周期的管理

17.1 Service 概述

视频讲解：光盘\TM\Video\17\Service 概述.exe

Service（服务）是能够在后台执行长时间运行操作并且不提供用户界面的应用程序组件。其他应用程序组件能启动服务并且即便用户切换到另一个应用程序，服务还是可以在后台运行。此外，组件能够绑定到服务并与之交互，甚至执行进程间通信（IPC）。例如，服务能在后台处理网络事务、播放音乐、执行文件 I/O 或者与 ContentProvider 通信。

17.1.1 Service 的分类

服务从本质上可以分为以下两种类型。

☑ Started（启动）：当应用程序组件（如 Activity）通过调用 startService()方法启动服务时，服务处于 started 状态。一旦启动，服务能在后台无限期运行，即使启动它的组件已经被销毁。通常，启动服务执行单个操作并且不会向调用者返回结果。例如，它可能通过网络下载或者上传文件。如果操作完成，服务需要停止自身。

☑ Bound（绑定）：当应用程序组件通过调用 bindService()方法绑定到服务时，服务处于 bound 状态。绑定服务提供客户端-服务器接口，以允许组件与服务交互、发送请求、获得结果，甚至使用进程间通信（IPC）跨进程完成这些操作。仅当其他应用程序组件与之绑定时，绑定服务才运行。多个组件可以一次绑定到一个服务上，但是当它们都解绑定时，服务被销毁。

尽管本章将两种类型的服务分开讨论，服务也可以同时属于两种类型，它可以启动（无限期运行）也能绑定。其重点在于是否实现一些回调方法：onStartCommand()方法允许组件启动服务，onBind()方法允许组件绑定服务。

不管应用程序是否为启动状态、绑定状态或者两者，都能通过 Intent 使用服务，就像使用 Activity 那样。然而，开发人员可以在配置文件中将服务声明为私有的，从而阻止其他应用程序访问。

服务运行于管理它的进程的主线程，服务不会创建自己的线程，也不会运行于独立的进程（除非开发人员定义）。这意味着，如果服务要完成 CPU 密集工作或者阻塞操作（如 MP3 回放或者联网），开发人员需要在服务中创建新线程来完成这些工作。通过使用独立的线程，开发人员能减少应用程序不响应（ANR）错误的风险，并且应用程序主线程仍然能用于用户与 Activity 交互。

17.1.2 Service 类中重要方法

为了创建服务，开发人员需要创建 Service 类（或其子类）的子类。在实现类中，需要重写一些处理服务生命周期重要方面的回调方法，并根据需要提供组件绑定到服务的机制。需要重写的重要回调方法如下：

☑ onStartCommand()

当其他组件，如 Activity 调用 startService()方法请求服务启动时，系统调用该方法。一旦该方法执行，服务就启动（处于 started 状态）并在后台无限期运行。如果开发人员实现该方法，则需要在任务完成时调用 stopSelf()或 stopService()方法停止服务（如果仅想提供绑定，则不必实现该方法）。

☑ onBind()

当其他组件调用 bindService()方法想与服务绑定时（如执行 RPC），系统调用该方法。在该方法的实现中，开发人员必须通过返回 IBinder 提供客户端用来与服务通信的接口。该方法必须实现，但是如果不想允

许绑定，则应该返回 null。

☑　onCreate()

当服务第一次创建时，系统调用该方法执行一次性建立过程（在系统调用 onStartCommand()或 onBind()方法前）。如果服务已经运行，该方法不被调用。

☑　onDestroy()

当服务不再使用并即将销毁时，系统调用该方法。服务应该实现该方法来清理诸如线程、注册监听器、接收者等资源。这是服务收到的最后调用。

如果组件调用 startService()方法启动服务（onStartCommand()方法被调用），服务需要使用 stopSelf()方法停止自身，或者其他组件使用 stopService()方法停止该服务。

如果组件调用 bindService()方法创建服务（onStartCommand()方法不被调用），服务运行时间与组件绑定到服务的时间一样长。一旦服务从所有客户端解绑定，系统会将其销毁。

Android 系统仅当内存不足并且必须回收系统资源来显示用户关注的 Activity 时，才会强制停止服务。如果服务绑定到用户关注的 Activity，则会降低停止概率。如果服务被声明为前台运行，则基本不会停止；否则，如果服务是 started 状态并且长时间运行，则系统会随时间推移降低其在后台任务列表中的位置，并且服务有很大概率被停止。如果服务是 started 状态，则必须设计系统重启服务。如果系统停止服务，则资源可用时就会重启它（尽管这也依赖于 onStartCommand()方法的返回值）。

Service 类的继承关系如图 17.1 所示。

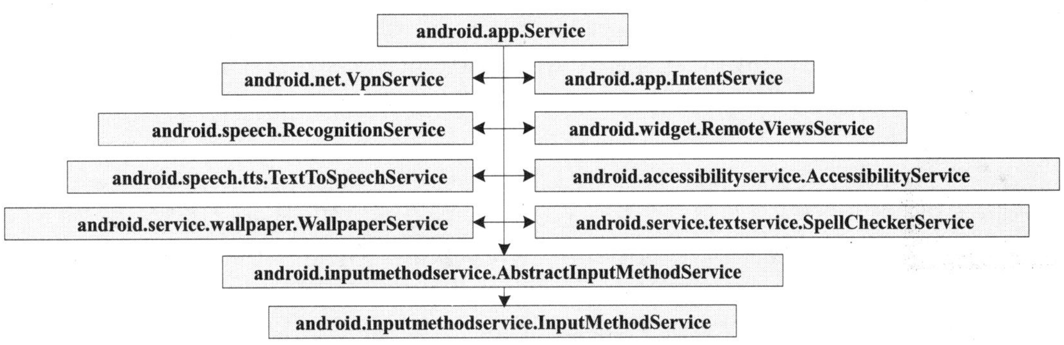

图 17.1　Service 类的继承关系

17.1.3　Service 的声明

类似 Activity 和其他组件，开发人员必须在应用程序配置文件中声明全部的 Service。为了声明 Service，需要向<application>标签中增加<service>子标签。<service>子标签的语法如下：

```
<service android:enabled=["true" | "false"]
      android:exported=["true" | "false"]
      android:icon="drawable resource"
      android:label="string resource"
      android:name="string"
      android:permission="string"
      android:process="string" >
      . . .
</service>
```

各个标签属性的说明如下：

☑ android:enabled

服务能否被系统实例化，true 表示可以，false 表示不可用，默认值是 true。<application>标签也有自己的 enabled 属性，用于包括服务的全部应用程序组件。<application>和<service>属性必须同时设置成 true（两者的默认值也都是 true）才能让服务可用。如果任何一个是 false，服务被禁用并且不能实例化。

☑ android:exported

其他应用程序组件能否调用服务或者与其交互，true 表示可以，false 表示不可以。当该值是 false 时，只有同一个应用程序的组件或者具有相同用户 ID 的应用程序能启动或者绑定到服务。

默认值依赖于服务是否包含 Intent 过滤器。没有过滤器说明它仅能通过精确类名调用。这意味着服务仅用于应用程序内部（因为其他可能不知道类名）。此时，默认值是 false。另一方面，存在至少一个过滤器暗示服务可以用于外部使用，因此默认值是 true。

该属性不是限制其他应用程序使用服务的唯一方式。还可以使用 permission 属性限制外部实体与服务交互。

☑ android:icon

表示服务的图标。该属性必须设置成包含图片定义的可绘制资源引用。如果没有设置，使用应用程序图标取代。

服务图标，不管在此设置还是在<application>标签设置，都是所有服务的 Intent 过滤器默认图标。

☑ android:label

显示给用户的服务名称。如果没有设置，使用应用程序标签取代。

服务标签，不管在此设置还是在<application>标签设置，都是所有服务的 Intent 过滤器默认图标。

标签应该设置为字符串资源引用，这样它能像用户界面的其他字符串那样本地化。然而，为了开发时方便，也可以设置成原始字符串。

☑ android:name

实现服务的 Service 子类名称。这应该是一个完整的类名（如 com.mingrisoft.RoomService）。然而，为了简便，如果名称的第一个符号是点号（如.RoomService），它会增加在<manifest>标签中定义的包名。

一旦发布了应用程序，不应该再修改这个名称。它没有默认值并且必须指定。

☑ android:permission

实体必须包含的权限名称，以便启动或者绑定到服务。如果 startService()、bindService()或 stopService()方法调用者没有被授权，方法调用无效并且 Intent 对象也不会发送给服务。

如果该属性没有设置，使用<application>标签的 permission 属性设置给服务。如果<application>和<service>标签的 permission 属性都未设置，服务不受权限保护。

☑ android:process

服务运行的进程名称。通常，应用程序的全部组件运行于为应用程序创建的默认进程。它与应用程序包名相同。<application>标签的 process 属性能为全部组件设置一个不同的默认值。但是组件能用自己的 process 属性重写默认值，从而允许应用程序跨越多个进程。

如果分配给该属性的名称以冒号（:）开头，仅属于应用程序的新进程会在需要时创建，服务能在该进程中运行。如果进程名称以小写字母开头，服务会运行在以此为名的全局进程，但需要提供相应的权限。这允许不同应用程序组件共享进程，减少资源使用。

17.2 创建 Started Service

视频讲解：光盘\TM\Video\17\创建 Started Service.exe

Started Service（启动服务）是由其他组件调用 startService()方法启动的，这导致服务的 onStartCommand()

方法被调用。

当服务是 started 状态时，它的生命周期与启动它的组件无关并且可以在后台无限期运行，即使启动服务的组件已经被销毁。因此，服务需要在完成任务后调用 stopSelf()停止，或者由其他组件调用 stopService()方法停止。

应用程序组件例如 Activity 能通过调用 startService()方法和传递 Intent 对象来启动服务，在 Intent 对象中指定了服务并且包含服务需要使用的全部数据。服务使用 onStartCommand()方法接收 Intent。

例如，假设 Activity 需要保存一些数据到在线数据库。Activity 可以启动伴侣服务并通过传递 Intent 到 startService()方法来发送需要保存的数据。服务在 onStartCommand()方法中收到 Intent，连入网络并执行数据库事务。当事务完成时，服务停止自身并销毁。

Android 提供了两个类供开发人员继承来创建启动服务。

- ☑ Service：这是所有服务的基类。当继承该类时，创建新线程来执行服务的全部工作是非常重要的。因为服务默认使用应用程序主线程，这可能降低应用程序 Activity 的运行性能。
- ☑ IntentService：这是 Service 类的子类，它每次使用一个工作线程来处理全部启动请求。在不必同时处理多个请求时，这是最佳选择。开发人员仅需要实现 onHandleIntent()方法，它接收每次启动请求的 Intent 以便完成后台任务。

17.2.1　继承 IntentService 类

因为多数启动服务不必同时处理多个请求（在多线程情境下会很危险），所以使用 IntentService 类实现服务是非常好的选择。IntentService 完成如下任务：

- ☑ 创建区别于应用程序主线程的默认工作线程来执行发送到 onStartCommand()方法的全部 Intent。
- ☑ 创建工作队列每次传递一个 Intent 到 onHandleIntent()方法实现，这样就不必担心多线程。
- ☑ 所有启动请求处理完毕后停止服务，这样就不必调用 stopSelf()方法。
- ☑ 提供 onBind()方法默认实现，其返回值是 null。
- ☑ 提供 onStartCommand()方法默认实现，它先发送 Intent 到工作队列然后到 onHandleIntent()方法实现。

所有这些加在一起说明开发人员仅需要实现 onHandleIntent()方法来完成客户端提供的任务。由于 IntentService 类没有提供空参数的构造方法，因此需要提供一个构造方法。下面的代码是 IntentService 实现类的例子，在 onHandlerIntent()方法中，仅让线程休眠了 5 秒钟。

```
public class HelloIntentService extends IntentService {
    public HelloIntentService() {
        super("HelloIntentService");
    }
    @Override
    protected void onHandleIntent(Intent intent) {
        long endTime = System.currentTimeMillis() + 5 * 1000;
        while (System.currentTimeMillis() < endTime) {
            synchronized (this) {
                try {
                    wait(endTime - System.currentTimeMillis());
                } catch (Exception e) {
                }
            }
        }
    }
}
```

这就是实现 IntentService 类所必需的全部操作：没有参数的构造方法和 onHandleIntent()方法。

如果开发人员决定也重写其他回调方法，如 onCreate()、onStartCommand()或 onDestroy()，需要调用父类实现，这样 IntentService 能正确处理工作线程的生命周期。

例如，onStartCommand()方法必须返回默认实现。

```
@Override
public int onStartCommand(Intent intent, int flags, int startId) {
    Toast.makeText(this, "service starting", Toast.LENGTH_SHORT).show();
    return super.onStartCommand(intent,flags,startId);
}
```

除了 onHandleIntent()方法，仅有 onBind()方法不必调用父类实现，该方法在服务允许绑定时实现。

17.2.2 继承 Service 类

使用 IntentService 类可以简化启动服务的实现，然而，如果需要让服务处理多线程（取代使用工作队列处理启动请求），则可以继承 Service 类来处理各个 Intent。

作为对比，下面的例子通过实现 Service 类来完成与上面例子（实现 IntentService）完全相同的任务。对于每次启动请求，它使用工作线程来执行任务并每次处理一个请求。

```
public class HelloService extends Service {
    private Looper mServiceLooper;
    private ServiceHandler mServiceHandler;
    private final class ServiceHandler extends Handler {
        public ServiceHandler(Looper looper) {
            super(looper);
        }
        @Override
        public void handleMessage(Message msg) {
            long endTime = System.currentTimeMillis() + 5 * 1000;
            while (System.currentTimeMillis() < endTime) {
                synchronized (this) {
                    try {
                        wait(endTime - System.currentTimeMillis());
                    } catch (Exception e) {
                    }
                }
            }
            stopSelf(msg.arg1);
        }
    }
    @Override
    public void onCreate() {
        HandlerThread thread = new HandlerThread("ServiceStartArguments", Process.THREAD_PRIORITY_
BACKGROUND);
        thread.start();
        mServiceLooper = thread.getLooper();
        mServiceHandler = new ServiceHandler(mServiceLooper);
    }
    @Override
```

```
    public int onStartCommand(Intent intent, int flags, int startId) {
        Toast.makeText(this, "service starting", Toast.LENGTH_SHORT).show();
        Message msg = mServiceHandler.obtainMessage();
        msg.arg1 = startId;
        mServiceHandler.sendMessage(msg);
        return START_STICKY;
    }
    @Override
    public IBinder onBind(Intent intent) {
        return null;
    }
    @Override
    public void onDestroy() {
        Toast.makeText(this, "service done", Toast.LENGTH_SHORT).show();
    }
}
```

如上所示，这比使用 IntentService 麻烦了不少。

然而，由于开发人员自己处理 onStartCommand()方法调用，所以可以同时处理多个请求。这与示例代码不同，但是如果需要，就可以为每次请求创建一个新线程并且立即运行它们（避免等待前一个请求结束）。

onStartCommand()方法必须返回一个整数，该值用来描述系统停止服务后如何继续服务（如前所述，IntentService 默认实现已经处理了这些，开发人员也可以进行修改）。onStartCommand()方法返回值必须是下列常量之一：

☑　START_NOT_STICKY

如果系统在 onStartCommand()方法返回后停止服务，则系统不会重新创建服务，除非有 PendingIntent 要发送。在避免在不必要时运行服务和应用程序能简单地重启任何未完成工作时，这是最佳选择。

☑　START_STICKY

如果系统在 onStartCommand()方法返回后停止服务，则系统会重新创建服务并调用 onStartCommand()方法，但是不重新发送最后的 Intent。相反，系统使用空 Intent 调用 onStartCommand()方法，除非有 PendingIntent 来启动服务。此时，这些 Intent 会被发送。这适合多媒体播放器（或者类似服务），它们不执行命令但是无限期运行并等待工作。

☑　START_REDELIVER_INTENT

如果系统在 onStartCommand()方法返回后停止服务，重新创建服务并使用发送给服务的最后 Intent 调用 onStartCommand()方法。全部 PendingIntent 依次发送。这适合积极执行应该立即恢复工作的服务，如下载文件。

说明　这些常量都定义在 Service 类中。

17.2.3　启动服务

开发人员可以从 Activity 或者其他应用程序组件通过传递 Intent 对象（指定要启动的服务）到 startService()方法启动服务。Android 系统调用服务的 onStartCommand()方法并将 Intent 传递给它。

注意　请不要直接调用 onStartCommand()方法。

例如，Activity 能使用显式 Intent 和 startService()方法启动前面章节的示例服务（HelloService），代码如下：

```
Intent intent = new Intent(this, HelloService.class);
startService(intent);
```

startService()方法立即返回，然后 Android 系统调用服务的 onStartCommand()方法。如果服务还没有运行，系统首先调用 onCreate()方法，接着调用 onStartCommand()方法。

如果服务没有提供绑定，startService()方法发送的 Intent 是应用程序组件和服务之间唯一的通信模式。然而，如果开发人员需要服务返回结果，则启动该服务的客户端能为广播（使用 getBroadcast()方法）创建 PendingIntent 并通过启动服务的 Intent 发送它。服务接下来能使用广播来发送结果。

多个启动服务的请求导致服务的 onStartCommand()方法，然而仅需要一个停止方法（stopSelf()或 stopService()方法）来停止服务。

17.2.4 停止服务

启动服务必须管理自己的生命周期。即系统不会停止或销毁服务，除非它必须回收系统内存而且在 onStartCommand()方法返回后服务继续运行。因此，服务必须调用 stopSelf()方法停止自身，或者其他组件调用 stopService()方法停止服务。

当使用 stopSelf()或 stopService()方法请求停止时，系统会尽快销毁服务。

然而，如果服务同时处理多个 onStartCommand()方法调用请求，则处理完一个请求后，不应该停止服务。因为可能收到一个新的启动请求（在第一个请求结束后停止会终止第二个请求）。为了避免这个问题，开发人员可以使用 stopSelf(int)方法来确保停止服务的请求总是基于最近收到的启动请求。即当调用 stopSelf(int)方法时，同时将启动请求的 ID（发送给 onStartCommand()方法的 startId）传递给停止请求。这样如果服务在能够调用 stopSelf(int)方法前接收到新启动请求，会因 ID 不匹配而不停止服务。

注意 *应用程序应该在任务完成后停止服务，来避免系统资源浪费和电池消耗。如果必要，其他组件能通过 stopService()方法停止服务。即便能够绑定服务，如果调用了 onStartCommand()方法就必须停止服务。*

17.3 创建 Bound Service

视频讲解：光盘\TM\Video\17\创建 Bound Service.exe

绑定服务是允许其他应用程序绑定并且与之交互的 Service 类实现类。为了提供绑定，开发人员必须实现 onBind()回调方法。该方法返回 iBinder 对象，它定义了客户端用来与服务交互的程序接口。

客户端能通过 bindService()方法绑定到服务。此时，客户端必须提供 ServiceConnection 接口的实现类，它监视客户端与服务之间的连接。bindService()方法立即返回，但是当 Android 系统创建客户端与服务之间的连接时，它调用 ServiceConnection 接口的 onServiceConnected()方法，来发送客户端用来与服务通信的 IBinder 对象。

多个客户端能同时连接到服务。然而，仅当第一个客户端绑定时，系统调用服务的 onBind()方法来获取 IBinder 对象。系统接着发送同一个 IBinder 对象到其他绑定的客户端，但是不再调用 onBind()方法。

当最后的客户端与服务解绑定时，系统销毁服务（除非服务也使用 startService()方法启动）。

在实现绑定服务时，最重要的是定义 onBind()回调方法返回的接口，有以下 3 种方式可以定义这个接口。

☑ 继承 Binder 类

如果服务对应用程序私有并且与客户端运行于相同的进程（这非常常见），则应该继承 Binder 类来创建

接口并且从 onBind()方法返回其一个实例。客户端接收 Binder 对象并使用它来直接访问 Binder 实现类或者 Service 类中的可用公共方法。

当服务仅用于私有应用程序时，推荐使用该技术。只有当服务可以用于其他应用程序或者访问独立进程时，才不能使用该技术。

☑　使用 Messenger

如果开发人员需要接口跨不同的进程工作，则可以使用 Messenger 来为服务创建接口。此时，服务定义 Handler 对象来响应不同类型的 Message 对象。Handler 是 Messenger 的基础，它能与客户端分享 IBinder，允许客户端使用 Message 对象向服务发送命令。此外，客户端能定义自己的 Messenger 对象，这样服务能发送回消息。

这是执行进程间通信（IPC）的最简单方式，因为 Messenger 类将所有请求队列化到单独的线程，这样开发人员就不必设计服务为线程安全。

☑　使用 AIDL

AIDL（Android 接口定义语言）执行分解对象到原语的全部工作，以便操作系统能理解并且跨进程执行 IPC。使用 Messenger 创建接口，实际上将 AIDL 作为底层架构。如上所述，Messenger 在单个线程中将所有客户端请求队列化，这样服务每次就只会收到一个请求。如果开发人员希望服务能同时处理多个请求，则可以直接使用 AIDL。此时，服务必须能处理多线程并且要保证线程安全。

为了直接使用 AIDL，开发人员必须创建定义编程接口的.aidl 文件。Android SDK 工具使用该文件来生成抽象类，它实现接口并处理 IPC，然后就可以在服务中使用。

说明　绝大多数应用程序不应该使用 AIDL 来创建绑定服务，因为它需要多线程能力而且会导致更加复杂的实现。因此，本章不讲解 AIDL 的使用。

17.3.1　继承 Binder 类

如果服务仅用于本地应用程序并且不必跨进程工作，则开发人员可以实现自己的 Binder 类来为客户端提供访问服务公共方法的方式。

注意　这仅当客户端与服务位于同一个应用程序和进程时才有效，这也是最常见的情况。例如，音乐播放器需要绑定 Activity 到自己的服务来在后台播放音乐。

其实现步骤如下：

（1）在服务中，创建 Binder 类实例来完成下列操作之一：

☑　包含客户端能调用的公共方法。

☑　返回当前 Service 实例，其中包含客户端能调用的公共方法。

☑　返回服务管理的其他类的实例，其中包含客户端能调用的公共方法。

（2）从 onBind()回调方法中返回 Binder 类实例。

（3）在客户端，从 onServiceConnected()回调方法接收 Binder 类实例，并且使用提供的方法调用绑定服务。

说明　服务和客户端必须位于同一个应用程序的原因是，客户端能转型返回对象并且适当地调用其方法。服务和客户端必须也位于同一个进程，因为该技术不支持跨进程。

例如，下面的服务通过 Binder 实现类为客户端提供访问服务中方法的方法。

```
public class LocalService extends Service {
    private final IBinder binder = new LocalBinder();
    private final Random generator = new Random();
    public class LocalBinder extends Binder {
        LocalService getService() {
            return LocalService.this;
        }
    }
    @Override
    public IBinder onBind(Intent intent) {
        return binder;
    }
    public int getRandomNumber() {
        return generator.nextInt(100);
    }
}
```

LocalBinder 类为客户端提供了 getService()方法来获得当前 LocalService 的实例。这允许客户端调用服务中的公共方法。例如，客户端能从服务中调用 getRandomNumber()方法。

下面的 Activity 绑定到 LocalService，并且在单击按钮时调用 getRandomNumber()方法。

```
public class BindingActivity extends Activity {
    LocalService localService;
    boolean bound = false;
    @Override
    protected void onCreate(Bundle savedInstanceState) {
        super.onCreate(savedInstanceState);
        setContentView(R.layout.main);
    }
    @Override
    protected void onStart() {
        super.onStart();
        Intent intent = new Intent(this, LocalService.class);
        bindService(intent, connection, Context.BIND_AUTO_CREATE);
    }
    @Override
    protected void onStop() {
        super.onStop();
        if (bound) {
            unbindService(connection);
            bound = false;
        }
    }
    public void onButtonClick(View v) {
        if (bound) {
            int num = localService.getRandomNumber();
            Toast.makeText(this, "获得随机数：" + num, Toast.LENGTH_SHORT).show();
        }
    }
    private ServiceConnection connection = new ServiceConnection() {
        public void onServiceConnected(ComponentName className, IBinder service) {
```

```
            LocalBinder binder = (LocalBinder) service;
            localService = binder.getService();
            bound = true;
        }
        public void onServiceDisconnected(ComponentName arg0) {
            bound = false;
        }
    };
}
```

上面的代码演示客户端如何使用 ServiceConnection 实现类和 onServiceConnected()回调方法绑定到服务。

17.3.2　使用 Messenger 类

如果开发人员需要服务与远程进程通信，则可以使用 Messenger 来为服务提供接口。该技术允许不使用 AIDL 执行进程间通信（IPC）。

下面是关于如何使用 Messenger 的总结：

☑　实现 Handler 的服务因为每次从客户端调用而收到回调。

☑　Handler 用于创建 Messenger 对象（它是 Handler 的引用）。

☑　Messenger 创建 IBinder，服务从 onBind()方法将其返回到客户端。

☑　客户端使用 IBinder 来实例化 Messenger，然后使用它来发送 Message 对象到服务。

☑　服务在其 Handler 的 handleMessage()方法接收 Message。

此时，没有供客户端在服务上调用的方法。相反，客户端发送“消息”（Message 对象）到服务的 Handler 方法。

下面的例子演示了使用 Messenger 接口的服务。

```
public class MessengerService extends Service {
    static final int HELLO_WORLD = 1;
    class IncomingHandler extends Handler {
        @Override
        public void handleMessage(Message msg) {
            switch (msg.what) {
            case HELLO_WORLD:
                Toast.makeText(getApplicationContext(), "Hello World!", Toast.LENGTH_SHORT).show();
                break;
            default:
                super.handleMessage(msg);
            }
        }
    }
    final Messenger messenger = new Messenger(new IncomingHandler());
    @Override
    public IBinder onBind(Intent intent) {
        Toast.makeText(getApplicationContext(), "Binding", Toast.LENGTH_SHORT).show();
        return messenger.getBinder();
    }
}
```

Handler 中的 handleMessage()方法是服务接收 Message 对象的地方，并且根据 Message 类的 what 成员变量决定如何操作。

客户端需要完成的全部工作就是根据服务返回的 IBinder 创建 Messenger 并且使用 send()方法发送消息。例如，下面的 Activity 绑定到服务并发送 HELLO_WORLD 给服务。

```
public class ActivityMessenger extends Activity {
    Messenger messenger = null;
    boolean bound;
    private ServiceConnection connection = new ServiceConnection() {
        public void onServiceConnected(ComponentName className, IBinder service) {
            messenger = new Messenger(service);
            bound = true;
        }
        public void onServiceDisconnected(ComponentName className) {
            messenger = null;
            bound = false;
        }
    };
    public void sayHello(View v) {
        if (!bound)
            return;
        Message msg = Message.obtain(null, MessengerService.HELLO_WORLD, 0, 0);
        try {
            messenger.send(msg);
        } catch (RemoteException e) {
            e.printStackTrace();
        }
    }
    @Override
    protected void onCreate(Bundle savedInstanceState) {
        super.onCreate(savedInstanceState);
        setContentView(R.layout.main);
    }
    @Override
    protected void onStart() {
        super.onStart();
        bindService(new Intent(this, MessengerService.class), connection, Context.BIND_AUTO_CREATE);
    }
    @Override
    protected void onStop() {
        super.onStop();
        if (bound) {
            unbindService(connection);
            bound = false;
        }
    }
}
```

这个例子并没有演示服务如何响应客户端。如果开发人员希望服务响应，则需要在客户端也创建 Messenger。当客户端收到 onServiceConnected()回调方法时，它发送 Message 到服务。Message 的 replyTo 成员变量包含客户端的 Messenger。

17.3.3　绑定到服务

应用程序组件（客户端）能调用 bindService()方法绑定到服务。Android 系统接下来调用服务的 onBind()方法，它返回 IBinder 来与服务通信。

绑定是异步的。bindService()方法立即返回并且不返回 IBinder 到客户端。为了接收 IBinder，客户端必须创建 ServiceConnection 实例然后将其传递给 bindService()方法。ServiceConnection 包含系统调用发送 IBinder 的回调方法。

注意 只有 Activity、Service 和 ContentProvider 能绑定到服务，BroadcastReceiver 不能绑定到服务。

如果需要从客户端绑定服务，需要完成以下操作：

（1）实现 ServiceConnection，这需要重写 onServiceConnected()和 onServiceDisconnected()两个回调方法。

（2）调用 bindService()方法，传递 ServiceConnection 实现。

（3）当系统调用 onServiceConnected()回调方法时，就可以使用接口定义的方法调用服务。

（4）调用 unbindService()方法解绑定。

当客户端销毁时，会将其从服务上解绑定。但是当与服务完成交互或者 Activity 暂停时，最好解绑定以便系统能及时停止不用的服务。

17.4　管理 Service 的生命周期

视频讲解：光盘\TM\Video\17\管理 Service 的生命周期.exe

服务的生命周期比 Activity 简单很多。但是，却需要开发人员更加关注服务如何创建和销毁，因为服务在用户不知情时就可以在后台运行。服务的生命周期可以分成两个不同的路径，如下所示。

☑　Started Service

当其他组件调用 startService()方法时，服务被创建。接着服务无限期运行，其自身必须调用 stopSelf()方法或者其他组件调用 stopService()方法来停止服务。当服务停止时，系统将其销毁。

☑　Bound Service

当其他组件调用 bindService()方法时，服务被创建。接着客户端通过 IBinder 接口与服务通信。客户端通过 unbindService()方法关闭连接。多个客户端能绑定到同一个服务并且当它们都解绑定时，系统销毁服务（服务不需要被停止）。

这两条路径并非完全独立。即开发人员可以绑定已经使用 startService()方法启动的服务。例如，后台音乐服务能使用包含音乐信息的 Intent 通过调用 startService()方法启动。然后，当用户需要控制播放器或者获得当前音乐信息时，可以调用 bindService()方法绑定 Activity 到服务。此时，stopService()和 stopSelf()方法直到全部客户端解绑定时才能停止服务。图 17.2 演示了两类服务的生命周期。

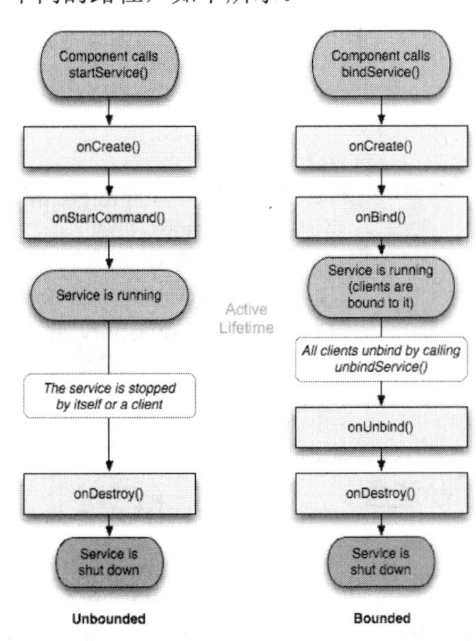

图 17.2　服务生命周期

17.5 实　　战

17.5.1 继承 IntentService 输出当前时间

例 17.01 在 Eclipse 中创建 Android 项目，名称为 17.01，实现继承 IntentService 在后台输出当前时间。**（实例位置：光盘\TM\sl\17\17.01）**

具体步骤如下：

（1）修改 res/layout 包中的 main.xml 布局文件，设置背景图片并增加一个按钮。设置按钮字体的内容、颜色和大小，代码如下：

```
<?xml version="1.0" encoding="utf-8"?>
<LinearLayout xmlns:android="http://schemas.android.com/apk/res/android"
    android:layout_width="fill_parent"
    android:layout_height="fill_parent"
    android:background="@drawable/background"
    android:orientation="vertical" >
    <Button
        android:id="@+id/current_time"
        android:layout_width="wrap_content"
        android:layout_height="wrap_content"
        android:text="@string/current_time"
        android:textColor="@android:color/black"
        android:textSize="25dp" />
</LinearLayout>
```

（2）创建 CurrentTimeService 类，它继承了 IntentService 类，用于在后台输出当前时间。代码如下：

```
public class CurrentTimeService extends IntentService {
    public CurrentTimeService() {
        super("CurrentTimeService");                                        //调用父类非空构造方法
    }
    @Override
    protected void onHandleIntent(Intent intent) {
        Time time = new Time();                                             //创建 Time 对象
        time.setToNow();                                                    //设置时间为当前时间
        String currentTime = time.format("%Y-%m-%d %H:%M:%S");              //设置时间格式
        Log.i("CurrentTimeService", currentTime);                           //记录当前时间
    }
}
```

此处使用的时间格式与 Java API 中的 SimpleDateFormat 类有所不同。

（3）创建 CurrentTimeActivity 类，它继承了 Activity 类。在 onCreate()方法中获得按钮控件并为其增加单击事件监听器。在监听器中，使用 Intent 启动服务，代码如下：

```
public class CurrentTimeActivity extends Activity {
    @Override
    protected void onCreate(Bundle savedInstanceState) {
        super.onCreate(savedInstanceState);
        setContentView(R.layout.main);                                    //设置页面布局
        Button currentTime = (Button) findViewById(R.id.current_time);   //通过 ID 值获得按钮对象
        currentTime.setOnClickListener(new View.OnClickListener() {      //为按钮增加单击事件监听器
            public void onClick(View v) {
                startService(new Intent(CurrentTimeActivity.this, CurrentTimeService.class));//启动服务
            }
        });
    }
}
```

（4）修改 AndroidManifest.xml 文件，增加 Activity 和 Service 配置，代码如下：

```
<?xml version="1.0" encoding="utf-8"?>
<manifest xmlns:android="http://schemas.android.com/apk/res/android"
    package="com.mingrisoft"
    android:versionCode="1"
    android:versionName="1.0" >
    <uses-sdk android:minSdkVersion="15" />
    <application
        android:icon="@drawable/ic_launcher"
        android:label="@string/app_name" >
        <activity android:name=".CurrentTimeActivity">
            <intent-filter>
                <action android:name="android.intent.action.MAIN"/>
                <category android:name="android.intent.category.LAUNCHER"/>
            </intent-filter>
        </activity>
        <service android:name=".CurrentTimeService"></service>
    </application>
</manifest>
```

启动应用程序，界面如图 17.3 所示。单击图中的“当前时间”按钮，会在 LogCat 中显示格式化了的当前时间，如图 17.4 所示。

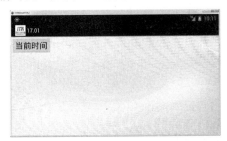

图 17.3 继承 IntentService 输出当前时间

L...	Time	PID	Application	Tag	Text
I	12-22 10:08:24.958	558	com.mingrisoft	CurrentTimeS...	2011-12-22 10:08:24

图 17.4 LogCat 输出结果

17.5.2 继承 Service 输出当前时间

例 17.02 在 Eclipse 中创建 Android 项目，名称为 17.02，实现继承 Service 在后台输出当前时间。（实

例位置：光盘\TM\sl\17\17.02）

具体步骤如下：

（1）修改 res/layout 包中的 main.xml 布局文件，设置背景图片并增加一个按钮。设置按钮字体的内容、颜色和大小，代码如下：

```
<?xml version="1.0" encoding="utf-8"?>
<LinearLayout xmlns:android="http://schemas.android.com/apk/res/android"
    android:layout_width="fill_parent"
    android:layout_height="fill_parent"
    android:background="@drawable/background"
    android:orientation="vertical" >
    <Button
        android:id="@+id/current_time"
        android:layout_width="wrap_content"
        android:layout_height="wrap_content"
        android:text="@string/current_time"
        android:textColor="@android:color/black"
        android:textSize="25dp" />
</LinearLayout>
```

（2）创建 CurrentTimeService 类，它继承了 Service 类，并且重写了 onBind()和 onStartCommand()方法，其中 onStartCommand()方法用于在后台输出当前时间。代码如下：

```
public class CurrentTimeService extends Service {
    @Override
    public IBinder onBind(Intent intent) {
        return null;
    }
    @Override
    public int onStartCommand(Intent intent, int flags, int startId) {
        Time time = new Time();                                          //创建 Time 对象
        time.setToNow();                                                 //设置时间为当前时间
        String currentTime = time.format("%Y-%m-%d %H:%M:%S");           //设置时间格式
        Log.i("CurrentTimeService", currentTime);                        //记录当前时间
        return START_STICKY;
    }
}
```

（3）创建 CurrentTimeActivity 类，它继承了 Activity 类。在 onCreate()方法中获得按钮控件并为其增加单击事件监听器。在监听器中，使用 Intent 启动服务。代码如下：

```
public class CurrentTimeActivity extends Activity {
    @Override
    protected void onCreate(Bundle savedInstanceState) {
        super.onCreate(savedInstanceState);
        setContentView(R.layout.main);                                   //设置页面布局
        Button currentTime = (Button) findViewById(R.id.current_time);   //通过 ID 值获得按钮对象
        currentTime.setOnClickListener(new View.OnClickListener() {      //为按钮增加单击事件监听器
            public void onClick(View v) {
                startService(new Intent(CurrentTimeActivity.this, CurrentTimeService.class));//启动服务
            }
```

```
        });
    }
}
```

（4）修改 AndroidManifest.xml 文件，增加 Activity 和 Service 配置，代码如下：

```
<?xml version="1.0" encoding="utf-8"?>
<manifest xmlns:android="http://schemas.android.com/apk/res/android"
    package="com.mingrisoft"
    android:versionCode="1"
    android:versionName="1.0" >
    <uses-sdk android:minSdkVersion="15" />
    <application
        android:icon="@drawable/ic_launcher"
        android:label="@string/app_name" >
        <activity android:name=".CurrentTimeActivity">
            <intent-filter>
                <action android:name="android.intent.action.MAIN"/>
                <category android:name="android.intent.category.LAUNCHER"/>
            </intent-filter>
        </activity>
        <service android:name=".CurrentTimeService"></service>
    </application>
</manifest>
```

启动应用程序，界面如图 17.5 所示。单击图中的“当前时间”按钮，会在 LogCat 中显示格式化了的当前时间，如图 17.6 所示。

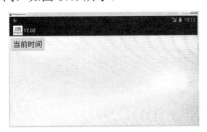

图 17.5　继承 Service 输出当前时间

L...	Time	PID	Application	Tag	Text
I	12-22 10:17:44.022	555	com.mingrisoft	CurrentTimeS...	2011-12-22 10:17:43

图 17.6　LogCat 输出结果

17.5.3　继承 Binder 类绑定服务显示时间

例 17.03　在 Eclipse 中创建 Android 项目，名称为 17.03，实现继承 Binder 类绑定服务，并显示当前时间。（**实例位置：光盘\TM\sl\17\17.03**）

具体步骤如下：

（1）修改 res/layout 包中的 main.xml 布局文件，设置背景图片并增加一个按钮。设置按钮字体的内容、颜色和大小，代码如下：

```
<?xml version="1.0" encoding="utf-8"?>
<LinearLayout xmlns:android="http://schemas.android.com/apk/res/android"
    android:layout_width="fill_parent"
    android:layout_height="fill_parent"
```

```
    android:background="@drawable/background"
    android:orientation="vertical" >
    <Button
        android:id="@+id/current_time"
        android:layout_width="wrap_content"
        android:layout_height="wrap_content"
        android:text="@string/current_time"
        android:textColor="@android:color/black"
        android:textSize="25dp" />
</LinearLayout>
```

（2）创建 CurrentTimeService 类，它继承了 Service 类。内部类 LocalBinder 继承了 Binder 类，用于返回 CurrentTimeService 类的对象。getCurrentTime()方法用于返回当前时间。代码如下：

```
public class CurrentTimeService extends Service {
    private final IBinder binder = new LocalBinder();
    public class LocalBinder extends Binder {
        CurrentTimeService getService() {
            return CurrentTimeService.this;                          //返回当前服务的实例
        }
    }
    @Override
    public IBinder onBind(Intent arg0) {
        return binder;
    }
    public String getCurrentTime() {
        Time time = new Time();                                      //创建 Time 对象
        time.setToNow();                                             //设置时间为当前时间
        String currentTime = time.format("%Y-%m-%d %H:%M:%S");      //设置时间格式
        return currentTime;
    }
}
```

（3）创建 CurrentTimeActivity 类，它继承了 Activity 类。在 onCreate()方法中设置布局。在 onStart()方法中获得按钮控件并增加单击事件监听器。在监听器中，使用 bindService()方法绑定服务。在 onStop()方法中解除绑定。代码如下：

```
public class CurrentTimeActivity extends Activity {
    CurrentTimeService cts;
    boolean bound;
    @Override
    protected void onCreate(Bundle savedInstanceState) {
        super.onCreate(savedInstanceState);
        setContentView(R.layout.main);
    }
    @Override
    protected void onStart() {
        super.onStart();
        Button button = (Button) findViewById(R.id.current_time);
        button.setOnClickListener(new View.OnClickListener() {
            public void onClick(View v) {
                Intent intent = new Intent(CurrentTimeActivity.this, CurrentTimeService.class);
```

```
                bindService(intent, sc, BIND_AUTO_CREATE);                    //绑定服务
                if (bound) {                                                  //如果绑定则显示当前时间
                    Toast.makeText(CurrentTimeActivity.this, cts.getCurrentTime(),
                                                          Toast.LENGTH_LONG).show();
                }
            }
        });
    }
    @Override
    protected void onStop() {
        super.onStop();
        if (bound) {
            bound = false;
            unbindService(sc);                                                //解绑定
        }
    }
    private ServiceConnection sc = new ServiceConnection() {
        public void onServiceDisconnected(ComponentName name) {
            bound = false;
        }
        public void onServiceConnected(ComponentName name, IBinder service) {
            LocalBinder binder = (LocalBinder) service;                       //获得自定义的 LocalBinder 对象
            cts = binder.getService();                                        //获得 CurrentTimeService 对象
            bound = true;
        }
    };
}
```

（4）修改 AndroidManifest.xml 文件，增加 Activity 和 Service 配置。代码如下：

```
<?xml version="1.0" encoding="utf-8"?>
<manifest xmlns:android="http://schemas.android.com/apk/res/android"
    package="com.mingrisoft"
    android:versionCode="1"
    android:versionName="1.0" >
    <uses-sdk android:minSdkVersion="15" />
    <application
        android:icon="@drawable/ic_launcher"
        android:label="@string/app_name" >
        <activity android:name=".CurrentTimeActivity" >
            <intent-filter >
                <action android:name="android.intent.action.MAIN" />
                <category android:name="android.intent.category.LAUNCHER" />
            </intent-filter>
        </activity>
        <service android:name=".CurrentTimeService" />
    </application>
</manifest>
```

启动应用程序，界面如图 17.7 所示。单击图中的“当前时间”按钮，会显示格式化了的当前时间，如图 17.8 所示。

图 17.7　继承 Binder 类绑定服务显示时间

图 17.8　显示当前时间

17.5.4　使用 Messenger 类绑定服务显示时间

例 17.04　在 Eclipse 中创建 Android 项目，名称为 17.04，实现使用 Message 类绑定服务，并显示当前时间。（**实例位置：光盘\TM\sl\17\17.04**）

具体步骤如下：

（1）修改 res/layout 包中的 main.xml 布局文件，设置背景图片并增加一个按钮。设置按钮字体的内容、颜色和大小，代码如下：

```
<?xml version="1.0" encoding="utf-8"?>
<LinearLayout xmlns:android="http://schemas.android.com/apk/res/android"
    android:layout_width="fill_parent"
    android:layout_height="fill_parent"
    android:background="@drawable/background"
    android:orientation="vertical" >
    <Button
        android:id="@+id/current_time"
        android:layout_width="wrap_content"
        android:layout_height="wrap_content"
        android:text="@string/current_time"
        android:textColor="@android:color/black"
        android:textSize="25dp" />
</LinearLayout>
```

（2）创建 CurrentTimeService 类，它继承了 Service 类。内部类 IncomingHanlder 继承了 Handler 类，重写其 handleMessage()方法来显示当前时间。代码如下：

```
public class CurrentTimeService extends Service {
    public static final int CURRENT_TIME = 0;
    private class IncomingHandler extends Handler {
        @Override
        public void handleMessage(Message msg) {
            if (msg.what == CURRENT_TIME) {
                Time time = new Time();                                  //创建 Time 对象
                time.setToNow();                                         //设置时间为当前时间
                String currentTime = time.format("%Y-%m-%d %H:%M:%S");//设置时间格式
                Toast.makeText(CurrentTimeService.this, currentTime, Toast.LENGTH_LONG).show();
            } else {
                super.handleMessage(msg);
            }
        }
    }
```

```
    @Override
    public IBinder onBind(Intent intent) {
        Messenger messenger = new Messenger(new IncomingHandler());
        return messenger.getBinder();
    }
}
```

（3）创建 CurrentTimeActivity 类，它继承了 Activity 类。在 onCreate()方法中设置布局。在 onStart()方法中获得按钮控件并增加单击事件监听器。在监听器中，使用 bindService()方法绑定服务。在 onStop()方法中解除绑定。代码如下：

```
public class CurrentTimeActivity extends Activity {
    Messenger messenger;
    boolean bound;
    @Override
    protected void onCreate(Bundle savedInstanceState) {
        super.onCreate(savedInstanceState);
        setContentView(R.layout.main);
    }
    @Override
    protected void onStart() {
        super.onStart();
        Button button = (Button) findViewById(R.id.current_time);
        button.setOnClickListener(new View.OnClickListener() {
            public void onClick(View v) {
                Intent intent = new Intent(CurrentTimeActivity.this, CurrentTimeService.class);
                bindService(intent, connection, BIND_AUTO_CREATE);       //绑定服务
                if (bound) {
                    Message message = Message.obtain(null, CurrentTimeService.CURRENT_TIME, 0, 0);
                    try {
                        messenger.send(message);
                    } catch (RemoteException e) {
                        e.printStackTrace();
                    }
                }
            }
        });
    }
    @Override
    protected void onStop() {
        super.onStop();
        if (bound) {
            bound = false;
            unbindService(connection);                                   //解绑定
        }
    }
    private ServiceConnection connection = new ServiceConnection() {
        public void onServiceDisconnected(ComponentName name) {
            messenger = null;
            bound = false;
        }
        public void onServiceConnected(ComponentName name, IBinder service) {
            messenger = new Messenger(service);
```

```
                bound = true;
            }
        };
}
```

（4）修改 AndroidManifest.xml 文件，增加 Activity 和 Service 配置。代码如下：

```
<?xml version="1.0" encoding="utf-8"?>
<manifest xmlns:android="http://schemas.android.com/apk/res/android"
    package="com.mingrisoft"
    android:versionCode="1"
    android:versionName="1.0" >
    <uses-sdk android:minSdkVersion="15" />
    <application
        android:icon="@drawable/ic_launcher"
        android:label="@string/app_name" >
        <activity android:name=".CurrentTimeActivity" >
            <intent-filter >
                <action android:name="android.intent.action.MAIN" />
                <category android:name="android.intent.category.LAUNCHER" />
            </intent-filter>
        </activity>
        <service android:name=".CurrentTimeService" />
    </application>
</manifest>
```

启动应用程序，界面如图 17.9 所示。单击图中的“当前时间”按钮，会显示格式化了的当前时间，如图 17.10 所示。

图 17.9　使用 Messenger 类绑定服务显示时间

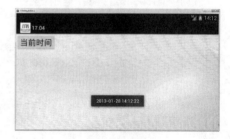

图 17.10　显示当前时间

17.5.5　视力保护程序

例 17.05　在 Eclipse 中创建 Android 项目，名称为 17.05，当应用程序运行 1 分钟后，显示通知信息提醒用户保护视力。（**实例位置：光盘\TM\sl\17\17.05**）

具体步骤如下：

（1）修改 res/layout 包中的 main.xml 文件，定义应用程序的背景图片和一个文本框，代码如下：

```
<?xml version="1.0" encoding="utf-8"?>
<LinearLayout xmlns:android="http://schemas.android.com/apk/res/android"
    android:layout_width="fill_parent"
    android:layout_height="fill_parent"
    android:background="@drawable/background"
```

```
    android:orientation="vertical" >
    <TextView
        android:id="@+id/textView"
        android:layout_width="fill_parent"
        android:layout_height="wrap_content"
        android:gravity="center"
        android:text="@string/activity_title"
        android:textColor="@android:color/black"
        android:textSize="25dp" />
</LinearLayout>
```

（2）在 com.mingrisoft 包中定义 TimeService 类，它继承 Service 类。在 onStart()方法中，使用 Timer 类完成延时操作，在一个新线程中创建消息，并且在 60 秒后运行。代码如下：

```
public class TimeService extends Service {
    private Timer timer;
    @Override
    public IBinder onBind(Intent intent) {
        return null;
    }
    @Override
    public void onCreate() {
        super.onCreate();
        timer = new Timer(true);                                          //创建 Timer 对象
    }
    @Override
    public void onStart(Intent intent, int startId) {
        super.onStart(intent, startId);
        timer.schedule(new TimerTask() {
            @Override
            public void run() {
                String ns = Context.NOTIFICATION_SERVICE;
                //获得通知管理器
                NotificationManager manager = (NotificationManager) getSystemService(ns);
                Notification notification = new Notification(R.drawable.warning, getText(R.string.ticker_text),
                                        System.currentTimeMillis());    //创建通知
                CharSequence contentTitle = getText(R.string.content_title);      //定义通知的标题
                CharSequence contentText = getText(R.string.content_text);        //定义通知的内容
                Intent intent = new Intent(TimeService.this, TimeActivity.class);   //创建 Intent 对象
                PendingIntent contentIntent = PendingIntent.getActivity(TimeService.this, 0, intent,
                            Intent.FLAG_ACTIVITY_NEW_TASK);              //创建 PendingIntent 对象
                //定义通知行为
                notification.setLatestEventInfo(TimeService.this, contentTitle, contentText, contentIntent);
                manager.notify(0, notification);                                  //显示通知
                TimeService.this.stopSelf();                                      //停止服务
            }
        }, 60000);
    }
}
```

（3）在 com.mingrisoft 包中定义 TimeActivity 类，它继承 Activity 类。在 onCreate()方法中启动服务。代码如下：

```
public class TimeActivity extends Activity {
    @Override
    protected void onCreate(Bundle savedInstanceState) {
        super.onCreate(savedInstanceState);
        setContentView(R.layout.main);
        startService(new Intent(this,TimeService.class));
    }
}
```

（4）修改 AndroidManifest.xml 文件，增加 Activity 和 Service 配置，代码如下：

```
<?xml version="1.0" encoding="utf-8"?>
<manifest xmlns:android="http://schemas.android.com/apk/res/android"
    package="com.mingrisoft"
    android:versionCode="1"
    android:versionName="1.0" >
    <uses-sdk android:minSdkVersion="15" />
    <application
        android:icon="@drawable/ic_launcher"
        android:label="@string/app_name" >
        <activity android:name=".TimeActivity" >
            <intent-filter >
                <action android:name="android.intent.action.MAIN" />
                <category android:name="android.intent.category.LAUNCHER" />
            </intent-filter>
        </activity>
        <service android:name=".TimeService" >
        </service>
    </application>
</manifest>
```

启动应用程序，界面如图 17.11 所示。在应用程序启动 1 分钟后会显示提示信息，单击打开后如图 17.12 所示。

图 17.11　视力保护程序

图 17.12　显示提示信息

17.5.6　查看当前运行服务信息

例 17.06　在 Eclipse 中创建 Android 项目，名称为 17.06，实现在 Activity 中显示当前运行服务的详细信息功能。**（实例位置：光盘\TM\sl\17\17.06）**

具体步骤如下：

（1）在 com.mingrisoft 包中创建 ServicesListActivity 类，它继承了 Activity 类。在 onStart()方法中，获得了当前正在运行服务的列表。对于每个服务，获得其详细信息并在 Activity 中输出。代码如下：

```
public class ServicesListActivity extends Activity {
    public void onCreate(Bundle savedInstanceState) {
        super.onCreate(savedInstanceState);
    }
    @Override
    protected void onStart() {
        super.onStart();
        StringBuilder serviceInfo = new StringBuilder();
        ActivityManager manager = (ActivityManager) getSystemService(ACTIVITY_SERVICE);
        List<RunningServiceInfo> services = manager.getRunningServices(100);//获得正在运行的服务列表
        for (Iterator<RunningServiceInfo> it = services.iterator(); it.hasNext();) {
            RunningServiceInfo info = it.next();
            //获得一个服务的详细信息并保存到 StringBuilder
            serviceInfo.append("activeSince: " + formatData(info.activeSince) + "\n");
            serviceInfo.append("clientCount: " + info.clientCount + "\n");
            serviceInfo.append("clientLabel: " + info.clientLabel + "\n");
            serviceInfo.append("clientPackage: " + info.clientPackage + "\n");
            serviceInfo.append("crashCount: " + info.crashCount + "\n");
            serviceInfo.append("flags: " + info.flags + "\n");
            serviceInfo.append("foreground: " + info.foreground + "\n");
            serviceInfo.append("lastActivityTime: " + formatData(info.lastActivityTime) + "\n");
            serviceInfo.append("pid: " + info.pid + "\n");
            serviceInfo.append("process: " + info.process + "\n");
            serviceInfo.append("restarting: " + formatData(info.restarting) + "\n");
            serviceInfo.append("service: " + info.service + "\n");
            serviceInfo.append("started: " + info.started + "\n");
            serviceInfo.append("uid: " + info.uid + "\n");
            serviceInfo.append("\n");
        }
        ScrollView scrollView = new ScrollView(this);                     //创建滚动视图
        TextView textView = new TextView(this);                           //创建文本视图
        textView.setBackgroundColor(Color.BLACK);                         //设置文本颜色
        textView.setTextSize(25);                                         //设置字体大小
        textView.setText(serviceInfo.toString());                         //设置文本内容
        scrollView.addView(textView);                                     //将文本视图增加到滚动视图
        setContentView(scrollView);                                       //显示滚动视图
    }
    private static String formatData(long data) {                        //用于格式化时间
        SimpleDateFormat format = new SimpleDateFormat("yyyy-MM-dd HH:mm:ss");
        return format.format(new Date(data));
    }
}
```

（2）修改 AndroidManifest.xml 文件，增加 Activity 和 Service 配置，代码如下：

```
<?xml version="1.0" encoding="utf-8"?>
<manifest xmlns:android="http://schemas.android.com/apk/res/android"
    package="com.mingrisoft"
    android:versionCode="1"
    android:versionName="1.0" >
    <uses-sdk android:minSdkVersion="15" />
    <application
        android:icon="@drawable/ic_launcher"
        android:label="@string/app_name" >
```

```
        <activity
            android:label="@string/app_name"
            android:name=".ServicesListActivity" >
            <intent-filter >
                <action android:name="android.intent.action.MAIN" />
                <category android:name="android.intent.category.LAUNCHER" />
            </intent-filter>
        </activity>
    </application>
</manifest>
```

启动应用程序，界面如图 17.13 所示。其中输出了服务的启动时间、连接的客户端个数等信息。

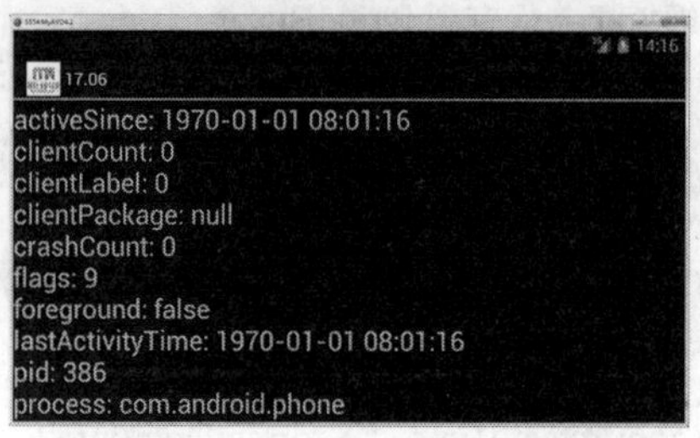

图 17.13　当前运行服务信息列表

17.6　本 章 小 结

本章详细介绍了 Android 四大组件之一的服务。对于服务而言，可以分成 Started 服务和 Bound 服务两大类。对于 Started 服务，有两种实现方式：继承 IntentService 类和继承 Service 类。对于 Bound 服务，有两种实现方式：继承 Binder 类和使用 Messenger 类。请读者认真区别各种方式，根据应用场合不同进行选择。

17.7　学习成果检验

1．编写 Android 程序，使用 IntentService 在后台每隔 5 秒钟输出应用程序运行时间。（**答案位置：光盘\TM\sl\17\17.07**）

2．编写 Android 程序，查看 Started 服务的生命周期。（**答案位置：光盘\TM\sl\17\17.08**）

3．编写 Android 程序，查看 Bound 服务的生命周期。（**答案位置：光盘\TM\sl\17\17.09**）

第18章

综合实验（三）——简易打地鼠游戏

（视频讲解：15分钟）

视频讲解：光盘\TM\Video\18\简易打地鼠游戏.exe

本章将介绍如何使用Android界面布局、资源文件、常用组件及线程消息处理等知识实现一个简单的打地鼠游戏。

通过阅读本章，您可以：

- 了解打地鼠游戏的主要功能
- 巩固Android界面布局及资源文件的使用
- 巩固ImageView组件的使用
- 掌握Thread线程类的使用
- 掌握Handle消息处理的应用

18.1　功 能 概 述

打地鼠游戏就是在窗体上放置一张有多个“洞穴”的背景图片，然后在每个洞穴处随机显示地鼠，用户可以用鼠标点击或者触摸出现的地鼠，如果点击或者触摸到了，则该地鼠将不再显示，同时在屏幕上通过消息提示框显示打到了几只地鼠，如图 18.1 所示。

图 18.1　游戏主界面

18.2　关 键 技 术

打地鼠游戏实现的关键是，如何在指定的位置随机显示地鼠，这里主要是通过线程与消息处理进行控制的。首先使用 Thread 线程对象记录地鼠的出现位置，然后通过 Handler 消息控制地鼠的出现。使用 Thread 线程对象记录地鼠出现位置的关键代码如下：

```
Thread t = new Thread(new Runnable() {
            @Override
            public void run() {
                int index = 0;                                          //创建一个记录地鼠位置的索引值
                while (!Thread.currentThread().isInterrupted()) {
                    index = new Random().nextInt(position.length); //产生一个随机数
                    Message m = handler.obtainMessage();          //获取一个 Message
                    m.what = 0x101;                               //设置消息标识
                    m.arg1 = index;                               //保存地鼠位置的索引值
                    handler.sendMessage(m);                       //发送消息
                    try {
                        Thread.sleep(new Random().nextInt(500) + 500);    //休眠一段时间
                    } catch (InterruptedException e) {
                        e.printStackTrace();
                    }
                }
            }
        });
        t.start();                                                  //开启线程
    }
```

通过 Handler 消息控制地鼠出现的关键代码如下：

```
handler = new Handler() {
            @Override
            public void handleMessage(Message msg) {
                int index = 0;
                if (msg.what == 0x101) {
                    index = msg.arg1;                               //获取位置索引值
                    mouse.setX(position[index][0]);                 //设置 X 轴位置
                    mouse.setY(position[index][1]);                 //设置 Y 轴位置
                    mouse.setVisibility(View.VISIBLE);              //设置地鼠显示
                }
                super.handleMessage(msg);
            }
        };
```

18.3　实 现 过 程

在实现打地鼠游戏时，大致需要分为搭建开发环境、准备资源、布局页面和实现代码等 4 个部分，下面进行详细介绍。

18.3.1　搭建开发环境

本程序的开发环境及运行环境具体如下。

- ☑ 操作系统：Windows 7。
- ☑ JDK 环境：Java SE Development KET(JDK) version 7。
- ☑ 开发工具：Eclipse 4.2+Android 4.2。
- ☑ 开发语言：Java、XML。
- ☑ 运行平台：Windows、Linux 各版本。

18.3.2　准备资源

在实现本实例前，首先需要准备游戏中所需的图片资源，这里共包括一张游戏背景图片以及一张地鼠图片，并把它们放置在项目根目录下的 res/drawable-mdpi/文件夹中，放置后的效果如图 18.2 所示。

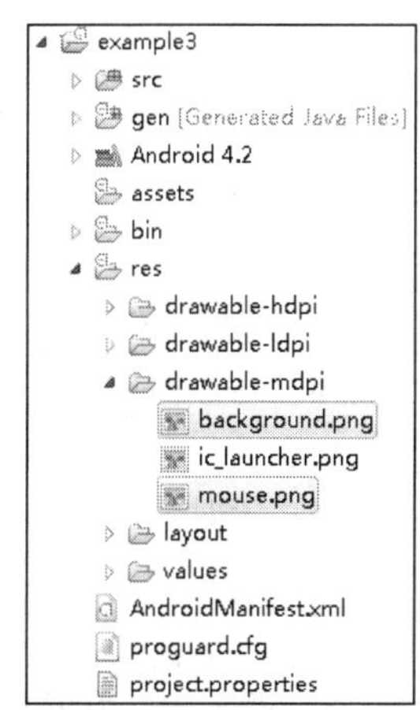

图 18.2　放置后的图片资源

将图片资源放置到 drawable-mdpi 文件夹后，系统将自动在 gen 目录下的 com.mingrisoft 包中的 R.java 文件中添加对应的图片 ID。打开 R.java 文件，可以看到下面的图片 ID：

```
public static final class drawable {
    public static final int background=0x7f020000;
    public static final int ic_launcher=0x7f020001;
    public static final int mouse=0x7f020002;
}
```

ic_launcher.png 是创建 Android 程序时自动生成的图片文件。

18.3.3 布局页面

修改新建项目的 res/layout 目录下的布局文件 main.xml，首先将默认添加的布局管理器和 TextView 组件删除，然后添加一个帧布局管理器，最后在该布局管理器中添加一个用于显示地鼠的 ImageView 组件，并设置其显示一张地鼠图片。关键代码如下：

```
<FrameLayout xmlns:android="http://schemas.android.com/apk/res/android"
    android:id="@+id/fl"
    android:background="@drawable/background"
    android:layout_width="fill_parent"
    android:layout_height="fill_parent">
    <ImageView
        android:id="@+id/imageView1"
        android:layout_width="wrap_content"
        android:layout_height="wrap_content"
        android:src="@drawable/mouse" />
</FrameLayout>
```

18.3.4 实现代码

（1）在 MainActivity 中声明程序中所需的成员变量，具体代码如下：

```
private int i = 0;                                          //记录其打到了几只地鼠
private ImageView mouse;                                    //声明一个 ImageView 对象
private Handler handler;                                    //声明一个 Handler 对象
public int[][] position = new int[][] { { 231, 325 }, { 424, 349 },
        { 521, 256 }, { 543, 296 }, { 719, 245 }, { 832, 292 },
        { 772, 358 } };                                     //创建一个表示地鼠位置的数组
```

（2）创建并开启一个新线程，在重写的 run()方法中，创建一个记录地鼠位置的索引值的变量，并实现一个循环。在该循环中，首先生成一个随机数，并获取一个 Message 对象，然后将生成的随机数作为地鼠位置的索引值保存到 Message 对象中，再为该 Message 设置一个消息标识，并发送消息，最后让线程休眠一段时间（该时间随机产生）。具体代码如下：

```
Thread t = new Thread(new Runnable() {
    @Override
    public void run() {
        int index = 0;                                      //创建一个记录地鼠位置的索引值
        while (!Thread.currentThread().isInterrupted()) {
            index = new Random().nextInt(position.length);  //产生一个随机数
            Message m = handler.obtainMessage();            //获取一个 Message
            m.arg1 = index;                                 //保存地鼠位置的索引值
            m.what = 0x101;                                 //设置消息标识
            handler.sendMessage(m);                         //发送消息
```

```
				try {
					Thread.sleep(new Random().nextInt(500) + 500);	//休眠一段时间
				} catch (InterruptedException e) {
					e.printStackTrace();
				}
			}
		}
});
t.start();	//开启线程
```

（3）创建一个 Handler 对象，在重写的 handleMessage()方法中，首先定义一个记录地鼠位置索引值的变量，然后使用 if 语句根据消息标识判断是否为指定的消息，如果是，则获取消息中保存地鼠位置的索引值，并设置地鼠在指定位置显示。具体代码如下：

```
handler = new Handler() {
	@Override
	public void handleMessage(Message msg) {
		int index = 0;
		if (msg.what == 0x101) {
			index = msg.arg1;	//获取位置索引值
			mouse.setX(position[index][0]);	//设置 X 轴位置
			mouse.setY(position[index][1]);	//设置 Y 轴位置
			mouse.setVisibility(View.VISIBLE);	//设置地鼠显示
		}
		super.handleMessage(msg);
	}
};
```

（4）获取布局管理器中添加的 ImageView 组件，并为该组件添加触摸监听器。在重写的 onTouch()方法中，首先设置地鼠不显示，然后将 i 的值加 1，再通过消息提示框显示打到了几只地鼠。具体代码如下：

```
mouse = (ImageView) findViewById(R.id.imageView1);	//获取 ImageView 对象
mouse.setOnTouchListener(new OnTouchListener() {
	@Override
	public boolean onTouch(View v, MotionEvent event) {
		v.setVisibility(View.INVISIBLE);	//设置地鼠不显示
		i++;
		Toast.makeText(MainActivity.this, "打到[ " + i + " ]只地鼠！",
				Toast.LENGTH_SHORT).show();	//显示消息提示框
		return false;
	}
});
```

18.4 运 行 项 目

项目开发完成后，就可以在模拟器中运行该项目了。在“项目资源管理器”中选择项目名称节点，并在该节点上单击鼠标右键，在弹出的快捷菜单中选择“运行方式”/Android Application 命令，即可在 Android 模拟器中运行该程序。运行程序，在屏幕上将随机显示地鼠，触摸地鼠后，该地鼠将不显示，同时在屏幕上通过消息提示框显示打到了几只地鼠，如图 18.3 所示。

图 18.3　打地鼠游戏

18.5　本章小结

本章通过一个打地鼠小游戏，重点演示了线程消息处理技术在实际中的应用。线程消息处理技术在实际开发中经常用到，所以大家应该熟练掌握该游戏的开发过程，并通过对该游戏的学习掌握线程消息处理技术的使用。另外，通过本章的学习，读者还可以巩固前面所学到的 Android 界面布局、资源文件及常用组件等知识。

高级应用

- ⏭ 第19章　图像与动画处理技术
- ⏭ 第20章　利用 OpenGL 实现 3D 图形
- ⏭ 第21章　多媒体技术
- ⏭ 第22章　定位服务
- ⏭ 第23章　网络通信技术
- ⏭ 第24章　综合实验（四）——简易涂鸦板

第19章

图像与动画处理技术

（视频讲解：176分钟）

图像与动画处理技术在Android中非常重要，特别是在开发益智类游戏或者2D游戏时，都离不开图像与动画处理技术的支持。本章将对Android中的图像与动画处理技术进行详细介绍。

通过阅读本章，您可以：

- 了解常用的绘图类
- 掌握如何绘制几何图形
- 掌握如何绘制文本
- 掌握如何绘制路径及绕路径文本
- 掌握如何绘制图片
- 掌握如何为图形添加旋转、缩放、倾斜和平移特效
- 掌握如何使用BitmapShader渲染图像
- 掌握如何实现逐帧动画
- 掌握如何实现补间动画

19.1　常用绘图类

视频讲解：光盘\TM\Video\19\常用绘图类.exe

在 Android 中，绘制图像时最常应用的就是 Paint 类、Canvas 类、Bitmap 类和 BitmapFactory 类。其中 Paint 类代表画笔，Canvas 类代表画布。在现实生活中，有画笔和画布就可以正常作画了，在 Android 中也是如此，通过 Paint 类和 Canvas 类即可绘制图像。下面将对这 4 个类进行详细介绍。

19.1.1　Paint 类

Paint 类代表画笔，用来描述图形的颜色和风格，如线宽、颜色、透明度和填充效果等信息。使用 Paint 类时，需要先创建该类的对象，这可以通过该类提供的构造方法来实现。通常情况下，只需要使用 Paint() 方法来创建一个使用默认设置的 Paint 对象，具体代码如下：

```
Paint paint=new Paint();
```

创建 Paint 类的对象后，还可以通过该对象提供的方法来对画笔的默认设置进行改变，如改变画笔的颜色、笔触宽度等。用于改变画笔设置的常用方法如表 19.1 所示。

表 19.1　Paint 类的常用方法

方　　法	描　　述
setARGB(int a, int r, int g, int b)	用于设置颜色，各参数值均为 0~255 之间的整数，分别用于表示透明度、红色、绿色和蓝色值
setColor(int color)	用于设置颜色，参数 color 可以通过 Color 类提供的颜色常量指定，也可以通过 Color.rgb(int red,int green,int blue)方法指定
setAlpha(int a)	用于设置透明度，值为 0~255 之间的整数
setAntiAlias(boolean aa)	用于指定是否使用抗锯齿功能，如果使用会使绘图速度变慢
setDither(boolean dither)	用于指定是否使用图像抖动处理，如果使用会使图像颜色更加平滑和饱满，更加清晰
setPathEffect(PathEffect effect)	用于设置绘制路径时的路径效果，如点划线
setShader(Shader shader)	用于设置渐变，可以使用 LinearGradient（线性渐变）、RadialGradient（径向渐变）或者 SweepGradient（角度渐变）
setShadowLayer(float radius, float dx, float dy, int color)	用于设置阴影，参数 radius 为阴影的角度，dx 和 dy 为阴影在 X 轴和 Y 轴上的距离，color 为阴影的颜色。如果参数 radius 的值为 0，那么将没有阴影
setStrokeCap(Paint.Cap cap)	用于当画笔的填充样式为 STROKE 或 FILL_AND_STROKE 时，设置笔刷的图形样式，参数值可以是 Cap.BUTT、Cap.ROUND 或 Cap.SQUARE。主要体现在线的端点上
setStrokeJoin(Paint.Join join)	用于设置画笔转弯处的连接风格，参数值为 Join.BEVEL、Join.MITER 或 Join.ROUND
setStrokeWidth(float width)	用于设置笔触的宽度
setStyle(Paint.Style style)	用于设置填充风格，参数值为 Style.FILL、Style.FILL_AND_STROKE 或 Style.STROKE

续表

方　法	描　述
setTextAlign(Paint.Align align)	用于设置绘制文本时的文字对齐方式，参数值为 Align.CENTER、Align.LEFT 或 Align.RIGHT
setTextSize(float textSize)	用于设置绘制文本时文字的大小
setFakeBoldText(boolean fakeBoldText)	用于设置是否为粗体文字
setXfermode(Xfermode xfermode)	用于设置图形重叠时的处理方式，如合并、取交集或并集，经常用来制作橡皮的擦除效果

例如，要定义一个画笔，指定该画笔的颜色为绿色，带一个浅灰色的阴影，可以使用下面的代码。

```
Paint paint=new Paint();
paint.setColor(Color. RED);
paint.setShadowLayer(2, 3, 3, Color.rgb(180, 180, 180));
```

应用该画笔，在画布上绘制一个带阴影的矩形，效果如图 19.1 所示。

说明 关于如何在画布上绘制矩形，将在第 19.1.2 节进行介绍。

例 19.01 分别定义一个线性渐变、径向渐变和角度渐变的画笔，并应用这 3 支画笔绘制 3 个矩形。（实例位置：**光盘\TM\sl\19\19.01**）

关键代码如下：

```
Paint paint=new Paint();                                          //定义一个默认的画笔
//线性渐变
Shader shader=new LinearGradient(0, 0, 50, 50, Color.RED, Color.GREEN, Shader.TileMode.MIRROR);
paint.setShader(shader);                                          //为画笔设置渐变器
canvas.drawRect(10, 70, 100, 150, paint);                         //绘制矩形
//径向渐变
shader=new RadialGradient(160, 110, 50, Color.RED, Color.GREEN, Shader.TileMode.MIRROR);
paint.setShader(shader);                                          //为画笔设置渐变器
canvas.drawRect(115,70,205,150, paint);                           //绘制矩形
//角度渐变
shader=new SweepGradient(265,110,new int[]{Color.RED,Color.GREEN,Color.BLUE},null);
paint.setShader(shader);                                          //为画笔设置渐变器
canvas.drawRect(220, 70, 310, 150, paint);                        //绘制矩形
```

运行本实例，将显示如图 19.2 所示的运行结果。

图 19.1　绘制带阴影的矩形

图 19.2　绘制以渐变色填充的矩形

19.1.2　Canvas 类

Canvas 类代表画布，通过该类提供的方法，可以绘制各种图形（如矩形、圆形和线条等）。通常情况下，

要在 Android 中绘图，需要先创建一个继承自 View 类的视图，并且在该类中重写它的 onDraw(Canvas canvas)方法，然后在显示绘图的 Activity 中添加该视图。下面将通过一个具体的实例来说明如何创建用于绘图的画布。

例 19.02　在 Eclipse 中创建 Android 项目，名称为 19.02，实现创建绘图画布功能。（**实例位置：光盘\TM\sl\19\19.02**）

具体步骤如下：

（1）创建一个名称为 DrawView 的类，该类继承自 android.view.View 类，并添加构造方法和重写 onDraw(Canvas canvas)方法。关键代码如下：

```
public class DrawView extends View {
    /**
     * 功能：构造方法
     */
    public DrawView(Context context, AttributeSet attrs) {
        super(context, attrs);
    }
    /*
     * 功能：重写 onDraw()方法
     */
    @Override
    protected void onDraw(Canvas canvas) {
        super.onDraw(canvas);
    }
}
```

说明　上面加粗的代码为重写 onDraw()方法的代码。在重写的 onDraw()方法中，可以编写绘图代码，参数 canvas 就是要进行绘图的画布。

（2）修改新建项目的 res/layout 目录下的布局文件 main.xml，将默认添加的线性布局管理器和 TextView 组件删除，然后添加一个帧布局管理器，并在帧布局管理器中添加步骤（1）创建的自定义视图。修改后的代码如下：

```
<?xml version="1.0" encoding="utf-8"?>
<FrameLayout xmlns:android="http://schemas.android.com/apk/res/android"
    android:layout_width="fill_parent"
    android:layout_height="fill_parent"
    android:orientation="vertical" >
    <com.mingrisoft.DrawView
        android:id="@+id/drawView1"
        android:layout_width="wrap_content"
        android:layout_height="wrap_content" />
</FrameLayout>
```

（3）在 DrawView 的 onDraw()方法中，添加以下代码用于绘制一个带阴影的红色矩形。

```
Paint paint=new Paint();                                    //定义一个采用默认设置的画笔
paint.setColor(Color.RED);                                  //设置颜色为红色
paint.setShadowLayer(2, 3, 3, Color.rgb(180, 180, 180));    //设置阴影
canvas.drawRect(40, 40, 200, 100, paint);                   //绘制矩形
```

运行本实例，将显示如图 19.3 所示的运行结果。

图 19.3　创建绘图画布并绘制带阴影的矩形

19.1.3　Bitmap 类

Bitmap 类代表位图，是 Android 系统中图像处理的最重要类之一。使用它不仅可以获取图像文件信息，对图像进行剪切、旋转、缩放等操作，而且还可以指定格式保存图像文件。对于这些操作都可以通过 Bitmap 类提供的方法来实现。Bitmap 类提供的常用方法如表 19.2 所示。

表 19.2　Bitmap 类的常用方法

方　　法	描　　述
compress(Bitmap.CompressFormat format, int quality, OutputStream stream)	用于将Bitmap对象压缩为指定格式并保存到指定的文件输出流中，其中 format 参数值可以是 Bitmap.CompressFormat.PNG、Bitmap.CompressFormat. JPEG 和 Bitmap.CompressFormat.WEBP
createBitmap(Bitmap source, int x, int y, int width, int height, Matrix m, boolean filter)	用于从源位图的指定坐标点开始，“挖取”指定宽度和高度的一块图像来创建新的 Bitmap 对象，并按 Matrix 指定规则进行变换
createBitmap(int width, int height, Bitmap.Config config)	用于创建一个指定宽度和高度的新的 Bitmap 对象
createBitmap(Bitmap source, int x, int y, int width, int height)	用于从源位图的指定坐标点开始，“挖取”指定宽度和高度的一块图像来创建新的 Bitmap 对象
createBitmap(int[] colors, int width, int height, Bitmap.Config config)	使用颜色数组创建一个指定宽度和高度的新 Bitmap 对象，其中，数组元素的个数为 width×height
createBitmap(Bitmap src)	用于使用源位图创建一个新的 Bitmap 对象
createScaledBitmap(Bitmap src, int dstWidth, int dstHeight, boolean filter)	用于将源位图缩放为指定宽度和高度的新的 Bitmap 对象
isRecycled()	用于判断 Bitmap 对象是否被回收
recycle()	强制回收 Bitmap 对象

说明　表 19.2 中给出的方法不包括对图像进行缩放和旋转的方法，关于如何使用 Bitmap 类对图像进行缩放和旋转将在 19.3 节进行介绍。

例如，创建一个包括 4 个像素（每个像素对应一种颜色）的 Bitmap 对象的代码如下：

```
Bitmap bitmap=Bitmap.createBitmap(new int[]{Color.RED,Color.GREEN,Color.BLUE,Color.MAGENTA}, 4, 1,
Config.RGB_565);
```

19.1.4　BitmapFactory 类

在 Android 中，还提供了一个 BitmapFactory 类，该类为一个工具类，用于从不同的数据源来解析、创建 Bitmap 对象。BitmapFactory 类提供的创建 Bitmap 对象的常用方法如表 19.3 所示。

表 19.3　BitmapFactory 类的常用方法

方　　法	描　　述
decodeFile(String pathName)	用于从给定的路径所指定的文件中解析、创建 Bitmap 对象
decodeFileDescriptor(FileDescriptor fd)	用于从 FileDescriptor 对应的文件中解析、创建 Bitmap 对象
decodeResource(Resources res, int id)	用于根据给定的资源 ID 从指定的资源中解析、创建 Bitmap 对象
decodeStream(InputStream is)	用于从指定的输入流中解析、创建 Bitmap 对象

例如，要解析 SD 卡上的图片文件 img01.jpg，并创建对应的 Bitmap 对象可以使用下面的代码。

```
String path="/sdcard/pictures/bccd/img01.jpg";
Bitmap bm=BitmapFactory.decodeFile(path);
```

要解析 Drawable 资源中保存的图片文件 img02.jpg，并创建对应的 Bitmap 对象可以使用下面的代码。

```
Bitmap bm=BitmapFactory.decodeResource(MainActivity.this.getResources(), R.drawable.img02);
```

19.2　绘制 2D 图像

视频讲解：光盘\TM\Video\19\绘制 2D 图像.exe

在 Android 中，提供了非常强大的本机二维图形库，用于绘制 2D 图像。在 Android 应用中，比较常用的是绘制几何图形、文本、路径和图片等。下面分别进行介绍。

19.2.1　绘制几何图形

比较常见的几何图形包括点、线、弧、圆形、矩形等。在 Android 中，Canvas 类提供了丰富的绘制几何图形的方法，通过这些方法可以绘制出各种几何图形。常用的绘制几何图形的方法如表 19.4 所示。

表 19.4　Canvas 类提供的绘制几何图形的方法

方　　法	描　　述	举　　例	绘 图 效 果
drawArc(RectF oval, float startAngle, float sweepAngle, boolean useCenter, Paint paint)	绘制弧	RectF rectf=new RectF(10, 20, 100, 110); canvas.drawArc(rectf, 0, 60, true, paint);	
		RectF rectf1=new RectF(10, 20, 100, 110); canvas.drawArc(rectf1, 0, 60, false, paint);	
drawCircle(float cx, float cy, float radius, Paint paint)	绘制圆形	paint.setStyle(Style.STROKE); canvas.drawCircle(50, 50, 15, paint);	
drawLine(float startX, float startY, float stopX, float stopY, Paint paint)	绘制一条线	canvas.drawLine(100, 10, 150, 10, paint);	
drawLines(float[] pts, Paint paint)	绘制多条线	canvas.drawLines(new float[]{10,10, 30,10, 30,10, 15,30, 15,30, 10,10}, paint);	
drawOval(RectF oval, Paint paint)	绘制椭圆	RectF rectf=new RectF(40, 20, 80, 40); canvas.drawOval(rectf,paint);	

续表

方　法	描　述	举　例	绘图效果
drawPoint(float x, float y, Paint paint)	绘制一个点	canvas.drawPoint(10, 10, paint);	·
drawPoints(float[] pts, Paint paint)	绘制多个点	canvas.drawPoints(new float[]{10,10, 15, 10, 20, 15, 25,10, 30,10}, paint);	··˙··
drawRect(float left, float top, float right, float bottom, Paint paint)	绘制矩形	canvas.drawRect(10, 10, 40, 30, paint);	
drawRoundRect(RectF rect, float rx, float ry, Paint paint)	绘制圆角矩形	RectF rectf=new RectF(40, 20, 80, 40); canvas.drawRoundRect(rectf, 6, 6, paint);	

表 19.4 中给出的绘图效果使用的画笔均为以下代码所定义的画笔。

```
Paint paint=new Paint();                //创建一个采用默认设置的画笔
paint.setAntiAlias(true);               //使用抗锯齿功能
paint.setColor(Color.RED);              //设置颜色为红色
paint.setStrokeWidth(2);                //笔触的宽度为 2 像素
paint.setStyle(Style.STROKE);           //填充样式为描边
```

例 19.03　在 Eclipse 中创建 Android 项目，名称为 19.03，实现绘制由 5 个不同颜色的圆形组成的图案。**（实例位置：光盘\TM\sl\19\19.03）**

具体步骤如下：

（1）修改新建项目的 res/layout 目录下的布局文件 main.xml，将默认添加的线性布局管理器和 TextView 组件删除，然后添加一个帧布局管理器，用于显示自定义的绘图类。修改后的代码如下：

```
<?xml version="1.0" encoding="utf-8"?>
<FrameLayout xmlns:android="http://schemas.android.com/apk/res/android"
    android:id="@+id/frameLayout1"
    android:layout_width="fill_parent"
    android:layout_height="fill_parent"
    android:orientation="vertical" >
</FrameLayout>
```

（2）打开默认创建的 MainActivity，在该文件中，创建一个名称为 MyView 的内部类，该类继承自 android.view.View 类，并添加构造方法和重写 onDraw(Canvas canvas)方法。关键代码如下：

```
public class MyView extends View{
        public MyView(Context context) {
            super(context);
        }
        @Override
        protected void onDraw(Canvas canvas) {
            super.onDraw(canvas);
        }
    }
```

（3）在 MainActivity 的 onCreate()方法中，获取布局文件中添加的帧布局管理器，并将步骤（2）中创

建的 MyView 视图添加到该帧布局管理器中。关键代码如下：

```
FrameLayout ll=(FrameLayout)findViewById(R.id.frameLayout1);//获取布局文件中添加的帧布局管理器
ll.addView(new MyView(this));                                //将自定义的MyView视图添加到帧布局管理器中
```

（4）在 DrawView 的 onDraw()方法中，首先指定画布的背景色，然后创建一个采用默认设置的画笔，并设置该画笔使用抗锯齿功能，再设置笔触的宽度，并设置填充样式为描边，最后设置画笔颜色并绘制圆形。具体代码如下：

```
canvas.drawColor(Color.WHITE);                  //指定画布的背景色为白色
Paint paint=new Paint();                        //创建采用默认设置的画笔
paint.setAntiAlias(true);                       //使用抗锯齿功能
paint.setStrokeWidth(3);                        //设置笔触的宽度
paint.setStyle(Style.STROKE);                   //设置填充样式为描边
paint.setColor(Color.BLUE);
canvas.drawCircle(50, 50, 30, paint);           //绘制蓝色的圆形
paint.setColor(Color.YELLOW);
canvas.drawCircle(100, 50, 30, paint);          //绘制黄色的圆形
paint.setColor(Color.BLACK);
canvas.drawCircle(150, 50, 30, paint);          //绘制黑色的圆形
paint.setColor(Color.GREEN);
canvas.drawCircle(75, 90, 30, paint);           //绘制绿色的圆形
paint.setColor(Color.RED);
canvas.drawCircle(125, 90, 30, paint);          //绘制红色的圆形
```

运行本实例，将显示如图 19.4 所示的运行结果。

19.2.2 绘制文本

图 19.4 绘制 5 个不同颜色的圆形

在 Android 中，虽然可以通过 TextView 或是图片显示文本，但是在开发游戏时，特别是开发 RPG（角色）类游戏时，会包含很多文字，使用 TextView 和图片显示文本不太合适，这时，就需要通过绘制文本的方式来实现。Canvas 类提供了一系列绘制文本的方法，下面分别进行介绍。

1．drawText()方法

drawText()方法用于在画布的指定位置绘制文字。该方法比较常用的语法格式如下：

```
drawText(String text, float x, float y, Paint paint)
```

在该语法中，参数 text 用于指定要绘制的文字；x 用于指定文字起始位置的 X 轴坐标；y 用于指定文字起始位置的 Y 轴坐标；paint 用于指定使用的画笔。

例如，要在画布上输出文字“明日科技”，可以使用下面的代码。

```
Paint paintText=new Paint();
paintText.setTextSize(20);
canvas.drawText("明日科技", 165,65, paintText);
```

2．drawPosText()方法

drawPosText()方法也用于在画布上绘制文字，与 drawText()方法不同的是，使用该方法绘制字符串时，

需要为每个字符指定一个位置。该方法比较常用的语法格式如下：

```
drawPosText(String text, float[] pos, Paint paint)
```

在该语法中，参数 text 用于指定要绘制的文字；pos 用于指定每一个字符的位置；paint 用于指定要使用的画笔。

例如，要在画布上分两行输出文字“很高兴见到你”，可以使用下面的代码。

```
Paint paintText=new Paint();
paintText.setTextSize(24);
float[] pos= new float[]{80,215, 105,215, 130,215,80,240, 105,240, 130,240};
canvas.drawPosText("很高兴见到你", pos, paintText);
```

例 19.04 在 Eclipse 中创建 Android 项目，名称为 19.04，实现绘制一个游戏对白界面。（**实例位置：光盘\TM\sl\19\19.04**）

具体实现步骤如下：

（1）修改新建项目的 res/layout 目录下的布局文件 main.xml，将默认添加的线性布局管理器和 TextView 组件删除，然后添加一个帧布局管理器，并为其设置背景，用于显示自定义的绘图类。修改后的代码如下：

```
<FrameLayout xmlns:android="http://schemas.android.com/apk/res/android"
    android:id="@+id/frameLayout1"
    android:layout_width="fill_parent"
    android:layout_height="fill_parent"
    android:background="@drawable/background"
    android:orientation="vertical" >
</FrameLayout>
```

（2）打开默认创建的 MainActivity，在该文件中，创建一个名称为 MyView 的内部类，该类继承自 android.view.View 类，并添加构造方法和重写 onDraw(Canvas canvas)方法。关键代码如下：

```
public class MyView extends View{
        public MyView(Context context) {
            super(context);
        }
        @Override
        protected void onDraw(Canvas canvas) {
            super.onDraw(canvas);
        }
    }
```

（3）在 MainActivity 的 onCreate()方法中，获取布局文件中添加的帧布局管理器，并将步骤（2）中创建的 MyView 视图添加到该帧布局管理器中。关键代码如下：

```
FrameLayout ll=(FrameLayout)findViewById(R.id.frameLayout1);//获取布局文件中添加的帧布局管理器
ll.addView(new MyView(this));                                //将自定义的MyView视图添加到帧布局管理器中
```

（4）在 MyView 的 onDraw()方法中，首先创建一个采用默认设置的画笔，然后设置画笔颜色，以及对齐方式、文字大小和使用抗锯齿功能，再通过 drawText()方法绘制一段文字，最后通过 drawPosText()方法绘制文字。具体代码如下：

```
Paint paintText=new Paint();                    //创建一个采用默认设置的画笔
paintText.setColor(0xFFFF6600);                 //设置画笔颜色
```

```
paintText.setTextAlign(Align.LEFT);                              //设置文字左对齐
paintText.setTextSize(24);                                        //设置文字大小
paintText.setAntiAlias(true);                                     //使用抗锯齿功能
canvas.drawText("不，我不想去！", 520,75, paintText);              //通过 drawText()方法绘制文字
float[] pos= new float[]{400,260, 425,260, 450,260, 475,260,
        363,290, 388,290, 413,290, 438,290, 463,290, 488,290, 513,290};//定义代表文字位置的数组
canvas.drawPosText("你想和我一起去探险吗？", pos, paintText);       //通过 drawPosText()方法绘制文字
```

运行本实例，将显示如图 19.5 所示的运行结果。

图 19.5　在画布上绘制文字

19.2.3　绘制路径

在 Android 中提供了绘制路径的功能。绘制一条路径可以分为创建路径和绘制定义好的路径两部分，下面分别进行介绍。

1. 创建路径

要创建路径，可以使用 android.graphics.Path 类来实现。Path 类包含一组矢量绘图方法，如画圆、矩形、弧、线条等。常用的绘图方法如表 19.5 所示。

表 19.5　Path 类的常用方法

方　法	描　述
addArc(RectF oval, float startAngle, float sweepAngle)	添加弧形路径
addCircle(float x, float y, float radius, Path.Direction dir)	添加圆形路径
addOval(RectF oval, Path.Direction dir)	添加椭圆形路径
addRect(RectF rect, Path.Direction dir)	添加矩形路径
addRoundRect(RectF rect, float rx, float ry, Path.Direction dir)	添加圆角矩形路径
moveTo(float x, float y)	设置开始绘制直线的起始点
lineTo(float x, float y)	在 moveTo()方法设置的起始点与该方法指定的结束点之间画一条直线，如果在调用该方法之前没有使用 moveTo()方法设置起始点，那么将从（0,0）点开始绘制直线
quadTo(float x1, float y1, float x2, float y2)	用于根据指定的参数绘制一条线段轨迹
close()	闭合路径

说明　在使用 addCircle()、addOval()、addRect()和 addRoundRect()方法时，需要指定 Path.Direction 类型的常量，可选值为 Path.Direction.CW（顺时针）和 Path.Direction.CCW（逆时针）。

例如，要创建一条顺时针旋转的圆形路径可以使用下面的代码。

```
Path path=new Path();                              //创建并实例化一个 path 对象
path.addCircle(150, 200, 60, Path.Direction.CW);   //在 path 对象中添加一个圆形路径
```

要创建一条折线，可以使用下面的代码。

```
Path mypath=new Path();                            //创建并实例化一个 mypath 对象
mypath.moveTo(50, 100);                            //设置起始点
mypath.lineTo(100, 45);                            //设置第一段直线的结束点
mypath.lineTo(150, 100);                           //设置第二段直线的结束点
mypath.lineTo(200, 80);                            //设置第三段直线的结束点
```

将该路径绘制到画布上的效果如图 19.6 所示。

要创建一个三角形路径，可以使用下面的代码。

```
Path path=new Path();                              //创建并实例化一个 path 对象
path.moveTo(50,50);                                //设置起始点
path.lineTo(100, 10);                              //设置第一条边的结束点，也是第二条边的起始点
path.lineTo(150, 50);                              //设置第二条边的结束点，也是第三条边的起始点
path.close();                                      //闭合路径
```

将该路径绘制到画布上的效果如图 19.7 所示。

图 19.6　绘制 3 条线组成的折线

图 19.7　绘制一个三角形

说明　在创建三角形的路径时，如果不使用 close()方法闭合路径，那么绘制的将不是一个三角形，而是一条折线，如图 19.8 所示。

图 19.8　绘制两条线组成的折线

2．将定义好的路径绘制在画布上

使用 Canvas 类提供的 drawPath()方法可以将定义好的路径绘制在画布上。

说明　在 Android 的 Canvas 类中，还提供了另一个应用路径的方法 drawTextOnPath()，也就是沿着指定的路径绘制字符串。使用该方法可绘制环形文字。

例 19.05　在 Eclipse 中创建 Android 项目，名称为 19.05，实现在屏幕上绘制圆形路径、折线路径、三角形路径，以及绕路径的环形文字。（**实例位置：光盘\TM\sl\19\19.05**）

具体实现步骤如下：

（1）修改新建项目的 res/layout 目录下的布局文件 main.xml，将默认添加的线性布局管理器和 TextView 组件删除，然后添加一个帧布局管理器，用于显示自定义的绘图类。

（2）打开默认创建的 MainActivity，在该文件中，首先创建一个名称为 MyView 的内部类，该类继承自 android.view.View 类，并添加构造方法和重写 onDraw(Canvas canvas)方法，然后在 onCreate()方法中，获取布局文件中添加的帧布局管理器，并将 MyView 视图添加到该帧布局管理器中。

（3）在 MyView 的 onDraw()方法中，首先创建一个画笔，并设置画笔的相关属性，然后创建并绘制一个圆形路径、折线路径和三角形路径，最后再绘制绕路径的环形文字。具体代码如下：

```
Paint paint=new Paint();                              //创建一个画笔
paint.setAntiAlias(true);                             //设置使用抗锯齿功能
paint.setColor(0xFFFF6600);                           //设置画笔颜色
paint.setTextSize(18);                                //设置文字大小
paint.setStyle(Style.STROKE);                         //设置填充方式为描边
//绘制圆形路径
Path pathCircle=new Path();                           //创建并实例化一个 path 对象
pathCircle.addCircle(70, 70, 40, Path.Direction.CCW); //添加逆时针的圆形路径
canvas.drawPath(pathCircle, paint);                   //绘制路径
//绘制折线路径
Path pathLine=new Path();                             //创建并实例化一个 path 对象
pathLine.moveTo(150, 100);                            //设置起始点
pathLine.lineTo(200, 45);                             //设置第一段直线的结束点
pathLine.lineTo(250, 100);                            //设置第二段直线的结束点
pathLine.lineTo(300, 80);                             //设置第三段直线的结束点
canvas.drawPath(pathLine, paint);                     //绘制路径
//绘制三角形路径
Path pathTr=new Path();                               //创建并实例化一个 path 对象
pathTr.moveTo(350,80);                                //设置起始点
pathTr.lineTo(400, 30);                               //设置第一条边的结束点，也是第二条边的起始点
pathTr.lineTo(450, 80);                               //设置第二条边的结束点，也是第三条边的起始点
pathTr.close();                                       //闭合路径
canvas.drawPath(pathTr, paint);                       //绘制路径
//绘制绕路径的环形文字
String str="风萧萧兮易水寒，壮士一去兮不复还";
Path path=new Path();                                 //创建并实例化一个 path 对象
path.addCircle(550, 100, 48, Path.Direction.CW);      //添加顺时针的圆形路径
paint.setStyle(Style.FILL);                           //设置画笔的填充方式
canvas.drawTextOnPath(str, path,0, -18, paint);       //绘制绕路径文字
```

运行本实例，将显示如图 19.9 所示的运行结果。

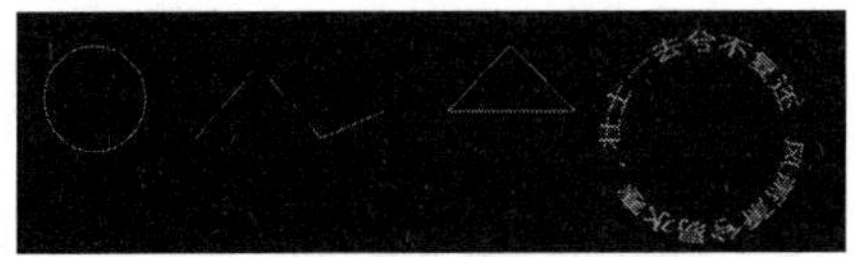

图 19.9　绘制路径及绕路径文字

19.2.4　绘制图片

在 Android 中，Canvas 类不仅可以绘制几何图形、文件和路径，还可用来绘制图片。要想使用 Canvas 类绘制图片，只需要使用 Canvas 类提供的如表 19.6 所示的方法将 Bitmap 对象中保存的图片绘制到画布上即可。

表 19.6　Canvas 类提供的绘制图片的常用方法

方　法	描　述
drawBitmap(Bitmap bitmap, Rect src, RectF dst, Paint paint)	用于从指定点绘制从源位图中“挖取”的一块
drawBitmap(Bitmap bitmap, float left, float top, Paint paint)	用于在指定点绘制位图
drawBitmap(Bitmap bitmap, Rect src, Rect dst, Paint paint)	用于从指定点绘制从源位图中“挖取”的一块

例如，从源位图上“挖取”从（0,0）点到（500,300）点的一块图像，然后绘制到画布的（50,50）点到（450,350）点所指区域，可以使用下面的代码。

```
Rect src=new Rect(0,0,500,300);                    //设置挖取的区域
Rect dst=new Rect(50,50,450,350);                  //设置绘制的区域
canvas.drawBitmap(bm, src, dst, paint);            //绘制图片
```

例 19.06 在 Eclipse 中创建 Android 项目，名称为 19.06，实现在屏幕上绘制指定位图，以及从该位图上挖取一块绘制到屏幕的指定区域。（**实例位置：光盘\TM\sl\19\19.06**）

具体实现步骤如下：

（1）修改新建项目的 res/layout 目录下的布局文件 main.xml，将默认添加的线性布局管理器和 TextView 组件删除，然后添加一个帧布局管理器，用于显示自定义的绘图类，并在该帧布局管理器中添加一个 ImageView 组件。关键代码如下：

```
<FrameLayout xmlns:android="http://schemas.android.com/apk/res/android"
    android:id="@+id/frameLayout1"
    android:layout_width="fill_parent"
    android:layout_height="fill_parent"
    android:orientation="vertical" >
    <ImageView
        android:id="@+id/imageView1"
        android:layout_width="100px"
        android:paddingTop="5px"
        android:layout_height="25px"/>
</FrameLayout>
```

（2）打开默认创建的 MainActivity，在该文件中，首先创建一个名称为 MyView 的内部类，该类继承自 android.view.View 类，并添加构造方法和重写 onDraw(Canvas canvas)方法，然后在 onCreate()方法中，获取布局文件中添加的帧布局管理器，并将 MyView 视图添加到该帧布局管理器中。

（3）在 MainActivity 中，声明一个 ImageView 组件的对象。关键代码如下：

```
private ImageView iv;
```

（4）在 MainActivity 的 onCreate()方法中，获取布局文件中添加的 ImageView 组件。关键代码如下：

```
iv=(ImageView)findViewById(R.id.imageView1);       //获取布局文件中添加的 ImageView 组件
```

（5）在 MyView 的 onDraw()方法中，首先创建一个画笔，并设置画笔的相关属性，然后创建并绘制一个圆形路径、折线路径和三角形路径，最后绘制绕路径的环形文字。具体代码如下：

```
Paint paint = new Paint();                                   //创建一个采用默认设置的画笔
String path = "/sdcard/pictures/bccd/img01.png";             //指定图片文件的路径
Bitmap bm = BitmapFactory.decodeFile(path);                  //获取图片文件对应的 Bitmap 对象
canvas.drawBitmap(bm, 0, 30, paint);                         //将获取的 Bitmap 对象绘制在画布的指定位置
Rect src = new Rect(95, 150, 175, 240);                      //设置挖取的区域
Rect dst = new Rect(420, 30, 500, 120);                      //设置绘制的区域
canvas.drawBitmap(bm, src, dst, paint);                      //绘制挖取到的图像
Bitmap bitmap = Bitmap.createBitmap(new int[] { Color.RED, Color.GREEN, Color.BLUE,
        Color.MAGENTA }, 4, 1,Config.RGB_565);               //使用颜色数组创建一个 Bitmap 对象
iv.setImageBitmap(bitmap);                                   //为 ImageView 指定要显示的位图
```

（6）重写 onDestroy()方法，在该方法中回收 ImageView 组件中使用的 Bitmap 资源。具体代码如下：

```
@Override
protected void onDestroy() {
    //获取 ImageView 组件中使用的 BitmapDrawable 资源
    BitmapDrawable b = (BitmapDrawable) iv.getDrawable();
        if (b != null && !b.getBitmap().isRecycled()) {
            b.getBitmap().recycle();                              //回收资源
        }
        super.onDestroy();
    }
```

运行本实例，将显示如图 19.10 所示的运行结果。

图 19.10　绘制图片

19.3　为图形添加特效

视频讲解：光盘\TM\Video\19\为图形添加特效.exe

在 Android 中，不仅可以绘制图形，还可以为图形添加特效。例如，对图形进行旋转、缩放、倾斜、平移和渲染等。下面将分别介绍如何为图形添加这些特效。

19.3.1　旋转图像

使用 Android 提供的 android.graphics.Matrix 类的 setRotate()、postRotate()和 preRotate()方法，可以对图像进行旋转。

说明　在 Android API 中，提供了 3 种方式，即 setXXX()、postXXX()和 preXXX()方法。其中，setXXX()方法用于直接设置 Matrix 的值，每使用一次 setXXX()方法，整个 Matrix 都会改变；postXXX()方法用于采用后乘的方式为 Matrix 设置值，可以连续多次使用 post 完成多个变换；preXXX()方法用于采用前乘的方式为 Matrix 设置值，使用 preXXX()方法设置的操作最先发生。

由于这 3 个方法除了方法名不同外，其他语法格式均相同，下面将以 setRotate()方法为例来介绍其语法格式。setRotate()方法有以下两种语法格式。

☑ setRotate(float degrees)

使用该语法格式可以控制 Matrix 进行旋转，float 类型的参数用于指定旋转的角度。例如，创建一个 Matrix 的对象，并将它旋转 30°，可以使用下面的代码。

```
Matrix matrix=new Matrix();            //创建一个 Matrix 的对象
matrix.setRotate(30);                  //将 Matrix 的对象旋转 30°
```

☑ setRotate(float degrees, float px, float py)

使用该语法格式可以控制 Matrix 以参数 px 和 py 为轴心进行旋转，float 类型的参数用于指定旋转的角度。例如，创建一个 Matrix 的对象，并将它以（10,10）为轴心旋转 30°，可以使用下面的代码。

```
Matrix matrix=new Matrix();            //创建一个 Matrix 的对象
matrix.setRotate(30,10,10);            //将 Matrix 的对象旋转 30°
```

创建 Matrix 的对象并对其进行旋转后，还需要应用该 Matrix 对图像或组件进行控制。在 Canvas 类中提供了一个 drawBitmap(Bitmap bitmap, Matrix matrix, Paint paint)方法，可以在绘制图像的同时应用 Matrix 上的变化。例如，将一个图像旋转 30°后绘制到画布上可以使用下面的代码。

```
Paint paint=new Paint();
Bitmap bitmap=BitmapFactory.decodeResource(MainActivity.this.getResources(), R.drawable.rabbit);
Matrix matrix=new Matrix();
matrix.setRotate(30);
canvas.drawBitmap(bitmap, matrix, paint);
```

例 19.07 在 Eclipse 中创建 Android 项目，名称为 19.07，实现应用 Matrix 旋转图像。（**实例位置：光盘\TM\sl\19\19.07**）

具体实现步骤如下：

（1）修改新建项目的 res/layout 目录下的布局文件 main.xml，将默认添加的线性布局管理器和 TextView 组件删除，然后添加一个帧布局管理器，用于显示自定义的绘图类。

（2）打开默认创建的 MainActivity，在该文件中，首先创建一个名称为 MyView 的内部类，该类继承自 android.view.View 类，并添加构造方法和重写 onDraw(Canvas canvas)方法，然后在 onCreate()方法中，获取布局文件中添加的帧布局管理器，并将 MyView 视图添加到该帧布局管理器中。

（3）在 MyView 的 onDraw()方法中，首先定义一个画笔，并绘制一张背景图像，然后在（0,0）点的位置绘制要旋转图像的原图，再绘制以（0,0）点为轴心旋转 30°的图像，最后绘制以（87,87）点为轴心旋转 90°的图像。具体代码如下：

```
Paint paint=new Paint();                                          //定义一个画笔
Bitmap bitmap_bg=BitmapFactory.decodeResource(MainActivity.this.getResources(), R.drawable.background);
canvas.drawBitmap(bitmap_bg, 0, 0, paint);                        //绘制背景图像
Bitmap bitmap_rabbit=BitmapFactory.decodeResource(MainActivity.this.getResources(), R.drawable.rabbit);
canvas.drawBitmap(bitmap_rabbit, 0, 0, paint);                    //绘制原图
//应用 setRotate(float degrees)方法旋转图像
Matrix matrix=new Matrix();
matrix.setRotate(30);                                             //以（0,0）点为轴心转换 30°
canvas.drawBitmap(bitmap_rabbit, matrix, paint);                  //绘制图像并应用 matrix 的变换
//应用 setRotate(float degrees, float px, float py)方法旋转图像
Matrix m=new Matrix();
m.setRotate(90,87,87);                                            //以（87,87）点为轴心转换 90°
canvas.drawBitmap(bitmap_rabbit, m, paint);                       //绘制图像并应用 matrix 的变换
```

运行本实例，将显示如图 19.11 所示的运行结果。

19.3.2　缩放图像

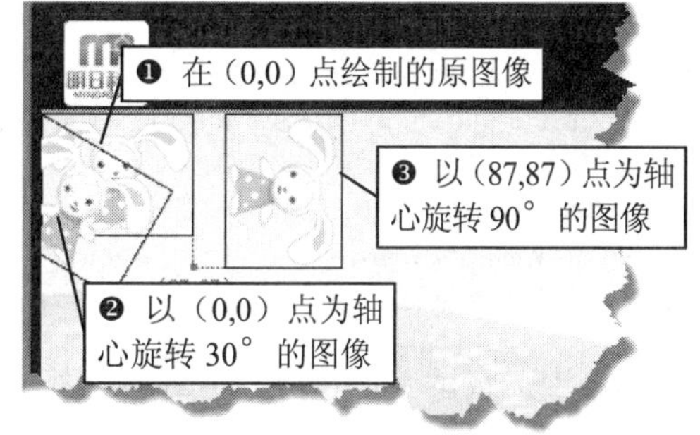

图 19.11　旋转图像

使用 Android 提供的 android.graphics.Matrix 类的 setScale()、postScale()和 preScale()方法，可对图像进行缩放。由于这 3 个方法除了方法名不同外，其他语法格式均相同，下面将以 setScale()方法为例介绍其语法格式。setScale()方法有以下两种语法格式。

☑ setScale(float sx, float sy)

使用该语法格式可以控制 Matrix 进行缩放，参数 sx 和 sy 用于指定 X 轴和 Y 轴的缩放比例。例如，创建一个 Matrix 的对象，并将它在 X 轴上缩放 30%，Y 轴上缩放 20%，可以使用下面的代码。

```
Matrix matrix=new Matrix();                    //创建一个 Matrix 的对象
matrix.setScale(0.3f, 0.2f);                   //缩放 Matrix 对象
```

☑ setScale(float sx, float sy, float px, float py)

使用该语法格式可以控制 Matrix 以参数 px 和 py 为轴心进行缩放，参数 sx 和 sy 用于指定 X 轴和 Y 轴的缩放比例。例如，创建一个 Matrix 的对象，并将它以（100,100）为轴心，在 X 轴和 Y 轴上均缩放 30%，可以使用下面的代码。

```
Matrix matrix=new Matrix();                    //创建一个 Matrix 的对象
matrix. setScale (30,30,100,100);              //缩放 Matrix 对象
```

创建 Matrix 的对象并对其进行缩放后，还需要应用该 Matrix 对图像或组件进行控制。同旋转图像一样，也可应用 Canvas 类中提供的 drawBitmap(Bitmap bitmap, Matrix matrix, Paint paint)方法，在绘制图像的同时应用 Matrix 上的变化。下面将通过一个具体的实例来说明如何对图像进行缩放。

例 19.08　在 Eclipse 中创建 Android 项目，名称为 19.08，实现应用 Matrix 缩放图像。（**实例位置：光盘\TM\sl\19\19.08**）

具体实现步骤如下：

（1）修改新建项目的 res/layout 目录下的布局文件 main.xml，将默认添加的线性布局管理器和 TextView 组件删除，然后添加一个帧布局管理器，用于显示自定义的绘图类。

（2）打开默认创建的 MainActivity，在该文件中，首先创建一个名称为 MyView 的内部类，该类继承自 android.view.View 类，并添加构造方法和重写 onDraw(Canvas canvas)方法，然后在 onCreate()方法中，获取布局文件中添加的帧布局管理器，并将 MyView 视图添加到该帧布局管理器中。

（3）在 MyView 的 onDraw()方法中，首先定义一个画笔，并绘制一张背景图像，然后绘制以（0,0）点为轴心在 X 轴和 Y 轴上均缩放 200%的图像，再绘制以（156,156）点为轴心在 X 轴和 Y 轴上均缩放 80%的图像，最后在（0,0）点的位置绘制要缩放图像的原图。具体代码如下：

```
Paint paint=new Paint();                                    //定义一个画笔
paint.setAntiAlias(true);
Bitmap bitmap_bg=BitmapFactory.decodeResource(MainActivity.this.getResources(), R.drawable.background);
canvas.drawBitmap(bitmap_bg, 0, 0, paint);                  //绘制背景
Bitmap bitmap_rabbit=BitmapFactory.decodeResource(MainActivity.this.getResources(), R.drawable.rabbit);
```

```
//应用 setScale(float sx, float sy)方法缩放图像
Matrix matrix=new Matrix();
matrix.setScale(2f, 2f);                          //以（0,0）点为轴心将图像在 X 轴和 Y 轴上均缩放 200%
canvas.drawBitmap(bitmap_rabbit, matrix, paint);  //绘制图像并应用 matrix 的变换
//应用 setScale(float sx, float sy, float px, float py) 方法缩放图像
Matrix m=new Matrix();
m.setScale(0.8f,0.8f,156,156);                    //以（156,156）点为轴心将图像在 X 轴和 Y 轴上均缩放 80%
canvas.drawBitmap(bitmap_rabbit, m, paint);       //绘制图像并应用 matrix 的变换
canvas.drawBitmap(bitmap_rabbit, 0, 0, paint);    //绘制原图
```

运行本实例，将显示如图 19.12 所示的运行结果。

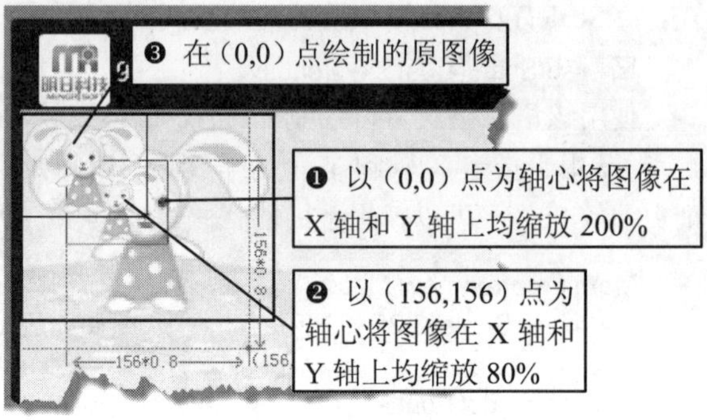

图 19.12　缩放图像

19.3.3　倾斜图像

使用 Android 提供的 android.graphics.Matrix 类的 setSkew()、postSkew()和 preSkew()方法，可对图像进行倾斜。由于这 3 个方法除了方法名不同外，其他语法格式均相同，下面将以 setSkew()方法为例介绍其语法格式。setSkew()方法有以下两种语法格式。

☑　setSkew(float kx, float ky)

使用该语法格式可以控制 Matrix 进行倾斜，参数 kx 和 ky 用于指定 X 轴和 Y 轴的倾斜量。例如，创建一个 Matrix 的对象，并将它在 X 轴上倾斜 0.3，Y 轴上不倾斜，可以使用下面的代码。

```
Matrix matrix=new Matrix();          //创建一个 Matrix 的对象
matrix.setSkew(0.3f, 0);             //倾斜 Matrix 对象
```

☑　setSkew(float kx, float ky, float px, float py)

使用该语法格式可以控制 Matrix 以参数 px 和 py 为轴心进行倾斜，参数 kx 和 ky 用于指定 X 轴和 Y 轴的倾斜量。例如，创建一个 Matrix 的对象，并将它以（100,100）为轴心，在 X 轴和 Y 轴上均倾斜 0.1，可以使用下面的代码。

```
Matrix matrix=new Matrix();          //创建一个 Matrix 的对象
matrix. setSkew(0.1f,0.1f,100,100);  //缩放 Matrix 对象
```

创建 Matrix 的对象，并对其进行倾斜后，还需要应用该 Matrix 对图像或组件进行控制。同旋转图像一样，也可应用 Canvas 类中提供的 drawBitmap(Bitmap bitmap, Matrix matrix, Paint paint)方法，在绘制图像的同时应用 Matrix 上的变化。下面将通过一个具体的实例来说明如何对图像进行倾斜。

例 19.09　在 Eclipse 中创建 Android 项目，名称为 19.09，实现应用 Matrix 倾斜图像。（**实例位置：光盘\TM\sl\19\19.09**）

具体实现步骤如下：

（1）修改新建项目的 res/layout 目录下的布局文件 main.xml，将默认添加的线性布局管理器和 TextView 组件删除，然后添加一个帧布局管理器，用于显示自定义的绘图类。

（2）打开默认创建的 MainActivity，在该文件中，首先创建一个名称为 MyView 的内部类，该类继承自 android.view.View 类，并添加构造方法和重写 onDraw(Canvas canvas)方法，然后在 onCreate()方法中，获取布局文件中添加的帧布局管理器，并将 MyView 视图添加到该帧布局管理器中。

（3）在 MyView 的 onDraw()方法中，首先定义一个画笔，并绘制一张背景图像，然后绘制以（0,0）点为轴心在 X 轴上倾斜 2，在 Y 轴上倾斜 1 的图像，再绘制以（78,69）点为轴心在 X 轴上倾斜-0.5 的图像，最后在（0,0）点的位置绘制要缩放图像的原图。具体代码如下：

```
Paint paint=new Paint();                                        //定义一个画笔
paint.setAntiAlias(true);
Bitmap bitmap_bg=BitmapFactory.decodeResource(MainActivity.this.getResources(), R.drawable.background);
canvas.drawBitmap(bitmap_bg, 0, 0, paint);                      //绘制背景
Bitmap bitmap_rabbit=BitmapFactory.decodeResource(MainActivity.this.getResources(), R.drawable.rabbit);
//应用 setSkew(float kx, float ky)方法倾斜图像
Matrix matrix=new Matrix();
matrix.setSkew(2f, 1f);                          //以（0,0）点为轴心将图像在 X 轴上倾斜 2，在 Y 轴上倾斜 1
canvas.drawBitmap(bitmap_rabbit, matrix, paint);                //绘制图像并应用 matrix 的变换
//应用 setSkew(float kx, float ky, float px, float py) 方法倾斜图像
Matrix m=new Matrix();
m.setSkew(-0.5f, 0f,78,69);                                     //以（78,69）点为轴心将图像在 X 轴上倾斜-0.5
canvas.drawBitmap(bitmap_rabbit, m, paint);                     //绘制图像并应用 matrix 的变换
canvas.drawBitmap(bitmap_rabbit, 0, 0, paint);                  //绘制原图
```

运行本实例，将显示如图 19.13 所示的运行结果。

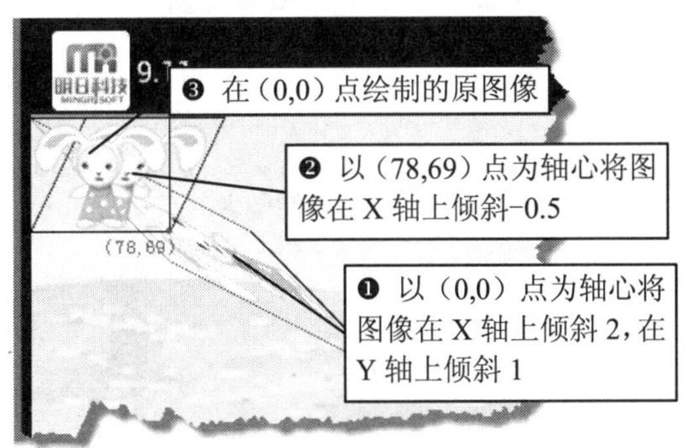

图 19.13　倾斜图像

19.3.4　平移图像

使用 Android 提供的 android.graphics.Matrix 类的 setTranslate()、postTranslate()和 preTranslate()方法，可对图像进行平移。由于这 3 个方法除了方法名不同外，其他语法格式均相同，下面将以 setTranslate()方法为例介绍其语法格式。setTranslate()方法的语法格式如下：

```
setTranslate (float dx, float dy)
```

在该语法中，参数 dx 和 dy 用于指定将 Matrix 移动到的位置的 X 和 Y 坐标。

例如，创建一个 Matrix 的对象，并将它平移到（100,50）的位置，可以使用下面的代码。

```
Matrix matrix=new Matrix();                          //创建一个 Matrix 的对象
matrix.setTranslate(100,50);                         //将 matrix 平移到（100,50）的位置
```

创建 Matrix 的对象并对其进行平移后，还需要应用该 Matrix 对图像或组件进行控制。同旋转图像一样，也可应用 Canvas 类中提供的 drawBitmap(Bitmap bitmap, Matrix matrix, Paint paint)方法，在绘制图像的同时

应用 Matrix 上的变化。下面将通过一个具体的实例来说明如何对图像进行倾斜。

例 19.10 在 Eclipse 中创建 Android 项目，名称为 19.10，实现应用 Matrix 将图像旋转后再平移。（**实例位置：光盘\TM\sl\19\19.10**）

具体实现步骤如下：

（1）修改新建项目的 res/layout 目录下的布局文件 main.xml，将默认添加的线性布局管理器和 TextView 组件删除，然后添加一个帧布局管理器，用于显示自定义的绘图类。

（2）打开默认创建的 MainActivity，在该文件中，首先创建一个名称为 MyView 的内部类，该类继承自 android.view.View 类，并添加构造方法和重写 onDraw(Canvas canvas)方法，然后在 onCreate()方法中，获取布局文件中添加的帧布局管理器，并将 MyView 视图添加到该帧布局管理器中。

（3）在 MyView 的 onDraw()方法中，首先定义一个画笔，并绘制一张背景图像，然后在（0,0）点的位置绘制要缩放图像的原图，再创建一个 Matrix 的对象，并将其旋转 30°，再将其平移到指定位置，最后绘制应用 matrix 变换的图像。具体代码如下：

```
Paint paint=new Paint();                                //定义一个画笔
paint.setAntiAlias(true);                               //使用抗锯齿功能
Bitmap bitmap_bg=BitmapFactory.decodeResource(MainActivity.this.getResources(), R.drawable.background);
canvas.drawBitmap(bitmap_bg, 0, 0, paint);              //绘制背景
Bitmap bitmap_rabbit=BitmapFactory.decodeResource(MainActivity.this.getResources(), R.drawable.rabbit);
canvas.drawBitmap(bitmap_rabbit, 0, 0, paint);          //绘制原图
Matrix matrix=new Matrix();                             //创建一个 Matrix 的对象
matrix.setRotate(30);                                   //将 matrix 旋转 30°
matrix.postTranslate(100,50);                           //将 matrix 平移到（100,50）的位置
canvas.drawBitmap(bitmap_rabbit, matrix, paint);        //绘制图像并应用 matrix 的变换
```

运行本实例，将显示如图 19.14 所示的运行结果。

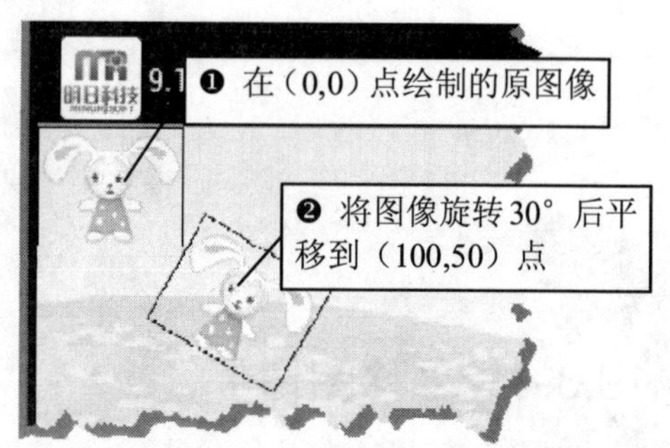

图 19.14 旋转并平移图像

19.3.5 使用 BitmapShader 渲染图像

在 Android 中，提供的 BitmapShader 类主要用来渲染图像。如果需要将一张图片裁剪成椭圆或圆形等形状显示到屏幕上时，就可以使用 BitmapShader 类来实现。使用 BitmapShader 来渲染图像的基本步骤如下：

（1）创建 BitmapShader 类的对象，可以通过以下构造方法进行创建。

```
BitmapShader(Bitmap bitmap, Shader.TileMode tileX, Shader.TileMode tileY)
```

其中的 bitmap 参数用于指定一个位图对象，通常是要用来渲染的原图像；tileX 参数用于指定在水平方向上图像的重复方式；tileY 参数用于指定在垂直方向上图像的重复方式。例如，要创建一个在水平方向上重复、在垂直方向上镜像的 BitmapShader 对象可以使用下面的代码。

```
BitmapShader bitmapshader= new BitmapShader(bitmap_bg,TileMode.REPEAT,TileMode.MIRROR);
```

说明 Shader.TileMode 类型的参数包括 CLAMP、MIRROR 和 REPEAT 3 个可选值。其中，CLAMP 为使用边界颜色来填充剩余的空间；MIRROR 为采用镜像方式；REPEAT 为采用重复方式。

（2）通过 Paint 的 setShader()方法来设置渲染对象。

（3）在绘制图像时，使用已经设置了 setShader()方法的画笔。

下面通过一个具体的实例来说明如何使用 BitmapShader 渲染图像。

例 19.11　在 Eclipse 中创建 Android 项目，名称为 19.11，应用 BitmapShader 实现平铺的画布背景和椭圆形的图片。（**实例位置：光盘\TM\sl\19\19.11**）

具体实现步骤如下：

（1）修改新建项目的 res/layout 目录下的布局文件 main.xml，将默认添加的线性布局管理器和 TextView 组件删除，然后添加一个帧布局管理器，用于显示自定义的绘图类。

（2）打开默认创建的 MainActivity，在该文件中，首先创建一个名称为 MyView 的内部类，该类继承自 android.view.View 类，并添加构造方法和重写 onDraw(Canvas canvas)方法，然后在 onCreate()方法中，获取布局文件中添加的帧布局管理器，并将 MyView 视图添加到该帧布局管理器中。

（3）在 MyView 的 onDraw()方法中，首先定义一个画笔，并设置其使用抗锯齿功能，然后应用 BitmapShader 实现平铺的画布背景，这里使用的是一张机器人图片，接下来再绘制一张椭圆形的图片。具体代码如下：

```
Paint paint=new Paint();                                        //定义一个画笔
paint.setAntiAlias(true);                                       //使用抗锯齿功能
Bitmap bitmap_bg=BitmapFactory.decodeResource(MainActivity.this.getResources(), R.drawable.android);
//创建一个在水平和垂直方向都重复的 BitmapShader 对象
BitmapShader bitmapshader= new BitmapShader(bitmap_bg,TileMode.REPEAT,TileMode.REPEAT);
paint.setShader(bitmapshader);                                  //设置渲染对象
canvas.drawRect(0, 0, view_width, view_height, paint);          //绘制一个使用 BitmapShader 渲染的矩形
Bitmap bm=BitmapFactory.decodeResource(MainActivity.this.getResources(), R.drawable.img02);
//创建一个在水平方向上重复，在垂直方向上镜像的 BitmapShader 对象
BitmapShader bs= new BitmapShader(bm,TileMode.REPEAT,TileMode.MIRROR);
paint.setShader(bs);                                            //设置渲染对象
RectF oval=new RectF(0,0,280,180);
canvas.translate(40, 20);                                       //将画面在 X 轴上平移 40 像素，在 Y 轴上平移 20 像素
canvas.drawOval(oval, paint);                                   //绘制一个使用 BitmapShader 渲染的椭圆形
```

运行本实例，将显示如图 19.15 所示的运行结果。

图 19.15　显示平铺背景和椭圆形的图片

19.4　Android 中的动画

视频讲解：光盘\TM\Video\19\Android 中的动画.exe

在应用 Android 进行项目开发时，经常涉及动画，特别是在进行游戏开发时。Android 中的动画通常可

以分为逐帧动画和补间动画两种。下面将分别介绍如何实现这两种动画。

19.4.1 实现逐帧动画

逐帧动画就是顺序播放事先准备好的静态图像，利用人眼的“视觉暂留”原理，给用户造成动画的错觉。实现逐帧动画比较简单，只需要经过以下两个步骤即可实现。

（1）在 Android XML 资源文件中定义一组用于生成动画的图片资源。

要在 Android XML 资源文件中定义一组生成动画的图片资源，可以使用包含一系列<item></item>子标记的<animation-list></animation-list>标记来实现，具体语法格式如下：

```
<animation-list xmlns:android="http://schemas.android.com/apk/res/android"
    android:oneshot="true|false">
        <item android:drawable="@drawable/图片资源名 1" android:duration="integer" />
        …       <!-- 省略了部分<item></item>标记 -->
        <item android:drawable="@drawable/图片资源名 n" android:duration="integer" />
</animation-list>
```

在上面的语法中，android:oneshot 属性用于设置是否循环播放，默认值为 true，也就是循环播放；android:drawable 属性用于指定要显示的图片资源；android:duration 属性指定图片资源持续的时间。

（2）使用步骤（1）中定义的动画资源，通常情况下，可以将其作为组件的背景使用。例如，可以在布局文件中添加一个线性布局管理器，然后将该布局管理器的 android:background 属性设置为所定义的动画资源。也可以将定义的动画资源作为 ImageView 的背景使用。

说明 在 Android 中还支持在 Java 代码中创建逐帧动画。具体的步骤是：首先创建 AnimationDrawable 对象，然后调用 addFrame()方法向动画中添加帧，每调用一个 addFrame()方法，将添加一个帧。

19.4.2 实现补间动画

补间动画就是通过对场景里的对象不断进行图像变化来产生动画效果。在实现补间动画时，只需要定义动画开始和结束的关键帧，其他过渡帧由系统自动计算并补齐。在 Android 中，提供了以下 4 种补间动画。

☑ 透明度渐变动画（AlphaAnimation）

透明度渐变动画就是指通过 View 组件透明度的变化来实现 View 的渐隐渐显效果。它主要通过为动画指定开始时的透明度和结束时的透明度，以及持续时间来创建动画。同逐帧动画一样，我们也可以在 XML 文件中定义透明度渐变动画的动画资源文件，基本的语法格式如下：

```
<set xmlns:android="http://schemas.android.com/apk/res/android"
    android:interpolator="@[package:]anim/interpolator_resource">
    <alpha
        android:repeatMode="reverse|restart"
        android:repeatCount="次数|infinite"
        android:duration="Integer"
        android:fromAlpha="float"
        android:toAlpha="float" />
</set>
```

在上面的语法中，各属性说明如表 19.7 所示。

表 19.7　定义透明度渐变动画时常用的属性

属　　性	描　　述
android:interpolator	用于控制动画的变化速度，使得动画效果以匀速、加速、减速或抛物线等各种速度变化，其属性值如表 19.8 所示
android:repeatMode	用于设置动画的重复方式，可选值为 reverse（反向）或 restart（重新开始）
android:repeatCount	用于设置动画的重复次数，属性可以是代表次数的数值，也可以是 infinite（无限循环）
android:duration	用于指定动画持续的时间，单位为毫秒
android:fromAlpha	用于指定动画开始时的透明度，值为 0.0 代表完全透明，值为 1.0 代表完全不透明
android:toAlpha	用于指定动画结束时的透明度，值为 0.0 代表完全透明，值为 1.0 代表完全不透明

表 19.8　android:interpolator 属性的常用属性值

属　性　值	描　　述
@android:anim/linear_interpolator	动画一直在做匀速改变
@android:anim/accelerate_interpolator	在动画开始的地方改变速度较慢，然后开始加速
@android:anim/decelerate_interpolator	在动画开始的地方改变速度较快，然后开始减速
@android:anim/accelerate_decelerate_interpolator	在动画开始和结束的地方改变速度较慢，在中间的时候加速
@android:anim/cycle_interpolator	动画循环播放特定的次数，变化速度按正弦曲线改变
@android:anim/bounce_interpolator	动画结束的地方采用弹球效果
@android:anim/anticipate_overshoot_interpolator	在动画开始的地方先向后退一小步，再开始动画，到结束的地方再超出一小步，最后回到动画结束的地方
@android:anim/overshoot_interpolator	动画快速到达终点并超出一小步，最后回到动画结束的地方
@android:anim/anticipate_interpolator	在动画开始的地方先向后退一小步，再快速到达动画结束的地方

例如，定义一个让 View 组件从完全透明到完全不透明、持续时间为 2 秒钟的动画，可以使用下面的代码。

```
<set xmlns:android="http://schemas.android.com/apk/res/android">
    <alpha android:fromAlpha="0"
        android:toAlpha="1"
        android:duration="2000"/>
</set>
```

☑　旋转动画（RotateAnimation）

旋转动画就是通过为动画指定开始时的旋转角度、结束时的旋转角度，以及持续时间来创建动画。在旋转时还可以通过指定轴心点坐标来改变旋转的中心。同透明度渐变动画一样，我们也可以在 XML 文件中定义旋转动画资源文件，基本的语法格式如下：

```
<set xmlns:android="http://schemas.android.com/apk/res/android"
    android:interpolator="@[package:]anim/interpolator_resource">
    <rotate
        android:fromDegrees="float"
        android:toDegrees="float"
        android:pivotX="float"
        android:pivotY="float"
        android:repeatMode="reverse|restart"
```

```
        android:repeatCount="次数|infinite"
        android:duration="Integer"/>
</set>
```

在上面的语法中，各属性说明如表 19.9 所示。

表 19.9　定义旋转动画时常用的属性

属　　性	描　　述
android:interpolator	用于控制动画的变化速度，使得动画效果以匀速、加速、减速或抛物线等各种速度变化，其属性值如表 19.8 所示
android:fromDegrees	用于指定动画开始时旋转的角度
android:toDegrees	用于指定动画结束时旋转的角度
android:pivotX	用于指定轴心点 X 轴的坐标
android:pivotY	用于指定轴心点 Y 轴的坐标
android:repeatMode	用于设置动画的重复方式，可选值为 reverse（反向）或 restart（重新开始）
android:repeatCount	用于设置动画的重复次数，属性可以是代表次数的数值，也可以是 infinite（无限循环）
android:duration	用于指定动画持续的时间，单位为毫秒

例如，定义一个让图片从 0°转到 360°、持续时间为 2 秒钟、中心点在图片的中心的动画，可以使用下面的代码。

```
<rotate
    android:fromDegrees="0"
    android:toDegrees="360"
    android:pivotX="50%"
    android:pivotY="50%"
    android:duration="2000">
</rotate>
```

☑　缩放动画（ScaleAnimation）

缩放动画就是通过为动画指定开始时的缩放系数、结束时的缩放系数，以及持续时间来创建动画。在缩放时还可以通过指定轴心点坐标来改变缩放的中心。同透明度渐变动画一样，我们也可以在 XML 文件中定义缩放动画资源文件，基本的语法格式如下：

```
<set xmlns:android="http://schemas.android.com/apk/res/android"
    android:interpolator="@[package:]anim/interpolator_resource">
    <scale
        android:fromXScale="float"
        android:toXScale="float"
        android:fromYScale="float"
        android:toYScale="float"
        android:pivotX="float"
        android:pivotY="float"
        android:repeatMode="reverse|restart"
        android:repeatCount="次数|infinite"
        android:duration="Integer"/>
</set>
```

在上面的语法中，各属性说明如表 19.10 所示。

表 19.10　定义缩放动画时常用的属性

属　　性	描　　述
android:interpolator	用于控制动画的变化速度，使得动画效果以匀速、加速、减速或抛物线等各种速度变化，其属性值如表 19.8 所示
android:fromXScale	用于指定动画开始时水平方向上的缩放系数，值为 1.0 表示不变化
android:toXScale	用于指定动画结束时水平方向上的缩放系数，值为 1.0 表示不变化
android:fromYScale	用于指定动画开始时垂直方向上的缩放系数，值为 1.0 表示不变化
android:toYScale	用于指定动画结束时垂直方向上的缩放系数，值为 1.0 表示不变化
android:pivotX	用于指定轴心点 X 轴的坐标
android:pivotY	用于指定轴心点 Y 轴的坐标
android:repeatMode	用于设置动画的重复方式，可选值为 reverse（反向）或 restart（重新开始）
android:repeatCount	用于设置动画的重复次数，属性可以是代表次数的数值，也可以是 infinite（无限循环）
android:duration	用于指定动画持续的时间，单位为毫秒

例如，定义一个以图片的中心为轴心点，将图片放大 2 倍、持续时间为 2 秒钟的动画，可以使用下面的代码。

```
<scale android:fromXScale="1"
    android:fromYScale="1"
    android:toXScale="2.0"
    android:toYScale="2.0"
    android:pivotX="50%"
    android:pivotY="50%"
    android:duration="2000"/>
```

☑　平移动画（TranslateAnimation）

平移动画就是通过为动画指定开始时的位置、结束时的位置，以及持续时间来创建动画。同透明度渐变动画一样，我们也可以在 XML 文件中定义平移动画资源文件，基本的语法格式如下：

```
<set xmlns:android="http://schemas.android.com/apk/res/android"
    android:interpolator="@[package:]anim/interpolator_resource">
    <translate
        android:fromXDelta="float"
        android:toXDelta="float"
        android:fromYDelta="float"
        android:toYDelta="float"
        android:repeatMode="reverse|restart"
        android:repeatCount="次数|infinite"
        android:duration="Integer"/>
</set>
```

在上面的语法中，各属性说明如表 19.11 所示。

表 19.11　定义平移动画时常用的属性

属　　性	描　　述
android:interpolator	用于控制动画的变化速度，使得动画效果以匀速、加速、减速或抛物线等各种速度变化，其属性值如表 19.8 所示
android:fromXDelta	用于指定动画开始时水平方向上的起始位置

续表

属　性	描　述
android:toXDelta	用于指定动画结束时水平方向上的起始位置
android:fromYDelta	用于指定动画开始时垂直方向上的起始位置
android:toYDelta	用于指定动画结束时垂直方向上的起始位置
android:repeatMode	用于设置动画的重复方式，可选值为 reverse（反向）或 restart（重新开始）
android:repeatCount	用于设置动画的重复次数，属性可以是代表次数的数值，也可以是 infinite（无限循环）
android:duration	用于指定动画持续的时间，单位为毫秒

例如，定义一个让图片从（0,0）点到（300,300）点、持续时间为 2 秒钟的动画，可以使用下面的代码。

```
<translate
    android:fromXDelta="0"
    android:toXDelta="300"
    android:fromYDelta="0"
    android:toYDelta="300"
    android:duration="2000">
</translate>
```

19.4.3　Android 动画的应用

例 19.12　在 Eclipse 中创建 Android 项目，名称为 19.12，实现旋转、平移、缩放和透明度渐变的补间动画。**（实例位置：光盘\TM\sl\19\19.12）**

具体实现步骤如下：

（1）在新建项目的 res 目录中，创建一个名称为 anim 的目录，并在该目录中创建实现旋转、平移、缩放和透明度渐变的动画资源文件。

创建名称为 anim_alpha.xml 的 XML 资源文件，在该文件中定义一个实现透明度渐变的动画，该动画为从完全不透明到完全透明，再到完全不透明的渐变过程。具体代码如下：

```
<?xml version="1.0" encoding="utf-8"?>
<set xmlns:android="http://schemas.android.com/apk/res/android">
    <alpha android:fromAlpha="1"
        android:toAlpha="0"
        android:fillAfter="true"
        android:repeatMode="reverse"
        android:repeatCount="1"
        android:duration="2000"/>
</set>
```

创建名称为 anim_rotate.xml 的 XML 资源文件，在该文件中定义一个实现旋转的动画，该动画为从 0°旋转到 720°，再从 360°旋转到 0°。具体代码如下：

```
<set xmlns:android="http://schemas.android.com/apk/res/android">
    <rotate
        android:interpolator="@android:anim/accelerate_interpolator"
        android:fromDegrees="0"
        android:toDegrees="720"
```

```
            android:pivotX="50%"
            android:pivotY="50%"
            android:duration="2000">
        </rotate>
        <rotate
            android:interpolator="@android:anim/accelerate_interpolator"
            android:startOffset="2000"
            android:fromDegrees="360"
            android:toDegrees="0"
            android:pivotX="50%"
            android:pivotY="50%"
            android:duration="2000">
        </rotate>
</set>
```

创建名称为 anim_scale.xml 的 XML 资源文件，在该文件中定义一个实现缩放的动画，该动画首先将原图像放大 2 倍，再逐渐收缩为图像的原尺寸。具体代码如下：

```
<?xml version="1.0" encoding="utf-8"?>
<set   xmlns:android="http://schemas.android.com/apk/res/android">
        <scale android:fromXScale="1"
            android:interpolator="@android:anim/decelerate_interpolator"
            android:fromYScale="1"
            android:toXScale="2.0"
            android:toYScale="2.0"
            android:pivotX="50%"
            android:pivotY="50%"
            android:fillAfter="true"
            android:repeatCount="1"
            android:repeatMode="reverse"
            android:duration="2000"/>
</set>
```

创建名称为 anim_translate.xml 的 XML 资源文件，在该文件中定义一个实现平移的动画，该动画为图像从屏幕的左侧移动到屏幕的右侧，再从屏幕的右侧返回到左侧。具体代码如下：

```
<?xml version="1.0" encoding="utf-8"?>
<set xmlns:android="http://schemas.android.com/apk/res/android">
        <translate
           android:fromXDelta="0"
            android:toXDelta="860"
           android:fromYDelta="0"
           android:toYDelta="0"
           android:fillAfter="true"
            android:repeatMode="reverse"
           android:repeatCount="1"
           android:duration="2000">
        </translate>
</set>
```

（2）修改新建项目的 res/layout 目录下的布局文件 main.xml，将默认添加的 TextView 组件删除，然后在默认添加的线性布局管理器中添加一个水平线性布局管理器和一个 ImageView 组件，再向该水平线性布局管理器中添加 4 个 Button 按钮，最后设置 ImageView 组件的左边距和要显示的图片。具体代码请参见光盘。

（3）打开默认创建的 MainActivity，在 onCreate()方法中，首先获取动画资源文件中创建的动画资源，然后获取要应用动画效果的 ImageView，再获取“旋转”按钮，并为该按钮添加单击事件监听器，在重写的 onClick()方法中，播放旋转动画。具体代码如下：

```
final Animation rotate=AnimationUtils.loadAnimation(this, R.anim.anim_rotate);         //获取旋转动画资源
final Animation translate=AnimationUtils.loadAnimation(this, R.anim.anim_translate);//获取平移动画资源
final Animation scale=AnimationUtils.loadAnimation(this, R.anim.anim_scale);           //获取缩放动画资源
final Animation alpha=AnimationUtils.loadAnimation(this, R.anim.anim_alpha);           //获取透明度变化动画资源
final ImageView iv=(ImageView)findViewById(R.id.imageView1);                     //获取要应用动画效果的 ImageView
Button button1=(Button)findViewById(R.id.button1);                                 //获取“旋转”按钮
button1.setOnClickListener(new OnClickListener() {

    @Override
    public void onClick(View v) {
        iv.startAnimation(rotate);                                                  //播放“旋转”动画

    }
});
```

获取“平移”按钮，并为该按钮添加单击事件监听器，在重写的 onClick()方法中，播放平移动画。关键代码如下：

```
iv.startAnimation(translate);                                                       //播放“平移”动画
```

获取“缩放”按钮，并为该按钮添加单击事件监听器，在重写的 onClick()方法中，播放缩放动画。关键代码如下：

```
iv.startAnimation(scale);                                                           //播放“缩放”动画
```

获取“透明度渐变”按钮，并为该按钮添加单击事件监听器，在重写的 onClick()方法中，播放透明度渐变动画。关键代码如下：

```
iv.startAnimation(alpha);                                                           //播放“透明度渐变”动画
```

运行本实例，单击“旋转”按钮，屏幕中的小猫将旋转，如图 19.16 所示；单击“平移”按钮，屏幕中的小猫将从屏幕的左侧移动到右侧，再从右侧返回左侧；单击“缩放”按钮，屏幕中的小猫将放大 2 倍，再恢复为原来的大小；单击“透明度渐变”按钮，屏幕中的小猫将逐渐隐藏，再逐渐显示。

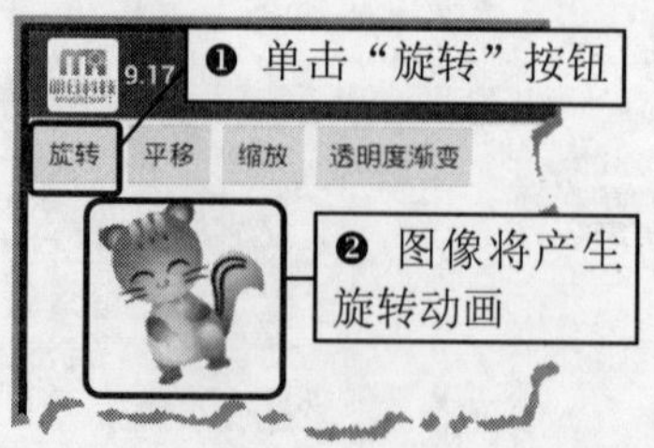

图 19.16　旋转图像动画

19.5　实　战

19.5.1　绘制 Android 的机器人

例 19.13　在 Eclipse 中创建 Android 项目，名称为 19.13，实现在屏幕上绘制 Android 的机器人。（**实例位置：光盘\TM\sl\19\19.13**）

具体步骤如下：

（1）修改新建项目的 res/layout 目录下的布局文件 main.xml，将默认添加的线性布局管理器和 TextView 组件删除，然后添加一个帧布局管理器，用于显示自定义的绘图类。

（2）打开默认创建的 AndroidIco，在该文件中，首先创建一个名称为 MyView 的内部类，该类继承自 android.view.View 类，并添加构造方法和重写 onDraw(Canvas canvas)方法，然后在 onCreate()方法中，获取布局文件中添加的帧布局管理器，并将 MyView 视图添加到该帧布局管理器中。

（3）在 MyView 的 onDraw()方法中，首先创建一个画笔，并设置画笔的相关属性，然后绘制机器人的头、眼睛、天线、身体、胳膊和腿。具体代码如下：

```
Paint paint=new Paint();                                    //采用默认设置创建一个画笔
paint.setAntiAlias(true);                                   //使用抗锯齿功能
paint.setColor(0xFFA4C739);                                 //设置画笔的颜色为绿色
//绘制机器人的头
RectF rectf_head=new RectF(10, 10, 100, 100);
rectf_head.offset(100, 20);
canvas.drawArc(rectf_head, -10, -160, false, paint);        //绘制弧
//绘制眼睛
paint.setColor(Color.WHITE);                                //设置画笔的颜色为白色
canvas.drawCircle(135, 53, 4, paint);                       //绘制圆
canvas.drawCircle(175, 53, 4, paint);                       //绘制圆
paint.setColor(0xFFA4C739);                                 //设置画笔的颜色为绿色
//绘制天线
paint.setStrokeWidth(2);                                    //设置笔触的宽度
canvas.drawLine(120, 15, 135, 35, paint);                   //绘制线
canvas.drawLine(190, 15, 175, 35, paint);                   //绘制线
//绘制身体
canvas.drawRect(110, 75, 200, 150, paint);                  //绘制矩形
RectF rectf_body=new RectF(110,140,200,160);
canvas.drawRoundRect(rectf_body, 10, 10, paint);            //绘制圆角矩形
//绘制胳膊
RectF rectf_arm=new RectF(85,75,105,140);
canvas.drawRoundRect(rectf_arm, 10, 10, paint);             //绘制左侧的胳膊
rectf_arm.offset(120, 0);                                   //设置在 X 轴上偏移 120 像素
canvas.drawRoundRect(rectf_arm, 10, 10, paint);             //绘制右侧的胳膊
//绘制腿
RectF rectf_leg=new RectF(125,150,145,200);
canvas.drawRoundRect(rectf_leg, 10, 10, paint);             //绘制左侧的腿
rectf_leg.offset(40, 0);                                    //设置在 X 轴上偏移 40 像素
canvas.drawRoundRect(rectf_leg, 10, 10, paint);             //绘制右侧的腿
```

运行本实例，将显示如图 19.17 的所示的运行结果。

图 19.17　在屏幕上绘制 Android 的机器人

19.5.2　实现带描边的圆角图片

例 19.14　在 Eclipse 中创建 Android 项目，名称为 19.14，实现带描边的圆角图片。（**实例位置：光盘\TM\sl\19\19.14**）

具体步骤如下：

（1）修改新建项目的 res/layout 目录下的布局文件 main.xml，将默认添加的线性布局管理器和 TextView 组件删除，然后添加一个帧布局管理器，用于显示自定义的绘图类。

（2）打开默认创建的 MainActivity，在该文件中，首先创建一个名称为 MyView 的内部类，该类继承自 android.view.View 类，并添加构造方法和重写 onDraw(Canvas canvas)方法，然后在 onCreate()方法中，获取布局文件中添加的帧布局管理器，并将 MyView 视图添加到该帧布局管理器中。

（3）在 MyView 的 onDraw()方法中，首先定义一个画笔，并绘制一张背景图像，然后定义一个要绘制的圆角矩形的区域，并将画布在 X 轴上平移 40 像素，在 Y 轴上平移 20 像素，再绘制一个黑色的 2 像素的圆角矩形，作为图片的描边，最后绘制一个使用 BitmapShader 渲染的圆角矩形图片。具体代码如下：

```
Paint paint=new Paint();                                    //定义一个画笔
paint.setAntiAlias(true);                                   //使用抗锯齿功能
Bitmap bitmap_bg=BitmapFactory.decodeResource(MainActivity.this.getResources(), R.drawable.background);
canvas.drawBitmap(bitmap_bg, 0, 0, paint);                  //绘制背景
RectF rect=new RectF(0,0,280,180);
canvas.translate(40, 20);                                   //将画布在 X 轴上平移 40 像素，在 Y 轴上平移 20 像素
//为图片添加描边
paint.setStyle(Style.STROKE);                               //设置填充样式为描边
paint.setColor(Color.BLACK);                                //设置颜色为黑色
paint.setStrokeWidth(2);                                    //设置笔触宽度为 2 像素
canvas.drawRoundRect(rect, 10, 10, paint);                  //绘制一个描边的圆角矩形
paint.setStyle(Style.FILL);                                 //设置填充样式为填充
Bitmap bm=BitmapFactory.decodeResource(MainActivity.this.getResources(), R.drawable.img02);
//创建一个在水平方向上重复，在垂直方向上镜像的 BitmapShader 对象
BitmapShader bs= new BitmapShader(bm,TileMode.REPEAT,TileMode.MIRROR);
paint.setShader(bs);                                        //设置渲染对象
canvas.drawRoundRect(rect, 10, 10, paint);                  //绘制一个使用 BitmapShader 渲染的圆角矩形图片
```

运行本实例，将显示如图 19.18 所示的运行结果。

图 19.18　绘制带描边的圆角图片

19.5.3　实现放大镜效果

例 19.15　在 Eclipse 中创建 Android 项目，名称为 19.15，实现放大镜效果。（**实例位置：光盘\TM\sl\19\19.15**）

具体步骤如下：

（1）修改新建项目的 res/layout 目录下的布局文件 main.xml，将默认添加的线性布局管理器和 TextView 组件删除，然后添加一个帧布局管理器，用于显示自定义的绘图类。

（2）打开默认创建的 MainActivity，在该文件中，首先创建一个名称为 MyView 的内部类，该类继承

自 android.view.View 类，并添加构造方法和重写 onDraw(Canvas canvas)方法，然后在 onCreate()方法中，获取布局文件中添加的帧布局管理器，并将 MyView 视图添加到该帧布局管理器中。

（3）在内部类 MyView 中，定义源图像、放大镜图像、放大镜的半径、放大倍数、放大镜的左边距和顶边距等。具体代码如下：

```
private Bitmap bitmap;                                          //源图像，也就是背景图像
private ShapeDrawable drawable;
private final int RADIUS = 57;                                  //放大镜的半径
private final int FACTOR = 2;                                   //放大倍数
private Matrix matrix = new Matrix();
private Bitmap bitmap_magnifier;                                //放大镜位图
private int m_left = 0;                                         //放大镜的左边距
private int m_top = 0;                                          //放大镜的顶边距
```

（4）在内部类 MyView 的构造方法中，首先获取要显示的源图像，然后创建一个 BitmapShader 对象，用于指定渲染图像，接下来再创建一个圆形的 drawable，并设置相关属性，最后获取放大镜图像，并计算放大镜的默认左、右边距。具体代码如下：

```
Bitmap bitmap_source = BitmapFactory.decodeResource(getResources(),
        R.drawable.source);                                     //获取要显示的源图像
bitmap = bitmap_source;
BitmapShader shader = new BitmapShader(Bitmap.createScaledBitmap(
        bitmap_source, bitmap_source.getWidth() * FACTOR,
        bitmap_source.getHeight() * FACTOR, true), TileMode.CLAMP,
        TileMode.CLAMP);                                        //创建 BitmapShader 对象
//圆形的 drawable
drawable = new ShapeDrawable(new OvalShape());
drawable.getPaint().setShader(shader);
drawable.setBounds(0, 0, RADIUS * 2, RADIUS * 2);               //设置圆的外切矩形
bitmap_magnifier = BitmapFactory.decodeResource(getResources(),
        R.drawable.magnifier);                                  //获取放大镜图像
m_left = RADIUS - bitmap_magnifier.getWidth() / 2;              //计算放大镜的默认左边距
m_top = RADIUS - bitmap_magnifier.getHeight() / 2;              //计算放大镜的默认右边距
```

（5）在 MyView 的 onDraw()方法中，分别绘制背景图像、放大镜图像和放大后的图像。具体代码如下：

```
canvas.drawBitmap(bitmap, 0, 0, null);                          //绘制背景图像
canvas.drawBitmap(bitmap_magnifier, m_left, m_top, null);       //绘制放大镜
drawable.draw(canvas);                                          //绘制放大后的图像
```

（6）在内部类 MyView 中，重写 onTouchEvent()方法，实现当用户触摸屏幕时，放大触摸点附近的图像。具体代码如下：

```
@Override
public boolean onTouchEvent(MotionEvent event) {
    final int x = (int) event.getX();                           //获取当前触摸点的 X 轴坐标
    final int y = (int) event.getY();                           //获取当前触摸点的 Y 轴坐标
    matrix.setTranslate(RADIUS - x * FACTOR, RADIUS - y * FACTOR); //平移到绘制 shader 的起始位置
    drawable.getPaint().getShader().setLocalMatrix(matrix);
    drawable.setBounds(x - RADIUS, y - RADIUS, x + RADIUS, y + RADIUS);    //设置圆的外切矩形
    m_left = x - bitmap_magnifier.getWidth() / 2;               //计算放大镜的左边距
    m_top = y - bitmap_magnifier.getHeight() / 2;               //计算放大镜的右边距
```

```
    invalidate();                                                  //重绘画布
    return true;
}
```

运行本实例，将显示如图 19.19 所示的运行结果，放大镜的位置会跟随触摸点的改变而改变。

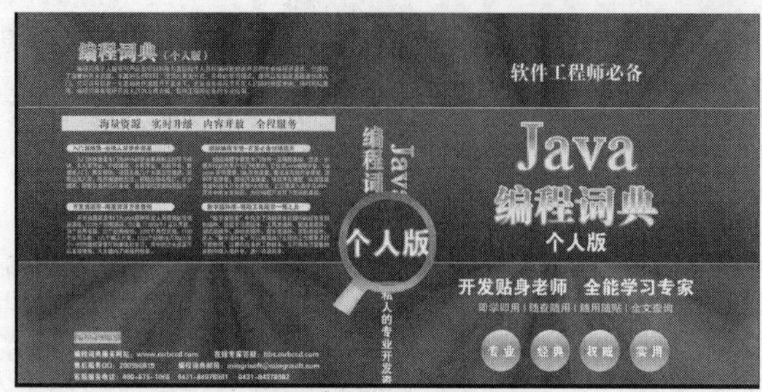

图 19.19 实现放大镜效果

19.5.4 在 GridView 中显示 SD 卡上的全部图片

例 19.16 在 Eclipse 中创建 Android 项目，名称为 19.16，实现在 GridView 中显示 SD 卡上的全部图片。**（实例位置：光盘\TM\sl\19\19.16）**

具体步骤如下：

（1）修改新建项目的 res/layout 目录下的布局文件 main.xml，添加一个 id 属性为 gridView1 的 GridView 组件，并设置其列数为 4，也就是每行显示 4 张图片。关键代码如下：

```
<GridView android:id="@+id/gridView1"
     android:layout_height="match_parent"
     android:layout_width="wrap_content"
     android:layout_marginTop="10px"
     android:horizontalSpacing="3px"
     android:verticalSpacing="3px"
     android:numColumns="4"
/>
```

（2）打开默认添加的 MainActivity，定义一个用于保存图片路径的 List 集合对象。关键代码如下：

```
private List<String> imagePath = new ArrayList<String>();              //图片文件的路径
```

（3）定义一个保存合法的图片文件格式的字符串数组，并编写根据文件路径判断文件是否为图片文件的方法。具体代码如下：

```
private static String[] imageFormatSet = new String[] { "jpg", "png", "gif" }; //合法的图片文件格式
//判断是否为图片文件
private static boolean isImageFile(String path) {
    for (String format : imageFormatSet) {                         //遍历数组
        if (path.contains(format)) {                               //判断是否为合法的图片文件
            return true;
        }
    }
```

```
    return false;
}
```

（4）编写 getFiles()方法，用于遍历指定路径。在该方法中，采用递归调用的方式来遍历指定路径下的全部文件（包括子文件中的文件），关键代码如下：

```
private void getFiles(String url) {
    File files = new File(url);                          //创建文件对象
    File[] file = files.listFiles();
    try {
        for (File f : file) {                            //通过 for 循环遍历获取到的文件数组
            if (f.isDirectory()) {                       //如果是目录，也就是文件夹
                getFiles(f.getAbsolutePath());           //递归调用
            } else {
                if (isImageFile(f.getPath())) {          //如果是图片文件
                    imagePath.add(f.getPath());          //将文件的路径添加到 List 集合中
                }
            }
        }
    } catch (Exception e) {
        e.printStackTrace();                             //输出异常信息
    }
}
```

（5）在主活动的 onCreate()方法中，获得 SD 卡的路径，并调用 getFiles()方法获取 SD 卡上的全部图片，当 SD 卡上不存在图片文件时返回。具体代码如下：

```
String sdpath = Environment.getExternalStorageDirectory() + "/";    //获得 SD 卡的路径
getFiles(sdpath);                                        //调用 getFiles()方法获取 SD 卡上的全部图片
if(imagePath.size()<1){                                  //如果不存在图片文件
    return;
}
```

（6）首先获取 GridView 组件，然后创建 BaseAdapter 类的对象，并重写其中的 getView()、getItemId()、getItem()和 getCount()方法，其中最主要的是重写 getView()方法来设置要显示的图片，最后将 BaseAdapter 适配器与 GridView 相关联。具体代码如下：

```
GridView gridview = (GridView) findViewById(R.id.gridView1);  //获取 GridView 组件
BaseAdapter adapter = new BaseAdapter() {
    @Override
    public View getView(int position, View convertView, ViewGroup parent) {
        ImageView imageview;                             //声明 ImageView 的对象
        if (convertView == null) {
            imageview = new ImageView(MainActivity.this); //实例化 ImageView 的对象
            /************* 设置图像的宽度和高度 ******************/
            imageview.setAdjustViewBounds(true);
            imageview.setMaxWidth(150);
            imageview.setMaxHeight(113);
            /**************************************************/
            imageview.setPadding(5, 5, 5, 5);            //设置 ImageView 的内边距
        } else {
            imageview = (ImageView) convertView;
```

```
            }
            //为 ImageView 设置要显示的图片
            Bitmap bm=BitmapFactory.decodeFile(imagePath.get(position));
            imageview.setImageBitmap(bm);
            return imageview;                                    //返回 ImageView
        }
        /*
         * 功能：获得当前选项的 ID
         */
        @Override
        public long getItemId(int position) {
            return position;
        }
        /*
         * 功能：获得当前选项
         */
        @Override
        public Object getItem(int position) {
            return position;
        }
        /*
         * 获得数量
         */
        @Override
        public int getCount() {
            return imagePath.size();
        }
};
gridview.setAdapter(adapter);                                    //将适配器与 GridView 关联
```

在 SD 卡上上传如图 19.20 所示的图片文件。运行本实例，将显示如图 19.21 所示的运行结果。

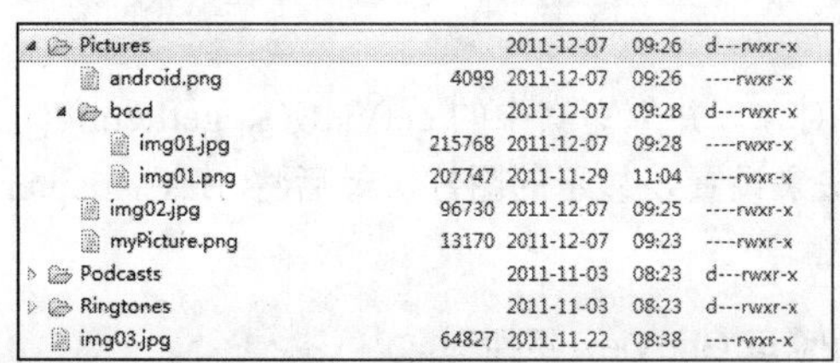

图 19.20　在 SD 卡上上传文件

图 19.21　在 GridView 中显示 SK 卡上的全部图片

19.5.5　忐忑的精灵

例 19.17　在 Eclipse 中创建 Android 项目，名称为 19.17，使用逐帧动画实现一个忐忑的精灵动画。（**实例位置：光盘\TM\sl\19\19.17**）

具体步骤如下：

（1）在新建项目的 res 目录中，首先创建一个名称为 anim 的目录，并在该目录中，添加一个名称为 fairy.xml 的 XML 资源文件，然后在该文件中定义组成动画的图片资源。具体代码如下：

```
<?xml version="1.0" encoding="utf-8"?>
<animation-list xmlns:android="http://schemas.android.com/apk/res/android" >
```

```
    <item android:drawable="@drawable/img001" android:duration="60"/>
    <item android:drawable="@drawable/img002" android:duration="60"/>
    <item android:drawable="@drawable/img003" android:duration="60"/>
    <item android:drawable="@drawable/img004" android:duration="60"/>
    <item android:drawable="@drawable/img005" android:duration="60"/>
    <item android:drawable="@drawable/img006" android:duration="60"/>
</animation-list>
```

（2）修改新建项目的 res/layout 目录下的布局文件 main.xml，将默认添加的 TextView 组件删除，然后为默认添加的线性布局管理器设置 android:id 和 android:background 属性。将 android:background 属性设置为步骤（1）中创建的动画资源，修改后的代码如下：

```
<LinearLayout xmlns:android="http://schemas.android.com/apk/res/android"
    android:layout_width="fill_parent"
    android:layout_height="fill_parent"
    android:background="@anim/umbrella"
    android:id="@+id/ll"
    android:orientation="vertical" >
</LinearLayout>
```

（3）打开默认创建的 MainActivity，在该文件中，首先创建一个名称为 MyView 的内部类，该类继承自 android.view.View 类，并添加构造方法和重写 onDraw(Canvas canvas)方法，然后在 onCreate()方法中，获取布局文件中添加的帧布局管理器，并将 MyView 视图添加到该帧布局管理器中。

```
LinearLayout ll=(LinearLayout)findViewById(R.id.ll);                    //获取布局文件中添加的线性布局管理器
final AnimationDrawable anim=(AnimationDrawable)ll.getBackground();   //获取 AnimationDrawable 对象
//为线性布局管理器添加单击事件监听器
ll.setOnClickListener(new OnClickListener() {
    @Override
    public void onClick(View v) {
        if(flag){
            anim.start();                                               //开始播放动画
            flag=false;
        }else{
            anim.stop();                                                //停止播放动画
            flag=true;
        }
    }
});
```

运行本实例并单击屏幕，将播放自定义的逐帧动画，如图 19.22 所示。当动画播放时，单击屏幕，将停止动画的播放，再次单击屏幕，将继续播放。

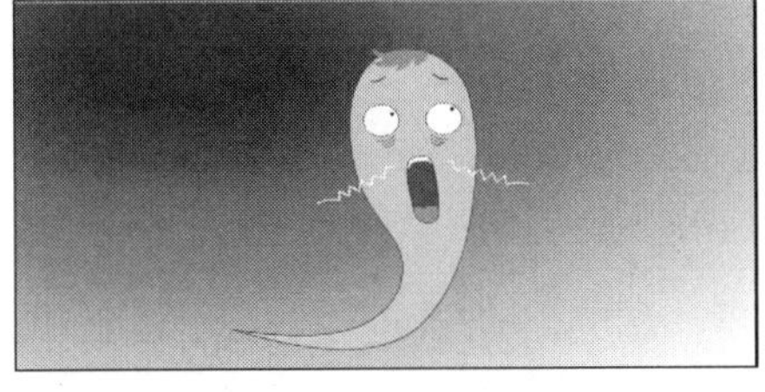

图 19.22　忐忑的精灵

19.6 本 章 小 结

本章主要介绍了在 Android 中进行图形图像处理的相关技术，包括如何绘制 2D 图像、为图形添加特效，以及实现动画等内容。在介绍绘制 2D 图像时，主要介绍了如何绘制几何图形、文本、路径和图片等，在进行游戏开发时，经常需要应用到这些内容，需要读者重点掌握；在介绍实现动画效果时，主要介绍了如何实现逐帧动画和补间动画，其中，逐帧动画主要通过图片的变化来形成动画效果，而补间动画则主要体现在图像位置、大小、旋转度、透明度变化方面，并且只需要指定起始和结束帧，其他过渡帧将由系统自动计算得出。

19.7 学习成果检验

1．编写 Android 项目，实现探照灯效果。（**答案位置：光盘\TM\sl\19\19.18**）

2．编写 Android 项目，实现在夜空中同时有多颗星星闪烁的效果。（**答案位置：光盘\TM\sl\19\19.19**）

3．尝试开发一个程序，实现在屏幕上绘制一个空心的六边形和一个实心的六边形。（**答案位置：光盘\TM\sl\19\19.20**）

4．尝试开发一个程序，实现在屏幕上绘制一个随机的数字组成的验证码。（**答案位置：光盘\TM\sl\19\19.21**）

5．尝试开发一个程序，实现一个飞舞的蝴蝶。（**答案位置：光盘\TM\sl\19\19.22**）

第20章

利用 OpenGL 实现 3D 图形

（视频讲解：56 分钟）

在现在这个网络游戏逐渐盛行的时代，2D 游戏已经不能完全满足用户的需求，3D 技术已经被广泛地应用在 PC 游戏中，3D 技术下一步将会向手机平台发展，而 Android 系统作为当前最流行的手机操作系统，完全内置 3D 技术——OpenGL 支持，本章将对 Android 中的 3D 技术——OpenGL 进行详细讲解。

通过阅读本章，您可以：

- 了解 OpenGL
- 掌握绘制 3D 图形的基本步骤
- 掌握如何为 3D 图形添加纹理贴图效果
- 掌握如何为 3D 图形添加旋转效果
- 掌握如何为 3D 图形添加两种光照效果
- 掌握如何为 3D 图形添加透明效果

20.1 OpenGL 简介

视频讲解：光盘\TM\Video\20\OpenGL 简介.exe

OpenGL（Open Graphics Library）是由 SGI 公司于 1992 年发布的，一个功能强大、调用方便的底层图形库，它为编程人员提供了统一的操作，以便充分利用任何制造商提供的硬件。OpenGL 的核心实现了视区和光照等我们熟知的概念，并试图向开发人员隐藏大部分硬件层。

由于 OpenGL 是专门为工作站设计的，它太大了，无法安装在移动设备上。所以 Khronos Group 为 OpenGL 提供了一个子集 OpenGL ES（OpenGL for Embedded System）。OpenGL ES 是免费的、跨平台的、功能完善的 2D/3D 图形库接口 API，它专门针对多种嵌入式系统（包括手机、PDA 和游戏主机等）而设计的，提供一种标准方法来描述在图形处理器或主 CPU 上渲染这些图像的底层硬件。

说明 Khronos Group 是一个图形软硬件行业协会，该协会主要关注图形和多媒体方向的开放标准。

OpenGL ES 去除了 OpenGL 中的 glBegin/glEnd，四边形（GL_QUADS）、多边形（GL_POLYGONS）等复杂图元等许多非绝对必要的特性。经过多年发展，目前的 OpenGL ES 现在主要有 OpenGL ES 1.x（针对固定管线硬件）和 OpenGL ES 2.x（针对可编程管线硬件）两个版本。OpenGL ES 1.0 是以 OpenGL 1.3 规范为基础的，OpenGL ES 1.1 是以 OpenGL 1.5 规范为基础的，OpenGL ES 2.0 则是参照 OpenGL 2.0 规范定义的，它补充和修改了 OpenGL ES 1.1 标准着色器语言及 API，将 OpenGL ES 1.1 中所有可以用着色器程序替换的功能全部删除了，这样可以节约移动设备的开销及电力消耗。

说明 OpenGL ES 可以应用于很多主流移动平台上，包括 Android、Symbian 和 iPhone 等。

Android 为 OpenGL 提供了相应的支持，它专门为支持 OpenGL 提供了 android.opengl 包。在该包中，GLES10 类是为支持 OpenGL ES 1.0 而提供的；GLES11 类是为支持 OpenGL ES 1.1 而提供的；GLES20 类是为支持 OpenGL ES 2.0 而提供的。其中，OpenGL ES 2.0 是从 Android 2.2（API Level 8）版本才开始使用的。

说明 如果你的应用只支持 OpenGL ES 2.0，你必须在该项目的 AndroidManifest.xml 文件中添加下列设置：

```
<uses-feature android:glEsVersion="0x00020000" android:required="true" />
```

20.2 绘制 3D 图形

视频讲解：光盘\TM\Video\20\绘制 3D 图形.exe

OpenGL ES 一个最常用的功能就是绘制 3D 图形。要绘制 3D 图形，大致可以分为两个步骤，下面分别进行讲解。

20.2.1 构建 3D 开发的基本框架

构建一个 3D 开发的基本框架大致可以分为以下几个步骤：

（1）创建一个 Activity，并指定该 Activity 显示的内容是一个指定了 Renderer 对象的 GLSurfaceView 对象。例如，创建一个名称为 MainActivity 的 Activity，在重写的 onCreate()方法中，创建一个 GLSurfaceView 对象，并为其指定使用的 Renderer 对象，再将其设置为 Activity 要显示的内容，可以使用下面的代码。

```
@Override
protected void onCreate(Bundle savedInstanceState) {
    super.onCreate(savedInstanceState);
    GLSurfaceView mGLView = new GLSurfaceView(this);     //创建一个 GLSurfaceView 对象
    mGLView.setRenderer(new CubeRenderer());             //为 GLSurfaceView 指定使用的 Renderer 对象
    setContentView(mGLView);                             //设置 Activity 显示的内容为 GLSurfaceView 对象
}
```

通常情况下，考虑到当 Activity 恢复和暂停时，GLSurfaceView 对象也恢复或者暂停，还要重写 Activity 的 onResume()方法和 onPause()方法。例如，如果一个 Activity 使用的 GLSurfaceView 对象为 mGLView，那么，可以使用以下的重写 onResume()和 onPause()方法的代码：

```
@Override
protected void onResume() {
    super.onResume();
    mGLView.onResume();
}
@Override
protected void onPause() {
    super.onPause();
    mGLView.onPause();
}
```

（2）创建实现 GLSurfaceView.Renderer 接口的类。在创建该类时，需要实现接口中的以下 3 个方法。

☑ public void onSurfaceCreated(GL10 gl, EGLConfig config)：当 GLSurfaceView 被创建时回调该方法。

☑ public void onDrawFrame(GL10 gl)：Renderer 对象调用该方法绘制 GLSurfaceView 的当前帧。

☑ public void onSurfaceChanged(GL10 gl, int width, int height)：当 GLSurfaceView 的大小改变时回调该方法。

例如，创建一个实现 GLSurfaceView.Renderer 接口的类 EmptyRenderer，并实现 onSurfaceCreated()、onDrawFrame()和 onSurfaceChanged()方法，为窗体设置背景颜色。具体代码如下：

```
import javax.microedition.khronos.egl.EGLConfig;
import javax.microedition.khronos.opengles.GL10;
import android.opengl.GLSurfaceView;
public class EmptyRenderer implements GLSurfaceView.Renderer {
    public void onSurfaceCreated(GL10 gl, EGLConfig config) {
        //设置窗体的背景颜色
        gl.glClearColor(0.7f, 0.7f, 0.9f, 1.0f);
    }
    public void onDrawFrame(GL10 gl) {
        //重设背景颜色
        gl.glClear(GL10.GL_COLOR_BUFFER_BIT | GL10.GL_DEPTH_BUFFER_BIT);
    }
    public void onSurfaceChanged(GL10 gl, int width, int height) {
        gl.glViewport(0, 0, width, height);
```

```
    }
}
```

当窗口被创建时，需要调用 onSurfaceCreated()方法，进行一些初始化操作。onSurfaceCreated()方法有一个 GL10 类型的参数 gl，gl 相当于 OpenGL ES 的画笔。通过它提供的方法不仅可以绘制 3D 图形，也可以对 OpenGL 进行初始化。下面将以表格的形式给出 GL10 提供的用于进行初始化的方法，对于 GL10 提供的用于绘制 3D 图形的方法将在 20.2.2 节进行介绍。GL10 提供的用于进行初始化的方法如表 20.1 所示。

表 20.1　GL10 提供的用于进行初始化的方法

方　法	描　述
glClearColor(float red, float green, float blue, float alpha)	用于指定清除屏幕时使用的颜色，4 个参数分别用于设置红、绿、蓝和透明度的值，值的范围是 0.0f~1.0f
glDisable(int cap)	用于禁用 OpenGL ES 某个方面的特性。例如，要关闭抗抖动功能，可以使用“gl.glDisable(GL10.GL_DITHER);”语句
glEnable(int cap)	用于启用 OpenGL ES 某个方面的特性
glFrustumf(float left, float right, float bottom, float top, float zNear, float zFar)	用于设置透视视窗的空间大小
glHint(int target, int mode)	用于对 OpenGL ES 某个方面进行修正
glLoadIdentity()	用于初始化单位矩阵
glMatrixModel(int mode)	用于设置视图的矩阵模式。通常可以使用 GL10.GL_MODELVIEW 和 GL10.GL_PROJECTION 两个常量值
glShadeModel(int mode)	用于设置 OpenGL ES 的阴影模式。例如，要设置为平滑模式，可以使用“gl.glShadeModel(GL10.GL_SMOOTH);”语句
glViewport(int x, int y, int width, int height)	用于设置 3D 场景的大小

20.2.2　绘制一个模型

在基本框架构建完成后，我们就可以在该框架的基础上绘制 3D 模型了。在 OpenGL ES 中，任何模型都会被分解为三角形。下面将以绘制一个 2D 的三角形为例介绍绘制 3D 模型的基本步骤。

（1）在 onSurfaceCreated()方法中，定义顶点坐标数组。例如，要绘制一个二维的三角形，可以使用以下代码定义顶点坐标数组。

```
private final IntBuffer mVertexBuffer;
public GLTriangle() {
    int one = 65536;
    int vertices[] = {
            0, one, 0,          //上顶点
            -one, -one, 0,      //左下点
            one, -one, 0        //右下点
    };
    ByteBuffer vbb = ByteBuffer.allocateDirect(vertices.length * 4);
    vbb.order(ByteOrder.nativeOrder());
    mVertexBuffer = vbb.asIntBuffer();
    mVertexBuffer.put(vertices);
    mVertexBuffer.position(0);
}
```

说明 在默认的情况下，OpenGL ES 采取的坐标是[0,0,0]（X,Y,Z），该坐标表示 GLSurfaceView 的中心；[1,1,0]表示 GLSurfaceView 的右上角；[-1,-1,0]表示 GLSurfaceView 的左下角。

（2）在 onSurfaceCreated()方法中，应用以下代码启用顶点坐标数组。

```
gl.glEnableClientState(GL10.GL_VERTEX_ARRAY);                //启用顶点坐标数组
```

（3）在 onDrawFrame()方法中，应用步骤（1）定义的顶点坐标数组绘制图形。例如，要绘制一个三角形可以使用下面的代码。

```
gl.glVertexPointer(3, GL10.GL_FIXED, 0, mVertexBuffer);      //为画笔指定顶点坐标数据
gl.glColor4f(1, 0, 0, 0.5f);                                 //设置画笔颜色
gl.glDrawArrays(GL10.GL_TRIANGLE_STRIP, 0, 3);               //绘制图形
```

在了解了应用 OpenGL ES 绘制 3D 图形的基本步骤后，下面通过一个具体的实例来介绍如何绘制一个立方体。

例 20.01　在 Eclipse 中创建 Android 项目，实现绘制一个 6 个面采用不同颜色的立方体。（**实例位置：光盘\TM\sl\20\20.01**）

具体实现过程如下：

（1）在默认创建的 MainActivity 中，创建一个 GLSurfaceView 类型的成员变量。关键代码如下：

```
private GLSurfaceView mGLView;
```

（2）在重写的 onCreate()方法中，首先创建一个 GLSurfaceView 对象，然后为 GLSurfaceView 指定使用的 Renderer 对象，最后再设置 Activity 显示的内容为 GLSurfaceView 对象。关键代码如下：

```
@Override
protected void onCreate(Bundle savedInstanceState) {
    super.onCreate(savedInstanceState);
    mGLView = new GLSurfaceView(this);                  //创建一个 GLSurfaceView 对象
    mGLView.setRenderer(new CubeRenderer());            //为 GLSurfaceView 指定使用的 Renderer 对象
    setContentView(mGLView);                            //设置 Activity 显示的内容为 GLSurfaceView 对象
}
```

（3）重写 onResume()和 onPause()方法，具体代码如下：

```
@Override
protected void onResume() {
    super.onResume();
    mGLView.onResume();
}
@Override
protected void onPause() {
    super.onPause();
    mGLView.onPause();
}
```

（4）创建一个实现 GLSurfaceView.Renderer 接口的类 CubeRenderer，并实现 onSurfaceCreated()、onDrawFrame()和 onSurfaceChanged()方法。具体代码如下：

```
import javax.microedition.khronos.egl.EGLConfig;
import javax.microedition.khronos.opengles.GL10;
import android.opengl.GLSurfaceView;
public class CubeRenderer implements GLSurfaceView.Renderer {
    @Override
    public void onDrawFrame(GL10 gl) {
    }
    @Override
    public void onSurfaceChanged(GL10 gl, int width, int height) {
    }
    @Override
    public void onSurfaceCreated(GL10 gl, EGLConfig config) {
    }
}
```

（5）在 onSurfaceCreated()方法中，应用以下代码进行初始化操作，主要包括设置窗体背景颜色、启用顶点坐标数组、关闭抗抖动功能、设置系统对透视进行修正、设置阴影平滑模式、启用深度测试及设置深度测试的类型等。

```
    public void onSurfaceCreated(GL10 gl, EGLConfig config) {
        gl.glClearColor(0.7f, 0.9f, 0.9f, 1.0f);                //设置窗体背景颜色
        gl.glEnableClientState(GL10.GL_VERTEX_ARRAY);//启用顶点坐标数组
        gl.glDisable(GL10.GL_DITHER);                          //关闭抗抖动
        //设置系统对透视进行修正
        gl.glHint(GL10.GL_PERSPECTIVE_CORRECTION_HINT, GL10.GL_FASTEST);
        gl.glShadeModel(GL10.GL_SMOOTH);                       //设置阴影平滑模式
        gl.glEnable(GL10.GL_DEPTH_TEST);                       //启用深度测试
        gl.glDepthFunc(GL10.GL_LEQUAL);                        //设置深度测试的类型
}
```

说明 深度测试就是让 OpenGL ES 负责跟踪每个物体在 Z 轴上的深度，这样可避免后面的物体遮挡前面的物体。

（6）在 onSurfaceChanged()方法中，首先设置 OpenGL 场景的大小，并计算透视视窗的宽度、高度比，然后将当前矩阵模式设为投影矩阵，再初始化单位矩阵，最后设置透视视窗的空间大小。具体代码如下：

```
public void onSurfaceChanged(GL10 gl, int width, int height) {
        gl.glViewport(0, 0, width, height);                    //设置 OpenGL 场景的大小
        float ratio = (float) width / height;                  //计算透视视窗的宽度、高度比
        gl.glMatrixMode(GL10.GL_PROJECTION);                   //将当前矩阵模式设为投影矩阵
        gl.glLoadIdentity();                                   //初始化单位矩阵
        GLU.gluPerspective(gl, 45.0f, ratio, 1, 100f);         //设置透视视窗的空间大小
}
```

（7）在 onDrawFrame()方法中，首先清除颜色缓存和深度缓存，并设置使用模型矩阵进行变换，然后初始化单位矩阵，再设置视点，并旋转总坐标系，最后绘制立方体。具体代码如下：

```
    public void onDrawFrame(GL10 gl) {
    //清除颜色缓存和深度缓存
        gl.glClear(GL10.GL_COLOR_BUFFER_BIT | GL10.GL_DEPTH_BUFFER_BIT);
```

```
        gl.glMatrixMode(GL10.GL_MODELVIEW);                    //设置使用模型矩阵进行变换
        gl.glLoadIdentity();                                   //初始化单位矩阵
        //当使用 GL_MODELVIEW 模式时，必须设置视点，也就是观察点
        GLU.gluLookAt(gl, 0, 0, -5, 0f, 0f, 0f, 0f, 1.0f, 0.0f);
        gl.glRotatef(1000, -0.1f, -0.1f, 0.05f);               //旋转总坐标系
        cube.draw(gl);                                         //绘制立方体
    }
```

（8）创建一个用于绘制立方体模型的 Java 类，名称为 GLCube，在该类中，首先定义一个用于记录顶点坐标数据缓冲的成员变量。关键代码如下：

```
public class GLCube {
    private final IntBuffer mVertexBuffer;                     //顶点坐标数据缓冲
}
```

（9）定义 GLCube 类的构造方法，在构造方法中创建一个记录顶点位置的数组，并根据该数组创建顶点坐标数据缓冲。具体代码如下：

```
    public GLCube() {
        int one = 65536;
        int half = one / 2;
        int vertices[] = {
                //前面
                -half, -half, half, half, -half, half,
                -half, half, half, half, half, half,
                //背面
                -half, -half, -half, -half, half, -half,
                half, -half, -half, half, half, -half,
                //左面
                -half, -half, half, -half, half, half,
                -half, -half, -half, -half, half, -half,
                //右面
                half, -half, -half, half, half, -half,
                half, -half, half, half, half, half,
                //上面
                -half, half, half, half, half, half,
                -half, half, -half, half, half, -half,
                //下面
                -half, -half, half, -half, -half, -half,
                half, -half, half, half, -half, -half,
            };                                                 //定义顶点位置
        //创建顶点坐标数据缓冲
        ByteBuffer vbb = ByteBuffer.allocateDirect(vertices.length * 4);
        vbb.order(ByteOrder.nativeOrder());                    //设置字节顺序
        mVertexBuffer = vbb.asIntBuffer();                     //转换为 int 型缓冲
        mVertexBuffer.put(vertices);                           //向缓冲中放入顶点坐标数据
        mVertexBuffer.position(0);                             //设置缓冲区的起始位置
    }
```

（10）在 GLCube 类中，编写用于绘制立方体的 draw()方法，在该方法中，首先为画笔指定顶点坐标数组，然后分别绘制立方体的 6 个面，每个面使用的颜色是不同的。draw()方法的具体代码如下：

```
        public void draw(GL10 gl) {
        gl.glVertexPointer(3, GL10.GL_FIXED, 0, mVertexBuffer); //为画笔指定顶点坐标数据
        //绘制 FRONT 和 BACK 两个面
        gl.glColor4f(1, 0, 0, 1);
        gl.glNormal3f(0, 0, 1);
        gl.glDrawArrays(GL10.GL_TRIANGLE_STRIP, 0, 4);        //绘制图形
        gl.glColor4f(1, 0, 0.5f, 1);
        gl.glNormal3f(0, 0, -1);
        gl.glDrawArrays(GL10.GL_TRIANGLE_STRIP, 4, 4);        //绘制图形
        //绘制 LEFT 和 RIGHT 两个面
        gl.glColor4f(0, 1, 0, 1);
        gl.glNormal3f(-1, 0, 0);
        gl.glDrawArrays(GL10.GL_TRIANGLE_STRIP, 8, 4);        //绘制图形
        gl.glColor4f(0, 1, 0.5f, 1);
        gl.glNormal3f(1, 0, 0);
        gl.glDrawArrays(GL10.GL_TRIANGLE_STRIP, 12, 4);       //绘制图形
        //绘制 TOP 和 BOTTOM 两个面
        gl.glColor4f(0, 0, 1, 1);
        gl.glNormal3f(0, 1, 0);
        gl.glDrawArrays(GL10.GL_TRIANGLE_STRIP, 16, 4);       //绘制图形
        gl.glColor4f(0, 0, 0.5f, 1);
        gl.glNormal3f(0, -1, 0);
        gl.glDrawArrays(GL10.GL_TRIANGLE_STRIP, 20, 4);       //绘制图形
}
```

（11）打开 CubeRenderer 类，在该类中创建一个代表立方体对象的成员变量，并为 CubeRenderer 类创建无参的构造方法，在该构造方法中，实例化立方体对象。关键代码如下：

```
private final GLCube cube;                                    //立方体对象
public CubeRenderer() {
      cube = new GLCube();                                    //实例化立方体对象
}
```

运行本实例，将显示如图 20.1 所示的运行结果。

图 20.1　绘制一个立方体

20.3　添 加 效 果

视频讲解：光盘\TM\Video\20\添加效果.exe

在 20.2 节中已经介绍了如何绘制 3D 模型，在实际应用开发时，经常需要为其添加纹理贴图、光照、旋转等效果。本节将介绍如何为 3D 模型添加纹理贴图、光照、旋转以及透明效果等。

20.3.1　应用纹理贴图

为了让 3D 图形更加逼真，我们需要为这些 3D 图形应用纹理贴图。例如，要在场景中放置一个木箱，那么就需要为场景中绘制的立方体应用木材纹理进行贴图。为 3D 模型添加纹理贴图大致可以分为以下 3 个步骤：

（1）设置贴图坐标的数组信息，这与设置顶点坐标数组类似。

（2）设置启用贴图坐标数组。

（3）调用 GL10 的 texImage2D()方法生成纹理。

说明　在使用纹理贴图时，需要准备一张纹理图片，建议该图片的长宽是 2 的 N 次方，例如，可以是 256×256 的图片，也可以是 512×512 的图片。

例 20.02　在例 20.01 的基础上为绘制的立方体进行纹理贴图。（**实例位置：光盘\TM\sl\20\20.02**）

具体实现步骤如下：

（1）打开 GLCube 类文件，在该类中定义用于保存纹理贴图数据缓冲的成员变量。具体代码如下：

```
private IntBuffer mTextureBuffer;                                  //纹理贴图数据缓冲
```

（2）打开 GLCube 类文件，在构造方法中定义贴图坐标数组，并根据该数组创建贴图坐标数据缓冲。具体代码如下：

```
int texCoords[] = {
        //前面
        0, one, one, one, 0, 0, one, 0,
        //后面
        one, one, one, 0, 0, one, 0, 0,
        //左面
        one, one, one, 0, 0, one, 0, 0,
        //右面
        one, one, one, 0, 0, one, 0, 0,
        //上面
        one, 0, 0, 0, one, one, 0, one,
        //下面
        0, 0, 0, one, one, 0, one, one, };                         //定义贴图坐标数组
ByteBuffer tbb = ByteBuffer.allocateDirect(texCoords.length * 4);
tbb.order(ByteOrder.nativeOrder());                                //设置字节顺序
mTextureBuffer = tbb.asIntBuffer();                                //转换为 int 型缓冲
mTextureBuffer.put(texCoords);                                     //向缓冲中放入贴图坐标数组
mTextureBuffer.position(0);                                        //设置缓冲区的起始位置
```

（3）GLCube 类的 draw()方法的最后，首先应用 GL10 的 glTexCoordPointer()方法为画笔指定贴图坐标数据，关键代码如下：

```
gl.glTexCoordPointer(2, GL10.GL_FIXED, 0, mTextureBuffer); //为画笔指定贴图坐标数据
```

（4）编写 loadTexture()方法，用于进行纹理贴图。具体代码如下：

```
/**
 *
 * 功能：进行纹理贴图
 *
 * @param gl
 * @param context
 * @param resource
 */
void loadTexture(GL10 gl, Context context, int resource) {
    Bitmap bmp = BitmapFactory.decodeResource(context.getResources(),
            resource);                                          //加载位图
    GLUtils.texImage2D(GL10.GL_TEXTURE_2D, 0, bmp, 0);          //使用图片生成纹理
    bmp.recycle();                                              //释放资源
}
```

（5）打开 CubeRenderer 类文件，在 onSurfaceCreated()方法中添加以下代码，首先启用贴图坐标数组，然后启用纹理贴图，最后调用 GLCube 类的 loadTexture()方法进行纹理贴图。

```
gl.glEnableClientState(GL10.GL_TEXTURE_COORD_ARRAY);           //启用贴图坐标数组
gl.glEnable(GL10.GL_TEXTURE_2D);                                //启用纹理贴图
cube.loadTexture(gl, context, R.drawable.mr);                   //进行纹理贴图
```

运行本实例，将显示如图 20.2 所示的运行结果。

图 20.2　为立方体进行纹理贴图

20.3.2　旋转

到目前为止，我们绘制的 3D 物体还是静止的，为了更好地看到 3D 效果，还可以为其添加旋转效果。这样就可以达到动画效果了。要实现旋转比较简单，只需要使用 GL10 的 glRotatef()方法不断地旋转要放置的对象即可。glRotatef()方法的语法格式如下：

```
glRotatef(float angle, float x, float y, float z)
```

其中，参数 angle 通常是一个变量，表示对象转过的角度；x 表示 X 轴的旋转方向（值为 1 表示顺时针、-1 表示逆时针方向、0 表示不旋转）；y 表示 Y 轴的旋转方向（值为 1 表示顺时针、-1 表示逆时针方向、0 表示不旋转）；z 表示 Z 轴的旋转方向（值为 1 表示顺时针、-1 表示逆时针方向、0 表示不旋转）。

例如，要将对象经过 X 轴旋转 n 角度，可以使用下面的代码。

```
gl.glRotatef(n, 1, 0, 0);
```

例 20.03　在例 20.02 的基础上实现一个不断旋转的立方体。（**实例位置：光盘\TM\sl\20\20.03**）

具体实现步骤如下：

（1）打开 CubeRenderer 类文件，在该类中定义用于保存开始时间的成员变量。具体代码如下：

```
private long startTime;                                         //保存开始时间
```

（2）在构造方法中，为成员变量 startTime 赋初始值为当前时间。具体代码如下：

```
startTime=System.currentTimeMillis();
```

（3）在 onDrawFrame()方法绘制立方体的代码之前，添加以下代码，完成旋转立方体的操作。

```
//旋转
long elapsed = System.currentTimeMillis() - startTime;              //计算逝去的时间
gl.glRotatef(elapsed * (30f / 1000f), 0, 1, 0);                     //在 Y 轴上旋转 30°
gl.glRotatef(elapsed * (15f / 1000f), 1, 0, 0);                     //在 X 轴上旋转 15°
```

运行本实例，将显示如图 20.3 所示的运行结果。

图 20.3　旋转的立方体

20.3.3　光照效果

为了使程序效果更加美观、逼真，还可以让其模拟光照效果。在为物体添加光照效果前，我们先来了解一下 3D 图形支持的光照类型。所有的 3D 图形都支持以下 3 种光照类型。

- ☑ 环境光：一种普通的光线，光线会照亮整个场景，即使对象背对着光线也可以。
- ☑ 散射光：柔和的方向性光线。例如，荧光板上发出的光线就是这种散射光。场景中的大部分光线通常来源于散射光源。
- ☑ 镜面高光：耀眼的光线，通常来源于明亮的点光源。与有光泽的材料结合使用时，这种光会带来高光效果，增加场景的真实感。

在 OpenGL 中添加光照效果，通常分为以下两个步骤进行。

1．光线

在定义光照效果时，通常需要定义光线，也就是为场景添加光源。这可以通过 GL10 提供的 glLightfv()方法实现。glLightfv()方法的语法格式如下：

```
glLightfv(int light, int pname, float[] params, int offset)
```

其中，light 表示光源的 ID，当程序中包含多个光源时，可以通过这个 ID 来区分光源；pname 表示光源的类型（参数值为 GL10.GL_AMBIENT 表示环境光，参数值为 GL10.GL_DIFFUSE 表示散射光）；params 表示光源数组；offset 表示偏移量。

例如，要定义一个发出白色的全方向的光源，可以使用下面的代码。

```
float lightAmbient[]=new float[]{0.2f,0.2f,0.2f,1};                         //定义环境光
float lightDiffuse[]=new float[]{1,1,1,1};                                  //定义散射光
float lightPos[]=new float[]{1,1,1,1};                                      //定义光源的位置
gl.glEnable(GL10.GL_LIGHTING);                                              //启用光源
gl.glEnable(GL10.GL_LIGHT0);                                                //启用 0 号光源
gl.glLightfv(GL10.GL_LIGHT0, GL10.GL_AMBIENT, lightAmbient,0);              //设置环境光
gl.glLightfv(GL10.GL_LIGHT0, GL10.GL_DIFFUSE, lightDiffuse, 0);             //设置散射光
gl.glLightfv(GL10.GL_LIGHT0, GL10.GL_POSITION, lightPos, 0);                //设置光源的位置
```

注意　在定义和设置光源后，还需要使用 glEnable()方法启用光源，否则，设置的光源将不起作用。

2．被照射的物体

在定义光照效果时，通常需要定义被照射物体的制作材料，因为不同材料的光线反射情况是不同的。

使用 GL10 提供的 glMaterialfv()方法可以设置材质的环境光和散射光。glMaterialfv()方法的语法格式如下：

```
glMaterialfv(int face, int pname, float[] params, int offset)
```

其中，face 表示是为正面还是背面材质设置光源；pname 表示光源的类型（参数值为 GL10.GL_AMBIENT 表示环境光，参数值为 GL10.GL_DIFFUSE 表示散射光）；params 表示光源数组；offset 表示偏移量。

例如，定义一个不是很亮的纸质的物体，可以使用下面的代码。

```
float matAmbient[]=new float[]{1,1,1,1};                                      //定义材质的环境光
float matDiffuse[]=new float[]{1,1,1,1};                                      //定义材质的散射光
gl.glMaterialfv(GL10.GL_FRONT_AND_BACK, GL10.GL_AMBIENT, matAmbient,0);       //设置材质的环境光
gl.glMaterialfv(GL10.GL_FRONT_AND_BACK, GL10.GL_DIFFUSE, matDiffuse,0);       //设置材质的散射光
```

下面通过一个具体的实例来说明为物体添加光照效果的具体步骤。

例 20.04 在例 20.03 的基础上实现为旋转的立方体添加光照效果的功能。（**实例位置：光盘\TM\sl\20\20.04**）

具体实现步骤如下：

（1）打开 CubeRenderer 类文件，在 onSurfaceCreated()方法中为被照射的物体设置材质。首先定义材质的环境光和散射光，然后设置材质的环境光和散射光。具体代码如下：

```
float matAmbient[]=new float[]{1,1,1,1};                                      //定义材质的环境光
float matDiffuse[]=new float[]{1,1,1,1};                                      //定义材质的散射光
gl.glMaterialfv(GL10.GL_FRONT_AND_BACK, GL10.GL_AMBIENT, matAmbient,0);       //设置材质的环境光
gl.glMaterialfv(GL10.GL_FRONT_AND_BACK, GL10.GL_DIFFUSE, matDiffuse,0);       //设置材质的散射光
```

（2）在 onSurfaceCreated()方法中添加场景光线。首先定义环境光和散射光，并定义光源的位置，然后启用光源和 0 号光源，最后设置环境光、散射光和光源的位置，具体代码如下：

```
float lightAmbient[]=new float[]{0.2f,0.2f,0.2f,1};                           //定义环境光
float lightDiffuse[]=new float[]{1,1,1,1};                                    //定义散射光
float lightPos[]=new float[]{1,1,1,1};                                        //定义光源的位置
gl.glEnable(GL10.GL_LIGHTING);                                                //启用光源
gl.glEnable(GL10.GL_LIGHT0);                                                  //启用 0 号光源
gl.glLightfv(GL10.GL_LIGHT0, GL10.GL_AMBIENT, lightAmbient,0);                //设置环境光
gl.glLightfv(GL10.GL_LIGHT0, GL10.GL_DIFFUSE, lightDiffuse, 0);               //设置散射光
gl.glLightfv(GL10.GL_LIGHT0, GL10.GL_POSITION, lightPos, 0);                  //设置光源的位置
```

运行本实例，将显示如图 20.4 所示的运行结果。

图 20.4 为立方体添加光照效果

20.3.4 透明效果

在游戏中，经常需要应用透明效果，使用 OpenGL ES 实现简单的透明效果也比较简单，只需要应用以

下代码就可以实现。

```
gl.glDisable(GL10.GL_DEPTH_TEST);                    //关闭深度测试
gl.glEnable(GL10.GL_BLEND);                          //打开混合
gl.glBlendFunc(GL10.GL_SRC_ALPHA, GL10.GL_ONE); //使用 alpha 通道值进行混色，从而达到透明效果
```

说明　实现透明效果时，需要关闭深度测试，并且打开混合效果，然后才能使用 GL10 类的 glBlendFunc()方法进行混色，从而达到透明效果。

下面通过一个具体的实例来说明实现透明效果的具体步骤。

例 20.05　在例 20.04 的基础上制作一个透明的、不断旋转的立方体。（**实例位置：光盘\TM\sl\20\20.05**）

打开 CubeRenderer 类文件，在 onSurfaceCreated()方法中为立方体添加透明效果。首先关闭深度测试，然后打开混合效果，最后再使用 alpha 通道值进行混色，从而达到透明效果。具体代码如下：

```
gl.glDisable(GL10.GL_DEPTH_TEST);                    //关闭深度测试
gl.glEnable(GL10.GL_BLEND);                          //打开混合
gl.glBlendFunc(GL10.GL_SRC_ALPHA, GL10.GL_ONE); //使用 alpha 通道值进行混色，从而达到透明效果
```

运行本实例，将显示如图 20.5 所示的运行结果。

图 20.5　透明且旋转的立方体

20.4　实　　战

20.4.1　绘制一个三棱锥

本实例主要使用 OpenGL ES 绘制一个三棱锥，程序运行效果如图 20.6 所示。（**实例位置：光盘\TM\sl\20\20.06**）

图 20.6　绘制一个三棱锥

三棱锥有 4 个面，而且每一个面都是由三角形组成的，这正好符合 OpenGL ES 的绘图机制，所有图形都是由三角形组成的。首先定义一个 GLTriPyramid 类，用来定义三棱锥的坐标点及绘制三棱锥的方法。代码如下：

```
public class GLTriPyramid {
    private final IntBuffer mVertexBuffer;
    public GLTriPyramid() {
        int one = 65536;
        int half = one / 2;
        //三棱锥
        int vertices[] = {
                //LEFT
                0, half, 0, -half, -half, 0, half, -half, half,
                //RIGHT
                0, half, 0, -half, -half, 0, half, -half, 0,
                //BACK
                0, half, 0, half, -half, half, half, -half, 0,
                //BOTTOM
                half, -half, 0, -half, -half, 0, half, -half, half, };
        ByteBuffer vbb = ByteBuffer.allocateDirect(vertices.length * 4);
        vbb.order(ByteOrder.nativeOrder());
        mVertexBuffer = vbb.asIntBuffer();
        mVertexBuffer.put(vertices);
        mVertexBuffer.position(0);
    }
    public void draw(GL10 gl) {
        gl.glVertexPointer(3, GL10.GL_FIXED, 0, mVertexBuffer);
        //绘制 Left 面
        gl.glColor4f(1, 0, 0, 0.5f);
        gl.glDrawArrays(GL10.GL_TRIANGLE_STRIP, 0, 3);
        //绘制 RIGHT 面
        gl.glColor4f(0, 1, 0, 0.5f);
        gl.glDrawArrays(GL10.GL_TRIANGLE_STRIP, 3, 3);
        //绘制 BACK 面
        gl.glColor4f(0, 0, 1, 0.5f);
        gl.glDrawArrays(GL10.GL_TRIANGLE_STRIP, 6, 3);
        //绘制 BOTTOM 面
        gl.glColor4f(0, 1, 1, 0.5f);
        gl.glDrawArrays(GL10.GL_TRIANGLE_STRIP, 9, 3);
    }
}
```

定义一个 TriPyramidRenderer 类，继承自 GLSurfaceView.Renderer 接口，然后实现其中的 onSurfaceCreated()、onDrawFrame()和 onSurfaceChanged()方法，在这 3 个方法中分别对三棱锥的背景颜色、场景等进行设置，从而绘制一个每个面颜色不同的三棱锥。代码如下：

```
public class TriPyramidRenderer implements GLSurfaceView.Renderer {
    private final GLTriPyramid cube ;
    private long startTime;
    public TriPyramidRenderer(){
```

```
        cube = new GLTriPyramid();
        startTime=System.currentTimeMillis();
    }
    public void onSurfaceCreated(GL10 gl, EGLConfig config) {
        //设置窗体背景颜色
        gl.glClearColor(0.5f, 0.5f, 0.5f, 1);
        gl.glEnableClientState(GL10.GL_VERTEX_ARRAY);
        //关闭抗抖动
        gl.glDisable(GL10.GL_DITHER);
        //设置系统对透视进行修正
        gl.glHint(GL10.GL_PERSPECTIVE_CORRECTION_HINT, GL10.GL_FASTEST);
        //设置阴影平滑模式
        gl.glShadeModel(GL10.GL_SMOOTH);
        //启用深度测试
        gl.glEnable(GL10.GL_DEPTH_TEST);
        //设置深度测试的类型
        gl.glDepthFunc(GL10.GL_LEQUAL);
    }
    public void onDrawFrame(GL10 gl) {
        //重绘背景颜色
        gl.glClear(GL10.GL_COLOR_BUFFER_BIT | GL10.GL_DEPTH_BUFFER_BIT);
        /********* 将屏幕设置为黑色 *********************/
        gl.glMatrixMode(GL10.GL_MODELVIEW);
        gl.glLoadIdentity(); //初始化单位矩阵
        /**********************************************/
        //当使用 GL_MODELVIEW 时，必须设置视窗的位置
        GLU.gluLookAt(gl, 0, 0, -5, 0f, 0f, 0f, 0f, 1.0f, 0.0f);
        gl.glRotatef(1000, -0.1f, -0.1f, 0.05f);                    //旋转
//      /*************旋转*********************/
       long time = System.currentTimeMillis() - startTime;
//     gl.glRotatef(time * (30f/1000f),0,1,0);
//     gl.glRotatef(time * (15f/1000f),1,0,0);
//      /***********************************************/
        cube.draw(gl);                                               //绘制三棱锥
    }
    public void onSurfaceChanged(GL10 gl, int width, int height) {
        gl.glViewport(0, 0, width, height);
        float ratio = (float) width / height;                      //计算透视视窗的宽度、高度比
        gl.glMatrixMode(GL10.GL_PROJECTION);                       //将当前矩阵模式设为投影矩阵
        gl.glLoadIdentity();                                       //初始化单位矩阵
        //设置透视视窗的空间大小
        GLU.gluPerspective(gl, 45.0f, ratio, 1, 100f);
    }
}
```

20.4.2　为三棱锥添加旋转效果

本实例主要实现一个不断旋转的并且带褐色大理石纹理的三棱锥，程序运行效果如图 20.7 所示。（**实例位置：光盘\TM\sl\20\20.07**）

图 20.7　不断旋转的三棱锥

本实例是在 20.4.1 节实战的基础上实现的，与 20.4.1 节实战最大的不同是，本实例绘制的三棱锥需要不断旋转，并且每个面都带有褐色大理石纹理。为三棱锥添加大理石纹理贴图的实现代码如下：

```
/**
 *
 * 功能：进行纹理贴图
 *
 * @param gl
 * @param context
 * @param resource
 */
void loadTexture(GL10 gl, Context context, int resource) {
     Bitmap bmp = BitmapFactory.decodeResource(context.getResources(),
               resource);                                              //加载位图
     GLUtils.texImage2D(GL10.GL_TEXTURE_2D, 0, bmp, 0);               //使用图片生成纹理
     bmp.recycle();                                                    //释放资源
}
```

设置三棱锥不断旋转的实现代码如下：

```
public void onDrawFrame(GL10 gl) {
          //重绘背景颜色
          gl.glClear(GL10.GL_COLOR_BUFFER_BIT | GL10.GL_DEPTH_BUFFER_BIT);
          gl.glMatrixMode(GL10.GL_MODELVIEW);
          gl.glLoadIdentity(); //初始化单位矩阵
          /***********************************************/
          //当使用 GL_MODELVIEW 时，必须设置视窗的位置
          GLU.gluLookAt(gl, 0, 0, -5, 0f, 0f, 0f, 0f, 1.0f, 0.0f);
//        /*************旋转*********************/
          long time = System.currentTimeMillis() - startTime;
          gl.glRotatef(time * (30f/1000f),0,1,0);
          gl.glRotatef(time * (15f/1000f),1,0,0);
//        /***********************************************/
          //绘制三棱锥
          cube.draw(gl);
     }
```

说明　关于绘制三棱锥的具体实现代码可以参考 20.4.1 节。

20.4.3　绘制一个不断旋转的金字塔

使用 OpenGL ES 可以很方便地绘制一个不断旋转的金字塔，也就是一个四棱锥，本实例要求绘制一个从顶到底渐变的、不断旋转的金字塔。程序运行效果如图 20.8 所示。（**实例位置：光盘\TM\sl\20\20.08**）

图 20.8　绘制一个不断旋转的金字塔

本实例的关键是如何绘制金字塔，具体实现时，首先需要定义金字塔的顶点坐标位置和各个切面的颜色，并使用 GL10 对象的相关方法绘制金字塔；然后通过自定义类实现 GLSurfaceView.Renderer 接口的 CubeRenderer 类，并实现其中的 onSurfaceCreated()、onDrawFrame()和 onSurfaceChanged()方法，在这 3 个方法中分别对金字塔的背景颜色、场景、旋转等进行设置。定义金字塔顶点坐标及绘制金字塔的代码如下：

```
public class GLPyramid {
    private final IntBuffer mVertexBuffer;                                //顶点坐标数据缓冲
    private IntBuffer mColorBuffer;                                        //纹理贴图数据缓冲
    public GLPyramid() {
        int one = 65535;
        int vertices[] = {
                    //底面
                    -one,   0, one,
                    one,   0,   one,
                    -one, 0, -one,
                    one, 0, -one,
                    one,0,one,one,0,-one,0,one,0,
                    0,one,0,one,0,-one,-one,0,-one,
                    -one,0,-one,-one,0,one,0,one,0,
                    0,one,0,-one,0,one,one,0,one
       };                                                                  //定义顶点位置
        ByteBuffer vbb = ByteBuffer.allocateDirect(vertices.length * 4);  //创建顶点坐标数据缓冲
        vbb.order(ByteOrder.nativeOrder());                               //设置字节顺序
        mVertexBuffer = vbb.asIntBuffer();                                //转换为 int 型缓冲
        mVertexBuffer.put(vertices);                                      //向缓冲中放入顶点坐标数据
        mVertexBuffer.position(0);                                        //设置缓冲区的起始位置
        /*********************** 颜色 ***********************************************/
      int colors[] = {
            one, one, one, one,
              one, one, one, one,
              one, one, one, one,
              one, one, one, one,
              one, one, one, one,
              one, one, one, one,
              one, 0, one, one,
              one, 0, one, one,
              one, one, one, one,
              one, one, one, one,
              one, one, one, one,
```

```
                one, one, one, one,
                one, 0, one, one,
                one, 0, one, one,
                one, one, one, one,
                one, one, one, one,
        };                                                          //定义颜色坐标数据
        ByteBuffer tbb = ByteBuffer.allocateDirect(colors.length * 4);
        tbb.order(ByteOrder.nativeOrder())                          //设置字节顺序
        mColorBuffer = tbb.asIntBuffer();                           //转换为 int 型缓冲
        mColorBuffer.put(colors);                                   //向缓冲中放入颜色坐标数据
        mColorBuffer.position(0);                                   //设置缓冲区的起始位置
        /*****************************************************************************/
    }
    public void draw(GL10 gl) {
        gl.glVertexPointer(3, GL10.GL_FIXED, 0, mVertexBuffer);     //为画笔指定顶点坐标数据
        gl.glEnableClientState(GL10.GL_COLOR_ARRAY);
        //绘制底面
        gl.glColorPointer(4, GL10.GL_FIXED, 0, mColorBuffer);
        gl.glDrawArrays(GL10.GL_TRIANGLE_STRIP, 0, 4);              //绘制图形
        //绘制 4 个侧面
        gl.glDrawArrays(GL10.GL_TRIANGLE_STRIP, 4, 12);             //绘制图形
    }
}
```

实现 GLSurfaceView.Renderer 接口的 CubeRenderer 类，并实现其中的 onSurfaceCreated()、onDrawFrame()和 onSurfaceChanged()方法的代码如下：

```
public class PyramidRenderer implements GLSurfaceView.Renderer {
    private final GLPyramid pyramid;                                //四棱锥对象
    private long startTime;                                         //定义变量保存开始时间
    public PyramidRenderer(Context context) {
        pyramid = new GLPyramid();                                  //实例化四棱锥对象
        startTime=System.currentTimeMillis();
    }
    public void onSurfaceCreated(GL10 gl, EGLConfig config) {
        gl.glClearColor(0.08f, 0.16f, 0.39f, 1.0f);                 //设置窗体背景颜色
        gl.glEnableClientState(GL10.GL_VERTEX_ARRAY);               //启用顶点坐标数组
        gl.glDisable(GL10.GL_DITHER);                               //关闭抗抖动
        gl.glShadeModel(GL10.GL_SMOOTH);                            //设置阴影平滑模式
        gl.glEnable(GL10.GL_DEPTH_TEST);                            //启用深度测试
        gl.glDepthFunc(GL10.GL_LEQUAL);                             //设置深度测试的类型
    }
    public void onSurfaceChanged(GL10 gl, int width, int height) {
        gl.glViewport(0, 0, width, height);                         //设置 OpenGL 场景的大小
        gl.glMatrixMode(GL10.GL_PROJECTION);                        //将当前矩阵模式设为投影矩阵
        float ratio = (float) width / height;                       //计算透视视窗的宽度、高度比
        gl.glLoadIdentity();                                        //初始化单位矩阵
        GLU.gluPerspective(gl, 60.0f, ratio, 1, 100f);              //设置透视视窗的空间大小
    }
    public void onDrawFrame(GL10 gl) {
    gl.glClear(GL10.GL_COLOR_BUFFER_BIT | GL10.GL_DEPTH_BUFFER_BIT);//清除颜色缓存和深度缓存
```

```
        gl.glMatrixMode(GL10.GL_MODELVIEW);                              //设置使用模型矩阵进行变换
        gl.glLoadIdentity();                                             //初始化单位矩阵
        //当使用 GL_MODELVIEW 模式时，必须设置视点，也就是观察点
        GLU.gluLookAt(gl, 0, 0, -5, 0f, 0f, 0f, 0f, 1.0f, 0.0f);
        gl.glRotatef(1000, -0.1f, -0.1f, 0.05f);                         //旋转总坐标系
        /*************************************************************/
        /********************旋转*****************************************/
        long elapsed = System.currentTimeMillis() - startTime;           //计算逝去的时间
        gl.glRotatef(elapsed * (30f / 1000f), 0, 1, 0);                  //在 Y 轴上旋转 30°
        gl.glRotatef(elapsed * (15f / 1000f), 1, 0, 0);                  //在 X 轴上旋转 15°
        /*****************************************************************/
        pyramid.draw(gl);                                                //绘制四棱锥
    }
}
```

20.4.4　使用 Android 机器人对立方体进行纹理贴图

本实例要求使用 OpenGL 技术绘制一个使用 Android 机器人进行纹理贴图的立方体。程序运行效果如图 20.9 所示。（实例位置：光盘\TM\sl\20\20.09）

图 20.9　使用 Android 机器人对立方体进行纹理贴图

本实例在例 20.02 的基础上实现，与例 20.02 最大的不同是，该实例使用 Android 机器人对立方体进行纹理贴图。本实例的主要代码如下：

```
/**
    * 功能：进行纹理贴图
    */
    void loadTexture(GL10 gl, Context context, int resource) {
        Bitmap bmp = BitmapFactory.decodeResource(context.getResources(), resource);  //加载位图
        GLUtils.texImage2D(GL10.GL_TEXTURE_2D, 0, bmp, 0);                           //使用图片生成纹理
        bmp.recycle();                                                               //释放资源
    }
public void onSurfaceCreated(GL10 gl, EGLConfig config) {
        gl.glClearColor(0.7f, 0.9f, 0.9f, 1.0f);                                     //设置窗体背景颜色
        gl.glClearColor(0.08f, 0.16f, 0.39f, 1.0f);                                  //设置窗体背景颜色
        gl.glEnableClientState(GL10.GL_VERTEX_ARRAY);                                //启用顶点坐标数组
        gl.glDisable(GL10.GL_DITHER);                                                //关闭抗抖动
        gl.glHint(GL10.GL_PERSPECTIVE_CORRECTION_HINT, GL10.GL_FASTEST);  //设置对透视进行修正
        gl.glShadeModel(GL10.GL_SMOOTH);                                             //设置阴影平滑模式
        gl.glEnable(GL10.GL_DEPTH_TEST);                                             //启用深度测试
        gl.glDepthFunc(GL10.GL_LEQUAL);                                              //设置深度测试的类型
        /************************应用纹理贴图*******************************/
```

```
    gl.glEnableClientState(GL10.GL_TEXTURE_COORD_ARRAY);             //启用贴图坐标数组
    gl.glEnable(GL10.GL_TEXTURE_2D);                                  //启用纹理贴图
    cube.loadTexture(gl, context, R.drawable.android);                //进行纹理贴图
    /**********************************************************************/
}
```

20.5 本章小结

本章首先简要介绍了 OpenGL 以及 OpenGL ES，Android 系统内置了对 OpenGL ES 的支持，使用 OpenGL ES 可以开发出很好的 3D 产品，包括 3D 游戏；然后介绍了如何绘制 3D 图形和为 3D 图形添加纹理贴图、旋转效果、光照颜色和透明效果，这些内容都是进行 3D 产品开发的基础，希望读者重点掌握。

20.6 学习成果检验

1．尝试开发一个程序，绘制一个金黄色的四棱锥。**（答案位置：光盘\TM\sl\20\20.10）**

2．尝试开发一个程序，绘制一个添加淡粉色光照效果的长方体。**（答案位置：光盘\TM\sl\20\20.11）**

3．尝试开发一个程序，绘制一个透明效果的、带大理石纹理的三棱锥。**（答案位置：光盘\TM\sl\20\20.12）**

第21章

多媒体技术

（视频讲解：96分钟）

随着3G时代的到来，在手机和平板电脑上应用多媒体已经非常广泛。Android作为又一大手机、平板电脑操作系统，对于多媒体应用也提供了良好的支持。它不仅支持音频和视频的播放，而且还支持录制音频和摄像头拍照等。本章将对Android中的音频及视频等多媒体应用进行详细介绍。

通过阅读本章，您可以：

- **了解**Android**支持音频和视频格式**
- **掌握使用**MediaPlayer**播放音频的方法**
- **掌握使用**SoundPool**播放音频的方法**
- **掌握如何使用**VideoView**播放视频**
- **掌握如何使用**MediaPlayer**和**SurfaceView**播放视频**

21.1　播放音频与视频

视频讲解：光盘\TM\Video\21\播放音频与视频.exe

Android 提供了对常用音频和视频格式的支持，它所支持的音频格式有 MP3（.mp3）、3GPP（.3gp）、Ogg（.ogg）和 WAVE（.ave）等，支持的视频格式有 3GPP（.3gp）和 MPEG-4（.mp4）等。通过 Android API 提供的相关方法，可以实现音频与视频的播放。下面将分别介绍播放音频与视频的不同方法。

21.1.1　使用 MediaPlayer 播放音频

在 Android 中，提供了 MediaPlayer 类用来播放音频。使用 MediaPlayer 类播放音频比较简单，只需要创建该类的对象，并为其指定要播放的音频文件，然后再调用它的 start()方法就可以播放音频文件了。下面将详细介绍如何使用 MediaPlayer 播放音频文件。

1. 创建 MediaPlayer 对象，并装载音频文件

创建 MediaPlayer 对象，并装载音频文件。可以使用该类提供的静态方法 create()来实现，也可通过它的无参构造方法来创建并实例化该类的对象来实现。

MediaPlayer 类的静态方法 create()常用的语法格式有以下两种。

☑　create(Context context, int resid)

用于从资源 ID 所对应的资源文件中装载音频，并返回新创建的 MediaPlayer 对象。例如，要创建装载音频资源（res/raw/d.wav）的 MediaPlayer 对象，可以使用下面的代码。

```
MediaPlayer player=MediaPlayer.create(this, R.raw.d);
```

☑　create(Context context, Uri uri)

用于根据指定的 URI 来装载音频，并返回新创建的 MediaPlayer 对象。例如，要创建装载了音频文件（URI 地址为 http://www.mingribook.com/sound/bg.mp3）的 MediaPlayer 对象，可以使用下面的代码。

```
MediaPlayer player=MediaPlayer.create(this, Uri.parse("http://www.mingribook.com/sound/bg.mp3"));
```

说明　在访问网络中的资源时，要在 AndroidManifest.xml 文件中授予该程序访问网络的权限，具体的授权代码如下：

```
<uses-permission android:name="android.permission.INTERNET"/>
```

在通过 MediaPlayer 类的静态方法 create()来创建 MediaPlayer 对象时，已经装载了要播放的音频，而使用无参的构造方法来创建 MediaPlayer 对象时，需要单独指定要装载的资源，这可以使用 MediaPlayer 类的 setDataSource()方法实现。

在使用 setDataSource()方法装载音频文件后，实际上 MediaPlayer 并未真正去装载该音频文件，还需要调用 MediaPlayer 的 prepare()方法去真正装载音频文件。使用无参的构造方法来创建 MediaPlayer 对象并装载指定的音频文件可以使用下面的代码。

```
MediaPlayer player=new MediaPlayer();
try {
```

```
        player.setDataSource("/sdcard/s.wav");          //指定要装载的音频文件
} catch (IllegalArgumentException e1) {
        e1.printStackTrace();
} catch (SecurityException e1) {
        e1.printStackTrace();
} catch (IllegalStateException e1) {
        e1.printStackTrace();
} catch (IOException e1) {
        e1.printStackTrace();
}
    try {
            player.prepare();                           //预加载音频
        } catch (IllegalStateException e) {
            e.printStackTrace();
        } catch (IOException e) {
            e.printStackTrace();
        }
```

2. 开始或恢复播放

在获取到 MediaPlayer 对象后，就可以使用 MediaPlayer 类提供的 start()方法来开始播放或恢复已经暂停的音频播放。例如，已经创建了一个名称为 player，并且装载了要播放的音频，可以使用下面的代码播放该音频。

```
player.start();                                         //开始播放
```

3. 停止播放

使用 MediaPlayer 类提供的 stop()方法可以停止正在播放的音频。例如，已经创建了一个名称为 player，并且已经开始播放装载的音频，可以使用下面的代码停止播放该音频。

```
player.stop();                                          //停止播放
```

4. 暂停播放

使用 MediaPlayer 类提供的 pause()方法可以暂停正在播放的音频。例如，已经创建了一个名称为 player，并且已经开始播放装载的音频，可以使用下面的代码暂停播放该音频。

```
player.pause();                                         //暂停播放
```

例 21.01　在 Eclipse 中创建 Android 项目，名称为 21.01，实现包括播放、暂停/继续和停止功能的简易音乐播放器。**（实例位置：光盘\TM\sl\21\21.01）**

具体实现步骤如下：

（1）将要播放的音频文件上传到 SD 卡的根目录中，这里要播放的音频文件为 ninan.mp3。

（2）修改新建项目的 res/layout 目录下的布局文件 main.xml，在默认添加的线性布局管理器中添加一个水平线性布局管理器，并在其中添加 3 个按钮，分别为“播放”按钮、“暂停/继续”按钮和“停止”按钮。具体代码请参见光盘。

（3）打开默认添加的 MainActivity，在该类中，定义所需的成员变量，具体代码如下：

```
private MediaPlayer player;                             //MediaPlayer 对象
private boolean isPause = false;                        //是否暂停
```

```
private File file;                                                          //要播放的音频文件
private TextView hint;                                                      //声明显示提示信息的文本框
```

（4）在 onCreate()方法中，首先获取布局管理器中添加的“播放”按钮、“暂停/继续”按钮、“停止”按钮和显示提示信息的文本框，然后获取要播放的文件，最后再判断该文件是否存在，如果存在，则创建一个装载该文件的 MediaPlayer 对象，否则，显示提示信息，并设置“播放”按钮不可用。关键代码如下：

```
final Button button1 = (Button) findViewById(R.id.button1);                 //获取“播放”按钮
final Button button2 = (Button) findViewById(R.id.button2);                 //获取“暂停/继续”按钮
final Button button3 = (Button) findViewById(R.id.button3);                 //获取“停止”按钮
hint = (TextView) findViewById(R.id.hint);                                  //获取用户显示提示信息的文本框
file = new File("/sdcard/ninan.mp3");                                       //获取要播放的文件
if (file.exists()) {                                                        //如果文件存在
    player = MediaPlayer.create(this, Uri.parse(file.getAbsolutePath()));   //创建 MediaPlayer 对象
} else {
    hint.setText("要播放的音频文件不存在！");
    button1.setEnabled(false);
    return;
}
```

（5）编写用于播放音乐的 play()方法，该方法没有入口参数的返回值。在该方法中，首先调用 MediaPlayer 对象的 reset()方法重置 MediaPlayer 对象，然后重新为其设置要播放的音频文件，并预加载该音频，最后调用 start()方法开始播放音频，并修改显示提示信息的文本框中的内容。具体代码如下：

```
private void play() {
    try {
        player.reset();
        player.setDataSource(file.getAbsolutePath());                       //重新设置要播放的音频
        player.prepare();                                                   //预加载音频
        player.start();                                                     //开始播放
        hint.setText("正在播放音频...");
    } catch (Exception e) {
        e.printStackTrace();                                                //输出异常信息
    }
}
```

（6）为 MediaPlayer 对象添加完成事件监听器，用于当音乐播放完毕后，重新开始播放音乐。具体代码如下：

```
player.setOnCompletionListener(new OnCompletionListener() {
    @Override
    public void onCompletion(MediaPlayer mp) {
        play();                                                             //重新开始播放
    }
});
```

（7）为“播放”按钮添加单击事件监听器，在重写的 onClick()方法中，首先调用 play()方法开始播放音乐，然后对代表是否暂停的标记变量 isPause 进行设置，最后再设置各按钮的可用状态。关键代码如下：

```
button1.setOnClickListener(new OnClickListener() {
    @Override
```

```
        public void onClick(View v) {
            play();                                   //开始播放音乐
            if (isPause) {
                button2.setText("暂停");
                isPause = false;                      //设置暂停标记变量的值为 false
            }
            button2.setEnabled(true);                 //“暂停/继续”按钮可用
            button3.setEnabled(true);                 //“停止”按钮可用
            button1.setEnabled(false);                //“播放”按钮不可用
        }
});
```

（8）为“暂停/继续”按钮添加单击事件监听器，在重写的 onClick()方法中，如果 MediaPlayer 处于播放状态并且标记变量 isPause 的值为 false，则暂停播放音频，并设置相关信息，否则调用 MediaPlayer 对象的 start()方法继续播放音乐，并设置相关信息。关键代码如下：

```
button2.setOnClickListener(new OnClickListener() {
    @Override
    public void onClick(View v) {
        if (player.isPlaying() && !isPause) {
            player.pause();                           //暂停播放
            isPause = true;
            ((Button) v).setText("继续");
            hint.setText("暂停播放音频...");
            button1.setEnabled(true);                 //“播放”按钮可用
        } else {
            player.start();                           //继续播放
            ((Button) v).setText("暂停");
            hint.setText("继续播放音频...");
            isPause = false;
            button1.setEnabled(false);                //“播放”按钮不可用
        }
    }
});
```

（9）为“停止”按钮添加单击事件监听器，在重写的 onClick()方法中，首先调用 MediaPlayer 对象的 stop()方法停止播放音频，然后设置提示信息及各按钮的可用状态。具体代码如下：

```
button3.setOnClickListener(new OnClickListener() {
    @Override
    public void onClick(View v) {
        player.stop();                                //停止播放
        hint.setText("停止播放音频...");
        button2.setEnabled(false);                    //“暂停/继续”按钮不可用
        button3.setEnabled(false);                    //“停止”按钮不可用
        button1.setEnabled(true);                     //“播放”按钮可用
    }
});
```

（10）重写 Acitivity 的 onDestroy()方法，用于在当前 Activity 销毁时，停止正在播放的视频，并释放 MediaPlayer 所占用的资源。具体代码如下：

```
@Override
protected void onDestroy() {
    if(player.isPlaying()){
        player.stop();                          //停止音频的播放
    }
    player.release();                           //释放资源
    super.onDestroy();
}
```

运行本实例，将显示一个简易音乐播放器，单击“播放”按钮，将开始播放音乐，同时“播放”按钮变为不可用状态，而“暂停”按钮和“停止”按钮变为可用状态，如图 21.1 所示；单击“暂停”按钮，将暂停音乐的播放，同时“播放”按钮变为可用；单击“继续”按钮，将继续音乐的播放，同时“继续”按钮变为“暂停”按钮；单击“停止”按钮，将停止音乐的播放，同时“暂停/继续”和“停止”按钮将变为不可用，“播放”按钮可用。

图 21.1　简易音乐播放器

21.1.2　使用 SoundPool 播放音频

由于 MediaPlayer 占用资源较高，且不支持同时播放多个音频，所以 Android 还提供了另一个播放音频的 SoundPool。SoundPool 也就是音频池，它可以同时播放多个短促的音频，而且占用的资源少。SoundPool 适合在应用程序中的播放按键音或者消息提示音等，也适合在游戏中实现密集而短暂的声音，例如，多个飞机的爆炸声等。使用 SoundPool 播放音频，首先需要创建 SoundPool 对象，然后加载所要播放的音频，最后再调用 play()方法播放音频，下面进行详细介绍。

1．创建 SoundPool 对象

SoundPool 类提供了一个构造方法，用来创建 SoundPool 对象，该构造方法的语法格式如下：

```
SoundPool (int maxStreams, int streamType, int srcQuality)
```

其中，maxStreams 参数用于指定可以容纳多少个音频；streamType 参数用于指定声音类型，可以通过 AudioManager 类提供的常量进行指定，通常使用 STREAM_MUSIC；srcQuality 参数用于指定音频的品质，0 为默认值。

例如，创建一个可以容纳 10 个音频的 SoundPool 对象，可以使用下面的代码。

```
SoundPool soundpool = new SoundPool(10,
        AudioManager.STREAM_SYSTEM, 0);    //创建一个 SoundPool 对象，该对象可以容纳 10 个音频流
```

2．加载所要播放的音频

创建 SoundPool 对象后，可以调用它的 load()方法来加载要播放的音频。load()方法的语法格式有以下 4 种。

☑　public int load (Context context, int resId, int priority)

用于通过指定的资源 ID 来加载音频。

☑　public int load (String path, int priority)

用于通过音频文件的路径来加载音频。

☑　public int load (AssetFileDescriptor afd, int priority)

用于从 AssetFileDescriptor 所对应的文件中加载音频。

☑　public int load (FileDescriptor fd, long offset, long length, int priority)

用于加载 FileDescriptor 对象中，从 offset 开始，长度为 length 的音频。

例如，要通过资源 ID 来加载音频文件 ding.wav，可以使用下面的代码。

```
soundpool.load(this, R.raw.ding, 1);
```

说明　为了更好地管理所加载的每个音频，一般使用 HashMap<Integer, Integer>对象来管理这些音频。这时可以先创建一个 HashMap<Integer, Integer>对象，然后应用该对象的 put()方法将加载的音频保存到该对象中。例如，创建一个 HashMap<Integer, Integer>对象，并应用 put()方法添加一个音频，可以使用下面的代码。

```
HashMap<Integer, Integer> soundmap = new HashMap<Integer, Integer>();  //创建一个 HashMap 对象
soundmap.put(1, soundpool.load(this, R.raw.chimes, 1));
```

3．播放音频

调用 SoundPool 对象的 play()方法可播放指定音频。play()方法的语法格式如下：

```
play (int soundID, float leftVolume, float rightVolume, int priority, int loop, float rate)
```

play()方法的各参数说明如表 21.1 所示。

表 21.1　play()方法的参数说明

方　法	描　述
soundID	用于指定要播放的音频，该音频为通过 load()方法返回的音频
leftVolume	用于指定左声道的音量，取值范围为 0.0~1.0
rightVolume	用于指定右声道的音量，取值范围为 0.0~1.0
priority	用于指定播放音频的优先级，数值越大，优先级越高
loop	用于指定循环次数，0 为不循环，-1 为循环
rate	用于指定速率，1 为正常，最低为 0.5，最高为 2

例如，要播放音频资源中保存的音频文件 notify.wav，可以使用下面的代码。

```
soundpool.play(soundpool.load(MainActivity.this, R.raw.notify, 1), 1, 1, 0, 0, 1);          //播放指定的音频
```

例 21.02　在 Eclipse 中创建 Android 项目，名称为 21.02，实现通过 SoundPool 播放音频。（**实例位置：光盘\TM\sl\21\21.02**）

具体实现步骤如下：

（1）修改新建项目的 res/layout 目录下的布局文件 main.xml，将默认添加的 TextView 组件删除，然后在默认添加的线性布局管理器中添加 4 个按钮，分别为“风铃声”按钮、“布谷鸟叫声”按钮、“门铃声”按钮和“电话声”按钮。具体代码请参见光盘。

（2）打开默认添加的 MainActivity，在该类中，创建两个成员变量。具体代码如下：

```
private SoundPool soundpool;                                                    //声明一个 SoundPool 对象
private HashMap<Integer, Integer> soundmap = new HashMap<Integer, Integer>();  //创建一个 HashMap 对象
```

（3）在 onCreate()方法中，首先获取布局管理器中添加的“风铃声”按钮、“布谷鸟叫声”按钮、“门

铃声”按钮和“电话声”按钮，然后实例化 SoundPool 对象，再将要播放的全部音频流保存到 HashMap 对象中。具体代码如下：

```
Button chimes = (Button) findViewById(R.id.button1);                 //获取“风铃声”按钮
Button enter = (Button) findViewById(R.id.button2);                  //获取“布谷鸟叫声”按钮
Button notify = (Button) findViewById(R.id.button3);                 //获取“门铃声”按钮
Button ringout = (Button) findViewById(R.id.button4);                //获取“电话声”按钮
soundpool = new SoundPool(5,
        AudioManager.STREAM_SYSTEM, 0);      //创建一个 SoundPool 对象，该对象可以容纳 5 个音频流
//将要播放的音频流保存到 HashMap 对象中
soundmap.put(1, soundpool.load(this, R.raw.chimes, 1));
soundmap.put(2, soundpool.load(this, R.raw.enter, 1));
soundmap.put(3, soundpool.load(this, R.raw.notify, 1));
soundmap.put(4, soundpool.load(this, R.raw.ringout, 1));
soundmap.put(5, soundpool.load(this, R.raw.ding, 1));
```

（4）分别为“风铃声”按钮、“布谷鸟叫声”按钮、“门铃声”按钮和“电话声”按钮添加单击事件监听器，在重写的 onClick()方法中播放指定音频。具体代码如下：

```
chimes.setOnClickListener(new OnClickListener() {
    @Override
    public void onClick(View v) {
        soundpool.play(soundmap.get(1), 1, 1, 0, 0, 1);          //播放指定的音频
    }
});
enter.setOnClickListener(new OnClickListener() {
    @Override
    public void onClick(View v) {
        soundpool.play(soundmap.get(2), 1, 1, 0, 0, 1);          //播放指定的音频
    }
});
notify.setOnClickListener(new OnClickListener() {
    @Override
    public void onClick(View v) {
        soundpool.play(soundmap.get(3), 1, 1, 0, 0, 1);          //播放指定的音频
    }
});
ringout.setOnClickListener(new OnClickListener() {
    @Override
    public void onClick(View v) {
        soundpool.play(soundmap.get(4), 1, 1, 0, 0, 1);          //播放指定的音频
    }
});
```

（5）重写键盘按键被按下的方法 onKeyDown()，用于实现播放按键音的功能。具体代码如下：

```
@Override
public boolean onKeyDown(int keyCode, KeyEvent event) {
    soundpool.play(soundmap.get(5), 1, 1, 0, 0, 1);              //播放按键音
    return true;
}
```

运行本实例，将显示如图 21.2 所示的运行结果。单击“风铃声”、“布谷鸟叫声”等按钮，将播放相应的音乐；按下键盘上的按钮，将播放一个按键音。

图 21.2 应用 SoundPool 播放音频

21.1.3 使用 VideoView 播放视频

在 Android 中提供了一个 VideoView 组件，用于播放视频文件。要想使用 VideoView 组件播放视频，首先需要在布局文件中创建该组件，然后在 Activity 中获取该组件，并应用其 setVideoPath()方法或 setVideoURI()方法加载要播放的视频，最后调用 VideoView 组件的 start()方法来播放视频。另外，VideoView 组件还提供了 stop()和 pause()方法来停止或暂停视频的播放。

在布局文件中创建 VideoView 组件的基本语法格式如下：

```
<VideoView
    属性列表
</VideoView>
```

VideoView 组件支持的 XML 属性如表 21.2 所示。

表 21.2 VideoView 组件支持的 XML 属性

XML 属性	描　述
android:id	用于设置组件的 ID
android:background	用于设置背景，可以设置背景图片，也可以设置背景颜色
android:layout_gravity	用于设置对齐方式
android:layout_width	用于设置宽度
android:layout_height	用于设置高度

在 Android 中还提供了一个可以与 VideoView 组件结合使用的 MediaController 组件。MediaController 组件用于通过图形控制界面来控制视频的播放。

下面通过一个具体的实例来说明如何使用 VideoView 和 MediaController 来播放视频。

例 21.03 在 Eclipse 中创建 Android 项目，名称为 21.03，实现通过 VideoView 播放视频。（**实例位置：光盘\TM\sl\21\21.03**）

具体实现步骤如下：

（1）修改新建项目的 res/layout 目录下的布局文件 main.xml，将默认添加的 TextView 组件删除，然后在默认添加的线性布局管理器中添加一个 VideoView 组件，用于播放视频文件。关键代码如下：

```
<VideoView
    android:id="@+id/video"
    android:background="@drawable/mpbackground"
    android:layout_width="match_parent"
    android:layout_height="wrap_content"
    android:layout_gravity="center" />
```

（2）打开默认添加的 MainActivity，在该类中，声明一个 VideoView 对象。具体代码如下：

```
private VideoView video;                                          //声明 VideoView 对象
```

（3）在 onCreate()方法中，首先获取布局管理器中添加的 VideoView，并创建一个要播放视频所对应的 File 对象，然后创建一个 MediaController 对象，用于控制视频的播放，最后再判断要播放的视频文件是否存在，如果存在使用 VideoView 播放该视频，否则显示消息提示框显示提示信息。具体代码如下：

```
video=(VideoView) findViewById(R.id.video);                       //获取 VideoView 组件
File file=new File("/sdcard/bell.mp4");                           //获取 SD 卡上要播放的文件
MediaController mc=new MediaController(MainActivity.this);
if(file.exists()){                                                //判断要播放的视频文件是否存在
    video.setVideoPath(file.getAbsolutePath());                   //指定要播放的视频
    video.setMediaController(mc);                                 //设置 VideoView 与 MediaController 相关联
    video.requestFocus();                                         //让 VideoView 获得焦点
    try {
        video.start();                                            //开始播放视频
    } catch (Exception e) {
        e.printStackTrace();                                      //输出异常信息
    }
    //为 VideoView 添加完成事件监听器
    video.setOnCompletionListener(new OnCompletionListener() {
    @Override
            public void onCompletion(MediaPlayer mp) {
                //弹出消息提示框显示播放完毕
                Toast.makeText(MainActivity.this, "视频播放完毕！", Toast.LENGTH_SHORT).show();
            }
        });
   }else{
        //弹出消息提示框提示文件不存在
        Toast.makeText(this, "要播放的视频文件不存在", Toast.LENGTH_SHORT).show();
}
```

运行本实例，将显示如图 21.3 所示的运行结果。

图 21.3　使用 VideoView 组件播放视频

说明　由于本实例采用的是模拟器运行的，所以视频的画面并没有显示，而在屏幕中间显示的图片是为 VideoView 设置的背景图片。如果将该程序发布到真机上运行，就可以看到视频画面。

21.1.4　使用 MediaPlayer 和 SurfaceView 播放视频

在 21.1.1 节介绍了使用 MediaPlayer 播放音频，实际上，MediaPlayer 还可以用来播放视频文件，只不过

使用 MediaPlayer 播放视频时，没有提供图像输出界面。这时，可以使用 SurfaceView 组件来显示视频图像。使用 MediaPlayer 和 SurfaceView 来播放视频，大致可以分为以下 4 个步骤。

1．定义 SurfaceView 组件

定义 SurfaceView 组件可以在布局管理器中实现，也可以直接在 Java 代码中创建，不过推荐使用在布局管理器中创建。在布局管理器中定义 SurfaceView 组件的基本语法格式如下：

```
<SurfaceView
    android:id="@+id/ID 号"
    android:background="背景"
    android:keepScreenOn="true|false"
    android:layout_width="宽度"
    android:layout_height="高度"/>
```

在上面的语法中，android:keepScreenOn 属性用于指定在播放视频时，是否打开屏幕。

例如，在布局管理器中，添加一个 ID 号为 surfaceView1 的，设置了背景的 SurfaceView 组件，可以使用下面的代码。

```
<SurfaceView
    android:id="@+id/surfaceView1"
    android:background="@drawable/bg"
    android:keepScreenOn="true"
    android:layout_width="576px"
    android:layout_height="432px"/>
```

2．创建 MediaPlayer 对象，并为其加载要播放的视频

与播放音频时创建 MediaPlayer 对象一样，也可以使用 MediaPlayer 类的静态方法 create()和无参的构造方法两种方式创建 MediaPlayer 对象，具体方法请参见 21.1.1 节。

3．将所播放的视频画面输出到 SurfaceView

使用 MediaPlayer 对象的 setDisplay()方法可以将所播放的视频画面输出到 SurfaceView。setDisplay()方法的语法格式如下：

```
setDisplay(SurfaceHolder sh)
```

参数 sh 用于指定 SurfaceHolder 对象，可以通过 SurfaceView 对象的 getHolder()方法获得。例如，为 MediaPlayer 对象指定输出视频画面的 SurfaceView，可以使用下面的代码。

```
mediaplayer.setDisplay(surfaceview.getHolder());    //设置将视频画面输出到 SurfaceView
```

4．调用 MediaPlayer 对象的相应方法控制视频的播放

使用 MediaPlayer 对象提供的 play()、pause()和 stop()方法，可以控制视频的播放、暂停和停止。

下面通过一个具体的例子来说明如何使用 MediaPlayer 和 SurfaceView 来播放视频。

例 21.04　在 Eclipse 中创建 Android 项目，名称为 21.04，实现通过 MediaPlayer 和 SurfaceView 播放视频。**（实例位置：光盘\TM\sl\21\21.04）**

具体实现步骤如下：

（1）修改新建项目的 res/layout 目录下的布局文件 main.xml，将默认添加的 TextView 组件删除，然后在默认添加的线性布局管理器中添加一个 SurfaceView 组件（用于显示视频图像）和一个水平线性布局管理

器，并在该水平线性布局管理器中添加 3 个按钮，分别为“播放”按钮、“暂停/继续”按钮和“停止”按钮。关键代码如下：

```
<SurfaceView
    android:id="@+id/surfaceView1"
    android:background="@drawable/bg"
    android:keepScreenOn="true"
    android:layout_width="576px"
    android:layout_height="432px"/>
```

（2）打开默认添加的 MainActivity，在该类中，声明一个 MediaPlayer 对象和一个 SurfaceView 对象。具体代码如下：

```
    private MediaPlayer mp;                                  //声明 MediaPlayer 对象
    private SurfaceView sv;                                  //声明 SurfaceView 对象
```

（3）在 onCreate()方法中，首先实例化 MediaPlayer 对象，然后获取布局管理器中添加的 SurfaceView 组件，最后再分别获取“播放”按钮、“暂停/继续”按钮和“停止”按钮。具体代码如下：

```
mp=new MediaPlayer();                                        //实例化 MediaPlayer 对象
sv=(SurfaceView)findViewById(R.id.surfaceView1);             //获取布局管理器中添加的 SurfaceView 组件
Button play=(Button)findViewById(R.id.play);                 //获取“播放”按钮
final Button pause=(Button)findViewById(R.id.pause);         //获取“暂停/继续”按钮
Button stop=(Button)findViewById(R.id.stop);                 //获取“停止”按钮
```

（4）分别为“播放”按钮、“暂停/继续”按钮和“停止”按钮添加单击事件监听器，并在重写的 onClick()方法中，实现播放视频、暂停/继续播放视频和停止播放视频等功能。具体代码如下：

```
//为“播放”按钮添加单击事件监听器
play.setOnClickListener(new OnClickListener() {
  @Override
  public void onClick(View v) {
        mp.reset();                                          //重置 MediaPlayer 对象
        try {
              mp.setDataSource("/sdcard/ccc.mp4");           //设置要播放的视频
              mp.setDisplay(sv.getHolder());                 //设置将视频画面输出到 SurfaceView
              mp.prepare();                                  //预加载视频
              mp.start();                                    //开始播放
              sv.setBackgroundResource(R.drawable.bg_playing);//改变 SurfaceView 的背景图片
              pause.setText("暂停");
              pause.setEnabled(true);                        //设置“暂停”按钮可用
        } catch (IllegalArgumentException e) {
              e.printStackTrace();
        } catch (SecurityException e) {
              e.printStackTrace();
        } catch (IllegalStateException e) {
              e.printStackTrace();
        } catch (IOException e) {
              e.printStackTrace();
        }
  }
```

```
});
//为“停止”按钮添加单击事件监听器
stop.setOnClickListener(new OnClickListener() {
    @Override
    public void onClick(View v) {
        if(mp.isPlaying()){
            mp.stop();                                              //停止播放
            sv.setBackgroundResource(R.drawable.bg_finish);   //改变 SurfaceView 的背景图片
            pause.setEnabled(false);                              //设置“暂停”按钮不可用
        }
    }
});
//为“暂停”按钮添加单击事件监听器
pause.setOnClickListener(new OnClickListener() {
    @Override
    public void onClick(View v) {
        if(mp.isPlaying()){
            mp.pause();                                             //暂停视频的播放
            ((Button)v).setText("继续");
        }else{
            mp.start();                                             //继续视频的播放
            ((Button)v).setText("暂停");
        }
    }
});
```

（5）为 MediaPlayer 对象添加完成事件监听器，在重写的 onCompletion()方法中改变 SurfaceView 的背景图片并弹出消息提示框显示视频已经播放完毕。具体代码如下：

```
mp.setOnCompletionListener(new OnCompletionListener() {
    @Override
    public void onCompletion(MediaPlayer mp) {
        sv.setBackgroundResource(R.drawable.bg_finish);       //改变 SurfaceView 的背景图片
        Toast.makeText(MainActivity.this, "视频播放完毕！", Toast.LENGTH_SHORT).show();
    }
});
```

（6）重写 Activity 的 onDestroy()方法，用于在当前 Activity 销毁时，停止正在播放的视频，并释放 MediaPlayer 所占用的资源。具体代码如下：

```
@Override
protected void onDestroy() {
    if(mp.isPlaying()){
        mp.stop();                                                  //停止播放视频
    }
    mp.release();                                                   //释放资源
    super.onDestroy();
}
```

运行本实例，单击“播放”按钮，将开始播放视频，并且让暂停可用，如图 21.4 所示；单击“暂停”按钮，将暂停视频的播放，同时该按钮变为“继续”按钮；单击“停止”按钮，将停止正在播放的视频。

图 21.4　使用 MediaPlayer 和 SurfaceView 播放视频

21.2　控制相机拍照

视频讲解：光盘\TM\Video\21\控制相机拍照.exe

现在的手机和平板电脑一般都会提供相机功能，而且相机功能应用越来越广泛。在 Android 中提供了专门用于处理相机相关事件的类，它就是 android.hardware 包中的 Camera 类。Camera 类没有构造方法，可以通过其提供的 open()方法打开相机。打开相机后，可以通过 Camera.Parameters 类处理相机的拍照参数。拍照参数设置完成后，可以调用 startPreview()方法预览拍照画面，也可以调用 takePicture()方法进行拍照。结束程序时，可以调用 Camera 类的 stopPreview()方法结束预览，并调用 Camera 类的 release()方法释放相机资源。Camera 类常用的方法及描述如表 21.3 所示。

表 21.3　Camera 类常用的方法及描述

方　法	描　述
getParameters()	用于获取相机参数
Camera.open()	用于打开相机
release()	用于释放相机资源
setParameters(Camera.Parameters params)	用于设置相机的拍照参数
setPreviewDisplay(SurfaceHolder holder)	用于为相机指定一个用来显示相机预览画面的 SurfaceView
startPreview()	用于开始预览画面
takePicture(Camera.ShutterCallback shutter, Camera.PictureCallback raw, Camera.PictureCallback jpeg)	用于进行拍照
stopPreview()	用于停止预览画面

下面通过一个具体的实例来说明控制相机拍照的具体过程。

例 21.05　在 Eclipse 中创建 Android 项目，名称为 21.05，实现控制相机拍照。（**实例位置：光盘\TM\sl\21\21.05**）

具体实现步骤如下：

（1）修改新建项目的 res/layout 目录下的布局文件 main.xml，将默认添加的 TextView 组件删除，并将默认添加的垂直线性布局管理器修改为水平布局管理器，然后在该布局管理器中添加一个垂直布局管理器（用于放置控制按钮）和一个 SurfaceView 组件（用于显示相机预览画面），最后在这个水平线性布局管理器中添加两个按钮，一个是“预览”按钮，id 为 preview，另一个是“拍照”按钮，id 为 takephoto。关键代码如下：

```
<SurfaceView
    android:id="@+id/surfaceView1"
    android:layout_width="match_parent"
    android:layout_height="match_parent" />
```

（2）打开默认添加的 MainActivity，在该类中，声明程序中所需的成员变量。具体代码如下：

```
private Camera camera;                                          //相机对象
private boolean isPreview = false;                              //是否为预览模式
```

（3）设置程序为全屏运行。这里需要将下面的代码添加到 onCreate()方法中，即“setContentView(R.layout.main);”语句之前，否则不能应用全屏的效果。

```
requestWindowFeature(Window.FEATURE_NO_TITLE);                  //设置全屏显示
```

（4）在 onCreate()方法中，首先判断是否安装 SD 卡，因为拍摄的图片需要保存到 SD 卡上，然后获取用于显示相机预览画面的 SurfaceView 组件，最后通过 SurfaceView 对象获取 SurfaceHolder 对象，并设置 SurfaceHolder 自己不维护缓冲。具体代码如下：

```
/****************** 判断是否安装 SD 卡 **********************************/
if (!android.os.Environment.getExternalStorageState().equals(
        android.os.Environment.MEDIA_MOUNTED)) {
    Toast.makeText(this, "请安装 SD 卡！", Toast.LENGTH_SHORT).show(); //弹出消息提示框显示提示信息
}
/**********************************************************************/
SurfaceView sv = (SurfaceView) findViewById(R.id.surfaceView1);  //获取 SurfaceView 组件，用于显示相机预览
final SurfaceHolder sh = sv.getHolder();                         //获取 SurfaceHolder 对象
sh.setType(SurfaceHolder.SURFACE_TYPE_PUSH_BUFFERS);             //设置 SurfaceHolder 自己不维护缓冲
```

（5）获取布局管理器中添加的“预览”按钮，并为其添加单击事件监听器，在重写的 onClick()方法中，首先相机是否为非预览模式，如果不是，则打开相机，然后为相机设置显示预览画面的 SurfaceView，并设置相机参数，最后开始预览并设置自动对焦。具体代码如下：

```
Button preview = (Button) findViewById(R.id.preview);            //获取“预览”按钮
preview.setOnClickListener(new View.OnClickListener() {
    @Override
    public void onClick(View v) {
        //如果相机为非预览模式，则打开相机
        if (!isPreview) {
            camera=Camera.open();                                //打开相机
        }
        try {
            camera.setPreviewDisplay(sh);                        //设置用于显示预览的 SurfaceView
            Camera.Parameters parameters = camera.getParameters();   //获取相机参数
            parameters.setPictureSize(640, 480);                 //设置预览画面的尺寸
            parameters.setPictureFormat(PixelFormat.JPEG);       //指定图片为 JPEG 图片
            parameters.set("jpeg-quality", 80);                  //设置图片的质量
            parameters.setPictureSize(640, 480);                 //设置拍摄图片的尺寸
            camera.setParameters(parameters);                    //重新设置相机参数
            camera.startPreview();                               //开始预览
```

```
            camera.autoFocus(null);                              //设置自动对焦
        } catch (IOException e) {
            e.printStackTrace();
        }
    }
});
```

（6）获取布局管理器中添加的“拍照”按钮，并为其设置单击事件监听器，在重写的 onClick()方法中，如果相机对象不为空，则调用 takePicture()方法进行拍照。具体代码如下：

```
Button takePhoto = (Button) findViewById(R.id.takephoto);        //获取“拍照”按钮
takePhoto.setOnClickListener(new View.OnClickListener() {
    @Override
    public void onClick(View v) {
        if(camera!=null){
            camera.takePicture(null, null, jpeg);                //进行拍照
        }
    }
});
```

（7）实现拍照的回调接口，在重写的 onPictureTaken()方法中，首先根据拍照所得的数据创建位图，然后实现一个带“保存”和“取消”按钮的对话框，用于保存所拍图片。具体代码如下：

```
final PictureCallback jpeg = new PictureCallback() {
    @Override
    public void onPictureTaken(byte[] data, Camera camera) {
        //根据拍照所得的数据创建位图
        final Bitmap bm = BitmapFactory.decodeByteArray(data, 0,data.length);
        //加载 layout/save.xml 文件对应的布局资源
        View saveView = getLayoutInflater().inflate(R.layout.save, null);
        final EditText photoName = (EditText) saveView.findViewById(R.id.phone_name);
        //获取对话框上的 ImageView 组件
        ImageView show = (ImageView) saveView.findViewById(R.id.show);
        show.setImageBitmap(bm);                                 //显示刚刚拍得的照片
        camera.stopPreview();                                    //停止预览
        isPreview = false;
        //使用对话框显示 saveDialog 组件
        new AlertDialog.Builder(MainActivity.this).setView(saveView)
                .setPositiveButton("保存", new DialogInterface.OnClickListener() {
                    @Override
                    public void onClick(DialogInterface dialog, int which) {
                        File file = new File("/sdcard/pictures/" + photoName
                                .getText().toString() + ".jpg");   //创建文件对象
                        try {
                        file.createNewFile();                    //创建一个新文件
                        //创建一个文件输出流对象
                        FileOutputStream fileOS = new FileOutputStream(file);
                        //将图片内容压缩为 JPEG 格式输出到输出流对象中
                        bm.compress(Bitmap.CompressFormat.JPEG, 100, fileOS);
                        fileOS.flush();                          //将缓冲区中的数据全部写出到输出流中
                        fileOS.close();                          //关闭文件输出流对象
```

```
                        isPreview = true;
                        resetCamera();
                    } catch (IOException e) {
                        e.printStackTrace();
                    }
                }
            }).setNegativeButton("取消", new DialogInterface.OnClickListener() {

                public void onClick(DialogInterface dialog, int which) {
                    isPreview = true;
                    resetCamera();                                    //重新预览
                }
            }).show();
    }
};
```

（8）编写保存对话框所需要的布局文件，名称为 save.xml，在该文件中，添加一个垂直线性布局管理器，并在该布局管理器中，再添加一个水平线性布局管理器（用于添加输入相片名称的文本框和编辑框）和一个 ImageView 组件（用于显示相片预览）。具体代码请参见光盘。

（9）编写实现重新预览的方法 resetCamera()，在该方法中，当 isPreview 变量的值为真时，调用相机的 startPreview()方法开启预览。具体代码如下：

```
private void resetCamera(){
    if(isPreview){
        camera.startPreview();                                        //开启预览
    }
}
```

（10）重写 Activity 的 onPause()方法，用于当暂停 Activity 时，停止预览并释放相机资源。具体代码如下：

```
@Override
protected void onPause() {
    if(camera!=null){
        camera.stopPreview();                    //停止预览
        camera.release();                        //释放资源
    }
    super.onPause();
}
```

（11）由于本程序需要访问 SD 卡和控制相机，所以需要在 AndroidManifest.xml 文件中赋予程序访问 SD 卡和控制相机的权限。关键代码如下：

```
<!-- 授予程序可以向 SD 卡中保存文件的权限 -->
<uses-permission android:name="android.permission.MOUNT_UNMOUNT_FILESYSTEMS"/>
<uses-permission android:name="android.permission.WRITE_EXTERNAL_STORAGE"/>
<!-- 授予程序使用摄像头的权限 -->
<uses-permission android:name="android.permission.CAMERA" />
<uses-feature android:name="android.hardware.camera" />
<uses-feature android:name="android.hardware.camera.autofocus" />
```

运行本实例后，单击“预览”按钮，在屏幕的右侧将显示如图 21.5 所示的相机预览画面。单击“拍照”

按钮，即可进行拍照，并显示保存图片对话框，输入文件名（不包括扩展名），如图 21.6 所示，单击“保存”按钮，即可将所拍的画面保存到 SD 卡的 pictures 目录中。

图 21.5　相机预览画面

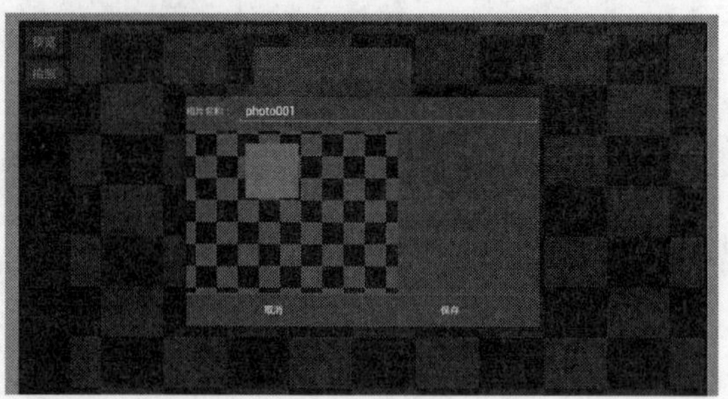

图 21.6　保存图片对话框

21.3　实　　战

21.3.1　播放 SD 卡上的全部音频文件

例 21.06　在 Eclipse 中创建 Android 项目，名称为 21.06，实现播放 SD 卡上的全部音频文件。（**实例位置：光盘\TM\sl\21\21.06**）

具体实现步骤如下：

（1）修改新建项目的 res/layout 目录下的布局文件 main.xml，将默认添加的 TextView 组件删除，然后在默认添加的线性布局管理器中添加一个 ListView 组件（用于显示获取到的音频列表）和一个水平线性布局管理器，并在该水平线性布局管理器中添加 5 个按钮，分别为“上一首”按钮、“播放”按钮、“暂停/继续”按钮、“停止”按钮和“下一首”按钮，其中“暂停/继续”按钮默认为不可用。关键代码如下：

```
<ListView
    android:id="@+id/list"
    android:layout_width="fill_parent"
    android:layout_height="fill_parent"
    android:layout_weight="1"
    android:drawSelectorOnTop="false"/>
```

（2）打开默认添加的 MainActivity，在该类中，声明程序中所需的成员变量。具体代码如下：

```
private MediaPlayer mediaPlayer;                          //声明 MediaPlayer 对象
private List<String> audioList = new ArrayList<String>(); //要播放的音频列表
private int currentItem = 0;                              //当前播放歌曲的索引
private Button pause;                                     //声明一个“暂停”按钮对象
```

（3）在 onCreate()方法中，首先实例化 MediaPlayer 对象，然后获取布局管理器中添加的“上一首”按钮、“播放”按钮、“暂停/继续”按钮、“停止”按钮和“下一首”按钮，再调用 audioList()方法在 ListView 组件上显示全部音频。具体代码如下：

```
mediaPlayer = new MediaPlayer();                          //实例化一个 MediaPlayer 对象
Button play = (Button) findViewById(R.id.play);           //获取“播放”按钮
Button stop = (Button) findViewById(R.id.stop);           //获取“停止”按钮
```

```
pause = (Button) findViewById(R.id.pause);                  //获取“暂停/继续”按钮
Button pre = (Button) findViewById(R.id.pre);               //获取“上一首”按钮
Button next = (Button) findViewById(R.id.next);             //获取“下一首”按钮
audioList();                                                //使用 ListView 组件显示 SD 卡上的全部音频文件
```

（4）编写 audioList()方法，用于使用 ListView 组件显示 SD 卡上的全部音频文件。在该方法中，首先调用 getFiles()方法获取 SD 卡上的全部音频文件，然后创建一个适配器，并获取布局管理器中添加的 ListView 组件，再将适配器与 ListView 关联，最后为 ListView 添加列表项单击事件监听器，用于当用户单击列表项时播放音乐。audioList()方法的具体代码如下：

```
private void audioList() {
    getFiles("/sdcard/");                                   //获取 SD 卡上的全部音频文件
    ArrayAdapter<String> adapter = new ArrayAdapter<String>(this,
            android.R.layout.simple_list_item_1, audioList);//创建一个适配器
    ListView listview = (ListView) findViewById(R.id.list); //获取布局管理器中添加的 ListView 组件
    listview.setAdapter(adapter);                           //将适配器与 ListView 关联
    //当单击列表项时播放音乐
    listview.setOnItemClickListener(new OnItemClickListener() {
        @Override
        public void onItemClick(AdapterView<?> listView, View view,int position, long id) {
            currentItem = position;                         //将当前列表项的索引值赋值给 currentItem
            playMusic(audioList.get(currentItem));          //调用 playMusic()方法播放音乐
        }
    });
}
```

（5）定义一个保存合法的音频文件格式的字符串数组，并编写根据文件路径判断文件是否为音频文件的方法。具体代码如下：

```
private static String[] imageFormatSet = new String[] { "mp3", "wav", "3gp" };    //合法的音频文件格式
//判断是否为音频文件
private static boolean isAudioFile(String path) {
    for (String format : imageFormatSet) {                  //遍历数组
        if (path.contains(format)) {                        //判断是否为合法的音频文件
            return true;
        }
    }
    return false;
}
```

（6）编写 getFiles()方法，用于通过递归调用的方式获取 SD 卡上的全部音频文件。具体代码如下：

```
private void getFiles(String url) {
    File files = new File(url);                             //创建文件对象
    File[] file = files.listFiles();
    try {
        for (File f : file) {                               //通过 for 循环遍历获取到的文件数组
            if (f.isDirectory()) {                          //如果是目录，也就是文件夹
                getFiles(f.getAbsolutePath());              //递归调用
            } else {
                if (isAudioFile(f.getPath())) {             //如果是音频文件
```

```
                    audioList.add(f.getPath());         //将文件的路径添加到 list 集合中
                }
            }
        }
    } catch (Exception e) {
        e.printStackTrace();                            //输出异常信息
    }
}
```

（7）编写用于播放音乐的方法 playMusic()，在该方法中，首先判断是否正在播放音乐，如果正在播放音乐，先停止播放，然后重置 MediaPlayer，并指定要播放的音频文件，再预加载该音频文件，最后播放音频，并设置“暂停”按钮的显示文字及可用状态。playMusic()方法的具体代码如下：

```
void playMusic(String path) {
    try {
        if (mediaPlayer.isPlaying()) {
            mediaPlayer.stop();                         //停止当前音频的播放
        }
        mediaPlayer.reset();                            //重置 MediaPlayer
        mediaPlayer.setDataSource(path);                //指定要播放的音频文件
        mediaPlayer.prepare();                          //预加载音频文件
        mediaPlayer.start();                            //播放音频
        pause.setText("暂停");
        pause.setEnabled(true);                         //设置“暂停”按钮可用
    } catch (Exception e) {
        e.printStackTrace();
    }
}
```

（8）编写实现下一首功能的方法 nextMusic()，在该方法中，首先计算要播放音频的索引，然后调用 playMusic()播放音乐。nextMusic()方法的具体代码如下：

```
void nextMusic() {
    if (++currentItem >= audioList.size()) {//当对 currentItem 进行加 1 操作后，如果其值大于等于音频文件的总数
        currentItem = 0;
    }
    playMusic(audioList.get(currentItem));              //调用 playMusic()方法播放音乐
}
```

（9）编写实现上一首功能的方法 preMusic()，在该方法中，首先计算要播放音频的索引，然后调用 playMusic()播放音乐。preMusic()方法的具体代码如下：

```
void preMusic() {
    if (--currentItem >= 0) {                   //当对 currentItem 进行减 1 操作后，如果其值大于等于 0
        if (currentItem >= audioList.size()) {  //如果 currentItem 的值大于等于音频文件的总数
            currentItem = 0;
        }
    } else {
        currentItem = audioList.size() - 1;     //currentItem 的值设置为音频文件总数减 1
    }
    playMusic(audioList.get(currentItem));      //调用 playMusic()方法播放音乐
}
```

（10）为 MediaPlayer 对象添加完成事件监听器，在重写的 onCompletion()方法中调用 nextMusic()方法播放下一首音乐。具体代码如下：

```
mediaPlayer.setOnCompletionListener(new OnCompletionListener() {
    @Override
    public void onCompletion(MediaPlayer mp) {
        nextMusic();                                    //播放下一首
    }
});
```

（11）分别为“上一首”按钮、“播放”按钮、“暂停/继续”按钮、“停止”按钮和“下一首”按钮添加单击事件监听器，并在重写的 onClick()方法中，实现播放上一首音乐、播放视频、暂停/继续播放视频、停止播放视频和播放下一首视频等功能。具体代码如下：

```
//为“上一首”按钮添加单击事件监听器
pre.setOnClickListener(new OnClickListener() {
    @Override
    public void onClick(View v) {
        preMusic();                                     //播放上一首
    }
});
//为“播放”按钮添加单击事件监听器
play.setOnClickListener(new OnClickListener() {
    @Override
    public void onClick(View v) {
        playMusic(audioList.get(currentItem));          //调用 playMusic()方法播放音乐
    }
});
//为“暂停”按钮添加单击事件监听器
pause.setOnClickListener(new OnClickListener() {
    @Override
    public void onClick(View v) {
        if (mediaPlayer.isPlaying()) {
            mediaPlayer.pause();                        //暂停视频的播放
            ((Button) v).setText("继续");
        } else {
            mediaPlayer.start();                        //继续播放
            ((Button) v).setText("暂停");
        }
    }
});
//为“停止”按钮添加单击事件监听器
stop.setOnClickListener(new OnClickListener() {
    @Override
    public void onClick(View v) {
        if (mediaPlayer.isPlaying()) {
            mediaPlayer.stop();                         //停止播放音频
        }
        pause.setEnabled(false);                        //设置“暂停”按钮不可用
    }
});
```

```
//为“下一首”按钮添加单击事件监听器
next.setOnClickListener(new OnClickListener() {
    @Override
    public void onClick(View v) {
        nextMusic();                            //播放下一首
    }
});
```

（12）重写 Activity 的 onDestroy()方法，用于在当前 Activity 销毁时，停止正在播放的音频，并释放 MediaPlayer 所占用的资源。具体代码如下：

```
@Override
protected void onDestroy() {
    if (mediaPlayer.isPlaying()) {
        mediaPlayer.stop();                     //停止音乐的播放
    }
    mediaPlayer.release();                      //释放资源
    super.onDestroy();
}
```

运行本实例，在屏幕中将显示获取到的音频列表，单击各列表项，可以播放当前列表项所指定的音乐；单击“播放”按钮，将开始播放音乐，并且让“暂停”按钮可用，如图 21.7 所示；单击“暂停”按钮，将暂停音乐的播放，同时该按钮变为“继续”按钮；单击“停止”按钮，将停止正在播放的视频；单击“上一首”按钮，将播放上一首音乐；单击“下一首”按钮，将播放下一首音乐。

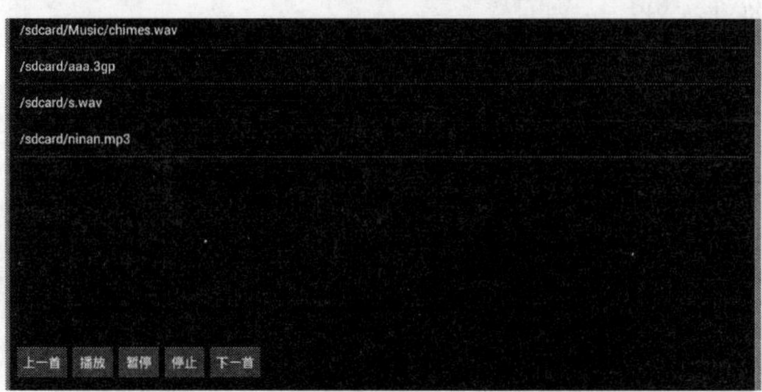

图 21.7　播放 SD 卡上的全部音频文件

21.3.2　带音量控制的音乐播放器

例 21.07　在 Eclipse 中创建 Android 项目，名称为 21.07，实现带音量控制功能的音乐播放器。（**实例位置：光盘\TM\sl\21\21.07**）

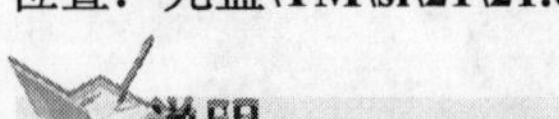

由于本实例是在 21.1.1 节中的例 21.01 的基础上开发的，所以与其相同的部分这里就不再赘述。

具体实现步骤如下：

（1）将要播放的音频文件上传到 SD 卡的根目录中，这里要播放的音频文件为 ninan.mp3。如果已经将 ninan.mp3 文件上传到 SD 卡的根目录中，那么就不需要再重新上传了。

（2）打开 res/layout 目录下的布局文件 main.xml，在水平线性布局管理器的结尾处，再添加一个 TextView

组件和一个拖动条组件，分别用于显示当前音量值和调整音量的拖动条。关键代码如下：

```
<TextView
    android:id="@+id/volume"
    android:layout_width="wrap_content"
    android:layout_height="wrap_content"
    android:padding="10px"
    android:text="当前音量：" />
<SeekBar
    android:id="@+id/seekBar1"
    android:layout_width="match_parent"
    android:layout_height="wrap_content"
    android:layout_weight="1" />
```

说明 这里的拖动条不用指定最大值和当前值，在后面的 Java 代码中，我们会为其指定，这样可以让拖动条的值与手机音量相关联。

（3）在 onCreate()方法中，添加以下使用拖动条控制音量大小的代码。

```
//获取音频管理类的对象
final AudioManager am = (AudioManager) MainActivity.this.getSystemService(Context.AUDIO_SERVICE);
//设置当前调整音量只是针对媒体音乐
MainActivity.this.setVolumeControlStream(AudioManager.STREAM_MUSIC);
SeekBar seekbar = (SeekBar) findViewById(R.id.seekBar1);                    //获取拖动条
seekbar.setMax(am.getStreamMaxVolume(AudioManager.STREAM_MUSIC));          //设置拖动条的最大值
int progress=am.getStreamVolume(AudioManager.STREAM_MUSIC);        //获取当前的音量
seekbar.setProgress(progress);                                     //设置拖动条的默认值为当前音量
final TextView tv=(TextView)findViewById(R.id.volume);             //获取显示当前音量的 TextView 组件
tv.setText("当前音量："+progress);                                   //显示当前音量
//为拖动条组件添加 OnSeekBarChangeListener 监听器
seekbar.setOnSeekBarChangeListener(new OnSeekBarChangeListener() {
    @Override
    public void onStopTrackingTouch(SeekBar seekBar) { }
    @Override
    public void onStartTrackingTouch(SeekBar seekBar) { }
    @Override
    public void onProgressChanged(SeekBar seekBar, int progress,boolean fromUser) {
        tv.setText("当前音量："+progress);                            //显示改变后的音量
        am.setStreamVolume(AudioManager.STREAM_MUSIC,
                progress, AudioManager.FLAG_PLAY_SOUND);          //设置改变后的音量
    }
});
```

说明 在上面的代码中，首先获取音频管理器类的对象，并设置当前调整音量只是针对媒体音乐进行，然后获取拖动条，并设置其最大值与当前值，再获取显示当前音量的 TextView 组件，并设置其显示内容为当前音量，最后再为拖动条组件添加 OnSeekBarChangeListener 监听器，在重写的 onProgressChanged() 方法中，显示改变后的音量，并将改变后的音量设置到音频管理器上，用来改变音量的大小。

运行本实例，将显示一个带音量控制的音乐播放器，单击“播放”按钮、“暂停/继续”按钮和“停止”按钮，可以播放音乐、暂停/继续和停止音乐的播放，拖动“音量控制拖动条”上的滑块，可以调整音量的大小，并及时显示当前音量，如图 21.8 所示。

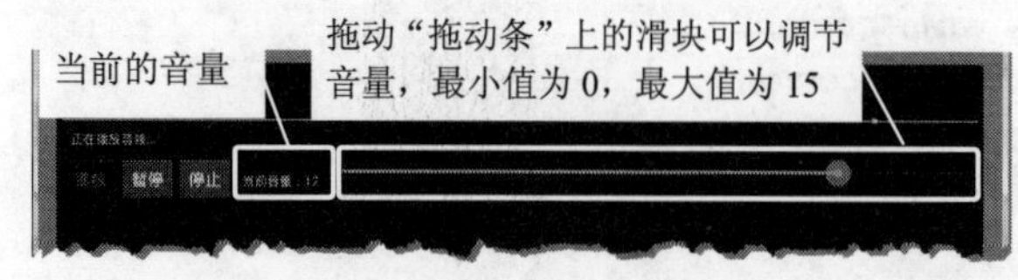

图 21.8　带音量控制的音量播放器

21.3.3　为游戏界面添加背景音乐和按键音

例 21.08　在 Eclipse 中创建 Android 项目，名称为 21.08，实现为游戏界面添加背景音乐和按键音。（**实例位置：光盘\TM\sl\21\21.08**）

具体实现步骤如下：

（1）修改新建项目的 res/layout 目录下的布局文件 main.xml，将默认添加的布局代码删除，然后添加一个 FrameLayout 帧布局管理器，并在该布局管理器中添加一个 ImageView，用于显示一只小兔子；另外，还需要为添加的帧布局管理器设置背景图片。具体代码请参见光盘。

（2）打开默认添加的 MainActivity，在该类中，创建程序中所需的成员变量。具体代码如下：

```
private SoundPool soundpool;                              //声明一个 SoundPool 对象
private HashMap<Integer, Integer> soundmap = new HashMap<Integer, Integer>(); //创建一个 HashMap 对象
private ImageView rabbit;
private int x=0;                                          //兔子在 X 轴的位置
private int y=0;                                          //兔子在 Y 轴的位置
private int width=0;                                      //屏幕的宽度
private int height=0;                                     //屏幕的高度
```

（3）在 onCreate()方法中，首先实例化 SoundPool 对象，并将要播放的全部音频流保存到 HashMap 对象中，然后获取布局管理器中添加的小兔子，并获取屏幕的宽度和高度，再计算小兔子在 X 轴和 Y 轴的位置，最后通过 setX()和 setY()方法设置兔子的默认位置。具体代码如下：

```
soundpool = new SoundPool(5,
        AudioManager.STREAM_SYSTEM, 0);   //创建一个 SoundPool 对象，该对象可以容纳 5 个音频流
//将要播放的音频流保存到 HashMap 对象中
soundmap.put(1, soundpool.load(this, R.raw.chimes, 1));
soundmap.put(2, soundpool.load(this, R.raw.enter, 1));
soundmap.put(3, soundpool.load(this, R.raw.notify, 1));
soundmap.put(4, soundpool.load(this, R.raw.ringout, 1));
soundmap.put(5, soundpool.load(this, R.raw.ding, 1));
rabbit=(ImageView)findViewById(R.id.rabbit);
width= MainActivity.this.getResources().getDisplayMetrics().widthPixels;
height=MainActivity.this.getResources().getDisplayMetrics().heightPixels;
x=width/2-44;                                             //计算兔子在 X 轴的位置
y=height/2-35;                                            //计算兔子在 Y 轴的位置
rabbit.setX(x);                                           //设置兔子在 X 轴的位置
rabbit.setY(y);                                           //设置兔子在 Y 轴的位置
```

（4）重写键盘的按键被按下的 onKeyDown()方法，在该方法中，应用 switch()语句分别为上、下、左、右方向键和其他按键指定不同的按键音，同时，在按下上、下、左和右方向键时，还会控制小兔子在相应方向上移动。具体代码如下：

```
@Override
public boolean onKeyDown(int keyCode, KeyEvent event) {
    switch(keyCode){
        case KeyEvent.KEYCODE_DPAD_LEFT:                          //向左方向键
            soundpool.play(soundmap.get(1), 1, 1, 0, 0, 1);       //播放指定的音频
            if(x>0){
                x-=10;
                rabbit.setX(x);                                   //移动小兔子
            }
            break;
        case KeyEvent.KEYCODE_DPAD_RIGHT:                         //向右方向键
            soundpool.play(soundmap.get(2), 1, 1, 0, 0, 1);       //播放指定的音频
            if(x<width-88){
                x+=10;
                rabbit.setX(x);                                   //移动小兔子
            }
            break;
        case KeyEvent.KEYCODE_DPAD_UP:                            //向上方向键
            soundpool.play(soundmap.get(3), 1, 1, 0, 0, 1);       //播放指定的音频
            if(y>0){
                y-=10;
                rabbit.setY(y);                                   //移动小兔子
            }
            break;
        case KeyEvent.KEYCODE_DPAD_DOWN:                          //向下方向键
            soundpool.play(soundmap.get(4), 1, 1, 0, 0, 1);       //播放指定的音频
            if(y<height-70){
                y+=10;
                rabbit.setY(y);                                   //移动小兔子
            }
            break;
        default:
            soundpool.play(soundmap.get(5), 1, 1, 0, 0, 1);       //播放默认按键音
    }
    return super.onKeyDown(keyCode, event);
}
```

（5）在 res 目录下，创建一个 menu 子目录，并在该目录中创建一个名称为 setting.xml 的菜单资源，在该文件中，添加一个控制是否播放背景音乐的多选菜单组，默认为选中状态。setting.xml 文件的具体代码如下：

```
<?xml version="1.0" encoding="utf-8"?>
<menu xmlns:android="http://schemas.android.com/apk/res/android" >
    <group android:id="@+id/setting" android:checkableBehavior="all">
    <item android:id="@+id/bgsound" android:title="播放背景音乐" android:checked="true"></item>
     </group>
</menu>
```

（6）重写 onCreateOptionsMenu()方法，应用步骤（5）中添加的菜单文件，创建一个选项菜单，并重写 onOptionsItemSelected()方法，对菜单项的选取状态进行处理，主要是用于根据菜单项的选取状态控制是否播放背景音乐。具体代码如下：

```
@Override
public boolean onCreateOptionsMenu(Menu menu) {
    MenuInflater inflater=new MenuInflater(this);          //实例化一个 MenuInflater 对象
    inflater.inflate(R.menu.setting, menu);                 //解析菜单文件
    return super.onCreateOptionsMenu(menu);
}
@Override
public boolean onOptionsItemSelected(MenuItem item) {
    if(item.getGroupId()==R.id.setting){                    //判断是否选择了参数设置菜单组
        if(item.isChecked()){                               //当菜单项已经被选中
            item.setChecked(false);                         //设置菜单项不被选中
            Music.stop(this);
        }else{
            item.setChecked(true);                          //设置菜单项被选中
            Music.play(this, R.raw.jasmine);
        }
    }
    return true;
}
```

（7）编写 Music 类，在该类中，首先声明一个 MediaPlayer 对象，然后编写用于播放背景音乐的 play()方法，最后再编写用于停止播放背景音乐的 stop()方法。关键代码如下：

```
public class Music {
    private static MediaPlayer mp = null;                   //声明一个 MediaPlayer 对象
    public static void play(Context context, int resource) {
        stop(context);
        if (SettingsActivity.getBgSound(context)) {         //判断是否播放背景音乐
            mp = MediaPlayer.create(context, resource);
            mp.setLooping(true);                            //是否循环播放
            mp.start();                                     //开始播放
        }
    }
    public static void stop(Context context) {
        if (mp != null) {
            mp.stop();                                      //停止播放
            mp.release();                                   //释放资源
            mp = null;
        }
    }
}
```

说明 在上面的代码中，加粗的代码 SettingsActivity.getBgSound(context)用于获取选项菜单存储的首选值，这样可以实现通过选项菜单控制是否播放背景音乐。

（8）编写 SettingsActivity 类，该类继承 PreferenceActivity 类，用于实现自动存储首选项的值。在

SettingsActivity 类中，首先重写 onCreate()方法，在该方法中调用 addPreferencesFromResource()方法加载首选项资源文件，然后编写获取是否播放背景音乐的首选项的值的 getBgSound()方法，在该方法中返回获取到的值。关键代码如下：

```
public class SettingsActivity extends PreferenceActivity {
    @Override
    protected void onCreate(Bundle savedInstanceState) {

        super.onCreate(savedInstanceState);
         addPreferencesFromResource(R.xml.setting);
    }
    //获取是否播放背景音乐的首选项的值
    public static boolean getBgSound(Context context){
        return PreferenceManager.getDefaultSharedPreferences(context)
        .getBoolean("bgsound",true);
    }
}
```

说明　PreferenceActivity 类用于实现对程序设置参数的存储。在该 Activity 中，设置参数的存储是完全自动的，不需要我们手动保存，非常方便。

（9）在 res 目录下，创建一个 xml 目录，在该目录中添加一个名称为 setting.xml 的首选项资源文件。具体代码如下：

```
<PreferenceScreen    xmlns:android="http://schemas.android.com/apk/res/android">
    <CheckBoxPreference
        android:key="bgsound"
        android:title="播放背景音乐"
        android:summary="选中为播放背景音乐"
        android:defaultValue="true"/>
</PreferenceScreen>
```

（10）在 MainActivity 中，重写 onPause()方法，在该方法中，调用 Music 类的 stop()方法停止播放背景音乐。具体代码如下：

```
@Override
protected void onPause() {
    Music.stop(this);                        //停止播放背景音乐
    super.onPause();
}
```

（11）在 MainActivity 中，重写 onResume()方法，在该方法中，调用 Music 类的 play()方法开始播放背景音乐。具体代码如下：

```
@Override
protected void onResume() {
    Music.play(this, R.raw.jasmine);        //播放背景音乐
    super.onResume();
}
```

运行本实例，将显示如图 21.9 所示的运行结果。

图 21.9 为游戏界面添加背景音乐和按键音

21.3.4 制作开场动画

例21.09 在Eclipse中创建Android项目，名称为21.09，制作开场动画。（**实例位置：光盘\TM\sl\21\21.09**）

具体实现步骤如下：

（1）修改新建项目的 res/layout 目录下的布局文件 main.xml，将默认添加的布局代码删除，然后添加一个 FrameLayout 帧布局管理器，并在该布局管理器中添加一个 ImageView，用于显示一只小兔子；另外，还需要为添加的帧布局管理器设置背景图片。具体代码请参见光盘。

（2）在 res/layout 目录下创建一个布局文件 start.xml，在该文件中添加一居中显示的线性布局管理器，并在该布局管理器中添加一个 VideoView 组件，用于播放开场动画视频文件。关键代码如下：

```
<VideoView
    android:id="@+id/video"
    android:layout_width="wrap_content"
    android:layout_height="wrap_content" />
```

（3）创建一个名称为 StartActivity 的 Activity，并重写其 onCreate()方法，在该方法中，首先获取 VideoView 组件，并获取要播放的文件对应的 URI，然后为 VideoView 组件指定要播放的视频，并让其获得焦点，再调用 start()方法开始播放视频，最后为 VideoView 添加完成事件监听器，在重写的 onCompletion()方法中调用 startMain()方法进入到游戏主界面。具体代码如下：

```
video = (VideoView) findViewById(R.id.video);                                   //获取 VideoView 组件
Uri uri = Uri.parse("android.resource://com.mingrisoft/"+R.raw.mingrisoft); //获取要播放的文件对应的 URI
video.setVideoURI(uri);                                                         //指定要播放的视频
video.requestFocus();                                                           //让 VideoView 获得焦点
try {
    video.start();                                                              //开始播放视频
    } catch (Exception e) {
        e.printStackTrace();                                                    //输出异常信息
    }
    //为 VideoView 添加完成事件监听器
    video.setOnCompletionListener(new OnCompletionListener() {
        @Override
        public void onCompletion(MediaPlayer mp) {
```

```
            startMain();                                    //进入游戏主界面
        }
    });
```

（4）编写进入游戏主界面的 startMain()方法，在该方法中创建一个新的 Intent，来启动游戏主界面的 Activity。具体代码如下：

```
//进入游戏主界面
private void startMain(){
    Intent intent = new Intent(StartActivity.this, MainActivity.class);  //创建 Intent
    startActivity(intent);                                               //启动新的 Activity
    StartActivity.this.finish();                                         //结束当前 Activity
}
```

（5）打开 AndroidManifest.xml 文件，在该文件中，配置项目中应用的 Activity。这里首先将主 Activity 设置为 StartActivity，然后再配置 MainActivity，关键代码如下：

```
<activity
    android:label="@string/app_name"
    android:name=".StartActivity" >
    <intent-filter >
        <action android:name="android.intent.action.MAIN" />
        <category android:name="android.intent.category.LAUNCHER" />
    </intent-filter>
</activity>
<activity android:name=".MainActivity"/>
```

运行本实例，首先播放指定的视频，视频播放完毕后，将进入到如图 21.10 所示的游戏主界面。

图 21.10　开场动画

21.4　本 章 小 结

本章主要介绍了在 Android 中，如何播放音频与视频，以及如何控制相机拍照等内容，需要重点说明的是两种播放音频方法的区别。在本章中介绍了两种播放音频的方法，一种是使用 MediaPlayer 播放，另一种是使用 SoundPool 播放。这两种方法的区别是：使用 MediaPlayer 每次只能播放一个音频，适用于播放长音乐或是背景音乐；使用 SoundPool 可以同时播放多个短小的音频，适用于播放按键音或者消息提示音等，希望读者根据实际情况选择合适的方法。

21.5　学习成果检验

1．编写 Android 项目，使用 MediaPlayer 和 SurfaceView 实现带音量控制的视频播放器。（**答案位置：光盘\TM\sl\21\21.10**）

2．编写 Android 项目，实现控制是否播放按键音。（**答案位置：光盘\TM\sl\21\21.11**）

3．尝试开发一个程序，实现应用 MediaPlayer 播放保存在 SD 卡的 Music 目录下的一个音频文件。（**答案位置：光盘\TM\sl\21\21.12**）

4．尝试开发一个程序，应用 SoundPool 实现为不同的键盘按键添加不同的按键音。（**答案位置：光盘\TM\sl\21\21.13**）

5．尝试开发一个程序，使用 VideoView 播放 SD 卡的一个视频文件，并应用 MediaController 组件对视频的播放进行控制。（**答案位置：光盘\TM\sl\21\21.14**）

第22章

定位服务

（视频讲解：20分钟）

开发Android程序时，不仅要注意程序代码的准确性与合理性，还要处理程序中可能出现的异常情况。Android SDK中提供了Log类来获取程序的日志信息；另外，还提供了LogCat管理器，用来查看程序运行的日志信息及错误日志。本章将详细讲解如何对Android程序进行调试及异常处理。

通过阅读本章，您可以：

- **使用GPS获得用户位置**
- **处理用户位置变化事件**
- **使用谷歌地图服务**
- **在地图上标记位置**

22.1 定 位 基 础

视频讲解：光盘\TM\Video\22\定位基础.exe

获得用户位置能让应用程序更加智能，而且能向用户提供更有用的信息。在开发 Android 位置相关应用时，可以从 GPS 或者网络获得用户位置。通过 GPS 能获得最精确的信息，但是它仅适用于户外，不但耗电，而且不能及时返回用户需要的信息。使用网络能从发射塔和 Wi-Fi 信号获得用户位置，提供一种适用于户内和户外的获得位置信息的方式，不但响应迅速，而且更加省电。为了在应用中获得用户位置，开发人员可以同时使用这两种方式，或者使用其中之一。

说明 由于模拟器暂时不支持从网络获得用户位置，因此本节讲解 GPS 方式的使用。

在 Android 系统中，开发人员需要使用以下类访问定位服务。

☑ LocationManager：该类提供系统定位服务访问功能。

☑ LocationListener：当位置发生变化时，该接口从 LocationManager 中获得通知。

☑ Location：该类表示特定时间地理位置信息，位置由经度、维度、UTC 时间戳以及可选的高度、速度、方向等组成。

22.1.1 获得位置源

由于 Android 系统提供了多种方式来获得位置，下面通过一个例子来演示如何获得当前支持的全部方式。

例 22.01 在 Eclipse 中创建 Android 项目，名称为 22.01，获得当前模拟器支持的全部位置源名称。（**实例位置：光盘\TM\sl\22\22.01**）

具体实现步骤如下：

（1）修改 res/layout 包中的 main.xml 文件，设置背景图片，增加一个文本框并修改其默认属性。代码如下：

```
<?xml version="1.0" encoding="utf-8"?>
<LinearLayout xmlns:android="http://schemas.android.com/apk/res/android"
    android:layout_width="fill_parent"
    android:layout_height="fill_parent"
    android:background="@drawable/background"
    android:orientation="vertical" >
    <TextView
        android:id="@+id/location"
        android:layout_width="wrap_content"
        android:layout_height="wrap_content"
        android:textColor="@android:color/white"
        android:textSize="20dp" />
</LinearLayout>
```

（2）创建 LocationProviderActivity 类，它继承了 Activity 类。重写 onCreate()方法，在系统服务中获得位置服务，然后获得保存位置源的列表。遍历该列表，然后显示其中保存的数据，程序代码如下：

```
public class LocationProviderActivity extends Activity {
    /** Called when the activity is first created. */
    @Override
    public void onCreate(Bundle savedInstanceState) {
        super.onCreate(savedInstanceState);                          //调用父类方法
        setContentView(R.layout.main);                               //应用布局文件
        StringBuilder sb = new StringBuilder();                      //使用 StringBuilder 保存数据
        //获得位置服务
        LocationManager manager = (LocationManager) getSystemService(LOCATION_SERVICE);
        List<String> providers = manager.getAllProviders();          //获得全部位置源
        for (Iterator<String> it = providers.iterator(); it.hasNext();) {   //遍历列表
            sb.append(it.next() + "\n");
        }
        TextView text = (TextView) findViewById(R.id.location);      //获得文本框控件
        text.setText(sb.toString());                                 //显示位置源列表
    }
}
```

运行程序，显示效果如图 22.1 所示。当前模拟器支持两种位置源：passive 和 gps。passive 表示被动接受位置更新。

图 22.1　获得当前模拟器支持的全部位置源

22.1.2　查看位置源属性

对于位置源而言，有两种用户十分关心的属性：精确度和耗电量。在 android.location.Criteria 类中，保存了关于精度和耗电量的信息，其说明如表 22.1 所示。

表 22.1　Criteria 类定义的精度和耗电信息

常　量	说　明
ACCURACY_COARSE	中等精度
ACCURACY_FINE	低等精度
ACCURACY_HIGH	高等精度
ACCURACY_MEDIUM	中等精度
ACCURACY_LOW	低等精度
POWER_HIGH	高耗电量
POWER_MEDIUM	中耗电量
POWER_LOW	低耗电量

例 22.02　在 Eclipse 中创建 Android 项目，名称为 22.02，获得 GPS 位置源的精度和耗电量。（**实例位置：光盘\TM\sl\22\22.02**）

具体实现步骤如下：

（1）修改 res/layout 包中的 main.xml 文件，设置背景图片，增加一个文本框并修改其默认属性。代码如下：

```
<?xml version="1.0" encoding="utf-8"?>
<LinearLayout xmlns:android="http://schemas.android.com/apk/res/android"
    android:layout_width="fill_parent"
    android:layout_height="fill_parent"
    android:background="@drawable/background"
    android:orientation="vertical" >
    <TextView
        android:id="@+id/location"
        android:layout_width="wrap_content"
        android:layout_height="wrap_content"
        android:textColor="@android:color/white"
        android:textSize="20dp" />
</LinearLayout>
```

（2）创建 LocationProviderDetailActivity 类，它继承了 Activity 类。重写 onCreate()方法，在系统服务中获得位置服务，然后获得 GPS 位置源。测试其精度和耗电信息，然后在文本框中输出。代码如下：

```
public class LocationProviderDetailActivity extends Activity {
    /** Called when the activity is first created. */
    @Override
    public void onCreate(Bundle savedInstanceState) {
        super.onCreate(savedInstanceState);                    //调用父类方法
        setContentView(R.layout.main);                         //应用布局文件
        StringBuilder sb = new StringBuilder();                //使用 StringBuilder 保存数据
        //获得位置服务
        LocationManager manager = (LocationManager) getSystemService(LOCATION_SERVICE);
        //获得 GPS 位置源
        LocationProvider provider = manager.getProvider(LocationManager.GPS_PROVIDER);
        sb.append("精度：");
        switch (provider.getAccuracy()) {                      //获得精度信息
        case Criteria.ACCURACY_HIGH:
            sb.append("ACCURACY_HIGH");
            break;
        case Criteria.ACCURACY_MEDIUM:
            sb.append("ACCURACY_MEDIUM");
            break;
        case Criteria.ACCURACY_LOW:
            sb.append("ACCURACY_LOW");
            break;
        }
        sb.append("\n 耗电量：");
        switch (provider.getPowerRequirement()) {              //获得耗电信息
        case Criteria.POWER_HIGH:
            sb.append("POWER_HIGH");
```

```
            break;
        case Criteria.POWER_MEDIUM:
            sb.append("POWER_MEDIUM");
            break;
        case Criteria.POWER_LOW:
            sb.append("POWER_LOW");
            break;
        }
        TextView text = (TextView) findViewById(R.id.location);       //获得文本框控件
        text.setText(sb.toString());                                  //显示位置源列表
    }
}
```

（3）在 Android 配置文件中，增加 android.permission.ACCESS_FINE_LOCATION 权限。代码如下：

```
<?xml version="1.0" encoding="utf-8"?>
<manifest xmlns:android="http://schemas.android.com/apk/res/android"
    package="com.mingrisoft"
    android:versionCode="1"
    android:versionName="1.0" >
    <uses-sdk android:minSdkVersion="15" />
    <uses-permission android:name="android.permission.ACCESS_FINE_LOCATION"/>
    <application
        android:icon="@drawable/ic_launcher"
        android:label="@string/app_name" >
        <activity
            android:name=".LocationProviderDetailActivity"
            android:label="@string/app_name" >
            <intent-filter>
                <action android:name="android.intent.action.MAIN" />
                <category android:name="android.intent.category.LAUNCHER" />
            </intent-filter>
        </activity>
    </application>
</manifest>
```

运行程序，显示效果如图 22.2 所示。GPS 位置源的精度是 ACCURACY_LOW，耗电量是 POWER_HIGH。

图 22.2　获得 GPS 位置源的精度和耗电量

22.1.3　监听位置变化事件

对于位置发生变化的用户，可以在变化后接收到相关的通知。在 LocationManager 类中，定义了多个 requestLocationUpdates()方法，它用来为当前 Activity 注册位置变化通知事件。该方法的声明如下：

```
public void requestLocationUpdates (String provider, long minTime, float minDistance, LocationListener listener)
```

参数说明如下。

☑　provider：注册的 provider 的名称，可以是 GPS_PROVIDER 等。

☑ minTime：通知间隔的最小时间，单位是毫秒。系统可能为了省电而延长该时间。

☑ minDistance：更新通知的最小变化距离，单位是米。

☑ listener：用于处理通知的监听器。

在 LocationListener 接口中，定义了 4 个方法，其说明如表 22.2 所示。

表 22.2　LocationListener 接口中的方法说明

方　法	说　明
onLocationChanged()	当位置发生变化时调用该方法
onProviderDisabled()	当 provider 禁用时调用该方法
onProviderEnabled()	当 provider 启用时调用该方法
onStatusChanged()	当状态发生变化时调用该方法

例 22.03　在 Eclipse 中创建 Android 项目，名称为 22.03，获得更新后的经纬度信息。（**实例位置：光盘\TM\sl\22\22.03**）

具体实现步骤如下：

（1）修改 res/layout 包中的 main.xml 文件，设置背景图片，增加一个文本框并修改其默认属性。代码如下：

```
<?xml version="1.0" encoding="utf-8"?>
<LinearLayout xmlns:android="http://schemas.android.com/apk/res/android"
    android:layout_width="fill_parent"
    android:layout_height="fill_parent"
    android:background="@drawable/background"
    android:orientation="vertical" >
    <TextView
        android:id="@+id/location"
        android:layout_width="wrap_content"
        android:layout_height="wrap_content"
        android:textColor="@android:color/white"
        android:textSize="20dp" />
</LinearLayout>
```

（2）创建 LocationUpdateActivity 类，它继承了 Activity 类。重写 onCreate()方法，在系统服务中获得位置服务，然后更新位置信息，接着在文本框中显示经纬度数据。代码如下：

```
public class LocationUpdateActivity extends Activity {
    @Override
    public void onCreate(Bundle savedInstanceState) {
        super.onCreate(savedInstanceState);                          //调用父类方法
        setContentView(R.layout.main);                               //应用布局文件
        StringBuilder sb = new StringBuilder();                      //使用 StringBuilder 保存数据
        //获得位置服务
        LocationManager manager = (LocationManager) getSystemService(LOCATION_SERVICE);
        manager.requestLocationUpdates(LocationManager.GPS_PROVIDER, 10000, 2, new LocationListener() {
            @Override
            public void onStatusChanged(String provider, int status, Bundle extras) {
            }
            @Override
```

```
            public void onProviderEnabled(String provider) {
            }
            @Override
            public void onProviderDisabled(String provider) {
            }
            @Override
            public void onLocationChanged(Location location) {
            }
        });
        Location location = manager.getLastKnownLocation(LocationManager.GPS_PROVIDER);
        if (location != null) {
            sb.append("纬度：" + location.getLatitude() + "\n");
            sb.append("经度：" + location.getLongitude());
        } else {
            sb.append("location is null~");
        }
        TextView text = (TextView) findViewById(R.id.location);            //获得文本框控件
        text.setText(sb.toString());                                       //显示位置源列表
    }
}
```

（3）在 Android 配置文件中，增加 android.permission.ACCESS_FINE_LOCATION 权限。代码如下：

```
<?xml version="1.0" encoding="utf-8"?>
<manifest xmlns:android="http://schemas.android.com/apk/res/android"
    package="com.mingrisoft"
    android:versionCode="1"
    android:versionName="1.0" >
    <uses-sdk android:minSdkVersion="15" />
    <uses-permission android:name="android.permission.ACCESS_FINE_LOCATION"/>
    <application
        android:icon="@drawable/ic_launcher"
        android:label="@string/app_name" >
        <activity
            android:name=".LocationUpdateActivity"
            android:label="@string/app_name" >
            <intent-filter>
                <action android:name="android.intent.action.MAIN" />
                <category android:name="android.intent.category.LAUNCHER" />
            </intent-filter>
        </activity>
    </application>

</manifest>
```

由于模拟器并不真正支持 GPS，因此直接运行程序会显示如图 22.3 所示的效果。

此时，可以进入模拟器的 DDMS 视图，在模拟器控制中，向模拟器发送假的 GPS 数据，单击图 22.4 中的 Send 按钮即可。

再次运行应用程序，会显示刚刚发送的经纬度信息，如图 22.5 所示。

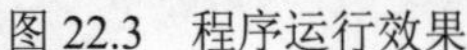
图 22.3　程序运行效果

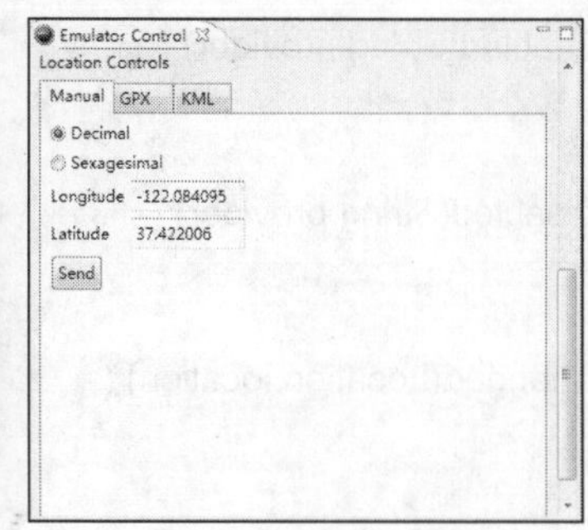

图 22.4　模拟器控制台

图 22.5　获得最新的经纬度信息

22.2　谷歌地图服务

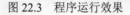

视频讲解：光盘\TM\Video\22\谷歌地图服务.exe

为了便于开发人员在应用中增加功能强大的地图能力，谷歌 API 插件包括了地图附加库——com.google.android.maps。地图库中的类提供了内置的下载、渲染、缓存地图瓦片（Map Tile）以及显示多种选项和控制等。

Maps 库中的核心类是 MapView，它是 Android 标准类库中 ViewGroup 类的子类。MapView 显示从谷歌地图服务中获得的地图数据。当 MapView 获得焦点时，它能捕获键盘事件和触摸手势来实现自动放大、缩小地图，包括处理网络请求来获得额外的地图瓦片。它也为用户提供控制地图所必需的全部 UI 元素。应用程序也可以使用 MapView 类提供的方法来控制 MapView，以及在地图上绘制标记。

通常，MapView 类封装了谷歌地图 API，应用程序使用该类中的方法操作相关数据，然后就可以像使用其他类型视图那样使用地图数据。

地图附加库不是 Android 标准库的一部分，因此某些 Android 设备并不支持。类似地，地图附加库也不包含在 SDK 中的 Android 标准库。谷歌 API 插件提供了地图库来让开发人员在 Android SDK 中使用完整的谷歌地图数据开发、构建和运行基于地图的应用程序。

为了在应用中使用地图附加库，需要完成如下操作：

（1）安装谷歌 API 插件。

（2）建立使用谷歌 API 插件的 Android 项目。

（3）建立使用谷歌 API 插件的 Android 虚拟设备。

（4）在应用程序配置文件中增加 uses-library 元素，来引用地图库。

（5）在应用程序中使用地图类。

（6）获得地图 API 密钥，这样应用程序能显示从谷歌地图服务获得的数据。

（7）使用匹配 API 密钥的证书来签名应用程序。

下面详细讲解主要步骤的实现。

22.2.1　安装谷歌 API 插件

在下载 Android 模拟器时，选择下载谷歌 API 即可，在图 22.6 中显示了已经安装谷歌 API。

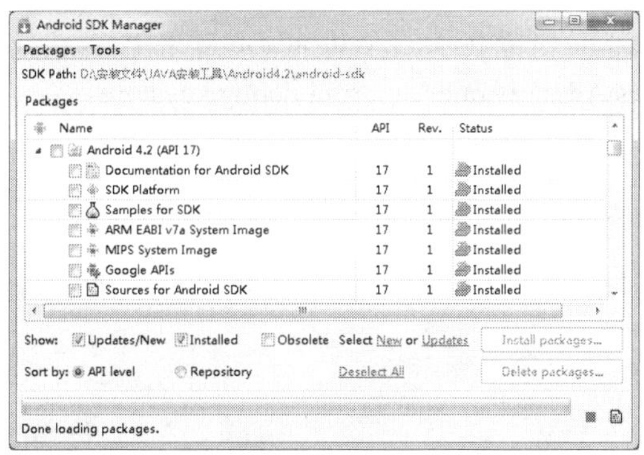

图 22.6　Android SDK 管理器部分截图

22.2.2　使用谷歌 API 的 Android 项目

在新建 Android 项目时，选择依赖于 Android 版本并支持谷歌地图的 Google API 版本，如图 22.7 所示。

22.2.3　使用谷歌 API 的 Android 虚拟设备

新建 Android 模拟器，在 Target 中选择支持谷歌地图的版本。另外，为了让显示效果更佳，使用皮肤为 WSVGA，这是平板电脑显示器，如图 22.8 所示。

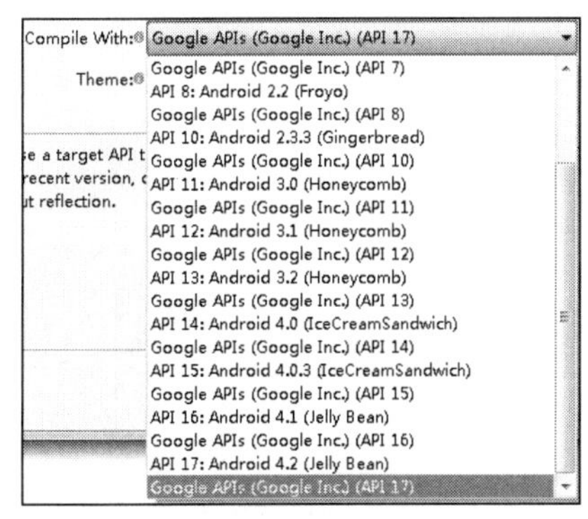

图 22.7　选择 Google API 版本

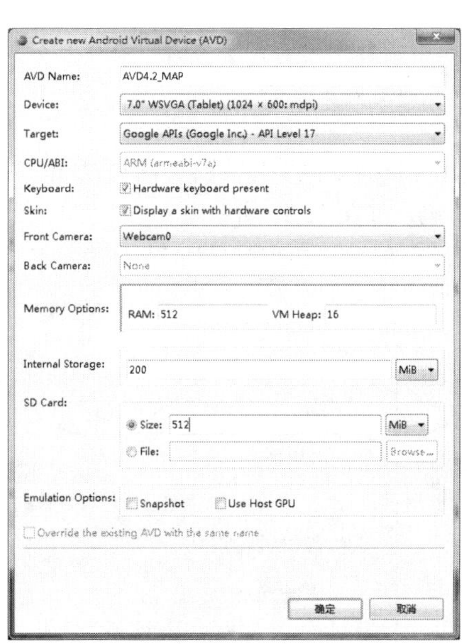

图 22.8　创建 Android 模拟器

22.2.4　获得地图 API 密钥

下面介绍如何获得地图 API 密钥，其步骤如下：

（1）启动 Eclipse，打开“窗口”/“首选项”/Android/Build 菜单项，如图 22.9 所示。复制 Default debug keystore 所保存的值，即 C:\Users\Administrator\.android\debug.keystore。

（2）启动 DOS 控制台，输入如下命令。

```
keytool -list -keystore C:\Users\Administrator\.android\debug.keystore
```

此时会要求输入密码，这里默认密码是 android，然后复制认证指纹内容，如图 22.10 所示。

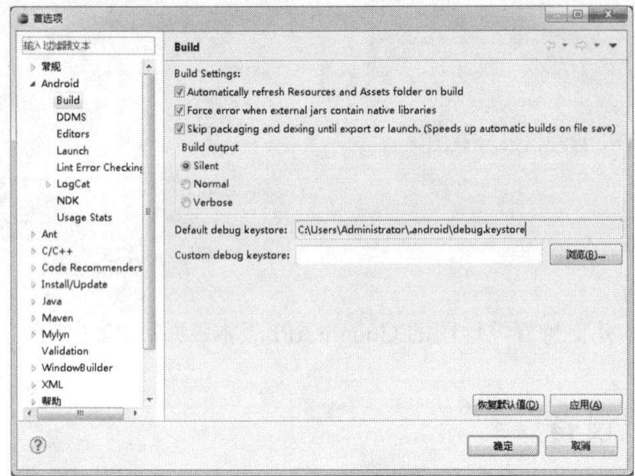

图 22.9　Build 窗体内容

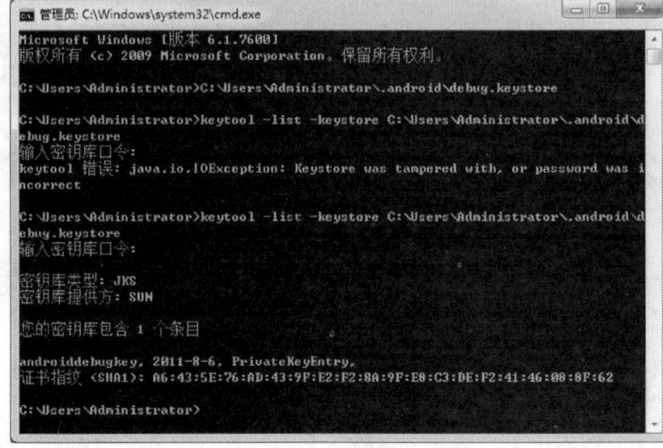

图 22.10　获得 MD5 码

技巧　在控制台中单击鼠标右键，在弹出的快捷菜单中选择“标记”命令，再选择要复制的内容，单击鼠标右键即可完成复制。

（3）使用 Chrome 浏览器，打开网页“http://code.google.com/android/maps-api-signup.html”，输入刚刚复制的 SHA1 码，如图 22.11 所示。

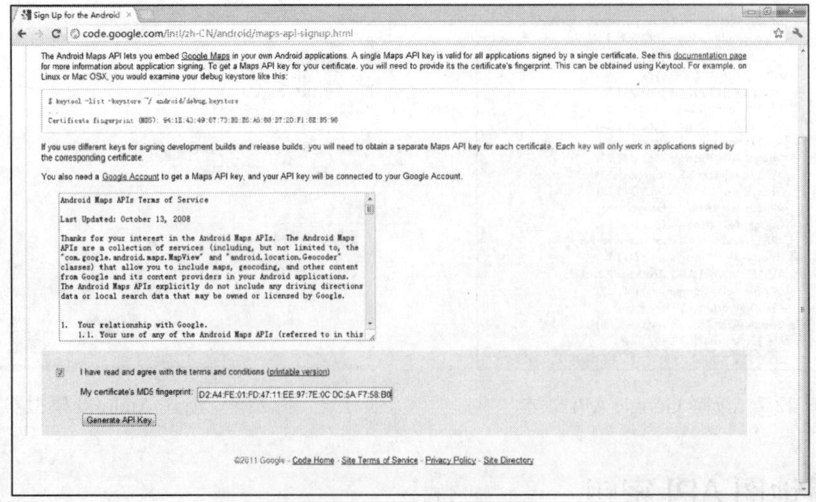

图 22.11　输入 SHA1 码

（4）同意协议，单击 Generate API Key 按钮，会跳转到如图 22.12 所示的页面。

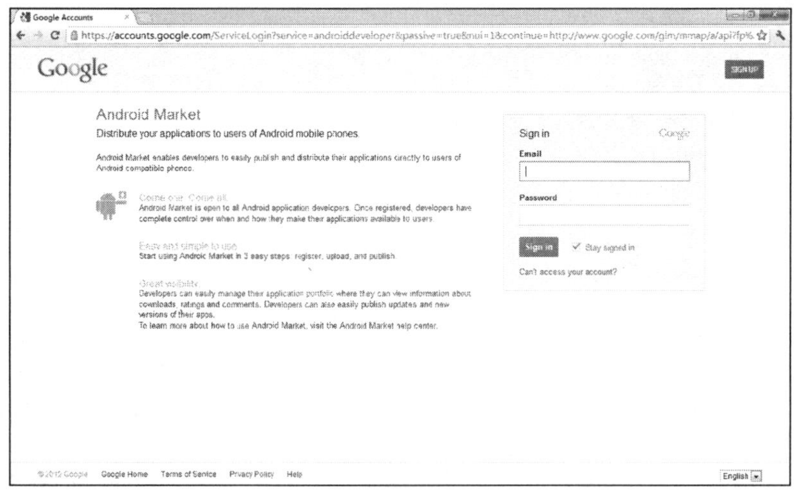

图 22.12　输入谷歌账号

（5）输入谷歌账号，单击 Sign in 按钮，显示如图 22.13 所示的页面。复制获得的地图 API 密钥：04dfsbw8UD2F_t3aKmg404zNvjbRHGjdn0S0KsQ。

图 22.13　获得地图 API 密钥

注意　如果使用其他浏览器，该页面可能会出现中文乱码。

下面通过一个完整的实例来演示谷歌地图 API 的使用。

例 22.04　在 Eclipse 中创建 Android 项目，名称为 22.04，获得谷歌地图页面。（**实例位置：光盘\TM\sl\22\22.04**）

具体实现步骤如下：

（1）修改 res/layout 包中的 main.xml 文件，使用谷歌地图控件，这里的 apiKey 属性需要用到刚刚获得的地图 API 密钥。代码如下：

```
<?xml version="1.0" encoding="utf-8"?>
<com.google.android.maps.MapView xmlns:android="http://schemas.android.com/apk/res/android"
```

```
    android:id="@+id/mapview"
    android:layout_width="fill_parent"
    android:layout_height="fill_parent"
    android:apiKey="04dfsbw8UD2GchZtgCEVKeRvIQWB12o-reM7Fcw"
    android:clickable="true" />
```

（2）新建 HelloMapActivity 类，它继承了 MapActivity，重写 onCreate()方法，获得地图视图控件，显示控制设置。代码如下：

```
public class HelloMapActivity extends MapActivity {
    @Override
    public void onCreate(Bundle savedInstanceState) {
        super.onCreate(savedInstanceState);                              //调用父类方法
        setContentView(R.layout.main);                                   //应用布局文件
        MapView mapView = (MapView) findViewById(R.id.mapview);          //获得地图视图控件
        mapView.setBuiltInZoomControls(true);                            //显示控制设置
    }
    @Override
    protected boolean isRouteDisplayed() {
        return false;
    }
}
```

（3）在 Android 配置文件中，增加 android.permission.INTERNET 权限，并使用 com.google.android.maps 用户库。代码如下：

```
<?xml version="1.0" encoding="utf-8"?>
<manifest xmlns:android="http://schemas.android.com/apk/res/android"
    package="com.mingrisoft"
    android:versionCode="1"
    android:versionName="1.0" >
    <uses-sdk android:minSdkVersion="15" />
    <uses-permission android:name="android.permission.INTERNET" />
    <application
        android:icon="@drawable/ic_launcher"
        android:label="@string/app_name" >
        <activity
            android:name=".HelloMapActivity"
            android:label="@string/app_name"
            android:theme="@android:style/Theme.NoTitleBar" >
            <intent-filter>
                <action android:name="android.intent.action.MAIN" />
                <category android:name="android.intent.category.LAUNCHER" />
            </intent-filter>
        </activity>
        <uses-library android:name="com.google.android.maps" />
    </application>
</manifest>
```

运行程序，显示如图 22.14 所示的地图信息，使用屏幕上提供的按钮，可以放大和缩小地图。

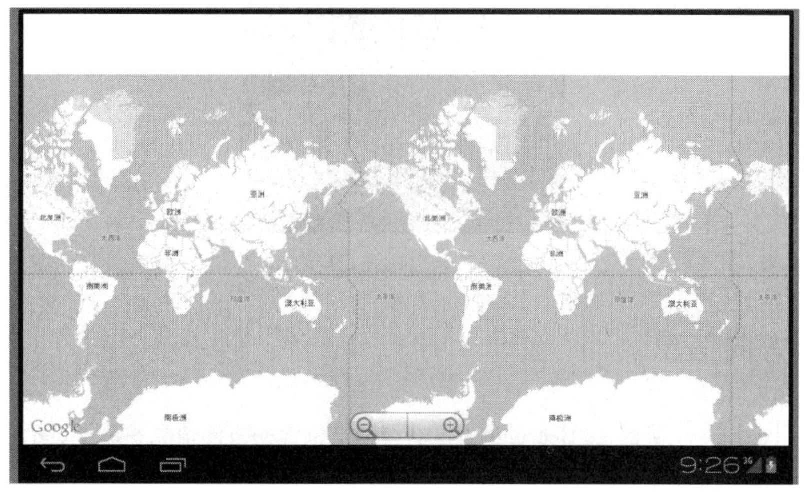

图 22.14　显示谷歌地图

22.3　实　　战

22.3.1　显示海拔信息

本实例主要使用 Location 类的 getAltitude()方法获得当前位置的海拔信息并进行显示。（**实例位置：光盘\TM\sl\22\22.05**）

代码如下：

```
public class LocationMessageActivity extends Activity {
    /** Called when the activity is first created. */
    @Override
    public void onCreate(Bundle savedInstanceState) {
        super.onCreate(savedInstanceState);
        setContentView(R.layout.main);
        LocationManager manager = (LocationManager) getSystemService(LOCATION_SERVICE);
        Location location = manager.getLastKnownLocation(LocationManager.GPS_PROVIDER);
        String message = null;
        if (location != null) {
            message = "海拔："+location.getAltitude();
        } else {
            message = "location is null~";
        }
        TextView text = (TextView) findViewById(R.id.textView);            //获得文本框控件
        text.setText(message);                                             //显示海拔信息
    }
}
```

程序运行效果如图 22.15 所示。

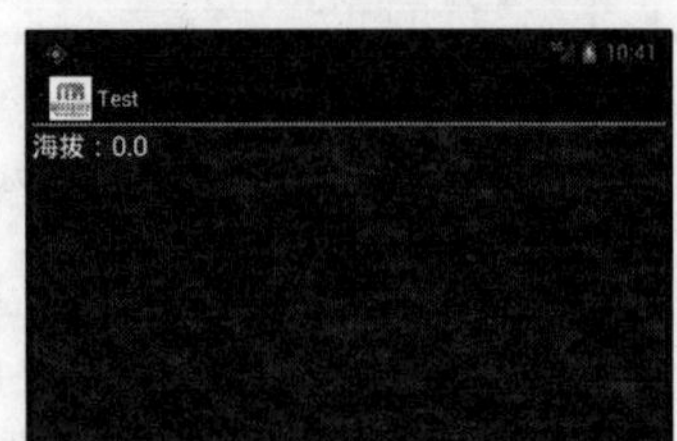

图 22.15　显示海拔信息

22.3.2　显示方向信息

本实例主要使用 Location 类的 getBearing()方法获得当前位置的方向信息并进行显示。（**实例位置：光盘\TM\sl\22\22.06**）

代码如下：

```
public class LocationMessageActivity extends Activity {
    /** Called when the activity is first created. */
    @Override
    public void onCreate(Bundle savedInstanceState) {
        super.onCreate(savedInstanceState);
        setContentView(R.layout.main);
        LocationManager manager = (LocationManager) getSystemService(LOCATION_SERVICE);
        Location location = manager.getLastKnownLocation(LocationManager.GPS_PROVIDER);
        String message = null;
        if (location != null) {
            message = "方向："+location.getBearing();
        } else {
            message = "location is null~";
        }
        TextView text = (TextView) findViewById(R.id.textView);              //获得文本框控件
        text.setText(message);                                              //显示方向信息
    }
}
```

程序运行效果如图 22.16 所示。

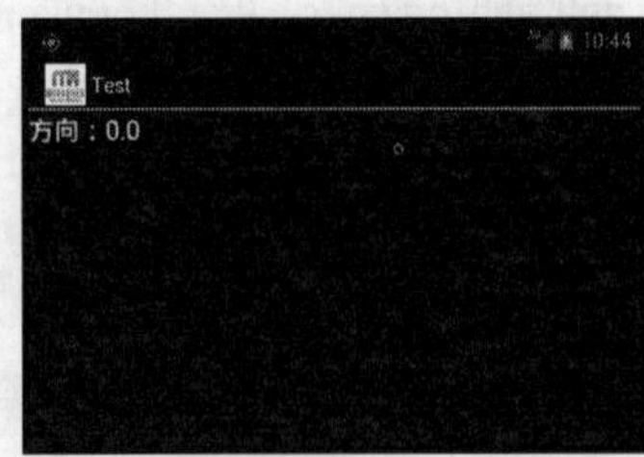

图 22.16　显示方向信息

22.3.3　在地图上标记天府广场的位置

在 Eclipse 中创建 Android 项目，名称为 22.07，在地图上标记天府广场的位置。（**实例位置：光盘\TM** sl\22\22.07）

具体步骤如下：

（1）修改 res/layout 包中的 main.xml 文件，使用谷歌地图控件，这里的 apiKey 属性需要用到刚刚获得的地图 API 密钥。代码如下：

```
<?xml version="1.0" encoding="utf-8"?>
<com.google.android.maps.MapView xmlns:android="http://schemas.android.com/apk/res/android"
    android:id="@+id/mapview"
    android:layout_width="fill_parent"
    android:layout_height="fill_parent"
    android:apiKey="04dfsbw8UD2GchZtgCEVKeRvIQWB12o-reM7Fcw"
    android:clickable="true" />
```

（2）新建 PositionActivity 类，它继承了 MapActivity，重写 onCreate()方法，获得地图视图控件，增加标注信息。内部类 LocationOverlay 继承了 Overlay，它用来定义一个标记。代码如下：

```
public class PositionActivity extends MapActivity {
    @Override
    public void onCreate(Bundle savedInstanceState) {
        super.onCreate(savedInstanceState);
        setContentView(R.layout.main);
        MapView mapView = (MapView) findViewById(R.id.mapview);
        MapController controller = mapView.getController();
        mapView.setEnabled(true);
        mapView.setClickable(true);
        mapView.setBuiltInZoomControls(true);                    //设置地图支持缩放
        //设置起点为成都
        GeoPoint point = new GeoPoint((int) (30.659259 * 1000000), (int) (104.065762 * 1000000));
        controller.animateTo(point);                             //定位到成都
        controller.setZoom(15);                                  //设置倍数
        //添加 Overlay，用于显示标注信息
        List<Overlay> list = mapView.getOverlays();
        list.add(new LocationOverlay(point));
    }
    protected boolean isRouteDisplayed() {
        return false;
    }
    private class LocationOverlay extends Overlay {
        private GeoPoint geoPoint;
        public LocationOverlay(GeoPoint point) {
            this.geoPoint = point;
        }
        @Override
        public boolean draw(Canvas canvas, MapView mapView, boolean shadow, long when) {
            super.draw(canvas, mapView, shadow);
            Paint paint = new Paint();
            Point screenPoint = new Point();
            //将经纬度转换成实际屏幕坐标
            mapView.getProjection().toPixels(geoPoint, screenPoint);
            paint.setStrokeWidth(1);
            paint.setARGB(255, 0, 0, 0);
            paint.setStyle(Paint.Style.STROKE);
```

```
                Bitmap bmp = BitmapFactory.decodeResource(getResources(), R.drawable.ic_launcher);
                canvas.drawBitmap(bmp, screenPoint.x, screenPoint.y, paint);
                canvas.drawText("天府广场", screenPoint.x, screenPoint.y, paint);
                return true;
        }
    }
}
```

（3）在 Android 配置文件中，增加 android.permission.INTERNET 权限，并使用 com.google.android.maps 用户库，为了达到最佳效果，去掉了动作栏。代码如下：

```
<?xml version="1.0" encoding="utf-8"?>
<manifest xmlns:android="http://schemas.android.com/apk/res/android"
    package="com.mingrisoft"
    android:versionCode="1"
    android:versionName="1.0" >
    <uses-sdk android:minSdkVersion="15" />
    <uses-permission android:name="android.permission.INTERNET" />
    <application
        android:icon="@drawable/ic_launcher"
        android:label="@string/app_name" >
        <activity
            android:name=".PositionActivity"
            android:label="@string/app_name"
            android:theme="@android:style/Theme.NoTitleBar" >
            <intent-filter>
                <action android:name="android.intent.action.MAIN" />
                <category android:name="android.intent.category.LAUNCHER" />
            </intent-filter>
        </activity>
        <uses-library android:name="com.google.android.maps" />
    </application>
</manifest>
```

运行程序，显示如图 22.17 所示的地图信息，该地图上使用图标加文字的方式标出了天府广场所在的位置。

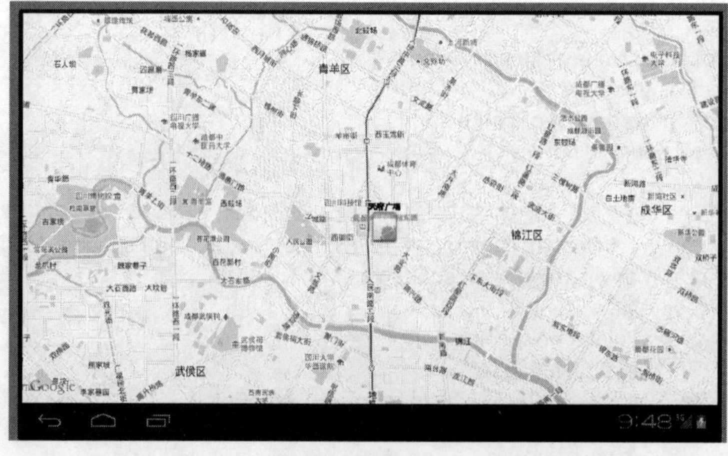

图 22.17　在地图上标记天府广场的位置

22.4　本 章 小 结

本章向读者介绍的是定位服务和谷歌地图在 Android 中的应用。对于定位服务，可以使用 GPS、网络等。这需要根据精度和耗电量等需求进行选择。谷歌地图服务并不在一般的 Android 系统中，需要进行安装。在开发过程中，也需要获得地图 API 密钥。对于移动用户而言，这两种服务非常重要，应用软件也非常普及，请读者认真掌握。

22.5　学习成果检验

1．尝试开发一个 Android 程序，显示当前位置下的精度信息。（**答案位置：光盘\TM\sl\22\22.08**）
2．尝试开发一个 Android 程序，显示当前位置下的速度信息。（**答案位置：光盘\TM\sl\22\22.09**）
3．尝试开发一个 Android 程序，以街景模式显示北京地图信息。（**答案位置：光盘\TM\sl\22\22.10**）
4．尝试开发一个 Android 程序，以交通模式显示北京地图信息。（**答案位置：光盘\TM\sl\22\22.11**）
5．尝试开发一个 Android 程序，以卫星模式显示北京地图信息。（**答案位置：光盘\TM\sl\22\22.12**）

第23章

网络通信技术

（视频讲解：96分钟）

Google公司是以网络搜索引擎白手起家的，通过大胆的创意和不断的研发努力，目前已经成为网络世界的巨头，而出自于Google之手的Android平台，在进行网络编程和Internet应用上，也是非常优秀的。本章将对Android中的网络编程及Internet应用的相关知识进行详细介绍。

通过阅读本章，您可以：

- **掌握使用**HttpURLConnection**访问网络的方法**
- **掌握使用**HttpClient**访问网络的方法**
- **掌握如何使用**WebView**组件浏览网页**
- **掌握在**WebView**组件中加载**HTML**代码的方法**
- **掌握让**WebView**组件支持**JavaScript**的方法**

23.1　通过 HTTP 访问网络

视频讲解：光盘\TM\Video\23\通过 HTTP 访问网络.exe

随着智能手机和平板电脑等移动终端设备的迅速发展，现在的 Internet 已经不再只是传统的有线互联网，还包括移动互联网。同有线互联网一样，移动互联网也可以使用 HTTP 访问网络。在 Android 中，针对 HTTP 进行网络通信的方法主要有两种，一种是使用 HttpURLConnection 实现，另一种是使用 HttpClient 实现，下面分别进行介绍。

23.1.1　使用 HttpURLConnection 访问网络

HttpURLConnection 类位于 java.net 包中，用于发送 HTTP 请求和获取 HTTP 响应。由于该类是抽象类，不能直接实例化对象，需要使用 URL 的 openConnection()方法来获得。例如，要创建 http://www.mingribook.com 网站对应的 HttpURLConnection 对象，可以使用下面的代码。

```
URL url = new URL("http://www.mingribook.com/");
HttpURLConnection urlConnection = (HttpURLConnection) url.openConnection();
```

说明　通过 openConnection()方法创建的 HttpURLConnection 对象，并没有真正的执行连接操作，只是创建了一个新的实例，在进行连接前，还可以设置一些属性。例如，连接超时的时间和请求方式等。

创建了 HttpURLConnection 对象后，就可以使用该对象发送 HTTP 请求了。HTTP 请求通常分为 GET 请求和 POST 请求两种，下面分别进行介绍。

1. 发送 GET 请求

使用 HttpURLConnection 对象发送请求时，默认发送的是 GET 请求。因此，发送 GET 请求比较简单，只需要在指定连接地址时，先将要传递的参数通过“?参数名=参数值”进行传递（多个参数间使用英文半角的逗号分隔。例如，要传递用户名和 E-mail 地址两个参数可以使用“?user=wgh,email=wgh717@sohu.com”实现），然后获取流中的数据，并关闭连接即可。

下面通过一个具体的实例来说明如何使用 HttpURLConnection 发送 GET 请求。

例 23.01　在 Eclipse 中创建 Android 项目，名称为 23.01，实现向服务器发送 GET 请求，并获取服务器的响应结果。**（实例位置：光盘\TM\sl\23\23.01）**

实现的主要步骤如下：

（1）修改新建项目的 res/layout 目录下的布局文件 main.xml，将默认添加的 TextView 组件删除，然后在默认添加的线性布局管理器中添加一个 id 为 content 的编辑框（用于输入微博内容）、一个“发表”按钮和一个滚动视图，并在该视图中添加一个线性布局管理器，最后还需要在该线性布局管理器中添加一个文本框，用于显示从服务器上读取的微博内容。关键代码如下：

```
<LinearLayout xmlns:android="http://schemas.android.com/apk/res/android"
    android:layout_width="fill_parent"
    android:layout_height="fill_parent"
    android:gravity="center_horizontal"
```

```
    android:orientation="vertical" >
    <EditText
        android:id="@+id/content"
        android:layout_width="match_parent"
        android:layout_height="wrap_content" />
    <Button
        android:id="@+id/button"
        android:layout_width="wrap_content"
        android:layout_height="wrap_content"
        android:text="@string/button" />
    <ScrollView
        android:id="@+id/scrollView1"
        android:layout_width="match_parent"
        android:layout_height="wrap_content"
        android:layout_weight="1" >
        <LinearLayout
            android:id="@+id/linearLayout1"
            android:layout_width="match_parent"
            android:layout_height="match_parent" >
            <TextView
                android:id="@+id/result"
                android:layout_width="match_parent"
                android:layout_height="wrap_content"
                android:layout_weight="1" />
        </LinearLayout>
    </ScrollView>
</LinearLayout>
```

（2）在该 MainActivity 中，创建程序中所需的成员变量，具体代码如下：

```
private EditText content;                    //声明一个输入文本内容的编辑框对象
private Button button;                       //声明一个发表按钮对象
private Handler handler;                     //声明一个 Handler 对象
private String result = "";                  //声明一个代表显示内容的字符串
private TextView resultTV;                   //声明一个显示结果的文本框对象
```

（3）编写一个无返回值的 send()方法，用于建立一个 HTTP 连接，并将输入的内容发送到 Web 服务器，再读取服务器的处理结果。具体代码如下：

```
public void send() {
    String target="";
    target = "http://192.168.1.66:8081/blog/index.jsp?content="
            +base64(content.getText().toString().trim());          //要访问的 URL 地址
    URL url;
    try {
        url = new URL(target);                                       //创建 URL 对象
        HttpURLConnection urlConn = (HttpURLConnection) url
                .openConnection();                                   //创建一个 HTTP 连接
        InputStreamReader in = new InputStreamReader(
                urlConn.getInputStream());                           //获得读取的内容
        BufferedReader buffer = new BufferedReader(in);              //获取输入流对象
        String inputLine = null;
```

```
            //通过循环逐行读取输入流中的内容
            while ((inputLine = buffer.readLine()) != null) {
                result += inputLine + "\n";
            }
            in.close();                                             //关闭字符输入流对象
            urlConn.disconnect();                                   //断开连接
        } catch (MalformedURLException e) {
            e.printStackTrace();
        } catch (IOException e) {
            e.printStackTrace();
        }
    }
```

（4）在应用 GET 方法传递中文的参数时，会产生乱码，这时可以采用对其进行 Base64 编码来解决该乱码问题。为此，需要编写一个 base64()方法，对要进行传递的参数进行 Base64 编码。base64()方法的具体代码如下：

```
public String base64(String content){
    try {
        //对字符串进行 Base64 编码
        content=Base64.encodeToString(content.getBytes("utf-8"), Base64.DEFAULT);
        content=URLEncoder.encode(content);                 //对字符串进行 URL 编码
    } catch (UnsupportedEncodingException e) {
        e.printStackTrace();                                //输出异常信息
    }
    return content;
}
```

说明　要解决应用 GET 方法传递中文参数乱码的问题，也可以使用 Java 提供的 URLEncoder 类来实现。

（5）在 onCreate()方法中，获取布局管理器中用于输入内容的编辑框、用于显示结果的文本框和“发表”按钮，并为“发表”按钮添加单击事件监听器，在重写的 onClick()方法中，首先判断输入的内容是否为空，如果为空则给出消息提示，否则，创建一个新的线程，调用 send()方法发送并读取微博信息。具体代码如下：

```
content = (EditText) findViewById(R.id.content);           //获取输入文本内容的 EditText 组件
resultTV = (TextView) findViewById(R.id.result);           //获取显示结果的 TextView 组件
button = (Button) findViewById(R.id.button);               //获取“发表”按钮组件
//为按钮添加单击事件监听器
button.setOnClickListener(new OnClickListener() {
    @Override
    public void onClick(View v) {
        if ("".equals(content.getText().toString())) {
            Toast.makeText(MainActivity.this, "请输入要发表的内容！",
                    Toast.LENGTH_SHORT).show();             //显示消息提示
            return;
        }
        //创建一个新线程，用于发送并读取微博信息
        new Thread(new Runnable() {
```

```
                public void run() {
                    send();                                         //发送文本内容到 Web 服务器并读取
                    Message m = handler.obtainMessage();            //获取一个 Message
                    handler.sendMessage(m);                         //发送消息
                }
            }).start();                                             //开启线程
        }
});
```

（6）创建一个 Handler 对象，在重写的 handleMessage()方法中，当变量 result 不为空时，将其显示到结果文本框中，并清空编辑器。具体代码如下：

```
handler = new Handler() {
    @Override
    public void handleMessage(Message msg) {
        if (result != null) {
            resultTV.setText(result);                               //显示获得的结果
            content.setText("");                                    //清空编辑框
        }
        super.handleMessage(msg);
    }
};
```

（7）由于在本实例中需要访问网络资源，所以还需要在 AndroidManifest.xml 文件中指定允许访问网络资源的权限。具体代码如下：

```
<uses-permission android:name="android.permission.INTERNET"/>
```

另外，还需要编写一个 Java Web 实例，用于接收 Android 客户端发送的请求，并作出响应。这里编写一个名称为 index.jsp 的文件，在该文件中，首先获取参数 content 指定的微博信息，并保存到变量 content 中，然后替换变量 content 中的加号，这是由于在进行 URL 编码时，将加号转换为%2B 了，最后再对 content 进行 Base64 解码，并输出转码后的 content 变量的值。具体代码如下：

```
<%@ page contentType="text/html; charset=utf-8" language="java" import="sun.misc.BASE64Decoder"%>
<%
 String content="";
 if(request.getParameter("content")!=null){
     content=request.getParameter("content");                      //获取输入的微博信息
     //替换 content 中的加号，这是由于在进行 URL 编码时，将“+”转换为%2B
     content=content.replaceAll("%2B","+");
     BASE64Decoder decoder=new BASE64Decoder();
     content=new String(decoder.decodeBuffer(content),"utf-8");    //进行 Base64 解码
 }
%>
<%="发表一条微博，内容如下："%>
<%=content%>
```

将 index.jsp 文件放到 Tomcat 安装路径下的 webapps/blog 目录下，并启动 Tomcat 服务器。然后，运行本实例，在屏幕上方的编辑框中输入一条微博信息，并单击“发表”按钮，在下方将显示 Web 服务器的处理结果。例如，输入“坚持到底就是胜利！”后，单击“发表”按钮，将显示如图 23.1 所示的运行结果。

图 23.1 使用 GET 方式发表并显示微博信息

2. 发送 POST 请求

由于采用GET方式发送请求只适合发送大小在1024个字节以内的数据，所以当要发送的数据比较大时，就需要使用 POST 方式来发送该请求。在 Android 中，使用 HttpURLConnection 类发送请求时，默认采用的是 GET 请求，如果要发送 POST 请求，需要通过其 setRequestMethod()方法进行指定。例如，创建一个 HTTP 连接，并为该连接指定请求的发送方式为 POST，可以使用下面的代码。

```
HttpURLConnection urlConn = (HttpURLConnection) url.openConnection();          //创建一个 HTTP 连接
urlConn.setRequestMethod("POST");                                              //指定请求方式为 POST
```

在发送 POST 请求时，要比发送 GET 请求复杂一些，它经常需要通过 HttpURLConnection 类及其父类 URLConnection 提供的如表 23.1 所示的方法设置相关内容。

表 23.1 发送 POST 请求时常用的方法

方 法	描 述
setDoInput(boolean newValue)	用于设置是否向连接中写入数据，如果参数值为 true，表示写入数据；否则不写入数据
setDoOutput(boolean newValue)	用于设置是否从连接中读取数据，如果参数值为 true，表示读取数据；否则不读取数据
setUseCaches(boolean newValue)	用于设置是否缓存数据，如果参数值为 true，表示缓存数据；否则表示禁用缓存
setInstanceFollowRedirects(boolean followRedirects)	用于设置是否应该自动执行 HTTP 重定向，参数值为 true 时，表示自动执行；否则不自动执行
setRequestProperty(String field, String newValue)	用于设置一般请求属性，例如，要设置内容类型为表单数据，可以进行以下设置：setRequestProperty("Content-Type","application/x-www-form-urlencoded")

下面将通过一个具体的实例来介绍如何使用 HttpURLConnection 类发送 POST 请求。

例 23.02 在 Eclipse 中创建 Android 项目，名称为 23.02，实现向服务器发送 POST 请求，并获取服务器的响应结果。（**实例位置：光盘\TM\sl\23\23.02**）

实现的主要步骤如下：

（1）修改新建项目的 res/layout 目录下的布局文件 main.xml，将默认添加的 TextView 组件删除，然后在默认添加的线性布局管理器中添加一个 id 为 content 的编辑框（用于输入微博内容）、一个“发表”按钮和一个滚动视图，并在该视图中添加一个线性布局管理器，同时，还需要在该线性布局管理器中添加一个文本框，用于显示从服务器上读取的微博内容。具体代码请参见光盘。

（2）在该 MainActivity 中，创建程序中所需的成员变量，具体代码如下：

```
private EditText nickname;                    //声明一个输入昵称的编辑框对象
private EditText content;                     //声明一个输入文本内容的编辑框对象
private Button button;                        //声明一个发表按钮对象
private Handler handler;                      //声明一个 Handler 对象
private String result = "";                   //声明一个代表显示内容的字符串
private TextView resultTV;                    //声明一个显示结果的文本框对象
```

（3）编写一个无返回值的 send()方法，用于建立一个 HTTP 连接，并使用 POST 方式将输入的昵称和内容发送到 Web 服务器上，再读取服务器处理的结果。具体代码如下：

```
public void send() {
    String target = "http://192.168.1.66:8081/blog/dealPost.jsp";          //要提交的目标地址
    URL url;
    try {
        url = new URL(target);
        HttpURLConnection urlConn = (HttpURLConnection) url
                .openConnection();                                          //创建一个 HTTP 连接
        urlConn.setRequestMethod("POST");                                   //指定使用 POST 请求方式
        urlConn.setDoInput(true);                                           //向连接中写入数据
        urlConn.setDoOutput(true);                                          //从连接中读取数据
        urlConn.setUseCaches(false);                                        //禁止缓存
        urlConn.setInstanceFollowRedirects(true);                           //自动执行 HTTP 重定向
        urlConn.setRequestProperty("Content-Type",
                "application/x-www-form-urlencoded");                       //设置内容类型
        DataOutputStream out = new DataOutputStream(
                urlConn.getOutputStream());                                 //获取输出流
        String param = "nickname="
                + URLEncoder.encode(nickname.getText().toString(), "utf-8")
                + "&content="
                + URLEncoder.encode(content.getText().toString(), "utf-8");     //连接要提交的数据
        out.writeBytes(param);                                              //将要传递的数据写入数据输出流
        out.flush();                                                        //输出缓存
        out.close();                                                        //关闭数据输出流
        //判断是否响应成功
        if (urlConn.getResponseCode() == HttpURLConnection.HTTP_OK) {
            InputStreamReader in = new InputStreamReader(
                    urlConn.getInputStream());                              //获得读取的内容
            BufferedReader buffer = new BufferedReader(in);                 //获取输入流对象
            String inputLine = null;
            while ((inputLine = buffer.readLine()) != null) {
                result += inputLine + "\n";
            }
            in.close();                                                     //关闭字符输入流
        }
        urlConn.disconnect();                                               //断开连接
    } catch (MalformedURLException e) {
        e.printStackTrace();
    } catch (IOException e) {
        e.printStackTrace();
    }
}
```

说明 在设置要提交的数据时，如果包括多个参数，各个参数间使用“&”进行连接。

（4）在 onCreate()方法中，获取布局管理器中添加的昵称编辑框、内容编辑框、显示结果的文本框和“发表”按钮，并为“发表”按钮添加单击事件监听器，在重写的 onClick()方法中，首先判断输入的昵称

和内容是否为空，只要有一个为空，就给出消息提示；否则，创建一个新的线程，用于调用 send()方法发送并读取服务器处理后的微博信息。具体代码如下：

```
content = (EditText) findViewById(R.id.content);                    //获取输入文本内容的 EditText 组件
resultTV = (TextView) findViewById(R.id.result);                    //获取显示结果的 TextView 组件
nickname=(EditText)findViewById(R.id.nickname);                     //获取输入昵称的 EditText 组件
button = (Button) findViewById(R.id.button);                        //获取"发表"按钮组件
//为按钮添加单击事件监听器
button.setOnClickListener(new OnClickListener() {
    @Override
    public void onClick(View v) {
        if ("".equals(content.getText().toString())) {
            Toast.makeText(MainActivity.this, "请输入要发表的内容！",Toast.LENGTH_SHORT).show();
            return;
        }
        //创建一个新线程，用于发送并读取微博信息
        new Thread(new Runnable() {
            public void run() {
                send();
                Message m = handler.obtainMessage();                //获取一个 Message
                handler.sendMessage(m);                             //发送消息
            }
        }).start();                                                 //开启线程
    }
});
```

（5）创建一个 Handler 对象，在重写的 handleMessage()方法中，当变量 result 不为空时，将其显示到结果文本框中，并清空昵称和内容编辑器。具体代码如下：

```
handler = new Handler() {
    @Override
    public void handleMessage(Message msg) {
        if (result != null) {
            resultTV.setText(result);                               //显示获得的结果
            content.setText("");                                    //清空内容编辑框
            nickname.setText("");                                   //清空昵称编辑框
        }
        super.handleMessage(msg);
    }
};
```

（6）由于在本实例中，需要访问网络资源，所以还需要在 AndroidManifest.xml 文件中指定允许访问网络资源的权限。具体代码如下：

```
<uses-permission android:name="android.permission.INTERNET"/>
```

另外，还需要编写一个 Java Web 实例，用于接收 Android 客户端发送的请求，并作出响应。这里编写一个名称为 dealPost.jsp 的文件，在该文件中，首先获取参数 nickname 和 content 指定的昵称和微博信息，并保存到相应的变量中，然后当昵称和微博内容均不为空时，对其进行转码，并获取系统时间，同时组合微博信息输出到页面上。具体代码如下：

```
<%@ page contentType="text/html; charset=utf-8" language="java" %>
<%
 String content=request.getParameter("content");                           //获取输入的微博信息
 String nickname=request.getParameter("nickname");                         //获取输入昵称
 if(content!=null && nickname!=null){
       nickname=new String(nickname.getBytes("iso-8859-1"),"utf-8");        //对昵称进行转码
       content=new String(content.getBytes("iso-8859-1"),"utf-8");          //对内容进行转码
       String date=new java.util.Date().toLocaleString();                    //获取系统时间
%>
     <%="[ "+nickname+" ]于 "+date+" 发表一条微博，内容如下："%>
     <%=content%>
<% }%>
```

将 dealPost.jsp 文件放到 Tomcat 安装路径下的 webapps/blog 目录下，并启动 Tomcat 服务器。然后运行本实例，在屏幕上方的编辑框中输入昵称和微博信息，单击“发表”按钮，在下方将显示 Web 服务器的处理结果。例如，输入昵称为“无语”，微博内容为“坚持到底就是胜利！”后，单击“发表”按钮，将显示如图 23.2 所示的运行结果。

图 23.2　应用 POST 方式发表一条微博信息

23.1.2　使用 HttpClient 访问网络

在 23.1.1 节中，介绍了使用 jva.net 包中的 HttpURLConnection 类来访问网络，一般情况下，如果只需要到某个简单页面提交请求并获取服务器的响应，完全可以使用该技术来实现。不过，对于比较复杂的联网操作，使用 HttpURLConnection 类就不一定能满足要求，这时，可以使用 Apache 组织提供的一个 HttpClient 项目来实现。在 Android 中，已经成功地集成了 HttpClient，所以可以直接在 Android 中使用 HttpClient 来访问网络。

HttpClient 实际上是对 Java 提供的访问网络的方法进行了封装。在 HttpURLConnection 类中的输入/输出流操作，在该 HttpClient 中被统一封装成了 HttpGet、HttpPost 和 HttpResponse 类，这样，就减少了操作的繁琐性。其中，HttpGet 类代表发送 GET 请求，HttpPost 类代表发送 POST 请求，HttpResponse 类代表处理响应的对象。

同使用 HttpURLConnection 类一样，使用该对象发送 HTTP 请求也可以分为 GET 请求和 POST 请求两种，下面分别进行介绍。

1. 发送 GET 请求

同 HttpURLConnection 类一样，使用 HttpClient 发送 GET 请求的方法也比较简单，大致可以分为以下几个步骤。

（1）创建 HttpClient 对象。

（2）创建 HttpGet 对象。

（3）如果需要发送请求参数，可以直接将要发送的参数连接到 URL 地址中，也可以调用 HttpGet 的

setParams()方法来添加请求参数。

（4）调用 HttpClient 对象的 execute()方法发送请求。执行该方法将返回一个 HttpResponse 对象。

（5）调用 HttpResponse 的 getEntity()方法，可获得包含服务器响应内容的 HttpEntity 对象，通过该对象可以获取服务器的响应内容。

下面将通过一个具体的实例来说明如何使用 HttpClient 来发送 GET 请求。

例 23.03　在 Eclipse 中创建 Android 项目，名称为 23.03，实现使用 HttpClient 向服务器发送 GET 请求，并获取服务器的响应结果。**（实例位置：光盘\TM\sl\23\23.03）**

实现的主要步骤如下：

（1）修改新建项目的 res/layout 目录下的布局文件 main.xml，在默认添加的 TextView 组件的上方添加一个 Button 按钮，并设置其显示文本为“发送 GET 请求”，然后将 TextView 组件的 id 属性修改为 result。具体代码请参见光盘。

（2）在该 MainActivity 中，创建程序中所需的成员变量，具体代码如下：

```
private Button button;                    //声明一个发表按钮对象
private Handler handler;                  //声明一个 Handler 对象
private String result = "";               //声明一个代表显示结果的字符串
private TextView resultTV;                //声明一个显示结果的文本框对象
```

（3）编写一个无返回值的 send()方法，用于建立一个发送 GET 请求的 HTTP 连接，并将指定的参数发送到 Web 服务器上，再读取服务器的响应信息。具体代码如下：

```
public void send() {
    String target = "http://192.168.1.66:8081/blog/deal_httpclient.jsp?param=get";  //要提交的目标地址
    HttpClient httpclient = new DefaultHttpClient();                                 //创建 HttpClient 对象
    HttpGet httpRequest = new HttpGet(target);                                       //创建 HttpGet 连接对象
    HttpResponse httpResponse;
    try {
        httpResponse = httpclient.execute(httpRequest);                              //执行 HttpClient 请求
        if (httpResponse.getStatusLine().getStatusCode() == HttpStatus.SC_OK){
            result = EntityUtils.toString(httpResponse.getEntity());                 //获取返回的字符串
        }else{
            result="请求失败！";
        }
    } catch (ClientProtocolException e) {
        e.printStackTrace();                                                         //输出异常信息
    } catch (IOException e) {
        e.printStackTrace();
    }
}
```

（4）在 onCreate()方法中，获取布局管理器中添加的用于显示结果的文本框和“发表”按钮，并为“发表”按钮添加单击事件监听器，在重写的 onClick()方法中，创建并开启一个新的线程，并且在重写的 run()方法中，首先调用 send()方法发送并读取微博信息，然后获取一个 Message 对象，并调用其 sendMessage()方法发送消息。具体代码如下：

```
resultTV = (TextView) findViewById(R.id.result);          //获取显示结果的 TextView 组件
button = (Button) findViewById(R.id.button);              //获取“发表”按钮组件
//为按钮添加单击事件监听器
```

```
button.setOnClickListener(new OnClickListener() {
    @Override
    public void onClick(View v) {

        //创建一个新线程，用于发送并获取 GET 请求
        new Thread(new Runnable() {
            public void run() {
                send();
                Message m = handler.obtainMessage();          //获取一个 Message
                handler.sendMessage(m);                       //发送消息
            }
        }).start();                                           //开启线程
    }
});
```

（5）创建一个 Handler 对象，在重写的 handleMessage()方法中，当变量 result 不为空时，将其显示到结果文本框中。具体代码如下：

```
handler = new Handler() {
    @Override
    public void handleMessage(Message msg) {
        if (result != null) {
            resultTV.setText(result);                         //显示获得的结果
        }
        super.handleMessage(msg);
    }
};
```

（6）由于在本实例中需要访问网络资源，所以还需要在 AndroidManifest.xml 文件中指定允许访问网络资源的权限。具体代码如下：

```
<uses-permission android:name="android.permission.INTERNET"/>
```

另外，还需要编写一个 Java Web 实例，用于接收 Android 客户端发送的请求，并作出响应。这里编写一个名称为 deal_httpclient.jsp 的文件，在该文件中，首先获取参数 param 的值，如果该值不为空，则判断其值是否为 get，如果是 get，则输出文字“发送 GET 请求成功！”。具体代码如下：

```
<%@ page contentType="text/html; charset=utf-8" language="java" %>
<%
 String param=request.getParameter("param");                  //获取参数值
 if(!"".equals(param) || param!=null){
     if("get".equals(param)){
         out.println("发送 GET 请求成功！");
     }
 }
%>
```

将 deal_httpclient.jsp 文件放到 Tomcat 安装路径下的 webapps/blog 目录下，并启动 Tomcat 服务器。然后运行本实例，单击“发送 GET 请求”按钮，在下方将显示 Web 服务器的处理结果。如果请求发送成功，则显示如图 23.3 所示的运行结果，否则显示文字“请求失败！”。

图 23.3　应用 HttpClient 发送 GET 请求

2. 发送 POST 请求

同使用 HttpURLConnection 类发送请求一样，对于复杂的请求数据也需要使用 POST 方式发送。使用 HttpClient 发送 POST 请求大致可以分为以下几个步骤。

（1）创建 HttpClient 对象。

（2）创建 HttpPost 对象。

（3）如果需要发送请求参数，可以调用 HttpPost 的 setParams()方法来添加请求参数，也可以调用 setEntity()方法来设置请求参数。

（4）调用 HttpClient 对象的 execute()方法发送请求。执行该方法将返回一个 HttpResponse 对象。

（5）调用 HttpResponse 的 getEntity()方法，可获得包含服务器响应内容的 HttpEntity 对象，通过该对象可以获取服务器的响应内容。

下面将通过一个具体的实例来说明如何使用 HttpClient 来发送 POST 请求。

例 23.04　在 Eclipse 中创建 Android 项目，名称为 23.04，实现应用 HttpClient 向服务器发送 POST 请求，并获取服务器的响应结果。（**实例位置：光盘\TM\sl\23\23.04**）

实现的主要步骤如下：

（1）修改新建项目的 res/layout 目录下的布局文件 main.xml，将默认添加的 TextView 组件删除，然后在默认添加的线性布局管理器中添加一个 id 为 content 的编辑框（用于输入微博内容）、一个“发表”按钮和一个滚动视图，并在该视图中添加一个线性布局管理器，最后还需要在该线性布局管理器中添加一个文本框，用于显示从服务器上读取的微博内容。具体代码请参见光盘。

（2）在该 MainActivity 中，创建程序中所需的成员变量，具体代码如下：

```
private EditText nickname;                  //声明一个输入昵称的编辑框对象
private EditText content;                   //声明一个输入文本内容的编辑框对象
private Button button;                      //声明一个发表按钮对象
private Handler handler;                    //声明一个 Handler 对象
private String result = "";                 //声明一个代表显示内容的字符串
private TextView resultTV;                  //声明一个显示结果的文本框对象
```

（3）编写一个无返回值的 send()方法，用于建立一个使用 POST 请求方式的 HTTP 连接，并将输入的昵称和微博内容发送到 Web 服务器上，再读取服务器处理的结果。具体代码如下：

```
public void send() {
    String target = "http://192.168.1.66:8081/blog/deal_httpclient.jsp";   //要提交的目标地址
    HttpClient httpclient = new DefaultHttpClient();                        //创建 HttpClient 对象
    HttpPost httpRequest = new HttpPost(target);                            //创建 HttpPost 对象
    //将要传递的参数保存到 List 集合中
    List<NameValuePair> params = new ArrayList<NameValuePair>();
    params.add(new BasicNameValuePair("param", "post"));                    //标记参数
    params.add(new BasicNameValuePair("nickname", nickname.getText().toString())); //昵称
    params.add(new BasicNameValuePair("content", content.getText().toString()));   //内容
    try {
        httpRequest.setEntity(new UrlEncodedFormEntity(params, "utf-8"));        //设置编码方式
```

```
            HttpResponse httpResponse = httpclient.execute(httpRequest);            //执行 HttpClient 请求
            if (httpResponse.getStatusLine().getStatusCode() == HttpStatus.SC_OK){  //如果请求成功
                result += EntityUtils.toString(httpResponse.getEntity());           //获取返回的字符串
            }else{
                result = "请求失败！";
            }
        } catch (UnsupportedEncodingException e1) {
            e1.printStackTrace();                                                   //输出异常信息
        } catch (ClientProtocolException e) {
            e.printStackTrace();                                                    //输出异常信息
        } catch (IOException e) {
            e.printStackTrace();                                                    //输出异常信息
        }
    }
```

（4）在 onCreate()方法中，获取布局管理器中添加的昵称编辑框、内容编辑框、显示结果的文本框和“发表”按钮，并为“发表”按钮添加单击事件监听器，在重写的 onClick()方法中，首先判断输入的昵称和内容是否为空，只要有一个为空，就给出消息提示；否则，创建一个新的线程，调用 send()方法发送并读取服务器处理后的微博信息。具体代码如下：

```
content = (EditText) findViewById(R.id.content);                //获取输入文本内容的 EditText 组件
resultTV = (TextView) findViewById(R.id.result);                //获取显示结果的 TextView 组件
nickname=(EditText)findViewById(R.id.nickname);                 //获取输入昵称的 EditText 组件
button = (Button) findViewById(R.id.button);                    //获取“发表”按钮组件
//为按钮添加单击事件监听器
button.setOnClickListener(new OnClickListener() {
    @Override
    public void onClick(View v) {
        if ("".equals(content.getText().toString())) {
            Toast.makeText(MainActivity.this, "请输入要发表的内容！",Toast.LENGTH_SHORT).show();
            return;
        }
        //创建一个新线程，用于发送并读取微博信息
        new Thread(new Runnable() {
            public void run() {
                send();
                Message m = handler.obtainMessage();            //获取一个 Message
                handler.sendMessage(m);                         //发送消息
            }
        }).start();                                             //开启线程
    }
});
```

（5）创建一个 Handler 对象，在重写的 handleMessage()方法中，当变量 result 不为空时，将其显示到结果文本框中，并清空昵称和内容编辑器。具体代码如下：

```
handler = new Handler() {
    @Override
    public void handleMessage(Message msg) {
        if (result != null) {
            resultTV.setText(result);                           //显示获得的结果
```

```
            content.setText("");                                    //清空内容编辑框
            nickname.setText("");                                   //清空昵称编辑框
        }
        super.handleMessage(msg);
    }
};
```

（6）由于在本实例中需要访问网络资源，所以还需要在 AndroidManifest.xml 文件中指定允许访问网络资源的权限。具体代码如下：

```
<uses-permission android:name="android.permission.INTERNET"/>
```

另外，还需要编写一个 Java Web 实例，用于接收 Android 客户端发送的请求，并作出响应。这里仍然使用例 23.03 中创建的 deal_httpclient.jsp 文件，在该文件的 if 语句的结尾处添加一个 else if 语句，用于处理当请求参数 param 的值为 post 的情况。关键代码如下：

```
else if("post".equals(param)){
    String content=request.getParameter("content");                    //获取输入的微博信息
    String nickname=request.getParameter("nickname");                  //获取输入昵称
    if(content!=null && nickname!=null){
        nickname=new String(nickname.getBytes("iso-8859-1"),"utf-8");  //对昵称进行转码
        content=new String(content.getBytes("iso-8859-1"),"utf-8");    //对内容进行转码
        String date=new java.util.Date().toLocaleString();             //获取系统时间
        out.println("[ "+nickname+" ]于 "+date+" 发表一条微博，内容如下：");
        out.println(content);
    }
}
```

说明　在上面的代码中，首先获取参数 nickname 和 content 指定的昵称和微博信息，并保存到相应的变量中，然后当昵称和微博内容均不为空时，对其进行转码，并获取系统时间，同时组合微博信息输出到页面上。

将 deal_httpclient.jsp 文件放到 Tomcat 安装路径下的 webapps/blog 目录下，并启动 Tomcat 服务器。然后运行本实例，在屏幕上方的编辑框中输入昵称和微博信息，单击“发表”按钮，在下方将显示 Web 服务器的处理结果。实例运行结果如图 23.4 所示。

图 23.4　应用 HttpClient 发送 POST 请求

23.2　使用 WebView 显示网页

视频讲解：光盘\TM\Video\23\使用 WebView 显示网页.exe

Android 提供了内置的浏览器，该浏览器使用开源的 WebKit 引擎。WebKit 不仅能够搜索网址、查看电

子邮件，而且能够播放视频节目。在 Android 中要使用这个内置的浏览器需要通过 WebView 组件来实现。通过 WebView 组件可以轻松实现显示网页功能，下面进行详细介绍。

23.2.1 使用 WebView 组件浏览网页

WebView 组件是专门用来浏览网页的，其使用方法与其他组件一样，既可以在 XML 布局文件中使用<WebView>标记添加，又可以在 Java 文件中通过 new 关键字创建。推荐采用第一种方法，也就是通过<WebView>标记在 XML 布局文件中添加。在 XML 布局文件中添加一个 WebView 组件可以使用下面的代码：

```
<WebView
    android:id="@+id/webView1"
    android:layout_width="match_parent"
    android:layout_height="match_parent" />
```

添加 WebView 组件后，就可以应用该组件提供的方法来执行浏览器操作。Web 组件提供的常用方法如表 23.2 所示。

表 23.2　WebView 组件提供的常用方法

方　法	描　述
loadUrl(String url)	用于加载指定 URL 对应的网页
loadData(String data, String mimeType, String encoding)	用于将指定的字符串数据加载到浏览器中
loadDataWithBaseURL(String baseUrl, String data, String mimeType, String encoding, String historyUrl)	用于基于 URL 加载指定的数据
capturePicture()	用于创建当前屏幕的快照
goBack()	执行后退操作，相当于浏览器上后退按钮的功能
goForward()	执行前进操作，相当于浏览器上前进按钮的功能
stopLoading()	用于停止加载当前页面
reload()	用于刷新当前页面

下面将通过一个具体的例子来说明如何使用 WebView 组件浏览网页。

例 23.05　在 Eclipse 中创建 Android 项目，名称为 23.05，实现应用 WebView 组件浏览指定网页。（**实例位置：光盘\TM\sl\23\23.05**）

实现的主要步骤如下：

（1）修改新建项目的 res/layout 目录下的布局文件 main.xml，将默认添加的 TextView 组件删除，然后添加一个 WebView 组件。关键代码如下：

```
<WebView
    android:id="@+id/webView1"
    android:layout_width="match_parent"
    android:layout_height="match_parent" />
```

（2）在 MainActivity 的 onCreate()方法中，获取布局管理器中添加的 WebView 组件，并为其指定要加载网页的 URL 地址。具体代码如下：

```
WebView webview=(WebView)findViewById(R.id.webView1);       //获取布局管理器中添加的 WebView 组件
webview.loadUrl("http://192.168.1.66:8081/bbs/");           //指定要加载的网页
```

(3) 由于在本实例中需要访问网络资源，所以还需要在 AndroidManifest.xml 文件中指定允许访问网络资源的权限。具体代码如下：

```
<uses-permission android:name="android.permission.INTERNET"/>
```

运行本实例，在屏幕上将显示通过 URL 地址指定的网页，如图 23.5 所示。

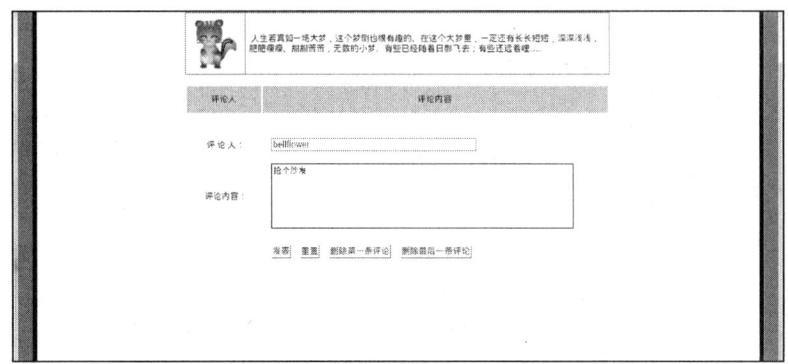

图 23.5　使用 WebView 浏览网页

技巧　如果想让 WebView 组件具有放大和缩小网页的功能，需要进行以下设置。

```
webview.getSettings().setSupportZoom(true);
webview.getSettings().setBuiltInZoomControls(true);
```

23.2.2　使用 WebView 加载 HTML 代码

在进行 Android 开发时，对于一些游戏的帮助信息，使用 HTML 代码进行显示比较实用，这样不仅可以让界面更加美观，而且可以让开发更加简单、快捷。WebView 组件提供了 loadData()和 loadDataWithBaseURL()方法来加载 HTML 代码。但是，使用 loadData()方法加载带中文的 HTML 内容时会产生乱码，而 loadDataWithBaseURL()方法不会。loadDataWithBaseURL()方法的基本语法格式如下：

```
loadDataWithBaseURL(String baseUrl, String data, String mimeType, String encoding, String historyUrl)
```

loadDataWithBaseURL()方法各参数的说明如表 23.3 所示。

表 23.3　loadDataWithBaseURL()方法的参数说明

参　数	描　述
baseUrl	用于指定当前页使用的基本 URL。如果为 null，则使用默认的 about:blank，也就是空白页
data	用于指定要显示的字符串数据
mimeType	用于指定要显示内容的 MIME 类型。如果为 null，默认使用 text/html
encoding	用于指定数据的编码方式
historyUrl	用于指定当前页的历史 URL，也就是进入该页前显示页的 URL。如果为 null，则使用默认的 about:blank

下面将通过一个具体的例子来说明如何使用 WebView 组件加载 HTML 代码。

例 23.06　在 Eclipse 中创建 Android 项目，名称为 23.06，实现应用 WebView 组件加载使用 HTML 代

码添加的帮助信息。**（实例位置：光盘\TM\sl\23\23.06）**

实现的主要步骤如下：

（1）修改新建项目的 res/layout 目录下的布局文件 main.xml，将默认添加的 TextView 组件删除，然后添加一个 WebView 组件。关键代码如下：

```
<WebView
    android:id="@+id/webView1"
    android:layout_width="match_parent"
    android:layout_height="match_parent" />
```

（2）在 MainActivity 的 onCreate()方法中，首先获取布局管理器中添加的 WebView 组件，然后创建一个字符串构建器，将要显示的 HTML 代码放置在该构建器中，最后再应用 loadDataWithBaseURL()方法加载构建器中的 HTML 代码。具体代码如下：

```
WebView webview=(WebView)findViewById(R.id.webView1);          //获取布局管理器中添加的 WebView 组件
StringBuilder sb=new StringBuilder();//创建一个字符串构建器，将要显示的 HTML 内容放置在该构建器中
sb.append("<div>选择选项，然后从以下选项中进行选择：</div>");
sb.append("<ul>");
sb.append("<li>编辑内容：用于增加、移动和删除桌面上的快捷工具。</li>");
sb.append("<li>隐藏内容：用于隐藏桌面上的小工具。</li>");
sb.append("<li>显示内容：用于显示桌面上的小工具。</li>");
sb.append("</ul>");
webview.loadDataWithBaseURL(null, sb.toString(), "text/html", "utf-8", null);      //加载数据
```

运行本实例，在屏幕上将显示如图 23.6 所示的由 HTML 代码指定的帮助信息。

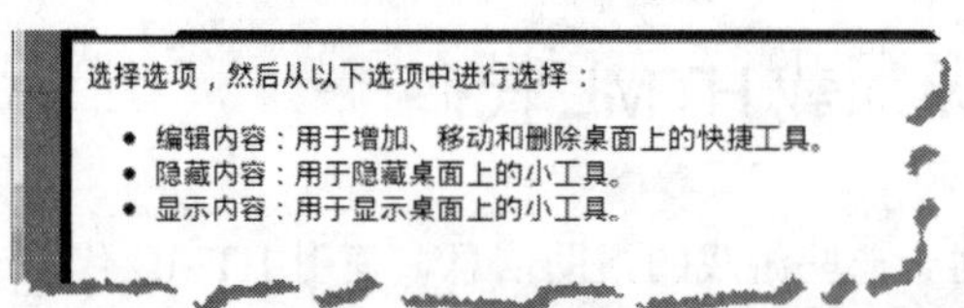

图 23.6　使用 WebView 加载 HTML 代码

23.2.3　让 WebView 支持 JavaScript

在默认情况下，WebView 组件是不支持 JavaScript 的，但是在运行某些不得不使用 JavaScript 代码的网站时，还需要让它支持 JavaScript。实际上，让 WebView 组件支持 JavaScript 也比较简单，只需以下两个步骤即可实现。

（1）使用 WebView 组件的 WebSettings 对象提供的 setJavaScriptEnabled()方法让 JavaScript 可用。例如，存在一个名称为 webview 的 WebView 组件，要设置在该组件中允许使用 JavaScript，可以使用下面的代码。

```
webview.getSettings().setJavaScriptEnabled(true);          //设置 JavaScript 可用
```

（2）经过以上设置后，网页中的大部分 JavaScript 代码均可用。但是，对于通过 window.alert()方法弹出的对话框并不可用。要想显示弹出的对话框，需要使用 WebView 组件的 setWebChromeClient()方法来处理 JavaScript 的对话框，具体代码如下：

```
webview.setWebChromeClient(new WebChromeClient());
```

这样设置后，在使用 WebView 显示带弹出 JavaScript 对话框的网页时，网页中弹出的对话框将不会被屏蔽。下面将通过一个具体的例子来说明如何让 WebView 支持 JavaScript。

例 23.07　在 Eclipse 中创建 Android 项目，名称为 23.07，实现控制 WebView 组件是否支持 JavaScript。**（实例位置：光盘\TM\sl\23\23.07）**

实现的主要步骤如下：

（1）修改新建项目的 res/layout 目录下的布局文件 main.xml，将默认添加的 TextView 组件删除，然后添加一个 CheckBox 组件和一个 WebView 组件。关键代码如下：

```
<CheckBox
    android:id="@+id/checkBox1"
    android:layout_width="wrap_content"
    android:layout_height="wrap_content"
    android:text="允许执行 JavaScript 代码" />
<WebView
    android:id="@+id/webView1"
    android:layout_width="match_parent"
    android:layout_height="match_parent" />
```

（2）在 MainActivity 中，声明一个 WebView 组件的对象 webview，具体代码如下：

```
private WebView webview;                                    //声明 WebView 组件的对象
```

（3）在 onCreate()方法中，首先获取布局管理器中添加的 WebView 组件和复选框组件，然后为复选框组件添加选中状态被改变的事件监听器，在重写的 onCheckedChanged()方法中，根据复选框的选中状态决定是否允许使用 JavaScript，最后再为 WebView 组件指定要加载的网页。具体代码如下：

```
webview = (WebView) findViewById(R.id.webView1);            //获取布局管理器中添加的 WebView 组件
CheckBox check = (CheckBox) findViewById(R.id.checkBox1);   //获取布局管理器中添加的复选框组件
check.setOnCheckedChangeListener(new OnCheckedChangeListener() {
    @Override
    public void onCheckedChanged(CompoundButton buttonView,
            boolean isChecked) {
        if (isChecked) {
            webview.getSettings().setJavaScriptEnabled(true);  //设置 JavaScript 可用
            webview.setWebChromeClient(new WebChromeClient());
            webview.loadUrl("http://192.168.1.66:8081/bbs/allowJS.jsp");   //指定要加载的网页
        }else{
            webview.loadUrl("http://192.168.1.66:8081/bbs/allowJS.jsp");   //指定要加载的网页
        }
    }
});
webview.loadUrl("http://192.168.1.66:8081/bbs/allowJS.jsp");               //指定要加载的网页
```

（4）由于在本实例中需要访问网络资源，所以还需要在 AndroidManifest.xml 文件中指定允许访问网络资源的权限。具体代码如下：

```
<uses-permission android:name="android.permission.INTERNET"/>
```

运行本实例，在屏幕上将显示不支持 JavaScript 的网页，选中上面的“允许执行 JavaScript 代码”复选框后，该网页将支持 JavaScript。例如，选中“允许执行 JavaScript 代码”复选框后，再单击网页中的“发表”按钮，将弹出一个提示对话框，如图 23.7 所示。

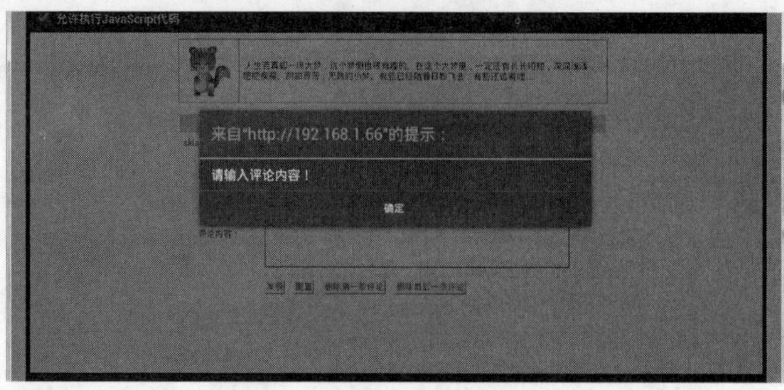

图 23.7　让 WebView 支持 JavaScript

23.3　实　战

23.3.1　从指定网站下载文件

例 23.08　在 Eclipse 中创建 Android 项目，名称为 23.08，实现从指定网站下载文件。（**实例位置：光盘\TM\sl\23\23.08**）

实现的主要步骤如下：

（1）修改新建项目的 res/layout 目录下的布局文件 main.xml，将默认添加的 LinearLayout 布局管理器修改为水平布局管理器，并将默认添加的 TextView 组件的 android:id 属性设置为@+id/editText_url，android:layout_weight 属性设置为 1，android:text 属性设置为@string/defaultvalue，android:lines 属性设置为 1，然后在该 TextView 组件的下方添加一个“下载”按钮。具体代码请参见光盘。

（2）在该 MainActivity 中，创建程序中所需的成员变量，具体代码如下：

```
private EditText urlText;                                   //下载地址编辑框
private Button button;                                      //下载按钮
private Handler handler;                                    //声明一个 Handler 对象
private boolean flag = false;                               //标记是否成功的变量
```

（3）在 onCreate()方法中，获取布局管理器中添加的下载地址编辑框和“下载”按钮，并为“下载”按钮添加单击事件监听器。在重写的 onClick()方法中，创建并开启一个新线程，用于从网络上获取文件。在重写的 run()方法中，首先获取文件的下载地址，并创建一个相关的连接，然后获取输入流对象，并从下载地址中获取到要下载文件的文件名及扩展名，再读取文件到一个输出流对象中，并关闭相关对象及断开连接，最后获取一个 Message 并发送消息。具体代码如下：

```
urlText = (EditText) findViewById(R.id.editText_url);       //获取布局管理器中添加的下载地址编辑框
button = (Button) findViewById(R.id.button_go);             //获取布局管理器中添加的下载按钮
//为“下载”按钮添加单击事件监听器
button.setOnClickListener(new OnClickListener() {
    @Override
    public void onClick(View v) {
        //创建一个新线程，用于从网络上获取文件
```

```
        new Thread(new Runnable() {
            public void run() {
                try {
                    String sourceUrl = urlText.getText().toString();        //获取下载地址
                    URL url = new URL(sourceUrl);                           //创建下载地址对应的 URL 对象
                    HttpURLConnection urlConn = (HttpURLConnection) url
                            .openConnection();                              //创建一个连接
                    InputStream is = urlConn.getInputStream();              //获取输入流对象
                    if (is != null) {
                        String expandName = sourceUrl.substring(
                                sourceUrl.lastIndexOf(".") + 1,
                                sourceUrl.length()).toLowerCase();          //获取文件的扩展名
                        String fileName = sourceUrl.substring(
                                sourceUrl.lastIndexOf("/") + 1,
                                sourceUrl.lastIndexOf("."));                //获取文件名
                        File file = new File("/sdcard/pictures/"
                                + fileName + "." + expandName);             //在 SD 卡上创建文件
                        FileOutputStream fos = new FileOutputStream(
                                file);                                      //创建一个文件输出流对象
                        byte buf[] = new byte[128];                         //创建一个字节数组
                        //读取文件到输出流对象中
                        while (true) {
                            int numread = is.read(buf);
                            if (numread <= 0) {
                                break;
                            } else {
                                fos.write(buf, 0, numread);
                            }
                        }
                    }
                    is.close();                                             //关闭输入流对象
                    urlConn.disconnect();                                   //关闭连接
                    flag = true;
                } catch (MalformedURLException e) {
                    e.printStackTrace();                                    //输出异常信息
                    flag = false;
                } catch (IOException e) {
                    e.printStackTrace();                                    //输出异常信息
                    flag = false;
                }
                Message m = handler.obtainMessage();                        //获取一个 Message
                handler.sendMessage(m);                                     //发送消息
            }
        }).start();                                                         //开启线程
    }
});
```

（4）创建一个 Handler 对象，在重写的 handleMessage()方法中，根据标记变量 flag 的值，显示不同的消息提示。具体代码如下：

```
handler = new Handler() {
    @Override
```

```
        public void handleMessage(Message msg) {
            if (flag) {
                Toast.makeText(MainActivity.this, "文件下载完成！",
                        Toast.LENGTH_SHORT).show();                  //显示消息提示
            } else {
                Toast.makeText(MainActivity.this, "文件下载失败！",
                        Toast.LENGTH_SHORT).show();                  //显示消息提示
            }
            super.handleMessage(msg);
        }
};
```

（5）由于在本实例中，需要访问网络资源并向 SD 卡上写文件，所以还需要在 AndroidManifest.xml 文件中指定允许访问网络资源和向 SD 卡上写文件的权限。具体代码如下：

```
<uses-permission android:name="android.permission.INTERNET"/>
<uses-permission android:name="android.permission.WRITE_EXTERNAL_STORAGE"/>
```

运行本实例，在下载地址编辑框中输入要下载文件的 URL 地址，单击“下载”按钮，即可将指定的文件下载到 SD 卡上。成功的前提是指定的 URL 地址要真实存在，并且相应的文件也存在。实例运行结果如图 23.8 和图 23.9 所示。

图 23.8　从指定网站下载文件

▲ Pictures		2012-01-06	11:20	d---rwxr-x
head.jpg	19231	2012-01-10	14:55	----rwxr-x

图 23.9　下载到 SD 卡上的文件

23.3.2　访问需要登录后才能访问的页面

例 23.09　在 Eclipse 中创建 Android 项目，名称为 23.09，使用 HttpClient 实现访问需要登录后才能访问的页面。（**实例位置：光盘\TM\sl\23\23.09**）

实现的主要步骤如下：

（1）修改新建项目的 res/layout 目录下的布局文件 main.xml，将默认添加的 TextView 组件删除，然后添加一个水平布局管理器，并在该布局管理器中添加两个居中显示的按钮，分别是“访问页面”按钮和“用户登录”按钮，最后再添加一个滚动视图，在该滚动视图中添加一个线性布局管理器，并在该布局管理器中添加一个 TextView 组件，用于显示访问结果。具体代码请参见光盘。

（2）在该 MainActivity 中，创建程序中所需的成员变量，具体代码如下：

```
    private Button button1;                                          //声明一个“访问页面”按钮对象
    private Button button2;                                          //声明一个“用户登录”按钮对象
    private Handler handler;                                         //声明一个 Handler 对象
    private String result = "";                                      //声明一个代表显示内容的字符串
    private TextView resultTV;                                       //声明一个显示结果的文本框对象
    public static HttpClient httpclient;                             //声明一个静态的全局的 HttpClient 对象
```

（3）编写一个无返回值的 access()方法，用于建立一个发送 GET 请求的 HTTP 连接，并从服务器获得响应信息。具体代码如下：

```
public void access() {
    String target = "http://192.168.1.66:8081/login/index.jsp";     //要提交的目标地址
    HttpGet httpRequest = new HttpGet(target);                        //创建 HttpGet 对象
    HttpResponse httpResponse;
    try {
        httpResponse = httpclient.execute(httpRequest);               //执行 HttpClient 请求
        if (httpResponse.getStatusLine().getStatusCode() == HttpStatus.SC_OK) {
            result = EntityUtils.toString(httpResponse.getEntity()); //获取返回的字符串
        } else {
            result = "请求失败！";
        }
    } catch (ClientProtocolException e) {
        e.printStackTrace();                                          //输出异常信息
    } catch (IOException e) {
        e.printStackTrace();
    }
}
```

（4）在 onCreate()方法中，创建一个 HttpClient 对象，并获取显示结果的 TextView 组件和“访问页面”按钮，同时为“访问页面”按钮添加单击事件监听器。在重写的 onClick()方法中，创建并开启一个新的线程。在重写的 run()方法中，首先调用 access()方法向服务器发送一个 GET 请求，并获取响应结果，然后获取一个 Message 对象，并调用其 sendMessage()方法发送消息。具体代码如下：

```
httpclient = new DefaultHttpClient();                                 //创建 HttpClient 对象
resultTV = (TextView) findViewById(R.id.result);                      //获取显示结果的 TextView 组件
button1 = (Button) findViewById(R.id.button1);                        //获取“访问页面”按钮组件
//为按钮添加单击事件监听器
button1.setOnClickListener(new OnClickListener() {
    @Override
    public void onClick(View v) {
        //创建一个新线程，用于向服务器发送一个 GET 请求
        new Thread(new Runnable() {
            public void run() {
                access();
                Message m = handler.obtainMessage();                  //获取一个 Message
                handler.sendMessage(m);                               //发送消息
            }
        }).start();                                                   //开启线程
    }
});
```

（5）创建一个 Handler 对象，在重写的 handleMessage()方法中，当变量 result 不为空时，将其显示到结果文本框中。具体代码如下：

```
handler = new Handler() {
    @Override
    public void handleMessage(Message msg) {
        if (result != null) {
            resultTV.setText(result);                          //显示获得的结果
        }
        super.handleMessage(msg);
    }
};
```

（6）获取布局管理器中添加的“用户登录”按钮，并为其添加单击事件监听器。在重写的 onClick()方法中创建一个 Intent 对象，并启动一个新的带返回结果的 Activity。具体代码如下：

```
button2 = (Button) findViewById(R.id.button2);                 //获取“用户登录”按钮
button2.setOnClickListener(new OnClickListener() {
    @Override
    public void onClick(View v) {
        Intent intent = new Intent(MainActivity.this,
                LoginActivity.class);                          //创建 Intent 对象
        startActivityForResult(intent, 0x11);                  //启动新的 Activity
    }
});
```

（7）编写 LoginActivity，用于实现用户登录。在 LoginActivity 中，定义程序中所需的成员变量，具体代码如下：

```
private String username;                                       //保存用户名的变量
private String pwd;                                            //保存密码的变量
private String result = "";                                    //保存显示结果的变量
private Handler handler;                                       //声明一个 Handler 对象
```

（8）编写一个无返回值的 login()方法，用于建立一个使用 POST 请求方式的 HTTP 连接，并将输入的用户名和密码发送到 Web 服务器上完成用户登录，再读取服务器的处理结果。具体代码如下：

```
public void login() {
    String target = "http://192.168.1.66:8081/login/login.jsp";        //要提交的目标地址
    HttpPost httpRequest = new HttpPost(target);                       //创建 HttpPost 对象
    //将要传递的参数保存到 List 集合中
    List<NameValuePair> params = new ArrayList<NameValuePair>();
    params.add(new BasicNameValuePair("username", username));         //用户名
    params.add(new BasicNameValuePair("pwd", pwd));                   //密码
    try {
        httpRequest.setEntity(new UrlEncodedFormEntity(params, "utf-8")); //设置编码方式
        HttpResponse httpResponse = MainActivity.httpclient
                .execute(httpRequest);                                 //执行 HttpClient 请求
        if (httpResponse.getStatusLine().getStatusCode() == HttpStatus.SC_OK) { //如果请求成功
            result += EntityUtils.toString(httpResponse.getEntity());  //获取返回的字符串
        } else {
```

```
            result = "请求失败！";
        }
    } catch (UnsupportedEncodingException e1) {
        e1.printStackTrace();                                        //输出异常信息
    } catch (ClientProtocolException e) {
        e.printStackTrace();                                         //输出异常信息
    } catch (IOException e) {
        e.printStackTrace();                                         //输出异常信息
    }
}
```

（9）在 LoginActivity 的 onCreate()方法中，首先设置布局文件，然后获取“登录”按钮，并为其添加单击事件监听器。在重写的 onClick()方法中，创建并开启一个新线程，用于实现用户登录，最后创建一个 Handler 对象，并且在重写的 handleMessage()方法中获取 Intent 对象，并将 result 的值作为数据包保存到该 Intent 对象中，同时返回调用该 Activity 的 MainActivity 中。具体代码如下：

```
setContentView(R.layout.login);                                      //设置布局文件
Button login = (Button) findViewById(R.id.button1);                  //获取“登录”按钮
login.setOnClickListener(new OnClickListener() {
    @Override
    public void onClick(View v) {
        username = ((EditText) findViewById(R.id.editText1)).getText().toString(); //获取输入的用户名
        pwd = ((EditText) findViewById(R.id.editText2)).getText().toString();      //获取输入的密码
        //创建一个新线程，实现用户登录
        new Thread(new Runnable() {
            public void run() {
                login();                                             //用户登录
                Message m = handler.obtainMessage();                 //获取一个 Message
                handler.sendMessage(m);                              //发送消息
            }
        }).start();                                                  //开启线程
    }
});
handler = new Handler() {
    @Override
    public void handleMessage(Message msg) {
        if (result != null) {
            Intent intent = getIntent();                             //获取 Intent 对象
            Bundle bundle = new Bundle();                            //实例化传递的数据包
            bundle.putString("result", result);
            intent.putExtras(bundle);                                //将数据包保存到 intent 中
            setResult(0x11, intent);                  //设置返回的结果码，并返回调用该 Activity 的 Activity
            finish();                                 //关闭当前 Activity
        }
        super.handleMessage(msg);
    }
};
```

说明　LoginActivity 中使用的布局文件的代码与第 3 章中的例 3.06 基本相同，这里不再介绍。

（10）获取布局管理器中添加的“退出”按钮，并为其添加单击事件监听器，在重写的 onClick()方法中使用 finish()方法关闭当前的 Activity。具体代码如下：

```
Button exit = (Button) findViewById(R.id.button2);           //获取“退出”按钮
exit.setOnClickListener(new OnClickListener() {
    @Override
    public void onClick(View v) {
        finish();                                            //关闭当前 Activity
    }
});
```

（11）由于在本实例中需要访问网络资源，所以还需要在 AndroidManifest.xml 文件中指定允许访问网络资源的权限。具体代码如下：

```
<uses-permission android:name="android.permission.INTERNET"/>
```

（12）在 AndroidManifest.xml 文件中配置 LoginActivity，配置的主要属性有 Activity 使用的实现类、标签和主题样式（这里为对话框）。具体代码如下：

```
<activity android:name=".LoginActivity"
    android:label="@string/app_name"
    android:theme="@android:style/Theme.Dialog"
    >
</activity>
```

另外，还需要编写一个服务器端的 Java Web 实例。这里需要编写两个页面，一个是 index.jsp 页面，用于根据 Session 变量的值来确认当前用户是否有访问页面的权限；另一个是 login.jsp 页面，用于实现用户登录。

在 index.jsp 页面中，首先判断 Session 变量 username 的值是否为空，如果不为空，则获取 Session 中保存的用户名，然后判断该用户是否为合法用户，如果是合法用户，则显示公司信息，否则显示提示信息“您没有访问该页面的权限！”。index.jsp 文件的具体代码如下：

```
<%@ page contentType="text/html; charset=utf-8" language="java"%>
<%
 String username="";
if(session.getAttribute("username")!=null){
    username=session.getAttribute("username").toString();    //获取保存在 session 中的用户名
}
 if("mr".equals(username)){                                  //判断是否为合法用户
    out.println("吉林省明日科技有限公司");
    out.println("Tel：0431-84978981 84978982");
    out.println("E-mail：mingrisoft@mingrisoft.com");
    out.println("Address：长春市东盛大街 89 号");
 }else{                                                      //没有成功登录时
    out.println("您没有访问该页面的权限！");
 }
%>
```

在 login.jsp 页面中，首先获取参数 username（用户名）和 pwd（密码）的值，然后判断输入的用户名和密码是否合法，如果合法，则将当前用户名保存到 Session 中，最后重定向页面到 index.jsp 页面。login.jsp 文件的具体代码如下：

```
<%@ page contentType="text/html; charset=utf-8" language="java"%>
<%
String username=request.getParameter("username");          //获取用户名
 String pwd=request.getParameter("pwd");                   //获取密码
 if("mr".equals(username)){                                //判断用户名是否正确
 if("mrsoft".equals(pwd)){                                 //判断密码是否正确
        session.setAttribute("username" , username);       //保存用户名到 session 中
    }
 }
response.sendRedirect("index.jsp");                        //重定向页面到 index.jsp 页面
%>
```

将 index.jsp 和 login.jsp 文件放到 Tomcat 安装路径下的 webapps/login 目录下，并启动 Tomcat 服务器。然后运行本实例，单击“访问页面”按钮，在下方将显示“您没有访问该页面的权限！”，如图 23.10 所示；单击“用户登录”按钮，将显示登录对话框，输入用户名（mr）和密码（mrsoft），如图 23.11 所示，单击“登录”按钮，将成功访问指定网页，并显示如图 23.12 所示的运行结果。

图 23.10　单击“访问页面”按钮的运行结果

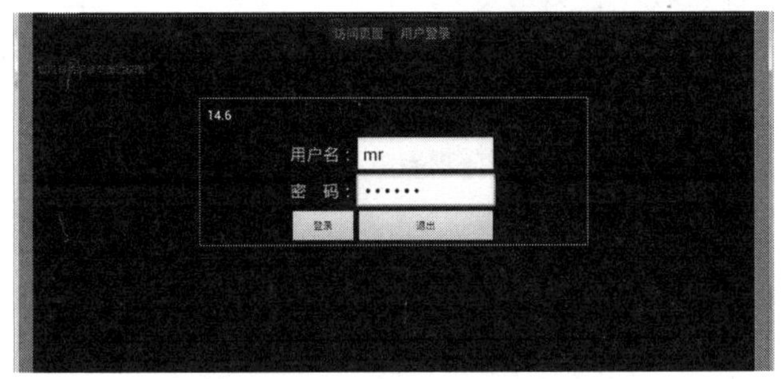

图 23.11　单击“用户登录”按钮显示登录对话框

图 23.12　输入正确的用户名和密码后显示公司信息

说明　当用户成功登录后，再次单击“访问页面”按钮，也将显示如图 23.12 所示的运行结果。这是因为 HttpClient 会自动维护与服务器之间的 Session 状态。

23.3.3　打造功能实用的网页浏览器

例 23.10　在 Eclipse 中创建 Android 项目，名称为 23.10，实现一个包含前进、后退功能并支持 JavaScript 的网页浏览器。（**实例位置：光盘\TM\sl\23\23.10**）

实现的主要步骤如下：

（1）修改新建项目的 res/layout 目录下的布局文件 main.xml，将默认添加的 TextView 组件删除，然后添加一个水平线性布局管理器和一个用于显示网页的 WebView 组件，并在该布局管理器中添加“前进”按钮、“后退”按钮、地址栏编辑框和 GO 按钮。具体代码请参见光盘。

（2）在 MainActivity 中，声明一个 WebView 组件的对象 webView。具体代码如下：

```
private WebView webView;                                            //声明 WebView 组件的对象
private EditText urlText;                                           //声明作为地址栏的 EditText 对象
private Button goButton;                                            //声明 GO 按钮对象
```

（3）在 onCreate()方法中，首先获取布局管理器中添加的作为地址栏的 EditText 组件、GO 按钮和 WebView 组件，然后让 WebView 组件支持 JavaScript，以及为 WebView 组件设置处理各种通知和请求事件。具体代码如下：

```
urlText=(EditText)findViewById(R.id.editText_url);                  //获取布局管理器中添加的地址栏
goButton=(Button)findViewById(R.id.button_go);                      //获取布局管理器中添加的 GO 按钮
webView=(WebView)findViewById(R.id.webView1);                       //获取 WebView 组件
webView.getSettings().setJavaScriptEnabled(true);                   //设置 JavaScript 可用
webView.setWebChromeClient(new WebChromeClient());                  //处理 JavaScript 对话框
//处理各种通知和请求事件，如果不使用该句代码，将使用内置浏览器访问网页
webView.setWebViewClient(new WebViewClient());
```

说明 在上面的代码中，加粗的这句代码一定不能省略，如果不使用该句代码，将使用内置浏览器访问网页。

（4）获取布局管理中添加的“前进”按钮和“后退”按钮，并分别为它们添加单击事件监听器，在“前进”按钮的 onClick()方法中调用 goForward()方法实现前进功能；在“后退”按钮的 onClick()方法中调用 goBack()方法实现后退功能。具体代码如下：

```
Button forward=(Button)findViewById(R.id.forward);                  //获取布局管理器中添加的“前进”按钮
forward.setOnClickListener(new OnClickListener() {
    @Override
    public void onClick(View v) {
        webView.goForward();                                        //前进
    }
});
Button back=(Button)findViewById(R.id.back);                        //获取布局管理器中添加的“后退”按钮
back.setOnClickListener(new OnClickListener() {
    @Override
    public void onClick(View v) {
        webView.goBack();                                           //后退
    }
});
```

（5）为地址栏添加键盘按键被按下的事件监听器，实现当按下键盘上的 Enter 键时，如果地址栏中的 URL 地址不为空，则调用 openBrowser()方法浏览网页，否则调用 showDialog()方法弹出提示对话框。具体代码如下：

```
urlText.setOnKeyListener(new OnKeyListener() {
    @Override
    public boolean onKey(View v, int keyCode, KeyEvent event) {
        if(keyCode==KeyEvent.KEYCODE_ENTER){                        //如果为 Enter 键
            if(!"".equals(urlText.getText().toString())){
                    openBrowser();                                  //浏览网页
                    return true;
```

```
            }else{
                showDialog();                                    //弹出提示对话框
            }
        }
        return false;
    }
});
```

（6）为 GO 按钮添加单击事件监听器，实现单击该按钮时，如果地址栏中的 URL 地址不为空，则调用 openBrowser()方法浏览网页，否则调用 showDialog()方法弹出提示对话框。具体代码如下：

```
goButton.setOnClickListener(new OnClickListener() {

    @Override
    public void onClick(View v) {
        if(!"".equals(urlText.getText().toString())){
            openBrowser();                                //浏览网页
        }else{
            showDialog();                                 //弹出提示对话框
        }

    }
});
```

（7）编写 openBrowser()方法，用于浏览网页，具体代码如下：

```
private void openBrowser(){
    webView.loadUrl(urlText.getText().toString());               //浏览网页
    Toast.makeText(this, "正在加载："+urlText.getText().toString(), Toast.LENGTH_SHORT).show();
}
```

（8）编写 showDialog()方法，用于显示一个带“确定”按钮的对话框，通知用户需要输入要访问的网址。showDialog()方法的具体代码如下：

```
private void showDialog(){
    new AlertDialog.Builder(MainActivity.this)
    .setTitle("网页浏览器")
    .setMessage("请输入要访问的网址")
    .setPositiveButton("确定",new DialogInterface.OnClickListener(){
        public void onClick(DialogInterface dialog,int which){
            Log.d("WebWiew","单击确定按钮");
        }
    }).show();
}
```

（9）由于在本实例中需要访问网络资源，所以还需要在 AndroidManifest.xml 文件中指定允许访问网络资源的权限。具体代码如下：

```
<uses-permission android:name="android.permission.INTERNET"/>
```

运行本实例，单击 GO 按钮，将访问地址栏中指定的网站，单击“前进”和“后退”按钮，将实现类似于 IE 浏览器上的前进和后退功能。实例运行结果如图 23.13 所示。

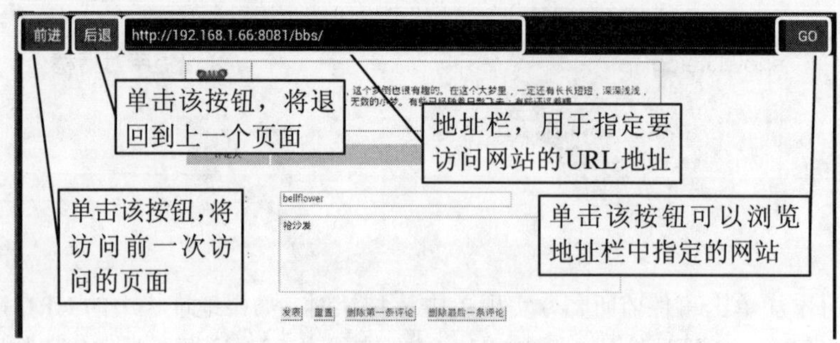

图 23.13 打造功能实用的网页浏览器

说明 本实例中打造的网页浏览器支持 JavaScript 功能，在图 23.13 中，输入“评论人”和“评论内容”后，单击“发表”按钮，即可将该评论信息显示到上方的评论表格中。

23.3.4 获取天气预报

例 23.11 在 Eclipse 中创建 Android 项目，名称为 23.11，实现获取指定城市的天气预报。（**实例位置：光盘\TM\sl\23\23.11**）

实现的主要步骤如下：

（1）修改新建项目的 res/layout 目录下的布局文件 main.xml，将默认添加的 TextView 组件删除，然后添加一个水平线性布局管理器和一个用于显示网页的 WebView 组件，并在该布局管理器中添加“北京”、“上海”、“哈尔滨”、“长春”、“沈阳”和“广州”按钮。具体代码请参见光盘。

（2）在 MainActivity 中，声明一个 WebView 组件的对象 webView，具体代码如下：

```
private WebView webView;                                          //声明 WebView 组件的对象
```

（3）在 onCreate()方法中，首先获取布局管理器中添加的 WebView 组件，然后设置该组件允许使用 JavaScript，以及处理 JavaScript 对话框和各种请求事件，再为 WebView 组件指定要加载的天气预报信息，最后将网页内容放大 4 倍。具体代码如下：

```
webView=(WebView)findViewById(R.id.webView1);                     //获取 WebView 组件
webView.getSettings().setJavaScriptEnabled(true);                 //设置 JavaScript 可用
webView.setWebChromeClient(new WebChromeClient());                //处理 JavaScript 对话框
//处理各种通知和请求事件，如果不使用该句代码，将使用内置浏览器访问网页
webView.setWebViewClient(new WebViewClient());
webView.loadUrl("http://m.weather.com.cn/m/pn12/weather.htm ");   //设置默认显示的天气预报信息
webView.setInitialScale(57*4);                                    //将网页内容放大 4 倍
```

（4）让 MainActivity 实现 OnClickListener 接口，用于添加单击事件监听器。修改后的代码如下：

```
public class MainActivity extends Activity implements OnClickListener {
```

（5）重写 onClick()方法，用于为屏幕中各个按钮的单击事件设置不同的响应。也就是在单击各个按钮时，调用 openUrl()方法获取不同地区的天气预报信息，具体代码如下：

```
@Override
public void onClick(View view){
```

```
        switch(view.getId()){
        case R.id.bj:                                           //单击的是“北京”按钮
            openUrl("101010100T");
            break;
        case R.id.sh:                                           //单击的是“上海”按钮
            openUrl("101020100T");
            break;
        case R.id.heb:                                          //单击的是“哈尔滨”按钮
            openUrl("101050101T");
            break;
        case R.id.cc:                                           //单击的是“长春”按钮
            openUrl("101060101T");
            break;
        case R.id.sy:                                           //单击的是“沈阳”按钮
            openUrl("101070101T");
            break;
        case R.id.gz:                                           //单击的是“广州”按钮
            openUrl("101280101T");
            break;
        }
    }
```

（6）获取布局管理器中添加的“北京”、“上海”、“哈尔滨”、“长春”、“沈阳”和“广州”按钮，并分别为它们添加单击事件监听器。具体代码如下：

```
Button bj=(Button)findViewById(R.id.bj);                    //获取布局管理器中添加的“北京”按钮
bj.setOnClickListener(this);
Button sh=(Button)findViewById(R.id.sh);                    //获取布局管理器中添加的“上海”按钮
sh.setOnClickListener(this);
Button heb=(Button)findViewById(R.id.heb);                  //获取布局管理器中添加的“哈尔滨”按钮
heb.setOnClickListener(this);
Button cc=(Button)findViewById(R.id.cc);                    //获取布局管理器中添加的“长春”按钮
cc.setOnClickListener(this);
Button sy=(Button)findViewById(R.id.sy);                    //获取布局管理器中添加的“沈阳”按钮
sy.setOnClickListener(this);
Button gz=(Button)findViewById(R.id.gz);                    //获取布局管理器中添加的“广州”按钮
gz.setOnClickListener(this);
```

（7）编写用于打开网页获取天气预报信息的方法 openUrl()，在该方法中，将根据传递的参数不同，获取不同地区的天气预报信息。具体代码如下：

```
private void openUrl(String id){
    webView.loadUrl("http://m.weather.com.cn/m/pn12/weather.htm?id="+id+" ");    //获取并显示天气预报信息
}
```

说明　在中国天气网（http://www.weather.com.cn/）中提供了大城市 24 小时天气预报插件，使用该插件可以实现在 Android 中获取指定城市的天气预报。

（8）由于在本实例中需要访问网络资源，所以还需要在 AndroidManifest.xml 文件中指定允许访问网络资源的权限。具体代码如下：

```
<uses-permission android:name="android.permission.INTERNET"/>
```

运行本实例，在屏幕上将显示默认城市的天气预报信息，单击上方的“北京”、“上海”、“哈尔滨”、“长春”、“沈阳”和“广州”按钮，将显示对应城市的天气预报信息。例如，单击“长春”按钮，将显示如图 23.14 所示的效果。

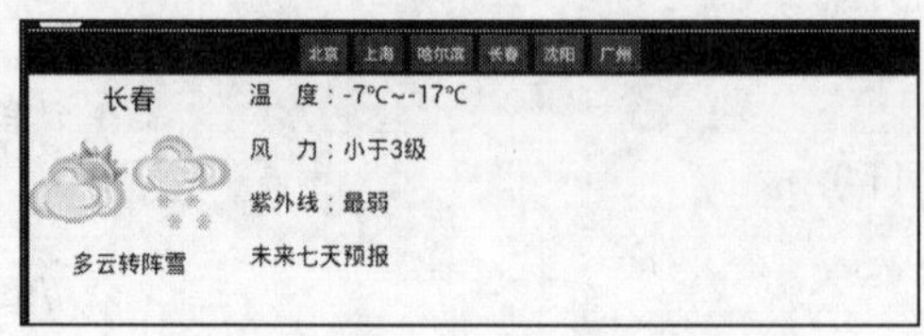

图 23.14　获取长春市的天气预报

23.4　本　章　小　结

本章首先介绍了通过 HTTP 访问网络，主要有两种方法，一种是使用 java.net 包中的 HttpURLConnection 实现，另一种是通过 Android 提供的 HttpClient 实现。对于一些简单的访问网络的操作可以使用 HttpURLConnection 实现，但如果是比较复杂的操作，就需要使用 HttpClient 来实现了。在介绍了通过 HTTP 访问网络以后，又介绍了使用 Android 提供的 WebView 组件来显示网页，使用该组件可以很方便地实现基本的网页浏览器功能。

23.5　学习成果检验

1．编写 Android 项目，在发送 GET 请求时，不使用 Base64 编码来解决中文乱码。（**答案位置：光盘\TM\sl\23\23.12**）

2．编写 Android 项目，实现使用系统内置的浏览器打开指定网页。（**答案位置：光盘\TM\sl\23\23.13**）

3．尝试开发一个程序，应用 HttpURLConnection 实现通过 GET 方式向服务器提交登录信息的功能。（**答案位置：光盘\TM\sl\23\23.14**）

4．尝试开发一个程序，应用 HttpURLConnection 实现通过 POST 方式向服务器提交注册信息的功能。（**答案位置：光盘\TM\sl\23\23.15**）

5．尝试开发一个程序，应用 HttpClient 实现通过 GET 方式向服务器提交登录信息的功能。（**答案位置：光盘\TM\sl\23\23.16**）

6．尝试开发一个程序，应用 HttpClient 实现通过 POST 方式向服务器提交注册信息的功能。（**答案位置：光盘\TM\sl\23\23.17**）

第24章

综合实验（四）——简易涂鸦板

（视频讲解：12 分钟）

视频讲解：光盘\TM\Video\24\简易涂鸦板.exe

本章将介绍如何使用 Android 界面布局、常用组件及图像处理等技术制作一个简单的涂鸦板。

通过阅读本章，您可以：

- 了解实现简易涂鸦板的基本流程
- 熟悉如何加载创建的自定义视图
- 熟悉列表菜单的使用
- 掌握 Android 中图像处理技术的实际应用

24.1 功能概述

简易涂鸦板就是在窗体中显示一个白板，然后用户可以通过在菜单中选择画笔在白板上绘制各种文字及图案等内容，并能够将白板中绘制的文字及图案等内容保存到 Android 模拟器的虚拟 SD 卡中。下面给出简易涂鸦板的主界面预览效果，如图 24.1 所示。

图 24.1　简易涂鸦板主界面

24.2 关键技术

在实现简易涂鸦板时，主要用到的是 Android 中的图像处理技术，其中，主要用到 Canvas 类、Bitmap 类及 Paint 类的相关方法。Canvas 类主要用来创建画布对象；Bitmap 类表示位图对象，主要用来获取图像文件信息，并对图像进行剪切、旋转、缩放和保存等操作；Paint 类用来作为画笔对象。

例如，本实验中使用 Canvas 类创建画布对象，并使用该类的相应方法设置背景颜色、绘制 cacheBitmap、绘制路径，以及保存当前绘图状态到栈中，并调用 restore()方法恢复所保存的状态。主要代码如下：

```
cacheCanvas = new Canvas();                                        //创建一个新的画布
path = new Path();
cacheCanvas.setBitmap(cacheBitmap);                                //在 cacheCanvas 上绘制 cacheBitmap
canvas.drawColor(0xFFFFFFFF);                                      //设置背景颜色
Paint bmpPaint = new Paint();                                      //采用默认设置创建一个画笔
canvas.drawBitmap(cacheBitmap, 0, 0, bmpPaint);                    //绘制 cacheBitmap
canvas.drawPath(path, paint);                                      //绘制路径
canvas.save(Canvas.ALL_SAVE_FLAG);                                 //保存 canvas 的状态
canvas.restore();     //恢复 canvas 之前保存的状态，防止保存后对 canvas 执行的操作对后续的绘制有影响
```

本实验中使用 Bitmap 类创建位图对象，并在保存画板中的内容时，调用该类的 compress()方法将绘图内容压缩为 PNG 格式输出到文件输出流对象中。主要代码如下：

```
//创建一个与该 View 相同大小的缓存区
cacheBitmap = Bitmap.createBitmap(view_width, view_height,Config.ARGB_8888);
//保存绘制好的位图
public void saveBitmap(String fileName) throws IOException {
    File file = new File("/sdcard/pictures/" + fileName + ".png");      //创建文件对象
    file.createNewFile();                                                //创建一个新文件
    FileOutputStream fileOS = new FileOutputStream(file);                //创建一个文件输出流对象
```

```
    //将绘图内容压缩为 PNG 格式输出到输出流对象中
    cacheBitmap.compress(Bitmap.CompressFormat.PNG, 100, fileOS);
    fileOS.flush();                                          //将缓冲区中的数据全部写出到输出流中
    fileOS.close();                                          //关闭文件输出流对象
}
```

本实验中使用 Paint 类创建画笔对象，并调用该类的相应方法对画笔进行设置，如设置画笔颜色、画笔宽度、抖动效果等。主要代码如下：

```
paint = new Paint(Paint.DITHER_FLAG);
paint.setColor(Color.RED);                                   //设置默认的画笔颜色
//设置画笔风格
paint.setStyle(Paint.Style.STROKE);                          //设置填充方式为描边
paint.setStrokeJoin(Paint.Join.ROUND);                       //设置笔刷的图形样式
paint.setStrokeCap(Paint.Cap.ROUND);                         //设置画笔转弯处的连接风格
paint.setStrokeWidth(1);                                     //设置默认笔触的宽度为 1 像素
paint.setAntiAlias(true);                                    //使用抗锯齿功能
paint.setDither(true);                                       //使用抖动效果
```

24.3 实现过程

在实现简易涂鸦板时，大致需要分为搭建开发环境、布局页面和实现代码等 3 个部分，下面进行详细介绍。

24.3.1 搭建开发环境

本程序的开发环境及运行环境具体如下。

☑ 操作系统：Windows 7。

☑ JDK 环境：Java SE Development KET(JDK) version 7。

☑ 开发工具：Eclipse 4.2+Android 4.2。

☑ 开发语言：Java、XML。

☑ 运行平台：Windows、Linux 各版本。

24.3.2 布局页面

（1）修改 res/layout 目录下的布局文件 main.xml，将默认添加的线性布局管理器和 TextView 组件删除，然后添加一个帧布局管理器，并在帧布局管理器中加载创建的自定义视图。修改后的代码如下：

```
<FrameLayout xmlns:android="http://schemas.android.com/apk/res/android"
    android:layout_width="fill_parent"
    android:layout_height="fill_parent"
    android:orientation="vertical" >
    <com.mingrisoft.DrawView
        android:id="@+id/drawView1"
        android:layout_width="match_parent"
```

```
        android:layout_height="match_parent" />
</FrameLayout>
```

（2）在 res 目录中，创建一个 menu 目录，并在该目录中创建一个名称为 toolsmenu.xml 的菜单资源文件，在该文件中编写程序中所应用的功能菜单。关键代码如下：

```
<menu xmlns:android="http://schemas.android.com/apk/res/android" >
    <item android:title="@string/color">
        <menu >
            <!-- 定义一组单选菜单项 -->
            <group android:checkableBehavior="single" >
                <!-- 定义子菜单 -->
                <item android:id="@+id/red" android:title="@string/color_red"/>
                <item android:id="@+id/green" android:title="@string/color_green"/>
                <item android:id="@+id/blue" android:title="@string/color_blue"/>
            </group>
        </menu>
    </item>
    <item android:title="@string/width">
        <menu >
            <!-- 定义子菜单 -->
            <group>
                <item android:id="@+id/width_1" android:title="@string/width_1"/>
                <item android:id="@+id/width_2" android:title="@string/width_2"/>
                <item android:id="@+id/width_3" android:title="@string/width_3"/>
            </group>
        </menu>
    </item>
    <item android:id="@+id/clear" android:title="@string/clear"/>
     <item android:id="@+id/save" android:title="@string/save"/>
</menu>
```

说明 在上面的代码中，应用了字符串资源，这些资源均保存在 res/values 目录中的 strings.xml 文件中，具体代码请参见光盘。

24.3.3 实现代码

（1）创建一个名称为 DrawView 的类，该类继承自 android.view.View 类。在该类中，首先定义程序中所需的属性，然后添加构造方法，并重写 onDraw(Canvas canvas)方法。关键代码如下：

```
public class DrawView extends View {
    private int view_width = 0;                    //屏幕的宽度
    private int view_height = 0;                   //屏幕的高度
    private float preX;                            //起始点的 x 坐标值
    private float preY;                            //起始点的 y 坐标值
    private Path path;                             //路径
    public Paint paint = null;                     //画笔
    Bitmap cacheBitmap = null;                     //定义一个内存中的图片，该图片将作为缓冲区
    Canvas cacheCanvas = null;                     //定义 cacheBitmap 上的 Canvas 对象
```

```
    /**
     * 功能：构造方法
     */
    public DrawView(Context context, AttributeSet attrs) {
        super(context, attrs);
    }
    /*
     * 功能：重写 onDraw()方法
     */
    @Override
    protected void onDraw(Canvas canvas) {
        super.onDraw(canvas);
    }
}
```

（2）在 DrawView 类的构造方法中，首先获取屏幕的宽度和高度，并创建一个与该 View 相同大小的缓存区，然后创建一个新的画面，并实例化一个路径，再将内存中的位图绘制到 cacheCanvas 中，最后实例化一个画笔，并设置画笔的相关属性。关键代码如下：

```
view_width = context.getResources().getDisplayMetrics().widthPixels;     //获取屏幕的宽度
view_height = context.getResources().getDisplayMetrics().heightPixels;   //获取屏幕的高度
//创建一个与该 View 相同大小的缓存区
cacheBitmap = Bitmap.createBitmap(view_width, view_height,Config.ARGB_8888);
cacheCanvas = new Canvas();                                              //创建一个新的画布
path = new Path();
cacheCanvas.setBitmap(cacheBitmap);                                 //在 cacheCanvas 上绘制 cacheBitmap
paint = new Paint(Paint.DITHER_FLAG);
paint.setColor(Color.RED);                                               //设置默认的画笔颜色
//设置画笔风格
paint.setStyle(Paint.Style.STROKE);                                      //设置填充方式为描边
paint.setStrokeJoin(Paint.Join.ROUND);                                   //设置笔刷的图形样式
paint.setStrokeCap(Paint.Cap.ROUND);                                     //设置画笔转弯处的连接风格
paint.setStrokeWidth(1);                                                 //设置默认笔触的宽度为 1 像素
paint.setAntiAlias(true);                                                //使用抗锯齿功能
paint.setDither(true);                                                   //使用抖动效果
```

（3）在 DrawView 类的 onDraw()方法中，添加如下代码用于设置背景颜色、绘制 cacheBitmap、绘制路径，以及保存当前绘图状态到栈中，并调用 restore()方法恢复所保存的状态。代码如下：

```
canvas.drawColor(0xFFFFFFFF);                                            //设置背景颜色
Paint bmpPaint = new Paint();                                            //采用默认设置创建一个画笔
canvas.drawBitmap(cacheBitmap, 0, 0, bmpPaint);                          //绘制 cacheBitmap
canvas.drawPath(path, paint);                                            //绘制路径
canvas.save(Canvas.ALL_SAVE_FLAG);                                       //保存 canvas 的状态
canvas.restore();     //恢复 canvas 之前保存的状态，防止保存后对 canvas 执行的操作对后续的绘制有影响
```

（4）在 DrawView 类中，重写 onTouchEvent()方法，为该视图添加触摸事件监听器，在该方法中，首先获取触摸事件发生的位置，然后应用 switch 语句对事件的不同状态添加响应代码，最后调用 invalidate()方法更新视图。具体代码如下：

```
@Override
public boolean onTouchEvent(MotionEvent event) {
```

```
    //获取触摸事件发生的位置
    float x = event.getX();
    float y = event.getY();
    switch (event.getAction()) {
    case MotionEvent.ACTION_DOWN:
        path.moveTo(x, y);                    //将绘图的起始点移到（x,y）坐标点的位置
        preX = x;
        preY = y;
        break;
    case MotionEvent.ACTION_MOVE:
        float dx = Math.abs(x - preX);
        float dy = Math.abs(y - preY);
        if (dx >= 5 || dy >= 5) {             //判断是否在允许的范围内
            path.quadTo(preX, preY, (x + preX) / 2, (y + preY) / 2);
            preX = x;
            preY = y;
        }
        break;
    case MotionEvent.ACTION_UP:
        cacheCanvas.drawPath(path, paint);    //绘制路径
        path.reset();
        break;
    }
    invalidate();
    return true;                              //返回 true 表明处理方法已经处理该事件
}
```

（5）编写 clear()方法，用于实现橡皮擦功能，具体代码如下：

```
public void clear() {
    paint.setXfermode(new PorterDuffXfermode(PorterDuff.Mode.CLEAR));  //设置图形重叠时的处理方式
    paint.setStrokeWidth(50);                                          //设置笔触的宽度
}
```

（6）编写保存当前绘图的 save()方法，在该方法中调用 saveBitmap()方法将当前绘图保存为 PNG 图片。save()方法的具体代码如下：

```
public void save() {
    try {
        saveBitmap("myPicture");
    } catch (IOException e) {
        e.printStackTrace();
    }
}
```

（7）编写保存绘制好的位图的 saveBitmap()方法，在该方法中，首先在 SD 卡上创建一个文件，然后创建一个文件输出流对象，并调用 Bitmap 类的 compress()方法将绘图内容压缩为 PNG 格式输出到刚刚创建的文件输出流对象中，最后将缓冲区的数据全部写出到输入流中，并关闭文件输出流对象。saveBitmap()方法的具体代码如下：

```
//保存绘制好的位图
public void saveBitmap(String fileName) throws IOException {
```

```
        File file = new File("/sdcard/pictures/" + fileName + ".png");        //创建文件对象
        file.createNewFile();                                                  //创建一个新文件
        FileOutputStream fileOS = new FileOutputStream(file);                  //创建一个文件输出流对象
        //将绘图内容压缩为 PNG 格式输出到输出流对象中
        cacheBitmap.compress(Bitmap.CompressFormat.PNG, 100, fileOS);
        fileOS.flush();                                                        //将缓冲区中的数据全部写出到输出流中
        fileOS.close();                                                        //关闭文件输出流对象
}
```

注意　如果在程序中需要向 SD 卡上保存文件，那么需要在 AndroidManifest.xml 文件中赋予相应的权限。具体代码如下：

```
<uses-permission android:name="android.permission.MOUNT_UNMOUNT_FILESYSTEMS"/>
<uses-permission android:name="android.permission.WRITE_EXTERNAL_STORAGE"/>
```

（8）在默认创建的 DrawActivity 中，为实例添加选项菜单。

首先重写 onCreateOptionsMenu()方法，在该方法中，实例化一个 MenuInflater 对象，并调用该对象的 inflate()方法解析菜单文件。具体代码如下：

```
//创建选项菜单
@Override
public boolean onCreateOptionsMenu(Menu menu) {
    MenuInflater inflator = new MenuInflater(this);                   //实例化一个 MenuInflater 对象
    inflator.inflate(R.menu.toolsmenu, menu);                          //解析菜单文件
    return super.onCreateOptionsMenu(menu);
}
```

然后，重写 onOptionsItemSelected()方法，当各个菜单项被选择时，作出相应的处理。具体代码如下：

```
//当菜单项被选择时，作出相应的处理
@Override
public boolean onOptionsItemSelected(MenuItem item) {
    DrawView dv = (DrawView) findViewById(R.id.drawView1);             //获取自定义的绘图视图
    dv.paint.setXfermode(null);                                        //取消擦除效果
    dv.paint.setStrokeWidth(1);                                        //初始化画笔的宽度
    switch (item.getItemId()) {
    case R.id.red:
        dv.paint.setColor(Color.RED);                                  //设置画笔的颜色为红色
        item.setChecked(true);
        break;
    case R.id.green:
        dv.paint.setColor(Color.GREEN);                                //设置画笔的颜色为绿色
        item.setChecked(true);
        break;
    case R.id.blue:
        dv.paint.setColor(Color.BLUE);                                 //设置画笔的颜色为蓝色
        item.setChecked(true);
        break;
    case R.id.width_1:
        dv.paint.setStrokeWidth(1);                                    //设置笔触的宽度为 1 像素
        break;
```

```
        case R.id.width_2:
            dv.paint.setStrokeWidth(5);                 //设置笔触的宽度为 5 像素
            break;
        case R.id.width_3:
            dv.paint.setStrokeWidth(10);                //设置笔触的宽度为 10 像素
            break;
        case R.id.clear:
            dv.clear();                                 //擦除绘画
            break;
        case R.id.save:
            dv.save();                                  //保存绘画
            break;
        }
        return true;
    }
```

24.4 运 行 项 目

项目开发完成后，就可以在模拟器中运行该项目了。在“项目资源管理器”中选择项目名称节点，并在该节点上单击鼠标右键，在弹出的快捷菜单中选择“运行方式”/Android Application 命令，即可在 Android 模拟器中运行该程序。运行程序，将显示一个简易涂鸦板，在屏幕上可以随意绘画，单击屏幕右上方的菜单按钮，将弹出选项菜单，主要用于完成更改画笔颜色、画笔宽度、擦除绘画和保存绘画等功能。实例运行效果如图 24.2 所示。

图 24.2　在简易涂鸦板上绘画

说明 选择“保存绘画”菜单项，可以将当前绘图保存到 SD 卡的 pictures 目录中，文件名为 myPicture.png。

24.5 本 章 小 结

本章通过一个简易涂鸦板，重点演示了 Android 图像处理技术在实际中的应用。图像处理技术是 Android 应用中经常用到的技术，所以通过本章的学习，读者应该熟练掌握图像处理技术在实际中的应用；另外，读者还可以巩固前面所学到的 Android 界面布局及常用组件的使用。

项目实战

第25章

基于 Android 的数独游戏

（视频讲解：27 分钟）

视频讲解：光盘\TM\Video\25\基于 Android 的数独游戏.exe

随着 Android 操作系统越来越普及，基于 Android 的应用需求越来越广，本章将使用最新的 Android 4.2 技术开发一个数独游戏。

通过阅读本章，您可以：

- 熟悉数独游戏的游戏规则及开发流程
- 掌握 Android 布局文件的设计
- 掌握公共资源文件的使用
- 熟练掌握数独游戏的实现算法
- 掌握如何在 Android 程序中播放音乐
- 掌握如何将 Android 程序安装到 Android 手机上

25.1　需求分析

数独游戏是一款比较传统的游戏，它由 81 个（9 行×9 列）单元格组成，玩家要试着在这些单元格中填入 1~9 的数字，使数字在每行、每列和每区（3 行×3 列的部分）中都只出现一次。游戏开始时，部分单元格中已经填入一些已知的数字，玩家只需要在剩下的空单元格中填入数字。

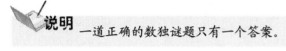

说明　一道正确的数独谜题只有一个答案。

25.2　程序开发及运行环境

数独游戏的软件开发环境及运行环境具体如下。

- ☑ 操作系统：Windows 7。
- ☑ JDK 环境：Java SE Development KET(JDK) version 7。
- ☑ 开发工具：Eclipse 4.2+Android 4.2。
- ☑ 开发语言：Java、XML。
- ☑ 运行平台：Windows、Linux 各版本。

25.3　程序文件夹组织结构

在编写项目代码之前，需要制定好项目的文件夹组织结构，如不同的 Java 包存放不同的窗体、公共类、数据模型、工具类或者图片资源等，这样不但可以保证团队开发的一致性，也可以规范系统的整体架构。创建完程序中可能用到的文件夹或者 Java 包之后，在开发时，只需将创建的类文件或者资源文件保存到相应的文件夹中即可。数独游戏的文件夹组织结构如图 25.1 所示。

```
sudoku ———————————— 项目名称
  src ———————————— 源文件夹
    com.wgh.sudoku ———————————— 项目窗体类包
  gen [Generated Java Files] ———————————— 系统自动生成的对象包
  Android 4.2 ———————————— Android版本资源
  assets ———————————— 资源文件夹
  bin ———————————— 编译文件夹
  res ———————————— 资源文件夹
    anim ———————————— 自定义资源文件夹
    drawable-hdpi ———————————— 大图片资源文件夹
    drawable-ldpi ———————————— 标准图片资源文件夹
    drawable-mdpi ———————————— 小图片资源文件夹
    layout ———————————— 布局文件夹
    layout-land ———————————— 横屏布局文件夹
    menu ———————————— 设置菜单文件夹
    raw ———————————— 存放音乐文件夹
    values ———————————— 全局数据文件夹
    xml ———————————— 设置资源文件夹
  AndroidManifest.xml ———————————— Android主设置文件
  default.properties ———————————— 默认属性文件
  proguard.cfg ———————————— 配置文件
  project.properties ———————————— 项目属性文件
```

图 25.1　文件夹组织结构

25.4 公共资源文件

数独游戏中的公共资源文件主要有字符串资源文件、数组资源文件和颜色资源文件，设置完公共资源文件之后，在开发程序时，用户即可很方便地进行调用。本节将对数独游戏中的公共资源文件进行讲解。

25.4.1 字符串资源文件

字符串资源存储在 strings.xml 文件中，主要定义游戏中用到的公共字符串。主要代码如下：

```
<?xml version="1.0" encoding="utf-8"?>
<resources>
    <string name="hello">Android 版的数独游戏</string>
    <string name="app_name">数独</string>
    <string name="btn1">继续</string>
    <string name="about_text">数独游戏是一款比较传统的游戏，它由 81 个（9 行×9 列）单元格组成，玩家要试着在这些单元格中填入 1~9 的数字，使数字在每行、每列和每区（3 行×3 列的部分）中都只出现一次。游戏开始时，部分单元格中已经填入一些已知的数字，玩家只需要在剩下的空单元格中填入数字。一道正确的数独谜题只有一个答案。
    </string>
    <string name="about_title">关于数独游戏</string>
    <string name="settings_label">设置...</string>
    <string name="settings_title">游戏设置</string>
    <string name="settings_shortcut">s</string>
    <string name="music_title">音乐</string>
    <string name="music_summary">播放背景音乐</string>
    <string name="hints_title">提示</string>
    <string name="hints_summary">是否显示提示</string>
    <!-- 开始游戏  -->
    <string name="new_game_title">难度</string>
    <string name="easy_label">简单</string>
    <string name="medium_label">一般</string>
    <string name="hard_label">高级</string>
    <string name="game_title">数独游戏</string>
    <string name="no_moves_label">不能填充任何数字</string>
    <string name="keypad_title">键盘</string>
</resources>
```

25.4.2 数组资源文件

数组资源存储在 arrays.xml 文件中，主要定义数独游戏中的 3 种难易程度。主要代码如下：

```
<?xml version="1.0" encoding="utf-8"?>
<resources>
  <array name="difficulty">
     <item>@string/easy_label</item>
```

```
        <item>@string/medium_label</item>
        <item>@string/hard_label</item>
    </array>
</resources>
```

25.4.3　颜色资源文件

颜色资源存储在 colors.xml 文件中，主要定义游戏中用到的各种背景色，如主界面背景色、填充数字的单元格背景色、提醒背景色等。主要代码如下：

```
<?xml version="1.0" encoding="utf-8"?>
    <resources>
        <color name="background">#75FF6600</color>
        <color name="puzzle_background">#ffe6f0ff</color>
        <color name="puzzle_hilite">#FFFFFFFF</color>
        <color name="puzzle_light">#64c6d4ef</color>
        <color name="puzzle_dark">#6456648f</color>
        <color name="puzzle_foreground">#ff000000</color>
        <color name="puzzle_hint_0">#64ff0000</color>
        <color name="puzzle_hint_1">#6400ff80</color>
        <color name="puzzle_hint_2">#2000ff80</color>
        <color name="puzzle_selected">#64ff8000</color>
    </resources>
```

25.5　游戏主窗体设计

主窗体是程序操作过程中必不可少的，它是与用户交互的重要环节。通过主窗体，用户可以调用系统相关的各子模块，快速掌握本系统中所实现的各个功能。数独游戏的主窗体主要为用户提供继续游戏、新建游戏、查看数据游戏规则及退出游戏的链接按钮。主窗体运行结果如图 25.2 所示。

图 25.2　数独游戏主窗体

25.5.1　设计系统主窗体布局文件

数独游戏的主窗体有两种布局方式，一种针对竖屏，一种针对横屏。其中，针对竖屏的布局文件存放在 res/layout 目录下。实现代码如下：

```
<?xml version="1.0" encoding="utf-8"?>
<LinearLayout xmlns:android="http://schemas.android.com/apk/res/android"
    android:background="@color/background"
        android:orientation="horizontal"
        android:layout_width="fill_parent"
        android:layout_height="fill_parent"
        android:padding="30dip"
    >
    <LinearLayout xmlns:android="http://schemas.android.com/apk/res/android"
        android:orientation="vertical"
        android:layout_width="fill_parent"
        android:layout_height="wrap_content"
        android:layout_gravity="center"
        >
    <TextView
        android:layout_width="fill_parent"
        android:layout_height="wrap_content"
        android:text="@string/hello"
        />
    <Button android:id="@+id/button1"
         android:text="@string/btn1"
         android:layout_height="wrap_content"
         android:layout_width="wrap_content"/>
    <Button android:id="@+id/button2"
         android:text="新游戏"
         android:layout_height="wrap_content"
         android:layout_width="wrap_content"/>
    <Button android:id="@+id/button3"
         android:text="关于"
         android:layout_height="wrap_content"
         android:layout_width="wrap_content"/>
    <Button android:id="@+id/button4"
         android:text="退出"
         android:layout_height="wrap_content"
         android:layout_width="wrap_content"/>
    </LinearLayout>
</LinearLayout>
```

针对横屏的布局文件存放在 res/layout-land 目录下，实现代码如下：

```
<?xml version="1.0" encoding="utf-8"?>
<LinearLayout xmlns:android="http://schemas.android.com/apk/res/android"
    android:background="@color/background"
        android:orientation="horizontal"
        android:layout_width="fill_parent"
        android:layout_height="fill_parent"
        android:padding="15dip"
    >
    <LinearLayout xmlns:android="http://schemas.android.com/apk/res/android"
        android:orientation="vertical"
        android:layout_width="fill_parent"
        android:layout_height="wrap_content"
```

```
        android:layout_gravity="center"
        android:paddingLeft="20dip"
        android:paddingRight="20dip"
            >
    <TextView
        android:layout_width="fill_parent"
        android:layout_height="wrap_content"
        android:text="@string/hello"
        android:layout_marginBottom="20dip"
        android:textSize="24.5sp"
        />
    <TableLayout
        android:layout_width="wrap_content"
        android:layout_height="wrap_content"
        android:gravity="center"
        android:stretchColumns="*"
        >
        <TableRow>
            <Button android:id="@+id/button1"
                android:text="@string/btn1"
                android:layout_height="wrap_content"
                android:layout_width="wrap_content"/>
            <Button android:id="@+id/button2"
                android:text="新游戏"
                android:layout_height="wrap_content"
                android:layout_width="wrap_content"/>
            <Button android:id="@+id/button3"
                android:text="关于"
                android:layout_height="wrap_content"
                android:layout_width="wrap_content"/>
            <Button android:id="@+id/button4"
                android:text="退出"
                android:layout_height="wrap_content"
                android:layout_width="wrap_content"/>
        </TableRow>
    </TableLayout>
    </LinearLayout>
</LinearLayout>
```

25.5.2 为界面中的按钮添加监听事件

在 com.wgh.sudoku 包中创建一个 SudokuActivity.java 文件，在该文件中主要是为界面中的按钮添加监听事件。代码如下：

```
public class SudokuActivity extends Activity implements OnClickListener {
     private static final String TAG="Sudoku";
    /** Called when the activity is first created. */
    @Override
    public void onCreate(Bundle savedInstanceState) {
        super.onCreate(savedInstanceState);
```

```
        setContentView(R.layout.main);
        View continueButton=this.findViewById(R.id.button1);        //为“继续”按钮绑定单击事件
        continueButton.setOnClickListener(this);
        View newButton=this.findViewById(R.id.button2);
        newButton.setOnClickListener(this);
        View aboutButton=this.findViewById(R.id.button3);
        aboutButton.setOnClickListener(this);
        View exitButton=this.findViewById(R.id.button4);            //为“退出”按钮添加单击事件监听
        exitButton.setOnClickListener(this);
    }
    @Override
    public void onClick(View v) {
        //TODO Auto-generated method stub
        Intent i;
        switch (v.getId()){
            case R.id.button1:
                StartGame(GameActivity.DIFFICULTY_CONTINUE);
                break;
            case R.id.button2:
                openNewGameDialog();
                break;
            case R.id.button3:
                i=new Intent(this,About.class);
                startActivity(i);
                break;
            case R.id.button4:
                finish();
                break;
        }
    }
    @Override
    protected void onPause() {
        //TODO Auto-generated method stub
        super.onPause();
        Music.stop(this);
    }
    @Override
    protected void onResume() {
        super.onResume();
        Music.play(this,R.raw.jasmine);
    }
    private void openNewGameDialog() {
        new AlertDialog.Builder(this)
        .setTitle(R.string.new_game_title)
        .setItems(R.array.difficulty,new DialogInterface.OnClickListener() {
            @Override
            public void onClick(DialogInterface dialog, int i) {
                //TODO Auto-generated method stub
                StartGame(i);
            }
        })
```

```
            .show();
    }
    private void StartGame(int i) {
        //TODO Auto-generated method stub
        Log.d(TAG,"clicked on "+i);
        startActivity(new Intent(this,GraphicsActivity.class));
        Intent intent=new Intent(this,GameActivity.class);
        intent.putExtra(GameActivity.KEY_DIFFICULTY, i);
        startActivity(intent);
    }
    @Override
    public boolean onCreateOptionsMenu(Menu menu) {
        //TODO Auto-generated method stub
        super.onCreateOptionsMenu(menu);
        MenuInflater inflater=getMenuInflater();
        inflater.inflate(R.menu.menu, menu);
        return true;
    }
    @Override
    public boolean onOptionsItemSelected(MenuItem item) {
        //TODO Auto-generated method stub
        super.onOptionsItemSelected(item);
        switch (item.getItemId()){
        case R.id.settings:
            startActivity(new Intent(this,SettingsActivity.class));
            return true;
        }
        return false;
    }
}
```

25.5.3　绘制数独游戏界面

在 com.wgh.sudoku 包中创建一个 PuzzleView.java 文件，在该文件中主要是绘制数独游戏的界面，代码如下：

```
public class PuzzleView extends View{
    private static final String TAG="sudoku";
    private final GameActivity game;
    private float width;
    private float height;
    private int selX;
    private int selY;
    private final Rect selRect=new Rect();
    //记录当前位置
    private static final String SELX="selX";
    private static final String SELY="selY";
    private static final String VIEW_STATE="viewState";
    private static final int ID=42;
    public PuzzleView(Context context) {
```

```
        super(context);
        this.game=(GameActivity)context;
        setFocusable(true);
        setFocusableInTouchMode(true);
        setId(ID);                                              //设置 ID 用于记录当前位置
    }
    /**************用于记录当前位置****************/
    @Override
    protected void onRestoreInstanceState(Parcelable state) {
        Log.d(TAG, "onRestoreInstanceState");
        Bundle bundle=(Bundle)state;
        select(bundle.getInt(SELX),bundle.getInt(SELY));
        super.onRestoreInstanceState(bundle.getParcelable(VIEW_STATE));
        return;
    }
    @Override
    protected Parcelable onSaveInstanceState() {
        Parcelable p=super.onSaveInstanceState();
        Log.d(TAG, "onSaveInstanceState");
        Bundle bundle=new Bundle();
        bundle.putInt(SELX, selX);
        bundle.putInt(SELY, selY);
        bundle.putParcelable(VIEW_STATE, p);
        return bundle;
    }
    /***************************************************/
    @Override
    protected void onSizeChanged(int w, int h, int oldw, int oldh) {
        width=w/9f;
        height=h/9f;
        getRect(selX,selY,selRect);
        Log.d(TAG,"onSizeChanged:width"+width+"height"+height);
        //TODO Auto-generated method stub
        super.onSizeChanged(w, h, oldw, oldh);
    }
    @Override
    protected void onDraw(Canvas canvas) {
        //TODO Auto-generated method stub
        Paint background=new Paint();
        background.setColor(getResources().getColor(R.color.puzzle_background));
        canvas.drawRect(0,0,getWidth(),getHeight(),background);
        //绘制网格线
        Paint dark=new Paint();
        dark.setColor(getResources().getColor(R.color.puzzle_dark));
        Paint hilite=new Paint();
        hilite.setColor(getResources().getColor(R.color.puzzle_hilite));
        Paint light=new Paint();
        light.setColor(getResources().getColor(R.color.puzzle_light));
        //绘制次要网格线
        for(int i=0;i<9;i++){
            canvas.drawLine(0, i*height, getWidth(), i*height, light);
```

```
        canvas.drawLine(0, i*height+1, getWidth(), i*height+1, hilite);
        canvas.drawLine(i*width, 0, i*width, getHeight(), light);
        canvas.drawLine(i*width+1, 0, i*width+1, getHeight(), hilite);
    }
    //绘制主要网格线
    for(int i=0;i<9;i++){
        if(i%3!=0){
            continue;
        }else{
            canvas.drawLine(0, i*height, getWidth(), i*height, dark);
            canvas.drawLine(0, i*height+1, getWidth(), i*height+1, hilite);
            canvas.drawLine(i*width, 0, i*width, getHeight(), dark);
            canvas.drawLine(i*width+1, 0, i*width+1, getHeight(), hilite);
        }
    }
    //输出数字
    Paint foreground=new Paint(Paint.ANTI_ALIAS_FLAG);
    foreground.setColor(getResources().getColor(R.color.puzzle_foreground));
    foreground.setStyle(Style.FILL);
    foreground.setTextSize(height*0.75f);
    foreground.setTextScaleX(width/height);
    foreground.setTextAlign(Align.CENTER);                         //设置文字居中
    FontMetrics fm=foreground.getFontMetrics();
    float x=width/2;
    float y=height/2-(fm.ascent+fm.descent)/2;
    for(int i=0;i<9;i++){
        for(int j=0;j<9;j++){
            canvas.drawText(this.game.getTileString(i,j), i*width+x, j*height+y, foreground);
        }
    }
    //绘制 hints
    if(SettingsActivity.getHints(getContext())){                    //判断是否显示高亮提示
        Paint hint=new Paint();
        int c[]={getResources().getColor(R.color.puzzle_hint_0),
                getResources().getColor(R.color.puzzle_hint_1),
                getResources().getColor(R.color.puzzle_hint_2)};
        Rect r=new Rect();
        for(int i=0;i<9;i++){
            for(int j=0;j<9;j++){
                int mouseleft=9-game.getUsedTiles(i,j).length;
                if(mouseleft<c.length){
                    getRect(i,j,r);
                    hint.setColor(c[mouseleft]);
                    canvas.drawRect(r,hint);

                }
            }
        }
    }
    //绘制选定区
    Log.d(TAG,"selRect"+selRect);
```

```
        Paint selected=new Paint();
        selected.setColor(getResources().getColor(R.color.puzzle_selected));
        canvas.drawRect(selRect,selected);
        super.onDraw(canvas);
    }
    @Override
    public boolean onKeyDown(int keyCode, KeyEvent event) {
        //TODO Auto-generated method stub
        Log.d(TAG,"onKeyDown:keycode="+keyCode+"event="+event);
        switch(keyCode){
            case KeyEvent.KEYCODE_DPAD_UP:
                select(selX,selY-1);
            case KeyEvent.KEYCODE_DPAD_DOWN:
                select(selX,selY+1);
            case KeyEvent.KEYCODE_DPAD_LEFT:
                select(selX-1,selY);
            case KeyEvent.KEYCODE_DPAD_RIGHT:
                select(selX+1,selY);
                break;

            case KeyEvent.KEYCODE_0:
            case KeyEvent.KEYCODE_SPACE:
                setSelectedTile(0);
                break;
            case KeyEvent.KEYCODE_1:
                setSelectedTile(1);
                break;
            case KeyEvent.KEYCODE_2:
                setSelectedTile(2);
                break;
            case KeyEvent.KEYCODE_3:
                setSelectedTile(3);
                break;
            case KeyEvent.KEYCODE_4:
                setSelectedTile(4);
                break;
            case KeyEvent.KEYCODE_5:
                setSelectedTile(5);
                break;
            case KeyEvent.KEYCODE_6:
                setSelectedTile(6);
                break;
            case KeyEvent.KEYCODE_7:
                setSelectedTile(7);
                break;
            case KeyEvent.KEYCODE_8:
                setSelectedTile(8);
                break;
            case KeyEvent.KEYCODE_9:
                setSelectedTile(9);
                break;
```

```
            case KeyEvent.KEYCODE_ENTER:
            case KeyEvent.KEYCODE_DPAD_CENTER:
                game.showKeyPadOrError(selX,selY);
                break;
            default:
                return super.onKeyDown(keyCode, event);
        }
        return true;
    }
    public void setSelectedTile(int tile) {
        if(game.setTileIfValid(selX,selY,tile)){
            invalidate();
        }else{
            Log.d(TAG,"setSelectedTile:invalid"+tile);
            startAnimation(AnimationUtils.loadAnimation(game, R.anim.shake));
        }
        //TODO Auto-generated method stub

    }
    @Override
    public boolean onTouchEvent(MotionEvent event) {
        //TODO Auto-generated method stub
        if(event.getAction()!=MotionEvent.ACTION_DOWN){
            return super.onTouchEvent(event);
        }
        select((int)(event.getX()/width),(int)(event.getY()/height));
        game.showKeyPadOrError(selX,selY);
        Log.d(TAG,"onTouchEvent:x"+selX+",y"+selY);
        return true;
    }
    private void select(int x, int y) {
        invalidate(selRect);
        selX=Math.min(Math.max(x, 0), 8);
        selY=Math.min(Math.max(y, 0), 8);
        getRect(selX,selY,selRect);
        invalidate(selRect);
    }
    private void getRect(int x, int y, Rect rect) {
        rect.set((int)(x*width),(int)(y*height),(int)(x*width+width),(int)(y*height+height));
    }
}
```

25.5.4　数独游戏的实现算法

在 com.wgh.sudoku 包中创建一个 GameActivity.java 文件，在该文件中实现的功能主要有根据难易程度显示不同的游戏界面、保存并继续当前游戏、数独游戏的算法实现等。代码如下：

```
public class GameActivity extends Activity {
    private static final String TAG = "sudoku";
    public static final String KEY_DIFFICULTY = "difficulty";
```

```
public static final int DIFFICULTY_EASY = 0;
public static final int DIFFICULTY_MEDIUM = 1;
public static final int DIFFICULTY_HARD = 2;
private int puzzle[] = new int[9 * 9];
private PuzzleView puzzleView;
private final int used[][][] = new int[9][9][];
private final String easyPuzzle
        = "360000000004230800000004200"
        + "070460003820000014500013020"
        + "001900000007048300000000045";
private final String mediumPuzzle
        = "650000070000506000014000005"
        + "007009000002314700000700800"
        + "500000630000201000030000097";
private final String hardPuzzle
        = "009000000080605020501078000"
        + "000000700706040102004000000"
        + "000720903090301080000000600";
boolean success = false;                                    //判断是否成功
//继续前一游戏
private static final String PREF_PUZZLE="puzzle";
protected static final int DIFFICULTY_CONTINUE=-1;
@Override
protected void onCreate(Bundle savedInstanceState) {
    //TODO Auto-generated method stub
    super.onCreate(savedInstanceState);
    Log.d(TAG, "onCreate");
    int diff = getIntent().getIntExtra(KEY_DIFFICULTY, DIFFICULTY_EASY);
    puzzle = getPuzzle(diff);                               //接收难度级别并返回一次数独游戏
    Log.d(TAG, "onCreate11" + diff);
    calculateUsedTiles();                                   //实现真正的游戏逻辑
    Log.d(TAG, "onCreate22" + diff);
    puzzleView = new PuzzleView(this);
    setContentView(puzzleView);
    puzzleView.requestFocus();
    getIntent().putExtra(KEY_DIFFICULTY, DIFFICULTY_CONTINUE); //恢复已保存的游戏
}
//获取游戏的难易程序
private int[] getPuzzle(int diff) {
    String puz;
    switch (diff) {
    case DIFFICULTY_CONTINUE:
        puz=getPreferences(MODE_PRIVATE).getString(PREF_PUZZLE,easyPuzzle);
        break;
    case DIFFICULTY_HARD:
        puz = hardPuzzle;
        break;
    case DIFFICULTY_MEDIUM:
        puz = mediumPuzzle;
        break;
    case DIFFICULTY_EASY:
```

```
        default:
            puz = easyPuzzle;
            break;
        }
        return fromPuzzleString(puz);
    }
    public void showKeyPadOrError(int x, int y) {
        int tiles[] = getUsedTiles(x, y);
        if (tiles.length == 9) {
            Toast toast = Toast.makeText(this, R.string.no_moves_label,
                    Toast.LENGTH_SHORT);
            toast.setGravity(Gravity.CENTER, 0, 0);
            toast.show();
        } else {
            Log.d(TAG, "showKeyPad:used=" + toPuzzleString(tiles));
            Dialog v = new KeyPad(this, tiles, puzzleView);
            v.show();
        }
    }
    private String toPuzzleString(int[] puz) {
        StringBuilder buf = new StringBuilder();
        for (int element : puz) {
            buf.append(element);
        }
        return buf.toString();
    }
    public boolean setTileIfValid(int x, int y, int value) {
        int tiles[] = getUsedTiles(x, y);
        if (value != 0) {
            for (int tile : tiles) {
                if (tile == value) {
                    return false;
                }
            }
        }
        setTile(x, y, value);
        calculateUsedTiles();                                    //实现真正的游戏逻辑
        /**************** 判断游戏是否成功 ************************/
        success = true;
        label: for (int i = 0; i < 9; i++) {
            for (int j = 0; j < 9; j++) {
                if (getTile(i, j) == 0) {
                    success = false;
                    break label;
                }
            }
        }
        if (success) {
            Log.d(TAG, "数独游戏成功！");
            //弹出带“确定”按钮的提示对话框
            new AlertDialog.Builder(GameActivity.this)
```

```
                    .setTitle(TAG)
                    .setMessage("恭喜您，成功！")
                    .setPositiveButton("确定",
                            new DialogInterface.OnClickListener() {
                                @Override
                                public void onClick(DialogInterface dialog,
                                        int which) {
                                    finish();        //返回游戏主界面
                                }
                            }).show();
        }
        /*************************************************************/
        return true;
    }
    private void calculateUsedTiles() {
        for (int i = 0; i < 9; i++) {
            for (int j = 0; j < 9; j++) {
                used[i][j] = calculateUsedTiles(i, j);
            }
        }
    }
    private int[] calculateUsedTiles(int x, int y) {
        int c[] = new int[9];
        //水平方向
        for (int i = 0; i < 9; i++) {
            if (i == y) {
                continue;
            }
            int t = getTile(x, i);
            if (t != 0) {
                c[t - 1] = t;
            }
        }
        //垂直方向
        for (int i = 0; i < 9; i++) {
            if (i == x) {
                continue;
            }
            int t = getTile(i, y);
            if (t != 0) {
                c[t - 1] = t;
            }
        }
        int startx = (x / 3) * 3;
        int starty = (y / 3) * 3;
        for (int i = startx; i < startx + 3; i++) {
            for (int j = starty; j < starty + 3; j++) {
                if (i == x && j == y) {
                    continue;
                }
                int t = getTile(i, j);
```

```
                    if (t != 0) {
                        c[t - 1] = t;
                    }
                }
            }
            int nused = 0;
            for (int t : c) {
                if (t != 0) {
                    nused++;
                }
            }
            int cl[] = new int[nused];
            nused = 0;
            for (int t : c) {
                if (t != 0) {
                    cl[nused++] = t;
                }
            }
            return cl;
        }
        /**
         * 功能：获取指定单元格中的数字
         * @param x
         * @param y
         * @return
         */
        private int getTile(int x, int y) {
            //TODO Auto-generated method stub
            return puzzle[y * 9 + x];
        }
        /**
         * 功能：设置指定单元格中的数字
         * @param x
         * @param y
         * @param value
         */
        private void setTile(int x, int y, int value) {
            puzzle[y * 9 + x] = value;
        }
        protected int[] getUsedTiles(int x, int y) {
            return used[x][y];
        }
        public String getTileString(int x, int y) {
            int v = getTile(x, y);
            if (v == 0) {
                return "";
            } else {
                return String.valueOf(v);
            }
        }
        static protected int[] fromPuzzleString(String string) {
```

```
        int[] puz = new int[string.length()];
        for (int i = 0; i < puz.length; i++) {
            puz[i] = string.charAt(i) - '0';
        }
        return puz;
    }
    @Override
    protected void onPause() {                                          //暂停游戏
        super.onPause();
        Music.stop(this);
        getPreferences(MODE_PRIVATE).edit()
        .putString(PREF_PUZZLE, toPuzzleString(puzzle)).commit();       //保存游戏当前状态
    }
    @Override
    protected void onResume() {                                         //恢复游戏
        super.onResume();
        Music.play(this,R.raw.lhydd);
    }
}
```

25.6 虚拟键盘模块设计

用户在数独游戏的界面中填写数字时，单击空白处，会出现一个虚拟键盘，以便提示用户可以填写哪些数字。虚拟键盘的运行效果如图 25.3 所示。

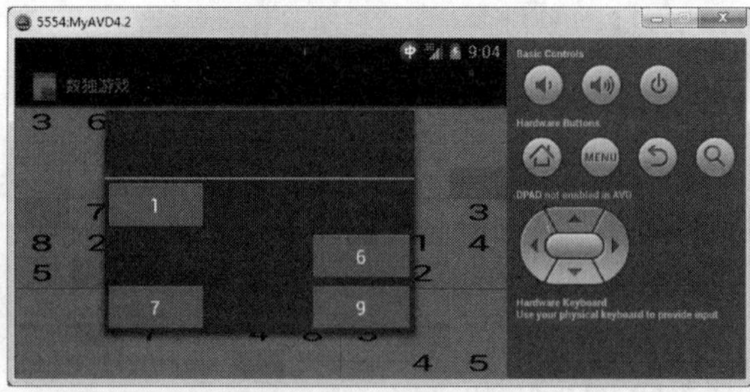

图 25.3　虚拟键盘

25.6.1 设计模拟键盘布局文件

在 res/layout 目录下新建一个 keypad.xml 文件，用来作为虚拟键盘的布局文件，该布局文件使用 TableLayout 进行布局，并添加 9 个 Button 组件，分别表示 9 个数字按钮。实现代码如下：

```
<?xml version="1.0" encoding="utf-8"?>
<TableLayout
  xmlns:android="http://schemas.android.com/apk/res/android"
  android:id="@+id/keypad"
  android:orientation="vertical"
  android:layout_width="wrap_content"
```

```
    android:layout_height="wrap_content"
    android:stretchColumns="*">
    <TableRow>
        <Button android:id="@+id/keypad_1" android:text="1"/>
        <Button android:id="@+id/keypad_2" android:text="2"/>
        <Button android:id="@+id/keypad_3" android:text="3"/>
    </TableRow>
    <TableRow>
        <Button android:id="@+id/keypad_4" android:text="4"/>
        <Button android:id="@+id/keypad_5" android:text="5"/>
        <Button android:id="@+id/keypad_6" android:text="6"/>
    </TableRow>
      <TableRow>
        <Button android:id="@+id/keypad_7" android:text="7"/>
        <Button android:id="@+id/keypad_8" android:text="8"/>
        <Button android:id="@+id/keypad_9" android:text="9"/>
    </TableRow>
</TableLayout>
```

25.6.2 在虚拟键盘中显示可以输入的数字

在 com.wgh.sudoku 包中创建一个 KeyPad.java 文件，将该文件的布局文件设置为 keypad.xml。在 KeyPad.java 文件中，主要根据其他单元格的数字和数独游戏规则，在虚拟键盘中显示当前单元格可以输入的数字。代码如下：

```
public class KeyPad extends Dialog{
    private static final String TAG="sudoku";
    private final View keys[]=new View[9];
    private View keypad;
    private final int useds[];
    private final PuzzleView puzzleView;
    public KeyPad(Context context,int useds[],PuzzleView puzzleView){
        super(context);
        this.useds=useds;
        this.puzzleView=puzzleView;
    }
    @Override
    protected void onCreate(Bundle savedInstanceState) {
        //TODO Auto-generated method stub
        super.onCreate(savedInstanceState);
        setContentView(R.layout.keypad);
        findViews();
        for(int element:useds){
            keys[element-1].setVisibility(View.INVISIBLE);
        }
        setListeners();
    }
    @Override
    public boolean onKeyDown(int keyCode, KeyEvent event) {
```

```
        int tile=0;
        switch(keyCode){
        case KeyEvent.KEYCODE_0:
        case KeyEvent.KEYCODE_SPACE:tile=0;break;
        case KeyEvent.KEYCODE_1:tile=1;break;
        case KeyEvent.KEYCODE_2:tile=2;break;
        case KeyEvent.KEYCODE_3:tile=3;break;
        case KeyEvent.KEYCODE_4:tile=4;break;
        case KeyEvent.KEYCODE_5:tile=5;break;
        case KeyEvent.KEYCODE_6:tile=6;break;
        case KeyEvent.KEYCODE_7:tile=7;break;
        case KeyEvent.KEYCODE_8:tile=8;break;
        case KeyEvent.KEYCODE_9:tile=9;break;
        default:
            return super.onKeyDown(keyCode, event);
        }
        if(isValid(tile)){
            returnResult(tile);
        }
        return true;
    }
    /**
     *提取并保存软键盘的所有键和软键盘主窗口的视图
     */
    private void findViews() {
        keypad=findViewById(R.id.keypad);
        keys[0]=findViewById(R.id.keypad_1);
        keys[1]=findViewById(R.id.keypad_2);
        keys[2]=findViewById(R.id.keypad_3);
        keys[3]=findViewById(R.id.keypad_4);
        keys[4]=findViewById(R.id.keypad_5);
        keys[5]=findViewById(R.id.keypad_6);
        keys[6]=findViewById(R.id.keypad_7);
        keys[7]=findViewById(R.id.keypad_8);
        keys[8]=findViewById(R.id.keypad_9);
    }
    private void setListeners() {
        for(int i=0;i<keys.length;i++){
            final int t=i+1;
            keys[i].setOnClickListener(new View.OnClickListener() {
                @Override
                public void onClick(View v) {
                    returnResult(0);

                }
            });
        }
    }
    private boolean isValid(int tile){
        for(int t:useds){
```

```
            if(tile==t){
                return false;
            }
        }
        return true;
    }
    private void returnResult(int tile) {
        puzzleView.setSelectedTile(tile);
        dismiss();
    }
}
```

25.7　游戏设置模块设计

游戏设置模块主要对是否播放背景音乐和是否显示提示进行设置，该模块主要通过两个复选框实现。游戏设置模块运行结果如图 25.4 所示。

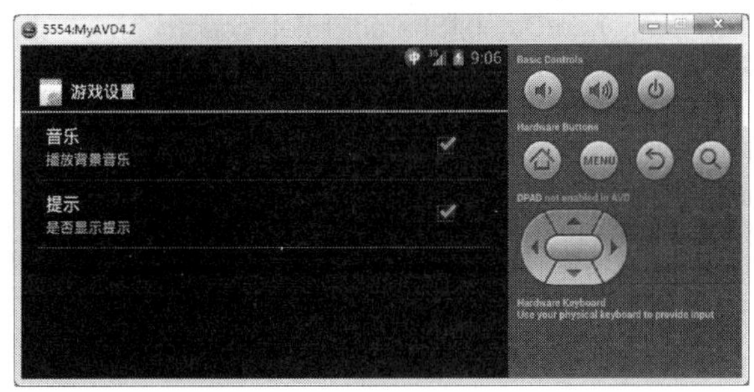

图 25.4　游戏设置模块运行结果

25.7.1　设计游戏设置布局文件

在 res/xml 目录下新建一个 settings.xml 文件，用来作为游戏设置窗体的布局文件，该布局文件中主要使用两个 CheckBoxPreference 组件，用来作为复选框。实现代码如下：

```
<?xml version="1.0" encoding="utf-8"?>
<PreferenceScreen
  xmlns:android="http://schemas.android.com/apk/res/android">
    <CheckBoxPreference
        android:key="music"
        android:title="@string/music_title"
        android:summary="@string/music_summary"
        android:defaultValue="true"/>
    <CheckBoxPreference
        android:key="hints"
        android:title="@string/hints_title"
        android:summary="@string/hints_summary"
        android:defaultValue="true"/>
</PreferenceScreen>
```

25.7.2 设置是否播放背景音乐和显示提示

在 com.wgh.sudoku 包中创建一个 SettingsActivity.java 文件，将该文件的布局文件设置为 settings.xml。在 SettingsActivity.java 文件中，主要定义了两个方法，分别设置是否播放背景音乐和是否显示提示，代码如下：

```
public class SettingsActivity extends PreferenceActivity {
    private static final String OPT_MUSIC="music";
    private static final boolean OPT_MUSIC_DEF=true;
    private static final String OPT_HINTS="hints";
    private static final boolean OPT_HINTS_DEF=true;
    @Override
    protected void onCreate(Bundle savedInstanceState) {
        //TODO Auto-generated method stub
        super.onCreate(savedInstanceState);
        addPreferencesFromResource(R.xml.settings);
    }
    public static boolean getMusic(Context context){
        return PreferenceManager.getDefaultSharedPreferences(context)
        .getBoolean(OPT_MUSIC,OPT_MUSIC_DEF);
    }
    public static boolean getHints(Context context){
        return PreferenceManager.getDefaultSharedPreferences(context)
        .getBoolean(OPT_HINTS,OPT_HINTS_DEF);
    }
}
```

25.7.3 控制背景音乐的播放与停止

在 com.wgh.sudoku 包中创建一个 Music.java 文件，该文件主要控制背景音乐的播放与停止，代码如下：

```
public class Music {
    private static MediaPlayer mp = null;
    public static void play(Context context, int resource) {
        stop(context);
        if (SettingsActivity.getMusic(context)) {                //判断是否播放背景音乐
            mp = MediaPlayer.create(context, resource);
            mp.setLooping(true);                                 //是否循环播放
            mp.start();                                          //开始播放
        }
    }
    public static void stop(Context context) {
        if (mp != null) {
            mp.stop();
            mp.release();
            mp = null;
        }
    }
}
```

25.8　关于模块设计

关于模块主要显示数独游戏的相关规则，关于窗体的运行结果如图 25.5 所示。

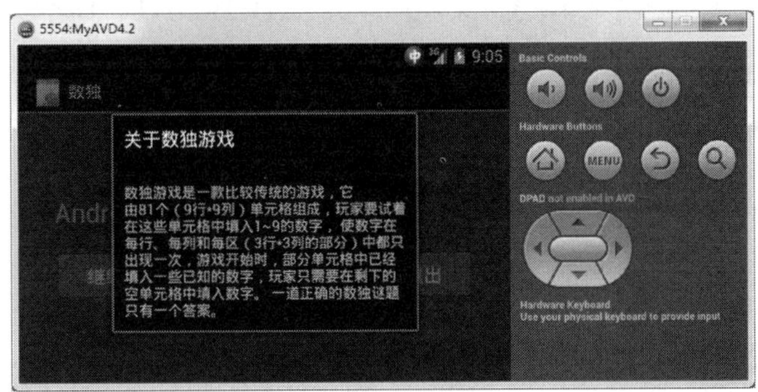

图 25.5　关于模块

25.8.1　设计关于窗体布局文件

在 res/layout 目录下新建一个 about.xml，用来作为关于窗体的布局文件，在该布局文件中，主要使用一个 TextView 组件显示数独游戏的相关规则。实现代码如下：

```
<?xml version="1.0" encoding="utf-8"?>
<ScrollView
  xmlns:android="http://schemas.android.com/apk/res/android"
  android:layout_width="fill_parent"
  android:layout_height="fill_parent"
  android:padding="10dip"
  >
   <TextView
          android:id="@+id/about_content"
          android:layout_width="wrap_content"
          android:layout_height="wrap_content"
          android:text="@string/about_text"
      />
</ScrollView>
```

25.8.2　显示关于信息

在 com.wgh.sudoku 包中创建一个 About.java 文件，在该文件中加载 about.xml 布局文件，以便显示关于数独游戏的规则信息。代码如下：

```
public class About extends Activity {
     @Override
     protected void onCreate(Bundle savedInstanceState) {
          //TODO Auto-generated method stub
```

```
        super.onCreate(savedInstanceState);
        setContentView(R.layout.about);
    }
}
```

25.9 将程序安装到 Android 手机上

Android 程序开发完成之后，需要安装到载有 Android 操作系统的手机上，本节将详细介绍如何将数独游戏安装到 Android 手机上。

使用 adb 命令将数独游戏安装到 Android 模拟器上的步骤如下：

（1）开发完数独游戏后，在 Eclipse 中运行该程序，会在项目文件夹的 bin 文件夹下自动生成一个.apk 文件，如图 25.6 所示，将该.apk 文件复制到 Android SDK 安装路径下的 platform-tools 文件夹中。

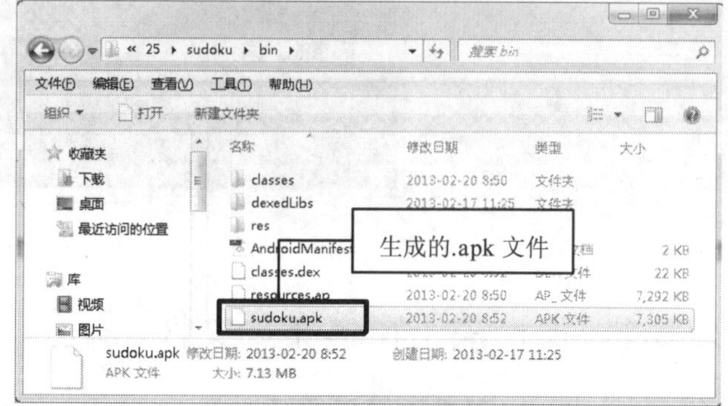

图 25.6　项目 bin 文件夹下自动生成的.apk 文件

（2）在“开始”菜单中打开 cmd 命令提示窗口，首先把路径切换到 Android SDK 安装路径的 platform-tools 文件夹，然后使用 adb install 命令将 sudoku.apk 文件安装到 Android 模拟器上；如果要将.apk 文件安装到 Android 模拟器的 SD 卡上，则使用 adb install –s 命令，如图 25.7 所示。

（3）安装完成后，显示 Success 成功信息，打开 Android 模拟器，可以看到安装的数独游戏，如图 25.8 所示。

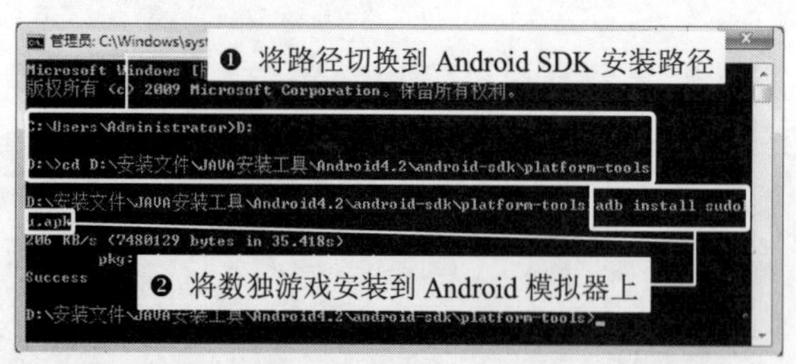

图 25.7　使用 adb 命令安装数独游戏

图 25.8　安装的数独游戏

25.10　本 章 小 结

本章重点讲解了数独游戏的实现及安装过程。通过对本章的学习，读者应该能够熟悉 Android 应用的开发流程，并重点掌握数独游戏的游戏规则和实现算法。

第26章

基于 Android 的家庭理财通

（视频讲解：48 分钟）

视频讲解：光盘\TM\Video\26\基于 Android 的家庭理财通.exe

随着 3G 智能手机的迅速普及，移动互联网时代已经离我们越来越近，作为互联网巨头 Google 退出的免费手机平台 Android，已经得到了众多厂商和开发者的拥护，而随着 Android 手机操作系统的大热，基于 Android 的软件也越来越受到广大用户的欢迎。本章将使用 Android 4.2 技术开发一个家庭理财通系统，通过该系统，可以随时随地地记录用户的收入及支出等信息。

通过阅读本章，您可以：

- **熟悉软件的开发流程**
- **掌握 Android 布局文件的设计**
- **掌握 SQLite 数据库的使用**
- **掌握公共类的设计及使用**
- **掌握如何在 Android 程序中操作 SQLite 数据库**

26.1 需 求 分 析

你是月光族吗？你能说出每月的钱都用到什么地方了吗？为了更好地记录您每月的收入及支出，这里开发了一款基于 Android 系统的家庭理财通软件。通过该软件，用户可以随时随地地记录自己的收入、支出等信息；另外，为了保护自己的隐私，还可以为家庭理财通设置密码。

26.2 系 统 设 计

26.2.1 系统目标

根据个人对家庭理财通软件的要求，制定目标如下：

☑ 操作简单方便、界面简洁美观。

☑ 方便地对收入及支出进行增、删、改、查等操作。

☑ 通过便签方便地记录用户的计划。

☑ 能够通过设置密码保证程序的安全性。

☑ 系统运行稳定、安全可靠。

26.2.2 系统功能结构

家庭理财通的功能结构如图 26.1 所示。

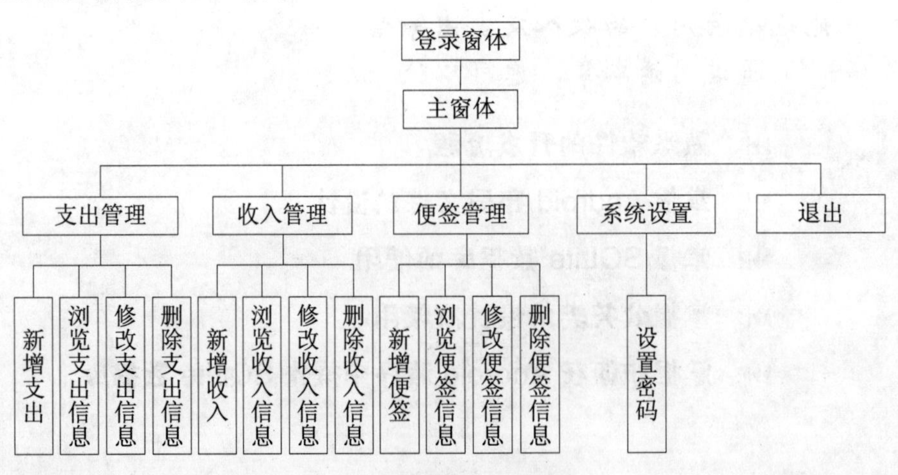

图 26.1 家庭理财通的功能结构

26.2.3 系统业务流程图

家庭理财通的业务流程图如图 26.2 所示。

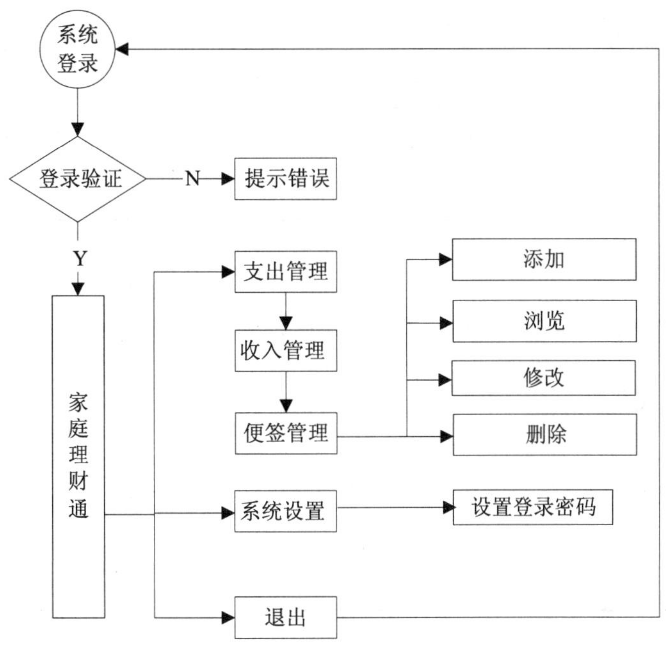

图 26.2　家庭理财通的业务流程图

26.2.4　系统编码规范

开发应用程序常常需要以团队合作来完成，每个人负责不同的业务模块，为了使程序的结构与代码风格统一标准化，增加代码的可读性，需要在编码之前制定一套统一的编码规范。下面介绍家庭理财通系统开发中的编码规范。

1．数据库命名规范

☑　数据库

数据库以数据库相关英文单词或缩写进行命名，如表 26.1 所示。

表 26.1　数据库命名

数据库名称	描　　述
account.db	家庭理财通数据库

☑　数据表

数据表以字母 tb 开头（小写），后面加数据表相关英文单词或缩写。下面将举例进行说明，如表 26.2 所示。

表 26.2　数据表命名

数据表名称	描　　述
tb_outaccount	支出信息表

☑　字段

字段一率采用英文单词或词组（可利用翻译软件）命名，如找不到专业的英文单词或词组，可以用相同意义的英文单词或词组代替。下面将举例进行说明，如表 26.3 所示。

表 26.3　字段命名

字 段 名 称	描　述
_id	编号
money	金额

说明　在数据库中使用命名规范，有助于其他用户更好地理解数据表及其表中各字段的内容。

2．程序代码命名规范

（1）数据类型简写规则

程序中定义常量、变量或方法等内容时，常常需要指定类型。下面介绍一种常见的数据类型简写规则，如表 26.4 所示。

表 26.4　数据类型简写规则

数 据 类 型	简　写
整型	int
字符串	str
布尔型	bl
单精度浮点型	flt
双精度浮点型	dbl

（2）组件命名规则

所有的组件对象名称都为自然名称的拼音简写，出现冲突可采用不同的简写规则。组件命名规则如表 26.5 所示。

表 26.5　组件命名规则

控　件	缩 写 形 式
EditText	txt
Button	btn
Spinner	sp
ListView	lv

26.3　系统开发及运行环境

本系统的软件开发环境及运行环境具体如下。

- ☑ 操作系统：Windows 7。
- ☑ JDK 环境：Java SE Development KET(JDK) version 7。
- ☑ 开发工具：Eclipse 4.2+Android 4.2。
- ☑ 开发语言：Java、XML。
- ☑ 数据库管理软件：SQLite 3。

☑ 运行平台：Windows、Linux 各版本。
☑ 分辨率：最佳效果 1024×768 像素。

26.4　数据库与数据表设计

开发应用程序时，对数据库的操作是必不可少的，数据库设计是根据程序的需求及其实现功能所制定的，数据库设计的合理性将直接影响到程序的开发过程。

26.4.1　数据库分析

家庭理财通是一款运行在 Android 系统上的程序，在 Android 系统中，集成了一种轻量型的数据库，即 SQLite，该数据库是使用 C 语言编写的开源嵌入式数据库，支持的数据库大小为 2TB。使用该数据库，用户可以像使用 SQL Server 数据库或者 Oracle 数据库那样来存储、管理和维护数据。本系统采用了 SQLite 数据库，并且命名为 account.db，该数据库中用到了 4 个数据表，分别是 tb_flag、tb_inaccount、tb_outaccount 和 tb_pwd，如图 26.3 所示。

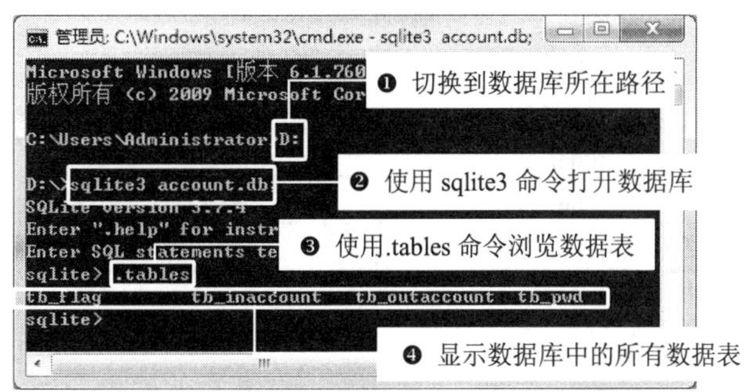

图 26.3　家庭理财通系统中用到的数据表

26.4.2　创建数据库

家庭理财通系统在创建数据库时，是通过使用 SQLiteOpenHelper 类的构造函数来实现的，实现代码如下：

```
private static final int VERSION = 1;                          //定义数据库版本号
private static final String DBNAME = "account.db";             //定义数据库名
public DBOpenHelper(Context context)                           //定义构造函数
{
    super(context, DBNAME, null, VERSION);                     //重写基类的构造函数，以创建数据库
}
```

技巧 创建数据库时，也可以在 cmd 命令窗口中使用 sqlite3 命令打开 SQLite 数据库，然后使用 create database 语句创建；但这里需要注意的是，在 cmd 命令窗口中操作 SQLite 数据库时，SQL 语句最后需要加分号“;”。

26.4.3 创建数据表

在创建数据表前，首先要根据项目实际要求规划相关的数据表结构，然后在数据库中创建相应的数据表。

☑ tb_pwd（密码信息表）

tb_pwd 表用于保存家庭理财通的密码信息，该表的结构如表 26.6 所示。

表 26.6　密码信息表

字 段 名	数 据 类 型	主 键 否	描 述
password	varchar(20)	否	用户密码

☑ tb_outaccount（支出信息表）

tb_outaccount 表用于保存用户的支出信息，该表的结构如表 26.7 所示。

表 26.7　支出信息表

字 段 名	数 据 类 型	主 键 否	描 述
_id	integer	是	编号
money	decimal	否	支出金额
time	varchar(10)	否	支出时间
type	varchar(10)	否	支出类别
address	varchar(100)	否	支出地点
mark	varchar(200)	否	备注

☑ tb_inaccount（收入信息表）

tb_inaccount 表用于保存用户的收入信息，该表的结构如表 26.8 所示。

表 26.8　收入信息表

字 段 名	数 据 类 型	主 键 否	描 述
_id	integer	是	编号
money	decimal	否	收入金额
time	varchar(10)	否	收入时间
type	varchar(10)	否	收入类别
handler	varchar(100)	否	付款方
mark	varchar(200)	否	备注

☑ tb_flag（便签信息表）

tb_flag 表用于保存家庭理财通的便签信息，该表的结构如表 26.9 所示。

表 26.9　便签信息表

字 段 名	数 据 类 型	主 键 否	描 述
_id	integer	是	编号
flag	varchar(200)	否	便签内容

26.5　系统文件夹组织结构

在编写项目代码之前，需要制定好项目的系统文件夹组织结构，如不同的 Java 包存放不同的窗体、公共类、数据模型、工具类或者图片资源等。这样不但可以保证团队开发的一致性，也可以规范系统的整体架构。创建完系统中可能用到的文件夹或者 Java 包之后，在开发时，只需将创建的类文件或者资源文件保存到相应的文件夹中即可。家庭理财通系统的文件夹组织结构如图 26.4 所示。

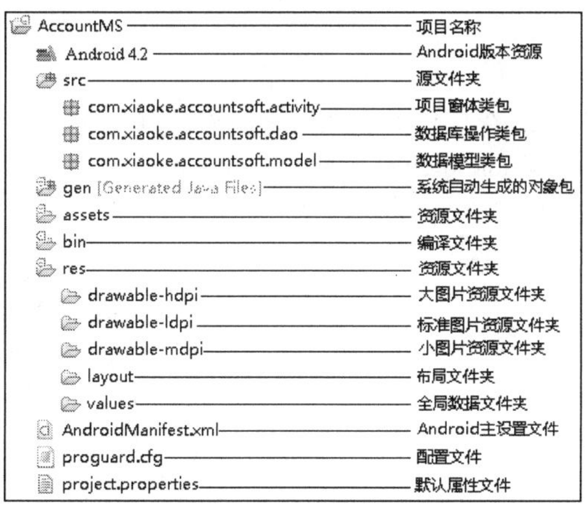

图 26.4　文件夹组织结构

说明　从图 26.4 可以看到，res 文件夹和 assets 文件都用来存放资源文件；但在实际开发时，Android 不为 assets 文件夹下的资源文件生成 ID，用户需要通过 AssetManager 类以文件路径和文件名的方式来访问 assets 文件夹中的文件。

26.6　公共类设计

公共类是代码重用的一种形式，它将各个功能模块经常调用的方法提取到公用的 Java 类中，例如，访问数据库的 Dao 类容纳了所有访问数据库的方法，并同时管理着数据库的连接、关闭等内容。使用公共类，不但实现了项目代码的重用，还提供了程序的性能和代码的可读性。本节将介绍家庭理财通中的公共类设计。

26.6.1　数据模型公共类

在 com.xiaoke.accountsoft.model 包中存放的是数据模型公共类，它们对应着数据库中不同的数据表，这些模型将被访问数据库的 Dao 类和程序中各个模块甚至各个组件所使用。数据模型是对数据表中所有字段的封装，它主要用于存储数据，并通过相应的 getXXX()方法和 setXXX()方法实现不同属性的访问原则。现在以收入信息表为例，介绍它所对应的数据模型类的实现代码，主要代码如下：

```
package com.xiaoke.accountsoft.model;
public class Tb_inaccount                                   //收入信息实体类
{
    private int _id;                                        //存储收入编号
    private double money;                                   //存储收入金额
    private String time;                                    //存储收入时间
    private String type;                                    //存储收入类别
    private String handler;                                 //存储收入付款方
    private String mark;                                    //存储收入备注
    public Tb_inaccount()                                   //默认构造函数
    {
        super();
    }
    //定义有参构造函数，用来初始化收入信息实体类中的各个字段
    public Tb_inaccount(int id, double money, String time,String type,String handler,String mark)
    {
        super();
        this._id = id;                                      //为收入编号赋值
        this.money = money;                                 //为收入金额赋值
        this.time = time;                                   //为收入时间赋值
        this.type = type;                                   //为收入类别赋值
        this.handler = handler;                             //为收入付款方赋值
        this.mark = mark;                                   //为收入备注赋值
    }
    public int getid()                                      //设置收入编号的可读属性
    {
        return _id;
    }
    public void setid(int id)                               //设置收入编号的可写属性
    {
        this._id = id;
    }
    public double getMoney()                                //设置收入金额的可读属性
    {
        return money;
    }
    public void setMoney(double money)                      //设置收入金额的可写属性
    {
        this.money = money;
    }
    public String getTime()                                 //设置收入时间的可读属性
    {
        return time;
    }
    public void setTime(String time)                        //设置收入时间的可写属性
    {
        this.time = time;
    }
    public String getType()                                 //设置收入类别的可读属性
    {
```

```
            return type;
        }
        public void setType(String type)                    //设置收入类别的可写属性
        {
            this.type = type;
        }
        public String getHandler()                          //设置收入付款方的可读属性
        {
            return handler;
        }
        public void setHandler(String handler)              //设置收入付款方的可写属性
        {
            this.handler = handler;
        }
        public String getMark()                             //设置收入备注的可读属性
        {
            return mark;
        }
        public void setMark(String mark)                    //设置收入备注的可写属性
        {
            this.mark = mark;
        }
}
```

其他数据模型类的定义与收入数据模型类的定义方法类似，其属性内容就是数据表中相应的字段。com.xiaoke.accountsoft.model 包中包含的数据模型类如表 26.10 所示。

表 26.10　com.xiaoke.accountsoft.model 包中的数据模型类

类　名	说　明
Tb_flag	便签信息数据表模型类
Tb_inaccount	收入信息数据表模型类
Tb_outaccount	支出信息数据表模型类
Tb_pwd	密码信息数据表模型类

说明　表 26.10 中的所有模型类都定义了对应数据表字段的属性，并提供了访问相应属性的 getXXX()方法和 setXXX()方法。

26.6.2　Dao 公共类

Dao 的全称是 Data Access Object，即数据访问对象。本系统中创建了 com.xiaoke.accountsoft.dao 包，该包中包含了 DBOpenHelper、FlagDAO、InaccountDAO、OutaccountDAO 和 PwdDAO 等 5 个数据访问类。其中，DBOpenHelper 类用来实现创建数据库、数据表等功能；FlagDAO 类用来对便签信息进行管理；InaccountDAO 类用来对收入信息进行管理；OutaccountDAO 类用来对支出信息进行管理；PwdDAO 类用来对密码信息进行管理。下面主要对 DBOpenHelper 类和 InaccountDAO 类进行详细讲解。

说明
FlagDAO 类、OutaccountDAO 类和 PwdDAO 类的实现过程，与 InaccountDAO 类类似，这里不进行详细介绍，详细内容请参见本书附带光盘中的源代码。

1．DBOpenHelper.java 类

DBOpenHelper 类主要用来实现创建数据库和数据表的功能，该类继承自 SQLiteOpenHelper 类，在该类中，首先需要在构造函数中创建数据库，然后在覆写的 onCreate()方法中使用 SQLiteDatabase 对象的 execSQL()方法分别创建 tb_outaccount、tb_inaccount、tb_pwd 和 tb_flag 等 4 个数据表。DBOpenHelper 类的实现代码如下：

```
package com.xiaoke.accountsoft.dao;
import android.content.Context;
import android.database.sqlite.SQLiteDatabase;
import android.database.sqlite.SQLiteOpenHelper;
public class DBOpenHelper extends SQLiteOpenHelper
{
    private static final int VERSION = 1;                                   //定义数据库版本号
    private static final String DBNAME = "account.db";                      //定义数据库名
    public DBOpenHelper(Context context)                                    //定义构造函数
    {
        super(context, DBNAME, null, VERSION);                              //重写基类的构造函数
    }
    @Override
    public void onCreate(SQLiteDatabase db)                                 //创建数据库
    {
        db.execSQL("create table tb_outaccount (_id integer primary key,money decimal,time varchar(10)," +
                "type varchar(10),address varchar(100),mark varchar(200))");    //创建支出信息表
        db.execSQL("create table tb_inaccount (_id integer primary key,money decimal,time varchar(10)," +
                "type varchar(10),handler varchar(100),mark varchar(200))");    //创建收入信息表
        db.execSQL("create table tb_pwd (password varchar(20))");           //创建密码表
        db.execSQL("create table tb_flag (_id integer primary key,flag varchar(200))"); //创建便签信息表
    }
    //覆写基类的 onUpgrade()方法，以便数据库版本更新
    @Override
    public void onUpgrade(SQLiteDatabase db, int oldVersion, int newVersion)
    {
    }
}
```

2．InaccountDAO.java 类

InaccountDAO 类主要用来对收入信息进行管理，包括收入信息的添加、修改、删除、查询及获取最大编号、总记录数等功能，下面对该类中的方法进行详细讲解。

☑ InaccountDAO 类的构造函数

在 InaccountDAO 类中定义两个对象，分别是 DBOpenHelper 对象和 SQLiteDatabase 对象，然后创建该类的构造函数，在构造函数中初始化 DBOpenHelper 对象。主要代码如下：

```
private DBOpenHelper helper;                                 //创建 DBOpenHelper 对象
private SQLiteDatabase db;                                   //创建 SQLiteDatabase 对象
```

```
public InaccountDAO(Context context)                                    //定义构造函数
{
    helper = new DBOpenHelper(context);                                 //初始化 DBOpenHelper 对象
}
```

☑　add(Tb_inaccount tb_inaccount)方法

该方法的主要功能是添加收入信息，其中，tb_inaccount 参数表示收入数据表对象。主要代码如下：

```
/**
 * 添加收入信息
 *
 * @param tb_inaccount
 */
public void add(Tb_inaccount tb_inaccount)
{
    db = helper.getWritableDatabase();                                  //初始化 SQLiteDatabase 对象
    //执行添加收入信息操作
    db.execSQL("insert into tb_inaccount (_id,money,time,type,handler,mark) values (?,?,?,?,?,?)", new
Object[]
    {tb_inaccount.getid(),tb_inaccount.getMoney(),
tb_inaccount.getTime(),tb_inaccount.getType(),tb_inaccount.getHandler(),tb_inaccount.getMark() });
}
```

☑　update(Tb_inaccount tb_inaccount)方法

该方法的主要功能是根据指定的编号修改收入信息，其中，tb_inaccount 参数表示收入数据表对象。主要代码如下：

```
/**
 * 更新收入信息
 *
 * @param tb_inaccount
 */
public void update(Tb_inaccount tb_inaccount)
{
    db = helper.getWritableDatabase();                                  //初始化 SQLiteDatabase 对象
    //执行修改收入信息操作
    db.execSQL("update tb_inaccount set money = ?,time = ?,type = ?,handler = ?,mark = ? where _id = ?",
new Object[]
    {tb_inaccount.getMoney(),
tb_inaccount.getTime(),tb_inaccount.getType(),tb_inaccount.getHandler(),tb_inaccount.getMark(),tb_inaccount.
getid() });
}
```

☑　find(int id)方法

该方法的主要功能是根据指定的编号查找收入信息，其中，id 参数表示要查找的收入编号，返回值为 Tb_inaccount 对象。主要代码如下：

```
/**
 * 查找收入信息
 *
 * @param id
```

```
 * @return
 */
public Tb_inaccount find(int id)
{
	db = helper.getWritableDatabase();                          //初始化 SQLiteDatabase 对象
	Cursor cursor = db.rawQuery("select _id,money,time,type,handler,mark from tb_inaccount where _id = ?",
new String[]
	{ String.valueOf(id) });                                    //根据编号查找收入信息，并存储到 Cursor 类中
	if (cursor.moveToNext())                                    //遍历查找到的收入信息
	{
		//将遍历到的收入信息存储到 Tb_inaccount 类中
		return new Tb_inaccount(cursor.getInt(cursor.getColumnIndex("_id")), cursor.getDouble(cursor.getColumnIndex
("money")), cursor.getString(cursor.getColumnIndex("time")), cursor.getString(cursor.getColumnIndex("type")),
cursor.getString(cursor.getColumnIndex("handler")), cursor.getString(cursor.getColumnIndex("mark")));
	}
	return null;                                                //如果没有信息，则返回 null
}
```

☑ detele(Integer... ids)方法

该方法的主要功能是根据指定的一系列编号删除收入信息，其中，ids 参数表示要删除的收入编号的集合。主要代码如下：

```
/**
 * 删除收入信息
 *
 * @param ids
 */
public void detele(Integer... ids)
{
	if (ids.length > 0)                                         //判断是否存在要删除的 id
	{
		StringBuffer sb = new StringBuffer();                   //创建 StringBuffer 对象
		for (int i = 0; i < ids.length; i++)                    //遍历要删除的 id 集合
		{
			sb.append('?').append(',');                         //将删除条件添加到 StringBuffer 对象中
		}
		sb.deleteCharAt(sb.length() - 1);                       //去掉最后一个“,”字符
		db= helper.getWritableDatabase();                       //初始化 SQLiteDatabase 对象
		//执行删除收入信息操作
		db.execSQL("delete from tb_inaccount where _id in (" + sb + ")", (Object[]) ids);
	}
}
```

☑ getScrollData(int start, int count)方法

该方法的主要功能是从收入数据表的指定索引处获取指定数量的收入数据。其中，start 参数表示要从此处开始获取数据的索引，count 参数表示要获取的数量，返回值为 List<Tb_inaccount>对象。主要代码如下：

```
/**
 * 获取收入信息
 * @param start 起始位置
 * @param count 每页显示数量
```

```
 * @return
 */
public List<Tb_inaccount> getScrollData(int start, int count)
{
    List<Tb_inaccount> tb_inaccount = new ArrayList<Tb_inaccount>(); //创建集合对象
    db = helper.getWritableDatabase();                               //初始化 SQLiteDatabase 对象
    Cursor cursor = db.rawQuery("select * from tb_inaccount limit ?,?", new String[]{ String.valueOf(start),
String.valueOf(count) });                                            //获取所有收入信息
    while (cursor.moveToNext())                                      //遍历所有的收入信息
    {
        tb_inaccount.add(new Tb_inaccount(cursor.getInt(cursor.getColumnIndex("_id")), cursor.getDouble
(cursor.getColumnIndex ("money")), cursor.getString(cursor.getColumnIndex("time")), cursor.getString (cursor.
getColumnIndex ("type")), cursor.getString(cursor.getColumnIndex("handler")), cursor.getString (cursor.getColumnIndex
("mark"))));                                                         //将遍历到的收入信息添加到集合中
    }
    return tb_inaccount;                                             //返回集合
}
```

☑　getCount()方法

该方法的主要功能是获取收入数据表中的总记录数，返回值为获取到的总记录数。主要代码如下：

```
/**
 * 获取总记录数
 * @return
 */
public long getCount()
{
    db = helper.getWritableDatabase();                               //初始化 SQLiteDatabase 对象
    Cursor cursor = db.rawQuery("select count(_id) from tb_inaccount", null); //获取收入信息的记录数
    if (cursor.moveToNext())                                         //判断 Cursor 中是否有数据
    {
        return cursor.getLong(0);                                    //返回总记录数
    }
    return 0;                                                        //如果没有数据，则返回 0
}
```

☑　getMaxId()方法

该方法的主要功能是获取收入数据表中的最大编号，返回值为获取到的最大编号。主要代码如下：

```
/**
 * 获取收入最大编号
 * @return
 */
public int getMaxId()
{
    db = helper.getWritableDatabase();                               //初始化 SQLiteDatabase 对象
    Cursor cursor = db.rawQuery("select max(_id) from tb_inaccount", null);   //获取收入信息表中的最大编号
    while (cursor.moveToLast()) {                                    //访问 Cursor 中的最后一条数据
        return cursor.getInt(0);                                     //获取访问到的数据，即最大编号
    }
    return 0;                                                        //如果没有数据，则返回 0
}
```

26.7　登录模块设计

登录模块主要是通过输入正确的密码进入家庭理财通的主窗体，它可以提高程序的安全性，保护数据资料不外泄。登录模块运行结果如图 26.5 所示。

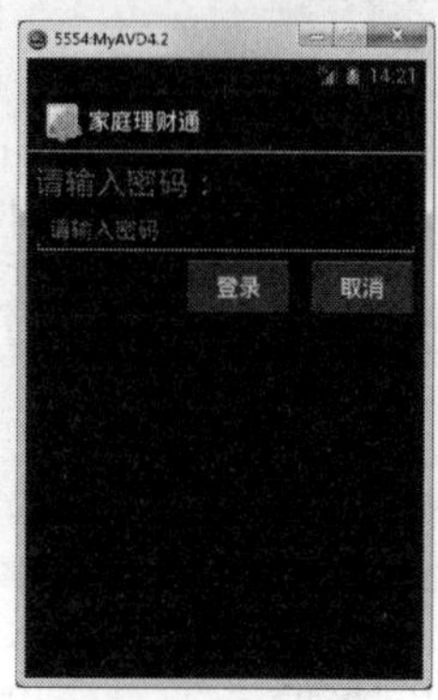

图 26.5　系统登录

26.7.1　设计登录布局文件

在 res/layout 目录下新建一个 login.xml，用来作为登录窗体的布局文件。在该布局文件中，将布局方式修改为 RelativeLayout，然后添加一个 TextView 组件、一个 EditText 组件和两个 Button 组件。实现代码如下：

```
<?xml version="1.0" encoding="utf-8"?>
<RelativeLayout xmlns:android="http://schemas.android.com/apk/res/android"
    android:layout_width="fill_parent"
    android:layout_height="fill_parent"
    android:padding="5dp"
    >
    <TextView android:id="@+id/tvLogin"
        android:layout_width="wrap_content"
        android:layout_height="wrap_content"
        android:layout_gravity="center"
        android:gravity="center_horizontal"
        android:text="请输入密码："
        android:textSize="25dp"
        android:textColor="#8C6931"
    />
    <EditText android:id="@+id/txtLogin"
        android:layout_width="match_parent"
        android:layout_height="wrap_content"
        android:layout_below="@id/tvLogin"
        android:inputType="textPassword"
        android:hint="请输入密码"
    />
    <Button android:id="@+id/btnClose"
```

```
        android:layout_width="90dp"
        android:layout_height="wrap_content"
        android:layout_below="@id/txtLogin"
        android:layout_alignParentRight="true"
        android:layout_marginLeft="10dp"
        android:text="取消"
    />
    <Button android:id="@+id/btnLogin"
        android:layout_width="90dp"
        android:layout_height="wrap_content"
        android:layout_below="@id/txtLogin"
        android:layout_toLeftOf="@id/btnClose"
        android:text="登录"
    />
</RelativeLayout>
```

26.7.2　登录功能的实现

在 com.xiaoke.accountsoft.activity 包中创建一个 Login.java 文件，将该文件的布局文件设置为 login.xml。当用户在“请输入密码”文本框中输入密码时，单击“登录”按钮，为“登录”按钮设置监听事件，在监听事件中，判断数据库中是否设置了密码，并且输入的密码为空，或者输入的密码是否与数据库中的密码一致，如果条件满足，则登录主 Activity；否则，弹出信息提示框。代码如下：

```
txtlogin=(EditText) findViewById(R.id.txtLogin);                    //获取“密码”文本框
btnlogin=(Button) findViewById(R.id.btnLogin);                      //获取“登录”按钮
btnlogin.setOnClickListener(new OnClickListener() {                 //为“登录”按钮设置监听事件
    @Override
    public void onClick(View arg0) {
        //TODO Auto-generated method stub
        Intent intent=new Intent(Login.this, MainActivity.class);   //创建 Intent 对象
        PwdDAO pwdDAO=new PwdDAO(Login.this);                       //创建 PwdDAO 对象
        if((pwdDAO.getCount()==0| pwdDAO.find().getPassword().isEmpty()) && txtlogin.getText().toString().
isEmpty()){                                                         //判断是否有密码及是否输入了密码
            startActivity(intent);                                  //启动主 Activity
        }
        else {
            //判断输入的密码是否与数据库中的密码一致
            if (pwdDAO.find().getPassword().equals(txtlogin.getText().toString())) {
                startActivity(intent);                              //启动主 Activity
            }
            else {
                //弹出信息提示
                Toast.makeText(Login.this, "请输入正确的密码！", Toast.LENGTH_SHORT).show();
            }
        }
        txtlogin.setText("");                                       //清空密码文本框
    }
});
```

说明 本系统中在 com.xiaoke.accountsoft.activity 包中创建的.java 类文件，都是基于 Activity 类的，下面遇到时，将不再说明。

26.7.3 退出登录窗口

单击“取消”按钮，为“取消”按钮设置监听事件，在监听事件中调用 finish()方法实现退出当前程序的功能。代码如下：

```
btnclose=(Button) findViewById(R.id.btnClose);                    //获取“取消”按钮
btnclose.setOnClickListener(new OnClickListener() {               //为“取消”按钮设置监听事件
    @Override
    public void onClick(View arg0) {
        //TODO Auto-generated method stub
        finish();                                                  //退出当前程序
    }
});
```

26.8 系统主窗体设计

主窗体是程序操作过程中必不可少的，它是与用户交互中的重要环节。通过主窗体，用户可以调用系统相关的各子模块，快速掌握本系统中所实现的各个功能。家庭理财通系统中，当登录窗体验证成功后，用户将进入主窗体，主窗体中以图标和文本相结合的方式显示各功能按钮，单击这些功能按钮时，将打开相应功能的 Activity。主窗体运行结果如图 26.6 所示。

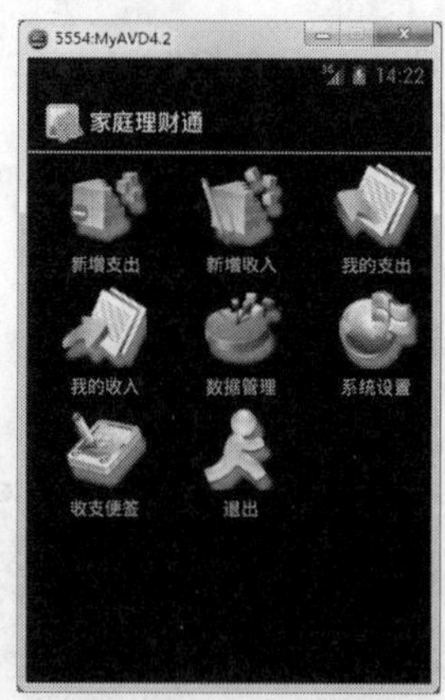

图 26.6 家庭理财通主窗体

26.8.1 设计系统主窗体布局文件

在 res/layout 目录下新建一个 main.xml，用来作为主窗体的布局文件。在该布局文件中，添加一个 GridView 组件，用来显示功能图标及文本。实现代码如下：

```
<?xml version="1.0" encoding="utf-8"?>
<GridView xmlns:android="http://schemas.android.com/apk/res/android"
    android:id="@+id/gvInfo"
    android:layout_width="fill_parent"
    android:layout_height="fill_parent"
    android:columnWidth="90dp"
    android:numColumns="auto_fit"
    verticalSpacing="10dp"
    android:horizontalSpacing="10dp"
    android:stretchMode="spacingWidthUniform"
    android:gravity="center"
/>
```

在 res/layout 目录下再新建一个 gvitem.xml，用来为 main.xml 布局文件中的 GridView 组件提供资源。在该文件中，添加一个 ImageView 组件和一个 TextView 组件。实现代码如下：

```
<?xml version="1.0" encoding="utf-8"?>
<LinearLayout xmlns:android="http://schemas.android.com/apk/res/android"
    android:id="@+id/item"
    android:orientation="vertical"
    android:layout_width="wrap_content"
    android:layout_height="wrap_content"
    android:layout_marginTop="5dp"
    >
    <ImageView android:id="@+id/ItemImage"
        android:layout_width="75dp"
        android:layout_height="75dp"
        android:layout_gravity="center"
        android:scaleType="fitXY"
        android:padding="4dp"
    />
    <TextView android:id="@+id/ItemTitle"
        android:layout_width="wrap_content"
        android:layout_height="wrap_content"
        android:layout_gravity="center"
        android:gravity="center_horizontal"
    />
</LinearLayout>
```

26.8.2　显示各功能窗口

在 com.xiaoke.accountsoft.activity 包中创建一个 MainActivity.java 文件，将该文件的布局文件设置为 main.xml。在 MainActivity.java 文件中，首先创建一个 GridView 组件对象，然后分别定义一个 String 类型的数组和一个 int 类型的数组，它们分别用来存储系统功能的文本及对应的图标，代码如下：

```
GridView gvInfo;                                                    //创建 GridView 对象
String[] titles=new String[]{"新增支出","新增收入","我的支出","我的收入","数据管理","系统设置","收支便签","退出
"};                                                                 //定义字符串数组，存储系统功能
int[] images=new int[]{R.drawable.addoutaccount,R.drawable.addinaccount,
```

```
    R.drawable.outaccountinfo,R.drawable.inaccountinfo,R.drawable.showinfo,R.drawable.sysset,R.drawable.
accountflag,R.drawable.exit};                                    //定义 int 数组，存储功能对应的图标
```

当用户在主窗体中单击各功能按钮时，使用相应功能所对应的 Activity 初始化 Intent 对象，然后使用 startActivity()方法启动相应的 Activity，而如果用户单击的是“退出”功能按钮，则调用 finish()方法关闭当前 Activity。代码如下：

```
@Override
public void onCreate(Bundle savedInstanceState) {
    super.onCreate(savedInstanceState);
    setContentView(R.layout.main);
    gvInfo=(GridView) findViewById(R.id.gvInfo);                          //获取布局文件中的 gvInfo 组件
     pictureAdapter adapter=new pictureAdapter(titles,images,this); //创建 pictureAdapter 对象
    gvInfo.setAdapter(adapter);                                          //为 GridView 设置数据源
    gvInfo.setOnItemClickListener(new OnItemClickListener() {            //为 GridView 设置项单击事件
         @Override
         public void onItemClick(AdapterView<?> arg0, View arg1, int arg2,
                   long arg3) {
              Intent intent = null;                                      //创建 Intent 对象
              switch (arg2) {
              case 0:
//使用 AddOutaccount 窗口初始化 Intent
                   intent=new Intent(MainActivity.this, AddOutaccount.class);
                   startActivity(intent);                                //打开 AddOutaccount
                   break;
              case 1:
//使用 AddInaccount 窗口初始化 Intent
                   intent=new Intent(MainActivity.this, AddInaccount.class);
                   startActivity(intent);                                //打开 AddInaccount
                   break;
              case 2:
//使用 Outaccountinfo 窗口初始化 Intent
                   intent=new Intent(MainActivity.this, Outaccountinfo.class);
                   startActivity(intent);                                //打开 Outaccountinfo
                   break;
              case 3:
//使用 Inaccountinfo 窗口初始化 Intent
                   intent=new Intent(MainActivity.this, Inaccountinfo.class);
                   startActivity(intent);                                //打开 Inaccountinfo
                   break;
              case 4:
//使用 Showinfo 窗口初始化 Intent
                   intent=new Intent(MainActivity.this, Showinfo.class);
                   startActivity(intent);                                //打开 Showinfo
                   break;
              case 5:
                   intent=new Intent(MainActivity.this, Sysset.class);     //使用 Sysset 窗口初始化 Intent
                   startActivity(intent);                                //打开 Sysset
                   break;
              case 6:
//使用 Accountflag 窗口初始化 Intent
```

```
                    intent=new Intent(MainActivity.this, Accountflag.class);
                    startActivity(intent);                              //打开 Accountflag
                    break;
                case 7:
                    finish();                                           //关闭当前 Activity
            }
        }
    });
}
```

26.8.3　定义文本及图片组件

定义一个 ViewHolder 类，用来定义文本组件及图片组件对象，代码如下：

```
class ViewHolder                                                        //创建 ViewHolder 类
{
    public TextView title;                                              //创建 TextView 对象
    public ImageView image;                                             //创建 ImageView 对象
}
```

26.8.4　定义功能图标及说明文字

定义一个 Picture 类，用来定义功能图标及说明文字的实体，代码如下：

```
class Picture                                                           //创建 Picture 类
{
    private String title;                                               //定义字符串，表示图像标题
    private int imageId;                                                //定义 int 变量，表示图像的二进制值
    public Picture()                                                    //默认构造函数
    {
        super();
    }
    public Picture(String title,int imageId)                            //定义有参构造函数
    {
        super();
        this.title=title;                                               //为图像标题赋值
        this.imageId=imageId;                                           //为图像的二进制值赋值
    }
    public String getTitle() {                                          //定义图像标题的可读属性
        return title;
    }
    public void setTitle(String title) {                                //定义图像标题的可写属性
        this.title=title;
    }
    public int getImageId() {                                           //定义图像二进制值的可读属性
        return imageId;
    }
    public void setimageId(int imageId) {                               //定义图像二进制值的可写属性
```

```
        this.imageId=imageId;
    }
}
```

26.8.5 设置功能图标及说明文字

定义一个 pictureAdapter 类，该类继承自 BaseAdapter 类，该类用来分别为 ViewHolder 类中的 TextView 组件和 ImageView 组件设置功能的说明性文字及图标。代码如下：

```
class pictureAdapter extends BaseAdapter                                //创建基于 BaseAdapter 的子类
{
    private LayoutInflater inflater;                                    //创建 LayoutInflater 对象
    private List<Picture> pictures;                                     //创建 List 泛型集合
    //为类创建构造函数
    public pictureAdapter(String[] titles,int[] images,Context context) {
        super();
        pictures=new ArrayList<Picture>();                              //初始化泛型集合对象
        inflater=LayoutInflater.from(context);                          //初始化 LayoutInflater 对象
        for(int i=0;i<images.length;i++)                                //遍历图像数组
        {
            Picture picture=new Picture(titles[i], images[i]);          //使用标题和图像生成 Picture 对象
            pictures.add(picture);                                      //将 Picture 对象添加到泛型集合中
        }
    }
    @Override
    public int getCount() {                                             //获取泛型集合的长度
        //TODO Auto-generated method stub
        if (null != pictures) {                                         //如果泛型集合不为空
            return pictures.size();                                     //返回泛型长度
        }
        else {
            return 0;                                                   //返回 0
        }
    }
    @Override
    public Object getItem(int arg0) {
        //TODO Auto-generated method stub
        return pictures.get(arg0);                                      //获取泛型集合指定索引处的项
    }
    @Override
    public long getItemId(int arg0) {
        //TODO Auto-generated method stub
        return arg0;                                                    //返回泛型集合的索引
    }
    @Override
    public View getView(int arg0, View arg1, ViewGroup arg2) {
        //TODO Auto-generated method stub
        ViewHolder viewHolder;                                          //创建 ViewHolder 对象
        if(arg1==null)                                                  //判断图像标识是否为空
```

```
        {
            arg1=inflater.inflate(R.layout.gvitem, null);                    //设置图像标识
            viewHolder=new ViewHolder();                                     //初始化 ViewHolder 对象
            viewHolder.title=(TextView) arg1.findViewById(R.id.ItemTitle);   //设置图像标题
            viewHolder.image=(ImageView) arg1.findViewById(R.id.ItemImage); //设置图像的二进制值
            arg1.setTag(viewHolder);                                         //设置提示
        }
        else {
            viewHolder=(ViewHolder) arg1.getTag();                           //设置提示
        }
        viewHolder.title.setText(pictures.get(arg0).getTitle());            //设置图像标题
        viewHolder.image.setImageResource(pictures.get(arg0).getImageId()); //设置图像的二进制值
        return  arg1;                                                        //返回图像标识
    }
}
```

26.9　收入管理模块设计

收入管理模块主要包括 3 部分，分别是“新增收入”、“收入信息浏览”和“修改/删除收入信息”。其中，“新增收入”用来添加收入信息，“收入信息浏览”用来显示所有的收入信息，“修改/删除收入信息”用来根据编号修改或者删除收入信息。本节将从这 3 个方面对收入管理模块进行详细介绍。

首先来看“新增收入”模块，“新增收入”窗口运行结果如图 26.7 所示。

图 26.7　新增收入

26.9.1　设计新增收入布局文件

在 res/layout 目录下新建一个 addinaccount.xml，用来作为新增收入窗体的布局文件，该布局文件使用 LinearLayout 结合 RelativeLayout 进行布局，在该布局文件中添加 5 个 TextView 组件、4 个 EditText 组件、一个 Spinner 组件和两个 Button 组件。实现代码如下：

```
<?xml version="1.0" encoding="utf-8"?>
<LinearLayout xmlns:android="http://schemas.android.com/apk/res/android"
    android:id="@+id/initem"
    android:orientation="vertical"
```

```
android:layout_width="fill_parent"
android:layout_height="fill_parent"
>
<LinearLayout
    android:orientation="vertical"
    android:layout_width="fill_parent"
    android:layout_height="fill_parent"
    android:layout_weight="3"
    >
    <TextView
        android:layout_width="wrap_content"
        android:layout_gravity="center"
        android:gravity="center_horizontal"
        android:text="新增收入"
        android:textSize="40sp"
        android:textColor="#ffffff"
        android:textStyle="bold"
        android:layout_height="wrap_content"/>
</LinearLayout>
<LinearLayout
    android:orientation="vertical"
    android:layout_width="fill_parent"
    android:layout_height="fill_parent"
    android:layout_weight="1"
    >
    <RelativeLayout android:layout_width="fill_parent"
        android:layout_height="fill_parent"
        android:padding="10dp"
        >
        <TextView android:layout_width="90dp"
        android:id="@+id/tvInMoney"
        android:textSize="20sp"
        android:text="金　额："
        android:layout_height="wrap_content"
        android:layout_alignBaseline="@+id/txtInMoney"
        android:layout_alignBottom="@+id/txtInMoney"
        android:layout_alignParentLeft="true"
        android:layout_marginLeft="16dp">
        </TextView>
        <EditText
        android:id="@+id/txtInMoney"
        android:layout_width="210dp"
        android:layout_height="wrap_content"
        android:layout_toRightOf="@id/tvInMoney"
        android:inputType="number"
        android:numeric="integer"
        android:maxLength="9"
        android:hint="0.00"
        />
        <TextView android:layout_width="90dp"
        android:id="@+id/tvInTime"
```

```
android:textSize="20sp"
android:text="时　间："
android:layout_height="wrap_content"
android:layout_alignBaseline="@+id/txtInTime"
android:layout_alignBottom="@+id/txtInTime"
android:layout_toLeftOf="@+id/txtInMoney">
</TextView>
<EditText
android:id="@+id/txtInTime"
android:layout_width="210dp"
android:layout_height="wrap_content"
android:layout_toRightOf="@id/tvInTime"
android:layout_below="@id/txtInMoney"
android:inputType="datetime"
android:hint="2011-01-01"
/>
<TextView android:layout_width="90dp"
android:id="@+id/tvInType"
android:textSize="20sp"
android:text="类　别："
android:layout_height="wrap_content"
android:layout_alignBaseline="@+id/spInType"
android:layout_alignBottom="@+id/spInType"
android:layout_alignLeft="@+id/tvInTime">
</TextView>
<Spinner android:id="@+id/spInType"
android:layout_width="210dp"
android:layout_height="wrap_content"
android:layout_toRightOf="@id/tvInType"
android:layout_below="@id/txtInTime"
android:entries="@array/intype"
/>
<TextView android:layout_width="90dp"
android:id="@+id/tvInHandler"
android:textSize="20sp"
android:text="付款方："
android:layout_height="wrap_content"
android:layout_alignBaseline="@+id/txtInHandler"
android:layout_alignBottom="@+id/txtInHandler"
android:layout_toLeftOf="@+id/spInType">
</TextView>
<EditText
android:id="@+id/txtInHandler"
android:layout_width="210dp"
android:layout_height="wrap_content"
android:layout_toRightOf="@id/tvInHandler"
android:layout_below="@id/spInType"
android:singleLine="false"
/>
<TextView android:layout_width="90dp"
android:id="@+id/tvInMark"
```

```
            android:textSize="20sp"
            android:text="备　注："
            android:layout_height="wrap_content"
            android:layout_alignTop="@+id/txtInMark"
            android:layout_toLeftOf="@+id/txtInHandler">
            </TextView>
            <EditText
            android:id="@+id/txtInMark"
            android:layout_width="210dp"
            android:layout_height="150dp"
            android:layout_toRightOf="@id/tvInMark"
            android:layout_below="@id/txtInHandler"
            android:gravity="top"
            android:singleLine="false"
            />
            </RelativeLayout>
    </LinearLayout>
    <LinearLayout
        android:orientation="vertical"
        android:layout_width="fill_parent"
        android:layout_height="fill_parent"
        android:layout_weight="3"
        >
        <RelativeLayout android:layout_width="fill_parent"
            android:layout_height="fill_parent"
            android:padding="10dp"
            >
        <Button
            android:id="@+id/btnInCancel"
            android:layout_width="80dp"
            android:layout_height="wrap_content"
            android:layout_alignParentRight="true"
            android:layout_marginLeft="10dp"
            android:text="取消"
            />
            <Button
             android:id="@+id/btnInSave"
             android:layout_width="80dp"
            android:layout_height="wrap_content"
             android:layout_toLeftOf="@id/btnInCancel"
             android:text="保存"
            />
        </RelativeLayout>
    </LinearLayout>
</LinearLayout>
```

26.9.2　设置收入时间

在 com.xiaoke.accountsoft.activity 包中创建一个 AddInaccount.java 文件，将该文件的布局文件设置为 addinaccount.xml。在 AddInaccount.java 文件中，首先创建类中需要用到的全局对象及变量，代码如下：

```
protected static final int DATE_DIALOG_ID = 0;                    //创建日期对话框常量
EditText txtInMoney,txtInTime,txtInHandler,txtInMark;             //创建 4 个 EditText 对象
Spinner spInType;                                                 //创建 Spinner 对象
Button btnInSaveButton;                                           //创建 Button 对象“保存”
Button btnInCancelButton;                                         //创建 Button 对象“取消”
private int mYear;                                                //年
private int mMonth;                                               //月
private int mDay;                                                 //日
```

在 onCreate()覆写方法中，初始化创建的 EidtText 对象、Spinner 对象和 Button 对象，代码如下：

```
txtInMoney=(EditText) findViewById(R.id.txtInMoney);              //获取“金额”文本框
txtInTime=(EditText) findViewById(R.id.txtInTime);                //获取“时间”文本框
txtInHandler=(EditText) findViewById(R.id.txtInHandler);          //获取“付款方”文本框
txtInMark=(EditText) findViewById(R.id.txtInMark);                //获取“备注”文本框
spInType=(Spinner) findViewById(R.id.spInType);                   //获取“类别”下拉列表
btnInSaveButton=(Button) findViewById(R.id.btnInSave);            //获取“保存”按钮
btnInCancelButton=(Button) findViewById(R.id.btnInCancel);        //获取“取消”按钮
```

单击“时间”文本框，为该文本框设置监听事件，在监听事件中使用 showDialog()方法弹出时间选择对话框；并且在 Activity 创建时，默认显示当前的系统时间，代码如下：

```
txtInTime.setOnClickListener(new OnClickListener() {              //为“时间”文本框设置单击监听事件
    @Override
    public void onClick(View arg0) {
        //TODO Auto-generated method stub
        showDialog(DATE_DIALOG_ID);                               //显示日期选择对话框
    }
});
final Calendar c = Calendar.getInstance();                        //获取当前系统日期
mYear = c.get(Calendar.YEAR);                                     //获取年份
mMonth = c.get(Calendar.MONTH);                                   //获取月份
mDay = c.get(Calendar.DAY_OF_MONTH);                              //获取天数
updateDisplay();                                                  //显示当前系统时间
```

上面的代码中用到了 updateDisplay()方法，该方法用来显示设置的时间，其代码如下：

```
private void updateDisplay()
{
    txtInTime.setText(new StringBuilder().append(mYear).append("-").append(mMonth + 1).append("-").append
(mDay));                                                          //显示设置的时间
}
```

在为“时间”文本框设置监听事件时，弹出了时间选择对话框，该对话框的弹出需要覆写 onCreateDialog()方法，该方法用来根据指定的标识弹出时间选择对话框。代码如下：

```
@Override
protected Dialog onCreateDialog(int id)                           //重写 onCreateDialog()方法
{
    switch (id)
    {
    case DATE_DIALOG_ID:                                          //弹出时间选择对话框
```

```
            return new DatePickerDialog(this, mDateSetListener, mYear, mMonth, mDay);
        }
        return null;
}
```

上面的代码中用到了 mDateSetListener 对象，该对象是 OnDateSetListener 类的一个对象，用来显示用户设置的时间。代码如下：

```
private DatePickerDialog.OnDateSetListener mDateSetListener = new DatePickerDialog.OnDateSetListener()
{
        public void onDateSet(DatePicker view, int year, int monthOfYear, int dayOfMonth)
        {
                mYear = year;                                   //为年份赋值
                mMonth = monthOfYear;                           //为月份赋值
                mDay = dayOfMonth;                              //为天赋值
                updateDisplay();                                //显示设置的日期
        }
};
```

26.9.3　添加收入信息

填写完信息后，单击“保存”按钮，为该按钮设置监听事件，在监听事件中，使用 InaccountDAO 对象的 add()方法将用户的输入保存到收入信息表中。代码如下：

```
btnInSaveButton.setOnClickListener(new OnClickListener() {          //为“保存”按钮设置监听事件
        @Override
        public void onClick(View arg0) {
                //TODO Auto-generated method stub
                String strInMoney= txtInMoney.getText().toString();           //获取“金额”文本框的值
                if(!strInMoney.isEmpty()){                                     //判断金额不为空
                        //创建 InaccountDAO 对象
                        InaccountDAO inaccountDAO=new InaccountDAO(AddInaccount.this);
                        Tb_inaccount tb_inaccount=new Tb_inaccount(inaccountDAO.getMaxId()+1, Double.parseDouble
(strInMoney), txtInTime.getText().toString(), spInType.getSelectedItem().toString(), txtInHandler.getText().toString(),
txtInMark.getText().toString());          //创建 Tb_inaccount 对象
                        inaccountDAO.add(tb_inaccount);                       //添加收入信息
                        //弹出信息提示
                        Toast.makeText(AddInaccount.this, "〖新增收入〗数据添加成功！",Toast.LENGTH_SHORT).
show();
                }
                else {
                        Toast.makeText(AddInaccount.this, "请输入收入金额！",Toast.LENGTH_SHORT).show();
                }
        }
});
```

26.9.4　重置新增收入窗口中的各个控件

单击“取消”按钮，重置新增收入窗口中的各个控件，代码如下：

```
btnInCancelButton.setOnClickListener(new OnClickListener() {            //为“取消”按钮设置监听事件
    @Override
    public void onClick(View arg0) {
        //TODO Auto-generated method stub
        txtInMoney.setText("");                                         //设置“金额”文本框为空
        txtInMoney.setHint("0.00");                                     //为“金额”文本框设置提示
        txtInTime.setText("");                                          //设置“时间”文本框为空
        txtInTime.setHint("2011-01-01");                                //为“时间”文本框设置提示
        txtInHandler.setText("");                                       //设置“付款方”文本框为空
        txtInMark.setText("");                                          //设置“备注”文本框为空
        spInType.setSelection(0);                                       //设置“类别”下拉列表默认选择第一项
    }
});
```

26.9.5　设计收入信息浏览布局文件

收入信息浏览窗体运行效果如图 26.8 所示。

图 26.8　收入信息浏览

在 res/layout 目录下新建一个 inaccountinfo.xml，用来作为收入信息浏览窗体的布局文件，该布局文件使用 LinearLayout 结合 RelativeLayout 进行布局，在该布局文件中添加一个 TextView 组件和一个 ListView 组件。代码如下：

```
<?xml version="1.0" encoding="utf-8"?>
<LinearLayout xmlns:android="http://schemas.android.com/apk/res/android"
    android:id="@+id/iteminfo" android:orientation="vertical"
    android:layout_width="wrap_content" android:layout_height="wrap_content"
    android:layout_marginTop="5dp"
    android:weightSum="1">
    <LinearLayout android:id="@+id/linearLayout1"
            android:layout_height="wrap_content"
            android:layout_width="match_parent"
            android:orientation="vertical"
            android:layout_weight="0.06">
        <RelativeLayout android:layout_height="wrap_content"
            android:layout_width="match_parent">
```

```
        <TextView android:text="我的收入"
            android:layout_width="fill_parent"
            android:layout_height="wrap_content"
            android:gravity="center"
            android:textSize="20dp"
            android:textColor="#8C6931"
        />
        </RelativeLayout>
        </LinearLayout>
        <LinearLayout android:id="@+id/linearLayout2"
            android:layout_height="wrap_content"
            android:layout_width="match_parent"
            android:orientation="vertical"
            android:layout_weight="0.94">
        <ListView android:id="@+id/lvinaccountinfo"
            android:layout_width="match_parent"
            android:layout_height="match_parent"
            android:scrollbarAlwaysDrawVerticalTrack="true"
            />
    </LinearLayout>
</LinearLayout>
```

26.9.6 显示所有的收入信息

在 com.xiaoke.accountsoft.activity 包中创建一个 Inaccountinfo.java 文件，将该文件的布局文件设置为 inaccountinfo.xml。在 Inaccountinfo.java 文件中，首先创建类中需要用到的全局对象及变量，代码如下：

```
public static final String FLAG = "id";                    //定义一个常量，用来作为请求码
ListView lvinfo;                                           //创建 ListView 对象
String strType = "";                                       //创建字符串，记录管理类型
```

在 onCreate()覆写方法中，初始化创建的 ListView 对象，并显示所有的收入信息。代码如下：

```
lvinfo=(ListView) findViewById(R.id.lvinaccountinfo);      //获取布局文件中的 ListView 组件
ShowInfo(R.id.btnininfo);                                  //调用自定义方法显示收入信息
```

上面的代码中用到了 ShowInfo()方法，该方法用来根据参数中传入的管理类型 id 显示相应的信息。代码如下：

```
private void ShowInfo(int intType) {                       //用来根据管理类型，显示相应的信息
    String[] strInfos = null;                              //定义字符串数组，用来存储收入信息
    ArrayAdapter<String> arrayAdapter = null;              //创建 ArrayAdapter 对象
    strType="btnininfo";                                   //为 strType 变量赋值
    InaccountDAO inaccountinfo=new InaccountDAO(Inaccountinfo.this);//创建 InaccountDAO 对象
    //获取所有收入信息，并存储到 List 泛型集合中
    List<Tb_inaccount> listinfos=inaccountinfo.getScrollData(0, (int) inaccountinfo.getCount());
    strInfos=new String[listinfos.size()];                 //设置字符串数组的长度
    int m=0;                                               //定义一个开始标识
    for (Tb_inaccount tb_inaccount:listinfos) {            //遍历 List 泛型集合
        //将收入相关信息组合成一个字符串，存储到字符串数组的相应位置
        strInfos[m]=tb_inaccount.getid()+"|"+tb_inaccount.getType()+"
```

```
"+String.valueOf(tb_inaccount.getMoney())+"元"+tb_inaccount.getTime();
            m++;                                                    //标识加 1
        }
        //使用字符串数组初始化 ArrayAdapter 对象
        arrayAdapter=new ArrayAdapter<String>(this, android.R.layout.simple_list_item_1, strInfos);
        lvinfo.setAdapter(arrayAdapter);                            //为 ListView 列表设置数据源
}
```

26.9.7　单击指定项时打开详细信息

当用户单击 ListView 列表中的某条收入记录时，为其设置监听事件，在监听事件中，根据用户单击的收入信息的编号，打开相应的 Activity。代码如下：

```
lvinfo.setOnItemClickListener(new OnItemClickListener()              //为 ListView 添加项单击事件
{
    //覆写 onItemClick()方法
    @Override
    public void onItemClick(AdapterView<?> parent, View view, int position, long id)
    {
        String strInfo=String.valueOf(((TextView) view).getText()); //记录收入信息
        String strid=strInfo.substring(0, strInfo.indexOf('|'));    //从收入信息中截取收入编号
        Intent intent = new Intent(Inaccountinfo.this, InfoManage.class);//创建 Intent 对象
        intent.putExtra(FLAG, new String[]{strid,strType});         //设置传递数据
        startActivity(intent);                                      //执行 Intent 操作
    }
});
```

26.9.8　设计修改/删除收入布局文件

修改/删除收入信息窗体运行效果如图 26.9 所示。

图 26.9　修改/删除收入信息

在 res/layout 目录下新建一个 infomanage.xml，用来作为修改、删除收入信息和支出信息窗体的布局文件，该布局文件使用 LinearLayout 结合 RelativeLayout 进行布局，在该布局文件中添加 5 个 TextView 组件、4 个 EditText 组件、一个 Spinner 组件和两个 Button 组件。实现代码如下：

```
<?xml version="1.0" encoding="utf-8"?>
<LinearLayout xmlns:android="http://schemas.android.com/apk/res/android"
    android:id="@+id/inoutitem"
    android:orientation="vertical"
    android:layout_width="fill_parent"
    android:layout_height="fill_parent"
    >
    <LinearLayout
        android:orientation="vertical"
        android:layout_width="fill_parent"
        android:layout_height="fill_parent"
        android:layout_weight="3"
        >
        <TextView android:id="@+id/inouttitle"
            android:layout_width="wrap_content"
            android:layout_gravity="center"
            android:gravity="center_horizontal"
            android:text="支出管理"
            android:textColor="#ffffff"
            android:textSize="40sp"
            android:textStyle="bold"
            android:layout_height="wrap_content"/>
    </LinearLayout>
    <LinearLayout
        android:orientation="vertical"
        android:layout_width="fill_parent"
        android:layout_height="fill_parent"
        android:layout_weight="1"
        >
        <RelativeLayout android:layout_width="fill_parent"
            android:layout_height="fill_parent"
            android:padding="10dp"
            >
            <TextView android:layout_width="90dp"
            android:id="@+id/tvInOutMoney"
            android:textSize="20sp"
            android:text="金　额："
            android:layout_height="wrap_content"
            android:layout_alignBaseline="@+id/txtInOutMoney"
            android:layout_alignBottom="@+id/txtInOutMoney"
            android:layout_alignParentLeft="true"
            android:layout_marginLeft="16dp">
            </TextView>
            <EditText
            android:id="@+id/txtInOutMoney"
            android:layout_width="210dp"
            android:layout_height="wrap_content"
            android:layout_toRightOf="@id/tvInOutMoney"
            android:inputType="number"
            android:numeric="integer"
            android:maxLength="9"
```

```
/>
<TextView android:layout_width="90dp"
android:id="@+id/tvInOutTime"
android:textSize="20sp"
android:text="时　间："
android:layout_height="wrap_content"
android:layout_alignBaseline="@+id/txtInOutTime"
android:layout_alignBottom="@+id/txtInOutTime"
android:layout_toLeftOf="@+id/txtInOutMoney">
</TextView>
<EditText
android:id="@+id/txtInOutTime"
android:layout_width="210dp"
android:layout_height="wrap_content"
android:layout_toRightOf="@id/tvInOutTime"
android:layout_below="@id/txtInOutMoney"
android:inputType="datetime"
/>
<TextView android:layout_width="90dp"
android:id="@+id/tvInOutType"
android:textSize="20sp"
android:text="类　别："
android:layout_height="wrap_content"
android:layout_alignBaseline="@+id/spInOutType"
android:layout_alignBottom="@+id/spInOutType"
android:layout_alignLeft="@+id/tvInOutTime">
</TextView>
<Spinner android:id="@+id/spInOutType"
android:layout_width="210dp"
android:layout_height="wrap_content"
android:layout_toRightOf="@id/tvInOutType"
android:layout_below="@id/txtInOutTime"
android:entries="@array/type"
android:textColor="#000000"
/>
<TextView android:layout_width="90dp"
android:id="@+id/tvInOut"
android:textSize="20sp"
android:text="付款方："
android:layout_height="wrap_content"
android:layout_alignBaseline="@+id/txtInOut"
android:layout_alignBottom="@+id/txtInOut"
android:layout_toLeftOf="@+id/spInOutType">
</TextView>
<EditText
android:id="@+id/txtInOut"
android:layout_width="210dp"
android:layout_height="wrap_content"
android:layout_toRightOf="@id/tvInOut"
android:layout_below="@id/spInOutType"
android:singleLine="false"
```

```
        />
        <TextView android:layout_width="90dp"
        android:id="@+id/tvInOutMark"
        android:textSize="20sp"
        android:text="备　注："
        android:layout_height="wrap_content"
        android:layout_alignTop="@+id/txtInOutMark"
        android:layout_toLeftOf="@+id/txtInOut">
        </TextView>
        <EditText
        android:id="@+id/txtInOutMark"
        android:layout_width="210dp"
        android:layout_height="150dp"
        android:layout_toRightOf="@id/tvInOutMark"
        android:layout_below="@id/txtInOut"
        android:gravity="top"
        android:singleLine="false"
        />
        </RelativeLayout>
    </LinearLayout>
    <LinearLayout
        android:orientation="vertical"
        android:layout_width="fill_parent"
        android:layout_height="fill_parent"
        android:layout_weight="3"
        >
        <RelativeLayout android:layout_width="fill_parent"
            android:layout_height="fill_parent"
            android:padding="10dp"
            >
        <Button
            android:id="@+id/btnInOutDelete"
            android:layout_width="80dp"
            android:layout_height="wrap_content"
            android:layout_alignParentRight="true"
            android:layout_marginLeft="10dp"
            android:text="删除"
            />
            <Button
             android:id="@+id/btnInOutEdit"
             android:layout_width="80dp"
            android:layout_height="wrap_content"
             android:layout_toLeftOf="@id/btnInOutDelete"
             android:text="修改"
            />
        </RelativeLayout>
    </LinearLayout>
</LinearLayout>
```

说明 修改、删除收入信息和支出信息的布局文件都是使用 infomanage.xml 实现的。

26.9.9　显示指定编号的收入信息

在 com.xiaoke.accountsoft.activity 包中创建一个 InfoManage.java 文件，将该文件的布局文件设置为 infomanage.xml。在 InfoManage.java 文件中，首先创建类中需要用到的全局对象及变量，代码如下：

```
protected static final int DATE_DIALOG_ID = 0;        //创建日期对话框常量
TextView tvtitle,textView;                            //创建两个 TextView 对象
EditText txtMoney,txtTime,txtHA,txtMark;              //创建 4 个 EditText 对象
Spinner spType;                                       //创建 Spinner 对象
Button btnEdit,btnDel;                                //创建两个 Button 对象
String[] strInfos;                                    //定义字符串数组
String strid,strType;                                 //定义两个字符串变量，分别用来记录信息编号和管理类型
private int mYear;                                    //年
private int mMonth;                                   //月
private int mDay;                                     //日
OutaccountDAO outaccountDAO=new OutaccountDAO(InfoManage.this);      //创建 OutaccountDAO 对象
InaccountDAO inaccountDAO=new InaccountDAO(InfoManage.this);         //创建 InaccountDAO 对象
```

说明　修改、删除收入信息和支出信息的功能都是在 InfoManage.java 文件中实现的，所以在 26.9.10 节和 26.9.11 节中讲解修改、删除收入信息时，可能会涉及支出信息的修改与删除。

在 onCreate()覆写方法中，初始化创建的 EidtText 对象、Spinner 对象和 Button 对象，代码如下：

```
tvtitle=(TextView) findViewById(R.id.inouttitle);              //获取标题标签对象
textView=(TextView) findViewById(R.id.tvInOut);                //获取“地点/付款方”标签对象
txtMoney=(EditText) findViewById(R.id.txtInOutMoney);          //获取“金额”文本框
txtTime=(EditText) findViewById(R.id.txtInOutTime);            //获取“时间”文本框
spType=(Spinner) findViewById(R.id.spInOutType);               //获取“类别”下拉列表
txtHA=(EditText) findViewById(R.id.txtInOut);                  //获取“地点/付款方”文本框
txtMark=(EditText) findViewById(R.id.txtInOutMark);            //获取“备注”文本框
btnEdit=(Button) findViewById(R.id.btnInOutEdit);              //获取“修改”按钮
btnDel=(Button) findViewById(R.id.btnInOutDelete);             //获取“删除”按钮
```

在 onCreate()覆写方法中初始化各组件对象后，使用字符串记录传入的 id 和类型，并根据类型判断显示收入信息还是支出信息。代码如下：

```
Intent intent=getIntent();                                     //创建 Intent 对象
Bundle bundle=intent.getExtras();                              //获取传入的数据，并使用 Bundle 记录
strInfos=bundle.getStringArray(Showinfo.FLAG);                 //获取 Bundle 中记录的信息
strid=strInfos[0];                                             //记录 id
strType=strInfos[1];                                           //记录类型
if(strType.equals("btnoutinfo"))                               //如果类型是 btnoutinfo
{
    tvtitle.setText("支出管理");                                //设置标题为“支出管理”
      textView.setText("地　点：");                             //设置“地点/付款方”标签文本为“地点：”
      //根据编号查找支出信息，并存储到 Tb_outaccount 对象中
      Tb_outaccount tb_outaccount=outaccountDAO.find(Integer.parseInt(strid));
      txtMoney.setText(String.valueOf(tb_outaccount.getMoney()));    //显示金额
```

```
        txtTime.setText(tb_outaccount.getTime());                    //显示时间
        spType.setPrompt(tb_outaccount.getType());                   //显示类别
        txtHA.setText(tb_outaccount.getAddress());                   //显示地点
        txtMark.setText(tb_outaccount.getMark());                    //显示备注
}
else if(strType.equals("btnininfo"))                                 //如果类型是 btnininfo
{
    tvtitle.setText("收入管理");                                      //设置标题为“收入管理”
        textView.setText("付款方：");                                 //设置“地点/付款方”标签文本为“付款方：”
        //根据编号查找收入信息，并存储到 Tb_outaccount 对象中
        Tb_inaccount tb_inaccount= inaccountDAO.find(Integer.parseInt(strid));
        txtMoney.setText(String.valueOf(tb_inaccount.getMoney()));   //显示金额
        txtTime.setText(tb_inaccount.getTime());                     //显示时间
        spType.setPrompt(tb_inaccount.getType());                    //显示类别
        txtHA.setText(tb_inaccount.getHandler());                    //显示付款方
        txtMark.setText(tb_inaccount.getMark());                     //显示备注
}
```

26.9.10 修改收入信息

当用户修改完显示的收入或者支出信息后，单击“修改”按钮，如果显示的是支出信息，则调用 OutaccountDAO 对象的 update()方法修改支出信息；如果显示的是收入信息，则调用 InaccountDAO 对象的 update 方法修改收入信息。代码如下：

```
btnEdit.setOnClickListener(new OnClickListener() {                          //为“修改”按钮设置监听事件
    @Override
    public void onClick(View arg0) {
        //TODO Auto-generated method stub
        if(strType.equals("btnoutinfo"))                                    //判断类型如果是 btnoutinfo
        {
            Tb_outaccount tb_outaccount=new Tb_outaccount();                 //创建 Tb_outaccount 对象
            tb_outaccount.setid(Integer.parseInt(strid));                    //设置编号
            tb_outaccount.setMoney(Double.parseDouble(txtMoney.getText().toString()));   //设置金额
            tb_outaccount.setTime(txtTime.getText().toString());             //设置时间
            tb_outaccount.setType(spType.getSelectedItem().toString());      //设置类别
            tb_outaccount.setAddress(txtHA.getText().toString());            //设置地点
            tb_outaccount.setMark(txtMark.getText().toString());             //设置备注
             outaccountDAO.update(tb_outaccount);                            //更新支出信息
        }
        else if(strType.equals("btnininfo"))                                //判断类型如果是 btnininfo
        {
            Tb_inaccount tb_inaccount=new Tb_inaccount();                    //创建 Tb_inaccount 对象
            tb_inaccount.setid(Integer.parseInt(strid));                     //设置编号
            tb_inaccount.setMoney(Double.parseDouble(txtMoney.getText().toString()));    //设置金额
            tb_inaccount.setTime(txtTime.getText().toString());              //设置时间
            tb_inaccount.setType(spType.getSelectedItem().toString());       //设置类别
            tb_inaccount.setHandler(txtHA.getText().toString());             //设置付款方
            tb_inaccount.setMark(txtMark.getText().toString());              //设置备注
             inaccountDAO.update(tb_inaccount);                              //更新收入信息
        }
```

```
            //弹出信息提示
            Toast.makeText(InfoManage.this, "〖数据〗修改成功！", Toast.LENGTH_SHORT).show();
        }
});
```

26.9.11　删除收入信息

单击“删除”按钮，如果显示的是支出信息，则调用 OutaccountDAO 对象的 delete()方法删除支出信息；如果显示的是收入信息，则调用 InaccountDAO 对象的 delete()方法删除收入信息。代码如下：

```
btnDel.setOnClickListener(new OnClickListener() {                    //为“删除”按钮设置监听事件
        @Override
        public void onClick(View arg0) {
            //TODO Auto-generated method stub
            if(strType.equals("btnoutinfo"))                          //判断类型如果是 btnoutinfo
            {
                outaccountDAO.delete(Integer.parseInt(strid));        //根据编号删除支出信息
            }
            else if(strType.equals("btnininfo"))                      //判断类型如果是 btnininfo
            {
                inaccountDAO.delete(Integer.parseInt(strid));         //根据编号删除收入信息
            }
            Toast.makeText(InfoManage.this, "〖数据〗删除成功！", Toast.LENGTH_SHORT).show();
        }
});
```

26.10　便签管理模块设计

便签管理模块主要包括 3 部分，分别是“新增便签”、“便签信息浏览”和“修改/删除便签信息”。其中，“新增便签”用来添加便签信息，“便签信息浏览”用来显示所有的便签信息，“修改/删除便签信息”用来根据编号修改或者删除便签信息，本节将从这 3 个方面对便签管理模块进行详细介绍。

首先来看“新增便签”模块，“新增便签”窗口运行结果如图 26.10 所示。

图 26.10　新增便签

26.10.1　设计新增便签布局文件

在 res/layout 目录下新建一个 accountflag.xml，用来作为新增便签窗体的布局文件，该布局文件使用 LinearLayout 结合 RelativeLayout 进行布局，在该布局文件中添加两个 TextView 组件、一个 EditText 组件和两个 Button 组件。实现代码如下：

```
<?xml version="1.0" encoding="utf-8"?>
<LinearLayout xmlns:android="http://schemas.android.com/apk/res/android"
    android:id="@+id/itemflag"
    android:orientation="vertical"
```

```
android:layout_width="fill_parent"
android:layout_height="fill_parent"
>
<LinearLayout
    android:orientation="vertical"
    android:layout_width="fill_parent"
    android:layout_height="fill_parent"
    android:layout_weight="3"
    >
    <TextView
        android:layout_width="wrap_content"
        android:layout_gravity="center"
        android:gravity="center_horizontal"
        android:text="新增便签"
        android:textSize="40sp"
        android:textColor="#ffffff"
        android:textStyle="bold"
        android:layout_height="wrap_content"/>
</LinearLayout>
<LinearLayout
    android:orientation="vertical"
    android:layout_width="fill_parent"
    android:layout_height="fill_parent"
    android:layout_weight="1"
    >
    <RelativeLayout android:layout_width="fill_parent"
        android:layout_height="fill_parent"
        android:padding="5dp"
        >
        <TextView android:layout_width="350dp"
        android:id="@+id/tvFlag"
        android:textSize="23sp"
        android:text="请输入便签，最多输入 200 字"
        android:textColor="#8C6931"
        android:layout_alignParentRight="true"
        android:layout_height="wrap_content"
        />
        <EditText
        android:id="@+id/txtFlag"
        android:layout_width="350dp"
        android:layout_height="400dp"
        android:layout_below="@id/tvFlag"
        android:gravity="top"
        android:singleLine="false"
        />
        </RelativeLayout>
</LinearLayout>
<LinearLayout
    android:orientation="vertical"
    android:layout_width="fill_parent"
    android:layout_height="fill_parent"
```

```
        android:layout_weight="3"
        >
        <RelativeLayout android:layout_width="fill_parent"
            android:layout_height="fill_parent"
            android:padding="10dp"
            >
        <Button
            android:id="@+id/btnflagCancel"
            android:layout_width="80dp"
            android:layout_height="wrap_content"
            android:layout_alignParentRight="true"
            android:layout_marginLeft="10dp"
            android:text="取消"
            />
            <Button
             android:id="@+id/btnflagSave"
             android:layout_width="80dp"
            android:layout_height="wrap_content"
             android:layout_toLeftOf="@id/btnflagCancel"
             android:text="保存"
             android:maxLength="200"
            />
        </RelativeLayout>
    </LinearLayout>
</LinearLayout>
```

26.10.2　添加便签信息

在 com.xiaoke.accountsoft.activity 包中创建一个 Accountflag.java 文件，将该文件的布局文件设置为 accountflag.xml。在 Accountflag.java 文件中，首先创建类中需要用到的全局对象及变量，代码如下：

```
EditText txtFlag;                                          //创建 EditText 组件对象
Button btnflagSaveButton;                                  //创建 Button 组件对象
Button btnflagCancelButton;                                //创建 Button 组件对象
```

在 onCreate()覆写方法中，初始化创建的 EidtText 对象和 Button 对象，代码如下：

```
txtFlag=(EditText) findViewById(R.id.txtFlag);                      //获取“便签”文本框
btnflagSaveButton=(Button) findViewById(R.id.btnflagSave);          //获取“保存”按钮
btnflagCancelButton=(Button) findViewById(R.id.btnflagCancel);      //获取“取消”按钮
```

填写完信息后，单击“保存”按钮，为该按钮设置监听事件，在监听事件中，使用 FlagDAO 对象的 add()方法将用户的输入保存到便签信息表中。代码如下：

```
btnflagSaveButton.setOnClickListener(new OnClickListener() {          //为“保存”按钮设置监听事件
    @Override
    public void onClick(View arg0) {
        //TODO Auto-generated method stub
        String strFlag= txtFlag.getText().toString();                //获取“便签”文本框的值
        if(!strFlag.isEmpty()){                                      //判断获取的值不为空
            FlagDAO flagDAO=new FlagDAO(Accountflag.this);           //创建 FlagDAO 对象
```

```
                Tb_flag tb_flag=new Tb_flag(flagDAO.getMaxId()+1, strFlag);  //创建 Tb_flag 对象
                flagDAO.add(tb_flag);                                         //添加便签信息
                //弹出信息提示
                Toast.makeText(Accountflag.this, "〖新增便签〗数据添加成功！",Toast.LENGTH_SHORT).show();
            }
            else {
                Toast.makeText(Accountflag.this, "请输入便签！ ",Toast.LENGTH_SHORT).show();
            }
        }
});
```

26.10.3 清空“便签”文本框

单击“取消”按钮，清空便签文本框中的内容，代码如下：

```
btnflagCancelButton.setOnClickListener(new OnClickListener() {      //为“取消”按钮设置监听事件
    @Override
    public void onClick(View arg0) {
        //TODO Auto-generated method stub
        txtFlag.setText("");                                         //清空“便签”文本框
    }
});
```

26.10.4 设计便签信息浏览布局文件

便签信息浏览窗体运行效果如图 26.11 所示。

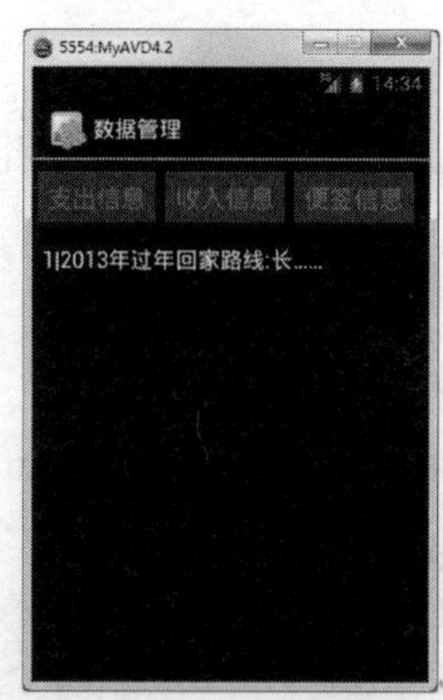

图 26.11　便签信息浏览

说明 便签信息浏览功能是在数据管理窗体中实现的，该窗体的布局文件是 showinfo.xml，对应的 java 文件是 Showinfo.java，所以下面讲解时，会通过对 showinfo.xml 布局文件和 Showinfo.java 文件的讲解，来介绍便签信息浏览功能的实现过程。

在 res/layout 目录下新建一个 showinfo.xml，用来作为数据管理窗体的布局文件，在该布局文件中可以浏览支出信息、收入信息和便签信息。showinfo.xml 布局文件使用 LinearLayout 结合 RelativeLayout 进行布

局，在该布局文件中添加 3 个 Button 组件和一个 ListView 组件。代码如下：

```
<?xml version="1.0" encoding="utf-8"?>
<LinearLayout xmlns:android="http://schemas.android.com/apk/res/android"
    android:id="@+id/iteminfo" android:orientation="vertical"
    android:layout_width="wrap_content" android:layout_height="wrap_content"
    android:layout_marginTop="5dp"
    android:weightSum="1">
    <LinearLayout android:id="@+id/linearLayout1"
            android:layout_height="wrap_content"
            android:layout_width="match_parent"
            android:orientation="vertical"
            android:layout_weight="0.06">
        <RelativeLayout android:layout_height="wrap_content"
            android:layout_width="match_parent">
        <Button android:text="支出信息"
            android:id="@+id/btnoutinfo"
            android:layout_width="wrap_content"
            android:layout_height="wrap_content"
            android:textSize="20dp"
            android:textColor="#8C6931"
        />
        <Button android:text="收入信息"
            android:id="@+id/btnininfo"
            android:layout_width="wrap_content"
            android:layout_height="wrap_content"
            android:layout_toRightOf="@id/btnoutinfo"
            android:textSize="20dp"
            android:textColor="#8C6931"
            />
        <Button android:text="便签信息"
            android:id="@+id/btnflaginfo"
            android:layout_width="wrap_content"
            android:layout_height="wrap_content"
            android:layout_toRightOf="@id/btnininfo"
            android:textSize="20dp"
            android:textColor="#8C6931"
            />
        </RelativeLayout>
        </LinearLayout>
        <LinearLayout android:id="@+id/linearLayout2"
            android:layout_height="wrap_content"
            android:layout_width="match_parent"
            android:orientation="vertical"
            android:layout_weight="0.94">
        <ListView android:id="@+id/lvinfo"
            android:layout_width="match_parent"
            android:layout_height="match_parent"
            android:scrollbarAlwaysDrawVerticalTrack="true"
            />
    </LinearLayout>
</LinearLayout>
```

26.10.5 显示所有的便签信息

在 com.xiaoke.accountsoft.activity 包中创建一个 Showinfo.java 文件，将该文件的布局文件设置为 showinfo.xml。单击“便签信息”按钮，为该按钮设置监听事件，在监听事件中，调用 ShowInfo()方法显示便签信息。代码如下：

```
btnflaginfo.setOnClickListener(new OnClickListener() {          //为“便签信息”按钮设置监听事件
    @Override
    public void onClick(View arg0) {
        //TODO Auto-generated method stub
        ShowInfo(R.id.btnflaginfo);                             //显示便签信息
    }
});
```

上面的代码中用到了 ShowInfo()方法，该方法为自定义的无返回值类型方法，主要用来根据传入的管理类型显示相应的信息；该方法中有一个 int 类型的参数，用来表示传入的管理类型，该参数的取值主要有 R.id.btnoutinfo、R.id.btnininfo 和 R.id.btnflaginfo 等 3 个值，分别用来显示支出信息、收入信息和便签信息。ShowInfo()方法的代码如下：

```
private void ShowInfo(int intType) {                            //用来根据传入的管理类型，显示相应的信息
        String[] strInfos = null;                               //定义字符串数组，用来存储收入信息
        ArrayAdapter<String> arrayAdapter = null;               //创建 ArrayAdapter 对象
        switch (intType) {                                      //以 intType 为条件进行判断
        case R.id.btnoutinfo:                                   //如果是 btnoutinfo 按钮
            strType="btnoutinfo";                               //为 strType 变量赋值
            OutaccountDAO outaccountinfo=new OutaccountDAO(Showinfo.this);
                                                                //创建 OutaccountDAO 对象
            //获取所有支出信息，并存储到 List 泛型集合中
            List<Tb_outaccount> listoutinfos=outaccountinfo.getScrollData(0, (int) outaccountinfo.getCount());
            strInfos=new String[listoutinfos.size()];           //设置字符串数组的长度
            int i=0;//定义一个开始标识
            for (Tb_outaccount tb_outaccount:listoutinfos) {//遍历 List 泛型集合
                //将支出相关信息组合成一个字符串，存储到字符串数组的相应位置
                strInfos[i]=tb_outaccount.getid()+"|"+tb_outaccount.getType()+"          "+String.valueOf(tb_
outaccount. getMoney())+ "元          "+tb_outaccount.getTime();
                i++;                                            //标识加 1
            }
            break;
        case R.id.btnininfo:                                    //如果是 btnininfo 按钮
            strType="btnininfo";                                //为 strType 变量赋值
            InaccountDAO inaccountinfo=new InaccountDAO(Showinfo.this);   //创建 InaccountDAO 对象
            //获取所有收入信息，并存储到 List 泛型集合中
            List<Tb_inaccount> listinfos=inaccountinfo.getScrollData(0, (int) inaccountinfo.getCount());
            strInfos=new String[listinfos.size()];              //设置字符串数组的长度
            int m=0;                                            //定义一个开始标识
            for (Tb_inaccount tb_inaccount:listinfos) {         //遍历 List 泛型集合
                //将收入相关信息组合成一个字符串，存储到字符串数组的相应位置
                strInfos[m]=tb_inaccount.getid()+"|"+tb_inaccount.getType()+"
"+String.valueOf(tb_inaccount.getMoney())+"元          "+tb_inaccount.getTime();
```

```
                m++;                                    //标识加 1
            }
            break;
        case R.id.btnflaginfo:                          //如果是 btnflaginfo 按钮
            strType="btnflaginfo";                      //为 strType 变量赋值
            FlagDAO flaginfo=new FlagDAO(Showinfo.this);    //创建 FlagDAO 对象
            //获取所有便签信息，并存储到 List 泛型集合中
            List<Tb_flag> listFlags=flaginfo.getScrollData(0, (int) flaginfo.getCount());
            strInfos=new String[listFlags.size()];      //设置字符串数组的长度
            int n=0;                                    //定义一个开始标识
            for (Tb_flag tb_flag:listFlags) {           //遍历 List 泛型集合
                //将便签相关信息组合成一个字符串，存储到字符串数组的相应位置
                strInfos[n]=tb_flag.getid()+"|"+tb_flag.getFlag();
                if(strInfos[n].length()>15)             //判断便签信息的长度是否大于 15
                    //将位置大于 15 之后的字符串用……代替
                    strInfos[n]=strInfos[n].substring(0,15)+"……";
                n++;                                    //标识加 1
            }
            break;
        }
        //使用字符串数组初始化 ArrayAdapter 对象
        arrayAdapter=new ArrayAdapter<String>(this, android.R.layout.simple_list_item_1, strInfos);
        lvinfo.setAdapter(arrayAdapter);                //为 ListView 列表设置数据源
    }
```

26.10.6　单击指定项时打开详细信息

当用户单击 ListView 列表中的某条便签记录时，为其设置监听事件，在监听事件中，根据用户单击的便签信息的编号，打开相应的 Activity。代码如下：

```
lvinfo.setOnItemClickListener(new OnItemClickListener()         //为 ListView 添加项单击事件
{
    //覆写 onItemClick()方法
    @Override
    public void onItemClick(AdapterView<?> parent, View view, int position, long id)
    {
        String strInfo=String.valueOf(((TextView) view).getText()); //记录单击的项信息
        String strid=strInfo.substring(0, strInfo.indexOf('|'));    //从项信息中截取编号
        Intent intent = null;                                       //创建 Intent 对象
        if (strType=="btnoutinfo" | strType=="btnininfo") {         //判断如果是支出或者收入信息
            intent=new Intent(Showinfo.this, InfoManage.class); //使用 InfoManage 窗口初始化 Intent 对象
            intent.putExtra(FLAG, new String[]{strid,strType});     //设置要传递的数据
        }
        else if (strType=="btnflaginfo") {                          //判断如果是便签信息
            intent=new Intent(Showinfo.this, FlagManage.class);//使用 FlagManage 窗口初始化 Intent 对象
            intent.putExtra(FLAG, strid);                           //设置要传递的数据
        }
        startActivity(intent);                                      //执行 Intent，打开相应的 Activity
    }
});
```

26.10.7 设计修改/删除便签布局文件

修改/删除便签信息窗体运行效果如图 26.12 所示。

图 26.12 修改/删除便签信息

在 res/layout 目录下新建一个 flagmanage.xml，用来作为修改、删除便签信息窗体的布局文件。该布局文件使用 LinearLayout 结合 RelativeLayout 进行布局，在该布局文件中添加两个 TextView 组件、一个 EditText 组件和两个 Button 组件。实现代码如下：

```
<?xml version="1.0" encoding="utf-8"?>
<LinearLayout xmlns:android="http://schemas.android.com/apk/res/android"
    android:id="@+id/flagmanage"
    android:orientation="vertical"
    android:layout_width="fill_parent"
    android:layout_height="fill_parent"
    >
    <LinearLayout
        android:orientation="vertical"
        android:layout_width="fill_parent"
        android:layout_height="fill_parent"
        android:layout_weight="3"
        >
        <TextView
            android:layout_width="wrap_content"
            android:layout_gravity="center"
            android:gravity="center_horizontal"
            android:text="便签管理"
            android:textSize="40sp"
            android:textColor="#ffffff"
            android:textStyle="bold"
            android:layout_height="wrap_content"/>
    </LinearLayout>
    <LinearLayout
        android:orientation="vertical"
        android:layout_width="fill_parent"
        android:layout_height="fill_parent"
```

```
        android:layout_weight="1"
        >
        <RelativeLayout android:layout_width="fill_parent"
            android:layout_height="fill_parent"
            android:padding="5dp"
            >
            <TextView android:layout_width="350dp"
            android:id="@+id/tvFlagManage"
            android:textSize="23sp"
            android:text="请输入便签，最多输入 200 字"
            android:textColor="#8C6931"
            android:layout_alignParentRight="true"
            android:layout_height="wrap_content"
            />
            <EditText
            android:id="@+id/txtFlagManage"
            android:layout_width="350dp"
            android:layout_height="400dp"
            android:layout_below="@id/tvFlagManage"
            android:gravity="top"
            android:singleLine="false"
            />
            </RelativeLayout>
    </LinearLayout>
    <LinearLayout
        android:orientation="vertical"
        android:layout_width="fill_parent"
        android:layout_height="fill_parent"
        android:layout_weight="3"
        >
        <RelativeLayout android:layout_width="fill_parent"
            android:layout_height="fill_parent"
            android:padding="10dp"
            >
        <Button
            android:id="@+id/btnFlagManageDelete"
            android:layout_width="80dp"
            android:layout_height="wrap_content"
            android:layout_alignParentRight="true"
            android:layout_marginLeft="10dp"
            android:text="删除"
            />
            <Button
             android:id="@+id/btnFlagManageEdit"
             android:layout_width="80dp"
            android:layout_height="wrap_content"
             android:layout_toLeftOf="@id/btnFlagManageDelete"
             android:text="修改"
             android:maxLength="200"
            />
        </RelativeLayout>
```

```
    </LinearLayout>
</LinearLayout>
```

26.10.8　显示指定编号的便签信息

在 com.xiaoke.accountsoft.activity 包中创建一个 FlagManage.java 文件，将该文件的布局文件设置为 flagmanage.xml。在 FlagManage.java 文件中，首先创建类中需要用到的全局对象及变量，代码如下：

```
EditText txtFlag;                                         //创建 EditText 对象
Button btnEdit,btnDel;                                    //创建两个 Button 对象
String strid;                                             //创建字符串，表示便签的 id
```

在 onCreate()覆写方法中，初始化创建的 EidtText 对象和 Button 对象，代码如下：

```
txtFlag=(EditText) findViewById(R.id.txtFlagManage);         //获取便签文本框
btnEdit=(Button) findViewById(R.id.btnFlagManageEdit);       //获取“修改”按钮
btnDel=(Button) findViewById(R.id.btnFlagManageDelete);      //获取“删除”按钮
```

在 onCreate()覆写方法中初始化各组件对象后，使用字符串记录传入的 id，并根据该 id 显示便签信息。代码如下：

```
Intent intent=getIntent();                                   //创建 Intent 对象
Bundle bundle=intent.getExtras();                            //获取便签 id
strid=bundle.getString(Showinfo.FLAG);                       //将便签 id 转换为字符串
final FlagDAO flagDAO=new FlagDAO(FlagManage.this);          //创建 FlagDAO 对象
txtFlag.setText(flagDAO.find(Integer.parseInt(strid)).getFlag()); //根据便签 id 查找便签信息，并显示在文本框中
```

26.10.9　修改便签信息

当用户修改完显示的便签信息后，单击“修改”按钮，调用 FlagDAO 对象的 update()方法修改便签信息。代码如下：

```
btnEdit.setOnClickListener(new OnClickListener() {           //为“修改”按钮设置监听事件
    @Override
    public void onClick(View arg0) {
        //TODO Auto-generated method stub
        Tb_flag tb_flag=new Tb_flag();                       //创建 Tb_flag 对象
        tb_flag.setid(Integer.parseInt(strid));              //设置便签 id
        tb_flag.setFlag(txtFlag.getText().toString());       //设置便签值
        flagDAO.update(tb_flag);                             //修改便签信息
        //弹出信息提示
        Toast.makeText(FlagManage.this, "〖便签数据〗修改成功！", Toast.LENGTH_SHORT).show();
    }
});
```

26.10.10　删除便签信息

单击“删除”按钮，调用 FlagDAO 对象的 delete()方法删除便签信息，并弹出信息提示。代码如下：

```
btnDel.setOnClickListener(new OnClickListener() {                    //为“删除”按钮设置监听事件
    @Override
    public void onClick(View arg0) {
        //TODO Auto-generated method stub
        flagDAO.delete(Integer.parseInt(strid));                      //根据指定的 id 删除便签信息
        Toast.makeText(FlagManage.this, "〖便签数据〗删除成功！", Toast.LENGTH_SHORT).show();
    }
});
```

26.11　系统设置模块设计

系统设置模块主要对家庭理财通中的登录密码进行设置，系统设置窗体运行结果如图 26.13 所示。

图 26.13　系统设置

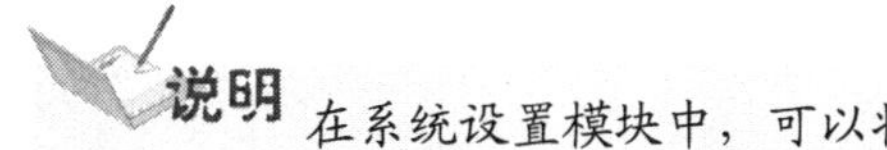

在系统设置模块中，可以将登录密码设置为空。

26.11.1　设计系统设置布局文件

在 res/layout 目录下新建一个 sysset.xml，用来作为系统设置窗体的布局文件。在该布局文件中，将布局方式修改为 RelativeLayout，然后添加一个 TextView 组件、一个 EditText 组件和两个 Button 组件。实现代码如下：

```
<?xml version="1.0" encoding="utf-8"?>
<RelativeLayout xmlns:android="http://schemas.android.com/apk/res/android"
    android:layout_width="fill_parent"
    android:layout_height="fill_parent"
    android:padding="5dp"
    >
    <TextView android:id="@+id/tvPwd"
        android:layout_width="wrap_content"
        android:layout_height="wrap_content"
        android:layout_gravity="center"
        android:gravity="center_horizontal"
```

```
            android:text="请输入密码："
            android:textSize="25dp"
            android:textColor="#8C6931"
        />
        <EditText android:id="@+id/txtPwd"
            android:layout_width="match_parent"
            android:layout_height="wrap_content"
            android:layout_below="@id/tvPwd"
            android:inputType="textPassword"
            android:hint="请输入密码"
        />
        <Button android:id="@+id/btnsetCancel"
            android:layout_width="90dp"
            android:layout_height="wrap_content"
            android:layout_below="@id/txtPwd"
            android:layout_alignParentRight="true"
            android:layout_marginLeft="10dp"
            android:text="取消"
        />
        <Button android:id="@+id/btnSet"
            android:layout_width="90dp"
            android:layout_height="wrap_content"
            android:layout_below="@id/txtPwd"
            android:layout_toLeftOf="@id/btnsetCancel"
            android:text="设置"
        />
</RelativeLayout>
```

26.11.2 设置登录密码

在 com.xiaoke.accountsoft.activity 包中创建一个 Sysset.java 文件，将该文件的布局文件设置为 sysset.xml。在 Sysset.java 文件中，首先创建一个 EidtText 对象和两个 Button 对象，代码如下：

```
EditText txtpwd;                                    //创建 EditText 对象
Button btnSet,btnsetCancel;                         //创建两个 Button 对象
```

在 onCreate()覆写方法中，初始化创建的 EidtText 对象和 Button 对象，代码如下：

```
txtpwd=(EditText) findViewById(R.id.txtPwd);                //获取“密码”文本框
btnSet=(Button) findViewById(R.id.btnSet);                  //获取“设置”按钮
btnsetCancel=(Button) findViewById(R.id.btnsetCancel);      //获取“取消”按钮
```

当用户单击“设置”按钮时，为“设置”按钮添加监听事件，在监听事件中，首先创建 PwdDAO 类的对象和 Tb_pwd 类的对象，然后判断数据库中是否已经设置密码，如果没有，则添加用户密码；否则，修改用户密码，最后弹出提示信息。代码如下：

```
btnSet.setOnClickListener(new OnClickListener() {           //为“设置”按钮添加监听事件
    @Override
    public void onClick(View arg0) {
        //TODO Auto-generated method stub
```

```
        PwdDAO pwdDAO=new PwdDAO(Sysset.this);                  //创建 PwdDAO 对象
        Tb_pwd tb_pwd=new Tb_pwd(txtpwd.getText().toString());//根据输入的密码创建 Tb_pwd 对象
        if(pwdDAO.getCount()==0){                               //判断数据库中是否已经设置了密码
            pwdDAO.add(tb_pwd);                                 //添加用户密码
        }
        else {
            pwdDAO.update(tb_pwd);                              //修改用户密码
        }
        //弹出信息提示
        Toast.makeText(Sysset.this, "〖密码〗设置成功！", Toast.LENGTH_SHORT).show();
    }
});
```

26.11.3　重置“密码”文本框

单击“取消”按钮，清空“密码”文本框，并为其设置初始提示。代码如下：

```
btnsetCancel.setOnClickListener(new OnClickListener() {
    @Override
    public void onClick(View arg0) {
        //TODO Auto-generated method stub
        txtpwd.setText("");                                     //清空“密码”文本框
        txtpwd.setHint("请输入密码");                             //为“密码”文本框设置提示
    }
});
```

26.12　将程序安装到 Android 手机上

Android 程序开发完成之后，需要安装到载有 Android 操作系统的手机上，那么如何将家庭理财通安装到 Android 手机上呢？用户可以参照第 25 章 25.9 节中的步骤将家庭理财通安装到 Android 手机上。安装后的 Android 模拟器效果如图 26.14 所示。

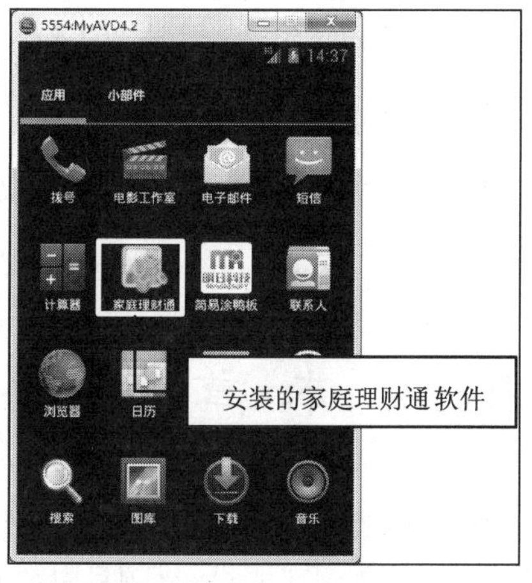

图 26.14　安装的家庭理财通软件

26.13 开发常见问题与解决

26.13.1 程序在装有 Android 系统的手机上无法运行

问题描述：我有一款 HTC 的智能手机，为什么下载安装该程序后无法运行？

解决方法：该错误是由于 Android 版本低造成的，由于家庭理财通系统使用的是 Android 4.2 版本开发的，所以需要在装有 Android 4.2 以上版本的手机上运行，你可以联系供应商升级 Android 到最新版本，然后再安装使用。

26.13.2 无法将最新修改在 Android 模拟器中体现

问题描述：在 Eclipse 开发环境中修改完代码，重新运行程序时，出现如图 26.15 所示的错误提示。

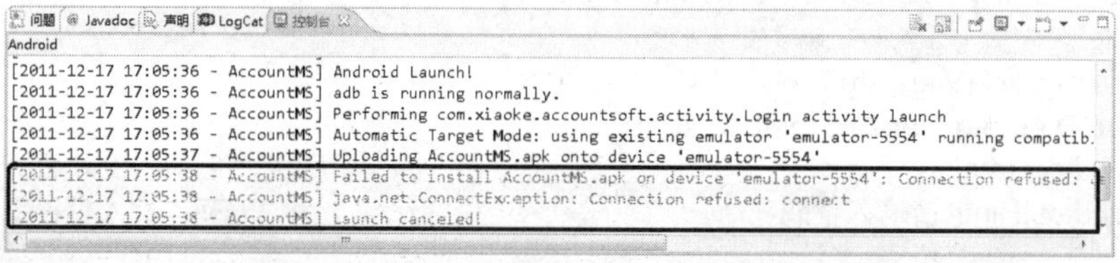

```
问题 @ Javadoc 声明 LogCat 控制台
Android
[2011-12-17 17:05:36 - AccountMS] Android Launch!
[2011-12-17 17:05:36 - AccountMS] adb is running normally.
[2011-12-17 17:05:36 - AccountMS] Performing com.xiaoke.accountsoft.activity.Login activity launch
[2011-12-17 17:05:36 - AccountMS] Automatic Target Mode: using existing emulator 'emulator-5554' running compatib
[2011-12-17 17:05:37 - AccountMS] Uploading AccountMS.apk onto device 'emulator-5554'
[2011-12-17 17:05:38 - AccountMS] Failed to install AccountMS.apk on device 'emulator-5554': Connection refused:
[2011-12-17 17:05:38 - AccountMS] java.net.ConnectException: Connection refused: connect
[2011-12-17 17:05:38 - AccountMS] Launch canceled!
```

图 26.15 修改完代码再次运行时的错误提示

解决方法：这是由于 Android 使用超时引起的，Android 4.2 版的模拟器在使用一段时间后，会自动超时，从而导致有的修改无法在 Android 模拟器上体现。遇到这种情况，只需要关闭当前 Android 模拟器，并重新启动即可。

26.13.3 退出系统后还能使用记录的密码登录

问题描述：使用家庭理财通系统时，当用户单击 Android 模拟器的“返回”按钮，或者单击主窗体中的“退出”按钮时，返回登录窗口。这时登录窗口还记录着用户原来输入的密码，再次单击“登录”按钮，可以直接进入家庭理财通系统的主窗体。

解决方法：该问题主要是由于在登录时没有清空“密码”文本框造成的，解决该问题时，只需在“登录”按钮的监听事件中添加一段清空“密码”文本框的代码即可，代码如下：

```
txtlogin.setText("");                                    //清空“密码”文本框
```

26.14 本 章 小 结

本章重点讲解了家庭理财通系统中关键模块的开发过程、项目的运行及安装。通过对本章的学习，读者应该能够熟悉软件的开发流程，并重点掌握如何在 Android 项目中对多个不同的数据表进行添加、修改、删除以及查询等操作；另外，读者还应该掌握如何使用多种布局管理器对 Android 程序的界面进行布局。